南方地区幼龄草食畜禽饲养技术研究进展

◎ 刁其玉　张乃锋　主编

中国农业科学技术出版社

图书在版编目（CIP）数据

南方地区幼龄草食畜禽饲养技术研究进展 / 刁其玉，张乃锋主编．—北京：中国农业科学技术出版社，2017.12

ISBN 978-7-5116-3019-3

Ⅰ.①南…　Ⅱ.①刁…②张…　Ⅲ.①畜禽-饲养管理-研究　Ⅳ.①S815

中国版本图书馆 CIP 数据核字（2017）第 299859 号

责任编辑　张国锋
责任校对　贾海霞

出 版 者　中国农业科学技术出版社
北京市中关村南大街 12 号　邮编：100081
电　　话　(010)82106636(编辑室)　(010)82109702(发行部)
(010)82109709(读者服务部)
传　　真　(010)82106631
网　　址　http://www.castp.cn
经 销 者　各地新华书店
印 刷 者　北京富泰印刷有限责任公司
开　　本　889mm×1 194mm　1/16
印　　张　24
字　　数　742 千字
版　　次　2017 年 12 月第 1 版　2017 年 12 月第 1 次印刷
定　　价　120.00 元

《南方地区幼龄草食畜禽饲养技术研究进展》

编写人员名单

主　　编　刁其玉　张乃锋

副 主 编（按姓氏笔画排序）

王子玉　杨　琳　欧阳克蕙　屠　焰　谢　明　谢晓红
瞿明仁

撰稿人员（按姓氏笔画排序）

丁瑞志　刁其玉　马俊南　马娇丽　马铁伟　马　涛
王子玉　王文策　王玉荣　王世琴　王永昌　王安思
王灿宇　王启贵　王若丞　王　杰　王金刚　王　波
王参参　王海超　王　翀　王　锋　王福春　王慧利
文露华　邓小东　卢　垚　付东辉　付　彤　付　凌
包　健　包淋斌　邝良德　冯佩诗　兰　山　司丙文
江喜春　成述儒　毕研亮　吕小康　朱正廷　朱相莲
朱　勇　乔永浩　任永军　刘作兰　刘婵娟　字学娟
祁敏丽　许兰娇　许　超　孙玲伟　孙晓燕　纪　宇
李文娟　邢豫川　李丛艳　李成旭　李岚捷　李　茂
李　明　李孟孟　李雪玲　李　勤　杨金勇　杨食堂
杨　琳　杨　超　肖慎华　吴英杰　余思佳　汪海峰
汪　超　宋代军　张乃锋　张亚格　张　帆　张　健
张　浩　张翔宇　张翠霞　陈作栋　茆达干　茅慧玲
欧阳克蕙　周　帅　周汉林　周　圻　周　珊　郑　洁
孟春花　赵向辉　侯水生　姜成钢　祝远魁　秦应和
袁春兵　聂海涛　夏月峰　顾丽红　柴建民　钱　勇
徐建雄　徐铁山　殷晓风　高雨飞　郭志强　郭　奇
郭　峰　陶大勇　唐　丽　黄　勇　曹少先　龚剑明
盛永帅　崔　凯　屠　焰　彭志鹏　董国忠　蒋　安
傅传鞭　温庆琪　谢　明　谢晓红　雷　岷　蔡　旋
翟双双　熊小文　黎力之　黎观红　潘　珂　瞿明仁

前　言

“十九大”报告指出，我国社会主要矛盾已经转化为人民日益增长的美好生活需要和不平衡不充分的发展之间的矛盾。据统计，全国牛羊肉产量占全国肉类总产量的比重是12.8%，而南方地区牛羊肉等占肉类总产量的比重只有5.9%，无法满足当地的需求。同时，南方地区饲料用粮挤占食用粮问题严峻，威胁到南方地区的粮食安全。南方地区人口占全国总人口的58%，对肉类产品的需求大且品质要求高，近年来国家多次强调发展南方地区草食畜牧业的重要性。加强南方地区草食畜禽养殖，增加本地区的产肉量对于稳定经济发展、满足人民日益增长的美好生活需要是非常必要的。

南方各省除种植大量的农作物外，还具有种类繁多的经济作物，如油菜、麻类、茶、桑、柑橘、甘蔗、香蕉、木薯等，在提供衣食原料的同时，产生了大量的副产物。这些经济作物副产品来源广泛，价格低廉，含有蛋白质、能量、纤维及其他可供动物利用的营养素，可被草食畜禽充分利用，可做为草食畜禽饲料进行开发。

农业部于2013年启动了“南方地区幼龄草食畜禽饲养技术研究”的行业专项（编号201303143），重点研究肉牛、肉羊、肉兔和肉鹅等草食畜禽的饲养技术，同时挖掘南方地区经济作物副产物作为草食动物饲料资源的潜能。经过几年的努力，项目取得了卓著的成果，为推进科研与生产的紧密结合，依托项目（课题）参加单位，以本项目实施期间发表的相关研究论文为主体，共同编撰了《南方地区幼龄草食畜禽饲养技术研究进展》，包括南方地区幼龄草食畜禽的饲养技术、经济作物副产物饲用价值的评价利用等相关内容，专业性和实用性非常明显。本书可以为生产企业、畜牧专业技术人员及科研单位等在幼龄草食畜禽培育技术和南方地区经济作物副产物的饲料化利用方面提供参考。

由于我们水平有限，本书难免有遗漏、不妥和错误之处，敬请读者和同行不吝指正。

编者　刁其玉

2017年11月

目　　录

第一部分　文献综述

第二部分　幼畜饲养技术

第三部分　营养调控技术

第四部分　副产物营养价值评定

第五部分　副产物利用技术

第一部分　文献综述

我国南方地区草食畜禽养殖现状及饲料对策

王世琴，张乃锋，屠　焰，姜成钢，刁其玉*

（中国农业科学院饲料研究所　农业部饲料生物技术重点实验室，北京　100081）

摘　要：发展草食畜禽养殖对保障畜产品供给、缓解人畜争粮矛盾意义重大，该议题日益受到政府及社会各界的重视。我国南方地区人口密集，经济发展迅速，人们对肉类产品的需求大且品质要求高，特别是牛羊肉需要从北方地区大量调入或依赖进口。加强南方地区草食畜禽养殖，增加本地区的产肉量对于稳定经济发展和提高居民生活水平是非常必要的。本文通过统计数据查询、现场调研、资料收集等方式，以了解我国南方地区草食畜禽养殖现状，总结存在的问题并提出解决办法。

关键词：南方地区；草食畜禽；节粮型畜牧业；养殖现状；饲料对策

随着我国城镇化的快速推进和城乡居民收入水平不断提升，对优质、安全畜产品的需求不断增加，草食畜禽产品需求较快增长，同时，我国粮食的供求长期处于紧张状态，发展节粮型畜牧业是保障畜产品有效供给、缓解粮食供求矛盾、丰富居民膳食结构的重要途径。节粮型畜牧业可充分利用牧草、农副产品、轻工副产品等非粮饲料资源，在减少粮食消耗的同时达到高效畜产品产出的目的。统计数据显示，2015年我国牛肉和羊肉的产量分别为700万吨和441万吨，兔和鹅肉产量达到84万吨和140万吨。《全国草食畜牧业发展规划（2016—2020年）》中提出“十三五”时期草食畜牧业发展目标是在2020年牛肉、羊肉、兔肉和鹅肉产量将分别达到800万吨、500万吨、100万吨、200万吨。

我国南方地区人口占全国总人口的58%，经济规模占全国的57%，对肉类产品的需求大且品质要求高，加强南方地区草食畜禽养殖，增加本地区的产肉量对于稳定经济发展、提高居民生活水平是非常必要的。有统计资料显示，我国南方地区饲料用粮占南方地区粮食总产量的1/3，饲料用粮挤占食用粮问题严峻，威胁到南方地区的粮食安全[1]。近年来国家对南方地区草食畜牧业的发展高度重视，多次提出发展南方地区草食畜牧业的重要性。南方地区光、热、水土资源丰富，种植业发达，素有养殖草食畜禽的传统，用于草食畜禽饲养的饲料资源来源广泛，产量充足并且价格低廉，这为草食畜禽产业的发展奠定了坚实的基石，有着巨大的潜力和经济社会效益。南方草食畜禽养殖作为全国节粮型畜牧业的一部分，占有非常重要的地位。

本文通过统计资料查询、实地调研及文献查询等方式，以摸清和掌握我国南方地区草食畜牧业的现状，对提高草食畜禽养殖水平和促进南方地区草食畜牧业的快速发展有着重要的意义。

1　我国南方地区饲草料资源概况

我国南方地区是指东部季风区的秦岭—淮河一线以南的地区，包括长江中下游平原、珠江三角洲平

基金项目：公益性行业科研专项“南方地区幼龄草食畜禽饲养技术研究（201303143）”；公益性行业科研专项“中国南方经济作物副产物饲料化利用技术研究与示范（201403049）”

作者简介：王世琴（1988—　）女，安徽阜南人，硕士，主要从事反刍动物营养与饲料，E-mail：wshq1988@163.com

* 通讯作者：刁其玉，研究员，博士生导师，E-mail：diaoqiyu@caas.cn

原、江南丘陵、四川盆地、云贵高原、南岭、武夷山脉、秦巴山地等地，属于亚热带季风气候和热带季风气候，温热潮湿、雨量充沛，年平均气温为14~28℃，年平均降水量在1 200~2 500mm[2]。本文所指南方地区具体包括安徽、福建、广东、广西壮族自治区（以下简称广西)、贵州、海南、湖北、湖南、江苏、江西、四川、云南、上海、浙江、重庆，共15个省（自治区、直辖市)。

南方地区地方植物品种资源丰富，种植业基础好。除种植大量的农作物外，还有种类繁多的经济作物，如油菜、麻类、茶、桑、柑橘、甘蔗、香蕉、木薯等。据统计，2014年我国南方地区粮食总产量约2.7亿吨；南方地区粮棉油糖总产量占全国比重约为52.5%，其中，粮食产量占44.1%，油料产量占50.7%，糖料产量占91.2%[3]。每年产生的秸秆数量巨大，其中，稻草、小麦秸和玉米秸的产量分别为16 511.1万吨、4 162.8万吨、3 455.7万吨，分别占全国总量的80%、27.7%、16.8%。除农作物秸秆外，南方地区经济作物副产物产量巨大，如甘蔗渣和甘蔗梢叶产量约8 317.8万吨，占全国总量的100%；油菜秸秆产量为2 233.2万吨，占全国总量的82.5%；香蕉茎叶约1 994.2万吨，占全国总量的100%；麻叶302万吨，占全国的85.4%[4]。这些农作物和经济作物副产物，价格低廉，含有蛋白质、能量、纤维及其他可供草食畜禽利用的营养素，具有很大的饲料资源开发潜力。

2 南方地区草食畜禽养殖现状

2.1 存栏、分布及畜禽产品产量

统计数据显示（表1)，2014年我国南方地区牛存栏量、出栏量及牛肉产量分别为4 527.8万头、1 551.3万头、193.1万吨，占全国的比重分别为42.8%、31.5%、28.0%。南方地区2014年肉牛存栏2 868.2万头，占全国肉牛存栏量的40.7%。肉牛存栏量排在前五的省份分别是云南、四川、湖南、贵州、江西，这5省肉牛存栏量占到南方地区的72.8%，是南方地区乃至全国的养牛大省。2014年我国南方地区羊存栏5 988.9万只，占全国羊存栏量的19.8%，以养殖山羊为主。2014年南方地区羊出栏及羊肉产量分别为6 434.0万只和101.0万吨，占全国羊出栏及羊肉产量的比例为22.4%和23.6%。南方地区养羊较大的省份是四川、云南、安徽、湖南、湖北和江苏，这6省的羊只存栏量占南方羊总存栏量的80.4%。另外，统计数据可以看出，南方地区牛羊肉总产量占全国的26.3%，占南方肉类总产量5.9%，同一时期，全国牛羊肉产量占全国肉类总产量的比重是12.8%（表2)。

南方地区是我国肉兔和鹅的主产区，也是最大的消费区。2014年南方地区兔出栏量为34 804.2万只，占全国兔出栏量（51 679.1万只）的67.3%，南方地区兔肉产量约55.8万吨（根据2014年全国兔肉产量估算得出)。养兔较多的是四川、重庆、江苏、福建、广西、湖南等省份，这6省份的兔出栏量占南方地区兔出栏量的94%，其中四川和重庆地区是我国兔养殖规模最大的地区，出栏量占南方地区兔出栏量的73%，占全国兔出栏量的比例达48.9%。国家水禽产业技术体系对我国21个水禽主产省（市、区）的水禽产业数据进行了调查统计表明，2012年全国主产区鹅存栏0.91亿只，全年鹅的出栏量3.5亿只，鹅肉112.5万吨，其中，南方13省市区鹅存栏量、出栏量、鹅肉产量分别占到全国总量的57%、66%和70%。

表1 2014年南方各省（市）区主要草食畜禽年末存栏量、年出栏量以及主要畜产品产量

单位：万头、万只、万吨

地区	2014年末存栏量						2014年出栏量			2014主要畜产品产量			
	大牲畜	牛	肉牛	羊	山羊	绵羊	牛	羊	兔	奶类	肉类总产量	牛肉	羊肉
安徽	153.0	152.7	129.8	642.8	641.7	1.1	122.1	1 045.0	218.2	27.9	414.0	17.9	15.5
福建	67.8	67.8	33.2	121.4	121.4	0.0	25.6	150.4	1956.0	15.0	213.7	2.9	2.2

（续表）

地区	2014年末存栏量						2014年出栏量			2014主要畜产品产量			
	大牲畜	牛	肉牛	羊	山羊	绵羊	牛	羊	兔	奶类	肉类总产量	牛肉	羊肉
广东	242.0	242.0	126.1	39.8	39.8	0.0	58.4	49.9	332.3	13.5	429.4	7.0	0.9
广西	484.7	448.6	97.9	201.6	201.6	0.0	148.2	205.6	850.5	9.7	420.0	14.4	3.2
贵州	573.6	495.9	290.6	337.4	318.7	18.7	115.2	205.4	159.1	5.7	201.8	14.7	3.8
海南	79.1	79.1	44.8	68.0	67.8	0.1	27.3	79.1	18.9	0.2	79.5	2.6	1.1
湖北	353.2	352.3	230.7	469.9	469.7	0.2	140.3	515.0	262.7	16.1	440.4	21.9	8.6
湖南	462.2	456.8	339.8	529.0	529.0	0.0	155.8	657.6	701.4	9.3	546.5	18.9	11.1
江苏	34.5	30.6	8.1	413.8	404.1	9.7	17.3	703.9	3 995.4	60.7	379.5	3.3	8.0
江西	305.1	305.1	246.3	57.3	57.3	0.0	133.3	72.1	371.4	12.9	339.8	13.1	1.1
上海	5.9	5.9	0.0	28.1	26.7	1.4	0.1	41.8	9.6	27.1	23.4	0.1	0.5
四川	1 082.1	983.9	529.4	1 750.8	1 529.8	221.0	264.7	1 583.6	20 528.7	70.8	714.7	33.4	25.3
云南	922.3	750.8	681.3	1 008.0	932.8	75.3	275.7	792.4	165.2	58.2	378.5	33.6	14.6
浙江	15.8	15.8	10.0	111.4	40.5	70.9	8.3	104.8	520.0	15.9	157.1	1.2	1.7
重庆	143.6	140.7	100.2	209.6	209.4	0.2	59.0	227.4	4 714.8	5.7	214.2	8.4	3.4
南方地区	4 924.8	4 527.8	2 868.2	5 988.9	5 590.4	398.5	1 551.3	6 434.0	34 804.2	348.6	4 952.7	193.1	101.0
占全国的比重（%）	41.0	42.8	40.7	19.8	38.6	2.5	31.5	22.4	67.3	9.4	56.9	28.0	23.6
全国	12 022.9	10 578.0	7 040.9	30 314.9	14 465.9	15 849.0	4 929.2	28 741.6	51 679.1	3 724.6	8 706.7	689.2	428.2

此数据来源于《中国畜牧兽医统计年鉴 2015》[5]

表 2 2014 年南方地区牛羊规模化养殖场（户）数 单位：个

地区	肉牛年出栏数量						羊年出栏数量				
	1~9头	10~49头	50~99头	100~499头	500~999头	1 000头以上	1~29只	30~99只	100~499只	500~999只	1 000只以上
安徽	301 521	5 857	1 802	648	98	29	653 366	51 622	7 804	963	206
福建	72 829	946	69	57	6	7	50 962	5 230	885	37	25
广东	236 454	2 504	301	93	5	1	15 772	2 844	642	27	10
广西	700 932	4 715	531	114	7	2	162 055	13 415	1 809	27	4
贵州	605 102	4 961	747	162	15	2	521 597	18 237	2 272	151	61
海南	108 165	1 532	212	16	2	0	52 607	3 049	407	6	6
湖北	409 987	8 786	3 080	2 460	206	95	551 517	20 286	11 654	732	222
湖南	567 065	22 584	4 072	857	42	8	522 042	34 568	8 046	379	16
江苏	77 766	2 320	597	180	31	15	1 103 342	32 918	6 452	925	458
江西	530 637	6 862	1 221	373	35	8	80 006	4 537	1 090	74	15
上海	0	0	0	0	0	0	46 702	777	230	18	9

（续表）

地区	肉牛年出栏数量						羊年出栏数量				
	1~9头	10~49头	50~99头	100~499头	500~999头	1 000头以上	1~29只	30~99只	100~499只	500~999只	1 000只以上
四川	635 253	16 642	2 337	818	77	22	2 102 256	82 781	8 539	661	91
云南	1 375 535	14 386	1 824	554	54	15	653 219	36 596	3 620	174	30
浙江	23 420	659	102	23	2	1	135 395	6 783	1 557	167	100
重庆	193 426	6 519	746	254	26	10	379 723	27 399	3 190	187	30
南方地区	5 838 092	99 273	17 641	6 609	606	215	7 030 561	341 042	58 197	4 528	1 283
占全国比重（%）	52.8	23.3	19.9	24.4	17.6	19.7	46.3	20.1	17.0	13.0	13.3
全国	11 057 417	426 627	88 672	27 110	3 445	1 094	15 186 912	1 695 457	342 889	34 900	9 648

此数据来源于《中国畜牧兽医统计年鉴 2015》

2.2 养殖品种及特点

南方地区牛羊品种资源丰富。牛品种有皖南牛、巫陵牛、枣北牛、盘江牛、吉安黄牛、锦江黄牛，闽南牛、云南黄牛、邵通黄牛、中甸牦牛、川南山地牛等，比较有名的羊品种资源有湖羊、黄淮山羊、黔北麻羊、长江三角洲白山羊、马头山羊等。这些地方牛羊品种普遍的特点是个体小、早熟、肉品质优良、对秸秆类农副产品的利用能力较高等[6-8]。近年来，南方各省普遍推广良种，引进国外、省外优良品种对当地品种进行杂交改良，为肉牛肉羊高效生产提供了一定基础。

我国地方兔种遗传资源丰富，不同品种都有自己独特的经济性状，具有母性好、性成熟早、产仔率高、抗病力强的优点，但存在生长缓慢、体型小、饲料报酬低、经济效益差等缺点，目前生产中主要通过经济杂交的方式提高养殖效益[9]。南方地区狮头鹅、雁鹅、四川白鹅、皖西白鹅、浙东白鹅、豁鹅和太湖鹅等都是十分优良的中国鹅品种，其生产性能已进入世界同类良种的先进行列。

2.3 养殖规模及饲养方式

统计数据显示（表2），2014年，南方地区年出栏肉牛10头以下、羊30只以下的养殖场（户）数占全国的比例为52.8%和46.3%；年出栏肉牛10~49头、羊30~99只的养殖场（户）数占全国的比重为23.3%和20.1%；年出栏肉牛50头以上、羊100只以上的养殖场（户）数占全国的比重分别为20.8%和16.5%。可见，南方地区牛羊规模化养殖场（户）数占全国的比重不高，全国散养户中有一半以上来自南方地区。近年来随着政府对节粮型畜牧业的重视，大量资金流入草食畜禽的养殖市场中，散户养殖退出加快，规模化养殖场不断增多。调研发现，在肉羊养殖方面，苏、沪、皖地区规模养殖企业逐渐增多，养殖企业和养殖户采用的多是舍饲规模化养殖模式，如上海市已经从传统的农村个体分散养殖为主转变为规模化养殖与农民分散养殖并存，并涌现了一批养羊企业和农民养羊专业合作社[10]。南方地区，小规模牛羊养殖户主要以放牧或放牧与舍饲结合的养殖方式进行，规模化育肥场则主要以全舍饲方式进行养殖。

调研发现，我国传统的庭院式养兔模式仍然占较大比重，但在新兴兔产业聚集区和部分传统兔产业地区，工厂化养兔模式正逐步取代传统的庭院式养兔模式，尤其是肉兔的养殖，逐步走向规模化、工厂化。据调查，肉鹅养殖以个体养殖户为主，除种鹅场外，规模化养殖场数量极少[11]。

3　南方地区草食畜禽养殖存在的问题

3.1　规模化程度不高，生产水平偏低

我国南方地区肉牛肉羊养殖，散户居多，规模化养殖场（户）数远少于北方，饲养管理水平相对较低；牛羊个体小，生长速度慢，育肥周期长。据国家牦牛肉牛产业技术体系统计，南方本地小黄牛胴体重平均174.2kg，全国平均胴体重246.5kg。我国南方地区肉牛存栏量占全国的40%，产出的牛肉仅占全国的28%，人均牛肉占有量仅为2.48kg，远低于北方的8.61kg和全国的5.09kg及世界人均牛肉占有量10kg。统计数据显示，2015年全国牛肉净进口量47.4万吨，其中上海、江苏、广东、福建、浙江、安徽和重庆的进口量为16.3万吨，占到全国牛肉进口量的34%。南方地区牛肉、羊肉的平均价格分别为71.24元/kg、71.42元/kg，高于全国的平均水平63.97元/kg、65.23元/kg（表3）。海南、广东、上海等地的牛羊肉价格更高，牛、羊肉价格均高出全国平均水平的10%左右。南方地区优质牧草及饲料、人工成本价格整体偏高，养殖成本高，导致畜产品价格高于北方。

表3　2014年12月南方各省区牛羊肉价格及饲料价格　　单位：元/kg

地区	牛肉	羊肉	玉米	豆粕	小麦麸
安徽	64.16	62.10	2.45	3.69	2.00
福建	76.36	80.52	2.60	3.46	2.19
广东	74.94	69.99	2.66	3.56	2.20
广西	72.60	78.55	2.76	4.11	2.39
贵州	69.20	78.27	2.63	4.06	2.33
海南	87.70	93.34	2.81	3.93	2.28
湖北	67.42	62.03	2.61	3.82	2.11
湖南	72.85	65.57	2.78	4.21	2.28
江苏	62.45	62.83	2.42	3.62	1.96
江西	79.15	71.68	2.78	3.89	2.27
上海	74.60	68.95	2.58	3.49	2.05
四川	61.85	67.43	2.60	4.27	2.27
云南	62.59	73.64	2.40	4.15	2.46
浙江	79.02	73.27	2.60	3.59	2.04
重庆	63.76	63.14	2.61	3.85	2.27
南方地区	71.24	71.42	2.62	3.85	2.21
全国	63.97	65.23	2.47	3.86	2.11

3.2　母畜饲养没有受到足够重视

母畜是畜禽产业可持续发展的基础。母畜养殖要获得好的经济效益，高的繁殖率是其重要保证。母牛由于比较效益相对较差，养殖数量逐年减少，牛源短缺已经成为南方地区肉牛产业发展的瓶颈。母畜的营养对其繁殖性能的发挥有着至关重要的作用。调查显示，南方繁殖母牛因营养不良导致体况瘦弱而被淘汰

的能繁母牛的比例在50%以上[12]。由于饲养管理粗放，规模羊场普遍存在羔羊死亡率高、母羊产后体况恢复慢、产羔周期长等问题，母羊繁殖潜能未充分发挥，年生产力低，达到一年两产或两年三产的比例较小。母兔养殖也存在体况和繁殖性能差及利用年限短的问题。

3.3 幼畜成活率低，生长速度慢

畜禽幼龄阶段的健康生长发育决定了其成年时的生产性能，是生产出安全优质畜禽产品的关键时期。幼龄阶段饲养管理不当很容易出现幼畜生长速度慢、发病率和死亡率高，给生产中带来巨大经济损失[13]。南方地区犊牛、羔羊及仔幼兔的培育尚处于空白。

南方地区以家庭养殖户饲养犊牛为主，缺乏专业技术人员，导致在犊牛产后的护理、初乳饲喂、补饲及管理等方面存在不足。肉犊牛出生后，一般和母牛同圈，在4~6月龄断奶。羔羊出生体重在1.53~3.50kg，断奶体重在8.79~11.21kg，断奶时间在45~120d[10]。绵羊羔羊从出生至断奶前的死亡率在10%以上，山羊羔羊死亡率更是高达10%~20%，产羔率越高，死亡率越高；母羊饲养存在营养水平差，产后无奶，造成羔羊因饥饿而死亡，针对无奶羔羊的饲喂技术较为缺乏，羔羊代乳品的应用明显不足；哺乳期羔羊补饲技术落后，羔羊往往随母羊采食成年羊饲料，没有羔羊专用开食料，羔羊快速生长潜力无法充分发挥。

通过走访、实地调研发现，南方地区仔兔初生重在45~50g，一般在30~35日龄断奶，断奶重在600~700g，断奶成活率一般在75%~85%。仔兔补饲技术粗放，生产中常用母兔料和幼兔料代替仔兔开口料，缺乏科学的符合仔兔生理营养需求的补饲料[15]。

3.4 南方饲料资源充裕，但饲料化利用率低

南方地区农作物和经济作物种植面积大，产量较多，副产物数量巨大，年产农作物秸秆约3亿吨，各种经济作物副产物约1.59亿吨，这其中还不包括其他未进行统计的副产物在内[8]。南方地区农作物和经济作物副产物因其产地、播种方式、采收方式不同等诸多因素的影响，质量不够稳定。与常规粗饲料相比，经济作物副产物的质地粗硬、适口性较差、粗纤维多，木质素含量高，有的副产物还含有单宁、氢氰酸、硫葡萄糖苷等抗营养因子。通过调研及养殖户反映，南方经济作物副产物体积膨松、容积大，水分含量高，加上南方地区湿度大，雨水多，人工不宜干燥，极易腐烂，无法进行运输和长期贮存。另外，无论是大型养殖场还是小的养殖户，均不具备饲料营养成分检测条件，在利用当地的副产物配制畜禽日粮时受到限制，往往是凭经验进行添加和饲喂。尽管南方地区副产物资源数量大，但目前生产中饲料化利用率低，只有20%~30%，很多副产物成为废弃物，急需要解决南方地区农林副产物利用的实际问题。

4 发展南方地区草食畜禽的饲料对策

4.1 通过政策鼓励，大力发展草食畜禽（牛、羊、兔、鹅）

南方地区草食畜禽产品需求量大，饲草料资源丰富，草食畜禽品种资源地方特色明显，加上国家及当地政府对草食畜禽发展的重视，扶持力度大，政策好，应当抓住当前的机会，大力发展南方地区牛、羊、兔、鹅等草食畜禽养殖，提高草食畜禽产品在肉类产品中的比例以及南方地区畜禽产品的自给能力。

一是鼓励草食畜禽的适度规模化养殖，做好粪污处理，减少和避免畜牧业对环境的污染；

二是加大能繁母畜养殖的政策扶持，实施后备母畜补贴政策，加大规模化母畜养殖场政府补贴和信贷扶持，鼓励和扶持龙头企业建立繁育基地；

三是推广草食畜禽的标准化养殖模式，加强畜禽养殖设施设备的投入和补贴力度。通过推广肉牛肉羊舍饲半舍饲饲养及山羊高床养殖技术，肉兔和鹅的工厂化集约化生产，发挥本地品种资源优势，提高草食畜禽的养殖水平，实现畜禽产品的标准化生产。

4.2　加强南方地区副产物资源的开发利用

南方地区副产物资源的开发和利用途径主要有以下 3 个方面。

第一，需要解决南方副产物饲料资源的机械化收获、运输和长期贮存等问题，加快南方副产物收储和加工机械装备的研发、推广和应用。

第二，开展南方副产物的营养价值评定工作。通过系统、全面地评定不同品种、产地、收获期和加工方式的饲料营养价值，建立南方地区饲料营养价值数据库，为本地区饲料资源的开发和利用提供依据。

第三，加强南方副产物的饲料加工调制及营养调控技术的研究与应用，通过青贮、氨化、碱化、发酵及微生物及酶制剂处理等方式，提高适口性和饲料利用率，研究副产物中有毒有害及抗营养因子的有效消除办法。

第四，开展南方副产物在草食畜禽饲粮中的应用技术研究。根据草食畜禽生理特点及营养需要，筛选南方副产物在草食畜禽饲粮中适宜的使用量、使用方式及日粮配制技术，为副产物在实际生产中的应用提供依据。

4.3　抓好母畜和幼畜的培育，提高成年草食畜禽的生产性能

首先，重视和加强母畜的科学饲养和管理。通过选留优质母畜，推行舍饲养殖、科学的饲料配制技术，推行精细化饲喂和分阶段管理技术，提高母畜的繁殖性能，为产出健康、优质的幼畜打下良好的基础。

其次，加强幼畜的早期培育技术研究，提高幼畜成活率，促进幼龄草食畜禽的健康快速成长。开展幼畜生理营养特点的研究，实施早期补饲和适时早期断奶技术，加强幼畜特种饲料的研发和应用，为幼畜的健康生长打好营养和免疫基础。

最后，通过营养调控技术，提高育肥期草食畜禽的生长性能。鼓励推广标准化生产及 TMR 饲喂模式，研究适合南方地区草食畜禽营养生理特点的饲料配制技术，开发提高畜禽饲料转化率、促进健康生长的酶制剂和微生态制剂产品等，提高草食畜禽的生产性能。

5　小结

一方面，我国南方地区人口密度大，经济发达，对草食畜禽产品需求大，品质要求高；另一方面，南方地区自然条件优越，饲料资源丰富，草食畜禽品种资源丰富，但存在饲料资源综合利用率低，草食畜禽规模化养殖程度低，养殖技术落后，母畜和幼畜的饲养没有得到足够重视的问题。从母畜饲养和幼畜培育抓起，为成年畜禽的高产和高效生产奠定基础，同时加强节粮型畜禽的饲养和饲草料资源的开发和利用，为草食畜禽安全、高效生产奠定基础，对于我国南方地区的畜牧业发展和畜产品的当地供应是非常必要的，有着现实和长远的战略性意义。但南方地区如期望成为我国重要的草食畜禽产品生产基地还有待进一步加强研究、开发与建设。

致谢：

感谢公益性行业（农业）科研专项“南方地区幼龄草食畜禽饲养技术研究（201303143）”项目组全体成员对本文的大力支持，谢谢你们提供的宝贵素材。

参考文献（略）

原文发表于：中国畜牧杂志，2017（2），151-156

浙江省肉牛肉羊产业分析及养殖现状调研

王　翀[1]，夏月峰[1]，杨金勇[2]，屠　焰[3]，茅慧玲[1]，刁其玉[3]

（1. 浙江农林大学动物科技学院，临安　311300；2. 浙江省畜牧技术推广总站，杭州　310021；
3. 中国农业科学院饲料研究所，北京　100081）

摘　要：通过调研，系统分析了近年浙江省肉牛肉羊存栏量、出栏量、肉品产量及产值等情况。并通过发放调查问卷、电话咨询、实地考察等方法开展了调研，归纳了浙江省肉牛肉羊养殖现状，并阐述了发展牛羊肉产业的意义及存在的问题。

关键词：肉牛；肉羊；产业分析；养殖现状

近年来，随着国内经济水平的快速发展，城镇化进程加快，居民可支配收入也呈现出逐年增长的趋势，生活水平得到明显提高，相应地，对于肉食品的种类及产量的需求逐渐增长，特别是牛肉产品呈现供应紧张态势，牛肉市场需求逐步趋于旺盛。数据显现，2013 年和 2014 年牛肉产值同比增幅仅为 1. 75%和 2. 18%，对此构成鲜明对照的牛肉消费，增幅达到 6. 47%和 5. 1%。为满足国内日益增加的牛肉消费，2012—2014 年进口增幅达 253. 57%、316. 16%和 33. 5%[1-2]，可见有极大的牛肉市场份额依赖国外进口。肉牛产业已经成为改善居民膳食结构的重要产业，成为实现循环经济，消化和吸纳大量农作物秸秆的重要支柱产业，成为区域经济发展和农民增收的新亮点[3]。浙江省气候温和，水土肥沃，一直是我国经济作物重要种植基地之一，盛产茶叶、油菜、桑类、甘薯、柑橘等经济作物，同时产生大量秸秆、茎叶类副产物，发展其作为牛羊等草食动物粗饲料具有极大潜力，也为浙江省发展草食畜牧业提供了基础。

1　调研对象及方法

为进一步直观地了解浙江省内牛羊养殖现状及存在的问题，笔者通过发放调查问卷、电话咨询、实地考察等方法，以省内 6 家肉牛 9 家肉羊（地区包括：杭州、嘉兴、湖州、金华、温州、绍兴）养殖户/企业为对象开展相关调研工作。肉牛的调研内容主要包括：建场时间及规模、主要的牛品种、母牛的繁殖情况、犊牛的生长情况以及经济作物副产物的使用、加工利用方式和效果等。肉羊的调研内容主要为：羊场的建场时间及规模、羊的主要品种、羔羊早期断奶及饲养问题、母羊配种和整个阶段饲养成本等。通过此次调研，掌握牛羊养殖户/企业生产规模，饲草收购途径，饲养成本瓶颈等资料信息，以期达到充分利用省内饲料资源，满足牛羊生长营养需要，降低饲养成本，满足人们日益增长的肉产品需要的目的。

2　浙江省牛羊养殖概况

2.1　浙江省地域及气候特点

浙北地区水网密集的冲积平原，浙东地区的沿海丘陵，浙南地区的山区，舟山市的海岛地貌，可谓山河湖海无所不有。浙江又属亚热带季风气候，四季分明，光照较多，雨量丰沛，空气湿润，土地肥沃，种植农作物品种丰富，以水稻、玉米、大豆、花生等为主，是我国重要的粮食生产基地，这也为利用农副产物作为饲料资源提供了潜在途径。

2.2　浙江肉羊产业发展状况

2009—2011 年，浙江省肉羊存栏头数略有增长，之后又呈现逐年下降的趋势。2013 年肉羊存栏头数比 2009 年下降了 3.77%，产量下降了 7.6%，而产值却上升了 31.08%。2014 年存栏量有所增加但是出栏量较 2013 年并无明显增加[4-8]（表 1）。

表 1　2009—2015 年浙江省肉羊养殖情况统计[4-8]

	2009	2010	2011	2012	2013	2014	2015
存栏量（万只）	111.4	111.6	111.7	109.5	107.2	111.4	113.4
出栏量（万只）	107.1	102.9	111.2	111.6	103.4	103.9	111.7
羊肉产量（万 t）	1.8	1.7	1.9	1.8	1.7	1.69	1.8
羊业产值（亿元）	7.4	6.3	9.0	9.6	9.7	9.5	—
占牧业产值比例（%）	1.77	1.56	2.01	1.76	1.77	2.02	—

2.3　浙江肉牛产业发展状况

2009—2015 年间，浙江省肉牛存栏头数有显著增长，较 2009 年增加 3.8 倍，出栏量较 2009 年增加 18.1%，牛肉产量增长 22.4%。2009 年 6.9 亿元的牛业产值极大地提高了肉牛养殖户/场肉牛添栏的热情，之后牛业产业、市场需求逐步趋于旺盛[4-8]（表 2）。

表 2　2009—2015 年浙江省肉牛养殖情况统计[4-8]

	2009	2010	2011	2012	2013	2014	2015
存栏量（万只）	2.3	4.2	12	11.5	10.9	11.15	14.0
出栏量（万只）	6.9	7.0	7.7	8.0	8.48	8.15	8.26
牛肉产量（万 t）	0.98	1.0	1.1	1.2	1.2	1.17	1.20
牛业产值（亿元）	6.9	1.8	2.1	2.5	3.0	3.8	—
占牧业产值比例（%）	1.65	0.44	0.47	0.46	0.55	0.82	—

3　浙江省肉牛肉羊养殖现状

3.1　肉羊养殖场调研结果

肉羊养殖场调研的基本信息见表 3，主要饲养品种为长江三角洲白山羊、湖羊，但也有小型养殖单位同时养有波尔山羊、土山羊等，且拥有较为类似的喂养和管理条件。羊群繁殖模式较为传统，往往只是公母一定比例同栏共饲（1∶15~1∶20），自由交配，待发现母羊出现妊娠迹象后，再分栏饲养，公母比例合适的话，也能达到充分利用种用价值的目的。繁殖模式多为自繁自养模式，怀孕母羊一胎可生羔羊 2~3 只，无须从场外购进羔羊。一方面，可以使得疫病的传播途径受到良好控制，另一方面，也间接说明了湖羊优秀的繁殖性能。但是，也存在体型较小青年母羊未至体成熟阶段就配种受孕，难产现象频出等弊端，合理计算成本，科学配种育种才是提高经济效益的正确途径。

3.1.1　羔羊及育肥羊养殖情况

9 家省内的肉羊养殖场羔羊饲养基本情况见表 4，调研的主要内容包括：羔羊的初生重、断奶体重、早期断奶以及代乳料使用情况等。进一步统计发现（表5），羊羔平均初生重为2.89kg，平均断奶日龄为52日龄，肉羊育成共需213d左右，平均出栏体重可达到54.08kg。饲养成本计算方面，各个养殖场之间差异比较大，小型的养殖场养殖模式比较粗放，未进行阶段性分别饲养，如得到改善将有较大经济效益提升空间。

表3　肉羊养殖场调研基本信息

	占地/亩	年存栏量/头	年饲养量/头	主要品种	母羊存栏量/头	饲养员情况	繁殖模式
1	20	502	902	波尔、黄羊、土羊	158	自己养	自繁自养
2	20	1 500	4 000	湖羊	900	请工人	自繁自养
3	1.5	300	500	湖羊	200	自己养	自繁自养
4	0.3	170	280	土山羊	60	自己养	自繁自养
5	7	1 100	1 800	湖羊	415	请工人	自繁自养
6	20	2 900	4 600	湖羊	1 200	请工人	专业育种、自繁自养
7	21	1 200	3 000	湖羊	950	请工人	自繁自养
8	130	1 100	2 100	湖羊	420	请工人	专业育种
9	60	10 000	8 000	湖羊	2 000	请工人	自繁自养

表4　调研养殖场羔羊饲养的基本情况

	出生重（kg）	断奶体重（kg）	早期断奶	代乳料使用情况	哺乳期羔羊饲养主要问题	育肥期精料喂量（kg/d）	育肥期羔羊饲养主要问题	出栏体重（kg）	羔羊死亡主要原因
1	4	14	否	否	生长慢、腹泻多	0.1	生长速度慢	25~50	腹泻、消化不良
2	2.5~4	15	40日龄，效果良好	是	生长慢、腹泻多	0.2	饲料成本高	40	无奶饥饿、腹泻
3	3	15	否	伊利，80元/kg，效果良好	哺乳时间长	0.15	生长速度慢	65	缺奶饥饿、腹泻
4	4	30	否	否	腹泻多	0.05	饲料成本高	70	—
5	9	30	40日龄，效果良好	否	—	0.25	饲料成本高	45	—
6	2.97	7.86	30日龄，效果好的	正泰（猪奶粉），45元/kg，效果比较好的	哺乳时间长	0.3	饲料成本高、粗饲料来源少	42~45	痢疾、软脚、不吃奶
7	3.1	16.2	55日龄，效果好的	2元/kg，效果一般	羔羊饲料缺乏	1.2	饲料成本高	55	死胎、踩死、母羊体弱
8	3	15	50日龄，对生长没影响	否	腹泻多	0.2	粗饲料来源少	95	疾病、弱胎、意外

（续表）

	出生重（kg）	断奶体重（kg）	早期断奶	代乳料使用情况	哺乳期羔羊饲养主要问题	育肥期精料喂量（kg/d）	育肥期羔羊饲养主要问题	出栏体重（kg）	羔羊死亡主要原因
9	2.6	18.4	50 日龄，断奶重偏小	否	生长慢、哺乳时间长	0.4	生长速度慢、饲料成本高、粗饲料来源少、缺乏经济作物副产物处理方法	40	哺乳不足饿死、压死、腹泻

表 5　羔羊及育肥羊饲养情况

	初生重	断奶时间	断奶体重（kg）	开始补饲时间	哺乳期精料使用量	育肥期精料	出栏时间/天
Mean	2.89	52.0	14.2	14.3	0.15	0.31	214
CV	0.215	0.20	0.16	0.41	0.432	0.577	0.3
	出栏体重（kg）	育肥总成本/元	断奶前羔羊生产成本	断奶前饲料成本	断奶后生产成本	断奶后饲料成本	人工、防疫成本
Mean	54.1	601	133	71.5	327	303	74.3
CV	0.28	0.4	1.0	1.06	0.5	0.4	0.65

CV：变异系数，标准差与平均数的比值。

3.1.2　母羊养殖情况

母羊的基本调研情况见表 6，主要调研的内容包括初情月龄、出生体重、主要繁殖障碍疾病、繁殖技术等等。进一步统计发现（表 7），平均初情期月龄为 6 个月多一周，即 25 周左右，初次发情时体重约为 28.6kg。初次配种时体重达到 32.2kg 左右，以使母羊成长至接近体成熟，提高其种用价值。湖羊可全年发情，母羊平均年产胎数为 1.63 胎，经产母羊年产羔数平均可达 2.65 头。在调研的养殖场中，母羊日粮精粗比变异度较大，有的甚至高于 5∶5，过高的精料饲喂会导致瘤胃酸中毒，直接影响母羊的健康状况。加之母羊缺乏运动，从而导致难产频出，流产率较高。

表 6　母羊的基本调研情况

	初情期/月龄	初情平均体重（kg）	平均胎间距/天	主要繁殖障碍疾病	主要淘汰原因	饲料精粗比	饲养标准及配方来源	繁殖技术
1	5	20	230	子宫炎、乳房炎	因病淘汰、繁殖年限长	1∶4	—	诱导发情
2	6	30	210	配种未孕	产仔率低	1∶5	参照国内湖羊饲养标准，自己配制	人工授精、诱导发情、同期发情
3	4~5	25	270	配种后未孕	产仔率低、受孕率低	1∶5	参照国内湖羊饲养标准，自己配制	—
4	—	—	—	—	—	—	—	人工授精
5	5	25	210	—	产羔率低	1∶3	科普文书	同期发情

（续表）

	初情期/月龄	初情平均体重（kg）	平均胎间距/天	主要繁殖障碍疾病	主要淘汰原因	饲料精粗比	饲养标准及配方来源	繁殖技术
6	7	35	200	软脚、流产、难产	产羔率低、易流产、不发情	0.5：6	湖州市地方标准 DB3305/T10.1—2002	人工授精
7	3	22	240	流产、子宫内膜炎、卵巢机能障碍、膘情过肥	不孕、流产率高、产羔率低	17：83	浙大提供	—
8	7	35~40	220	子宫脱落、子宫炎	繁殖率低、肥胖、年龄	65：35	自己配制	同期发情
9	10	30	210	子宫内膜炎、屡配不孕	产后瘫痪、繁殖障碍、产仔数过少	4：6	—	人工授精、同期发情

表7 母羊养殖情况

Table 7 Raised information of ewe

	初情期/月龄	初情期体重（kg）	平均胎间/天	初配体重（kg）	母羊年饲养成本	平均饲料成本元/天	年平均收益/元
Mean	6.23	28.6	226	32.2	729	1.85	686
CV	0.320	0.18	0.1	0.17	0.3	0.342	0.6

	年产胎数	发情期受胎率（%）	流产率（%）	经产母羊年产羔数	育成或育肥头数	精料比例%
Mean	1.63	92.8	5.27	2.65	2.41	26.0
CV	0.143	0.05	0.633	0.257	0.235	0.66

CV：变异系数，标准差与平均数的比值。

3.2 肉牛养殖场调研结果

表8 牛场养殖情况统计

	年存栏/头	年饲养量/头	出生重（kg）	架子牛购进		育肥牛出售		犊牛（3~6月龄）饲料用量		
				月龄	体重（kg）	月龄	体重（kg）	精料（kg）	青饲料（kg）	粗饲料（kg）
Mean	159.4	381.2	26.8	6.0	167.5	15.0	480.0	1.4	2.8	2.5
CV	0.51	0.74	0.26	0.33	0.62	0.31	0.38	0.44	0.64	0.72

	生长牛饲料用量				母牛饲料用量			
	精料（kg）	糟渣类（kg）	粗饲料（kg）	青饲料（kg）	精料（kg）	糟渣类（kg）	粗饲料（kg）	青饲料（kg）
Mean	2.1	8.6	6.8	9.5	1.9	6.5	11.3	10.0
CV	0.71	0.48	0.70	0.72	1.06	0.58	0.45	0.71

CV：变异系数，标准差与平均数的比值。

根据调查信息总结发现，所有肉牛养殖户/企业，主要饲养品种为西杂牛，如西门塔尔、利木赞等。但也有养殖单位同时养有本地黄牛、南阳牛等，温州、金华、丽水等地也有以水牛为主的的饲养模式，特别是温州水牛乳肉兼用特性明显。所调研牛场繁殖模式比较相似，均以自繁自养和购买架子牛的方式共施，规模化的牛场以购买架子牛为主。从表 8 可知，调研牛场的平均年存栏数为 159 头，平均年饲养量为 381 头，出栏肉牛体重平均为 480kg。由表可见浙江省内肉牛场以中小型为主，以企业和农民共同管理。由于肉牛产业肉牛生产周期长、一次性投资大、资金占用多、周转慢，如果省内扶持肉牛发展的政策能够及时跟进，将对未来我省肉牛业的规模化和集约化改造提供有利条件。

4　发展浙江省肉用牛羊产业的意义与存在的问题

4.1　发展浙江省肉用牛羊产业的意义

4.1.1　饲料资源丰富

浙江有充足的草地面积和经济作物副产物适于饲养牛羊等草食动物。浙江省可利用草原面积达 2 075.2千公顷[1]，水热条件优越，农业基础好，各种经济作物种植广泛，合理开发利用草地资源、经济作物副产物及秸秆资源，发展草食动物牛羊，对保护生态环境，促进可循环农业经济发展具有重要意义。

4.1.2　有助于调整畜牧业产业结构

发展浙江省肉用牛羊产业，可以有效增加牛羊肉供给，丰富了市场上肉品来源，改善人们的食物结构，满足人民对高档肉类的需求。草食畜牧业的发展也有利于节约粮食，缓解一直以来的粮食短缺和依赖进口饲料原料的现状。

4.1.3　有助于山区经济发展

浙江省草地大多分布于浙江中部、南部，交通不便，生态环境脆弱，较贫困的偏远丘陵山区，扶持发展当地草食动物畜牧业，有助于充分利用草地资源和副产物资源，增加当地农民经济收入，促进地方经济和社会和谐的发展。

4.2　产业发展过程中的主要问题

4.2.1　粗饲料利用率低

浙江虽然经济作物种植量丰富，有较大产量的麦秸、玉米秸、稻草等，但利用率低，仅在 37%左右，其余基本以焚烧处理为主，造成了严重的环境污染[10]。且其他如花生藤、大豆秸、笋壳等优质副产物由于省内人工收集成本高，难以保存及调制技术的缺乏，也未得到充分利用。省内养殖户甚至依赖从省外进口优质秸秆粗饲料而背负较高的运输成本，如何高效收集贮存省内的优质秸秆是关键。

4.2.2　母畜营养饲养管理不专业

正确的饲养和科学的管理母畜，是保证胎儿在体内正常生长发育的关键，直接影响畜群繁殖力及种用价值的发挥。粗放的饲养管理，易导致母畜营养不均衡。妊娠前期，胎儿生长发育缓慢，其营养需求较少，以粗饲料为主，适量添加混合精饲料；而妊娠中后期，胎儿生长发育较快，应加强营养；特别是妊娠后期，以青饲料为主，适当搭配混合精饲料，重点满足蛋白质、矿物质和维生素的营养需要，混合精饲料不可过多使用，以防止母畜过肥，发生难产，平时还要加强刷拭和运动。

4.2.3　散养户缺乏饲养场地，难以提升产业层次

随着新农村建设工程的实施，过去以一家一户为单位的大批肉牛散养户，将面临无场地养牛的局面。饲养场地的缺乏势必造成散养户的减少，散养户养殖规模虽小，在房前屋后饲养 1~3 头，却是浙江省肉牛的主要生产者[11]。在有条件的地方可由政府或企业共同投资建设肉牛养殖小区，让农户出钱买牛入园饲养，逐步扩大养殖规模，使肉牛业由传统散养向规模化、标准化、集约化方向发展。

参考文献（略）

原文发表于：畜牧与兽医，2017，49（3）：111-115

肉牛早期断奶关键技术及研究进展

朱相莲[1]，茅慧玲[1]，屠　焰[2]，汪海峰[1]，周　圻[1]，王　翀[1]，刁其玉[2]

（1. 浙江农林大学动物科技学院，浙江临安　311300；2. 中国农业科学院，北京　100081）

摘　要：如何科学地饲养犊牛是肉牛养殖业可持续发展的关键环节之一。近年来，我国肉牛养殖业快速发展，但犊牛培育技术远远落后于发达国家。提高犊牛的培育质量和效率变得至关重要，而早期断奶技术的应用将极大地提高肉牛养殖效益。近年来，犊牛早期断奶技术的研究取得较大进展，本文主要针对肉牛犊牛断奶技术应用的可行性、技术要点、存在问题及发展前景这几部分内容将近年来的研究和观点进行了整理和归纳，以期能为今后的肉牛生产和研究提供参考。

关键词：犊牛；早期断奶；代乳粉；开食料

幼龄动物的培育一直是畜牧业可持续发展的关键，而早期断奶技术对于高效地培育肉牛具有重要的意义。过多的哺乳量或过长的哺乳期，虽然可使犊牛增重较快，但对犊牛的内脏器官，特别是消化器官有潜在的不利影响，甚至会影响肉牛成年后的体型和生产性能。早期断奶能提早补充犊牛所需营养，促使犊牛采食较多的植物性饲料，这样不仅能使犊牛补偿性生长，而且还有利于犊牛的瘤胃发育，使其在成年后获得较优的生产性能。因此，提升犊牛的饲养水平和效率是肉牛业发展的关键。我国肉牛产业起步比较晚，在很多技术仍处于探索研究阶段，鉴于现有的试验结果，应用早期断奶技术有望降低肉牛犊牛的培育成本，并维持其正常生长发育，获得更高的经济效益和社会效益，促进我国肉牛产业的发展。

1　肉牛犊牛早期断奶的意义

我国传统的肉牛饲养方法一般将犊牛同母牛同圈饲养 6~8 个月，但在哺乳中后期母乳已无法满足犊牛快速生长发育的需要。特别是随着我国肉牛培育水平的提高，传统的断奶方案已不能满足肉牛高效生产的需要，严重的还会导致犊牛瘤胃和消化道发育迟缓，最终影响肉牛断奶后的育肥。另外，过长的断奶方案培养成本较高，以 90 日龄断奶方案为例，共需饲喂犊牛 350~500kg 鲜牛奶[1]。部分生产单位为提高生产效率，犊牛断奶时间提早到了 30d，但早期断奶需要成熟的配套技术，盲目地提早断奶时间往往引起犊牛应激反应，导致生长发育不良、体况消瘦等[2]。随着动物营养、消化生理和分子生物学等多学科的融合发展，人们对犊牛特殊的消化生理和营养代谢机制有了更深入的了解，犊牛的饲养方式面临着根本改变。国内外在奶牛犊牛早期断奶技术方面的研究较多，我国较先进的奶牛断奶技术可实现 2 个月断奶不会影响犊牛的成活率及其生产性能[3]。

随着我国肉牛产业的发展以及早期断奶技术研究的深入，早期断奶技术在肉牛产业上的应用前景广阔。早期断奶技术的意义一是保证肉牛健康生长及后期的肥育效率，二是提高母牛繁殖效率，三是降低生产成本，综合这三方面的指标来评估这项技术的可行性可获得较为直观、全面的结果。

1.1　对犊牛生长的影响

犊牛从哺乳期到断奶经历了消化生理、营养需要以及日粮形态的剧烈改变，因此，这一阶段的饲养技术要求甚至高于肉牛肥育期。怎样促进犊牛消化器官发育、优化从哺乳期到断奶的转化过程以及缓解断奶应激是犊牛培育的关键。目前，研究提出的犊牛早期断奶技术思路大致可归纳为对犊牛进行早期断奶和早期补饲这两个环节，但在具体实施过程中由于没有真正理解犊牛早期断奶的本质导致效果参差不齐。苗树君等从日粮结构角度研究早期断奶对犊牛消化道发育的影响。结果表明，早期断奶和低奶量组犊牛瘤胃、网胃重量均显著高于充分供奶组（$P<0.05$）[4]。尽早饲喂犊牛植物性饲料可提高其出生后4~8周时瘤胃和网胃占四个胃总容量的比例，最高可到80%，并且其成年后表现出较好的生产性能[5]。如能在早期断奶阶段配合使用犊牛代乳料则有利于犊牛消化道的定向培育，促使犊牛的消化功能较早发育，使犊牛尽早适应粗饲料为主的日粮结构，从而发挥生产潜力[6]。高占峰等通过使用代乳粉进行早期断奶试验表明，科学的早期断奶技术可提高犊牛的免疫力，减少犊牛的腹泻率，对犊牛的生长发育没有负面影响。试验结束时犊牛的增重情况与哺乳的犊牛接近（$P>0.05$），但使用代乳粉可节省大量鲜奶，降低生产成本[7]。郭敏增等试验也表明，早期断奶配合代乳粉饲喂犊牛，其日增重、胸围显著高于对照组（$P<0.05$），发病率降低2.5个百分点[8]。在早期断奶期间及时进行早期补饲，可以促进瘤胃的早期发育。但是，犊牛进食牛乳或乳蛋白源代乳品不利于前胃正常发育，虽然消化器官也会生长，但胃壁会变薄而且乳头发育受到抑制，影响对粗饲料的消化[9]。相反，当犊牛采食干性饲料时前胃的容积、重量以及肌肉组织和吸收能力都会快速增长。早期补饲的犊牛在6~8周龄时，瘤网胃发育即可达到一定程度，成年后的瘤胃体积比一般饲养情况下更大，从而为高产奠定良好的基础[10]。

通过科学的早期断奶，犊牛可在后期的生长、肥育中表现出理想的效果。Hopkins研究表明，每日饲喂犊牛3.8L常乳，在28日龄断奶与56日龄断奶相比，犊牛达90日龄时两组的体高、体重无差异，且在28日龄断奶对犊牛健康无不良影响[11]。赖松家指出，采用低奶量配合补饲进行早期断奶培育犊牛，并不影响犊牛的日增重[12]。石光建研究了早期断奶对犊牛后期生长速度的影响，发现4月龄断奶（早期断奶组）相对于6月零断奶在18月龄时有较大的体重，并且早期断奶犊牛后期生长速度快于6月龄断奶组犊牛（$P<0.05$）[13]。Arthington研究发现实施早期断奶的犊牛，受胎率高于对照组，且犊牛成年后产后间歇短（$P<0.05$），日产奶量差异不大（$P>0.05$）[14]。因此，研究摸索适合当地养殖现状和适合当地肉牛品种的早期断奶技术，将最大限度发挥公犊牛后期的育肥效果，提高母犊牛后期的繁殖性能、产犊年龄提早而不难产，提高肉牛养殖效益。

1.2　对母牛的影响

早期断奶不仅有利于犊牛后期的生长发育，还能间接提高母牛繁殖效率和肉牛养殖的综合效益。产犊之后母牛泌乳量迅速上升，因此，在此期间特别是哺乳早期体况恢复缓慢。若采用早期断奶技术使犊牛提早断乳离开母牛，可使母牛体况尽快恢复，缩短产后发情时间，促进母牛发情和配种，使母牛尽快进入下一个繁殖周期，最终缩短繁殖周期。这可能是由于犊牛隔离断乳后母牛乳房高度充盈，雌激素分泌过多刺激卵巢的活动，而提早发情。孙东荣在早期断奶技术的研究中发现产犊后3d实行一日一次、一日两次限制哺乳的母牛比传统哺乳的母牛产后初次发情天数分别缩短182.2d和172.9d，分娩间隔缩短到12个月（$P<0.01$）[15]。因此，早期断奶技术不仅能促进犊牛的生长发育，还可以缩短产仔母牛的产犊间隔，提高养殖效益。然而，关于早期断奶对母牛繁殖性能方面的跟踪研究资料比较少，基础研究数据更是缺乏。

1.3　早期断奶技术的效益

近年来，鲜奶价格居高不下，而早期断奶可以大量使用代乳品，其成本要低于全乳，犊牛代乳粉、开食料的研究应用将降低养殖户的饲养成本，促进肉牛业的发展。另外，用代乳料实现犊牛早期断奶能在保证犊牛健康的基础上节省饲养成本，使得乳肉兼用牛的饲养在理论上也变得可行，早期断奶配合代乳料及开食料培育犊牛成为值得推广的一项配套技术。李进杰等的早期断奶试验表明，犊牛由于实行了早期断奶配合早期补饲，消化器官得到锻炼，表现出较好的消化吸收能力，精、粗料采食量均显著高于对照组（$P<0.01$），且节省鲜奶260kg，与对照组相比培育成本降低26.9%[16]。另外，张伟在早期断奶对肉用奶

公犊生长性能的影响方面作了研究。结果表明，早期断奶有利于奶公犊牛早期的生长发育和骨骼发育，试验组日增重比对照组高 146. 6g/d，共节省鲜奶 240kg/头，早期断奶组犊牛 0~4 月龄培育成本为 679. 2 元，比对照组低 29. 66%[17]。以上试验结果均表明，与传统培育方法相比，采用早期断奶技术培育犊牛可降低培育成本，提高养殖效益。特别是在高端肉牛产品小白牛肉的生产方面表现出较大的经济效益。以节约鲜奶、生产小白牛肉为主要目的的犊牛早期断奶育肥技术生产每千克增重成本为 8~10 元，与国内小白牛肉每千克 80~90 元的昂贵价格相比，生产的效益是相当可观的，有巨大的市场开发潜力[18]。

2 早期断奶关键技术研究进展

早期断奶技术并不等于盲目提早犊牛的断奶时间，而必须建立在掌握犊牛哺乳期的生长发育特点，配合科学合理的早期断奶饲养管理的基础上，是涉及营养、生理、免疫等全方位的一个系统工程。犊牛的培育实质是不同阶段消化环境的改变以及主要消化器官的转变，这个过程伴随着犊牛瘤胃功能的逐渐健全，瘤胃微生物系统的逐渐建立以及皱胃作为主要消化器官到瘤胃发酵、后胃消化为主的转变。尤其是新生犊牛的消化和摄取营养的方式与单胃动物相似，同时，对于反刍前的犊牛，小肠在营养物质消化吸收方面起着十分重要的作用。随着日龄的增长和日粮的改变，小肠的所占比例逐渐下降，胃的比例显著上升[19]。瘤胃在日粮的刺激下开始发育，瘤胃是成年反刍动物最重要的消化器官，促进瘤胃的尽早发育，有利于肉牛的消化功能得到充分发挥。

犊牛早期断奶的方法大致可分为两个阶段。第一个阶段，犊牛出生后最初几天喂初乳，初乳的足量摄取能提高犊牛免疫能力，是早期断奶成功与否的关键。之后可用代乳粉逐步代替 1/2~2/3 的鲜牛奶饲喂。第二阶段，完成牛乳过渡后全部用代乳粉作为牛乳营养来源，并开始训练犊牛采食开食料，任其自由采食，同时提供优质青草或柔软干草料，这一过程各个品种肉牛存在差异，需要根据品种及当地养殖环境进行摸索。一般情况下，当 40~50 日龄的犊牛日采食精料量达到 1. 2kg 以上时即可断奶[20]。也有学者认为犊牛日采食精料达 1kg 以上就可进行断奶。因此，犊牛早期断奶技术的关键在于要有符合犊牛发育生理规律的饲养管理技术和合理的犊牛日粮水平调控，根据犊牛不同阶段的生理特点分阶段供给犊牛所需的日粮，同时做好犊牛断奶过渡工作，减少或避免断奶应激。

2.1 日粮水平

对于犊牛来说，日粮是影响犊牛发育最主要的因素，日粮要符合犊牛各个发育阶段的营养需要是基本的准则。而犊牛生长发育的特殊性也导致除一开始摄入的初乳之外，犊牛所需营养都来自代乳料、优质青草或干草。现今犊牛早期断奶技术的研究主要集中在核心环节—代乳料的开发与应用。代乳料可以分为代乳粉和开食料。

2.1.1 代乳粉

代乳粉要满足犊牛的营养需要，并符合易消化、适口性好、配制原料优等特点，提供犊牛生长发育所需的蛋白质、脂肪、维生素、微量元素及各种免疫因子[21]。代乳粉要代替牛奶并达到较好的生产性能，就必须在营养成分、免疫组分、口感香味上接近甚至好于母乳才会被犊牛接受。配制代乳料在考虑提高犊牛日增重的基础上还要重视减少犊牛的腹泻、增加犊牛的抵抗力和免疫力。

在营养水平上，代乳粉首先要求供给犊牛足够的能量。犊牛代乳粉中要有一定含量的脂肪来提高日粮能量水平，好的代乳粉脂肪含量应在 10%~20%，脂肪含量高可以提供额外的能量促进犊牛的快速生长，同时有利于减少犊牛腹泻。要注意的是，高脂肪日粮可以减少犊牛的冷应激，提高犊牛存活率[22]，但体脂肪过度沉积会影响小母牛的乳房发育和以后的产奶量，对繁殖性能带来负面影响，因此需要进一步研究不同品种肉牛犊牛不同阶段的能量需要及配套供给技术[23]。

蛋白质是影响动物生长及动物培育成本的重要因素之一，代乳料中常用的蛋白质原料主要包括乳蛋白和非乳蛋白 2 大类。乳蛋白具有消化率高、氨基酸平衡且基本不含抗营养因子等优点，因此，新鲜牛乳是

3周龄内犊牛的最佳蛋白质来源[24]。但由于乳制品蛋白源价格昂贵，以乳蛋白为原料配制代乳品成本较大。为降低生产成本，我国大多用非乳蛋白（包括动物蛋白或植物蛋白），但动物对非乳蛋白代乳粉的消化吸收往往要低于天然牛乳。动物性蛋白如猪或牛的血浆蛋白用于犊牛代乳料，优点在于消化性强、氨基酸平衡，并可提供犊牛额外的免疫球蛋白。与动物性蛋白相比，植物蛋白不仅在消化性上较差，并且大多含有抗营养因子，如胰蛋白酶抑制因子、植酸等，限制了植物性蛋白在代乳料中的使用。随着国内外对植物蛋白处理技术的提高，用植物蛋白源代替部分或全部乳蛋白饲喂犊牛的可行性大大增加。例如，大豆蛋白源价格低廉、氨基酸组成相对平衡，如果能适当处理可提高大豆蛋白的利用率，是较优质的能替代乳蛋白源的植物性蛋白源。植物性蛋白代乳品饲喂早期断奶犊牛还可在一定程度上刺激犊牛瘤胃发育。李辉等研究发现，犊牛瘤网胃相对比重随日粮植物性蛋白含量的升高而上升，并未对肠道绒毛造成严重影响[25]，这表明植物性蛋白质的利用可加快犊牛瘤胃发育，有利于提高犊牛后期生长速度。潘军认为犊牛代乳料中蛋白质水平应不低于21.0%（DM）[26]。Sanz等建议如果代乳粉的蛋白质来源是奶或奶制品，那么要求蛋白质含量在20%以上，如果含有植物性的蛋白质来源（如经过特殊处理的大豆蛋白粉），则蛋白质含量应高于22%，并且只有代乳粉中的能量：蛋白比率应高于自然的牛奶才有利于犊牛对蛋白质的吸收[27]。

代乳粉中的碳水化合物则以乳糖效果较好，因为犊牛没有足够的消化酶去分解和消化淀粉（小麦粉和燕麦粉）或蔗糖（甜菜），过多的淀粉会造成3周龄内的犊牛营养性腹泻和失重。有研究表明，乳糖含量过高也会导致犊牛腹泻发生率上升[9]。因此，有必要进一步研究肉牛犊牛乳糖的适宜添加量，避免因乳糖供给过量导致负面影响。

2.1.2 开食料

犊牛开食料是为满足犊牛营养需要而配制的一种适口性强、易消化且营养全面，并区别于代乳粉，专用于犊牛断奶前后饲喂的精料补充料。开食料的使用可以使犊牛尽早适应固体饲料，保证犊牛健康生长，其形状为多粉状或颗粒状，以颗粒饲料使用效果较好，一般直径为0.32cm为宜[28]。开食料是犊牛重要的营养来源，对犊牛的生长发育，尤其是瘤胃的发育起着至关重要的作用。开食料不同于代乳粉，它是以提供能量和蛋白质为主的籽实类为主，加入部分动物性蛋白以及少量矿物质、维生素等。然而，单一的饲料原料不能完全满足犊牛生长发育的需要，优质的犊牛开食料要具有良好物理、化学特性，营养组分以及适口性，并以能使犊牛获得最佳的体增重、饲料转化效率和瘤胃功能的发育为综合评价指标。开食料优劣会直接影响犊牛胃肠道活动，从而影响犊牛瘤胃发育，最终影响肉牛生长和肥育效果。

豆粕、亚麻粕、棉籽粕、菜籽粕、芝麻粕或膨化大豆均可被用作开食料中的蛋白质来源。不同蛋白水平的开食料对犊牛的采食量、日增重、体尺增长以及复胃发育等方面都有不同程度的影响。黄利强试验表明，蛋白水平在17.2%~21.2%的开食料能使犊牛获得较优的培育效果[29]。云强等试验得出8~16周龄犊牛开食料含20%的粗蛋白水平最为适宜[30]。刘景喜等研究发现，犊牛开食料中粗蛋白水平为18%即可满足犊牛的生长发育需要[31]。以上试验得出的结果都比较接近，变化范围在17.2%~21.2%。

开食料中一定含量的粗纤维有利于犊牛的健康和增加日增重。研究表明，粗饲料在全混合开食料中的比例为25%~35%比较理想。当开食料中的纤维素低于5%~6%时将不能给犊牛带来最好的生产效益，甚至会导致犊牛发生瘤胃膨胀[32]。一旦开食料中粗纤维水平确定下来，开食料中的其他组分也应适当选择以与使用粗饲料达到最佳配合[33]。不同颗粒大小开食料试验结果表明，含有苜蓿叶粉和膨化玉米粉的开食料对荷斯坦公犊牛瘤胃发育有较好的促进作用[31]。

开食料的开始饲喂时间也会影响犊牛的生长发育和瘤胃功能。刁其玉研究表明，在犊牛3周龄时开始饲喂开食料最为适宜，过早或者过晚都会影响犊牛的生长发育[28]。另一项研究断奶日龄对早期断奶犊牛生长性能的影响试验中也表明于20日龄训练犊牛开始采食优质干草和饲料有利于犊牛健康[6]。这主要是因为3周龄以内犊牛的瘤胃和网胃内微生物体系尚未建立，不具备消化草料的功能，犊牛只能靠进入真胃的乳汁提供营养。此时饲喂开食料只会增加犊牛胃的负担，导致疾病发生。而当喂料过晚时，犊牛的消化道长期依赖乳汁，前胃因得不到充分的锻炼而发育缓慢，瘤胃发育迟缓，瘤胃乳头甚至会发生退化，最终影响犊牛后期的生长发育。然而，也有研究发现，在犊牛7~10日龄时就开始补饲开食料，对犊牛后期生长发育无不良影响。因此，开食料的开始饲喂时间至今仍没有统一标准，总的来说，关于开食料的饲喂时机问题还有待深入研究。

2.1.3 犊牛饲料添加剂

犊牛日粮除提供犊牛能量和常量营养元素外，还要满足犊牛特殊生长需要的微量元素，进一步提高犊牛的生产性能，而这一部分作用主要由饲料添加剂来实现。使用饲料添加剂主要是为了提高代乳料的适口性，促进犊牛采食，全面满足犊牛生长发育的需要。犊牛代乳料添加剂主要有以下几类。

① 维生素和矿物质。与成年牛不同，幼龄肉牛的瘤胃功能发育不全，不能合成或合成量不能满足犊牛所需的多种维生素，所以一些微量元素和维生素是必须由饲料中添加，如维生素 B_{12}、Zn 等。维生素 A 可以通过降低自由基、单线态氧等反应活性来调节免疫功能[34]。而添加适量的硒和维生素 C，可提高犊牛的免疫力，减少犊牛的腹泻率。

② 酶制剂和益生素。犊牛在哺乳期消化系统发育不全，其消化酶的分泌不能适应早期断奶技术应用的要求。因此，有必要添加外源性酶制剂来辅助消化，提高饲料消化率，提高早期断奶的成功率。试验表明，向饲料中添加酶制剂可使犊牛每日多增重 510g，并且减少疾病的发生率[35]。益生素可在肠道内繁殖成为优势菌群，抑制病原菌及有害微生物的生长繁殖，有利于犊牛的肠道健康，减少疾病发生，促进犊牛生长[36-37]。

③ 抗生素。莫能霉素属聚醚类离子载体抗生素，添加在饲料中能提高饲料利用率，节约饲料蛋白，许多欧美国家已广泛应用于肉牛生产，其作为育肥牛的增重剂，可取得良好的应用效果[38]。

④ 酸化剂。肠道对日粮蛋白质的消化十分重要，然而犊牛消化机能不全，胃酸分泌不足，造成胃蛋白酶激活受限制，容易导致小肠内细菌增殖，腹泻脱水。而饲料中添加酸化剂之后，可以激活消化酶，有利于乳酸杆菌的繁殖，提高消化机能，从而改善犊牛的增重速度和饲料利用率[39]。

⑤ 调味剂。糖蜜是甜菜、甘蔗等制糖后的副产品，是一种褐色黏稠的液体，俗称糖稀，在大多数开食料中普遍使用，具有降低粉尘，增加适口性，提高采食量的作用。由于干燥乳清粉是优质的动物性蛋白源，因此也被应用于开食料中以改善适口性，尤其是可用于诱导犊牛更早地开始采食开食料[33]。

⑥ 其他。在牛饲料中添加高氯酸盐可提高牛的增重，降低料重比，且屠宰后体内无残留，尤其对犊牛的培育有显著效果[40]；另外，在犊牛饲料中添加适当药物有促进代谢、促进生长、减少腹泻率等效果[41]。

2.2 断奶过渡

犊牛早期断奶技术的另一技术要点就是做好断奶过渡工作。断奶前，早期补饲是犊牛断奶过渡的关键环节；断奶后的一个月至一个半月，需补充一些营养丰富的精饲料，经过过渡期才能用以玉米为主的日粮。有研究表明，犊牛在任何日龄断奶都会存在应激反应，在早期断奶时，犊牛由于饲粮改变等应激影响，常表现为食欲差、消化功能紊乱、腹泻、生长迟缓、饲料采食量少、饲料利用率低等所谓的犊牛早期断奶综合征。如果没有做好早期断奶的过渡工作，这些问题的产生或者没有处理及时，会给养殖户造成损失。维生素 C 可以增强犊牛体内中性白细胞，提高犊牛免疫力，有效减缓断奶时期的应激。另外，肉牛犊牛断奶后，其腹泻发生率随着肉牛日粮中蛋白质含量的提高而增高，降低蛋白质水平也可减轻肠道免疫反应和腹泻程度[39]。

过渡渐增式补饲可以减少断奶应激。犊牛出现反刍时要及时补饲，而且，随着日龄的增长，犊牛采食固体饲料增多，此时，提高精料比例可以促进瘤胃乳头的发育，提高干草比例可以提高胃的容积和组织发育。但要注意的是过量精料会增加瘤胃角质层厚度，影响瘤胃壁的吸收功能，最终导致瘤胃炎发生。一般犊牛连续 3d 能采食 1kg 精料以上，可以有效地反刍时，可判定为犊牛断奶节点。Hulbert 等认为断奶体重也是一个重要指标，如果 24 日龄时犊牛体重偏轻则不易使用早期断奶技术。特别是相对于快速早期断奶

（1～5d 断掉），慢速早期断奶（15～17d 断掉）犊牛的体重在断奶前较轻，并且分泌较少的促炎细胞因子TNF-α[42]。

3　肉牛早期断奶技术的应用现状

采用犊牛早期断奶技术可以取得较可观的效益，许多奶牛养殖场都已将早期断奶技术应用到实际生产中去，部分肉牛养殖场也开始使用这一技术。但纵观各个养殖场的养殖效益可以发现，他们取得的收益还是参差不齐的。导致这个差异的原因就是有些养殖场片面认识提早断奶，没有采取适合本场养殖现状的早期断奶技术。

实施科学的早期断奶技术的确可以增加生产效益，但在没有掌握犊牛早期断奶技术的技术要点，忽视犊牛瘤胃的发育过程，为了追求经济效益，就盲目提早断奶、突然断奶或断奶后强制粗饲，则可能造成瘤胃积食或者十二指肠溃疡，最终得不偿失。因此，犊牛早期断奶要遵循科学规律，给犊牛提供一个由全乳、开食料到普通饲料的过渡时间，这样才能既降低饲料成本又让犊牛健康生长。

肉牛因生活区域、品种的不同而具有不同的生理生活特性，应用早期断奶技术也需要根据养殖现状进行科学的调整。从国内肉牛区域分布来看，我国有中原肉牛区、东北肉牛区、西北肉牛区及西南肉牛区；从国内肉牛品种来看，我国有西门塔尔、利木赞牛、夏洛莱牛、鲁西黄牛、南阳牛、秦川牛、晋南牛、延边牛、南方黄牛等，还有许多改良的杂种牛。原平贵等研究表明，饲喂初乳 4.5L，饲喂强化代乳料（20%粗蛋白、12%脂肪代乳料+2.5%鱼粉）能够显著提高西杂犊牛生长[43]。周振勇在研究早期断奶技术对不同品种肉用犊牛生长发育影响试验中发现，安杂牛较新褐杂牛、荷斯坦牛，生长发育快，增重效果好[18]。而通过颗粒料形式饲喂秦杂牛犊牛并添加赐力健和益康-XP 能提高哺乳期日增重，降低饲料耗料量[44]。因此，早期断奶技术的应用不宜采用“一刀切”的办法，一方面，养殖场应用肉牛早期断奶技术要因地制宜、因品种而定；另一方面，养殖场要根据自身的饲养水平、犊牛的体况、日粮的品质及饲料加工类型加以调整。

肉牛犊牛的饲养要结合考虑当地的饲料情况、饲养环境等多方面因素，但目前，国内各地养殖场对肉牛犊牛采用早期断奶技术的应用存在很大随意性，也没有统一的技术规范，日粮组成结构、哺乳期与哺乳量的确定等大多凭经验而定，这就使原本可以最大化的效益大打折扣。

4　小结

肉牛犊牛断奶阶段培育得好坏直接影响其成年后生产性能的发挥。早期断奶技术在肉牛犊牛饲养中正逐步得到认可，一些先进的牧场也取得了较为可观的生产效益。但犊牛的培育理念和饲养管理技术上仍存在诸多问题，另外在肉牛早期断奶的瘤胃微生物学机制、母体效应对早期断奶的影响以及断奶对后期肥育效率的影响等研究仍十分有限，需要更深入和大量的研究。若能深入研究早期断奶的可行机制并科学应用早期断奶技术，现代化肉牛养殖业将取得更大的市场，并促进我国肉牛产业的发展。

参考文献（略）

原文发表于：中国牛业科学，2015，41（1）：61-67

锦江母牛体重与体尺指标的相关与回归关系

许　超，高雨飞，彭志鹏，欧阳克蕙*，瞿明仁，
黎力之，熊小文，温庆琪，许兰娇

（江西农业大学　江西省动物营养重点实验室/营养饲料开发工程研究中心，南昌　330045）

摘　要：以江西省高安市锦江牛保种区 2015 年测量的 132 条相关数据为基础材料，对锦江牛体重与年龄、体高、十字部高、体斜长、胸围、腹围、管围的相关系数进行了分析，同时进一步分析了估测锦江牛成年母牛体重的回归模型。结果表明：锦江牛体重与年龄、体高、十字部高、体斜长、胸围、腹围、管围分别为 0.496、0.704、0.699、0.661、0.893、0.838、0.605；得到了 3 个估测体重的回归模型，估测值与实测值之间的相关程度分别为 0.893、0.907 和 0.913。

关键词：锦江牛；体重；相关系数；回归模型

锦江牛是优良的地方品种之一，产于我国南方亚热带丘陵地区，主要分布于江西省高安市、上高县。该品种具有体型偏小、耐粗饲、抗病力强、性成熟早、适应性强的遗传特点，是进行黄牛杂交改良的优秀母本，也是培育本地肉牛新品种不可多得的育种素材。本文旨在探讨锦江牛成牛母牛体重与体尺指标的相关性，进一步估测体重的回归分析，以期指导该品种牛的生产实际及选育工作。

1　材料与方法

1.1　材料来源与样本数量

试验采用江西省高安市锦江牛产区 2015 年 8 月测量的 132 条相关数据。体重（kg）为第 2d 清晨测量的牛只空腹重；体斜长（cm）为肩端到坐骨端的距离；体高（cm）为鬐甲最高点至地面的垂直距离；十字部高（cm）为两腰角中央到地面的垂直距离；胸围（cm）是沿肩胛骨后角处量取的体躯垂直周径；管围（cm）是牛只左前肢管骨上 1/3 最细处测量的水平周径。

1.2　统计方法

所有数据采用 SPSS19.0 程序 Pearson 和 Linear 过程[1]进行处理。

1.2.1　Pearson 相关系数分析计算模型

$$R=\frac{N\sum XY-\left(\sum X\right)\left(\sum Y\right)}{\sqrt{N\sum X^2-\left(\sum X^2\right)}\sqrt{N\sum Y^2-\left(\sum Y^2\right)}}$$

式中，R 为 Pearson 相关系数，数值介于-1～1，当 R 值为正数时为正相关，表示依变量随自变量的增大而增大，当 R 值为负数时为负相关，表示依变量随自变量的增大而减小，当 R 值等于 0 时表示依变

基金项目：公益性行业（农业）科研专项（201303143）；国家现代农业产业技术体系（nycytx-38）

作者简介：许超（1988—　），男，江苏宿迁人，硕士研究生，主要从事反刍动物营养研究，E-mail：229462924@ qq. com

*　通信作者：欧阳克蕙，E-mail：ouyangkehui@ sina. com

量与自变量之间没有相关性。X 为自变量，Y 为依变量。

1.2.2　多元线性回归分析计算模型

$Y=b_0+b_1x_1+b_2x_2+\cdots+b_nx_n$，其中，$Y$ 为依变量，b_0 为常数，b_1、b_2……b_n 为回归系数，x_1、x_2……x_n 为回归系数对应的自变量。

2　结果与分析

2.1　相关性分析

以年龄、体高、十字部高、体斜长、胸围、腹围、管围作为自变量，体重作为依变量。各个指标之间的相关系数结果见表 1。

表 1　体重与体尺指标相关性分析结果

	体重	年龄	体高	十字部	体斜长	胸围	腹围	管围
体重		0.496**	0.704**	0.699**	0.661**	0.893**	0.838**	0.605**
年龄	0.496**		0.298**	0.275**	0.434**	0.431**	0.460**	0.441**
体高	0.704**	0.298**		0.868**	0.725**	0.678**	0.600**	0.492**
十字部	0.699**	0.275**	0.868**		0.670**	0.704**	0.598**	0.520**
体斜长	0.661**	0.434**	0.725**	0.670**		0.596**	0.588**	0.554**
胸围	0.893**	0.431**	0.678**	0.704**	0.596**		0.867**	0.622**
腹围	0.838**	0.460**	0.600**	0.598**	0.588**	0.867**		0.550**
管围	0.605**	0.441**	0.492**	0.520**	0.554**	0.622**	0.550**	

注：*、** 表示纵横指标间相关性显著（$P<0.05$）或极显著（$P<0.01$）。

由表 1 可以看出，年龄、体高、十字部高、体斜长、胸围、腹围和管围与体重之间的相关系数分别为 0.496、0.704、0.699、0.661、0.893、0.838、0.605。经检验，年龄和体尺指标与体重之间相关系数均极显著（$P<0.01$）。其中，以胸围与体重之间相关性最大。而在体尺指标中，又以体高和十字部高的相关性最大，管围和其他体尺指标的相关性较小。

2.2　通径分析

各体尺指标与体重间的相关系数只能反映两性状间的表型相关，要想进一步分析各性状指标间的直接或间接相互作用程度，还需进行通径分析[2]。

表 2　锦江牛体重与体尺指标通径分析结果

指标	胸围	体斜长	腹围	总和
相关系数	0.893	0.661	0.838	2.392
直接作用	0.609	0.177	0.206	0.992
间接作用（总和）	0.284	0.484	0.632	1.4
胸围		0.363	0.528	0.891
体斜长	0.105		0.104	0.209
腹围	0.179	0.121		0.300

经通径分析（表 2），锦江牛胸围通过体斜长和腹围对体重的间接通径系数分别为：0. 177×0. 596 = 0. 105；0. 206×0. 867 = 0. 179；总间接作用为 0. 105492+0. 178602 = 0. 284；由通径分析的理论知：其相关系数为：0. 609+0. 177×0. 596+0. 206×0. 867 = 0. 893，结果与表 1 一致。

由表 2 可知，直接作用中，以胸围（0. 609）最大，腹围（0. 206）次之，体斜长（0. 177）最小；间接作用中，以胸围（0. 891）最大，腹围（0. 300）次之，体高（0. 209）最小。

2.3 体重与体尺的回归分析

分别采用 Linear 过程“Enter”法和“Stepwise”法建立多元线性回归方程，统计结果见表 3 和表 4。

表 3 回归模型系数

模型	模型组分	非标准化系数	标准系数
1	b_0（常数项）	−291. 738	
	b_1（胸围的回归系数）	3. 560	0. 893
2	b_0（常数项）	−353. 458	
	b_1（胸围的回归系数）	3. 085	0. 773
	b_2（体斜长的回归系数）	1. 186	0. 200
3	b_0（常数项）	−359. 525	
	b_1（胸围的回归系数）	2. 428	0. 609
	b_2（体斜长的回归系数）	1. 052	0. 177
	b_3（腹围的回归系数）	0. 707	0. 206

从表 3 可知，这 3 个回归模型分别为：体重 = −291. 738+3. 560×胸围；体重 = −353. 458+3. 085×胸围+1. 186×体斜长；体重 = −359. 525+2. 428×胸围+1. 052×体斜长+0. 707×腹围。

表 4 回归模型拟合度综述①

模型类别	模型的相关系数（R）	决定系数（R^2）
1②	0. 893	0. 797
2③	0. 907	0. 823
3④	0. 913	0. 833

注：① 依变量为体重；② 回归模型组成：常量、胸围；③ 回归模型组成：常量、胸围、体斜长；④ 回归模型组成：常量、胸围、体斜长、腹围。

从表 4 可以看到，这 3 个回归模型的相关系数 R 分别为 0. 893、0. 907、0. 913。拟合度的决定系数 R^2 值分别为 0. 797、0. 823、0. 833，说明线性度较好，尤其是第 2 个回归模型和第 3 个回归模型拟合度的决定系数 R^2 值更高，线性度更好。

2.4 回归系数的显著性检验

回归系数显著性检验结果见表 5。

由表 5 可以看出，这三个回归模型中回归系数的 F 值分别为 510. 223、299. 316 和 212. 626。其相应的显著性检验值均小于 0. 001，差异极显著（$P<0.01$），由此可以说明，这三个回归模型中回归系数是合理的。

表 5　回归系数显著性检验结果

模型号	组分名称	平方和（SS）	自由度	F 值	显著性值 *
1	回归项	210 088.98	1	510.223	0.000
	残差项	53 528.72	130		
	总和	263 617.70	131		
2	回归项	216 881.57	2	299.316	0.000
	残差项	46 736.13	129		
	总和	263 617.70	131		
3	回归项	219 559.67	3	212.626	0.000
	残差项	44 058.03	128		
	总和	263 617.70	131		

注：* 显著性检验概率值为双尾概率，99%置信区间。

3　讨论与分析

3.1　锦江牛母牛体重与体尺之间的相关性

胸围是对中国黄牛及其杂交后代影响最大的体尺因素[3]。本研究对体高、十字部高、体斜长、胸围、腹围、管围六个体尺指标进行相关分析时，也得到相似的结果。管围是评估公牛体重的回归模型中是常见的自变量，与公牛体重有明显正相关，但对于母牛而言，其相关性却很弱[4-6]。本研究中，锦江牛母牛管围与体重的相关程度也很弱，这和王占红的研究一致[7]。

3.2　通径分析

通径分析表明，胸围、腹围、体斜长对体重的直接作用力和间接作用力都很大，并且三者与体重的相关性也极显著，所以在对锦江牛母牛选育时应首先将胸围、腹围和体斜长 3 个因素考虑进去。本研究所测体尺对体重回归方程的最大决定系数 $R^2=0.833$，说明方程中包含了估计体重的主要体尺因素；$1-R^2=0.167$，说明还有一些对体重有影响的因素尚未考虑进去，仍需进一步研究。

3.3　锦江牛母牛体重与体尺的回归分析

本研究共得到了 3 个估测锦江成年母牛体重的回归模型。表明了锦江牛成年母牛体重与胸围、体斜长及腹围存在明显的线性关系，此结论与国内外相关研究相吻合。判断这 3 个回归模型好坏的标准是多方面的。就数理统计角度而言，根据回归模型来计算拟合值与实测值之间的决定系数（R^2），通过比较 R^2 数值的大小以择其优劣更为适宜。由表 3 可以看出，第 2 个回归模型的 R^2 值 0.823 和第 3 个回归模型的 R^2 值 0.833 大体相等，两者都大于第 1 个回归模型的 R^2 值 0.793，但如果同时考虑体尺测量的烦琐程度可以考虑第 1 个回归模型，即：体重 $=-291.738+3.560\times$ 胸围。

4　结论

4.1　锦江牛母牛体高、十字部高、体斜长、胸围、腹围、管围六个体尺指标与体重的相关系数分别为 0.704、0.699、0.661、0.893、0.838、0.605，以胸围对体重的影响最大。

4.2　锦江牛母牛体尺与体重的多元线性回归模型如下。

① 体重=-291.738+3.560×胸围（R=0.893，$P<0.01$）

② 体重=-353.458+3.085×胸围+1.186×体斜长（R=0.907，$P<0.01$）

③ 体重=-359.525+2.428×胸围+1.052×体斜长+0.707×腹围（R=0.913，$P<0.01$）。

参考文献（略）

原文发表于：江苏农业科学，2017，45（2）：152-154

肉用繁殖母牛营养工程技术浅析

瞿明仁

（江西农业大学 江西省动物营养重点实验室/营养饲料开发工程研究中心，南昌　330045）

摘　要：本文就肉用繁殖母牛营养工程技术及其饲养决策目标、日粮优化设计、营养检测进行了探讨，以期促进我国肉用繁殖母牛营养工程技术研究与应用，促进肉牛产业可持续的发展。

关键词：肉牛；繁殖母牛；营养工程技术

繁殖母牛是肉牛产业发展的基础。营养与饲料是发展母牛的物质保障，加强基础母牛营养工程技术研究与应用，提高繁殖母牛繁衍牛犊的能力，是实现肉牛产业可持续发展的重要措施。本文就肉用繁殖母牛营养工程技术浅析。

1　营养工程技术浅析

动物营养科学已经走过了210多年的历史，思维科学也从“分析时代”进入“系统时代 ”，动物营养与饲料科学面貌与实践发生了天翻地覆的变化。这种变化与趋势，浩浩荡荡，不可阻挡。卢德勋先生早在1994年就提出了系统动物营养学理论与营养工程技术，为繁殖母牛营养工程技术研究与应用提供了新的武器或方法。

所谓“动物营养工程技术”，就是围绕一定的饲养决策目标，以日粮优化设计和营养检测技术为手段，将多种营养调控技术加以系统集成的工程技术（卢德勋，1994），具体包括4方面技术。

（1）S技术：即饲养模式优化设计技术，就是围绕一定的饲养决策的目标，结合当地饲养条件和饲料资源，优化设计出相应的饲养模式。

（2）M_1技术：即日粮优化设计技术，就是利用粗饲料科学搭配，日粮的精、粗料组合效应，日粮营养平衡和特殊的营养调控剂技术等手段设计一个营养平衡并具有营养调控功能的日粮。

（3）M_2技术：即营养管理与饲料加工技术，包括具有营养调控功能的饲养阶段划分、分群饲养、饲喂技术（饲喂次数、饲喂顺序）、饲料加工技术（饲料粉碎粒度、粗饲料加工）等。

（4）M_3技术：即营养检测技术。依靠此项技术对各种营养技术的系统集成化程度进行全面深入检控和评估。

营养工程技术具有一些鲜明的技术特征，具体如下。

（1）调控优先：以调动、激发和利用动物机体自我调控功能为原则，充分挖掘、发挥动物机体的营养潜力。

（2）系统集成：动物营养工程技术，既不是单打一的技术，更不是几项技术的简单凑合。而是注重各种营养调控技术的组合，充分发挥各项调控技术的功效及正组合效应。

基金项目：国家公益性行业（农业）科研专项（201303143）；国家现代肉牛牦牛产业技术体系项目（CARS-38）；江西省赣鄱英才555工程领军人才计划（赣才字［2012］1号）

作者简介：瞿明仁，教授，博士生导师，E-mail：qumingren@ sina. com

（3）动态优化：动物营养工程技术，强调因地制宜、因时制宜和因畜制宜的原则，围绕饲养决策目标和当地资源条件，追求相对最优的方案。

（4）营养检测：作为动物营养工程技术基本手段，检控各种营养调控技术系统集成的程度。图 1 是肉用母牛营养工程技术构建示意图。

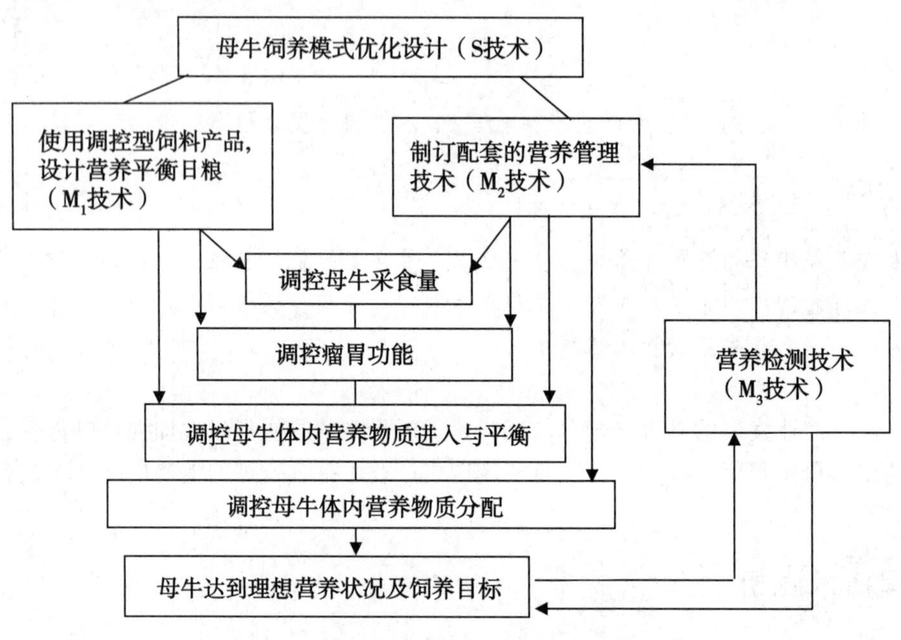

图 1　肉用母牛营养工程技术构建示意图

2　肉用繁殖母牛的饲养方式与决策目标

饲养方式与决策目标是相互关联与配套的，不同的饲养方式，其决策目标不同。我国幅员辽阔，养殖方式千差万别。根据我国实际情况，肉用繁殖母牛的饲养方式主要有三种。

① 舍饲：南方为主；② 放牧：北方牧区为主；③ 放牧+补饲：北方牧区、半农半牧区。研究肉用繁殖母牛营养工程技术，首先要明确肉用繁殖母牛的饲养决策目标，无论是何种养殖模式，其决策总目标均为提高繁殖力。母牛的繁殖力指标包括：是否具有高的受孕力、怀犊率、犊牛育成活率和产犊后的母牛早返情特性、短的产犊间隔，以及较多的泌乳量和较长的泌乳期等。

不同生理阶段其饲养决策目标不同。具体各生理阶段基础母牛的饲养决策目标如下。

1. 干乳及空怀期母牛

——控制膘情，以中上等膘情为佳，过瘦、过肥往往影响发情与配种；

——提高受胎率，降低基础母牛群的空怀率。

2. 妊娠期母牛

——促进胎犊正常发育，防止妊娠中止；

——正常分娩，顺利生产出健康的犊牛。

3. 哺乳期母牛

——保持良好的泌乳能力；

——维持正常的繁殖机能（返情及受孕）。

3　肉用繁殖母牛日粮优化设计几个具体问题

肉用繁殖母牛日粮优化设计，应根据肉用母牛营养特点、生产阶段、体况及当地资源，依照营养调控和系统集成的原则，对其日粮进行初步优化设计，形成母牛日粮整体结构的初始方案，设计出混合粗料及精补料的配方。然后，采用营养检测技术，在生产实践中不断地对各种技术进行检控，优化设计出肉用繁殖母牛日粮方案与配方，最后形成肉用母牛营养工程技术。

3.1　关于体况与能量供给

体况是影响繁殖性能重要因素，而能量水平是影响体况重要因素。美国学者 Jurgens（1997）提出一个简单实用的用体重/体高比来估测母牛体况（体况分，BCS），用来调整成年母牛每日代谢能需要量的方法。其计算公式是：

成年母牛每日代谢能需要调整量（ME，Mcal/d）＝（4.0-体重 kg/体高 cm）×1.716

此公式中体重/体高比平均值为 4.0：1 时表明母牛体况良好。

3.2　关于蛋白质水平

蛋白质对繁殖母牛十分重要，蛋白质供应的数量与质量对繁殖性能影响很大。

——如果粗料的粗蛋白水平低于 7%时，必须使用蛋白质浓缩料。低质粗料的第一限制性营养素是蛋白质，在设计母牛日粮时必须充分满足 RDP 的需求。

——母牛日粮 NPN 的添加水平不能高于日粮粗蛋白质的 15%。具体添加量：干奶牛 23g 尿素/d；泌乳牛 23~46g 尿素/d。

3.3　关于食盐、矿物质及维生素

——母牛日粮内食盐水平可控制在 0.25%~0.3%DM 范围内。

——钙水平为 0.2%~0.4%，磷水平为 0.2%~0.3%DM。可根据以下原则调整日粮磷的给量：母牛体重每增减 100kg 增减磷给量 4.35g；每增减 1kg 乳，增减 1.09g 磷给量。

——维生素 A 的给量是：妊娠母牛 2 767IU/kg 日粮，哺乳母牛 3 854IU/kg 日粮。

3.4　关于 NDF 及 DM 采食量

鉴于肉用母牛日粮以青粗饲料为主的特点，在母牛日粮内应尽量使用一些 NDF 消化率高但淀粉含量不太高的饲料来设计精补料，以尽可能地缩小对青粗饲料的负组合效应。这些饲料多为加工副产品饲料，比如大豆皮、小麦粗粉、柑橘渣、甜菜渣和酒糟等。

表 1　肉用母牛日粮 NDF 采食量和粗料 DM 采食量

体重（kg）	粗料 NDF（%）	NDF 采食量（kg）	粗料 DM 采食量（kg）
454	40	4.5	11.3
	50	4.5	9.0
	60	4.5	7.5
545	40	5.4	13.5
	50	5.4	10.8
	60	5.4	9.0
636	40	6.3	15.8
	50	6.3	12.6
	60	6.3	10.5

表1列出了肉用母牛日粮NDF采食量和粗料DM采食量。母牛日粮内NDF应维持在25%~32%DM的水平，而淀粉含量控制在32%~40%DM水平内。同时还应保持与RDP之间有适宜平衡，从而达到使日粮碳水化合物的消化率优化，瘤胃微生物蛋白产量最高。

3.5 关于生产阶段

不同时期，母牛的营养需求不同，有各自的特点。如母牛产犊后，能量、蛋白质和矿物质需要量提高30%~40%，饲草采食量约增加30%。在设计母牛饲养方案时应给予注意。

根据肉用繁殖母牛的特点，全年的生产流程共分4个阶段（表2）。

第一阶段（产犊至82d）：此时母牛逐渐进入泌乳高峰期（大型肉牛品种产后60~90d；黄牛产后30d到达泌乳高峰），这是母牛全年最关键的生产阶段。一方面母牛要给犊牛哺乳；另一方面又要在80~85d内配种。在这一阶段，母牛饲养不好就会影响母牛产乳量、犊牛断乳体重和母牛的繁殖性能。

第二阶段（83~123d）：在这一阶段母牛处于怀孕和泌乳的双重阶段。在此期间母牛妊娠的营养需要相当低，在产犊后90d，产乳量开始下降。在那些优质饲草供应充分、采用春季产犊制度的地区，这一阶段并不是一个关键时期。而对于那些饲草品质不佳且供应不充分的地区，就需要注意加强对母牛的饲养。

第三阶段（124~193d）：在这一阶段，犊牛已经断乳，母牛不再需要哺育犊牛，母牛进入怀孕中期，胎儿发育所需的营养物质并不太高。这一阶段的重点应当是使母牛体况恢复，保持适宜体况。如果采用春季产犊制度，母牛此时正值怀孕头三个月内，由于可大量使用低质粗饲料，以降低饲养成本；如果发现母牛体况分低时，此时应提高母牛精饲料水平。

第四阶段（194~283d）：这是一个最关键的生产阶段。在此阶段，胎儿发育的营养需要剧烈上升，同时母牛也需要获得较多体储，为泌乳期和下一个繁殖周期作好准备。此时，胎儿的增重占犊牛初生重的70%~80%，需要从母体吸收大量养分。因此，在这一阶段母牛如果营养不足，就会出现一系列不良的生产后果，其中包括犊牛初生重、成活率降低，但母牛难产却不会减少；母牛产乳量和犊牛生长下降；母牛发情推后，从而影响到下一胎犊牛出生和断奶重。第四阶段母牛的饲养是提高犊牛初生重和成活率的技术关键。

表2 繁殖母牛全年365d的生产流程及不同阶段的营养需要

阶段编号	1	2	3	4
天　数	82	123	70	90
生产阶段	产犊后	怀孕+泌乳	怀孕中期	怀孕后期产犊前
营养物质需要量				
NEm（Mcal/日）	15.43	12.64	9.72	13.91
MP（kg/日）	0.799	0.436	0.471	0.672
Ca（g/日）	34	16	16	29
P（g/日）	23	13	13	18
维生素A（IU/日）	39 000	36 000	25 000	27 000

3.6 关于饲养方式与环境气候

——母牛饲养有放牧或舍饲等方式。

——在放牧条件下，在青草季节，根据草场情况应尽量延长放牧时间，减少补饲或不补饲。在枯草季节，应根据牧草品质和母牛不同阶段的营养需要确定补饲草料的种类和数量进行科学补饲。在母牛怀孕最后 2~3 个月，应进行重点补饲。

——在舍饲条件下，根据以青粗饲料为主适当搭配精补料的原则，优化设计母牛日粮。

现行牛的营养需要量或饲养标准是在适宜的环境条件下制定的。当环境因素发生改变后，牛的营养需要量就会发生改变，母牛日粮设计应根据实际情况进行优化和调整（表 4）。

表 3 列出当外界风冷指数（wind chill index）低于临界温度下限时，每度风冷指数（F）需要增加的维持能量的百分数。

风冷指数的计算公式如下：

$$\text{wind chill index (F)} = 35.74+0.6215T-35.75V^{0.16}+0.4275T\times V^{0.16}$$

式中：T——气温；

V——风速。

表 3 每度风冷指数（F）需要提高母牛维持能量的百分数 （%）

	母牛体重（lbs）			
	1 000	1 100	1 200	1 300
母牛被毛特征	每度风冷指数（F）需要增加的维持能量的百分数			
夏季或潮湿被毛	2	2	1.9	1.9
秋季被毛	1.4	1.3	1.3	1.3
冬季被毛	1.1	1	1	1
严冬厚被毛	0.7	0.7	0.6	0.6

表 4 气温对母牛能量需要的影响以及补饲方案

有效环境温度	能量增加%	额外需要增加干草数量	额外需要增加的谷物饲料数量
50℉	0	0	0
30℉	0	0	0
10℉	20	3.5~4 Lbs/cow	2~2.5 Lbs/cow
-10℉	40	7~8 Lbs/cow	4~5 Lbs/cow

4 肉用母牛营养检测技术

肉用母牛营养检测技术一般分为初级检测和二级检测。初级检测指标重点是干物质采食量、饲料利用率、体况分和繁殖性能指标。在初级检测还不足，如要获得满意结论，进行二级检测程序，进行血相指标检测。血相指标检测中最为重要的是母牛的能量和蛋白质营养状况检测。

（1）能量营养状况检测：血液葡萄糖、β-羟丁酸（β-hydroxy butyrate，BHB）、非酯化脂肪酸（non-esterified fatty acids，NEFA）这三个血液指标通常用于牛能量营养状况的评定。

（2）蛋白质营养状况检测主要有血浆尿素氮（BUN）、肌酸酐、总蛋白和白蛋白等指标。其中，总蛋白和白蛋白指标由于它们在血液中变异甚小。而肌酸酐却变异甚大，所以总蛋白和白蛋白指标在检测动物蛋白质营养状况方面有较高的检测价值。血清白蛋白是一个非常灵敏的蛋白质早期营养状况的检测指标，因为它的周转期只有 16d。

5 今后需要进一步研究的问题

肉用繁殖母牛营养工程技术，无论是科学研究还是生产应用，处于刚刚起步阶段，需要做的工作很多，任务十分艰巨。广大科技工作者应根据我国实际，需要进行大量的科学研究工作，不断积累科学数据，完善肉用繁殖母牛营养工程技术体系与方法。目前十分紧迫而又十分重要的急需进行的主要工作有以下几方面：母牛采食量调控与体重（体况评分）控制；不同时期（如围产期、哺乳期）母牛瘤胃功能调控；母牛与胎儿体内营养物质分配与平衡调控；各种粗饲料的组合效应与高效利用；母牛理想营养状况和生产性能监测指标、方法与适宜值的确定。

参考文献（略）

原文发表于：饲料工业，2015，36（15）：1-5

羔羊瘤胃发育及其影响因素研究进展

祁敏丽，刁其玉，张乃锋***

（中国农业科学院饲料研究所/农业部生物技术重点实验室，北京　100081）

摘　要：瘤胃是反刍动物特有的消化器官，羔羊瘤胃的发育程度直接影响到其成年后的采食、消化能及生产性能的发挥。本文根据瘤胃的发育进程，分别从非反刍阶段、过渡阶段和反刍阶段对瘤胃组织形态和生理代谢发育的研究进展做了综述，并对瘤胃发育的影响因素进行了阐述。

关键词：羔羊；瘤胃；组织形态；代谢功能

瘤胃是反刍动物特有的消化器官，成年羊的瘤胃相对质量占全胃的60%左右。瘤胃上皮是瘤胃执行吸收、代谢功能的重要组织，由瘤胃微生物产生的挥发性脂肪酸的85%由瘤胃上皮直接吸收并可为宿主提供60%~80%的所需代谢能。羔羊出生时瘤胃非常小，约占总胃重的20%。羔羊从出生到以采食固体饲料为主，其瘤胃经历了由非反刍向反刍的生理功能转变。非反刍阶段瘤胃未发育完全，不具有代谢功能[1]，随着饲料进入瘤胃后，瘤胃的生理代谢功能逐渐形成。羔羊瘤胃的发育程度直接影响到其成年后的采食和消化能力及生产性能的发挥。本文对羔羊瘤胃形态和功能的发育及影响因素进行了综述。

1　羔羊瘤胃的发育

Wardrop等（1960）和Poe等（1969）根据瘤胃发育特点，将羔羊瘤胃发育分为3个阶段，分别是初生至3周龄的非反刍阶段；3~8周龄的过渡阶段和8周龄以后的反刍阶段[2-3]。

1.1　非反刍阶段

羔羊从出生到三周龄由于食管沟闭合，母乳或液体饲料直接进入真胃，对瘤胃上皮没有直接刺激作用。此阶段瘤胃发育主要体现在组织结构的发育。

1.1.1　瘤胃组织形态

表1　放牧条件下瘤胃占全胃的相对质量和相对容积比例[5]

项目	1d	3d	7d	14d	21d
相对质量（%）	17.45	18.80	19.90	28.06	43.22
相对容积（%）	15.15	4.90	9.13	16.51	45.96

此阶段母乳营养充足，羔羊机体发育迅速，瘤胃组织结构快速发育（如表1），到20日龄羔羊（波尔山羊）瘤胃重41g[4]。瘤胃相对质量在7~21日龄增速较大，瘤胃相对质量由约占全胃比例的20%增长到

基金项目：公益性行业（农业）科研专项“南方地区幼龄草食畜禽饲养技术研究（201303143）”

作者简介：祁敏丽（1990—　），女，河北保定人，硕士研究生，主要从事幼畜营养与生理研究，E-mail：minliqi@ yeah. net

*** 通讯作者：张乃锋，副研究员，硕士生导师，E-mail：zhangnaifeng@ caas. cn

43%；同时瘤胃容积占全胃的比例由15%扩增到占46%[5-6]。新出生的羔羊瘤胃乳头长度为0.205mm，宽度为0.091mm，到15日龄瘤胃乳头长度为0.368mm，宽度为0.129mm，乳头变长变宽[7]。此阶段羔羊瘤胃乳头表面较光滑，上皮细胞相对细小扁平[8]。

1.1.2 瘤胃微生物与消化酶

瘤胃微生物区系的建立是瘤胃功能发挥的基础，且不依赖固体饲料的采食。羔羊出生后两日龄瘤胃内已有严格的厌氧微生物，数量与成年动物相当。群体饲养的羔羊纤维素分解菌和产甲烷菌在出生后34日龄出现，一周后接近成年羊的水平；与母羊共同饲养的羔羊在15~20日龄可以在瘤胃内检测出原虫；羔羊出生后8~10日龄时其瘤胃中可出现厌氧真菌[9]。20日龄的羔羊瘤胃内已经出现了瘤胃普雷沃氏菌（*Prevotella ruminicola*）、瘤胃壁细菌门（Firmicutes）及拟杆菌门（Bacteroidetes）的细菌[10]。

瘤胃内的消化酶由微生物产生。羔羊在出生时瘤胃内已经检测到蛋白酶和淀粉酶，且不随日龄变化；14日龄的羔羊瘤胃内均可检出纤维素酶，随后其酶活力随日龄逐渐增加[5]。

1.1.3 瘤胃内环境

反映瘤胃内环境的指标主要有VFA浓度、氨态氮浓度和瘤胃pH。出生后羔羊瘤胃内的VFA浓度从无到有（图1）且存在个体差异。郭江鹏等研究发现1日龄羔羊瘤胃内没有挥发性脂肪酸（VFA），部分7日龄的羔羊瘤胃内出现VFA，21日龄所有羔羊瘤胃内均有VFA，总VFA浓度为25mmol/L[11]。出生后三周内瘤胃内氨态氮浓度较高，2周龄时氨态氮浓度可达到25mmol/L，此时瘤胃有较高的pH值，pH值接近6.8，随后降低[2]。

1.1.4 瘤胃上皮代谢

瘤胃上皮的代谢主要是丁酸的代谢。Baldwin（1992）体外研究发现：羔羊出生时瘤胃上皮氧化丁酸和葡萄糖的速度相同，随后发现瘤胃上皮氧化丁酸的能力随着年龄逐渐增加[12]。然而此阶段瘤胃内VFA浓度低，因此丁酸供能少，此阶段瘤胃上皮主要利用葡萄糖氧化供能。

1.2 过渡阶段

随着年龄增长羔羊采食固体饲料增多，瘤胃组织形态进一步发育，同时各项功能开始逐渐增强。因此，此阶段羔羊瘤胃发育是组织形态与生理代谢功能同时发育的阶段。

1.2.1 瘤胃组织形态

此阶段羔羊瘤胃相对质量和容积进一步增加。到56日龄羔羊瘤胃占总胃重的比例达到60%[5]，占总胃容积的比例达到78%，接近成年羔羊瘤胃相对质量和容积。过渡阶段瘤胃组织形态发育主要是瘤胃基层以及瘤胃乳头的发育，其中瘤胃乳头生长是与非反刍阶段相比的最大变化。30日龄的羔羊瘤胃乳头长度达到较高水平为1.709mm，然后降低，到45日龄羔羊瘤胃乳头长度为0.707mm，随后继续增长，到60日龄达到2.006mm。瘤胃乳头宽度一直增加，从30日龄的0.276mm增长到60日龄的0.503mm[7]。随着日龄的增加瘤胃乳头表面角质化程度不断提高，到6~10周龄瘤胃乳头表面明显变粗糙[13]。

1.2.2 瘤胃微生物和消化酶

21日龄的羔羊瘤胃内的微生物已经可以消化大部分成年羊消化利用的饲料[14]。50日龄羔羊瘤胃内优势菌群出现纤维分解菌[10]。兼性厌氧菌快速繁殖后，逐渐被厌氧微生物取代，在6~8周龄趋于稳定[15]。在2月龄内羔羊瘤胃内原虫数量一直持续增加，2个月时达（5.7±3.6）×10^5个/mL[9]，70日龄优势菌群中出现原虫。此阶段瘤胃优势菌群不稳定，但是杆菌门和壁厚菌门一直是此阶段的优势菌[10]。

羔羊瘤胃内的消化酶活力在此阶段变化不大，随日龄间差异不显著[5,11]，部分日龄消化酶活力的变化可能与日粮的变化导致微生物种类与数量的变化有关。

1.2.3 瘤胃内环境

瘤胃内的VFA浓度和氨态氮受瘤胃微生物产生速度和瘤胃上皮吸收速度的影响。21日龄后瘤胃内VFA浓度快速升高（图1）。不同饲养管理条件下56日龄羔羊瘤胃内总VFA浓度在60~130mmol/L，与成

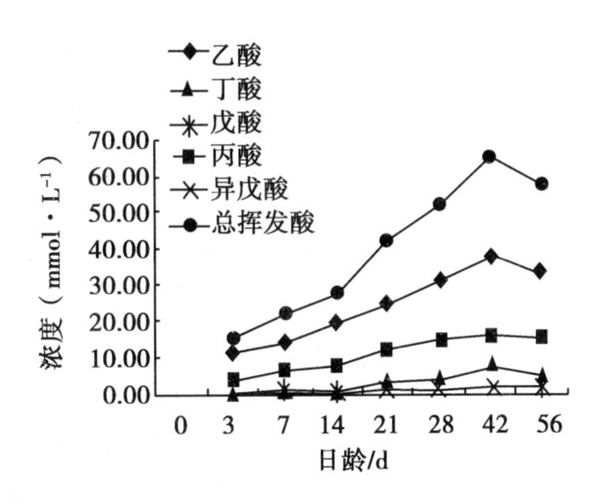

图 1　放牧羔羊瘤胃内 VFA 浓度随日龄的变化[5]

年羊的瘤胃 VFA 浓度相当。瘤胃内氨态氮的浓度在 21 日龄后迅速降低，到 5 周龄后稳定在 25mmol/L，与成年羊瘤胃接近。瘤胃 pH 值稳定在 6.0~6.7[2]，不随日龄变化[5,11]。

1.2.4　瘤胃上皮代谢

丁酸在瘤胃上皮通过 β 羟丁酸（BHBA）代谢。Baldwin（1999）等通过离体细胞培养试验发现，新生绵羊的瘤胃上皮细胞利用葡萄糖的能力随着日龄的增长不断增加，一直持续到 42 日龄。随后葡萄糖的利用迅速降低，而丁酸的利用却在逐渐增加。42 日龄时瘤胃上皮出现生酮作用特征性的、显著的增加，42 日龄以后其产生 BHBA 的速率和成年羊瘤胃产生的速率一致，且不随日龄变化。羔羊瘤胃上皮生酮基因的表达量反映羔羊瘤胃上皮生酮能力。Lane（2002）研究发现瘤胃上皮的 3 羟基 3 甲基辅酶 A 合成酶（HMGCoA 合成酶）和乙酰乙酰辅酶 A 硫解酶（AcetoacetyCoA）的 mRNA 水平随日龄增加而改变，但并不随 VFA 的出现改变[16]。这与 Lane（1996）通过给羔羊灌注 VFA，血液中 β-羟丁酸的浓度与 VFA 浓度的影响结果一致。

1.3　反刍阶段

到 56 日龄羔羊瘤胃发育基本趋于成熟，瘤胃进入反刍阶段。反刍阶段羔羊瘤胃绝对质量增加，但是相对于在此阶段羔羊其他消化道的发育，瘤胃组织结构发育处于稳定状态，瘤胃生理代谢功能变化较小。

1.3.1　瘤胃组织形态

此阶段全胃占总消化道的相对比例在不断增加，到 112d 占全消化道的 39%，成年后占 49%，但是瘤胃占全胃的相对质量一直稳定在 60%，这就表明此阶段瘤胃的发育与其他三个胃的发育速度相当。瘤胃重量随日龄逐渐增加，200 日龄的小尾寒羊可达到 450g（表 2），滩羊达到 300g[17]。瘤胃液的体积到 100 日龄增加趋于稳定，到 150 日龄增加到 4.84 升[7]。瘤胃乳头长度和宽度随日龄增加，但是单位面积上瘤胃乳头数量却减少，由 2 月龄的 385 个/cm 减少到 132.58 个/cm[4]，此阶段瘤胃角质化明显。

表 2　不同日龄的小尾寒羊瘤胃发育[17]

项目	80d	120d	160d	200d
绝对重量（g）	264	280	348	445
占全胃比例（%）	64	63	62	59
占体重比例（%）	2.03	1.72	1.78	1.72

1.3.2 瘤胃微生物与消化酶

瘤胃微生物区系稳定，优势菌群明显。瘤胃内的微生物主要包含原虫、真菌、细菌。瘤胃微生物中细菌的数量最多为 $10^{10}\sim10^{11}$cfu/mL，其次是原虫 $10^{5}\sim10^{6}$cfu/mL，真菌的数量最少为 $10^{3}\sim10^{4}$cfu/mL。羔羊瘤胃细菌总数量随日龄持续增加到 120~135 日龄后趋于稳定，瘤胃液中纤毛虫数量在 75~90 日龄增加迅速，在 120 日龄趋于稳定[7]。

瘤胃内的消化酶活力在反刍阶段变化不明显，纤维素酶的酶活力较稳定，但是在 9 周龄、11 周龄和 15 周龄浓度较高[8]。α-淀粉酶的活力呈曲线变化；蛋白酶的总活在 80~200 日龄间呈现逐渐上升的趋势，200 日龄时增大明显，变化范围为 0.10~0.52IU；脂肪酶的活力呈上升的趋势[17]。

1.3.3 瘤胃内环境

瘤胃内的 pH 稳定在 6.3~7.0，且不随日龄变化。氨态氮浓度随日龄略有增加，在 100 日龄时达到稳定，至最高值[7]，但在 200 日龄可能会再次明显增加[17]。瘤胃内的总 VFA 浓度处于 60~130mmol/L，但是瘤胃内的乙酸、丙酸、丁酸的浓度及相关比例与饲喂日粮有关。

2 羔羊瘤胃发育的影响因素

2.1 日粮类型与结构

合理的精粗比例是健康瘤胃发育的关键。乳头的长度和密度随日粮精料比例和营养水平增加而增加，精料的采食量增加能够增加瘤胃基层的厚度[18]，以饲喂精料为主的羔羊，瘤胃上皮颗粒细胞层厚度增加[19]。与饲喂干草的羔羊比较，饲喂精料的羔羊瘤胃重量、上皮细胞 DNA 含量、蛋白质合成能力高[20]。过度饲喂精料会导致乳头角质化不全，形态异常。高比例的精料会加速瘤胃微生物区系的建立，进而通过增加 VFA 和 NH_3-N 的浓度来增加瘤胃代谢活性。但是瘤胃发酵速率过快，丙酸转化为乳酸含量增加、虽然乳酸也可进一步转化为葡萄糖，但容易造成瘤胃酸中毒，影响纤维物质等的消化率、采食量及机体健康。Norouzian（2011）认为食料中含有 15%的苜蓿在不影响羔羊体重的情况下可以降低瘤胃角质层，增加瘤胃壁肌肉层厚度[21]。

除了日粮精粗比对羔羊瘤胃有不同程度的影响外，饲料原料和日粮颗粒大小也会影响羔羊瘤胃的发育。蔡健森（2007）在研究羔羊早期断奶时发现，饲喂植物性蛋白和乳源性蛋白的羔羊可增加瘤胃乳头的数量，但不增加羔羊 90d 瘤胃的重量。较小颗粒的日粮可减少瘤胃乳头的生长[21]。日粮的颗粒较粗糙会降低乳头角质层厚度，减小代谢产物通过瘤胃上皮的阻力，但是 Norouzian 等（2014）研究发现，紫花苜蓿的颗粒大小对羔羊的瘤胃乳头的长度、宽度、密度以及瘤胃上皮的厚度和面积没有影响[22]。

2.2 日粮营养素水平

能量水平对瘤胃发育的影响主要体现在对瘤胃上皮和瘤胃微生物细菌的影响。Sun（2013）报道，羔羊 28 日龄断奶后，限制营养水平，羔羊瘤胃乳头宽度、长度和绒毛表面积明显减少。苏月菊（2004）等研究表明，口服 rhIGFI 粗制品促进新生羔羊瘤胃上皮乳头发育，刺激瘤胃上皮细胞分裂增加细胞数量，对单个细胞体积的影响相对较小。朱文涛[4]等研究 30 日龄的断奶羔羊表明，日粮中高能量可增加瘤胃液内的丙酸的浓度，降低丁酸的浓度，但是对乙酸浓度影响较小，同时还会影响瘤胃液中原虫的数量。蛋白质水平对瘤胃发育同样有不同程度的影响。高蛋白水平可增加羔羊瘤胃液中原虫和大杆菌的数量，增加瘤胃液氨态氮浓度。

2.3 饲养管理

饲养模式影响瘤胃代谢参数和消化功能。放牧条件下羔羊瘤胃内的 VFA 浓度在 56 日龄前逐渐增加，到56日龄后接近成年水平并趋于稳定的状态，pH稳定在6.03~6.67[5]，而舍饲条件下VFA总浓度在42d达到最大并趋于稳定，pH稳定在5.30~6.03[6]。放牧条件下瘤胃内容物中微生物蛋白酶、α-淀粉酶和纤维素酶比活性出现在14d、42d和28d[5]，舍饲条件下三种酶的活性最高出现在21d、7d和14d[11]。

是否饲喂固体饲料以及饲喂固体饲料的时间影响瘤胃的发育。新生反刍动物仅喂乳汁或代乳品，会延滞瘤胃的发育，瘤胃比同龄的正常动物小，胃壁较薄，乳头缺乏正常的发育和色泽[23]，总VFA浓度较低。Lane（2000）通过瘤胃上皮细胞培养发现，饲喂固体日粮的羔羊，培养基中β-羟丁酸产量增加；延迟固体日粮饲喂时间使得瘤胃上皮细胞的代谢功能受到阻滞。饲喂牛奶的羔羊其瘤胃上皮HMGCoA合成酶的mRNA水平很低，到84日龄时才达到成年水平。

断奶时间与断奶方式同样也会影响瘤胃的发育。Norouzian等（2011）认为人工喂养的羔羊可增加瘤胃角质层的厚度，血液中BHBA的浓度高，瘤胃代谢能力强，但不增加瘤胃的乳头长度、宽度和密度[21]。岳喜新（2011）认为使用代乳品进行早期断奶可增加羔羊瘤胃重量和瘤胃乳头长度[10]。饲喂代乳料的羔羊瘤胃乳头长度、宽度均要高于饲喂精料的羔羊瘤胃乳头[7]。

3　结束语

综上所述，羔羊瘤胃发育一直受到学者们的高度关注。目前的主要研究进展依然集中在羔羊瘤胃的组织形态、消化代谢功能及其影响因素等方面，对于瘤胃组织形态的发育机制尤其是瘤胃上皮组织代谢的机制研究依然非常缺乏，这也是作者认为以后需要加强研究的重点。现代分子生物技术的发展已经为我们从细胞水平与基因水平上开展研究提供了许多技术手段和方法，因此，建议针对瘤胃上皮代谢机制及相关主效基因的表达，瘤胃微生物代谢及相关调控机制等方面开展研究以提高我们对羔羊瘤胃发育机制的认知水平。

参考文献（略）

原文发表于：中国畜牧杂志，2015，51（9），77-81

营养素对早期断奶羔羊健康生长的调控作用

王　杰，刁其玉，张乃锋*

（中国农业科学院饲料研究所/农业部饲料生物技术重点开放实验室，北京　100081）

摘　要：营养素是早期断奶羔羊进行新陈代谢的物质基础，只有满足生长发育的营养需要，羔羊才能平稳地进行各项生命活动。而营养不平衡会导致羔羊免疫力和抗病力的降低，严重时会威胁到羔羊的健康生长。因此，本文重点阐述了蛋白质、能量、糖类、维生素及矿物质对早期断奶羔羊健康生长状况的影响。

关键词：营养素；早期断奶；羔羊；健康；生长

羔羊早期断奶[1]是规模化、集约化高效养羊的一项重要技术措施。对羔羊实施早期断奶不仅缩短了母羊的繁殖周期，减少母羊空怀时间，大大提高母羊利用率[2]，还可使哺乳期缩短，减轻劳动强度，降低了培育成本。因此，实施早期断奶对羔羊快速而健康生长和为母羊减少体力消耗、迅速恢复体况是必要的。同时，日粮营养素含量需与母乳相近，否则会因营养不均衡而导致羔羊生长发育迟缓，免疫抵抗力降低，甚至使其死亡率升高，从而增加肉羊养殖的成本和制约肉羊产业的发展。近年来，较多学者针对日粮中各种营养素对早期断奶羔羊生长性能的影响进行了深入研究。因此，本文从蛋白质、能量、糖类、维生素及矿物质等营养素对早期断奶羔羊健康生长状况的影响进行了论述。

1　蛋白质营养

1.1　蛋白质来源

在蛋白质来源方面，传统上使用消化率高、氨基酸平衡且不含有抗营养因子的乳源蛋白作为代乳品的蛋白原料。如郭爱伟等[3]以乳源性蛋白源为主的代乳品饲喂早期断奶羔羊，发现羔羊日增重显著高于随母羊哺乳组羔羊，同时羔羊群体整齐，发育均匀。近年来，乳制品价格昂贵，为了降低成本，常常以大豆蛋白作为植物性原料取代代乳品中乳蛋白原料。孙进等[4]利用大豆蛋白源代乳品饲喂早期断奶羔羊，实验初期大豆蛋白源代乳品影响了羔羊生长发育，但试验后期羔羊在体重方面能达到或超过自然哺乳组羔羊。以大豆蛋白为蛋白源的不利因素在于其含有胰蛋白酶抑制因子和过敏原，这很容易对胃肠道形态和功能产生不同程度损伤，主要体现在羔羊采食后肠绒毛萎缩及隐窝增生，严重时黏膜上皮脱落[5,6]，导致羔羊对营养物质的消化率降低甚至阻碍羔羊的生长发育[7]。何军等[8]报道，羔羊短期内大豆蛋白质摄入量不超过总蛋白的30%时，不会影响羔羊的采食量和体增重，但延缓了空肠黏膜的生长和发育。为此，刁其玉等[9]采用加热、干燥、喷雾等加工手段来消除大豆蛋白中抗营养因子以代替乳蛋白，在保持饲养效果的同时使羔羊代乳品的生产成本有所降低。为了进一步研究不同蛋白质来源（母乳、乳源性蛋白和植

基金项目：公益性行业（农业）科研专项“南方地区幼龄草食畜禽饲养技术研究（201303143）”

作者简介：王杰（1989—　），男，山东临沂人，硕士研究生，主要从事动物营养与饲料研究，E-mail：nkywangjie@163.com

* 通讯作者：张乃锋，副研究员，硕士生导师，研究方向为动物营养与饲料科学，E-mail：zhangnaifeng@caas.cn

物性蛋白）对羔羊生长发育的影响，蔡健森[10]通过研究发现，不同蛋白来源（母乳、乳源性蛋白和植物性蛋白）的代乳品对早期断奶羔羊生产性能和营养物质消化代谢差异不显著，同时对消化器官和内脏器官发育也没有显著影响。说明不同蛋白来源的代乳品与自然哺乳的营养效果相当，对羔羊的生长发育无不良影响。

随着种植和栽培技术的提高，获得足量的大豆作为植物蛋白源很容易满足。但现在大量的转基因大豆已充斥着整个市场，这使得研究者担心人们食用转基因大豆饲喂后的羔羊肉是否会影响健康则有待进一步研究[11]。因此，寻求新的植物蛋白原料是必要的。Karlsson 等[12]报道发现，饲喂补充大豆和菜籽饼日粮的两组羔羊在末体重和饲料转化率均显著高于饲喂基础日粮组羔羊，而饲喂补充大麻籽饼日粮组羔羊与饲喂基础日粮组羔羊在生长性能和饲料转化率方面差异不显著。Khalid 等[13]研究了 4 种不同植物蛋白源（玉米蛋白粉、菜籽饼、棉籽粉和葵籽饼）对羔羊生长性能的影响，发现饲喂菜籽饼组羔羊血液中葡萄糖含量明显提高了 18.67%，同时体重增加量最大，而饲喂葵籽饼组羔羊体重增加量最小。

1.2 蛋白质水平

日粮蛋白水平过高或过低均能影响早期断奶羔羊的生长发育。余康等[14]通过研究不同蛋白质水平（17%和 21%）日粮对西农萨能羊羔羊生长发育的影响，试验前期不同蛋白质水平日粮对羔羊生长发育影响较小，而试验中后期含 21%高蛋白水平的日粮可显著促进羔羊生长发育，但易引发腹泻。吕凯等[15]发现，藏羔羊早期断奶料蛋白水平在 15%~21%，随日粮蛋白水平增加，藏羔羊采食量和日增重增加，腹泻降低，但蛋白水平为 18%的日粮对羔羊的生长和育肥性能更好。冯涛等[16]报道，对羔羊补饲蛋白水平分别为 19%、17%、15%的日粮，试验结束发现羔羊日增重分别为 291g/d、319g/d、258g/d，由此可见蛋白水平为 17%的日粮饲喂羔羊效果最好。另外，侯鹏霞等[17]通过对滩羊羔羊补饲不同蛋白水平（15%、18%和 21%）的日粮，试验发现补饲蛋白水平为 18%组羔羊日增重达 212.0g/d，效果最优。从以上研究者的结果可以看出，在试验环境允许条件下，日粮中蛋白水平控制在 18%左右是有利于羔羊生长的。关于羔羊代乳品中适宜蛋白水平，也有学者进行了研究[18,20]。岳喜新等[18]通过研究代乳品中蛋白质水平对早期断奶羔羊生长发育及营养物质消化代谢的影响，发现代乳品中蛋白质水平达到 25%时对羔羊增重效果最好，日增重可达到 207.9g/d；同时羔羊对营养物质消化代谢率优于其他两组，体尺变化同样以 25%蛋白质水平组最优。王桂秋等[19]通过研究发现羔羊对营养物质的消化代谢随不同蛋白质水平（25%、29%和 33%）由低到高呈递增趋势，但 29%和 33%两组营养物质的消化代谢结果相近。阎宏等[20]通过研究不同蛋白水平代乳品对羔羊生长性能的影响，发现饲喂不同蛋白水平（26%~32%）代乳品的羔羊，体重和各项体尺指标均随着代乳品蛋白水平的增加而增加，并且羔羊均能正常生长发育。韦学玉等[21]通过研究 22~25 日龄羔羊对不同营养水平代乳品消化率的影响，结果显示：含 28.1%蛋白质的高营养组羔羊比含 26.4%蛋白质的低营养组羔羊对粗脂肪消化率高，无氮浸出物消化率低。

2 能量营养

羔羊在生长阶段需要维持体内能量代谢的平衡，确定适宜的能量水平有助于羔羊生长发育。李广等[22]通过饲喂消化能为 15、17 和 19MJ/kg 的 3 种等蛋白含量的代乳品以研究对羔羊生长性能的影响，试验组羔羊增重均显著高于对照组（随母羊哺乳），且以代乳品中消化能水平为 17MJ/kg 时，羔羊增重效果最好，日增重达 236.4g/d。Abbasi 等[23]报道，饲喂日粮能量为 10.72MJ/kg 组山羊的平均体增重和平均日增重均显著高于饲喂日粮能量为 9.92 和 9.13 MJ/kg 两组山羊，同样体内血糖水平也是如此。Sayed 等[24]通过给羔羊饲喂粗蛋白含量均为 14.7%而能量不同（13.40、14.65 和 12.14 MJ/kg，分别为 A、B 和 C 组）的日粮研究对羔羊生长性能、营养物质消化率、胴体重的影响。发现羔羊平均日采食量显著受到能量水平影响，以 C 组羔羊采食量最高；B 组羔羊日增重、营养物质消化率均显著高于 A、C 组羔羊；同时胴体率和体脂肪增长率也以B组羔羊最高。脂肪作为重要的能量来源，日粮中适宜的脂肪有助于维持羔羊体内能量代谢平衡，促进羔羊生长。Jaster 等[25]研究发现，日粮中脂肪含量过高会导致羔羊对固体饲料采食量的降低，进而影响羔羊的生长。刘涛等[26]通过不同脂肪水平（20%、25%和30%）的代乳品饲喂羔羊，发现20%和25%组羔羊采食量显著高于30%组和饲喂全脂牛奶的对照组；在51~60日龄阶段，25%组羔羊平均日增重为381.67g/d，极显著高于30%组的266.40g/d；全期来看，25%组羔羊的平均日增重也显著高于30%组羔羊。

3 糖类营养

3.1 低聚糖

低聚糖是指含2~10个糖苷键聚合而成的化合物，糖苷键是一个单糖的苷羟基和另一单糖的某一羟基缩水形成的。低聚糖不仅可以促进羔羊体内益生菌的生长、提高其生产性能和免疫力，还可以代替抗生素等作为理想的饲料添加剂[27]。刘云芳等[28]在断奶羔羊日粮中添加低聚糖发现，低聚糖能增加断奶羔羊小肠黏膜免疫相关细胞的数量，增强了其小肠黏膜免疫功能，提高免疫力。王新峰等[29]研究发现低聚糖可改变断奶羔羊瘤胃菌群结构，并能提高瘤胃总菌及 *R. flavefaciens* 和 *F. succinogenes* 的数量。张军华等[30]研究发现，试验30d内低聚糖对羔羊日增重和料重比影响不显著，但能够显著降低羔羊的腹泻率，同时还能降低血清尿素氮的含量和胆固醇的水平，而对血糖的水平有提高的趋势。

3.2 多糖

β-葡聚糖是自然界常见的一种多糖，通常存在于酵母菌、细菌和真菌的细胞壁中。β-葡聚糖的主链由β-（1，3）连接的葡萄糖基及支链由β-（1，6）连接的葡萄糖基组成的葡萄糖聚合物，具有免疫调节、抗肿瘤及抗辐射等作用[31]，常作为免疫增强剂应用于动物的健康养殖中。李冲等[32]报道，日粮中添加37.5mg/kg 和75mg/kg 酵母β-葡聚糖可提高早期断奶羔羊养分消化率，促进羔羊生长发育。李冲等[33]还发现，日粮中添加酵母β-葡聚糖对82日龄的羔羊瘤胃液中总氮、氨氮和蛋白氮含量没有显著影响，但75.00mg/kg 组尿素氮高于对照组（无添加）。而在确定日粮中酵母β-葡聚糖最佳添加量时，魏占虎等[34]在28日龄早期断奶羔羊饲粮中添加37.50、75.00、112.50和150.00mg/kg 酵母β-葡聚糖，平均日增重分别提高了25.75%、28.03%、28.99%和4.22%，料肉比分别降低了13.92%、16.76%、16.19%和3.12%。试验全期，75.00mg/kg 的添加量可获得较高的生产性能和最大的经济效益，是较适宜的添加量。

4 维生素营养

4.1 脂溶性维生素

脂溶性维生素是指不溶于水、可溶于脂肪及其他脂溶性溶剂中的维生素，包括维生素A、维生素D、维生素E和维生素K。脂溶性维生素并不能像蛋白质、糖类及脂肪那样可以产生能量，但是它们对羔羊的生长发育、免疫等都起到重要调控作用。而羔羊一般又无法自身产生，需要通过日粮获得。吴建国等[35]通过肌内注射的方式给滩寒杂交一代断奶羔羊补充维生素E和硒，发现羔羊平均体重比对照组显著提高了0.84kg。王传蓉[36]指出，补饲维生素E的母羊所产羔羊的死亡率比未补饲母羊所产羔羊的死亡率低大约50%，且前者在产羔季节早期所产羔羊的断奶重比后者重2.6kg。另外任慧波等[37]认为维生素E不仅能增强机体的体液免疫反应，而且能提高细胞免疫功能和嗜中性白细胞杀伤金黄色葡萄球菌及大肠杆菌的能力。

4.2 水溶性维生素

水溶性维生素包括B族维生素和维生素C。B族维生素主要作为辅酶，催化碳水化合物、脂肪和蛋白质代谢中的各种反应。成年羊的瘤胃机能正常时，由于其独特的瘤胃微生物系统使其自身可以合成B族维生素，一般不需要日粮提供。但由于羔羊瘤胃发育不完全、机能不全，不能合成足够的B族维生素，因此在羔羊日粮中应注意添加。穆秀梅等[38]报道在日粮中添加钴和维生素B_{12}不仅能使羔羊的被毛平整有光泽，而且日增重显著提高（106.00g VS 63.75g）。李文林等[39]在羔羊基础日粮中添加维生素B_{12} 0.45mg/kg，显著提高了羔羊日增重。

5 矿物质营养

矿物质包括常量元素和微量元素，它是羊体内多种酶的重要组成部分和激活因子。同时，矿物质营养缺失或过量都会影响羊的生长发育、繁殖和生产性能。而在实际生产中快速生长的羔羊极易缺乏矿物质，因此需要在日粮中补充适宜的矿物质来满足羔羊生长发育的需要[40]。吴阿团等[41]通过研究矿物质舔砖对湖羊生长性能的影响，发现矿物质舔砖有效满足了羔羊快速生长的营养需要，改善了湖羊体质、减少缺乏症的出现，同时促进湖羊对饲料的消化吸收。张进涛等[42]报道，通过给妊娠母羊补饲矿物质以研究对羔羊生长发育的影响。试验发现：母羊妊娠期补饲矿物质可明显提高母羊产羔率，同时羔羊出生后90d的体高、体长和胸围等方面得到显著提高，并促进了羔羊的骨骼发育，从而有利于羔羊早期生长发育。矿物质虽在羔羊体内的含量小，但对其繁殖性能是不能忽视的。Ali等[43]分别用23～25mg/kg及100mg/kgZn（$ZnSO_4$）饲喂母羊，一个月后配种，发现100mg/kg组母羊有更高的繁殖率（89% VS 40%）。张一贤等[44]研究发现，放牧在缺铜牧场上的羊表现生产力下降、发情期后延或抑制、不孕等症状，有时甚至还会发生流产。

6 结语

综上所述，不同营养素（蛋白质、能量、糖类、维生素及矿物质）不仅是早期断奶羔羊生长代谢的营养物质来源，还能影响其生长和健康状况。从目前来看，不同营养素对早期断奶羔羊的生长和健康状况的影响，多从传统指标（生长性能、消化代谢、血清生化指标等）开展研究，较少有深入到分子、基因水平上研究。随着现代分子生物学、基因组学等一系列新学科和研究技术的不断发展，深入研究营养素与相关基因表达互作及生长、健康表型性状之间的关系机制将有助于提高早期断奶羔羊的培育效果和养羊业的快速发展。

参考文献（略）

原文发表于：饲料研究，2015（20），37-41

能量对妊娠后期母羊健康及其羔羊的影响

张　帆，刁其玉*

（中国农业科学院饲料研究所，农业部饲料生物技术重点实验室，北京　100081）

摘　要：妊娠后期是胎儿生长发育的关键时期，胎儿体重增长的80%在此阶段完成，因此该阶段母羊的能量需要量大于其他生理阶段。高产多胎是肉用种母羊的重要培育目标，当母羊处于营养水平较低的草场或舍饲条件下，怀双羔或多羔母羊的日粮能量水平不能满足其营养需要时，母羊会动用体内的糖原、体蛋白和体脂以弥补能量不足，致使母羊的代谢紊乱，肝机能受损，产生羊妊娠毒血症，影响母羊的健康和胚胎的健康生长，产出弱羔、病羔，并可能影响产后羔羊的健康生长。因此研究妊娠后期能量水平对母羊健康、胚胎发育和羔羊生长对肉羊养殖业的发展有重要的指导意义。作者对不同能量水平对妊娠母羊的健康、繁殖性能、泌乳性能、胚胎与羔羊生长的影响进行论述，阐明妊娠后期能量的作用。当母羊妊娠后期能量受到限制时，母羊的体重降低，乳腺发育受阻，泌乳能力下降，受胎率下降；同时胚胎的生长速度降低，影响胚胎与产后羔羊组织器官发育和正常生长。

关键词：能量水平；妊娠后期；母羊；胚胎；羔羊

妊娠后期是母羊在妊娠过程中能量需要最多的阶段[1]，此时期因胚胎体积的增大使得子宫在腹部的容积增加，影响母体的采食量。当动物母体外源能量供应不足就会动员内源体贮以维持妊娠[2]，动物外源能量摄入越少，则动员体贮越多[3]，通过分解体内的碳水化合物、蛋白质、脂肪以最大限度维持胎儿正常发育[4]。体贮的大量分解会导致各种代谢性疾病，影响母羊的健康，能量供应严重不足是导致母羊患妊娠毒血症的主要原因[5]，特别是怀双羔及多羔的母羊更容易患妊娠毒血症，即使母羊能够存活，也会影响母羊和羔羊以后的发育。妊娠毒血症是绵羊的一种常见代谢疾病，严重影响母羊的健康[6]，发病母羊可出现酮血症、酮尿症，主要发生于妊娠后期怀双羔的母羊[7]，且最常发生于妊娠的最后一个月[8]。其典型的表现特征是母羊软弱、抑郁、反应迟钝、厌食甚至失明[5]，且在发病的3～10d死亡率较高[9]。据朱玉等[10]的研究报道，湖羊的发病率高达20%，死亡率高达70%～80%。虽然部分有妊娠毒血症的母羊可以得到恢复且正常产羔，但产出的羔羊瘦弱，且经常处于垂死边缘[8]。妊娠毒血症的原因是母羊不能获得充足的能量用于满足胚胎发育的需要。因此满足母羊妊娠后期的能量需求是提高母羊生产效益的重要措施，研究妊娠后期能量水平对母羊和羔羊生长发育的影响，对保证母羊的健康和羔羊健康生长有重要意义。

作者对不同能量水平对妊娠母羊的健康、繁殖性能、泌乳、胚胎发育和羔羊生长的影响进行了总结，以深入阐明妊娠后期能量的作用，以期为母羊妊娠期合理的饲养管理措施提供依据。

基金项目：国家肉羊产业技术体系建设专项资金（CARS-39）；南方地区幼龄草食畜禽饲养技术研究（201303143）

作者简介：张　帆（1990—　），男，河南南阳人，硕士生，研究方向：反刍动物营养，E-mail：1065598441@qq.com

* 通信作者：刁其玉，研究员，博士生导师，研究方向：反刍动物营养与饲料科学，E-mail：diaoqiyu@caas.cn

1 母羊妊娠阶段的划分及生理特点

妊娠后期是母羊胚胎快速增长的阶段，母羊一方面需要满足胎儿生长，另一方面需要为泌乳做准备，因此能量需要量增加。羊的妊娠期约为150d，分为妊娠前期（0~90d）和妊娠后期（91~150d）。妊娠前期母羊的能量需要与空怀母羊相比并无较大区别，然而在妊娠后期因胎儿的快速生长，能量需要量则可增加54%[11]。妊娠后期胎儿的增重达到胎儿初生重的80%以上，此时期胎儿从母羊体内获得的营养物质大量增加。据ARC[12]报道，胎儿及其附属物在妊娠63d后生长缓慢、91d后生长加速，在119d后快速生长，胎儿的增长速度大于子宫，妊娠后期胚胎的快速发育使得子宫占据母羊腹腔的大部分，进而影响各消化器官的容积，限制了母羊的采食量，因此妊娠后期必须要有充足的能量摄入以满足胎儿发育的需求，日粮的能量水平会直接或间接影响到母羊、胚胎和产后羔羊的各种性能。

2 妊娠后期母羊的能量动员与能量需要的研究

母羊怀孕后期，胎儿体重增长迅速，增长体重达到初生重的80%左右，日消耗葡萄糖70~85g，而母羊自身需要消耗葡萄糖85~100g[13]。体重69kg的单羔妊娠母羊需要葡萄糖的量为170g，而妊娠后期双羔母羊的需要量为正常生理期的2倍多[14]。大量葡萄糖的消耗，即增加母羊妊娠后期的能量需要，当采食的饲料能量供应不足时，就会动员体内贮存能量以维持胎儿生长和自身机体的需要。

在妊娠后期，当母羊的外源能量供应不足时，会动用肝糖原、体脂和体蛋白经氧化分解供能。但母羊可利用的肝糖原与体蛋白含量较少，会大量动员体脂、体蛋白。脂肪在分解过程会形成丙酮、β-羟丁酸、乙酰乙酸3种酮体物质；生酮氨基酸也可生成酮体，导致体内酮体蓄积[15]。

因此当母羊日粮的能量水平不能满足需要时，体内组织的大量分解会产生大量有毒有害物质（血酮、血氨等），影响各组织器官的正常功能，产生各种代谢性疾病，影响动物的健康（出现低血糖、脂肪肝、尿毒症、高血脂等），在妊娠母羊上最常见的表现为妊娠毒血症，会严重影响动物的生产性能。

有关妊娠后期母羊的营养需要量有大量研究，Cannas等[16]总结了AFRC、CSIRO、INRA、NRC的营养推荐量，在妊娠后期，单羔初生重为4kg的母羊代谢能需要量分别为5.25、5.37、5.46和5.12MJ/d；程光民等[17]的研究显示，妊娠后期莱芜黑山羊代谢能需要量为789.1J/kgW$^{0.75}$/d；杜京[18]推荐的妊娠后期母羊的日粮代谢能最佳水平为850J/kgW$^{0.75}$/d；楼灿[19]研究发现妊娠100d、130d母羊的维持代谢能需要量是427.07、498.16kJ/kgW$^{0.75}$/d。妊娠后期母羊的代谢能需要量随母羊的品种、体重、怀胎数、胎儿大小等各种因素而变化，因此各个研究之间有一定的差异。

3 妊娠后期能量的主要作用

3.1 对母羊健康的影响

妊娠期能量不足会导致母畜代谢性疾病，所产仔畜体重减轻、体质变弱，死亡率增加。母羊的能量供应不足会引起母羊繁殖障碍，泌乳期缩短，出现酮病和妊娠毒血症。目前，妊娠后期母羊的能量供应不足被认为是导致母羊妊娠毒血症的首要原因[5]。妊娠后期母羊为满足多个胚胎的发育，而能量供应不足导致母羊动员体内脂肪组织[20]。患妊娠毒血症的母羊血清中β-羟丁酸的含量超过3.0mmol/L[7]，而正常母羊血清中β-羟丁酸含量高于1.6mmol/L即表明母羊营养供应不足[21]。陈小军[22]的研究显示，与正常羊相比妊娠毒血症的母羊血清中血酮、血脂极显著升高，血清葡萄糖、胰岛素极显著降低，肝脏切片可见大量桔黄色脂滴，肝脏血管生成素样蛋白3（Angptl3）mRNA表达极显著下调，血管生成素样蛋白4（Angptl4）mRNA、血管生成素样蛋白6（Angptl6）mRNA、酮体合成关键酶（HMGCS）RNA表达极显著上调。郭大庆等[23]的研究表明，妊娠后期母羊（60~70kg）的能量摄入（13.92MJ/d）低于需要量

(16.57MJ/d，NRC2007）是导致妊娠母羊血清葡萄糖降低、酮体升高的根本原因，临产期容易产生妊娠毒血症。妊娠后期，当母羊的能量供应不足，会通过分解自身组织以维持正常代谢，促进脂肪的强烈分解，降低体重，导致高血酮和高游离脂肪酸。母羊肝脏的脂肪沉积会影响母羊肝脏功能，使母羊出现各种病症，最终可能导致流产或死亡。因此为妊娠后期母羊提供适宜的能量水平可避免母羊自身组织的过度分解而产生有毒的酮体，进而影响妊娠。

3.2 对母羊繁殖性能的影响

能量限制会严重影响母羊的繁殖性能，能量水平长期不足会导致妊娠期体重降低、推迟后备母畜的初情期，还导致成年母畜产后乏情、空怀期延长、母畜的平均产仔间隔延长及繁殖率降低。刘占发等[24]研究发现，妊娠后期中卫山羊母羊体重随养分能量水平增加而出现显著的增加趋势。孙锐锋等[25]研究了妊娠后期能量水平对杂交母羊在断奶后发情率和受胎率的影响，试验选用低（80%正常需要量）、中（正常需要量）、高（120%正常需要量）3个能量水平，结果显示：3组的断奶发情天数分别为20.45d、16.16d、13.75d，断奶时发情率分别为80%、90%、100%，受胎率分别为90%、95%、100%。当母羊能量供应严重不足时，母羊产生妊娠毒血症，导致母羊产弱羔、死胎，还可能导致母羊的死亡、乳腺炎的发生[15]。此研究同时指出，妊娠期母羊的能量水平会影响母羊体内性激素的分泌，低水平能量会导致卵泡发育迟缓，促进FSH和LH释放，而性激素的分泌直接影响母羊的繁殖性能，而日粮能量水平的提高有利于母羊下一次的正常妊娠，缩短空怀期，提高母羊的产羔性能。

3.3 对母羊消化性能和泌乳性能的影响

能量供应过量会导致体内脂肪沉积增加，体躯过肥会影响动物的繁殖性能。能量过剩会影响母畜的正常泌乳，因乳腺内脂肪的大量蓄积，影响乳腺细胞的正常发育，降低动物的泌乳性能，影响所产仔畜的正常发育和母畜的生产性能。

日粮的能量水平会影响母羊对营养物质的消化性能、母羊的增重和胚胎发育。王慧等[26]研究了能量水平对妊娠后期陕北白绒母山羊的生长、消化等性能的影响，结果显示：随日粮能量水平的提高（由8.5MJ/kg提高到10.6MJ/kg），母羊对日粮中总能的消化率和利用率呈升高趋势，但差异不显著（$P>0.05$）。母羊的平均日增重随能量摄入量的增加而显著增加（$P<0.05$）。总能消化率的提高使母羊可获得更多的能量用于胚胎的发育，避免因能量的缺乏而影响胚胎的发育。母羊在妊娠后期的日增重主要是胚胎的增重，母羊日增重的提高，说明胚胎在此时期获得较好的发育。通过以上的研究可以看出，当母羊日粮能量水平提高时，则消化率提高，同时母羊的体重也相应得到显著的增加，说明通过提高日粮能量水平，可降低母羊自身组织的体能动员，有利于母羊和胚胎的健康。

妊娠期母羊的能量水平可影响母羊的泌乳性能，合理的能量水平有利于产后羔羊的生长和母羊更好地进入下一个繁殖周期。孙锐锋等[25]研究了不同能量水平（80%正常水平、正常水平、120%正常水平）日粮对杂交母羊妊娠后期母羊体重、产羔性能、哺乳期母羊的泌乳性能的影响，结果表明：在妊娠后期，提高能量水平可使得母羊保持较好的膘情，促进胎儿的生长发育，提高初生重和成活率，增加母羊泌乳量，有利于母羊及早恢复体况。Campion等[27]研究了100% ME（参照AFRC[28]；每周调节一次）和100%、110%、120% NE（参照Jarrige[29]；每两周调节一次）的推荐量下能量水平对妊娠后期母羊泌乳性能的影响，研究显示，不同能量水平对母羊产后18h的初乳量和羔羊初乳采食量无显著影响，但120% NE组6周时的泌乳量有高于其他各组的趋势；100% ME组母羊的乳中饱和脂肪酸显著低于其他三组。羔羊的初生重、母羊泌乳性能的提高有利于提高羔羊的生长速度和成活率，提高羔羊的生长性能。母羊体况的及早恢复、及早发情有利于缩短母羊的繁殖周期，提高母羊利用的经济效益。

3.4 对胚胎和羔羊生长发育的影响

能量水平还可影响羔羊出生时的组织器官发育，影响其功能。高峰等[30]采用0.175 MJ/kg·$w^{0.75}$/d

（RG1）、0.33MJ/kg·$w^{0.75}$/d（RG2）以及自由采食组（CG）3个营养水平对妊娠后期母羊进行不同营养水平的饲养，结果显示，RG1组（低营养水平）羔羊平均出生重和胎儿期平均日增重受到严重的抑制，羔羊体长、胸围、肺脏、脾脏、心脏、肝脏和皱胃的发育严重受限；RG2组的肺脏、脾脏发育与对照组相比也有明显差异。该研究表明，限制能量会影响羔羊的初生重和组织器官的发育，其原因可能是当母羊摄取的营养水平低于自身可调控的阈值时，则胚胎获取的营养会降低，影响到胚胎的发育。初生重低会影响羔羊后期的生长速度，组织器官重量低说明妊娠期母羊的能量限制影响到羔羊器官的发育，并可能影响其功能，降低动物的免疫和消化能力，也会影响羔羊的生长速度和健康。张崇志[31]采用同样的处理研究妊娠后期宫内生长限制对蒙古绵羊肝脏细胞凋亡及信号传导通路的影响，结果显示，限饲组羔羊肝脏组织结构松散化程度加剧，肝细胞排列不规则，肝脏重和肝脏生长速率显著降低，肝脏细胞的凋亡率显著增加。肝脏结构的松散及细胞排列的不规则会影响到肝脏的功能。该研究进一步说明了妊娠后期母羊的能量限制影响羔羊器官的正常功能，胎儿在子宫内的器官发育对于新生羔羊的健康有重要的作用。通过以上两个研究结果可以看出，妊娠后期母羊的能量限制会影响到羔羊出生重和组织器官的重量及功能，因此在妊娠后期要重视母羊的能量水平，避免因能量不足影响胚胎的发育。

在妊娠后期，随胚胎的快速发育，能量和蛋白质需要量都大量增加，但母羊对能量的需要量增加更多，能量供应不足会更严重影响羔羊的胚胎发育。Van等[32]就代谢蛋白对母羊和初生羔羊的生长性能进行了研究，试验分两期，第一期选用3组相似净能水平（NEm依次2.00、2.22、2.14Mcal/kg；干物质基础）的日粮，采用代谢蛋白为依次8.41%（60%NRC需要量）、13.01%（80%NRC需要量）、16.31%（100%NRC需要量）的日粮饲喂妊娠后期的母羊；第二期试验也选用3组相似净能水平（NEm依次为2.05、2.19、2.06 Mcal/kg；干物质基础）的日粮，但代谢蛋白水平分别为6.54%（60%NRC需要量）、11.96%（100%NRC需要量）、18.37%（140%NRC需要量）的日粮。结果发现随着母羊代谢蛋白增加，母羊的体重和体况评分与代谢蛋白水平呈线性相关。但代谢蛋白对羔羊的初生重、断奶体重、日增重、母羊产奶量没有显著的影响，但随代谢蛋白增加有增加的趋势，代谢蛋白对羔羊生长性能影响很小，60%的代谢蛋白供给可为母羊提供用于维持母羊体重和胎儿生长的氮源。在妊娠后期为母体提供充足蛋白，可降低母体动用体内储备用于胚胎发育。该研究共进行了两次试验，并在第二次试验扩大了蛋白质水平的试验范围，结果表明，代谢蛋白的较大范围变动并没有对羔羊初生重、断奶重及母羊的泌乳量等产生影响。将此结果与以上妊娠后期母羊能量的作用效果进行对比，可以推断：在妊娠后期，相比于蛋白质而言，能量对羔羊的胚胎发育和后期生长有更为重要的作用。因此，对于妊娠后期的母羊，在注重蛋白质营养时更要关注日粮的能量水平。

妊娠后期母羊日粮的能量水平可长久影响到后代羔羊的生长发育，包括器官发育、免疫能力、肉品质、基因表达等，产后羔羊随经补偿生长作用，但其生长、发育仍会受到影响。He等[33-35]研究了妊娠后期母羊蛋白和能量限制对羔羊抗氧化与免疫能力、脂多糖抗原应激反应的影响，试验分为对照组、40%蛋白质限制组和40%能量限制组，研究发现，能量和蛋白质限制组均会影响羔羊的初生重和器官的发育，但羔羊经6周的恢复后，各组间差异不显著；能量和蛋白质限制均会降低初生羔羊的抗氧化能力，但经6周和22周后羔羊的抗氧化能力得到较为充分的恢复。在羔羊出生时，营养限制组的羔羊免疫性能低于对照组，但经后期恢复，其各项免疫指标均达到正常水平，但经脂多糖抗原注射后，营养限制组的抵抗能力远低于对照组。该项研究表明，能量和蛋白质限制对羔羊的生长有短期和长久的效应。关于妊娠后期能量和蛋白质限制对胚胎生长、组织器官发育的影响，He等[33]也进行了相应的研究，结果表明，妊娠期能量和蛋白质限制会影响胚胎的生长，抑制胚胎的组织器官发育，特别是胸腺、小肠、肾脏和肝脏。大量的试验也证实母体的营养限制会导致后代肾上腺功能的持久性障碍[36]、葡萄糖耐受性降低[37]、胰岛素抵抗[38]、高血压[38]和血管功能障碍等。吴端钦等[39]研究了母羊妊娠后期营养限制对羔羊肉质及相关基因表达的影响，试验对怀孕山羊妊娠后期进行了关键营养素（蛋白质、代谢能）的限制（三个处理依次为ME9.34MJ/kg、CP12.5%；ME9.28MJ/kg、CP 7.5%；ME 5.75MJ/kg、CP 12.6%），结果显示：妊娠后期营养限制对羔羊的背肌肉色、pH、滴水损失无显著影响（$P>0.05$），但对肉质的相关基因（心脏性脂肪酸结合蛋白、超氧化物歧化酶和过氧化氢酶）的表达量有显著影响，能量限制组的超氧化物歧化酶的表达量显著高于对照组和蛋白质限制组，能量限制组的过氧化氢酶基因极显著高于对照组和蛋白质限制组。由此可见，妊娠后期不论能量还是蛋白质的限制对羔羊的肉品质及相关基因的表达均有显著的影响。但能量限制对于羔羊的基因表达有更大的影响。

此外，动物有补偿生长能力，在生长早期受到营养浓度或采食量限制的动物，其在自由采食高质量饲料时，增重速度要高于未受过限制的对照组动物[40]。补偿生长是动物在去除限制因素后表现出的比正常生长速度高的快速生长能力，普遍存在于各种动物中。晓利[41]研究了妊娠后期限制饲养对蒙古绵羊羔羊补偿生长的影响，其对母羊的处理同张崇志[31]的试验，但在产羔后母羊自由采食青干草并进行补饲，研究结果表明，妊娠后期的营养限制会影响羔羊的补偿生长效果；羔羊的补偿生长速率与母羊限制程度成正相关关系，但严重限制组仅出现部分补偿，而轻度限制组出现完全补偿。

母羊妊娠期的能量限制对胚胎和后代的发育有重要影响，会抑制后代的生长速度、组织器官发育、免疫性能、抗氧化能力及肉品质等，尽管在产后通过营养恢复可一定程度提高羔羊的生长速度，但仍不能达到正常水平。

4 小结

妊娠后期，母羊采食饲料的能量水平直接影响母羊的生长、健康、乳腺发育和胚胎的发育，进而影响羔羊生长性能、免疫功能。针对追求母羊多胎的养殖目标，在妊娠后期制定合理的能量摄入水平对提高母羊的繁殖性能和经济效益有重要的作用，今后仍需要对妊娠后期多胎母羊的能量需要开展系统研究，从根本上揭示能量水平对母羊和羔羊的影响，为健康羔羊的培育奠定基础。母羊的能量需要受母羊的品种、体重、年龄、胎次、怀胎个数和环境等多方面因素的影响，今后当加强母羊妊娠后期的能量需要与各方面因素间的关系、能量水平对后代发育的影响机制、能量与其他营养因素间的相互作用的研究，综合研究母羊合理的能量需要，从而保持母羊的健康体况，提高母羊的生产价值。

参考文献（略）

原文发表于：中国畜牧兽医，2017（5），1369-1374

第二部分　幼畜饲养技术

4~6 月龄杜湖羊杂交 F_1 代母羔净蛋白质需要量

聂海涛[1]，肖慎华[1]，兰　山[1]，张　浩[1]，王子玉[1]，王　锋[1,2*]

（1. 南京农业大学，江苏省肉羊产业工程技术中心，南京　210095；
2. 南京农业大学，海门山羊研发中心，南京　210095）

摘　要： 本试验旨在探讨杜泊羊×湖羊（杜湖）杂交 F_1 代母羔羊在 4~6 月龄生长阶段的蛋白质代谢规律的同时确定其净蛋白质需要量。选取 4 月龄左右湖羊杂交 F_1 代母羔［（35.68±1.68）kg］42 只，结合比较屠宰试验（30 只）和消化代谢试验（12 只），利用析因法探讨预测维持和生长净蛋白质需要量的方法。比较屠宰试验：正试期第 1d 随机挑选 6 只母羔进行屠宰（A 屠宰批次，$n=6$），其余 24 只羊随机分为自由采食（AL）组（$n=12$）、低限饲（LR）组（$n=6$）和高限饲（HR）组（$n=6$）3 组，当 AL 组羊均重达 42kg 时，选取 6 只进行屠宰（B 屠宰批次，$n=6$），待其余自由采食组羊均重达 50kg 时，将 AL 组、LR 组和 HR 组羊屠宰，分别作为 C、D 和 E 屠宰批次（$n=6$）。消化代谢试验：将 12 只羊按照比较屠宰试验的设计，分 3 组（$n=4$）进行饲喂。预试期 7d，正试期 5d。结果表明：4~6 月龄杜湖杂交 F_1 代母羔的内源性氮损失量为 261mg/kg $SBW^{0.75}$（SBW 为宰前活重），换算为维持净蛋白质需要量为 1.63g/kg $SBW^{0.75}$。该品种肉羊在 35~50kg 体重阶段，平均日增重为 100~300g/d 的生长净蛋白质需要量为 9.83~25.08 g/d。本试验建立了利用氮沉积量与氮摄入量估测 4~6 月龄杜湖杂交 F_1 代母羔维持净蛋白质需要量的模型以及体蛋白质含量与排空体重估测生长蛋白质需要量的模型。

关键词： 杜泊羊；湖羊；杂交 F_1 代；母羔；净蛋白质需要量

良好的肉羊饲养管理通常被认为是需要建立在对家畜营养需要量的精确测定和饲料原料营养成分的客观评价的基础上才能成功实施的，因此，国内外研究者一直关注并从事动物营养需要量相关领域的研究。与国际上比较成熟的肉羊营养需要量评价体系（NRC，美国[1-2]；ARC，英国[3]；AFRC，法国[4]；CSRIO，澳大利亚[5]）相比，无论是从研究广度（报道所涵盖的肉羊品种的数量，研究对象生理阶段的多样性）还是研究精度（营养需要量评价指标的选择，试验方案的客观性和营养需要量决定性作用机理）而言，国内的研究都处于全面落后的阶段[6]，这种现象与我国现代肉羊产业的发展速度极度不符。虽然，农业部 2004 年制定的《肉羊饲养标准》NY/T 815—2004[7]和其他研究者的工作[8-14]确实在一定程度上填补了我国在肉羊营养需要量方面的空白，但是随着肉羊产业快速发展的不断增快，肉用性能突出的优秀肉羊品种的不断涌现，已有的研究成果已经不能完全适应现代肉羊产业发展的需要，我国肉羊营养需要量领域的研究亟需更新。随着近年来我国在该领域研究力量投入的不断增强，相应的研究成果也陆续报道出来。目前，已有多家研究单位分别就杜泊羊×小尾寒羊 F_1 代[15-17]、无角道赛特×小尾寒羊 F_2 代[18]、萨福克×阿勒泰杂交 F_1 代[19]等品种肉羊的营养需要量进行了报道，本研究团队也相继报道了杜泊羊×湖羊（杜湖）杂交 F_1 代公羊的能量和蛋白质需要量[20-21]。本文力求从育肥期营养需要量中最为关键的蛋白质需要

基金项目：国家肉羊产业技术体系（CARS-39）；公益性行业（农业）科研专项（201303143）
作者简介：聂海涛（1986—　），男，安徽蚌埠人，博士研究生，从事反刍动物营养方向研究，E-mail：niehaitao_ 2005@ 126. com
* 同等贡献作者；通讯作者：王　锋，教授，博士生导师，E-mail：caeet@ njau. edu. cn

量这一指标着手，借鉴国外先进研究经验并结合我国的实际生产需求，最终确定以比较屠宰试验、消化代谢试验相结合的实施方案，来确定4~6月龄杜湖杂交F_1代母羔的净蛋白质需要量，并从氮表观消化率和体蛋白质（body protein，BP）沉积2方面探讨该品种肉羊的蛋白质代谢规律。本试验旨在通过对该品种肉羊蛋白质需要量和蛋白质代谢规律的研究，为该品种肉羊饲养过程中饲粮蛋白质的合理供给、肉羊的高效养殖提供理论依据。

1 材料与方法

本试验于2012年7—10月在江苏省海门山羊研发中心开展，试验中所使用的杜湖杂交F_1代母羔购自江苏省涟水县源农生态农业有限公司。试验中所使用基础饲粮组成及其营养水平见表1，以全价颗粒饲料形式饲喂，由江苏省舜润饲料有限公司代为加工。

表1 基础饲粮组成及其营养水平

项目	含量
原料（%）	
玉米	42.83
豆粕	16.04
大豆秸	40.02
磷酸氢钙	0.40
石粉	0.20
食盐	0.40
预混料	0.11
合计	100.00
营养水平（g/kg）	
粗蛋白质	138.58
粗脂肪	26.63
有机物	908.09
代谢能（MJ/kg）	9.51
中性洗涤纤维	487.72
酸性洗涤纤维	203.62
钙	7.80
磷	3.90

注：预混料为每千克饲粮提供：Fe 56mg，Cu 15mg，Mn 30mg，Zn 40mg，I 1.5mg，Se 0.2mg，Co 0.25mg，VA 2 150IU，VD 170IU，VE 13IU，微生态制剂（六和集团）microbial preparation（Liuhe Group）2.7g，2%莫能霉素 2% monensin 1.6g，Na_2SO_4 10.1g。

1.1 试验动物及饲养管理

选择体重［(35.68± 1.68)kg］、周龄（14~15周龄）相近，体况健康的杜湖杂交F_1代母羔42只，常规驱虫处理（伊维菌素，乾坤动物药业有限公司）后将每只试验羊分别置于单栏（1.5m×4.0m）内饲养直至试验结束。

比较屠宰试验，预试期为10d，期间逐步使用试验饲粮替换原有基础饲粮（每日替换量为15%～20%）并保证自由饮水。待预试期结束后，从42只试验羊中随机挑选30只作为比较屠宰试验对象，并从中挑选6只母羔在正试期第1d进行屠宰（A屠宰批次，$n=6$），其余24只羊随机分为自由采食（*al libitum*，AL）组（$n=12$）、低限饲（low-restricted，LR）组（自由采食量的60%，$n=6$）和高限饲（high-restricted，HR）组（自由采食量的60%，$n=6$）3组，为了保证AL组试验羊的自由采食状态，在清晨饲喂前需准确称量并记录该组剩料量，通过计算和调整投喂量来保证次日剩料量不低于该日采食量的10%，HR组和LR组试验羊投喂量根据自由采食量按相应比例计算来确定。保证自由饮水和正常光照，其他按照常规饲养操作规程进行，当AL组试验羊体重均重达到42kg时，从AL组中挑选6只进行屠宰（B屠宰批次，$n=6$），待剩余AL组试验羊的均重达到50kg时，将AL组、HR组和LR组试验羊一并屠宰，分别记作C、D和E屠宰批次（$n=6$）。正试期间，准确称量并记录试验羊每日的投喂量和剩料量，并对每日剩料羊和投喂量按照5%比例进行缩分采样，-20℃保存。

消化代谢试验，剩余12只试验羊也按照比较屠宰试验设计分3组（$n=4$）进行饲喂。待AL组试验羊均重达到42kg［实测值（41.77±2.03）kg］时，将其移入代谢笼内，待7d预试期试验羊完全适应代谢笼环境（无应激反应且采食量恢复正常）后，进入为期5d的全粪尿收集消化代谢正试期，期间除按照比较屠宰试验所介绍的方法进行采食量记录并采样的同时，还需分别称量并记录每只羊的粪便和尿液排泄量。

1.2　样本的收集和指标的测定

1.2.1　屠宰样本的收集和测定

屠宰前1d 17：00称重并记录为末期活体重（live body weight，LBW）。禁食、禁水16h，次日09：00再次称重，此时的体重记为宰前活重（shrunk body weight，SBW），电击晕后经颈静脉放血屠宰。将胴体沿背中线剖为左右两半，分别称重后将右侧胴体的骨骼、肌肉、脂肪分离，头部和蹄同样按照左、右侧等比例进行分割，并同时进行骨骼、肌肉和脂肪的分离，将骨骼用碎骨机粉碎，混匀后采样500g；将肌肉、脂肪用绞肉机分别绞碎混匀后各采样500g；将试验羊的各个内脏剥离下之后称重并记录，其中消化道组织在称量并记录其清空前质量后，随即使用清水对其进行清理，尽量挤除多余水分之后再记录其清理后质量，消化道各组织清理前后的质量之差记做消化道内容物（GIT），用于排空体重（Empty body weight，EBW）的计算（EBW=SBW-GIT）；屠宰后所收集的血液、清理内容物后的消化道组织、以及其他内脏组织合并称重后，用碎骨机粉碎混匀后采样500g，记做内脏重。所有样本需冷冻干燥（XIANOU-12N型冷冻干燥机，先欧仪器有限公司）之后再置于烘箱内105℃温度下持续烘干至少8h以上来测定其干物质（DM）含量；氮含量使用凯氏定氮法[22]进行测定（Kjeltec-7300全自动凯氏定氮仪，福斯仪器有限公司，丹麦）。

1.2.2　饲料、粪和尿液样本的收集和测定

每日清晨饲喂前按10%的比例对饲料投喂样进行采样，前日剩料样也需要准确称量并也按照10%的比例进行取样，置于-20℃保存待测。投喂样和剩料样中的DM和氮含量按照1.2.1介绍的方法进行测定；酸性洗涤纤维（ADF）和中性洗涤纤维（NDF）参照文献［23］进行测定。消化代谢正试期内，在每日晨饲前将每日经粪尿分离装置分离出的粪便中的羊毛等其他杂质挑除后称重并记录，随后按照5%的比例进行缩分采样并于-20℃保存待测，所收集的粪样用于测定其DM和氮含量。每日所收集的尿液体积需要用量筒准确度量，并减去提前加入收集装置中的10%稀硫酸的体积（100mL/d），该结果即为各试验羊在正试期内每日所排出的尿液体积，将每只羊5d正试期内每日的尿液样本混匀后抽取1%制为混合尿样，-20℃保存，利用凯氏定氮法测定其氮含量，与饲料和屠宰样本的氮含量测定程序稍有差异，具体如下所述，待冷冻状态下的尿液样本自然融化，混匀后取10mL，用胶头滴管均匀滴涂于定量滤纸（分析纯），

置于55℃下8h以上直至完全烘干后再测定其氮含量，尿样的氮含量为滴涂尿液滤纸和空滤纸的氮含量之差。

1.3 指标的计算

在国家肉羊产业体系“营养与饲料功能研究室”各岗位科学家的指导下，经各功能研究室研究团队成员讨论后，最终确定采用“析因法”对营养需要量进行估测的方案，即将动物的总营养需要量剖析为维持（体重维持）和生长（体重增长）需要2大部分，维持需要量利用营养物质摄入量及沉积量建立回归方程的方法进行估测，在已知体重和增重情况数据的前提下通过建立回归方程的方法推算其体组成沉积量，最终确定其生长需要量，再将各部分的营养需要量叠加最终获得总营养需要量。

1.3.1 生长性能

比较屠宰试验正试期前1d17：00称重，记作各屠宰批次试验羊的初始LBW；所有试验羊每隔1周称重1次（晨饲前空腹称重），结合正试期内试验羊的日采食量记录，用于统计试验羊的平均日增重（ADG）、干物质采食量（DMI）和料重比。各屠宰批次试验羊在屠宰前禁食16h后称重，记作SBW；通过屠宰测定中得到的消化道内容物重量计算排空体重（empty body weight，EBW）。

1.3.2 初始体氮含量的预测和氮沉积量（retained N，RN）的计算

首先，利用比较屠宰试验A屠宰批次试验羊的体氮含量（各个屠宰样本氮含量之和）与EBW，EBW与SBW以及SBW与LBW建立相应的异速回归方程，随后将B、C、D和E屠宰批次试验羊初始LBW代入上述回归方程中依次计算得到上述各屠宰批次试验羊的初始体氮含量，各个屠宰批次试验羊RN根据其屠宰样本测定所得的体总氮含量实测值与初始体总氮含量预测值之差计算而得。

1.3.3 氮摄入量（N intake，NI）的计算

通过消化代谢试验，对投喂样、剩料样、粪便样和尿样中氮含量进行测定，计算氮表观消化率。

氮表观消化率（%）= 100×（摄入氮-粪氮）/摄入氮

结合比较屠宰试验中试验羊的采食量记录，可计算出比较屠宰试验羊在正试期的总氮摄入量（total N intake，TNI），日均氮摄入量（average daily N intake，ADNI）并用于后期的回归方程的建立。

1.3.4 维持净蛋白质需要量的计算

根据比较屠宰试验氮平衡的结果，建立相对RN与NI的线性回归关系：

$$RN = a + b \times NI$$

式中：截距a即为氮维持需要量（即内源尿氮和代谢粪氮之和）（g/kg $SBW^{0.75}$），所得结果乘以6.25即为维持净蛋白质需要量（g/kg $SBW^{0.75}$）。

1.3.5 生长净蛋白质需要量的计算

根据比较屠宰试验AL组数据，建立RN与EBW的异速回归关系：

$$\lg RN = a + b \times \lg EBW$$

由此关系反推不同体重的蛋白质沉积量，即为该体重水平的生长净蛋白质需要量。例如20kg体重平均日增重300g/d的生长净蛋白质需要量可由20.3与20.0kg体重下的两者蛋白质沉积之差得到。

1.4 数据的统计

所有数据在使用Excel 2013进行初步整理（小数点定标及对数Logistic模式进行标准化处理）之后，用SPSS 17.0进行统计分析。所有数据在进行相应的统计分析前需要采用柯尔莫诺夫-斯米尔诺夫法（Kolmogorov-Smirnov goodness-of-fit test）检验变量是否符合正态分布规律，对于符合正态分布的变量可直接使用单因素方差（one-way ANOVA）进行差异性检验，并用Turkey’s法进行多重比较，当方差分析输出$P<0.05$时表明差异显著，$P>0.05$时表明差异不显著。结果用平均值±标准差（mean±SD）表示。线性回归分析使用PROC REG模型进行。

2　结果与分析

2.1　不同屠宰批次母羔的生长性能和屠宰性能

由表 2 可知，A、B、C、D 和 E 屠宰批次初始 LBW 差异不显著（$P>0.05$）；如试验设计，B 和 C 屠宰批次试验羊的 DMI 均显著高于 D 和 E 屠宰批次（$P<0.05$）；采食量水平显著影响各屠宰批次试验羊的末期 LBW、ADG 和料重比（$P<0.05$），AL 组（B 和 C 屠宰批次）料重比显著低于限饲组（D 和 E 屠宰批次）；就屠宰性能而言，5 个屠宰批次试验羊的屠宰率、净肉率差异均不显著（$P>0.05$）；AL 组（A、B 和 C 屠宰批次）肉骨比高于限饲组［D（$P>0.05$）和 E 屠宰批次（$P<0.05$）］。

表 2　不同屠宰批次杜湖杂交 F_1 代母羔的生长性能和屠宰性能

项目	屠宰批次				
	A	B	C	D	E
干物质采食量（kg/d）		1.54±0.12^{a}	1.66±0.19^{a}	1.12±0.00^{b}	0.81±0.00^{c}
初始活体重（kg）	35.17±1.78	35.88±1.19	36.30±2.22	36.43±1.04	35.73±0.98
末期活体重（kg）		42.19±1.87^{a}	50.12±1.99^{b}	42.68±0.58^{a}	37.56±1.24^{c}
宰前活重（kg）		40.77±1.87^{a}	48.38±2.46^{b}	41.25±0.90^{a}	35.77±0.44^{c}
平均日增重（g/d）		230.88±30.10^{a}	215.77±25.54^{a}	97.66±26.90^{b}	28.62±11.24^{c}
料重比		6.67±0.83^{a}	7.69±1.03^{a}	10.04±0.88^{b}	28.30±0.76^{c}
屠宰率（%）	50.09±0.75	51.38±1.56	51.47±1.31	51.22±2.82	52.61±1.85
净肉率（%）	39.30±1.77	37.98±1.51	38.72±2.42	37.99±3.19	40.74±2.86
肉骨比/bone	1.96±0.05^{a}	1.98±0.07^{a}	2.08±0.10^{a}	1.82±0.13^{ab}	1.71±0.11^{b}

注：同行数据肩标不同小写字母表示差异显著（$P<0.05$），相同或无字母表示差异不显著（$P>0.05$）。表 3、表 4 和表 5 同

2.2　采食量水平对母羔氮代谢的影响

由表 3 可知，消化代谢试验中 AL 组 DMI 分别比 LR 和 HR 组高 47.41%和 106.02%（$P<0.05$）；TNI 和粪氮排出量均随着采食量的增加而显著升高（$P<0.05$）；HR 组尿氮排出量显著低于 AL 组（$P<0.05$），其余各组间差异不显著（$P>0.05$）；AL 组氮表观消化率显著高于 LR 和 HR 组（$P<0.05$），其余各组间差异不显著（$P>0.05$）。

表 3　采食量水平对杜湖杂交 F_1 代母羔氮代谢的影响

项目	组别		
	自由采食	低限饲	高限饲
干物质采食量（kg/d）	1.71±0.16^{a}	1.16±0.01^{b}	0.83±0.02^{c}
总氮摄入量（g/d）	27.70±1.64^{a}	19.95±0.18^{b}	14.28±0.09^{c}
粪氮排出量（g/d）	10.32±1.16^{a}	6.92±0.46^{b}	4.68±0.33^{c}
尿氮排出量（g/d）	8.13±0.78^{a}	6.77±0.83^{ab}	5.98±0.66^{b}
氮表观消化率（%）	62.74±1.26^{a}	65.32±1.45^{b}	67.22±1.36^{b}

2.3 不同屠宰批次母羔体组成及蛋白质在各组织间的分布

由表 4 可知，通过对自由采食饲喂处理的试验羊（A、B 和 C 屠宰批次）体组成比较后发现，在自由采食饲喂条件下，骨骼和肌肉占 EBW 比例随着月龄的增加显著降低（P<0.05），A 屠宰批次（4 月龄）最高，B 屠宰批次（5 月龄）次之，C 屠宰批次（6 月龄）最低；C 屠宰批次胴体脂肪占 EBW 比例显著高于 A 和 B 屠宰批次（P<0.05）；3 个批次内脏占 EBW 比例差异不显著（P>0.05），但有随着周龄增加而降低的趋势；总脂肪占 EBW 比例随月龄增加而升高，C 屠宰批次显著高于 A 组（P<0.05）。对于相同月龄的不同采食量水平的试验羊（C、D 和 E 屠宰批次），骨骼、胴体脂肪、总脂肪、内脏和肌肉占 EBW 比例均显著受采食量水平的影响，其中 AL 组（C 屠宰批次）的骨骼和肌肉占 EBW 比例均显著低于限饲组（D 和 E 屠宰批次）（P<0.05）；胴体脂肪、总脂肪和内脏占 EBW 比例均随着采食量的增加而升高(P<0.05)，AL 组（C 屠宰批次）最高，HR 组（E 屠宰批次）最低，2 个限饲组（D 和 E 屠宰批次）体脂肪和内脏占 EBW 比例差异均不显著。

肌肉蛋白质占 BP 比例在 5 个屠宰批次间差异不显著（P>0.05）。从 BP 分布来看，自由采食的试验羊（A、B 和 C 屠宰批次）间比较，随着月龄的增加，胴体脂肪、内脏脂肪、总脂肪中蛋白质占 BP 比例出现显著增加；其中 C 屠宰批次（6 月龄）胴体脂肪蛋白质占 BP 比例显著高于 A（4 月龄）和 B 屠宰批次（5 月龄）（P<0.05）；B 和 C 屠宰批次内脏脂肪蛋白质占 BP 比例显著高于 A 屠宰批次（P<0.05）；C 屠宰批次总脂肪蛋白质占 BP 比例显著高于 A 屠宰批次（P<0.05）。对于相同月龄的不同采食量水平的试验羊（C、D 和 E 屠宰批次），随着采食量水平的升高，酮体脂肪、内脏、总脂肪中蛋白质占 BP 比例均出现显著增加（P<0.05），骨骼蛋白质占 BP 比例则出现显著降低（P<0.05）；其中，AL 组胴体脂肪、内脏中蛋白质占 BP 比例显著高于 LR 和 HR 组（P<0.05），总脂肪蛋白质占 BP 比例显著高于 HR 组（P<0.05），骨骼蛋白质占 BP 比例显著低于 LR 和 HR 组（P<0.05）。

表 4 不同屠宰批次杜湖杂交 F_1 代母羔体组成及蛋白质在各组织间的分布

项目	屠宰批次				
	A	B	C	D	E
体组成/%[1)]					
骨骼	16.31±0.45^a	14.25±0.55^b	12.65±0.62^c	15.16±0.47^b	15.37±0.90^b
胴体脂肪	11.60±0.81^a	11.21±1.20^a	14.48±1.08^b	12.70±1.18^a	12.30±1.24^a
内脏脂肪	3.29±0.49^a	5.25±1.40^b	5.26±1.08^b	5.60±1.37^b	4.67±0.53^b
内脏	15.41±0.46^a	14.85±1.03^a	13.79±0.78^a	9.01±0.67^b	9.16±0.72^b
总脂肪	14.89±0.92^a	16.46±1.91^{ab}	19.74±1.99^b	18.29±1.68^b	16.96±1.27^a
肌肉	30.28±0.78^a	28.13±1.05^b	25.87±1.29^c	29.99±1.50^{ab}	29.85±1.31^{ab}
体蛋白质分布/%[2)]					
骨骼	25.22±2.46^{ab}	24.68±2.30^{ab}	23.11±1.22^b	26.81±1.96^a	27.38±1.43^a
胴体脂肪	2.99±0.33^a	2.96±0.43^a	4.16±0.38^b	3.28±0.49^a	3.46±0.35^a
内脏脂肪	0.95±0.24^a	1.53±0.37^b	1.67±0.38^b	1.69±0.36^b	1.45±0.25^b
内脏	22.63±1.67^a	22.92±3.68^a	23.43±1.47^a	14.95±1.82^b	15.13±2.32^b
总脂肪	4.08±0.55^a	4.60±0.58^{ab}	5.99±0.74^b	4.47±0.89^{ab}	4.05±0.70^a
肌肉	48.10±4.90	47.90±6.15	47.69±5.06	53.19±6.99	52.69±9.16

[1)] 体组成 =（体组织鲜重/EBW）×100；

[2)] 体蛋白质分布 =（各组织蛋白质含量/体蛋白质含量）×100

2.4 维持净蛋白质需要量

由表 5 可知，5 个屠宰批次试验羊的初始 LBW 和初始 BP 含量差异均不显著（$P>0.05$）；B 和 C 屠宰批次间 RN 和 NI 差异不显著（$P>0.05$），但均显著高于 D 和 E 屠宰批次（$P<0.05$）。建立 RN（g/kg $SBW^{0.75}$）与 NI（g/kg $SBW^{0.75}$）的回归方程：$RN=(-0.2607\pm0.0544)+(0.2728\pm0.0311)\times NI$（图 1）。由此计算出，4~6 月龄杜湖杂交 F_1 代母羔的维持净氮的需要量为 261mg/kg $SBW^{0.75}$，换算为维持净蛋白质需要量为 1.63g/kg $SBW^{0.75}$。

表 5 不同屠宰批次杜湖杂交 F_1 代母羔体蛋白质沉积

项目	屠宰批次				
	A	B	C	D	E
初始活体重（kg）	35.17±1.78	35.88±1.19	36.30±2.22	36.43±1.04	35.73±0.98
初始体蛋白质含量/g	4 513.71±229.13	4 304.91±212.33	4 521.61±154.04	4 432.65±278.33	4 534.55±253.10
氮沉积量（g/kg $SBW^{0.75}$）		0.41 ± 0.05^a	0.40 ± 0.04^a	0.08 ± 0.07^b	-0.05 ± 0.05^b
氮摄入量（g/kg $SBW^{0.75}$）		2.62 ± 0.08^a	2.49 ± 0.08^a	1.27 ± 0.07^b	0.99 ± 0.03^c

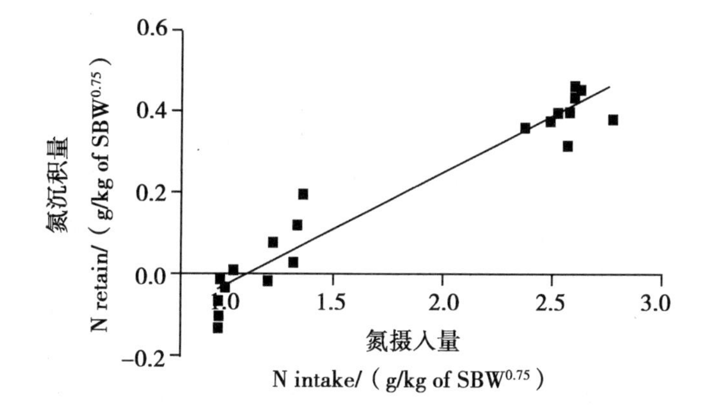

图 1 4~6 月龄杜湖杂交 F_1 代母羔氮沉积量与氮摄入量的回归关系

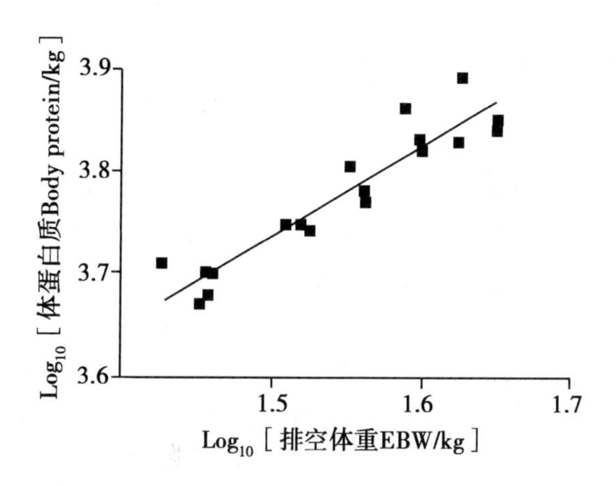

图 2 4~6 月龄杜湖杂交 F_1 代母羔体蛋白质含量与排空体重的回归关系

2.5 生长净蛋白质需要量

如图2所示，BP（g）含量与EBW（kg）的回归方程为：$\lg BP=(2.952\pm0.2618)+(0.562\pm0.1692)\times\lg EBW$；由此计算可知，4~6月龄杜湖杂交$F_1$代母羔生长蛋白质需要量为9.83~25.08g/d（表6）。

表6　4~6月龄杜湖杂交F_1代母羔生长净蛋白质需要量

平均日增重（g/d）	宰前活重（kg）			
	35	40	45	50
100	9.83	9.25	8.77	8.37
150	14.74	13.88	13.16	12.55
200	19.65	18.50	17.54	16.73
250	24.56	27.73	21.92	20.90
300	29.46	27.73	26.30	25.08

3　讨论

动物的维持净蛋白质需要量反映了包括代谢粪蛋白质（MFCP）和内源性尿蛋白质（EUCP）在内的氮损失总量。根据NRC（2007）[2]的介绍，MFCP最常用的预测方法是利用饲粮中可消化粗蛋白质（digestible CP concentration，DCPC）含量与饲粮粗蛋白质含量（total CP concentration，TCPC）建立回归方程，所建立回归方程的截距即为所得的结果。利用此种方法，推导出4~6月龄杜湖杂交F_1代母羔DCPC（g/kg）与TCPC（g/kg）的回归方程：$DCPC=(-4.446\pm1.522)+(1.099\pm0.1603)\times TCPC$（$R^2=0.83$，$P=0.07$）。由此可知，4~6月龄杜湖杂交$F_1$代母羔的MFCP损失量占DMI比例为4.45%［每采食1kg试验饲粮所损失的粗蛋白质（CP）为44.5g］；MFCP的单位既可以使用占DMI比例，也可以使用占不可消化干物质（indigestible DM）比例来表示，相比较而言，使用后者具有更高的准确性[2]，但是利用上述2种单位进行MFCP描述时，均需要增添额外的工作量，如对DMI、DM消化率或者两者同时测定；且考虑到营养需要量大多皆以体重为单位进行表述，故在品种间体重差异不明显的前提下，利用体重为单位来描述MFCP可能会更加适用，NRC也曾在2000版[1]中将MFCP以体重为单位进行量化描述，此方法可以减少对DMI测定的工作量。在本试验中，将MFCP以体重为单位进行换算后可知，4~6月龄杜湖杂交F_1代母羔每kg体重的MFCP损失量为1.30g。对于EUCP而言，其使用频率往往低于MFCP，但是在精确度方面却优于MFCP。根据SCA（1990）[24]的介绍，EUCP会随着必需氨基酸（AA）的强制性氧化而升高，并反映了动物的蛋白质周转过程。依据Luo等[25]介绍的方法，利用尿氮排出量（UN，g/kg BW）与表观可消化氮摄入量（ADNI，g/kg BW）建立回归方程：$UN=(0.1251\pm0.0064)+(0.1863\pm0.0211)\times ADNI$（$R^2=0.89$，$P=0.004$）；可知4~6月龄杜湖杂交$F_1$代母羔内源性尿氮损失为0.125g/kg $BW^{0.75}$，换算为EUCP损失量为0.78g/kg $BW^{0.75}$。结合上述结果，由EUCP与MFCP之和（2.08g/kg $BW^{0.75}$）高于本试验中利用NI与RN建立回归关系所得的维持净蛋白质需要量（1.76g/kg $BW^{0.75}$）。对于上述结果，我们认为MFCP预测方法所得结果主要包括组织细胞新陈代谢过程中脱落的细胞上皮细胞、酶类物质，但消化道微生物细胞碎片，而消化道微生物并不属于真正的内源性损失[2]，并由此推测，该预测方法可能会高估MFCP，从而引起维持净蛋白质需要量预测值偏高。

与前人所得试验结果对比我们发现，本试验所得的4~6月龄杜湖杂交F_1代母羔的维持净蛋白质需要量（1.63g/kg $SBW^{0.75}$）比许贵善[15]就杜寒杂交公羔（1.86g/kg $SBW^{0.75}$）和母羔（1.82g/kg $SBW^{0.75}$）所报道的结果分别低 12%和 10%。Galvani 等[26]报道了特克赛尔杂交公羔羊的维持净氮需要量为 243mg/kg $SBW^{0.75}$，换算为维持净蛋白质需要量为 1.52g/kg $SBW^{0.75}$，其结果比本试验所得结果低 6.75%。王鹏[18]在以杜泊羊小尾寒羊杂交肉羊为试验对象的研究中认为 20~35kg 该品种肉羊的维持净蛋白质需要量为 1.68g/kg $SBW^{0.75}$，略高于本试验结果。本试验所报道的杜湖杂交 F_1 代母羔维持净蛋白质需要量与 Gonzaga 等[27]对细毛羊的研究结果（2.07g/kg $SBW^{0.75}$）相比较低，约为其所报道结果的 78.75%。维持净蛋白质需要量结果的差异主要源于不同研究中试验羊的品种，试验条件和研究方法之间的差异。

体组成变化和体营养成分沉积规律对动物营养需要量研究具有很重要的意义，动物机体各组织的生长构成了整个机体的生长，不同生长阶段各组织间的发育速度也存在着差异。本试验中使用的杜湖杂交 F_1 代母羔在 4~6 月龄生长阶段，各组织中仅有脂肪（包括胴体脂肪和内脏脂肪）占 EBW 比例呈上升趋势，其余各组织均呈降低的趋势，上述结果均表明该生长阶段试验动物的生长以脂肪生长为主，且晚于骨骼、肌肉和内脏的发育。屠宰期均为 6 月龄的不同限饲处理动物体组成也具有一定规律性的变化：限饲组试验羊骨骼、内脏和肌肉占 EBW 比例上升，而总脂肪（胴体脂肪、内脏脂肪）比例下降。上述结果表明，相对与 AL 组羊而言，限饲处理试验羊均出现营养不良所引起的生长发育受阻滞后现象，其中表现最明显的为内脏，LR 和 HR 组（6 月龄）内脏占 EBW 比例不仅低于同月龄的 AL 组，也低于较低月龄（4、5 月龄）自由采食的试验羊。我们推测认为引起这种变化最主要的原因为：动物在营养摄入严重不足的情况下，机体会被动通过一系列生理反应以减少维持营养需要输出；根据 Seve 等[28]的报道，占 BP 比例仅仅为 7%~8%的内脏（消化道+肝脏）却提供了 50%的 BP 周转率，而肌肉的蛋白质占 BP 比例高达 30%~45%，但仅仅提供了约 20%的 BP 周转率，因此他们认为与外周组织相比，内脏比例的高低对动物机体的维持营养需要量有决定性的作用。依据上述观点及本试验结果，我们推测在限饲条件下，试验动物通过降低增耗较高的内脏来降低其维持需要量，以适应营养供给不足的饲养环境。

本试验中由不同屠宰批次 BP 分布结果可知，经自由采食处理的 4~6 月龄杜湖杂交 F_1 代母羔骨骼、胴体脂肪、内脏脂肪、内脏、总脂肪和肌肉组织蛋白占 BP 比例的变化范围分别为 25.22%~23.11%、2.99%~4.16%、0.95%~1.67%、22.63%~23.43%、4.08%~5.99%和 48.10%~47.69；胴体脂肪、内脏脂肪占 BP 比例随月龄的增加而上升，骨骼和肌肉中蛋白质占 BP 比例随着月龄的增加而降低，表明 4~6 月龄生长阶段胴体脂肪和内脏脂肪生长速度高于骨骼和内脏。虽然 4~6 月龄均为胴体脂肪和内脏脂肪优势生长期，但两者的发育时间却存在着某些差异。由本试验结果可知，4~5 月龄生长阶段内脏脂肪沉积速率显著高于 5~6 月龄生长阶段（内脏脂肪蛋白质占 BP 比例的增长幅度 0.95%~1.53% vs. 1.53%~1.67%）；相较而言，5~6 月龄生长阶段为胴体脂肪分化生长优势阶段，该生长阶段胴体脂肪蛋白质沉积速率显著高于 4~5 月龄生长阶段（胴体脂肪蛋白质占 BP 比例的增长幅度 2.99%~2.96% vs. 2.96%~4.16%）。本试验中，杜湖杂交 F_1 代母羔在相同 ADG 水平下，生长净蛋白质需要量随着体重的升高而显著降低，以 ADG 同为 200g/d 为例，50kg 体重阶段生长净蛋白质需要量为 16.73g/d，相较于 35kg 体重试验羊的生长净蛋白质需要量（19.65g/d）降低了 14.86%。我们认为，这种差异极有可能是由于 BP 比例随着体重增加而降低所造成的，该观点与许贵善[15]和王鹏[18]的观点相吻合。由上述结果推测可知，不同品种、月龄和性别间试验羊维持和生长净蛋白质需要量结果主要取决于体成熟阶段的差异，蛋白质合成高峰期也相应有着差异性，无论从维持还是生长净蛋白质需要量角度来看，体成熟度较低的试验羊都应当有着较高的蛋白质需要量。

4 结论

（1）4~6 月龄杜湖杂交 F_1 代母羔的内源性氮损失量为 261mg/kg $SBW^{0.75}$，换算为维持净蛋白质需要量为 1.63g/kg $SBW^{0.75}$。

（2）该品种肉羊在 35~50kg 体重阶段，ADG 为 100~300g/d 的生长净蛋白质需要量为 9.83~

25.08g/d。

(3) 本试验建立了利用RN与NI估测4~6月龄杜湖杂交F_1代母羔维持净蛋白质需要量的模型以及BP含量与EBW估测生长蛋白质需要量的模型。

参考文献(略)

原文发表于：动物营养学报，2015，27(1)：93-102

蛋白水平对湖羊双胞胎公羔生长发育及肉品质的影响

王　波，柴建民，王海超，祁敏丽，张乃锋，刁其玉*

（中国农业科学院饲料研究所/农业部饲料生物技术重点实验室，北京　100081）

摘　要：本试验旨在研究不同蛋白水平对早期断奶湖羊双胞胎公羊生长性能、屠宰性能、器官发育及肉品质的影响。试验选取16对湖羊双胞胎公羔，采用配对试验设计，分为2个处理，15日龄进行早期断母乳，随机选取一组饲喂蛋白水平为25%的代乳粉及21%的开食料，记为NP；（normal protein，NP），另一组饲喂等能低蛋白水平（19%）的代乳粉及开食料（15%），记为LP（low protein，LP），代乳粉饲喂至60日龄。61~90d NP组及LP组羔羊均饲喂正常水平的开食料。分别在60及90日龄随机选取4对羔羊进行屠宰，测定相关指标。试验结果表明：60及90d时，LP组的体重均显著低于NP组（$P<0.05$），采食量差异不显著（$P>0.05$），15~60d阶段，LP组的饲料转化率显著高于NP组（$P<0.05$），而61~90dLP组则显著低于NP组（$P<0.05$）；60及90日龄时LP组的宰前活重、空体重、胴体重、GR值均显著低于NP组（$P<0.05$），但是两组间屠宰率差异不显著（$P>0.05$）；60d时，LP组肝脏和脾脏重量显著低于NP组（$P<0.05$），其余内脏器官指数差异不显著（$P>0.05$），90d时，只有肝脏显著低于NP组（$P<0.05$）；60d时，LP组的瘤胃和小肠重量均显著小于NP组（$P<0.05$），皱胃的重量及占复胃比值均显著地低于NP组（$P<0.05$），90d时，LP组的瘤胃、网胃及小肠重均显著的低于NP组（$P<0.05$），其余胃肠指标差异不显著（$P>0.05$）；60d时，LP组滴水损失、熟肉率及系水力显著低于NP组（$P<0.05$），通过饲喂正常蛋白水平饲粮30d，LP组滴水损失及系水力均较NP组差（$P<0.05$），其余肉品质指标差异不显著（$P>0.05$）。结论：低蛋白饲粮限制了早期断奶湖羊羔羊生长性能、屠宰性能，阻碍了内脏器官的发育，延缓了胃肠消化系统的完善，肉品质受到影响，经过饲喂30d的正常蛋白水平日粮，羔羊的生长发育状况达不到正常羔羊水平。

关键词：湖羊羔羊；双胞胎；蛋白水平；生长发育；肉品质

羔羊肉的生产是国外羊肉生产的主题，也是我国近年来羊肉生产的转变方向，而推行羔羊早期断奶及育肥对提高羔羊肉产业的经济效益和改善人们的生活水平都具有重要的意义。目前，关于早期断奶羔羊生长发育的研究逐渐增多，包括断奶时间，断奶羔羊代乳粉的营养水平及营养物质来源等[1,2]，很多学者们都致力于做好我国的羔羊早期培育，为羔羊的培育提供更加全面指导。然而，早期断奶时羔羊的抵抗力和消化机能还都不完善，不合理的营养水平将会严重影响羔羊成活率及生长发育。蛋白质作为羔羊生长的一个重要营养素，其水平对羔羊的早期发育具有不可替代的作用。研究表明，使用合理蛋白水平的代乳粉对羔羊进行早期断奶，其后期的生长发育不比随母哺乳的效果差[3]，也有研究表明使用代乳粉在合理的日龄进行早期断奶的羔羊，其后期的生长发育效果要显著地优于随母哺乳[4]，同时还能缩短母羊的繁殖周

基金项目：农业部公益性行业（农业）科研专项（201303143）；国家肉羊产业技术体系建设专项资金（CARS-39）

作者简介：王波（1989—　），河南新县人，硕士研究生，从事动物营养与饲料科学研究，E-mail：wangboforehead@163.com

* 通讯作者：刁其玉，研究员，博士生导师，E-mail：diaoqiyu@caas.cn

期，提高产羔率。而不同蛋白水平的代乳粉，对羔羊早期生长速度有显著性影响，对后期的生长发育不利，蛋白水平过高或过低均会影响羔羊的生长速度[5]。然而，早期断奶羔羊除饲喂代乳粉外，还有很大一部分的营养物质来源于开食料，很少有研究同时涉及代乳粉和开食料的蛋白质营养水平，将两者结合起来进行研究蛋白水平限饲对早期断奶羔羊生长发育的影响。另外，王海超等[3]使用双胞胎羔羊探讨了不同培育方式对湖羊双胞胎羔羊生长发育的影响，并指出选用双胞胎羔羊作为动物模型，能够排除先天因素造成的影响，更清晰地表明试验因素的作用。因而，本试验选用早期断奶双胞胎湖羊公羔作为试验对象，以期精准地研究低蛋白对羔羊生长性能、胃肠道发育及肉品质的影响，为早期断奶羔羊的培育提供理论依据。

1 材料与方法

1.1 试验时间和地点

试验于2014年10月27日至2015年1月26日在江苏省姜堰市海伦羊业有限公司进行，历时90d。

1.2 试验设计

试验选取出生体重（2.33±0.20）kg和15d体重（6.08±0.56）kg均相近且日龄相同、发育正常的湖羊双胞胎公羔羊16对。采用配对试验设计，分为两个处理，一组饲喂蛋白水平分别为25%的代乳粉和21%的开食料，记为处理组NP（normal protein level，NP），另一组饲喂等能低蛋白水平的代乳粉（CP为19%）和开食料（CP为15%），记为处理组LP（low protein level，LP），每个处理16只羔羊。所有试验羊在出生到15日龄均随母哺乳，15日龄时所有试验羔羊均断奶，进行人工饲喂代乳粉至60日龄，同时补饲开食料，开食料自由采食。61~90d所有试验羊均自由采食蛋白水平为21%的开食料。

1.3 试验饲粮

代乳粉和开食料的正常水平参照我国发明专利ZL201210365927.6[6]和肉羊饲养标准（2004）[7]，低蛋白水平参照岳喜新[8]的试验结果进行配制。NP组和LP组开食料成分及代乳粉和开食料营养水平见表1。

表1 NP组和LP组开食料的成分及代乳粉和开食料营养水平（风干基础） （%）

项目	开食料成分			营养水平			
	NP组	LP组		代乳粉		开食料	
	NP	LP		NP	LP	NP	LP
玉米	49.10	65.90	干物质	97.73	97.94	89.65	90.36
豆粕	28.90	12.10	粗蛋白	25.08	19.23	21.08	15.02
麸皮	8.00	8.00	代谢能[a]	15.07	15.05	10.71	10.71
苜蓿	10.00	10.00	粗脂肪	11.18	12.98	1.70	1.70
预混料	4.00	4.00	粗灰分	5.29	4.85	7.40	6.50
总计	100.00	100.00	钙	1.13	1.09	0.96	0.98
			磷	0.51	0.48	0.57	0.51

[a]代乳粉代谢能参照王桂秋[9]试验结果及肉羊饲养标准（2004）[7]计算所得，开食料代谢能参照“中国饲料成分及营养价值表2012年第23版—中国饲料数据库”及肉羊饲养标准（2004）[7]计算所得。

注：表中的各项指标除代谢能外均为实测值。

1.4　饲养管理

试验正式开始之前，用强力消毒灵溶液对整个圈舍进行全面的消毒。试验用羔羊每个重复一个栏位，每只羊活动空间约为 $2m^2$，每半个月对所有栏位进行消毒 1 次（轮流使用 2.0%火碱、0.5%聚维酮碘、0.2%氯异氰脲酸）。所有试验羔羊均进行正常的免疫程序。

试验羊在 15 日龄时断母乳，饲喂代乳粉。代乳粉每天的饲喂总量从 15~60 日龄均按体重的 2.0%进行饲喂，同时饲喂量还根据试验过程中羔羊的健康状况进行适当的调整，以保证羔羊的正常生长。15~30 日龄每天饲喂三次，31~60 日龄每天饲喂两次。代乳粉的饲喂方法要求：① 冲泡水温—使用煮沸后冷却到 65~70℃热水进行冲泡；② 饲喂温度—冲泡后冷却到（40±1）℃进行饲喂；③ 冲泡比例—15~40 日龄代乳粉和水按照 1∶5（m/V），41~60 日龄代乳粉和水的比例为 1∶8（m/V）；④ 器具卫生—每次饲喂完后将饲喂工具清洗干净且每天消毒一次；⑤ 羔羊护理—饲喂完后擦净羔羊嘴边的代乳粉。每天按要求进行饲喂试验羔羊，保证羔羊的代乳粉饲喂量，自由饮水，自由采食开食料。

1.5　样品采集及测定指标和方法

1.5.1　试验饲粮成分测定

代乳粉及开食料中成分测定方法：能量使用 Parr-6400 氧弹量热仪测定；粗蛋白采用 KDY-9830 全自动凯氏定氮仪测定；干物质、粗脂肪、粗灰分及钙、磷等指标参考《饲料分析及饲料质量检测技术》[10]测定。

1.5.2　生长性能

体重：准确称量并记录羔羊的初生重，并在晨饲前称量 15d、60d 及 90d 重。

采食量：每天准确记录各试验处理间颗粒料的饲喂量及剩样量，用以计算羔羊的采食量，代乳粉的饲喂量根据体重在 20 日龄及之后的每 10d 进行一次调整，记录代乳粉采食量。

饲料转化率：根据增重及采食量计算各阶段的饲料转化率。

1.5.3　器官指数及屠宰性能

分别在 60d 和 90d 屠宰 4 对双胞胎羔羊，对照组和试验组各 4 只，屠宰前一天 16：00 称重，之后禁食、禁水 16h，并在屠宰当天 08：00 称宰前活重（live body weight，LBW）。试验羊经二氧化碳致晕后，让后颈静脉放血致死。之后，剥皮，去头、蹄、内脏后称量胴体重。分离内脏，称量心、肝、脾、肺、肾、小肠及大肠重并计算各器官占宰前活重的比例，分离瘤胃、网胃、瓣胃及皱胃并称重，计算每个胃占宰前活重及复胃的比例，准确记录相关的数据。

屠宰后，使用硫酸纸描绘倒数第一和第二跟肋骨之间背最长肌的轮廓，并用求积仪（江苏省无锡测绘仪器厂生产的 CS-Ⅰ型）求出轮廓面积即眼肌面积。使用游标卡尺测量第 12 和 13 根肋骨之间距离背脊中线 11cm 处组织的厚度，每只羊重复测量三次，取其平均值即为 GR 值[11]。

相关指标计算公式[12]：

空体重/kg（empty body weight，EBW）= 宰前活重-胃肠道内容物总重；

胴体重/kg（carcass weight，CW）= 宰前活重-皮毛、头、蹄、生殖器官及周围脂肪、内脏（保留肾脏及周围脂肪）的重量；

屠宰率%（dressing percentage）= 100×胴体重/宰前活重。

1.5.4　肉品质

pH 值测定：使用 Testo 205 型 pH 计测定背最长肌鲜样的 pH 值，每个样品测三个点，取平均值作为最终结果。

肉色测定：肉色使用柯尼卡美能达 CR-10 色差计现场测定眼肌的亮度（L^*）、红度（a^*）和黄度（b^*），每个样品测定 3 次取平均值最为最终结果。

滴水损失：取刚屠宰的试验羊背最长肌样品 2 块，称重记为 m_1，规格长×宽×厚为 5cm×3cm×2cm，分别悬挂在一次性塑料水杯中，肉样不沾杯侧壁且样品下端也不超过杯口，将悬挂好的样品置于4℃冰箱中，24h后取出用吸水纸将肉样表面的水分吸收后称重，记为m_2。滴水损失计算公式[11]：

$$滴水损失\% =100\times (m_1-m_2)/m_1$$

熟肉率：取背最长肌样品2块称重（W_1），规格6cm×3cm×3cm，放在蒸煮袋中在80℃水于锅中加热30min后置于4℃冰箱中过夜，之后取出肉样，用吸水纸吸干表面的水分后称重（W_2）。计算公式如下[11]：

$$熟肉率\% =100\times W_2/W_1$$

系水力测定：用直径为2.532cm的圆形取样器取第1腰椎后中心厚度为1cm左右的肉样两块，立即用精度为0.001g的天平称重（X_1），然后将样品放置于铺有多层中速滤纸上，以水分不透出全部滤纸为吸净标准。一般为将样品放放在上下各16层定性中速滤纸间，之后将样品置于压力计平台上，加压至35kg，保持5min，撤除压力后立即称重（X_2）。计算公式如下[11]：

$$系水力\%=100-100\times (X_1-X_2)/X_1$$

1.6 数据处理

试验数据经过Excel 2010初步整理后，使用SASS 9.2统计软件Paired *T*-test进行配对*T*检验，以$P<0.05$作为判断差异显著性的标准。

2 结果与分析

2.1 蛋白水平对湖羊双胞胎公羔生长性能的影响

由表2可以看出，LP组在15~60d、60~90d及15~90d总采食量均低于NP组，但差异不显著（$P>0.05$），各阶段代乳粉及开食料总能量的采食量的也差异不显著（$P>0.05$），但粗蛋白的采食量在15~60及15~90d阶段LP组显著低于NP组（$P<0.05$）。LP组和NP组羔羊初生重及15d重均差异不显著（$P>0.05$），而60d和90d时，LP组体重均显著低于NP组（$P<0.05$）。15~60dNP组日增重显著高于LP组（$P<0.05$），60~90d两组的日增重差异不显著（$P>0.05$），而NP组15~90d全期日增重显著高于LP组（$P<0.05$）。15~60dNP组的饲料转化率显著低于LP组（$P<0.05$），而60~90d阶段则是NP组显著高于LP组（$P<0.05$），15~90d整个试验阶段NP组和LP组的饲料转化率却是差异不显著（$P>0.05$）。

表2 蛋白水平对湖羊双胞胎公羔生长性能的影响

项目		组别		SEM	*P*值
		NP	LP		
15~60d	代乳粉+开食及其主要营养物质采食量/d				
	总采食量g	522.85	486.01	17.73	0.1160
	蛋白采食量g	117.82[a]	80.58[b]	7.71	0.0030
	总能采食量MJ	9.70	8.94	0.32	0.0931
	代乳粉及其主要营养物质采食量/d				
	代乳粉采食量	190.01	180.10	3.47	0.1898
	蛋白采食量g	47.65[a]	34.63[b]	2.53	0.0014
	总能采食量MJ	3.88	3.67	0.07	0.1724
	开食料及其主要营养物质采食量/d				
	开食料采食量g	332.84	305.91	17.01	0.0957
	蛋白采食量g	70.16[a]	45.95[b]	5.53	0.0046
	总能采食量MJ	5.82	5.27	0.30	0.0703

（续表）

项目		组别		SEM	P 值
		NP	LP		
61～90d	总采食量 g	1 135.13	1 058.48	26.26	0.1116
	蛋白采食量 g	239.29	223.13	5.53	0.1116
	总能采食量 MJ	19.85	18.51	0.50	0.1116
15～90d	总采食量 g	767.76	715.00	19.81	0.0749
	蛋白采食量 g	166.40[a]	137.60[b]	6.48	0.0094
	总能采食量 MJ	29.55	27.45	0.73	0.0722
不同日龄体重（kg）					
	1d	2.37	2.29	0.04	0.2938
	15d	6.13	6.03	0.14	0.4742
	60d	16.58[a]	14.28[b]	0.48	0.0013
	90d	26.10[a]	24.11[b]	0.60	0.0063
各阶段平均日增重/g					
	15～60d	239.74[a]	189.44[b]	7.51	0.0034
	61～90d	320.30	334.27	8.10	0.4487
	15～90d	267.20[a]	241.63[b]	6.65	0.0128
各阶段的饲料转化率					
	15～60d	2.18[b]	2.57[a]	0.10	0.0115
	61～90d	3.54[a]	3.17[b]	0.10	0.0387
	15～90d	2.87	2.96	0.07	0.3006

注：同行数据肩标不同的小写字母表示差异显著（$P<0.05$）。下表同

2.2　蛋白水平对湖羊双胞胎公羔屠宰性能的影响

通过屠宰性能的数据（表 3）显示，60 日龄时，NP 组的宰前活重、空体重、胴体重、24h 胴体重、眼肌面积及 GR 值均显著高于 LP 组（$P<0.05$），但是 NP 组和 LP 组的屠宰率差异不显著（$P>0.05$）。

表 3　蛋白水平对湖羊双胞胎公羔屠宰性能的影响（60 日龄）

项目	组别		SEM	P 值
	NP	LP		
宰前活重（kg）	16.59[a]	14.31[b]	0.72	0.0180
空体重（kg）	13.78[a]	11.62[b]	0.66	0.0388
胴体重（kg）	7.90[a]	6.59[b]	0.50	0.0354
24h 胴体重（kg）	7.12[a]	5.81[b]	0.46	0.0296
屠宰率（%）	47.40	45.84	1.26	0.3118
眼肌面积（cm^2）	12.40[a]	10.95[b]	0.35	0.0026
Grade rule（mm）GR	1.09[a]	0.95[b]	0.04	0.0095

90 日龄时，NP 组宰前活重、空体重、胴体重、24h 胴体重及 GR 值均显著高于 LP 组（$P<0.05$），而眼肌面积有大于 LP 组的趋势（$P>0.05$），两组的屠宰率差异不显著（$P>0.05$）（表 4）。

表 4　蛋白水平对湖羊双胞胎公羔屠宰性能的影响（90 日龄）

项目	组别		SEM	P 值
	NP	LP		
宰前活重（kg）	25.59[a]	23.11[b]	0.58	0.0115
空体重（kg）	21.23[a]	18.88[b]	0.57	0.0108
胴体重（kg）	12.39[a]	11.05[b]	0.34	0.0197
24h 胴体重（kg）	11.89[a]	10.58[b]	0.33	0.0202
屠宰率（%）	48.43	47.81	0.84	0.6081
眼肌面积（cm^2）	16.35	15.41	0.97	0.0927
GR Grade rule（mm）	1.73[a]	1.57[b]	0.04	0.0256

2.3　蛋白水平对湖羊双胞胎公羔器官指数的影响

从 60 日龄的屠宰数据（表 5）可以看出，NP 组的肝脏和脾脏的重量显著高于 LP 组（$P<0.05$），但是占宰前活重的比例差异不显著（$P>0.05$）。NP 组和 LP 组的心脏重量差异不显著（$P>0.05$），但是 NP 组心脏占宰前活重的比例却显著低于 LP 组（$P<0.05$），而肺和肾的重量及占宰前活重的比例均差异不显著（$P>0.05$）。

表 5　蛋白水平对湖羊双胞胎公羔内脏器官指数的影响（60 日龄）

项目		组别		SEM	P 值
		NP	LP		
心	重量/g	74.55	72.58	2.84	0.6018
	占宰前活重的比例（%）	0.45[b]	0.51[a]	0.01	0.0093
肝	重量/g	438.35[a]	392.73[b]	11.98	0.0462
	占宰前活重的比例（%）	2.65	2.76	0.06	0.0829
脾	重量/g	25.70[a]	19.70[b]	1.84	0.0445
	占宰前活重的比例（%）	0.15	0.14	0.01	0.2629
肺	重量/g	225.505	214.78	16.12	0.8332
	占宰前活重的比例（%）	1.36	1.52	0.13	0.6223
肾	重量/g	73.40	59.80	3.20	0.1569
	占宰前活重的比例（%）	0.42	0.42	0.02	0.9964

依据表 6 的数据可以看出，90 日龄时，NP 组的肝脏重和肺重显著高于 LP 组（$P<0.05$），但其占宰前活重的比例却是差异不显著（$P>0.05$）。NP 组和 LP 组的心、脾、肾的鲜重及占宰前活重的比值均差异不显著（$P>0.05$）。

表 6　蛋白水平对湖羊双胞胎公羔内脏器官指数的影响（90 日龄）

项目		组别		SEM	P 值
		NP	LP		
心	重量/g	131.65	113.80	6.30	0.1522
	占宰前活重的比例（%）	0.51	0.49	0.02	0.6472
肝	重量/g	654.88[a]	605.45[b]	10.42	0.0259
	占宰前活重的比例（%）	2.57	2.61	0.04	0.5606
脾	重量/g	35.60	35.15	1.31	0.8979
	占宰前活重的比例（%）	0.14	0.15	0.01	0.4140
肺	重量/g	368.30[a]	306.38[b]	16.41	0.0360
	占宰前活重的比例（%）	1.45	1.33	0.06	0.3067
肾	重量/g	101.30	100.45	1.98	0.8176
	占宰前活重的比例（%）	0.40	0.43	0.01	0.1054

2.4 蛋白水平对湖羊双胞胎公羔胃肠道发育的影响

通过表 7 的数据可以看出：低蛋白饲粮对 60 日龄湖羊双胞胎公羔羊胃肠道器官的影响，NP 组的瘤胃、皱胃、小肠及大肠重量均显著高于 LP 组（$P<0.05$），同时 NP 组皱胃占复胃的比例也显著高于 LP 组（$P<0.05$），而瘤胃、小肠和大肠占宰前活重的比例差异不显著（$P>0.05$），而 NP 组和 LP 组的网胃和瓣胃鲜重、占复胃及宰前活重的比例均差异不显著（$P>0.05$）。

表 7　蛋白水平对湖羊双胞胎公羔胃肠道发育的影响（60 日龄）

项目		组别		SEM	P 值
		NP	LP		
瘤胃	重量/g	415.56[a]	364.13[b]	12.58	0.0413
	占复胃重比例（%）	73.02	70.92	0.98	0.3295
	占宰前活重的比例（%）	2.52	2.57	0.10	0.7936
网胃	重量/g	47.90	47.78	4.60	0.9846
	占复胃重比例（%）	8.32	9.28	0.73	0.4077
	占宰前活重的比例（%）	0.29	0.33	0.03	0.1609
瓣胃	重量/g	22.90	24.38	2.65	0.5210
	占复胃重比例（%）	4.04	4.79	0.35	0.0775
	占宰前活重的比例（%）	0.15	0.17	0.01	0.3543
皱胃	重量/g	83.33[a]	67.73[b]	4.17	0.0107
	占复胃重比例（%）	14.61[a]	13.38[b]	0.35	0.0048
	占宰前活重的比例（%）	0.50	0.48	0.03	0.4420

（续表）

项目		组别		SEM	P值
		NP	LP		
小肠	重量/g	472.25[a]	432.88[b]	18.73	0.0423
	占宰前活重的比例（%）	2.85	3.05	0.12	0.3002
大肠	重量/g	204.82[a]	175.04[b]	9.23	0.0124
	占宰前活重的比例（%）	1.24	1.22	0.01	0.2394

表8的数据表明：在90日龄时，NP组的瘤胃重及占宰前活重的比例显著高于LP组（$P<0.05$），但是占宰前活重的比例差异不显著（$P>0.05$），网胃只有鲜重显著高于LP组（$P<0.05$），NP和LP组瓣胃及皱胃的鲜重、占复胃比值及占宰前活重的比例均差异不显著（$P>0.05$）。大肠和小肠的鲜重，NP组均显著高于LP组（$P<0.05$），但是占宰前活重的比值差异不显著（$P>0.05$）。

表8　蛋白水平对湖羊双胞胎公羔胃肠道发育的影响（90日龄）

项目		组别		SEM	P值
		NP	LP		
瘤胃	重量/g	788.48[a]	629.85[b]	31.53	0.0011
	占复胃重比例（%）	76.20	74.23	0.49	0.0639
	占宰前活重的比例（%）	3.08[a]	2.73[b]	0.07	0.0038
网胃	重量/g	82.25[a]	70.88[b]	3.10	0.0145
	占复胃重比例（%）	7.94	8.35	0.19	0.1604
	占宰前活重的比例（%）	0.32	0.31	0.01	0.2683
瓣胃	重量/g	52.28	47.63	2.46	0.4741
	占复胃重比例（%）	5.03	5.62	0.23	0.3402
	占宰前活重的比例（%）	0.20	0.21	0.01	0.9027
皱胃	重量/g	111.98	100.15	3.15	0.1767
	占复胃重比例（%）	10.82	11.81	0.28	0.1324
	占宰前活重的比例（%）	0.44	0.43	0.01	0.8930
小肠	重量/g	584.55[a]	500.88[b]	20.69	0.0458
	占宰前活重的比例（%）	2.28	2.17	0.03	0.1721
大肠	重量/g	363.88[a]	323.31[b]	8.04	0.0081
	占宰前活重的比例（%）	1.42	1.43	0.01	0.6376

2.5　蛋白水平对湖羊双胞胎公羔肉品质的影响

由表9数据可以看出，60日龄时肉品质相关指标，NP组和LP组的pH差异不显著（$P>0.05$），肉色的亮度值L^*和红度值a^*均差异不显著（$P>0.05$），但是NP组的黄度值b^*显著低于LP组（$P<0.05$），NP组的滴水损失显著小于LP组（$P<0.05$），而熟肉率和系水力则是NP组显著大于LP组（$P<0.05$）。

表9　蛋白水平对湖羊双胞胎公羔肉品质的影响（60日龄）

项目		组别 NP	组别 LP	SEM	P值
pH		6.58	6.63	0.08	0.7152
肉色	L*	38.58	38.23	1.05	0.8618
	a*	9.10	11.18	1.05	0.0826
	b*	10.55b	13.5a	0.54	0.0039
滴水损失（%）		2.68b	2.94a	0.04	0.0229
熟肉率（%）		57.86a	53.98b	0.91	0.0396
系水力（%）		90.72a	89.10b	0.41	0.0246

由表10肉品质数据显示，在90日龄时，NP组和LP组的pH仍是差异不显著的（$P>0.05$），肉色L*和b*值两个处理组差异不显著（$P>0.05$），但是NP组的a*值显著高于LP组（$P<0.05$），NP组的滴水损失显著低于LP组（$P<0.05$），两个处理组的熟肉率在90日龄时差异不显著（$P>0.05$），而NP组的系水力仍显著高于LP组（$P<0.05$）。

表10　蛋白水平对湖羊双胞胎公羔肉品质的影响（90日龄）

项目		组别 NP	组别 LP	SEM	P值
pH		6.75	6.76	0.04	0.9023
肉色	L*	37.83	39.27	0.64	0.3316
	a*	16.43a	14.76b	0.38	0.0008
	b*	7.40	7.96	0.33	0.4703
滴水损失（%）		2.50b	2.74a	0.06	0.0119
熟肉率（%）		60.44	57.95	0.77	0.2039
系水力（%）		92.64a	91.14b	0.37	0.0411

3　讨论

3.1　蛋白水平对双胞胎公羔生长性能的影响

研究表明合理日龄早期断奶，不会影响幼龄动物后期的生长状况或有利于其生长发育[3,13,14]，然而，断母乳后的营养水平对幼龄动物生长发育的影响是明显的，如能量[15]、蛋白水平[8]、蛋白来源[16]等。而蛋白水平作为羔羊早期生长发育过程中极为重要的营养物质，对羔羊的增重有较大的影响[17]。岳喜新等[18]分别使用21%、25%和29%三种等能值不同蛋白水平的代乳粉饲喂早期断奶羔羊，结果发现，开食料采食量随代乳粉粗蛋白水平升高而降低，而且25%蛋白水平组的羔羊生长性能和营养物质消化率优于高蛋白组和低蛋白组。Blome等[19]在犊牛上的研究结果显示，随着代乳粉蛋白水平由16.1%增加至25.8%，犊牛的体增重逐渐升高，且体重差距随日龄增加而扩大。但也有研究显示，代乳粉的蛋白水平对早期断奶羔羊10~60d的体重没有显著的影响，但有促进羔羊体重增加的趋势[9]。因而，目前的研究表明早期断奶的羔羊，代乳粉的蛋白水平对羔羊的生长发育有影响，但是关于羔羊开食料的营养水平研究却少有报道。

本试验结果显示，初生重和15d体重差异不显著，排除初期体重造成的差异，但是随着日龄的增长，进食低蛋白含量代乳品和开食料的羔羊在60d时体重却显著的低于正常组羔羊，从60到90d阶段，LP组羔羊的生长速度较NP组稍高，却没有显著的超过NP组，体重仍然显著低于NP组，可能发生了部分补偿作用[20]，这与刘小刚等的研究结果相符[21]。因而，羔羊断奶前的蛋白水平不足，在断奶后恢复蛋白水平，羔羊的生长速度会较正常羔羊快，但是达不到正常羔羊的体重，这也可能跟营养恢复的时间有关。另外，本试验结果还表明，在整个试验阶段低蛋白组的采食量均低于正常组，说明羔羊的进食量一定程度受饲粮蛋白水平的影响。Brown等[22]在犊牛开食料蛋白水平的研究中指出，高蛋白组（25%）的采食量显著高于低蛋白组（20%），并可能由于采食量的差异导致高蛋白组的体重也显著高于低蛋白组，本试验体重结果与该报道相符。另外，云强等研究表明开食料中高蛋白水平有能够提高瘤胃发酵能力和微生物酶活性的趋势[23]，因而，适当的高蛋白开食料可能有利于动物的消化吸收，从而提高羔羊的采食量。LP组在15~60d时，其处于蛋白缺乏的状态，其饲料转化率显著高于NP组，而当恢复其蛋白水平时，饲料转化率则显著低于NP组，说明在蛋白水平恢复阶段，LP组羔羊消化吸收能力较NP组要好，提高了饲料的利用效率。

因而，早期断奶湖羊羔羊，低蛋白会降低其采食量，抑制其生长速度，不利于饲料的消化吸收；进食正常蛋白水平的饲粮后，能够显著提高其饲料转化率，然而在30d内达不到正常的生长水平。

3.2 蛋白水平对湖羊双胞胎公羔屠宰性能的影响

在60日龄之前，LP组羔羊处于蛋白缺乏的状态，从生长性能可以看出，断代乳粉时，LP组的体重显著低于NP组，屠宰羔羊是依据平均体重进行选取的，结果表明，除屠宰率外，其余屠宰性能指标LP组均显著低于NP组，说明早期断奶时低蛋白水平不仅影响生长性能，还严重降低了屠宰性能，影响羔羊的产肉。而经过饲喂30d正常蛋白水平日粮后，在90d时，LP组的屠宰性能达不到正常水平，这也与90d时的生长性能指标相对应，表明在断代乳粉前的蛋白缺乏，在断代乳粉后30d里仍然得不到完全恢复，不利于羔羊后期的育肥。Galvani等[24]研究结果显示，早期断奶羔羊营养物质不足时，影响其后期的饲料利用，并延迟达到屠宰体重的时间，而充足的营养物质则可以较快地达到屠宰体重要求，并且能够提高经济效益和肉产品。这与本试验屠宰时两组羔羊的体重状况相符。Bhatt等[25]研究指出断奶时的日增重较大，则羔羊断奶后的饲料利用效率也高，并有利于提高屠宰性能。本试验结果表明，在60d断代乳粉时，NP组的日增重要大于LP组，且NP组的胴体重比LP组高16.58%，而90d时比LP组高10.82%，二者胴体重差距缩小，这可能是由于在60~90d时，LP组在营养恢复阶段其生长速率较快，缩小了与对照组屠宰性能之间的差距。因此，断代乳粉前，饲喂湖羊羔羊低蛋白饲粮显著地降低了其屠宰性能，正常饲喂30d仍然达不到正常水平。

3.3 蛋白水平对湖羊双胞胎公羔器官指数的影响

内脏器官发育直接反映羔羊机体发育状况，对评价羔羊的生长发育具有指导意义[26]。本试验结果显示，60d和90d时大部分的器官占宰前活重的比例差异不显著，表明内脏器官的发育与机体整体发育相协调。然而，肝脏是体内最大的腺体，分泌胆汁，对营养物质的消化起到重要作用，60d时，LP组却显著地低于NP组，故断代乳粉前的低蛋白饲粮使肝脏受限严重，这与Osgerby等[27]的研究结果相一致。脾脏是机体最大的免疫器官，60d时LP组的重量显著低于NP组，表明其免疫功能也受到蛋白水平的影响。LP组的肾脏重在60d时较NP组低18.53%，因而LP组的排泄机能可能也会受到抑制，Swason等也得出类似的结论[28]。90d结果显示，LP组脾脏和肾脏的功能通过蛋白水平恢复达到正常水平，说明其免疫功能和物质排泄功能趋于正常，而肝脏的重量仍显著低于 NP 组，其营养物质的消化功能仍未完全恢复。李东等[29]研究结果证实，蒙古羔羊限蛋白或能量一段时间后，当营养水平恢复时，其内脏器官可以完全恢复正常，而 Atti 等[30]指出营养物质限饲及恢复阶段对动物内脏器官影响较小，更主要的是影响蛋白质和脂肪的沉积。这些研究结果与本试验结果有一定的差异，这可能与试验动物日龄、初始体重差异及营养恢复的时间长短有关，同时也说明断代乳粉前低蛋白饲粮对羔羊的生长发育影响较大，不利于羔羊培育。

3.4　蛋白水平对湖羊双胞胎公羔胃肠道发育的影响

胃肠道是动物对营养物质消化吸收的场所，与动物的生长发育紧密相关，反刍动物在出生后，胃肠道的分化将持续一段时间，这个过程中营养物质会对其产生影响，各个胃室、肠道的重量及相对比重都会发生较大的改变[31]。本试验结果表明，断代乳粉前的低蛋白水平，显著地降低了瘤胃、小肠和大肠的重量，同时羔羊的皱胃生长也减缓。这可能是由于在 60d 前，LP 组的蛋白水平较低，而且采食量也较 NP 组低，因而不利于胃肠道的发育，造成胃肠道失重[32]。90d 时，皱胃恢复正常水平，而低蛋白组的瘤胃和小肠均未能恢复，且随着日龄的增加，营养物质消化吸收主要在瘤胃和小肠，因而 90d 时胃肠道的消化吸收能力还未全部恢复，可能由于早期低蛋白对羔羊的小肠黏膜影响较大，降低其发育速度[33]。也有研究表明，胃肠道失重主要是由瘤胃、网胃和小肠失重引起的[34]，与本试验结果相一致，这些器官的失重造成营养物质的消化吸收障碍，不利于羔羊的快速生长，断代乳粉前的低蛋白饲粮会产生胃肠发育滞后的影响。

3.5　蛋白水平对湖羊双胞胎公羔肉品质的影响

羊肉的品质除了品种、日龄等[35-37]因素外，饲粮的营养水平也会对羔羊肉的品质造成影响[38]。肉色影响羔羊肉市场，同时也影响消费者的购买选择[39]。本试验结果显示，LP 组与 NP 组的 pH 及肉色指标 L^* 和 a^* 差异不显著，而 b^* 却显著地高于 NP 组，说明蛋白水平较低时，会加深黄度值，对肉色造成不利影响。而滴水损失、熟肉率和系水力则与肉的多汁可口性相关[40]，LP 组的这些指标要显著地差于 NP 组，因而蛋白缺乏时还会对羔羊肉的口感造成影响，这可能是由于蛋白不足时，羔羊的肌纤维受到严重影响[41]。而 90d 时，结果表明滴水损失和系水力仍是 NP 组优于 LP 组，而熟肉率差异不显著，说明蛋白水平恢复对肉品质有一定的改善作用，但是仍较 NP 组差。Zhang 等[41]研究指出，断奶后羔羊持续的低营养水平，除了严重影响肌纤维外，还可能会对肉品质其他指标造成影响。因而，断奶前的蛋白不足对羔羊肉品质的多汁性及可口性造成不利影响，断奶后的蛋白恢复有一定弥补作用，但仍不利于羔羊肉的生产。

4　结论

在本试验条件下：

（1）湖羊羔羊在 60 日龄之前，低蛋白水平饲养对羔羊生长发育产生抑制作用，影响了羔羊的增重性能、屠宰性能和消化器官发育。

（2）羔羊断奶到 60 日龄因低蛋白水平发育受阻，之后饲喂正常蛋白质水平 30d，生长性能、消化器官发育以及肉品质均达不到正常羔羊的水平。

（3）蛋白质水平是影响断奶后至 60 日龄羔羊生长发育的重要因素。

参考文献（略）

原文发表于：畜牧兽医学报，2016（6），1170-1179

蛋氨酸水平对羔羊体况发育、消化道组织形态及血清抗氧化指标的影响

王　杰，崔　凯，王世琴，刁其玉，张乃锋*

（中国农业科学院饲料研究所，农业部饲料生物技术重点开放实验室，北京　100081）

摘　要：［目的］本试验旨在研究蛋氨酸水平对羔羊体况发育、消化道组织形态及血清抗氧化指标的影响。［方法］试验选取12对7日龄断母乳的湖羊双胞胎公羔，采用配对试验设计，分为对照组（Control，CON）和低蛋氨酸组（low methionine level，LM），1对双胞胎羔羊分别分到2个组中，试验分2个阶段进行。第1阶段（8~56日龄），CON组羔羊饲喂基础代乳粉和基础开食料；LM组羔羊饲喂的代乳粉和开食料在CON组基础上分别全部扣除（0.70%和0.40%）额外添加的蛋氨酸，其余营养水平含量保持一致。第2阶段（57~84日龄），2组羔羊停止饲喂代乳粉且饲粮均为：基础开食料。在56和84日龄，各选取6对双胞胎羔羊进行屠宰，分离消化道组织，同时采集血清样品。［结果］结果表明：1）56日龄，LM组除体重、体长、胸围和体长指数均显著低于CON组外（$P<0.05$），其他体况发育指标均无显著性差异（$P>0.05$）；84日龄，2组间体况发育指标均无显著性差异（$P>0.05$）。2）56日龄，LM组羔羊的瘤胃乳头宽度显著低于CON组（$P<0.05$），2组羔羊在其他消化道形态发育上差异不显著（$P>0.05$）。3）56日龄，LM组羔羊血清中超氧化物歧化酶活性极显著低于CON组（$P<0.01$）；84日龄，LM组羔羊血清中除谷胱甘肽过氧化物酶活性显著低于CON组外（$P<0.05$），2组羔羊在其他血清抗氧化指标上差异均不显著（$P>0.05$）。［结论］结果提示，饲粮低蛋氨酸水平抑制了羔羊体况发育（体重、体长、胸围、体长指数）及瘤胃乳头宽度的增加，同时降低了机体血清中超氧化物歧化酶活性；提高饲粮蛋氨酸水平后，羔羊体况发育及消化道组织形态发育也随之得到补偿，但机体抗氧化防御系统仍未得到完全改善。

关键词：蛋氨酸；羔羊；体况发育；消化道形态；抗氧化指标

［研究的重要意义］羔羊出生前后的生长发育是确定其后期健康生长及育肥潜力的重要时期。新生羔羊由于其消化代谢系统的发育不成熟而具有极大的可塑性，也极易受到环境因素变化（营养调控）的影响而改变其后期育肥性能的发挥。研究发现，对于早期断奶的羔羊，易受到营养物质供给因素影响产生较大的应激反应[1-2]，从而导致消化道功能紊乱[3-5]，并能引起小肠形态结构的损伤性变化，绒毛长度降低，隐窝深度降低，肠道消化吸收面积减少[6-10]。另外，蛋氨酸作为必需氨基酸中唯一的含硫氨基酸，并对动物体内蛋白质合成具有重要作用。Abdelrahman等[11]研究报道饲粮中补充蛋氨酸不仅提高了羔羊对矿物质的生物利用率，还能增加羔羊的生长性能。因此，满足出生后羔羊机体蛋氨酸的营养需要，对于维持其生长发育和健康具有重要意义。

基金项目：国家公益性行业（农业）科研专项（201303143）、国家肉羊产业技术体系（CARS-39）

作者简介：王杰（1989—　），硕士研究生，研究方向为动物营养与饲料研究，E-mail：nkywangjie@163.com

* 通讯作者：张乃锋，副研究员，硕士生导师，研究方向为动物营养与饲料科学，E-mail：zhangnaifeng@caas.cn

[前人研究进展] 胃肠道是反刍动物主要的消化吸收场所，其黏膜结构的正常发育是营养物质被充分消化吸收的生理基础。研究表明，肠道组织仅占到总体重的5%～7%，但却消耗机体所需营养物质的15%～20%[12]。在单胃动物上，Manzoor 等[13]报道肉鸡饲喂低蛋氨酸含量饲粮可降低肉鸡的体重，同时抑制了胃肠道形态结构的发育。另外，Krutthai 等[14]研究发现，断奶仔猪饲喂含低水平蛋氨酸的大豆饲粮抑制了仔猪生长发育，同时显著降低了血清中尿素氮、白蛋白含量及胃肠道形态发育。[本研究切入点] 在实际生产中常因羔羊健康状况、饲粮原料及饲养管理等因素易造成断奶前羔羊缺乏生长发育所必需的蛋氨酸，从而使哺乳期羔羊体况发育存在较大的个体差异，最终不利于集约化和规模化管理。目前，研究者多从饲粮中单一补充蛋氨酸研究对羔羊或育肥羊生长发育的影响[15]，而同时研究饲粮中蛋氨酸缺乏与补充对羔羊断奶前后生长发育的影响尚未报到。[拟解决的关键问题] 因此，本试验通过人为调控羔羊断奶前后饲粮中蛋氨酸水平，以研究羔羊前期缺乏蛋氨酸导致的生长发育受阻是否可以通过后期补充蛋氨酸使羔羊的生长状况得到补偿，从而为实际生产中健康养羊提供理论支持。

1　材料与方法

1.1　试验动物

试验选取7日龄断母乳、体重（4.93±0.20）kg 相近且发育正常的12对湖羊双胞胎公羔羊。试验于2015年10月2日至2015年12月24日在山东省临清市润林牧业有限公司开展。

1.2　试验饲粮

试验用蛋氨酸规格：DL-蛋氨酸含量≥99%；干燥减重≤0.5%；砷≤0.002‰；重金属≤0.02‰；硫酸盐≤0.30%；氯化物≤0.20%；灼烧残渣≤0.5%；亚硝基铁氰化钠试验合格；硫酸铜试验合格。

基础开食料和基础代乳粉的营养水平分别参考我国《肉羊饲养标准》（NY/T 816—2004）[16]及发明专利 ZL 02128844.5[17]所设定；同时，蛋氨酸水平分别参考 MIRAND 报道[18]和王波[19]试验结果所设定的。基础代乳粉营养水平、基础开食料组成及营养水平见表1。

1.3　试验设计与饲养管理

采用配对试验设计，分2个阶段进行。第1阶段（8～56日龄），分为对照组（Control，CON）和低蛋氨酸组（low methionine level，LM），1对双胞胎羔羊分别分到2个组中。CON 组羔羊饲喂基础代乳粉和基础开食料；LM 组羔羊饲喂的代乳粉和开食料在 CON 组基础上分别全部扣除（0.70%和0.40%）额外添加的蛋氨酸，其余营养水平含量保持一致。第2阶段（57～84日龄），2组羔羊停止饲喂代乳粉且饲粮均为：基础开食料。所有试验羔羊从8日龄开始人工饲喂代乳粉至56日龄结束；另外，从8日龄开始补饲开食料，直到84日龄试验结束。

试验正式开始之前，用强力消毒灵溶液对整个圈舍进行全面的消毒，之后每周对所有栏位重复消毒1次。同时，试验开始时所有试验羔羊均进行正常的免疫程序。另外，饲喂代乳粉时，8～14日龄每天饲喂4次，15～28日龄每天饲喂3次，29～56日龄每天饲喂2次。代乳粉的饲喂方法具体参照王波[19]试验报道中的方法进行。同时，饲喂量还根据试验过程中羔羊的健康状况进行适当的调整，以保证羔羊的正常生长。另外，除了每天按要求进行饲喂外，还需保证 CON 组和 LM 组羔羊补饲相近量的代乳粉和开食料。同时，整个过程自由饮水。

表1 基础代乳粉营养水平、基础开食料组成及营养水平（干物质基础） （%）

项目	基础代乳粉	基础开食料
原料[1]		
玉米		65.07
麸皮		15.00
豆粕		5.58
石粉		1.90
脂肪粉		2.00
磷酸氢钙		1.51
食盐		0.79
蛋氨酸		0.40
复合氨基酸[2]		6.75
预混料（1%）[3]		1.00
合计		100.00
营养水平[4]		
干物质	95.69	88.20
代谢能（MJ/kg）	15.10	10.75
粗蛋白质	21.66	16.16
粗脂肪	6.44	4.68
粗灰分	5.88	9.38
钙	1.02	1.23
总磷	0.51	0.54
赖氨酸	2.77	1.01
蛋氨酸	0.91	0.60
色氨酸	0.29	0.18
苏氨酸	1.17	0.60

[1] 由于涉及专利申请，未列出代乳粉组成。

[2] 复合氨基酸是由赖氨酸、色氨酸、苏氨酸、缬氨酸、组氨酸等多种氨基酸组成。

[3] 每千克预混料含有：Fe 4~30g，Mn 2~25g，Cu 0.8~2g，Zn 4~25g，Se 0.04~0.3g，I 0.04~0.5g，Co 0.03~0.05g，VA 800 000~2 500 000IU，VD_3 200 000~400 000IU，VE 3 000~4 000IU。

[4] 营养水平除代谢能外均为实测值

1.4 测定指标和分析方法

1.4.1 试验饲粮营养成分含量

代乳粉和开食料中营养成分测定方法：氨基酸使用A300全自动氨基酸分析仪测定；总能使用Parr-6400氧氮量热仪测定；干物质、粗蛋白质、粗脂肪、粗灰分及钙、磷含量参考《饲料分析及饲料质量检测技术》测定[20]。

1.4.2　羔羊的体重与体尺指标

分别于羔羊 8、56 和 84 日龄晨饲前准确称量体重并进行羔羊的体尺测定。测量用的仪器有测仗、卷尺、圆形测量器等。测量时，将被测羔羊牵引到一个平地并稳定被测羔羊，使之成自然站立状态。

羔羊体尺指标测定及方法如下。

（1）体高：肩胛骨最高点到地面的垂直距离。

（2）体斜长：肩端至坐骨结节末端的直线距离。

（3）胸围：肩胛骨后缘绕胸一周的长度。

（4）胸宽：肩胛骨后缘胸部最宽处的宽度。

（5）胸深：鬐甲至胸骨下缘的垂直距离。

（6）管围：管骨上 1/3 的周围长度。

（7）体长指数=体长/体高×100%；胸围指数=胸围/体高×100%；体躯指数=胸围/体长×100%

1.4.3　羔羊胃肠道组织样的采集

分别在 56 和 84 日龄屠宰 6 对双胞胎羔羊，CON 组和 LM 组各 6 只，屠宰前 16h 需要禁食、禁水[21]，经颈静脉放血致死后解剖，将各胃室分割，去食糜，分别称鲜重；在瘤胃的背囊取样（1cm×1cm），分别置于 10%的福尔马林溶液中固定，留待做石蜡切片；小肠各段分割后，先将内容物洗净，再称取各段肠道鲜重。取各 3cm 左右的十二指肠、空肠、回肠中段，保存在 10%的福尔马林溶液中固定，留待做石蜡切片。

1.4.4　羔羊胃肠道组织形态测定

胃肠道组织形态指标测定：瘤胃上皮形态观察测定指标包括乳头高度、乳头宽度和肌层厚度。小肠各段黏膜上皮形态观察测定指标包括绒毛高度、隐窝深度、黏膜厚度和肌层厚度。

在 Olympus BX51 显微镜下观察羔羊瘤胃上皮和小肠壁结构的组织形态，使用 Olympus DP70 图像采集系统取样，应用 Image-Pro Plus 5.1 Chinese 图像分析系统测量瘤胃乳头高度、乳头宽度和肌层厚度；小肠各段绒毛高度、隐窝深度、黏膜厚度和肌层厚度。每个样本观察 3 张非连续切片，每张切片选取 3 个视野，每个视野分别测量 5 组数据，具体测量标准参考李辉[22]试验报道中的方法进行，其平均值作为 1 个测定数据。

1.4.5　血清抗氧化指标测定

分别于 56 和 84 日龄，每组随机选取 3 只试验羔羊于前腔静脉采血 10mL，3 000r/min 离心 20min，分离血清，并于-20℃保存。血清抗氧化指标包括：过氧化氢酶（CAT）、谷胱甘肽转硫酶（GST）、超氧化物歧化酶（SOD）和谷胱甘肽过氧化物酶（GSH-Px）的活性。GSH-Px 和 GST 测定方法为化学比色法；SOD 测定方法为邻苯三酚自氧化法；CAT 测定方法为可见光分光光度法；测定仪器为全自动生化分析仪。

1.5　数据处理

试验数据经过 Excel 2010 初步整理后，使用 SASS 9.2 统计软件 Paired t-test 进行配对 t 检验，以 $P<0.05$ 作为判断差异显著性的标准，以 $0.05<P<0.1$ 作为判断有趋势变化的标准。

2　结果与分析

2.1　蛋氨酸水平对羔羊采食量和体况发育的影响

蛋氨酸水平对羔羊采食量和体况发育的影响见表 2。在采食量方面，LM 组羔羊对蛋氨酸采食量在 8~56、8~84 日龄阶段均极显著低于 CON 组（$P<0.01$），而干物质采食量却均显著高于 CON 组（$P<0.05$）。在体尺指标方面，在 8 日龄，CON 组和 LM 组羔羊初始体重和体尺指标均差异不显著（$P>0.05$），而 56

日龄 LM 组羔羊的体重、体长、胸围和体长指数均显著低于 CON 组（$P<0.05$），但 84 日龄时 2 组羔羊在体重和体尺指标上均差异不显著（$P>0.05$）。另外，王杰等[23]研究还发现在 8~56 日龄阶段，LM 组羔羊平均日增重和饲粮利用率显著低于 CON 组（$P<0.05$）；57~84 日龄，2 组平均日增重和料重比均无显著差异（$P>0.05$）。

表 2　蛋氨酸水平对羔羊采食量和体况发育的影响

项目		组别		SEM	P 值
		CON	LM		
采食量（干物质基础）					
8~56 日龄	蛋氨酸（g/d）	1.75[a]	0.47[b]	0.02	<0.0001
	干物质（g/d）	223.05[b]	228.64[a]	2.36	0.0374
57~84 日龄	蛋氨酸（g/d）	3.10	3.20	0.05	0.1405
	干物质（g/d）	517.32	532.77	8.70	0.1360
8~84 日龄	蛋氨酸（g/d）	2.25[a]	1.47[b]	0.02	<0.0001
	干物质（g/d）	331.59[b]	342.25[a]	2.94	0.0151
体况发育					
8 日龄	体重（kg）	4.93	4.93	0.20	0.9840
	体高（cm）	39.05	39.61	0.78	0.4957
	体斜长（cm）	34.43	34.99	0.76	0.4765
	胸围（cm）	36.26	36.62	0.68	0.6057
	胸宽（cm）	10.94	11.08	0.42	0.7453
	胸深（cm）	14.49	14.50	0.45	0.9797
	管围（cm）	5.50	5.41	0.09	0.3918
	体长指数（%）	88.26	88.52	0.94	0.7939
	胸围指数（%）	92.91	92.63	1.52	0.8570
	体躯指数（%）	105.38	104.93	2.18	0.8375
56 日龄	体重（kg）	9.82[a]	8.31[b]	0.54	0.0171
	体高（cm）	47.58	46.83	1.26	0.5669
	体斜长（cm）	44.44[a]	41.53[b]	1.03	0.0166
	胸围（cm）	49.61[a]	47.12[b]	0.96	0.0253
	胸宽（cm）	13.07	12.37	0.42	0.1181
	胸深（cm）	23.10	21.99	0.62	0.1029
	管围（cm）	6.18	5.98	0.11	0.0892
	体长指数（%）	93.48[a]	88.83[b]	1.64	0.0163
	胸围指数（%）	104.30	100.73	2.57	0.1929
	体躯指数（%）	111.76	113.66	2.84	0.5170

（续表）

项目		组别		SEM	P 值
		CON	LM		
84 日龄	体重（kg）	15.41	13.57	1.48	0.2688
	体高（cm）	53.08	52.92	2.34	0.9460
	体斜长（cm）	53.17	51.25	2.47	0.4725
	胸围（cm）	54.33	53.00	2.20	0.5717
	胸宽（cm）	14.67	13.78	0.83	0.3384
	胸深（cm）	25.83	25.42	1.11	0.7236
	管围（cm）	6.85	6.57	0.15	0.1161
	体长指数（%）	100.05	97.07	1.80	0.1582
	胸围指数（%）	102.38	100.16	2.45	0.4056
	体躯指数（%）	102.47	103.31	2.90	0.7848

注：同行数据肩标不同小写字母代表有显著性差异（$P<0.05$），下表同

2.2　蛋氨酸水平对羔羊消化道组织形态的影响

蛋氨酸水平对羔羊消化道组织形态的影响见表 3。在 56 日龄，与 CON 组相比，低蛋氨酸降低了羔羊瘤胃乳头宽度（$P<0.05$）和乳头高度（$P<0.1$）；2 组羔羊在其他消化道形态发育上差异不显著（$P>0.05$）。在 84 日龄，LM 组羔羊的瘤胃乳头高度较 CON 组有降低的趋势（$P<0.1$），2 组在消化道形态发育方面均差异不显著（$P>0.05$）。

表 3　蛋氨酸水平对羔羊消化道组织形态的影响

项目		组别		SEM	P 值
		CON	LM		
56 日龄					
瘤胃	乳头高度（mm）	1.52	1.44	0.02	0.0751
	乳头宽度（mm）	0.48[a]	0.42[b]	0.02	0.0194
	肌层厚度（mm）	1.09	1.05	0.07	0.5767
十二指肠	绒毛高度（mm）	0.35	0.34	0.02	0.7444
	隐窝深度（mm）	0.17	0.16	0.02	0.6135
	黏膜厚度（mm）	0.84	0.94	0.05	0.1130
	肌层厚度（mm）	0.39	0.34	0.05	0.3494
	绒毛高度/隐窝深度（V/C）	2.09	2.02	0.21	0.7663

（续表）

项目		组别		SEM	P 值
		CON	LM		
空肠	绒毛高度（mm）	0.41	0.43	0.06	0.6816
	隐窝深度（mm）	0.14	0.15	0.01	0.4557
	黏膜厚度（mm）	0.69	0.74	0.07	0.4132
	肌层厚度（mm）	0.23	0.19	0.03	0.2786
	绒毛高度/隐窝深度（V/C）	2.93	3.04	0.46	0.8277
回肠	绒毛高度（mm）	0.36	0.35	0.03	0.8103
	隐窝深度（mm）	0.17	0.16	0.01	0.3943
	黏膜厚度（mm）	0.69	0.62	0.05	0.2657
	肌层厚度（mm）	0.21	0.23	0.02	0.5254
	绒毛高度/隐窝深度（V/C）	2.12	2.25	0.22	0.5979
84 日龄					
瘤胃	乳头高度（mm）	2.66	2.24	0.18	0.0735
	乳头宽度（mm）	0.48	0.48	0.02	0.9226
	肌层厚度（mm）	0.86	1.06	0.19	0.3942
十二指肠	绒毛高度（mm）	0.44	0.38	0.04	0.1727
	隐窝深度（mm）	0.16	0.14	0.01	0.2552
	黏膜厚度（mm）	0.89	0.86	0.05	0.6651
	肌层厚度（mm）	0.31	0.27	0.04	0.3936
	绒毛高度/隐窝深度（V/C）	2.73	2.67	0.29	0.8434
空肠	绒毛高度（mm）	0.42	0.43	0.06	0.9299
	隐窝深度（mm）	0.14	0.15	0.01	0.4050
	黏膜厚度（mm）	0.75	0.88	0.09	0.2159
	肌层厚度（mm）	0.23	0.24	0.03	0.6302
	绒毛高度/隐窝深度（V/C）	2.99	2.92	0.53	0.8953
回肠	绒毛高度（mm）	0.37	0.39	0.02	0.2665
	隐窝深度（mm）	0.15	0.16	0.02	0.8712
	黏膜厚度（mm）	0.64	0.64	0.09	0.9839
	肌层厚度（mm）	0.23	0.22	0.04	0.8549
	绒毛高度/隐窝深度（V/C）	2.47	2.52	0.37	0.8827

2.3 蛋氨酸水平对羔羊血清抗氧化指标的影响

蛋氨酸水平对羔羊血清抗氧化指标的影响见表 4。在 56 日龄，LM 组羔羊血清中超氧化物歧化酶活性极显著低于 CON 组（$P<0.01$），2 组羔羊在其他血清抗氧化指标上差异均不显著（$P>0.05$）。在 84 日龄，

LM组羔羊血清中除谷胱甘肽过氧化物酶活性显著低于CON组外（$P<0.05$），2组羔羊在其他血清抗氧化指标上差异均不显著（$P>0.05$）。

表4 蛋氨酸水平对羔羊血清抗氧化指标的影响

项目	组别		SEM	*P*值
	CON	LM		
56日龄				
过氧化氢酶（U/mL）	49.91	56.01	6.78	0.4097
谷胱甘肽转硫酶（U/mL）	271.61	276.30	10.13	0.6631
超氧化物歧化酶（U/mL）	362.02[a]	284.95[b]	17.40	0.0068
谷胱甘肽过氧化物酶（U/mL）	21.87	20.36	1.14	0.2432
84日龄				
过氧化氢酶（U/mL）	56.99	54.80	7.76	0.7896
谷胱甘肽转硫酶（U/mL）	279.69	260.42	16.53	0.2964
超氧化物歧化酶（U/mL）	365.08	338.53	31.15	0.4330
谷胱甘肽过氧化物酶（U/mL）	25.42[a]	20.11[b]	1.40	0.0128

3 讨论

3.1 蛋氨酸水平对羔羊体况发育的影响

蛋氨酸作为唯一含硫必需氨基酸对于反刍动物生长发育具有重要意义[24]。另外，研究发现非反刍阶段羔羊每天蛋氨酸的最佳需要量为2g，而对于育肥羊最适宜的蛋氨酸水平为0.64%左右[18,25]。本试验在8~56日龄阶段，LM和CON组羔羊每天蛋氨酸的采食量分别为0.47g和1.75g，显然LM组较CON组羔羊采食蛋氨酸的量降低73.14%。当动物机体受到营养限制而不能满足动物正常生长的基本营养需求时，动物机体将依据营养限制的时间和限制程度来动员体内贮存的能量以维持机体的生长发育，最终导致机体失重、体况下降[26]。Rooke等[27]研究报道，母羊妊娠前期（1~90d）饲喂含75%能量的饲粮，在90日龄时限制组母羊的体重显著降低。Gao等[28]研究发现，母羊妊娠后期（91~150d）通过饲喂限制能量的饲粮，在150日龄时母羊体重损失的重量显著增高，并且出生羔羊的体重也显著降低。Puchala等[29]研究报道，限制育肥山羊采食量显著降低其平均日增重、内脏组织重及山羊体重，后期通过补充饲喂可对受限制山羊在体重上有补偿恢复效应。本试验中，低蛋氨酸水平显著抑制了羔羊的体重增加；而经过28d蛋氨酸补偿后，2组羔羊体重差异不显著。结果提示，限制饲粮蛋氨酸水平后通过后期提高饲粮蛋氨酸水平含量对羔羊生长有一定程度恢复，这也与刘小刚[30]研究结果相一致。

动物机体的体尺指标直接反映动物的体格大小和体躯的结构、发育等状况，也间接反映动物的组织器官发育情况，其与动物的繁殖机能、抗病力及对外界生活条件的适应能力等密切相关[31]。同时，体尺测量所得数值只能说明一个部位的生长发育情况，而不能说明动物的体态结构，因此还要进行体尺指数的计算，用来说明动物各部位发育的相互关系和比例[32]。马存寿等[33]通过对青海半细毛羊羔羊断奶体重与体尺性状进行了通径分析，结果发现：体尺中胸围对体重的表型相关和直接作用最大；体长对体重的表型相关和直接作用次之，其余各项体尺对体重的影响都较小。本试验56日龄时，低蛋氨酸水平显著降低了羔羊的胸围、体长和体长指数。而提高蛋氨酸水平后，2组羔羊在体尺指标上均差异不显著，此结果与羔羊体重相吻合。同样，陈碧红[34]研究报道各体尺性状因素都在不同程度上影响戴云山羊的体重。陈月丽等[35]研究发现11~14月龄奶水牛的体重与体高、体斜长和胸围等体尺指标成极显著正相关。

3.2 蛋氨酸水平对羔羊消化道组织形态的影响

蛋白质的营养价值实质上是氨基酸的营养价值。蛋氨酸作为含硫的必需氨基酸，饲粮中蛋氨酸水平将会影响胃肠道结构和功能的改变，最终影响胃肠道重量[36-37]。有研究发现，蛋氨酸含量高低将会调节肠道紧密连接蛋白表达量，从而改变肠道黏膜屏障功能，最终对动物预防疾病发生具有重要作用[38]。Riedijk等[39]研究发现蛋氨酸作为合成半胱氨酸和胱氨酸重要的前提物质，在仔猪胃肠道中蛋氨酸通过转甲基和转硫作用对胃肠道健康发育有着重要作用。Malik等[40]研究报道，饲粮中添加蛋氨酸和蛋氨酸羟基类似物有助于改善仔猪胃肠道形态结构，最终有利于对营养物质的消化利用。对羔羊来说，饲粮是影响复胃发育最主要因素，其组成、物理形态、营养水平等均可以影响羔羊复胃的发育，饲粮营养水平直接影响胃肠道的组织形态学发育，营养不合理会导致复胃的生长发育受限[41]。

通常瘤胃上皮乳头高度、乳头宽度及其肌层厚度等相关指标均可用来评定瘤胃的组织形态学发育[42]。Lesmeister等[43]认为试验不同处理手段首先对瘤胃乳头高度产生最大影响，其次是瘤胃乳头的宽度和肌层厚度等相关指标。研究发现，饲粮原料来源及饲粮精粗比例[44-45]均能影响羔羊瘤胃发育。同样，蔡健森[46]曾研究证实不同饲粮中蛋白质来源（植物性蛋白和乳源性蛋白）可显著增加断奶羔羊瘤胃乳头数量。另外，饲粮营养水平也会影响到瘤胃的发育。孙志洪[47]报道羔羊28日龄断奶后，限制营养水平的羔羊瘤胃乳头宽度、高度和绒毛表面积明显减少。本试验结果显示，低蛋氨酸除显著抑制羔羊瘤胃乳头宽度发育外，还使瘤胃乳头高度有降低的趋势。另外，经过28d时间蛋氨酸补偿后，LM组羔羊的瘤胃乳头高度较CON组仍有降低的趋势，而2组在其他胃肠道形态发育方面均差异不显著。这种现象的出现，可能由于蛋氨酸限制时间、添加剂量或环境等因素造成的。

小肠是机体营养物质消化、吸收和转运的主要部位，良好的小肠黏膜结构对完善消化生理功能，促进机体生长发育尤为重要[48]。小肠绒毛高度、隐窝深度、黏膜厚度、肌层厚度和V/C等均是衡量小肠消化吸收功能的重要指标，代表了肠道的功能状况[49-50]。顾宪红[51]报道，仔猪能量蛋白质营养不良，导致黏膜厚度、绒毛高度和宽度、绒毛表面积显著下降。本试验中，前期低蛋氨酸及后期蛋氨酸补偿均未对2组羔羊小肠形态发育产生显著差异。这可能由于小肠的形态发育受多种因素影响，仅通过49d时间的低蛋氨酸处理并不能改变小肠的形态发育，同时蛋氨酸限制的水平也可能未达到抑制小肠形态发育的剂量。

3.3 蛋氨酸水平对羔羊血清抗氧化指标的影响

在羔羊的大豆饼粕等饲粮中，蛋氨酸作为一种限制性氨基酸，不仅参与体内的蛋白质合成，还具有抗氧化等多种作用。动物机体的氧化还原系统处于动态平衡状态，含硫氨基酸的调节功能能够使相关物质处于活性或者失活状态，进而调节机体多种生理反应[52]。谷胱甘肽过氧化物酶（GSH-Px）可反映机体清除氧自由基的能力，是机体抗氧化防御系统的主要组成部分[53]。在过氧化氢酶（CAT）活性或H_2O_2含量很低的组织中，可替代CAT清除H_2O_2。另外，GSH-Px活性高低能够决定清除脂类氢过氧化物速度的快慢[54]。超氧化物歧化酶（SOD）是细胞膜结构与功能完整性的保护酶之一，其活力的高低间接反映了机体清除自由基的能力，其活性升高有助于组织细胞抵御过氧化损伤[55]。蛋氨酸能够提高SOD的活性，增强机体的免疫应答反应，有助于减少病原以及自由基对机体组织的损害，促进脂肪分解代谢，可加快动物的生长[56]。谷胱甘肽转硫酶（GST）为生物体内广泛存在的催化谷胱甘肽与某些疏水性化合物的亲电子基团相连接的胞质酶，可以消除体内自由基和达到解毒的功能[57]。因此，CAT、GST、SOD和GSH-Px活性是抗氧化性能的重要指标。

蛋氨酸对动物机体血清抗氧化指标的影响多见于禽类或大鼠中进行的报道。刘秀丽等[58]研究报道，低蛋氨酸饲粮能降低大鼠血清中GSH-Px活性，最终导致机体抗氧化防御系统减弱。麻丽坤等[59]研究报道，适量的蛋氨酸能够提高蛋鸡血清中 SOD 活性。林祯平等[60]研究发现，饲粮添加 0.66%蛋氨酸能够显著提高 28~70 日龄狮头鹅的机体血清中 SOD 活性。本试验在 56 日龄，LM 组羔羊血清中 SOD 活性极显著低于 CON 组，这与上述研究相一致；同时，蛋氨酸对羔羊其他血清抗氧化指标上无显著影响，可能是羔羊机体在蛋氨酸限制时期主要通过 SOD 活性这一指标反映清除自由基的能力，而其他抗氧化活性表现不明显。在 84 日龄时，LM 组羔羊血清中除 GSH-Px 活性显著低于 CON 组外，2 组羔羊在其他血清抗氧化指标上差异均不显著。造成这种现象的出现，我们推测前期饲粮中低蛋氨酸水平虽未对羔羊机体 GSH-Px 活性产生显著影响，但低蛋氨酸对机体抗氧化防御的抑制效应延伸到本试验结束时主要通过 GSH-Px 活性这一指标来体现，其作用机理有待进一步探讨。目前为止，蛋氨酸水平对羔羊机体抗氧化防御系统的作用了解甚少，相关报道还很缺乏，需要更多的试验来研究。

4 结论

在本试验条件下，8~56 日龄阶段，低蛋氨酸水平饲粮对双胞胎羔羊生长发育产生抑制作用，影响了羔羊体重、瘤胃重和瘤胃乳头宽度的增加；同时降低了机体血清中超氧化物歧化酶活性。在 57~84 日龄提高蛋氨酸水平后，羔羊体重及消化道组织形态发育也随之得到补偿，而机体抗氧化防御系统仍未得到完全改善。

参考文献（略）

原文发表于：动物营养学报，2017（5），1792-1802

蛋氨酸限制与补偿对羔羊生长性能及内脏器官发育的影响

王 杰，崔 凯，毕研亮，柴建民，祁敏丽，张 帆，
王世琴，刁其玉，张乃锋*

（中国农业科学院饲料研究所，农业部饲料生物技术重点开放实验室，北京 100081）

摘 要：本试验旨在研究蛋氨酸限制与补偿对羔羊生长性能及内脏器官发育的影响。选取12对1周龄断奶的湖羊双胞胎公羔羊，采用配对试验设计，每对双胞胎羔羊分别分到2组中。第1阶段，2~8周龄，分别补充［基础代乳粉+0.70%蛋氨酸，基础开食料+0.40%蛋氨酸，对照（control，CON）组］和限制蛋氨酸［基础代乳粉，基础开食料，限制（restriction，RES）组］；第2阶段，9~12周龄，2组羔羊饲喂相同的饲粮（基础开食料+0.40%蛋氨酸）。在8周龄末和12周龄末，各选取6对双胞胎羔羊进行屠宰，分离内脏器官并称重。结果表明：1）8周龄，RES组的体重显著低于CON组（$P<0.05$）；2~8周龄，RES组平均日增重极显著低于CON组（$P<0.01$），而RES组料重比显著高于CON组（$P<0.05$）；9~12周龄，2组平均日增重和料重比均无显著差异（$P>0.05$）。2）8周龄，RES组的宰前活重、空体重、胴体重均显著低于CON组（$P<0.05$），但2组间的屠宰率无显著差异（$P>0.05$）；12周龄，RES组和CON组宰前活重、空体重、胴体重、屠宰率均无显著差异（$P>0.05$）。3）8周龄和12周龄，2组的各内脏器官在重量、占宰前活重比例均无显著差异（$P>0.05$）。4）8周龄，RES组的瘤胃重量显著低于CON组（$P<0.05$），其余各胃肠道指数均无显著差异（$P>0.05$）；12周龄，2组间各胃肠道指数也无显著差异（$P>0.05$）。由此可见，限制饲粮蛋氨酸水平降低了羔羊瘤胃重量、生长性能和屠宰性能，恢复饲粮蛋氨酸水平后，羔羊生长性能及内脏器官发育状况也随之恢复。

关键词：羔羊；蛋氨酸限制；蛋氨酸补偿；生长性能；内脏器官发育

必需氨基酸是指动物机体本身不能合成，必须通过从饲粮中摄取以满足机体需要的一类氨基酸。蛋氨酸作为必需氨基酸中唯一的含硫氨基酸，与赖氨酸一起形成玉米-豆粕型饲粮或微生物蛋白合成的第一或第二限制性氨基酸[1-3]。随着我国羔羊早期断奶技术的推广应用，代乳粉的应用越来越广泛，含有植物蛋白质（尤其是豆类原料）的代乳粉中蛋氨酸往往成为第一限制性氨基酸[4-5]。如果羔羊机体蛋氨酸缺乏或达不到营养需要，就会影响其正常生命代谢，甚至导致各种疾病的发生。

蛋氨酸作为饲料添加剂能够提高动物机体的生产性能、增强免疫力及预防疾病等[6-8]。El-Tahawy等[9]研究发现，饲粮中添加0.33%蛋氨酸能显著提高羔羊的生产性能和增加经济收益。Abdelrahman等[10]研究报道，饲粮中补充蛋氨酸不仅提高了羔羊对矿物质的生物利用率，还能增加羔羊的生长性能。然而，Obeidat等[11]研究发现，饲粮中补充蛋氨酸对羔羊采食量、营养物质消化率及生长性能的影响不显著。同样，Hussein等[12]研究发现，饲粮中补充蛋氨酸不能提高犊牛的平均日增重。这些结果的差异可能与蛋氨

基金项目：国家公益性行业（农业）科研专项（201303143）；国家肉羊产业技术体系（CARS-39）

作者简介：王 杰（1989— ），山东临沂人，硕士研究生，研究方向为动物营养与饲料科学，E-mail：nkywangjie@163.com

* 通信作者：张乃锋，副研究员，硕士生导师，E-mail：zhangnaifeng@caas.cn

酸的用量或羔羊日龄、饲养管理的差异性等因素有关，具体原因还有待于进一步研究证实。另外，内脏器官发育状况对于动物生长发育和新陈代谢具有重要作用，虽然内脏器官仅占到总体重的6%~10%，但却占有机体总蛋白质合成和氧消耗的40%~50%[13-14]。因此，理论上饲粮蛋氨酸水平限制可能会影响羔羊内脏器官的发育进而影响生长性能，但还缺乏试验验证；同时，饲粮蛋氨酸限制取消后，羔羊内脏器官及生长的发育是否能得到恢复或补偿，还有待进一步研究。因此，本试验从生长性能及内脏器官发育角度，研究饲粮蛋氨酸限制与补偿对湖羊双胞胎断奶羔羊的影响，为羔羊营养参数研究和合理科学饲养提供理论依据。

1 材料与方法

1.1 试验时间和地点

试验于2015年10月1日至2015年12月24日在山东省临清市润林牧业有限公司开展。

1.2 试验设计

试验选取初始体重为（4.93±0.20）kg、发育正常的12对新生湖羊双胞胎公羔羊。所有试验羔羊在出生到1周龄随母哺乳；1周龄后断母乳，人工饲喂代乳粉至8周龄；从2周龄开始补饲开食料，直到12周龄试验结束。

试验采用配对设计，分为2阶段。第1阶段，2~8周龄，分别补充［基础代乳粉+0.70%蛋氨酸，基础开食料+0.40%蛋氨酸，对照（control，CON）组］和限制蛋氨酸［基础代乳粉，基础开食料，限制（restriction，RES）组］；第2阶段，9~12周龄，2组羔羊饲喂相同的饲粮（基础开食料+0.40%蛋氨酸）。

1.3 试验饲粮

试验用蛋氨酸规格：*DL*-蛋氨酸含量≥99%；干燥减重≤0.5%；砷≤2mg/kg；重金属≤20mg/kg；硫酸盐≤0.30%；氯化物≤0.20%；灼烧残渣≤0.5%；亚硝基铁氰化钠试验合格；硫酸铜试验合格。

CON组代乳粉中蛋氨酸水平设定参考我国发明专利ZL 02128844.5[15]；开食料中蛋氨酸水平根据Mirand等[16]报道设定。基础代乳粉营养水平见表1，基础开食料组成及营养水平分别见表2。

表1 基础代乳粉营养水平（干物质基础） （%）

营养水平	含量
干物质	95.69
代谢能（MJ/kg）	15.10
粗蛋白质	21.66
粗脂肪	6.44
粗灰分	5.88
钙	1.02
总磷	0.51
赖氨酸	2.77
蛋氨酸	0.21
色氨酸	0.29
苏氨酸	1.17

注：由于涉及专利申请，未列出代乳粉组成。

表 2　基础开食料组成及营养水平（干物质基础）　(%)

原料	含量	营养水平[3]	含量
玉米	63.93	干物质	88.20
麸皮	15.00	粗蛋白质	16.16
豆粕	6.79	粗脂肪	4.68
石粉	2.34	粗灰分	9.38
脂肪粉	2.00	钙	1.23
磷酸氢钙	1.48	总磷	0.54
食盐	0.93	代谢能	10.75
复合氨基酸[1]	6.53	赖氨酸	1.01
预混料[2]	1.00	蛋氨酸	0.20
合计	100.00	色氨酸	0.18
		苏氨酸	0.60

1）复合氨基酸是由赖氨酸、色氨酸、苏氨酸、缬氨酸、组氨酸等多种氨基酸组成。

2）每千克预混料含有：Fe 4~30g，Mn 2~25g，Cu 0.8~2g，Zn 4~25g，Se 0.04~0.3g，I 0.04~0.5g，Co 0.03~0.05g，VA 800 000~2 500 000IU，$VD_3$200 000~400 000IU，VE 3 000~4 000IU。

3）营养水平除代谢能外均为实测值。

1.4　饲养管理

试验正式开始之前，用强力消毒灵溶液对整个圈舍进行全面的消毒，之后每周对所有栏位重复消毒 1 次。同时，试验开始时所有试验羔羊均进行正常的免疫程序。

试验羔羊在 1 周龄时断母乳，开始饲喂代乳粉。2 周龄每天饲喂 4 次，3~4 周龄每天饲喂 3 次，5~8 周龄每天饲喂 2 次。代乳粉的饲喂方法参照王波等[17]报道的方法进行。同时，饲喂量根据试验过程中羔羊的健康状况进行适当的调整，以保证羔羊的正常生长。另外，除了每天按要求进行饲喂外，还需保证 CON 组和 RES 组羔羊补饲相近量的代乳粉，同时整个过程自由饮水。

1.5　测定指标和方法及样品采集

1.5.1　饲粮营养水平

代乳粉和开食料中营养水平测定方法：氨基酸含量使用 A300 全自动氨基酸分析仪测定；代谢能使用 Parr-6400 氧氮量热仪测定；干物质、粗蛋白质、粗脂肪、粗灰分、钙、磷含量参考《饲料分析及饲料质量检测技术》[18]测定。

1.5.2　生长性能

体重：准确称量并记录羔羊的 1 周龄末、8 周龄末和 12 周龄末晨饲前体重，计算平均日增重。

采食量：开食料每天准确记录饲喂量和剩料量，用以计算羔羊的采食量；同时，饲喂量根据试验过程中羔羊的健康状况进行适当的调整，以准确记录代乳粉的饲喂量。

料重比：根据平均日增重及采食量计算各阶段的料重比。

1.5.3　器官指数及屠宰性能

器官指数：分别在 8 周龄末和 12 周龄末屠宰 6 对双胞胎羔羊，CON 组和 RES 组各 6 只，屠宰前 16h 需要禁食、禁水[19]，屠宰当日 08：00 称宰前活重（live weight before slaughter，LWBS）。试验羊经二氧化碳致晕后，颈静脉放血致死。之后剥皮，去头、蹄、内脏后称量胴体重。分离内脏，称量心脏、肝脏、脾脏、肺脏、肾脏、小肠及大肠重并计算各器官占宰前活重比例；分离瘤胃、网胃、瓣胃及皱胃并称重，计算每个胃占宰前活重比例及占复胃总重（total stomachus compositus weight，TCSW）比例，准确记录相关的数据。

相关指标计算公式：

空体重（empty body weight，EBW，kg）= 宰前活重-胃肠道内容物总重；

胴体重（carcass weight，CW，kg）= 宰前活重-皮毛、头、蹄、生殖器官及周围脂肪、内脏（保留肾脏及周围脂肪）的重量；

屠宰率（dressing percentage,%）= 100×胴体重/宰前活重[20]。

1.6　数据处理

试验数据经过 Excel 2010 初步整理后，使用 SASS 9.2 统计软件 Paired t-test 进行配对 t 检验，$P<0.05$ 为差异显著，$P<0.01$ 为差异极显著。

2　结果与分析

2.1　蛋氨酸限制与补偿对羔羊生长性能的影响

蛋氨酸限制与补偿对羔羊生长性能的影响见表 3。CON 组和 RES 组羔羊 1 周龄体重差异不显著（$P>0.05$），而 8 周龄 RES 组体重显著低于 CON 组（$P<0.05$），但 12 周龄 2 组体重差异不显著（$P>0.05$）。2~8 周龄，RES 组平均日增重极显著低于 CON 组（$P<0.01$），同时 RES 组料重比显著高于 CON 组（$P<0.05$）。在 9~12 周龄和 2~12 周龄 2 阶段，CON 组和 RES 组的平均日增重和料重比差异均不显著（$P>0.05$）。

表 3　蛋氨酸限制与补偿对羔羊生长性能的影响

项目	组别		SEM	P 值
	CON	RES		
体重（kg）				
1 周龄	4.93	4.93	0.20	0.984 0
8 周龄	9.82[a]	8.31[b]	0.54	0.017 1
12 周龄	15.41	13.57	1.48	0.268 8
代乳粉采食量（g/d）				
2~8 周龄	137.07	137.07		
开食料采食量（g/d）				
2~8 周龄	104.72	110.49	2.66	0.053 2
9~12 周龄	590.82	608.46	9.94	0.136 1
2~12 周龄	276.46	278.80	5.70	0.698 2
平均日增重（g/d）				
2~8 周龄	103.99[a]	72.07[b]	8.60	0.003 4
9~12 周龄	196.43	184.52	22.91	0.625 4
2~12 周龄	110.67	117.56	11.63	0.579 5

（续表）

项目	组别		SEM	P 值
	CON	RES		
料重比				
2~8 周龄	2.67[b]	4.27[a]	0.56	0.015 9
9~12 周龄	3.55	3.45	0.54	0.854 4
2~12 周龄	3.06	3.31	0.41	0.564 9

注：同行数据肩标不同小写字母代表有显著差异（$P<0.05$）。下表同

2.2 蛋氨酸限制与补偿对羔羊屠宰性能的影响

蛋氨酸限制与补偿对羔羊屠宰性能的影响见表 4。8 周龄，CON 组羔羊的宰前活重、空体重和胴体重均显著高于 RES 组（$P<0.05$），但是 2 组的屠宰率差异不显著（$P>0.05$）。12 周龄，2 组羔羊的宰前活重、空体重、胴体重和屠宰率均差异不显著（$P>0.05$）。

表 4　蛋氨酸限制与补偿对羔羊屠宰性能的影响

项目	组别		SEM	P 值
	CON	RES		
8 周龄				
宰前活重（kg）	9.73[a]	8.23[b]	0.53	0.037 7
空体重（kg）	7.77[a]	6.44[b]	0.43	0.027 4
胴体重（kg）	4.29[a]	3.50[b]	0.23	0.019 2
屠宰率（%）	43.94	42.42	0.71	0.083 7
12 周龄				
宰前活重（kg）	15.41	13.57	1.48	0.268 8
空体重（kg）	11.87	10.09	1.29	0.228 8
胴体重（kg）	6.81	5.83	0.87	0.310 3
屠宰率（%）	43.61	42.68	1.52	0.566 5

2.3 蛋氨酸限制与补偿对羔羊内脏器官指数的影响

蛋氨酸限制与补偿对羔羊内脏器官指数的影响见表 5。8 周龄和 12 周龄，CON 组和 RES 组羔羊内脏器官指数均差异不显著（$P>0.05$）。

表5　蛋氨酸限制与补偿对羔羊内脏器官指数的影响

项目		组别		SEM	P值
		CON	RES		
重量/g					
8周龄	心脏	51.40	46.65	3.03	0.177 5
	肝脏	193.13	168.37	13.36	0.123 1
	脾脏	14.17	13.10	1.87	0.593 0
	肺脏	148.43	154.95	28.37	0.827 4
	肾脏	44.05	44.23	5.29	0.973 7
12周龄	心脏	75.32	69.27	9.89	0.567 3
	肝脏	403.63	344.00	40.55	0.201 4
	脾脏	21.72	18.48	2.16	0.194 5
	肺脏	215.67	224.45	27.52	0.762 5
	肾脏	60.37	54.93	4.46	0.277 2
占宰前活重比例/%					
8周龄	心脏	0.53	0.58	0.03	0.205 9
	肝脏	1.97	2.06	0.09	0.359 5
	脾脏	0.14	0.16	0.02	0.543 0
	肺脏	1.52	1.91	0.36	0.330 0
	肾脏	0.46	0.55	0.05	0.162 8
12周龄	心脏	0.50	0.54	0.09	0.688 7
	肝脏	2.60	2.53	0.13	0.624 4
	脾脏	0.15	0.14	0.003	0.203 1
	肺脏	1.42	1.71	0.15	0.110 0
	肾脏	0.40	0.41	0.07	0.598 2

2.4　蛋氨酸限制与补偿对羔羊胃肠道指数的影响

蛋氨酸限制与补偿对羔羊胃肠道指数的影响见表6。8周龄，CON组羔羊的瘤胃重量显著高于RES组（$P<0.05$），2组羔羊其他胃肠道指数上差异不显著（$P>0.05$）。12周龄，2组胃肠道指数均差异不显著（$P>0.05$）。

表 6　蛋氨酸限制与补偿对羔羊胃肠道指数的影响

项目		组别		SEM	*P* 值
		CON	RES		
重量/g					
8 周龄	瘤胃	196.33[a]	147.60[b]	18.26	0.044 4
	网胃	28.68	24.20	2.86	0.178 2
	瓣胃	13.05	9.63	2.33	0.202 4
	皱胃	59.70	59.82	5.50	0.983 9
	小肠	340.03	291.58	36.67	0.243 7
	大肠	155.93	150.07	14.81	0.708 3
12 周龄	瘤胃	407.60	360.5	52.48	0.416 2
	网胃	50.17	51.33	3.51	0.752 8
	瓣胃	35.17	30.67	4.01	0.312 4
	皱胃	123.67	107.67	10.81	0.198 9
	小肠	459.17	441.85	27.29	0.553 6
	大肠	203.67	183.17	21.09	0.375 6
占复胃总重比例/%					
8 周龄	瘤胃	65.35	59.72	3.07	0.126 0
	网胃	9.75	9.97	0.90	0.819 3
	瓣胃	4.35	4.21	0.91	0.881 3
	皱胃	20.55	26.11	2.79	0.103 3
12 周龄	瘤胃	65.62	65.77	2.26	0.949 6
	网胃	8.40	9.30	0.72	0.263 9
	瓣胃	5.68	5.50	0.43	0.702 3
	皱胃	20.30	19.42	1.57	0.602 9
占宰前活重比例/%					
8 周龄	瘤胃	1.98[a]	1.76	0.19	0.291 3
	网胃	0.29	0.29	0.03	0.849 4
	瓣胃	0.13	0.12	0.03	0.741 2
	皱胃	0.62	0.77	0.09	0.165 1
	小肠	3.52	3.59	0.30	0.844 5
	大肠	1.62	1.89	0.23	0.278 0

（续表）

项目		组别		SEM	P 值
		CON	RES		
12 周龄	瘤胃	2.66	2.71	0.19	0.821 2
	网胃	0.34	0.38	0.03	0.279 8
	瓣胃	0.23	0.23	0.02	0.768 3
	皱胃	0.83	0.80	0.08	0.735 2
	小肠	3.02	3.30	0.26	0.322 5
	大肠	1.37	1.36	0.08	0.969 2

3　讨论

3.1　蛋氨酸限制与补偿对羔羊生长性能的影响

由于早期断奶羔羊胃肠道发育不成熟，断母乳后的羔羊极易受到培育方式[21-23]、饲粮组成和环境因素的影响。所以，各营养素含量的均衡性是早期断奶羔羊进行新陈代谢的物质基础。而蛋氨酸作为动物生长过程中蛋白质合成的主要限制性氨基酸[1]，对于提高动物生长性能和饲粮中蛋白质利用率及降低氮排放具有重要作用。Goedeken 等[24]研究发现，反刍动物饲粮补充蛋氨酸可提高动物的生长性能和氮的有效利用率。Mata 等[25]报道，饲粮中每天添加 2.5g 蛋氨酸可显著提高美利奴羊羔羊的生长性能，最终有利于羔羊后期的培育。然而，Wiese 等[26]研究发现饲粮中补充过瘤胃蛋氨酸对于美利奴羊的生长性能、饲粮转化率及胴体重的影响均差异不显著。造成不同试验结果的原因可能在于试验羔羊的品种、饲粮组成和蛋氨酸水平不一致等。从前人研究发现，饲粮中补充蛋氨酸会影响到羔羊的生长性能。因此，我们推断饲粮蛋氨酸水平限制同样会影响羔羊的生长发育。同时，饲粮蛋氨酸限制取消后，给予补偿充足的蛋氨酸，羔羊生长发育是否能得到恢复或补偿，还有待进一步研究。另外，单一补充或限制蛋氨酸水平对羔羊生长发育进行研究，这也将很难建立蛋氨酸前期限制与后期补偿对羔羊生长发育影响的内在联系。

本试验为了排除遗传因素对试验造成的差异，选择初始重相近的双胞胎公羔羊。同时，本试验基础饲粮中蛋氨酸水平通过人为控制在最低水平，以便研究蛋氨酸限制对早期断奶羔羊生长发育的影响。另外，补充蛋氨酸水平最大限度满足羔羊生长的营养需要，以便研究补充蛋氨酸对早期断奶羔羊生长性能的补偿程度。本试验中，8 周龄，RES 组羔羊的体重显著低于 CON 组羔羊。在 9~12 周龄阶段，RES 组蛋氨酸补偿后，12 周龄 2 组的体重差异不显著。这说明蛋氨酸限制对羔羊前期生长有抑制作用，通过补充蛋氨酸后羔羊体重有一定的补偿作用。同样，刘小刚[27]通过研究饲粮不同能氮营养水平营养限制及补偿对羔羊生长发育的影响，结果发现，营养水平限制后通过营养补偿对羔羊生长有一定程度恢复。另外，本试验中在 2 组羔羊饲喂量保持相近水平的条件下，2~8 周龄阶段的 CON 组羔羊平均日增重极显著高于 RES 组，进一步说明蛋氨酸限制对早期断奶羔羊的平均日增重有抑制作用。2~8 周龄阶段，CON 组处于蛋氨酸限制状态，其料重比显著高于 CON 组，而补充蛋氨酸后，2 组料重比差异不显著。说明蛋氨酸限制不利于羔羊的消化吸收，补充蛋氨酸后 2 组羔羊对饲粮的消化利用率差异不显著。结果提示，蛋氨酸限制降低了早期断奶湖羊羔羊平均日增重，抑制其生长速度，不利于羔羊对饲粮的消化吸收。

3.2　蛋氨酸限制与补偿对羔羊屠宰性能的影响

在 8 周龄之前，RES 组羔羊处于蛋氨酸限制状态，从生长性能可以看出，断代乳粉时，RES 组的体重显著低于 CON 组，屠宰羔羊是随机选取的。本试验结果表明，除屠宰率外，RES 组其余屠宰指标（宰前活重、空体重和胴体重）均显著低于 CON 组，说明蛋氨酸限制不仅影响生长性能，还显著降低了屠宰性能，最终影响羔羊的产肉。而经过 4 周蛋氨酸补偿后，在 12 周龄，RES 组的屠宰性能与 CON 组之间差异不显著，这也与 12 周龄末的生长性能结果相对应，表明 8 周龄前代乳粉和开食料的蛋氨酸水平限制了羔羊屠宰性能，在 9~12 周龄阶段蛋氨酸补偿后，RES 组在营养恢复阶段其生长速率较快，缩小了与 CON 组屠宰性能之间的差距，这与 12 周龄屠宰时 2 组羔羊的体重状况相符。同样，Galvani 等[28]研究发现，早期断奶羔羊营养物质不足时，影响其后期的饲粮利用，并延迟达到屠宰体重的时间，而充足的营养物质则可以较快地达到屠宰体重要求，并且能够提高经济效益和肉品质。进一步说明动物在营养限制期结束后，通过营养补偿会不同程度地恢复限制阶段失去的体重[29]。而 Obeidat 等[11]通过饲粮中添加不同水平［0、7、14g/（头·天）］蛋氨酸，研究对 Awassi 公羊生长性能、屠宰性能及肉品质的影响，结果发现，随着蛋氨酸水平的增加，蛋氨酸对羔羊的生长性能、屠宰性能和肉品质的影响不显著，这可能由于前期补充蛋氨酸的效果在试验的时间内还没有体现出来或者添加量还达不到 Awassi 公羊的最佳生长需要。

3.3 蛋氨酸限制与补偿对羔羊内脏器官指数的影响

内脏器官的发育情况是由营养状况和生理状况共同决定的，动物内脏器官重量和器官指数反映了动物机体的发育状况[19,30]。本试验中，8 周龄，CON 组和 RES 组在各内脏器官重量及占宰前活重比例上均差异不显著，这与本试验 2 组羔羊的体重状况不一致。这可能蛋氨酸限制对于羔羊生长抑制首先表现在机体的重量上，对于具体各内脏器官重量差异还没表现出来。在 9~12 周龄阶段蛋氨酸补偿后，2 组在各内脏器官指数上均差异不显著。同样，Atti 等[31]指出，营养限制及营养补偿对动物机体内脏器官影响不显著。而李东[32]曾报道，蒙古羔羊经过一段时间营养限制后，当营养水平恢复时，其内脏器官可以完全恢复正常。本试验研究结果与其不相符，因为动物的补偿生长不但受到营养限制开始时的日龄、营养限制的程度以及营养限制的持续时间影响，还受其品种、性别、遗传等方面的影响。因此，本试验中蛋氨酸水平前期限制及后期补偿对于羔羊各内脏器官指数影响均不显著。

3.4 蛋氨酸限制与补偿对羔羊胃肠道指数的影响

由于羔羊幼龄期各胃肠道发育还不健全，此时的营养水平对于胃肠道的发育至关重要。营养物质水平的变化不仅影响胃肠道的分化，还能对各胃室、肠道重量及相对比重产生较大影响[33]。本试验中，8 周龄末，RES 组羔羊比 CON 组显著地降低了瘤胃的重量。这可能由于 2~8 周龄阶段瘤胃还未发育成熟，并且 RES 组的蛋氨酸水平较低，因而不利于胃肠道的发育，造成胃肠道失重[34]。随着日龄的增加，在 12 周龄时羔羊对营养物质消化吸收主要通过瘤胃和小肠，RES 组蛋氨酸补偿后，2 组之间的胃肠道指数之间差异不显著。而刘小刚等[35]通过营养限制及补偿研究对羔羊小肠黏膜生长发育的影响，结果发现，前期营养限制对羔羊的小肠黏膜影响较大，通过补偿后期恢复速度较慢，进而降低其发育速度。本试验结果与其报道不相符，这可能由于本试验中 2 组饲粮中只有蛋氨酸水平不同，前期蛋氨酸限制对羔羊瘤胃发育的抑制可以通过后期补偿得以恢复。

4 结论

（1）2~8 周龄，蛋氨酸限制对双胞胎羔羊生长发育产生抑制作用，影响了羔羊的生长性能、屠宰性能。

（2）9~12 周龄，蛋氨酸补偿后，蛋氨酸限制的双胞胎羔羊在生长性能和内脏器官发育得到恢复。

参考文献（略）

原文发表于：动物营养学报，2016（11），3669-3678

饲粮中蛋氨酸水平对湖羊公羔营养物质消化、胃肠道 pH 及血清学指标的影响

王　杰，崔　凯，王世琴，刁其玉，张乃锋*

（中国农业科学院饲料研究所，农业部饲料生物技术重点开放实验室，北京　100081）

摘　要：（目的）本试验旨在研究饲粮中蛋氨酸水平对湖羊公羔营养物质消化、胃肠道 pH 及血清学指标的影响。（方法）试验选取 12 对 7 日龄断奶的湖羊双胞胎公羔，采用配对试验设计，分为对照组（Control，CON）和低蛋氨酸组（low methionine level，LM），1 对双胞胎羔羊分别分到 2 个组中，试验分 2 个阶段进行。第 1 阶段（8~56 日龄），CON 组羔羊饲喂基础代乳粉和基础开食料；LM 组羔羊饲喂的代乳粉和开食料在 CON 组基础上分别全部扣除（0.70%和 0.40%）额外添加的蛋氨酸，其余营养水平含量保持一致。第 2 阶段（57~84 日龄），2 组羔羊停止饲喂代乳粉且饲粮均为基础开食料。整个试验期间，分别在第 1 阶段结束前（46~55d）和第 2 阶段结束前（74~83d）随机选取 4 对双胞胎羔羊进行消化代谢试验。（结果）结果表明：1）在 56 日龄，LM 组羔羊对饲粮中粗蛋白、粗脂肪、中性洗涤纤维的表观消化率均显著低于 CON 组（$P<0.05$）；84 日龄，2 组羔羊在营养物质表观消化率上均差异不显著（$P>0.05$）。2）在 56 日龄，LM 组羔羊胃肠道中除十二指肠 pH 值显著低于 CON 组外（$P<0.05$），其他胃肠道 pH 值均差异不显著（$P>0.05$）；84 日龄，2 组羔羊在胃肠道 pH 值上均差异不显著（$P>0.05$）。3）在 56 日龄，2 组羔羊血清中除生长激素和胰岛素存在显著性差异外（$P<0.05$），其他血清学指标均无显著性差异（$P>0.05$）；84 日龄，2 组羔羊的血清学指标均无显著性差异（$P>0.05$）。（结论）由此可见，饲粮低蛋氨酸可降低羔羊胃肠道对营养物质的消化吸收，以及抑制了十二指肠 pH 值与血清中生长激素和胰岛素含量的增加；提高饲粮蛋氨酸水平后，羔羊营养物质表观消化率、胃肠道 pH 及血清激素指标也随之得到补偿。

关键词：蛋氨酸；羔羊；消化代谢；胃肠道 pH；血清学指标

蛋氨酸作为必需氨基酸中唯一的含硫氨基酸，对动物体内蛋白质合成具有重要作用。另外，由于动物机体本身不能合成必需氨基酸，必须从饲粮中摄取以满足机体的营养需要[1]。然而，蛋氨酸在大豆饼粕等饲粮原料中又是易缺乏的一种氨基酸。对于新生羔羊，由于其胃肠道系统的发育不健全而极易受到营养调控的影响而改变其后期育肥性能的发挥。所以，饲粮中合理的蛋氨酸水平对羔羊平稳的进行各项生命活动具有重要作用。

研究发现，对于早期断奶的羔羊，易受到饲粮组成和环境因素的影响产生较大的应激反应[2]，进而影响断奶羔羊胃肠道功能[3-4]，最终导致对营养物质消化吸收的能力降低[5-9]。Abdelrahman 等[10]研究报道饲粮中补充蛋氨酸不仅提高了羔羊对营养物质的利用率，还能增加羔羊的生长性能。另外，饲粮中蛋氨酸限制同样会影响羔羊的正常生长发育。王杰等[11]研究发现限制饲粮蛋氨酸水平显著降低羔羊生长性能

基金项目：国家公益性行业（农业）科研专项（201303143）、国家肉羊产业技术体系（CARS-39）

作者简介：王杰（1989—　），山东临沂人，硕士研究生，研究方向为动物营养与饲料研究，E-mail：nkywangjie@163.com

* 通讯作者：张乃锋，副研究员，硕士生导师，研究方向为动物营养与饲料科学，E-mail：zhangnaifeng@caas.cn

和屠宰性能。Abouheif 等[12]研究发现限制育肥羊的采食量显著降低平均日增重及营养物质消化率，最终影响育肥羊的生长。湖羊作为世界著名的多胎绵羊品种之一，通常每胎可产 2~3 羔，这就使得母乳难以满足哺乳羔羊充足的营养需要，从而影响其后期的生长，使哺乳期羔羊体况发育存在较大的个体差异，最终不利于集约化和规模化管理。目前，研究者多从饲粮中单一添加或缺乏蛋氨酸研究对羔羊或育肥羊营养物质消化率的影响[13]，而在饲粮低蛋氨酸的情况下，动物幼龄营养受限程度对其后期补偿生长影响的研究却尚未报道。动物生长发育是一个连续的过程，限制期营养缺乏与补偿期营养补充一定存在内在联系。因此，本文从营养物质消化、胃肠道 pH 及血清学指标角度探讨羔羊前期低蛋氨酸导致的营养物质消化率降低是否可以通过后期提高蛋氨酸使羔羊的胃肠道吸收能力得到提升，从而为我国早期湖羊双胞胎断奶羔羊合理科学饲养提供理论依据。

1 材料与方法

1.1 试验时间和地点

试验于 2015 年 10 月 2 日至 2015 年 12 月 24 日在山东省临清市润林牧业有限公司开展。

1.2 试验设计

试验选取 7 日龄断母乳、体重（4.93±0.20）kg 相近且发育正常的 12 对湖羊双胞胎公羔。采用配对试验设计，分为 2 阶段进行。第 1 阶段（8~56 日龄），分为对照组（Control，CON）和低蛋氨酸组（low methionine level，LM），1 对双胞胎羔羊分别分到 2 个组中。CON 组羔羊饲喂基础代乳粉和基础开食料；LM 组羔羊饲喂的代乳粉和开食料在 CON 组基础上分别全部扣除（0.70%和 0.40%）额外添加的蛋氨酸，其余营养水平含量保持一致。第 2 阶段（57~84 日龄），2 组羔羊停止饲喂代乳粉且饲粮均为基础开食料。

1.3 试验饲粮

试验用蛋氨酸规格：DL-蛋氨酸含量≥99%；干燥减重≤0.5%；砷≤0.002‰；重金属≤0.02‰；硫酸盐≤0.30%；氯化物≤0.20%；灼烧残渣≤0.5%；亚硝基铁氰化钠试验合格；硫酸铜试验合格。

基础开食料和基础代乳粉的营养水平分别参考我国《肉羊饲养标准》（NY/T 816—2004）[14]及发明专利 ZL 02128844.5[15]所设定；同时，蛋氨酸水平分别参考 MIRAND 报道[16]和王波[17]试验结果所设定的。基础代乳粉营养水平、基础开食料组成及营养水平见表 1。

表 1 基础代乳粉营养水平、基础开食料组成及营养水平（干物质基础） （%）

项目	基础代乳粉	基础开食料
原料1)		
玉米		65.07
麸皮		15.00
豆粕		5.58
石粉		1.90
脂肪粉		2.00
磷酸氢钙		1.51
食盐		0.79
蛋氨酸		0.40

（续表）

项目	基础代乳粉	基础开食料
复合氨基酸[2)]		6.75
预混料（1%）[3)]		1.00
合计		100.00
营养水平[4)]		
干物质	95.69	88.20
代谢能（MJ/kg）	15.10	10.75
粗蛋白质	21.66	16.16
粗脂肪	6.44	4.68
粗灰分	5.88	9.38
钙	1.02	1.23
总磷	0.51	0.54
赖氨酸	2.77	1.01
蛋氨酸	0.91	0.60
色氨酸	0.29	0.18
苏氨酸	1.17	0.60

1）由于涉及专利申请，未列出代乳粉组成；

2）复合氨基酸是由 0.95%赖氨酸、0.09%色氨酸、0.40%苏氨酸、0.83%缬氨酸、0.54%组氨酸、1.33%亮氨酸、0.85%苯丙氨酸、0.69%异亮氨酸、0.77%甘氨酸、0.30%胱氨酸组成；

3）每千克预混料含有：Fe 22.1g，Mn 9.82g，Cu 2g，Zn 12g，Se 20mg，I 200mg，Co 50mg，VA 130 万 IU，VD_3 35 万 IU，VE 4 000IU；

4）营养水平除代谢能外均为实测值

1.4　饲养管理

试验正式开始之前，用强力消毒灵溶液对整个圈舍进行全面的消毒，之后每周对所有栏位重复消毒 1 次。同时，试验开始时所有试验羔羊均进行正常的免疫程序。

所有试验羔羊在出生到 7 日龄随母哺乳；8 日龄断母乳，人工饲喂代乳粉至 56 日龄；从 8 日龄开始补饲开食料，直到 84 日龄试验结束。另外，饲喂代乳粉时，8~14 日龄每天饲喂 4 次，15~28 日龄每天饲喂 3 次，29~56 日龄每天饲喂 2 次。代乳粉的饲喂方法参照王波[17]试验报道中的方法进行。同时，饲喂量还根据试验过程中羔羊的健康状况进行适当的调整，以保证羔羊的正常生长。整个试验期，保持 CON 组和 LM 组代乳粉和开食料的采食量相近。同时，整个过程自由饮水。

1.5　消化代谢试验

整个试验期间，分别在 46~55d 和 74~83d 进行 2 次消化代谢试验。每次消化代谢试验时在每组中随机选择 4 只湖羊，并且 2 组中的 4 对羔羊均为双胞胎，做好标记并转移至独立的消化代谢笼。按照饲养管理的方法对每组羔羊进行单独饲喂，自由饮水。试验期总共 10d，其中预试期 5d，正试期 5d，采用全收粪法和全收尿法进行消化代谢试验。

1.6 测定指标和分析方法

1.6.1 羔羊营养物质表观消化率测定

消化代谢试验期间每天 07：00 和 19：00 收集粪样和尿样，记录每只羊每天的采食量、剩余量、排粪量和排尿量。按总粪样的 10%取样后再按照每 100g 鲜粪加入 10%的硫酸 10mL 用于固氮，-20℃冷冻保存待测。尿样收集前在收集尿容器中加入 10%硫酸 100mL，手动混匀每只羔羊每天的尿液，按每日总量的 1%取样，倒入尿样瓶中，-20℃冷冻保存待测。

试验结束后，代乳粉、开食料和粪尿样中营养成分测定方法：氨基酸使用 A300 全自动氨基酸分析仪测定；总能使用 Parr-6400 氧氮量热仪测定；干物质、粗蛋白、粗脂肪、粗灰分、钙、磷和中性洗涤纤维含量参考 AOAC[18]测定方法进行。

1.6.2 羔羊胃肠道 pH 测定

分别在 56 和 84 日龄屠宰 6 对双胞胎羔羊，CON 组和 LM 组各 6 只，屠宰前 16h 需要禁食、禁水，经颈静脉放血致死后，剥皮后打开腹腔，解剖，将各胃肠道分割，然后分别取各胃室及肠道内容物样品，倾入 30mL 离心管，立即用 pHB-2 型便携式 pH 计测定瘤胃、皱胃、十二指肠、空肠和回肠内容物的 pH 值。

1.6.3 血清学指标测定

分别于 56 和 84 日龄，每次随机选取 3 对双胞胎羔羊，CON 组和 LM 组各 3 只羔羊于前腔静脉采血 10mL，3 000r/min 离心 20min，分离血清，并于-20℃保存。血清学指标包括：血清激素指标、血清免疫指标和血清生化指标。血清激素指标和血清免疫指标均采用 ELISA 方法测定，试剂盒购自北京华英生物技术研究所；血清生化指标中除乳酸利用中和滴定法进行检测外，其他指标均采用日立 7020 全自动生化分析仪进行检测。

1.7 数据处理

试验数据经过 Excel 2010 初步整理后，使用 SASS 9.2 统计软件 Paired t-test 进行配对 t 检验，以 $P<0.05$ 作为判断差异显著性的标准。

2 结果与分析

2.1 饲粮中蛋氨酸水平对湖羊公羔营养物质表观消化率的影响

饲粮中蛋氨酸水平对湖羊公羔营养物质表观消化率的影响见表 2。在 56 日龄，LM 组羔羊对饲粮中 CP、EE、NDF 的表观消化率均显著低于 CON 组（$P<0.05$）；84 日龄，2 组羔羊在营养物质表观消化率上均差异不显著（$P>0.05$）。

表 2 饲粮中蛋氨酸水平对湖羊公羔营养物质表观消化率的影响

项目	组别		SEM	P 值
	CON	LM		
56 日龄				
总能	86.05	83.45	0.01	0.0729
干物质	84.45	82.85	0.02	0.3332
有机物	87.30	85.15	0.01	0.1349
粗蛋白	84.45[a]	80.90[b]	0.01	0.0227

（续表）

项目	组别		SEM	P 值
	CON	LM		
粗脂肪	80.68[a]	76.40[b]	1.76	0.0249
中性洗涤纤维	57.76[a]	44.94[b]	0.04	0.0097
84 日龄				
总能	78.68	74.26	0.03	0.1187
干物质	77.40	77.35	0.04	0.9909
有机物	80.70	81.10	0.04	0.9173
粗蛋白	75.84	70.42	0.03	0.1290
粗脂肪	70.71	63.65	0.06	0.2417
中性洗涤纤维	55.37	63.53	0.06	0.1567

注：同行数据肩标不同小写字母代表有显著性差异（$P<0.05$），下表同

2.2 饲粮中蛋氨酸水平对湖羊公羔胃肠道 pH 的影响

饲粮中蛋氨酸水平对湖羊公羔胃肠道 pH 的影响见表 3。在 56 日龄，LM 组中除十二指肠 pH 值显著低于 CON 组外（$P<0.05$），其他胃肠道 pH 值均差异不显著（$P>0.05$）；84 日龄，2 组羔羊胃肠道 pH 值均差异不显著（$P>0.05$）。

表 3　饲粮中蛋氨酸水平对湖羊公羔胃肠道 pH 的影响

项目	组别		SEM	P 值
	CON	LM		
56 日龄				
瘤胃	6.00	6.04	0.39	0.9098
皱胃	2.45	2.31	0.23	0.5739
十二指肠	6.47[a]	4.62[b]	0.22	0.0037
空肠	7.01	6.72	0.33	0.4231
回肠	7.75	7.62	0.19	0.5140
84 日龄				
瘤胃	5.28	5.55	0.13	0.0888
皱胃	3.30	3.64	0.37	0.4029
十二指肠	5.25	5.15	0.52	0.8561
空肠	6.38	6.08	0.70	0.6821
回肠	7.57	7.66	0.09	0.3258

2.3 饲粮中蛋氨酸水平对湖羊公羔血清学指标的影响

饲粮中蛋氨酸水平对湖羊公羔血清学指标的影响见表 4 至表 6。在血清学指标中，除了在 56 日龄 LM

组羔羊的 GH 和 INS 显著低于 CON 组（$P<0.05$）外，2 组羔羊其他血清学指标在 56 和 84 日龄均无显著性差异（$P>0.05$）。

表 4　饲粮中蛋氨酸水平对湖羊公羔血清生化指标的影响

项目	组别		SEM	*P* 值
	CON	LM		
56 日龄				
尿素氮（mmol/L）	4.90	5.43	0.32	0.1659
葡萄糖（mmol/L）	4.38	3.92	0.23	0.1058
甘油三酯（mmol/L）	1.78	1.73	0.10	0.6390
总胆固醇（mmol/L）	5.23	5.43	0.32	0.5478
皮质醇（ng/mL）	88.70	92.91	4.96	0.4357
乳酸（mg/L）	159.03	156.83	2.80	0.4667
游离脂肪酸（mmol/L）	0.41	0.32	0.04	0.0512
乳酸脱氢酶（U/L）	143.37	136.14	10.92	0.5371
84 日龄				
尿素氮（mmol/L）	6.13	5.33	0.36	0.0792
葡萄糖（mmol/L）	3.61	3.98	0.36	0.3476
甘油三酯（mmol/L）	1.79	1.90	0.06	0.1309
总胆固醇（mmol/L）	5.01	5.22	0.40	0.6198
皮质醇（ng/mL）	87.59	85.32	8.87	0.8076
乳酸（mg/L）	155.60	159.80	7.39	0.5939
游离脂肪酸（mmol/L）	0.41	0.38	0.03	0.3836
乳酸脱氢酶（U/L）	131.73	146.45	12.27	0.2838

表 5　饲粮中蛋氨酸水平对湖羊公羔血清激素指标的影响

项目	组别		SEM	*P* 值
	CON	LM		
56 日龄				
生长激素（ng/mL）	6.77[a]	4.78[b]	0.70	0.0366
胰岛素（μIU/mL）	27.16[a]	21.24[b]	2.00	0.0317
类胰岛素生长因子-1（μg/mL）	81.34	93.88	8.12	0.1834
84 日龄				
生长激素（ng/mL）	6.20	6.53	0.62	0.6160
胰岛素（μIU/mL）	26.32	25.09	3.19	0.7151
类胰岛素生长因子-1（μg/mL）	101.67	106.62	9.21	0.6445

表 6　饲粮中蛋氨酸水平对湖羊公羔血清免疫指标的影响

项目	组别		SEM	*P* 值
	CON	LM		
56 日龄				
免疫球蛋白 G（μg/mL）	514.12	520.95	25.68	0.8009
白细胞介素-2（pg/mL）	680.39	712.63	53.32	0.5718
肿瘤坏死因子-α（pg/mL）	116.95	130.11	16.92	0.4719
三碘甲状腺氨酸（pmol/L）	2.32	3.29	0.67	0.2095
甲状腺素（ng/mL）	98.64	90.49	7.41	0.3212
84 日龄				
免疫球蛋白 G（μg/mL）	522.50	544.92	22.17	0.3583
白细胞介素-2（pg/mL）	707.56	658.86	65.25	0.4890
肿瘤坏死因子-α（pg/mL）	101.28	113.68	11.11	0.3154
三碘甲状腺氨酸（pmol/L）	3.36	2.69	0.65	0.3464
甲状腺素（ng/mL）	140.99	133.18	8.42	0.3967

3　讨论

3.1　饲粮中蛋氨酸水平对湖羊公羔营养物质表观消化率的影响

由于断奶前羔羊的消化代谢系统发育还不健全而具有潜在的可塑性，同时非反刍阶段羔羊的发育状况是确定其后期健康生长及育肥潜力的重要时期。所以，各营养素水平的均衡性是断奶前羔羊进行新陈代谢的物质基础。而蛋氨酸作为反刍动物机体生长过程中蛋白质合成的主要限制性氨基酸，对提高动物生长性能和饲粮营养物质消化吸收具有重要作用[19]。另外，研究发现非反刍阶段羔羊每天蛋氨酸的最佳需要量为 2g，而对于育肥羊最适宜的蛋氨酸水平为 0.64%左右[13,20]。本试验在 8~56 日龄阶段，LM 和 CON 组羔羊每天蛋氨酸的采食量分别为 0.47g 和 1.75g，显然 LM 组较 CON 组羔羊采食蛋氨酸的量降低 73.14%。在 56 日龄时发现饲粮中缺乏蛋氨酸，羔羊显著降低对饲粮中 CP、EE、NDF 的营养物质表观消化率。同样，Zeng 等[21]曾报道降低动物赖氨酸的饲喂量可显著降低 GE、DM、CP 和磷的营养物质表观消化率。Puchala 等[22]对山羊进行营养限饲可显著降低 DM、OM、CP 和 NDF 的营养物质表观消化率。本试验中在羔羊非反刍阶段饲喂低蛋氨酸饲粮时，导致动物采食氮水平降低，从而使瘤胃内氨态氮（NH_3-N）的浓度降低，瘤胃微生物合成及活力的降低，进而酶的分泌受到影响，最终导致营养物质的消化也受到影响[23-24]。另外，这种现象有可能由于蛋氨酸是启动酶合成的关键必需氨基酸，对消化酶的成分或活性影响有关[25]。

经过 28d 时间提高蛋氨酸水平后，2 组羔羊在 DM、OM、CP、EE、GE、NDF 的表观消化率均无显著差异。Berthiaume 等[26]研究报道，饲粮中添加蛋氨酸可提高十二指肠中蛋氨酸的流动性，最终提高蛋氨酸在小肠中的表观消化率。这现象可能由于随着后期蛋氨酸水平的增加，使瘤胃液 NH_3-N 的浓度逐渐升高，以及消化道和肝脏在缺乏期间被动用蛋白的补偿性恢复，使其瘤胃内微生物活力和消化道功能增强的原因造成的[27]。同样，Li 等[28]曾经报道营养限制期后的羔羊通过营养补偿，可恢复内脏器官的重量进而增加消化酶的分泌，最终导致营养物质消化率的提高。这种现象，也可能由于 56 日龄后羔羊瘤胃微生物消化代谢功能发育接近完全，此时进入小肠吸收的蛋氨酸主要来源于微生物蛋白质和瘤胃非降解蛋白质提供的蛋氨酸和内源蛋氨酸。

3.2 饲粮中蛋氨酸水平对湖羊公羔胃肠道 pH 的影响

羔羊胃肠道内适宜酸度是维持消化系统正常功能不可或缺的重要因素，也是调节体内环境酸碱平衡、电解质平衡的基础条件[29]。一般来说，瘤胃 pH 值变动范围为 5.0~7.5，但 pH 值若低于 6.5 就不利于纤维素消化[30]。蛋氨酸进入瘤胃后，会在瘤胃微生物的作用下降解，产生氨和酮酸，酮酸在微生物的作用下进一步发酵生成挥发性脂肪酸。本试验中，在 56 和 84 日龄时 CON 组和 LM 组羔羊瘤胃液 pH 值分别为 6.00、6.04 和 5.28、5.55，在正常变动范围内，2 组羔羊瘤胃液 pH 值差异不显著。在 56 日龄，相对于 LM 组，CON 组蛋氨酸降解产生的酮酸可被微生物发酵产生挥发性脂肪酸，但其浓度相对于瘤胃内容物来说，不足以引起 pH 值的显著变化。同样，Robinson[31]研究证实饲粮中添加蛋氨酸，对瘤胃 pH 值和挥发性脂肪酸浓度没有显著影响。另外，与 56 日龄羔羊瘤胃液 pH 值相比较，84 日龄时 CON 组和 LM 组羔羊瘤胃液 pH 值分别降低了 12.00%、8.11%。这可能是由于非反刍阶段瘤胃未起主导作用，而反刍阶段瘤胃作为主要的功能性胃产生较多挥发性脂肪酸以降低其 pH 值，可能还存在其他的机制，有待进一步研究探讨。

一般来说肠道具有一个相对稳定的内环境，具有一定的缓冲能力。如果 pH 值太低，可能会使小肠腺体分泌的碱性肠液得到部分中和，而 pH 值波动很大也会对消化酶活性产生很大影响。本试验中，56 日龄时与 CON 组相比较，LM 组低蛋氨酸可显著地降低十二指肠 pH 值。这可能由于在十二指肠中，来自皱胃酸性较强的食糜尚未被胰液、胆汁和肠液中重碳酸盐等充分中和。

3.3 饲粮中蛋氨酸水平对湖羊公羔血清学指标的影响

动物的生长主要受下丘脑-垂体-肝脏构成的生长轴进行调控，GH 和 IGF-I 在该生长轴中最能反映动物的营养和生长状况。GH 是动物体出生后生长发育主要的调控因子，能够刺激肌肉蛋白质合成，促进动物生长。IGF-I 是一类多功能的细胞增殖调控因子，作为 GH 产生生理作用过程中必需的一种活性蛋白多肽物质。INS 可促进葡萄糖进入细胞，为细胞增强功能，促进糖原的合成，提高糖的利用和蛋白质的合成。本试验发现，低蛋氨酸可显著降低血清中 GH 和 INS 含量。同样，张永翠[32]研究发现血清 GH 水平随着饲粮蛋氨酸水平的提高呈现逐渐升高的趋势，并且以 0.8%的蛋氨酸添加组血清中 GH 的含量最高。Smith 等[33]曾报道犊牛血清中 INS 含量随着营养物质摄入的增多而极显著增加。另外有研究表明，对于大多数物种（除了鼠），营养缺乏导致生长停滞，往往伴随着血浆 GH 含量的增加而不是降低[34-35]。Buonomo 和 Baile[36]关于猪的试验也证明了上述观点。而本试验的结果与上述结论有所不同，可能与 GH 分泌呈脉冲性释放有关，并且 GH 的含量也受到 IGF-I 含量的影响。另外，研究发现低蛋氨酸对羔羊血清中 IGF-I 的含量没有显著影响。同样，Carew 等[37]研究发现，缺乏蛋氨酸的饲粮饲喂 8~22 日龄的雄性肉鸡，血清中 IGF-I 的含量没有显著变化。不同结论的出现可能由于动物受到营养缺乏开始时的日龄、营养缺乏的程度以及营养缺乏的持续时间影响，还可能受其品种、性别、遗传等方面的影响。

另外，血清免疫指标和生化指标均在不同方面反映了机体状况是否健康的重要指标。孙菲菲等[38]曾报道瘤胃蛋氨酸（RPM）可降低奶牛围产期血清中总胆固醇、低密度脂蛋白胆固醇、极低密度脂蛋白含量，但对血浆甘油三酯含量无显著影响。毕晓华和张晓明[39]研究发现在饲粮添加 RPM 后奶牛血浆中总蛋白、白蛋白、三酰甘油、葡萄糖、游离脂肪酸浓度升高，但均未达到统计学上的显著水平。本试验中，蛋氨酸缺乏阶段 LM 组血清中葡萄糖、甘油三酯、乳酸、游离脂肪酸、乳酸脱氢酶等生化指标较 CON 组分别降低了 10.50%、2.81%、1.38%、21.95%和 5.04%，但 2 组之间血清生化指标同样未达到显著水平。这种现象的出现，可能由于蛋氨酸缺乏时间、添加剂量或环境等因素共同造成的，具体机制有待进一步研究。

4　结论

在本试验条件下，8~56日龄阶段，饲粮中低蛋氨酸降低了羔羊胃肠道对营养物质的消化吸收，以及抑制了十二指肠pH值和血清中生长激素、胰岛素含量的增加；提高饲粮蛋氨酸水平后，羔羊的营养物质表观消化率、胃肠道pH值及血清激素指标也随之得到补偿。

参考文献（略）

原文发表于：动物营养学报，2017，29（8）：3004-3013

开食料中赖氨酸、蛋氨酸、苏氨酸和色氨酸对断奶羔羊生长性能、氮利用率和血清指标的影响

李雪玲[1,2]，张乃锋[1]，马 涛[1]，陶大勇[2]，柴建民[1]，
王玉荣[1]，张 帆[1]，刁其玉[2*]

（1. 中国农业科学院饲料研究所/农业部饲料技术重点开放实验室，北京 100081；
2. 塔里木大学动物科学学院，阿拉尔 843300）

摘 要：（目的）本试验利用氨基酸部分扣除法研究开食料赖氨酸、蛋氨酸、苏氨酸和色氨酸对断奶后羔羊生长性能、氮利用率和血清学指标的影响，以期确立氨基酸限制性顺序和比例。（方法）选取100只50日龄、平均体重为11.00kg的健康湖羊断奶公羔羊，随机分成5组，每组4个重复，每个重复5只羊。采用单因素试验设计，对照组（PC）饲喂AA平衡的开食料，其赖氨酸、蛋氨酸、苏氨酸和色氨酸含量分别为1.16%、0.38%、0.58%和0.16%，4个试验组依次在PC组的基础上分别扣除30%赖氨酸、蛋氨酸、苏氨酸和色氨酸（PD-Lys、PD-Met、PD-Thr和PD-Trp组）。预试期为10d，正试期为60d。分别于羔羊80~90日龄和110~120日龄进行两期氮平衡试验。（结果）结果表明：1）与PC组相比，PC-Met组羔羊120d体重、日增重和饲料转化率显著低于PC、PD-Lys、PD-Thr和PD-Trp组（$P<0.05$）。2）80~90日龄PD-Lys和PD-Met组尿N排放量显著高于PC组（$P<0.05$），PD-Met组N沉积、N利用率、N表观消化率和N表观生物学价值显著低于PC、PD-Thr和PD-Trp组（$P<0.05$），110~120日龄PD-Met组N沉积、N沉积率、N表观消化率和N表观生物学价值极显著低于PC组（$P<0.01$）。3）以最大NR为衡量指标时，60~90日龄和90~120日龄两阶段的限制性氨基酸顺序均为：Met>Lys>Thr>Trp和Met>Lys>Trp>Thr。获得最大NR时4种氨基酸模型分别为100∶37∶45∶12和100∶41∶39∶12。4）90日龄PD-Met组葡萄糖显著低于PC组（$P<0.05$），120日龄PD-Met组白蛋白、球蛋白、尿素氮和胆固醇显著低于PC组（$P<0.05$）。（结论）综上所述，60~120日龄断奶羔羊开食料中赖氨酸、蛋氨酸、苏氨酸和色氨酸的适宜比例为100∶（37~41）∶（39~45）∶12，限制性氨基酸顺序分别为Met>Lys>Thr>Trp（60~90d）和Met>Lys>Trp>Thr（90~120d）。

关键词：湖羊；早期羔羊；氨基酸；模型；限制性顺序

近年来，理想氨基酸需要模型已在猪禽日粮中得到广泛的应用，但是由于反刍动物特殊的生理消化特点，对于反刍动物平衡的氨基酸日粮能够提高胃肠道生长发育和营养物质的消化代谢，最优的氨基酸模式在本质上能够提高蛋白质的合成能力，达到快速生长的目的，但在羔羊理想氨基酸模式还有待深入研究。Samadi[1]和Q. Y. Tian[2]分别在仔鸡和仔猪饲粮中添加适量的氨基酸，发现平衡的氨基酸能提高幼畜生长性能，改善消化代谢，并对血清生化指标等方面有促进作用。Goodband B[3]和Edmonds M S等[4]通过氨基酸平衡模型能够确保仔猪饲粮氨基酸需要量。同时，云强[5]和Wang H[6]通过添加过瘤胃保护氨基酸及灌

基金项目：农业部公益性行业（农业）科研专项（201303143）；国家肉羊产业技术体系建设专项资金（CARS-39）
作者简介：李雪玲（1991— ），女，新疆阿拉尔人，硕士研究生，动物营养与饲料科学，E-mail：nkylixueling@163.com
* 通讯作者：刁其玉，研究员，博士生导师，E-mail：diaoqiyu@caas.cn

注不同组成模式的氨基酸，提高日粮消化代谢，增强机体氮平衡。张乃锋[7]和 Wang J[8]降低日粮蛋白质水平的同时添加限制性氨基酸可提高动物的生长性能，并得到犊牛限制性氨基酸顺序和不同生长阶段氨基酸模型。近年来，在羔羊上，人们已经对蛋白质和能量水平进行了大量研究，但在氨基酸营养研究方面尚属空白。且断奶后羔羊对蛋白质需求量较高，饲粮氨基酸平衡可优化蛋白质的利用效率，对缓解我国蛋白质饲料的短缺，降低饲料成本，提高养分利用率，减少氮排泄及畜牧业对环境的污染，具有重要的理论意义和实践价值。本试验通过氨基酸部分扣除法研究赖氨酸、蛋氨酸、苏氨酸和色氨酸对 60~120 日龄羔羊生长性能、氮代谢及血清生化指标的影响，揭示断奶后羔羊氨基酸最适模型、氨基酸限制性顺序，为促进我国羔羊培育效果提供技术支撑和理论依据。

1　材料与方法

1.1　试验材料

过瘤胃保护性赖氨酸由赢创德固赛有限公司提供，过瘤胃保护性蛋氨酸由韩国希杰中国有限公司提供，过瘤胃保护性苏氨酸和色氨酸由江苏康德权有限公司提供，其中各含赖氨酸（Lys）、蛋氨酸（Met）、苏氨酸（Thr）和色氨酸（Trp）盐酸盐 65%左右，过瘤胃率≥80%。

1.2　试验设计与试验饲粮

本试验参照 Wang T C[9]的氨基酸部分扣除法，采用单因素随机分组设计。设置 5 个组，每个组 4 个重复，每个重复 5 只羊。试验开食料粗蛋白质水平为 15.0%，对照组（PC）根据 Obeidat B S 等[10] Met 水平为 0.38%（Met 含量为 CP 含量的 6.4%，即 0.38%），Lys 水平为 1.16%（Lys：Met=3：1[11]），Thr 和 Trp 水平为 0.58%和 0.16%（Lys、Thr 和 Trp 比例根据刁其玉[12]研究结果为 100：50.5：14.3）。其余 4 个试验组分别在 PC 组基础上扣除 30%Lys（PD-Lys 组）、Met（PD-Met 组）、Thr（PD-Thr 组）和 Trp（PD-Trp 组）。开食料组成及营养水平见表 1、表 2。

表 1　开食料组成及营养水平（干物质基础）　（%）

项目	开食料				
	对照组	扣除赖氨酸组	扣除蛋氨酸组	扣除苏氨酸组	扣除色氨酸组
玉米	56.86	57.20	56.98	57.11	56.94
小麦麸	8.00	8.00	8.00	8.00	8.00
大豆粕	10.00	10.00	10.00	10.00	10.00
苜蓿草粉	20.00	20.00	20.00	20.00	20.00
预混料1)	4.00	4.00	4.00	4.00	4.00
添加氨基酸					
过瘤胃保护赖氨酸	0.55	0.21	0.55	0.55	0.55
过瘤胃保护蛋氨酸	0.18	0.18	0.06	0.18	0.18
过瘤胃保护苏氨酸	0.33	0.33	0.33	0.08	0.33
过瘤胃保护色氨酸	0.08	0.08	0.08	0.08	0.00
合计	100.00	100.00	100.00	100.00	100.00
营养水平2)					

（续表）

项目	开食料				
	对照组	扣除赖氨酸组	扣除蛋氨酸组	扣除苏氨酸组	扣除色氨酸组
干物质（%）	90.60	90.53	89.22	90.80	89.61
粗蛋白质（%）	15.94	15.58	15.38	15.58	15.34
代谢能（$MJ \cdot kg^{-1}$）	12.35	12.40	12.37	12.39	12.36
粗脂肪（%）	3.41	3.04	3.69	3.42	3.70
粗灰分（%）	8.65	8.85	8.57	8.70	8.33
中洗纤维（%）	26.35	25.92	28.96	24.92	26.14
酸洗纤维（%）	11.48	11.36	11.25	11.09	11.05
钙（%）	0.85	0.84	0.81	0.85	0.80
总磷（%）	0.36	0.32	0.31	0.34	0.38

1）预混料为每千克开食料提供：VA 15 000IU，VD 5 000IU，VE 50IU，Cu 12mg，Fe 64mg，Mn 50mg，Zn 100mg，I 0.8mg，Se 0.4mg，Co 0.4mg

2）营养水平除代谢能外均为实测值。代谢能参照《中国饲料成分及营养价值表（2012）》及《肉羊饲养标准》（NY/T816-2004）计算

表2　开食料氨基酸水平[3]（干物质基础）　（%）

项目	开食料				
	PC	PD-Lys	PD-Met	PD-Thr	PD-Trp
必需氨基酸					
赖氨酸	1.17	0.81	1.16	1.15	1.18
苯丙氨酸	0.65	0.67	0.64	0.66	0.65
蛋氨酸	0.39	0.37	0.27	0.38	0.36
苏氨酸	0.54	0.59	0.56	0.41	0.58
亮氨酸	1.16	1.10	1.12	1.14	1.16
异亮氨酸	0.51	0.53	0.52	0.54	0.52
缬氨酸	0.63	0.65	0.64	0.67	0.62
色氨酸	0.17	0.18	0.16	0.15	0.11
非必需氨基酸					
组氨酸	0.33	0.33	0.33	0.34	0.31
胱氨酸	0.21	0.25	0.21	0.23	0.21
精氨酸	0.77	0.79	0.77	0.78	0.75
酪氨酸	0.46	0.42	0.46	0.43	0.48
甘氨酸	0.84	0.89	0.84	0.85	0.82
丝氨酸	0.85	0.88	0.85	0.86	0.83
谷氨酸	2.56	2.57	2.56	2.57	2.55

（续表）

项目	开食料				
	PC	PD-Lys	PD-Met	PD-Thr	PD-Trp
脯氨酸	1.25	1.26	1.25	1.27	1.22
天冬氨酸	1.46	1.42	1.45	1.43	1.46
丙氨酸	0.82	0.83	0.80	0.81	0.84
总氨基酸	14.77	14.54	14.59	14.67	14.65

3）开食料中各氨基酸水平均为实测值

1.3　试验动物与饲养管理

本试验于 2015 年 9—12 月在江苏省姜堰市海伦羊业有限公司进行。根据体重和出生时间相近的原则选用 50 日龄健康的断奶湖羊公羔羊 100 只，随机分成 5 个组，每个组 4 个重复，每个重复 5 只羊。每个月对所有栏位进行消毒 1 次（轮流使用 0.2%氯异氰脲酸、2.0%火碱和 0.5%聚维酮碘），所有试验羔羊均进行正常的免疫程序。于每天 08：00 和 16：00 按体重 4%饲喂开食料，自由饮水。预饲期 10d，试验期 60d。在试验羊 80~90 日龄和 110~120 日龄每个处理选取 6 只羔羊进行消化代谢试验。每期 10d，预饲期 7d，正试期 3d。

1.4　样品采集与分析

1.4.1　样品采集

饲料样采集：开食料按每批次制作的颗粒料进行取样并混合。所有饲料样品-20℃冷冻保存备用。

代谢试验样品采集：试验采用全收粪尿法。详细记录正试期内每只羔羊每日的采食量、排粪量和排尿量。每日采集粪样总量的 10%，每 100g 鲜粪加入 10mL10%的稀盐酸进行固氮。最后混合 3d 采集的粪样，-20℃冷冻保存。每日向集尿盆中加入 100mL10%稀盐酸进行固氮，每日采集尿样总量的 10%进行取样，移入尿量瓶中，-20℃冷冻保存。

血清样品采集：在试验 90 日龄和 120 日龄羔羊颈静脉采集血液约 10mL，放至血清析出，1 500min 离心 10min，分离血清于 1.5mL 离心管中，-20℃冷冻保存，待测。

1.4.2　样品分析

饲料样品按照《饲料分析及饲料质量检测技术》[13]中的方法测定干物质（DM）、粗蛋白质（CP）、粗脂肪（EE）、粗灰分（Ash）、钙（Ca）、磷（P）含量，粪样和尿样同上计算氮沉积、氮利用率、氮表观消化率和氮表观生物学价值。开食料氨基酸组成的测定方法采用氨基酸自动分析仪（L-8800，日本日立公司）进行测定。样品粉碎过 60 目，在水解管内加 6mol/L HCl 10mL，真空泵抽真空，(110±1)℃恒温干燥箱内水解 24h，冷却、过滤，干燥器中蒸干，再加入 20mL 的 0.02mol/L HCl，在空气中放置 30min 测定氨基酸含量；色氨酸用 5mol/L 的 NaOH 溶液水解，测定其含量[14]。

N 沉积量=N 摄入量-粪 N 排出量-尿 N 排出量

N 沉积率=（N 沉积量/N 摄入量）×100%

N 表观消化率=［（N 摄入量-粪 N）/N 摄入量］×100%

N 表观生物学价值=N 利用率×N 表观消化率×100%

血清生化指标：检测血清中总蛋白（TP）、白蛋白（ALB）、尿素氮（UN）、葡萄糖（GLU）、总胆固醇（TG）、甘油三酯（TC）、游离脂肪酸（NEFA）、谷丙转氨酶（ALT）和谷草转氨酶（AST）等生化指标，测定采用日立 7020 型全自动生化分析仪进行测定，试剂盒购自南京建成生物有限公司。

1.5 数据处理与分析

用 Excel 2013 对原始数据进行初步整理，然后用 SASS 9.2 统计软件进行单因素方差分析检验，以 $P<0.05$ 作为差异显著的判断标准。

2 结果

2.1 开食料部分氨基酸扣除对断奶羔羊生长性能的影响

由表 3 可知，氨基酸扣除组与氨基酸平衡组羔羊的始重和日采食量均无显著差异（$P>0.05$）；PD-Met 组羔羊 FBW 和 F/G 均显著低于 PC、PD-Thr 和 PD-Trp 组（$P<0.05$）。PD-Met 组羔羊 ADG 极显著低于 PC、PD-Lys、PD-Thr、PD-Trp 组（$P<0.01$）。PD-Lys 组羔羊 ADG 极显著低于 PC 和 PD-Trp 组（$P<0.01$）。

表 3 开食料部分氨基酸扣除对断奶湖羊羔羊生长性能的影响

项目	组别					SEM	*P* 值
	PC	PD-Lys	PD-Met	PD-Thr	PD-Trp		
始重（IBW · kg^{-1}）	11.79	11.55	11.52	11.59	11.73	0.18	0.9929
末重（FBW · kg^{-1}）	26.18[a]	25.08[ab]	23.03[b]	25.68[a]	25.81[a]	0.30	0.0467
日增重（g · d^{-1}）	239.83[a]	225.50[b]	191.83[c]	234.83[ab]	234.67[a]	7.46	<0.0001
日采食量（g · d^{-1}）	798.49	772.87	785.30	797.93	791.77	2.33	0.0622
饲料转化率/F : G	3.33[b]	3.43[b]	4.09[a]	3.40[b]	3.37[b]	0.18	0.0477

注：同行数据肩标不同小写字母表示差异显著（$P<0.05$）和极显著（$P<0.01$）。下表同

2.2 开食料部分氨基酸扣除对断奶羔羊氮代谢的影响

羔羊氮代谢的影响见表 4。在 80~90d，部分氨基酸扣除组与氨基酸平衡组摄入 N、粪 N 和 N 表观生物学价值无显著差异（$P>0.05$）。PD-Lys 和 PD-Met 组尿 N 排放量显著高于 PC 组（$P<0.05$）。PD-Met 组 N 沉积量显著低于 PC 组（$P<0.05$）。PD-Met 组粪 N 排出量显著高于 PC 组、PD-Thr 组和 PD-Trp 组。PD-Lys 和 PD-Met 组 N 表观消化率和 N 表观生物学价值均显著低于 PC 组（$P<0.05$）。在 110~120d，各组摄入 N 无显著差异（$P>0.05$），PD-Met 组粪 N 和尿 N 均高于 PC、PD-Lys、PD-Thr 和 PD-Trp 组，且显著高于 PC 组（$P<0.05$），各处理组 N 沉积、N 沉积率、N 表观消化率和 N 表观生物学价值有类似规律，PD-Met 组极显著低于 PC、PD-Lys、PD-Thr 和 PD-Trp 组（$P<0.01$），其他各组间无显著差异（$P>0.05$）。

表 4 开食料部分氨基酸扣除对断奶湖羊羔羊氮代谢的影响

项目	组别					SEM	*P* 值
	PC	PD-Lys	PD-Met	PD-Thr	PD-Trp		
80~90d							
摄入 N（g · d^{-1}）	16.09	16.03	15.91	15.98	15.94	0.04	0.919
粪 N（g · d^{-1}）	3.49	3.79	4.11	4.02	3.89	0.10	0.1319

（续表）

项目	组别					SEM	*P* 值
	PC	PD-Lys	PD-Met	PD-Thr	PD-Trp		
尿 N（g·d⁻¹）	6.36[b]	7.19[a]	7.19[a]	6.49[ab]	6.50[ab]	0.12	0.0311
N 沉积量（g·d⁻¹）	6.12[a]	5.04[ab]	4.61[b]	5.47[ab]	5.55[ab]	0.17	0.0434
N 表观消化率（%）	78.13	76.34	75.12	74.82	75.60	0.62	0.1352
N 沉积率（%）	38.29[a]	31.48[b]	28.95[b]	34.21[ab]	34.84[ab]	1.06	0.0470
N 表观生物学价值（%）	48.99[a]	41.28[bc]	38.75[c]	45.66[abc]	46.03[ab]	1.18	0.0375
110~120d							
摄入 N（g·d⁻¹）	29.24	29.04	28.63	29.17	29.04	0.1	0.1085
粪 N（g·d⁻¹）	4.89[b]	5.59[ab]	6.45[a]	5.16[b]	4.50[b]	0.17	0.0105
尿 N（g·d⁻¹）	7.36[b]	8.21[a]	8.19[a]	7.49[ab]	7.5[ab]	0.12	0.0391
N 沉积量（g·d⁻¹）	16.99[a]	15.25[b]	13.99[c]	16.52[a]	16.15[ab]	0.27	0.0003
N 表观消化率（%）	83.27[a]	80.75[a]	77.46[b]	82.32[a]	82.56[a]	0.6	0.0053
N 沉积率（%）	58.11[a]	52.52[bc]	48.85[c]	56.65[ab]	56.40[ab]	0.89	0.0006
N 表观生物学价值（%）	69.78[a]	65.02[bc]	63.04[c]	68.78[a]	68.27[ab]	0.69	0.0019

2.3　单位代谢体重的氨基酸摄入量及相应的氮沉积量

表 5 列出了各处理组羔羊单位代谢体重（mg/kgW$^{0.75}$/d）的 AA 摄入量和相应的 N 沉积量（g/kgW$^{0.75}$/d），以及 4 个氨基酸扣除组相对应于 PC 组的比例。部分 AA 扣除组中 PD-Lys 组的 Lys 摄入量、PD-Met 组的 Met 摄入量、PD-Thr 组的 Thr 摄入量和 PD-Trp 组的 Trp 摄入量分别比 PC 组降低了 30.50%、30.38%、29.05% 和 20.38%，4 个氨基酸部分扣除组的 N 沉积也分别低于 PC 组 17.32%、23.62%、7.09%和 3.15%。在 AA 摄入量和氮沉积上，PC 组均高于氨基酸扣除组。

表 5　单位代谢体重的氨基酸摄入量及相应的 N 沉积量

处理组	NR（mg/kgW$^{0.75}$/d）	AAI（mg/kgW$^{0.75}$/d）				相当于对应的 PC				
							AAI			
		Lys	Met	Thr	Trp	NR	Lys	Met	Thr	Trp
80~90d										
PC	0.665	839	275	420	116	1.000	1.000	1.000	1.000	1.000
PD-Lys	0.549	596	279	426	118	0.827	0.695	0.997	0.996	0.987
PD-Met	0.497	865	201	433	119	0.747	0.980	0.696	0.981	0.981
PD-Thr	0.594	851	279	301	117	0.893	1.003	1.003	0.710	0.994
PD-Trp	0.600	843	276	421	80	0.903	0.973	0.973	0.974	0.690
110~120d										
PC	1.506	1 007	330	503	139	1.000	1.000	1.000	1.000	1.000
PD-Lys	1.356	716	336	513	141	0.900	0.695	0.997	0.996	0.987

（续表）

处理组	NR (mg/kgW$^{0.75}$/d)	AAI (mg/kgW$^{0.75}$/d)				相当于对应的 PC				
							AAI			
		Lys	Met	Thr	Trp	NR	Lys	Met	Thr	Trp
PD-Met	1.233	1 015	236	507	140	0.819	0.980	0.696	0.981	0.981
PD-Thr	1.473	1 032	338	365	142	0.978	1.003	1.003	0.710	0.994
PD-Trp	1.427	1 018	334	509	97	0.948	0.973	0.973	0.974	0.698

2.4 Lys、Met、Thr 和 Trp 平衡模式计算

表 6 中 S 表示为 PC 组中扣除 30%的 Lys、Met、Thr、Trp 后其氮沉积相对于 AA 摄入的斜率，其计算是在理想氨基酸模式下给予氨基酸等限制性时，基于斜率相等原理进行变换计算。P 表示另外某种氨基酸与 Lys 等限制性时，该氨基酸在 PC 中所占的比例。C 表示某一氨基酸与 Lys 等限制性的实际浓度。R 表示在某一氨基酸与 Lys 等限制性时，该氨基酸的实际浓度相对于 Lys 浓度之比例。如表 5 所示，本试验 80~90d Lys、Met、Thr、Trp 的斜率为 0.568、0.831、0.367 和 0.311，4 种氨基酸的平衡比例为 100：37：45：12，4 种氨基酸的限制性顺序为：Met>Lys>Thr>Trp；本试验 110~120d 4 种氨基酸的限制性斜率为 0.327、0.597、0.075 和 0.173，4 种氨基酸的平衡比例为 100：41：39：12，4 种氨基酸的限制性顺序为：Met>Lys>Trp>Thr。

表 6 Lys、Met、Thr 和 Trp 平衡模式计算

处理组	S	P	C	R	R * 100
80~90d					
PD1-Lys	0.568	1.000	839.000	1.000	100
PD1-Met	0.831	1.141	313.759	0.374	37
PD1-Thr	0.367	0.897	376.935	0.449	45
PD1-Trp	0.311	0.860	99.744	0.119	12
110~120d					
PD1-Lys	0.327	1.000	1007.000	1.000	100
PD1-Met	0.597	1.251	412.934	0.410	41
PD1-Thr	0.075	0.776	390.512	0.389	39
PD1-Trp	0.173	0.858	119.204	0.118	12

S=（1-NR）/（1-AAI）；P=[（1-NR）+S×AAI] /S；C=PC 组中的 AAI×P；R 所有氨基酸相对于 Lys 的比例。

2.5 开食料部分氨基酸扣除对断奶湖羊羔羊血清生化指标的影响

由表 7 可知，在 90d 各处理组血清 TP、ALB、GLB、UN、TG、TC、NEFA 和 AST 无显著差异（$P>0.05$），在 120d 各处理组血清 ALB、GLU、TC、NEFA、ALT 和 AST 含量均无显著差异（$P>0.05$）。在 120d PD-Met 组血清 TP 和 GLB 含量最低，且 PD-Met 和 PD-Lys 组血清 TP 含量显著低于 PC 组（$P<0.05$），但与 PD-Thr 和 PD-Trp 组差异不显著（$P>0.05$）。PD-Met 组血清 GLB 含量在 120d 时显著低于 PC（$P<0.05$），但与 PD-Lys、PD-Thr 和 PD-Trp 组差异不显著（$P>0.05$）。PD-Met 组血清 UN 显著高

于PC组，PD-Met组血清UN分别高于PD-Lys、PD-Thr和PD-Trp组16.41%、17.26%和15.05%。PD-Met组羔羊90d时血清GLU量显著高于PC组（$P<0.05$）。总胆固醇（TG）含量120d时PD-Trp和PC组显著低于PD-Thr组（$P<0.05$）。各组间游离脂肪酸（NEFA）含量无显著差异，但PD-Met组在90d时有高于PC组趋势，且分别比PD-Lys、PD-Thr和PD-Trp组高14.22%、11.51%和14.67%。PD-Lys、PD-Met和PD-Trp组90d ALT含量显著高于PC组（$P<0.05$），且高于PC组45.81%、61.89%和49.14%。

表7　开食料部分氨基酸扣除对断奶湖羊羔羊血清生化指标的影响

项目	组别					SEM	*P*值
	PC	PD-Lys	PD-Met	PD-Thr	PD-Trp		
90日龄							
总蛋白（g·L^{-1}）	54.77	50.93	50.32	52.28	51.30	1.13	0.7791
白蛋白（g·L^{-1}）	33.55	30.11	29.48	30.84	31.87	0.72	0.4275
球蛋白（g·L^{-1}）	21.21	21.45	20.21	21.44	19.43	0.72	0.8874
尿素氮（mmol·L^{-1}）	33.55	30.11	29.48	30.84	31.87	0.72	0.4275
葡萄糖（mmol·L^{-1}）	3.17^{b}	3.74^{ab}	4.40^{a}	3.98^{a}	3.88^{a}	0.12	0.0137
总胆固醇（mmol·L^{-1}）	1.06	1.30	1.07	1.12	1.12	0.05	0.6335
甘油三酯（mmol·L^{-1}）	0.20	0.20	0.25	0.24	0.25	0.01	0.5623
游离脂肪酸（umol·L^{-1}）	323.00	380.00	443.00	392.00	378.00	13.46	0.0563
谷丙转氨酶（U·L^{-1}）	20.39^{b}	29.73^{a}	33.01^{a}	24.31^{ab}	30.41^{a}	1.43	0.0244
谷草转氨酶（U·L^{-1}）	70.38	71.98	86.07	69.21	80.52	2.61	0.1734
120日龄							
总蛋白（g·L^{-1}）	64.86^{a}	60.93^{b}	60.28^{b}	63.30^{ab}	62.01^{ab}	0.50	0.0173
白蛋白（g·L^{-1}）	37.84	36.86	35.54	37.31	37.12	0.26	0.0616
球蛋白（g·L^{-1}）	27.02^{a}	24.74^{ab}	24.07^{b}	25.99^{ab}	24.89^{ab}	0.36	0.0302
尿素氮（mmol·L^{-1}）	9.36^{b}	9.83^{ab}	11.76^{a}	9.73^{ab}	9.99^{ab}	0.34	0.0232
葡萄糖（mmol·L^{-1}）	4.48	4.07	3.92	4.64	5.02	0.18	0.3177
总胆固醇（mmol·L^{-1}）	1.76^{a}	1.70^{ab}	1.74^{b}	2.01^{ab}	1.53^{a}	0.07	0.0163
甘油三酯（mmol·L^{-1}）	0.25^{b}	0.27^{b}	0.32^{a}	0.31^{a}	0.29^{ab}	0.01	0.4181
游离脂肪酸（umol·L^{-1}）	347.00	437.00	438.00	418.00	440.00	13.97	0.1870
谷丙转氨酶（U·L^{-1}）	10.86	10.55	11.63	11.38	11.04	0.34	0.8817
谷草转氨酶（U·L^{-1}）	99.84	98.35	86.88	102.93	89.47	2.92	0.3533

3　讨论

3.1　Lys、Met、Thr和Trp对羔羊生长性能的影响

氨基酸是机体蛋白质的基本组分及重要生物活性物质，动物饲粮中必需氨基酸不平衡会导致蛋白质利用效率下降，从而限制动物的生长[3]。本试验中60~120日龄30% Met扣除组断奶羔羊体重显著低于PC、PD-Lys、PD-Thr和PD-Trp组，且蛋氨酸扣除组体重比PC、PD-Lys、PD-Thr和PD-Trp组显著降低13.68%、8.90%、11.51%和12.07%，这与Kai L V等[15]报道饲粮中蛋氨酸含量会影响早期断奶藏羔羊生长性能的结果相一致。Tahawy A[16]等研究发现，没添加蛋氨酸组0~120d伊朗断奶羔羊体重和日增重都显著低于3.30g/kg蛋氨酸组。林厦菁等[17]研究表明，在饲粮中扣除20% Lys、Met、Thr、Trp和Ile对肉仔鸡饲料转化效率均无显著影响，但Met、Thr和Trp扣除组的日增重较对照组有降低趋势。同样，本试验

中除扣除 30%Met 组饲料转化效率显著低于 PC、扣除 Lys、Thr 和 Trp 组，其余几组间无显著影响。这说明 Lys、Met、Thr 和 Trp 扣除使得饲粮氨基酸不平衡，抑制了羔羊的生长发育。此阶段是羔羊断奶后生长发育由单胃动物消化转化为反刍动物消化重要阶段，氨基酸平衡对此阶段羔羊的生长影响较大，特别是 Met 对羔羊快速生长有较显著影响。

3.2 Lys、Met、Thr 和 Trp 对羔羊氮消化代谢的影响

氮消化代谢反映了饲粮蛋白质的沉积效率和氨基酸平衡状况，也与动物的生产性能密切相关。饲粮中添加平衡的氨基酸可以增强动物对蛋白质的消化吸收[18]。Nimrick K 等[19]研究发现，皱胃分别灌注赖氨酸、蛋氨酸和苏氨酸发现羯羊羔羊蛋氨酸缺乏组的氮沉积显著低于其余两组。同时，Li C [20]发现 4 月龄羔羊 Met 缺乏组相比氮沉积和氮表观生物学价值极显著低于 7. 04（g/AA/16gN）Met 组。本试验中羔羊通过部分扣除法发现在 60~90d Met 扣除组氮沉积量和氮表观生物学价值显著低于对照组，在 90~120d 时 Met 扣除组氮沉积量和氮表观生物学价值极显著高于 PC、Lys、Thr、Trp 扣除组。该阶段氮利用率与生长性能结果中得出的结论相吻合，即补充平衡的氨基酸可以提高饲粮转化效率，最终促进生长。本试验数据表明，说明当饲粮中的氨基酸达到平衡时，可以增强羔羊氮利用率。可能是此阶段羔羊消化道内相应的消化蛋白质酶类不足，对蛋白质的消化利用率较低，添加平衡的氨基酸可以被羔羊皱胃和小肠直接利用，进而提高此阶段羔羊氮沉积及生物学价值[21]。

3.3 部分氨基酸扣除对氮沉积影响和氨基酸平衡模式计算

在研究动物氨基酸平衡模型上氨基酸扣除法是最常用的方法，利用该方法不仅可以解决限制性氨基酸顺序的问题，还可以通过氮平衡进行限制性氨基酸平衡比例的计算[9]。Nimrick K[19]报道，通过析因法发现以 NR 为指标生长羔羊的限制性氨基酸顺序为 Met>Lys>Thr。本试验研究得到断奶羔羊四种氨基酸的限制性顺序均为 Met>Lys>Thr>Trp 和 Met>Lys>Trp>Thr，与 Nimrick K 结果一致。Kai L V[15]等通过氮平衡试验研究 50~75d 断奶藏羔羊 Lys：Met 为 3. 1（100：32）。这与本试验结果不一致，羔羊在 60~90d 和 90~120d 两阶段 Lys：Met 分别为 100：37 和 100：41，Lys 和 Met 需求比例较高于吕凯的研究结果。同时，Wang H[6]等通过十二指肠灌注晶体氨基酸发现 25~30kg 生长绵羊 Lys、Met+Cys、Thr 和 Trp 最适模型为 100：39：76：13。本试验研究表明，断奶羔羊在 60~90d 和 90~120d 以最大 NR 为衡量指标时羔羊 4 种氨基酸的模型分别为 100：37：45：12 和 10041：39：12。本试验羔羊在 60~90d 和 90~120d Met 和 Thr 比例发生变化可能是由于后期生长对 Met 需要量大于 Thr 需要量，也可能与 Met 为甲基供体，是生命氨基酸，在羔羊后期生长中变得越来越重要。本试验得出 Met 是第一必需氨基酸的结果与氮消化代谢结论相吻合，但在氨基酸模型上与 Wang 结果有不同，这可能由于研究方法、环境和不同阶段生理需要变化等有关，进而造成幼龄动物所需要的氨基酸模式也不尽相同。

3.4 Lys、Met、Thr 和 Trp 对羔羊血清生化指标的影响

动物的血清指标为评价机体物质代谢及健康状况起指导作用，而氨基酸摄入不足或吸收障碍最直接的表现就是血清 ALB 和 TP 含量降低。血清 ALB 具有维持血浆渗透压和提供机体蛋白质的功能。血清 GLB 反映机体免疫能力。郭俊刚[22]研究表明，饲粮中蛋氨酸扣除显著降低蓝狐血清中 TP 含量，ALB 和 GLB 含量也降低。但 Wang J[8]研究发现血清 TP、ALB 和 GLB 含量部分扣除 Lys 组均低于 PC 组。在本试验中，120 日龄 Lys 和 Met 扣除组羔羊血清 TP 含量比 PC 组显著降低 6. 06%和 7. 06%，且血清 ALB 含量 Met 组显著低于 PC 组。羔羊血清 TP、ALB 和 GLB 含量的降低，表明降低限制性氨基酸导致氨基酸失衡，进一步导致血清蛋白质代谢受阻，若补充 Met 并使其他必需氨基酸平衡可以替代饲粮蛋白质的利用，最终提高生长性能，这与郭俊刚研究结果是一致的，但在不同品种中结果却不大相同。

血清 UN 是动物机体氨基酸利用与氮平衡的敏感指标，可为评价断奶羔羊饲粮适宜氨基酸模型提供依

据[23]。当蛋白质利用率降低时，血清中尿素氮水平首先增加；体内氨基酸平衡状况良好时，血清中尿素氮水平下降[24]。王剑飞等[25]通过体外发酵和动物试验发现添加过瘤胃蛋氨酸组奶牛血清尿素氮含量比对照组降低了15.08%。此外，D'Mello F[26]研究认为氨基酸平衡良好时，血清尿素氮浓度越低，表明氮的利用率越高，机体蛋白质合成率较高。本试验发现羔羊120日龄阶段，血清UN浓度PD-Met组最高分别比PD-Lys、PD-Trp、PD-Thr和PC组高，PC、PD-Lys、PD-Trp、PD-Thr组的血清尿素氮浓度比PD-Met组分别降低20.46%、16.41%、17.26%和15.05%，这可能说明Met能够促进羔羊氮在体内中的代谢，在60~90d阶段内短期对氨基酸浓度的变化敏感度较低，在90~120日龄时动物胃中微生物利用氨基酸降解产生氨作用增强，以及氨基酸不平衡或过高造成多余的氨被吸收进入血液，并在肝脏中转化为尿素，进而引起血清UN含量升高。

在三大营养物质代谢中，氨基酸可以通过三羧酸循环，在转氨酶的作用下转变为机体所需的GLU等物质，氨基酸不足会造成血清中的GLU降低[27]。Preynat A等[28]研究表明，添加1.83%瘤胃保护Met血清GLU含量较对照组低49.15%。本试验发现羔羊60d时Met组血清GLU含量显著比PC、PD-Lys、PD-Thr和PD-Trp组高21.95%、28.64%、9.55%和11.82%。这与Preynat A研究结果一致，说明在幼龄动物蛋氨酸补充不充足，会破坏机体糖代谢的动态平衡，最终影响动物生长。TG是生物膜的重要成分，并参与脂类物质的消化吸收、合成肾上腺皮质激素、合成维生素D等作用，还参与体内的钙磷代谢，保证骨骼的正常发育。本试验120d时PD-Trp组TG显著低于PC组，可能是Trp通过脱氨基可以转变为TG的原因。NEFA是TC在体内分解利用的中间产物，NEFA的高低说明体内TC分解代谢的强弱，也为机体是否产生糖尿病病变提供依据。在本试验中各处理组羔羊在90d和120d血清NEFA和TC含量都无显著影响，但有下降趋势。说明蛋氨酸不足，导致甲基化过程受阻及维生素B_{12}吸收不全[28]，降低血清中甘油三酯和游离脂肪酸分解代谢，最终影响骨骼肌等蛋白质的合成和胃肠道氮的吸收代谢。

血清ALT和AST的活性能反映蛋白质合成和分解代谢情况。氨基酸不平衡，会增强氨基酸相互转化作用，使氮沉积下降，最终影响生长性能。Miller R A等[29]在老鼠中研究发现，Met扣除组中ALT和AST含量显著升高。同时，Huang J[30]发现随着蛋氨酸添加量降低，梅花鹿中血清ALT和AST含量显著高于平衡组。本试验发现Met和Trp扣除血清ALT含量较PC组显著升高，可能与Met等必需氨基酸残基和二硫键是ALT和AST活性中心的必需基团，同时ALT和AST活性能反映肝脏受损程度，并能间接反映机体生长发育情况。通过以上血清相关指标的结果，更进一步说明蛋氨酸可能是羔羊生长的重要氨基酸，添加适宜的氨基酸更有利于提高饲粮蛋白质的代谢利用状况，但有关氨基酸的代谢机理研究还有待进一步研究。

4　结论

（1）开食料部分扣除氨基酸显著降低羔羊生长性能，尤其扣除Met显著降低羔羊氮沉积、氮利用率和氮生物学价值。

（2）以最大NR为衡量指标时，60~90日龄和90~120日龄限制性氨基酸顺序分别为：Met>Lys>Thr>Trp和Met>Lys>Trp>Thr。获得最大NR 4种氨基酸的模型分别为100：37：45：12和100：41：39：12。

（3）部分扣除Lys、Met、Thr和Trp和氨基酸平衡组发现，Met扣除显著影响羔羊TP、GLB、UN、TG和ALT等血清生化指标。

参考文献（略）

原文发表于：畜牧兽医学报，2017（4），678-689

断奶时间对羔羊生长性能和器官发育及血清学指标的影响

柴建民[1]，王海超[1]，刁其玉[1]，祁敏丽[1]，郭 峰[12]，王海超[3]，张乃锋[1]

（1. 中国农业科学院饲料研究所/农业部饲料生物技术重点开放实验室，北京 100081；2. 新疆农业大学动物科学学院，乌鲁木齐 830052；3. 青岛胶南大村动物卫生与产品质量监督站，青岛 266400）

摘 要：【目的】本试验旨在研究不同断奶日龄对羔羊断奶后10d的生长、营养物质消化、器官发育和血清指标的影响，筛选羔羊最佳的早期断奶日龄。【方法】选取出生日龄、体重相近的湖羊羔羊72只，分成4组。三个试验组每组16只，分别于羔羊10、20、30日龄进行断奶饲喂代乳品（EW10组、EW20组、EW30组）；对照组24只（ER组），羔羊随母哺乳。试验组羔羊于断奶后10d内进行消化试验，并在断奶后10d时测定羔羊生长性能、器官发育情况和血清指标变化规律，并以对照组作相同处理作为对照。【结果】结果如下：1）断奶后10d时，EW10和EW30羔羊体重、日增重显著低于ER组（$P<0.05$），而EW20组羔羊体重、日增重与ER组差异不显著（$P>0.05$）。EW10和EW20组断奶后10d内羔羊开食料干物质采食量显著高于ER组（$P<0.05$），EW30与ER组差异不显著（$P>0.05$）。2）EW10组羔羊断奶后10d内干物质（DM）和有机物（OM）的消化率与ER组差异不显著（$P>0.05$），总能（GE）、氮（N）、粗脂肪（EE）、钙（Ca）和磷（P）的表观消化率显著低于ER组（$P<0.05$）。EW20组和EW30组羔羊断奶后10d内DM、OM、GE、N、EE、Ca和P的表观消化率显著低于ER组（$P<0.05$）。3）羔羊断奶后10d时EW10组瘤胃占羔羊体重比值显著高于ER组（$P<0.05$），EW20组和EW30组与ER组相比差异不显著，但均高于ER组。其余指标或组别均差异不显著（$P>0.05$）。4）早期断奶羔羊各血清指标在断奶当天与对照组差异不显著（$P>0.05$）。EW10组和EW30组羔羊断奶后10d血清中TP和ALB含量显著低于ER组（$P<0.05$），EW10组羔羊于断奶后10d血清中TNF-α显著高于ER组（$P<0.05$），EW10组和EW30组羔羊断奶后10d血清中CORT显著高于ER组（$P<0.05$）。【结论】羔羊20日龄断奶后10d时应激较小，此日龄断奶效果较佳。

关键词：羔羊；早期断奶日龄；代乳品；表观消化率；器官发育；血清指标

【研究意义】羔羊早期断奶能促进羔羊生长，有利于母羊多胎多产，降低培育成本，是规模化生产的关键技术之一[1]。但早期断奶时羔羊自身的消化系统和免疫系统尚未发育完全，加之与母羊隔离、日粮与饲喂方式的变化，其机体会产生一系列的心理和生理应激反应，导致羔羊断奶后采食量降低、消化不良、生长受阻等[2]，给养羊业带来较大的经济损失。断奶日龄是羔羊早期断奶技术成功与否的关键[3]，断奶过早，羔羊应激反应明显，生长发育缓慢，甚至受阻；断奶过晚，导致羔羊不喜吃代乳品和开食料，不利于母羊干奶。适宜的早期断奶日龄不仅可以避免上述缺点，还可以使羔羊很好地适应代乳料和开食料，刺激羔羊瘤胃发育，对于羔羊培育和后续育肥具有重要意义[4]。研究不同断奶日龄羔羊应激大小对于选择合适的断奶时间和增加养殖效益有着重要的意义[5,6]。【前人研究进展】近年来，科研工作者开展了许多羔羊早期断奶时间的研究，主要侧重于羔羊早期断奶最早时间、羔羊断奶后长期的生长发育情况及断奶后数小时内羔羊血清应激指标变化等方面。前人关于早期断奶的研究由于畜牧业发展水平不一致关于断奶日龄研究也不尽相同，利用固体饲料进行早期断奶的研究都集中于羔羊30日龄以后；利用代乳品研究早期断奶在30日龄前提前5~15d，国外断奶日龄提前至羔羊10日龄甚至1~2日龄。不同断奶日龄进行早期断奶，由于羔羊机体发育不同断奶应激的反应不同，Ekiz[7]等证明羔羊45日龄断奶，断奶后1d内血清皮质醇含量显著增加。Napolitano[8]等在羔羊2日龄利用代乳品早期断奶发现羔羊15日龄血清KLH无差异，早期断奶羔羊体增重显著低于随母哺乳羔羊，作者认为羔羊机体在15日龄后仍有持续的免疫应激反应发生。李佩健[9]试验证明羔羊在30日龄利用代乳品断奶比对照组羔羊较早刺激消化道发育，且后期补偿效果明显。【本研究切入点】目前关于不同早期断奶日龄最初阶段羔羊应激大小研究主要集中于羔羊生长速度与血清免疫应激方面，对断奶应激的系统研究报道较少。另一方面各研究的断奶日龄差异较大，不同日龄断奶后最初阶段应激大小差异较大，此阶段羔羊应激大小对羔羊断奶后较长一段时间内的生长发育有显著影响[10]。断奶应激造成羔羊持续的免疫应答和消化功能逐渐变化以适应新的饲喂方式和日粮，应激持续时间1~2周[11]。在断奶后10d时，羔羊基本适应新的生活方式，免疫应答即将或者基本结束，断奶应激对消化系统的影响仍然存在但机体已开始逐步修复。因此，立足于此关键时间点，开展关于羔羊营养物质消化、组织器官发育和血清生化免疫等指标变化的研究，探索早期断奶应激对羔羊机体各方面的综合影响，以确定最小断奶应激的最佳断奶日龄。【拟解决的关键问题】因此，本试验通过研究不同早期断奶日龄后10d内羔羊的生长、营养物质代谢、机体发育和血液生理等能够很好地衡量羔羊断奶应激的指标，阐明早期断奶后最初阶段羔羊机体的应激状况，为探究羔羊断奶应激产生机制提供理论依据，为羔羊早期断奶技术完善提供参考，获得羔羊早期断奶最佳时间。

1　材料与方法

1.1　试验设计与饲粮

试验采用单因素设计，以早期断奶日龄为试验因子，选用出生日龄、体重接近的湖羊羔羊72只［平均初生重（2.53±0.14）kg］，分成4组。试验组（EW10组、EW20组、EW30组）每4只1个重复，每个重复4只羔羊，分别于羔羊10、20、30日龄全喂代乳品进行早期断奶；对照组24只（ER组），分为6个重复，每个重复4只，羔羊随母哺乳。所有羔羊于15日龄开始补饲开食料。

母乳、代乳品和开食料营养成分见表1。

表1　母乳、代乳品、开食料的营养水平（干物质基础）*

项目	母乳	代乳品	开食料
干物质（%）	95.25	97.58	96.36
总能（MJ/kg）	26.08	19.65	17.39
粗蛋白（%）	24.71	24.80	19.58
粗脂肪（%）	45.27	15.43	3.77
粗灰分（%）	4.14	7.70	8.52
钙（%）	3.70	1.02	0.95
总磷（%）	0.72	0.66	0.70

注：营养水平均为实测值。

1.2　饲养管理

所有试验羔羊均打耳号，免疫程序按羊场正规程序进行。试验前对羊舍地面、四壁、羊栏等进行消毒。试验组羔羊采用逐渐断奶法，分别于羔羊7日龄、17日龄、27日龄开始饲喂代乳品，过渡至10、

20、30日龄完全饲喂代乳品断奶，试验过程中代乳品（北京精准动物营养研究中心提供）饲喂量为羔羊体重的2%，饲喂方式为人工奶瓶一天三次饲喂（7：00，13：00和19：00）[12]，代乳品用煮沸后冷却到50℃的热水按1∶5（m/V）比例冲泡成乳液，再冷却至（40±1）℃时饲喂；对照组羔羊随母哺乳。试验过程中自由采食开食料和饮水。

1.3 检测指标与方法

1.3.1 生长性能

所有羔羊均于晨饲前空腹称量体重（Body Weight，BW）。EW10组的羔羊于10、20日龄称量BW，EW20组的羔羊于20、30日龄称量BW，EW30组的羔羊于30、40日龄称量BW，对照组ER分别于10、20、30、40日龄称量BW，计算每阶段的羔羊日增重（Average Daily Gain，ADG）。记录每天羔羊的开食料投料量和剩料量，计算试验期内羔羊开食料干物质采食量（Starter Dry Matter Intake，SDMI）。

1.3.2 消化试验

试验过程中，试验组每组每个重复选取1只羔羊在断奶后10d内置于消化笼内进行消化试验，对照组分别于10~20、20~30和30~40日龄阶段进行消化试验作为对照。消化试验过程中，试验组羔羊正常饲喂，对照组羔羊在试验组羔羊饲喂代乳品时哺食母乳一次（10分钟），称量羔羊哺食母乳前后体重，计算母乳采食量。消化试验采用全收粪法，记录羔羊每日采食量和排粪量，测定母乳、代乳品和粪样中干物质（DM）、有机物（OM）、粗蛋白质（CP）、能量（GE）、粗脂肪（EE）、钙（Ca）、总磷（P）的含量，计算DM、OM、CP、GE、EE、Ca、P的表观消化率。

1.3.3 血清指标

称重前每组每个重复随机选取1只羔羊采血，使用一次性真空采血管颈静脉穿刺采血约10mL，静置15min至析出血清，3 000r/min离心15min，分离血清于1.5mL离心管，-20℃保存待测。

血清样品采用全自动生化分析仪（日立7600，日本）测定以下指标：总蛋白（TP）采用双缩脲法；白蛋白（ALB）采用溴甲酚绿法；葡萄糖（GLU）含量采用己糖激酶法；乳酸脱氢酶（LDH）采用LD-L法。采用Sn-69513型免疫计数器用放射免疫分析法测定肿瘤坏死因子-α（TNF-α）和皮质醇（CORT）含量，所用试剂盒购自南京建成生物工程研究所。

1.3.4 组织器官发育

EW10、EW20、EW30组分别于20、30、40日龄每组每个重复随机选取1只接近平均体重的羔羊，对照组于20、30、40日龄随机选取4只作为对照，所选当日16：00开始禁食、禁水16h，次日08：00屠宰前称重。试验羊经CO_2气体致晕后，颈静脉放血屠宰。

屠宰后分离各内脏器官、胃室和肠道，分别称量内脏器官、瘤胃、网胃、瓣胃、皱胃和小肠的重量。

1.4 数据统计分析

试验数据采用Excel 2010进行初步整理，应用SASS 9.2统计软件中的成组t检验过程进行数据分析，结果采用平均值±标准差的形式来表示。

2 结果与分析

2.1 羔羊生长性能的变化

不同早期断奶日龄羔羊体重的变化情况见表2。统计分析表明，各试验组羔羊早期断奶时体重与对照组差异不显著（$P>0.05$）。EW10组羔羊在20日龄体重显著低于ER组（$P<0.05$），EW20组羔羊30日龄时体重与对照组ER差异不显著（$P>0.05$），EW30组羔羊在40日龄体重显著低于ER组（$P<0.05$）。

表 2　不同早期断奶日龄羔羊体重的变化

项目	组别	日龄（d）			
		10	20	30	40
体重（kg）	EW10	4.35±0.68	4.87±0.73[a]		
	EW20		5.34±1.09[b]	6.14±1.09	
	EW30			6.04±1.00	7.17±1.02[a]
	ER	4.65±0.49	5.75±0.98[b]	6.56±0.91	8.68±1.21[b]

注：同列不同小写字母表示差异显著（$P<0.05$）。下表同

由表 3 可以看出，EW10 和 EW30 组羔羊早期断奶后 10d 内的日增重显著低于 ER 组（$P<0.05$），EW20 组日增重与 ER 组差异不显著（$P>0.05$）。

表 3　不同早期断奶日龄羔羊日增重的变化

项目	组别	日龄（d）		
		10～20	21～30	31～40
日增重/g	EW10	52.00±30.48[a]		
	EW20		80.00±108.20	
	EW30			113.70±46.52[a]
	ER	110.22±35.27[b]	81.30±42.74	212.50±40.32[b]

羔羊开食料干物质采食量变化如表 4 所示。EW10 和 EW20 组羔羊断奶后 10d 内开食料干物质采食量显著高于 ER 组（$P<0.05$），EW30 组断奶后 10d 内开食料干物质采食量低于 ER 组，但差异不显著（$P>0.05$）。

表 4　不同早期断奶日龄羔羊开食料干物质采食量的变化

项目	组别	日龄（d）		
		15～20	21～30	31～40
开食料干物质采食量/g	EW10	32.26±4.54[a]		
	EW20		51.61±11.27[a]	
	EW30			105.80±31.62
	ER	11.99±2.12[b]	32.69±6.85[b]	127.00±8.50

2.2　羔羊营养物质消化率的变化

由表 5 可以看出，早期断奶显著降低羔羊营养物质消化率。EW10 组羔羊断奶后 10d 内 DM 和 OM 的消化率与 ER 组差异不显著（$P>0.05$），GE、N、EE、Ca 和 P 的表观消化率显著低于 ER 组（$P<0.05$）。EW20 和 EW30 组羔羊断奶后 10d 内 DM、OM、GE、N、EE、Ca 和 P 的表观消化率显著低于 ER 组（$P<0.05$）。

表5 不同早期断奶日龄羔羊营养物质消化率的变化 (%)

日龄（d）	处理组	项目						
		干物质	有机物	总能	氮	粗脂肪	钙	磷
10~20	EW10	95.55±2.66	96.57±2.34	94.75±1.85[a]	92.66±1.73[a]	96.46±0.98[a]	85.16±3.58[a]	92.07±1.46[a]
	ER	97.71±1.94	98.10±1.61	98.44±1.34[b]	95.52±3.88[b]	99.51±0.44[b]	97.82±1.16[b]	96.95±2.56[b]
20~30	EW20	93.22±3.44[a]	94.77±2.93[a]	94.24±0.97[a]	88.52±4.36[a]	94.06±2.51[a]	80.13±1.50[a]	90.49±1.19[a]
	ER	95.85±3.71[b]	96.55±3.16[b]	98.07±1.57[b]	95.63±3.47[b]	99.02±0.68[b]	96.87±1.67[b]	97.19±2.27[b]
30~40	EW30	85.22±4.42[a]	85.59±5.49[a]	85.12±4.37[a]	84.61±3.43[a]	90.97±2.49[a]	65.00±4.25[a]	87.56±2.77[a]
	ER	91.88±2.46[b]	93.14±2.07[b]	94.69±1.44[b]	92.97±2.48[b]	98.78±0.23[b]	96.13±1.06[b]	93.91±0.35[b]

2.3 羔羊组织器官发育的变化

表6为不同早期断奶日龄羔羊断奶后10d时组织器官占活体重的比值。可知，EW10组瘤胃与羔羊体重比值显著高于ER组（$P<0.05$），EW10其他内脏器官和胃肠道、EW20和EW30体组织占羔羊体重的比值均无显著差异（$P>0.05$）。其中，EW20和EW30组瘤胃与羔羊体重比值较ER组有增大的趋势，早期断奶羔羊脾脏占羔羊体组织比值也有高于对照组羔羊的趋势。

表6 不同早期断奶日龄羔羊体组织比重的变化

日龄（d）	处理组	项目									
		心脏（%）	肺脏（%）	肝脏（%）	肾脏（%）	脾脏（%）	瘤胃（%）	网胃（%）	瓣胃（%）	皱胃（%）	小肠（%）
20	EW10	0.71±0.13	2.34±0.30	1.97±0.21	0.51±0.22	0.33±0.22	0.83±0.11[a]	0.20±0.07	0.13±0.04	0.73±0.10	2.51±0.59
	ER	0.64±0.04	2.38±0.23	1.99±0.23	0.56±0.05	0.23±0.05	0.50±0.13[b]	0.18±0.09	0.07±0.01	0.56±0.10	2.42±0.31
30	EW20	0.69±0.08	2.24±0.21	1.98±0.14	0.59±0.08	0.19±0.02	1.11±0.34	0.26±0.05	0.13±0.01	0.73±0.09	2.59±0.25
	ER	0.69±0.10	2.47±0.51	2.19±0.14	0.53±0.04	0.21±0.05	0.97±0.35	0.25±0.07	0.13±0.05	0.47±0.03	2.71±0.42
40	EW30	0.70±0.07	2.44±0.20	2.31±0.30	0.58±0.11	0.20±0.03	1.59±0.36	0.29±0.04	0.18±0.04	0.58±0.07	3.16±0.79
	ER	0.67±0.08	2.15±0.33	1.90±0.35	0.46±0.07	0.19±0.02	1.19±0.42	0.24±0.03	0.13±0.02	0.43±0.11	3.79±0.18

2.4 羔羊血清指标的变化

由表7可见，早期断奶羔羊各血清指标在断奶当天与对照组差异不显著（$P>0.05$）。断奶后10d时，EW10和EW30组羔羊断奶后10d血清中TP和ALB含量显著低于ER组（$P<0.05$），而EW20组与ER组差异不显著（$P>0.05$）；在GLU方面，早期断奶羔羊与对照组无显著差异（$P>0.05$）；早期断奶羔羊断奶后10d血清中LDH中含量虽与ER组差异不显著（$P>0.05$），但均高于ER组；EW10组羔羊于断奶后10d血清中TNF-α显著高于ER组（$P<0.05$），EW20组和EW30组羔羊与ER组差异不显著（$P>0.05$）；TNF-α试验组断奶后10d时显著高于ER组，其中EW10组达到显著水平（$P<0.05$）；EW10和EW30组羔羊断奶后10d血清中CORT显著高于ER组（$P<0.05$），EW20与ER组差异不显著（$P>0.05$），但数值高于 ER 组。

表 7　不同早期断奶日龄羔羊血清指标的变化

项目	处理组	日龄（d）			
		10	20	30	40
TP（g/L）	EW10	50.44±2.26	50.61±1.53[a]		
	EW20		53.20±3.67	46.54±4.67	
	EW30			44.39±1.08	44.79±3.26[a]
	ER	51.32±2.24	55.45±3.03[b]	43.19±3.34	52.22±0.55[b]
ALB（g/L）	EW10	32.82±1.33	26.54±1.31[a]		
	EW20		29.57±1.71	32.08±2.07	
	EW30			29.61±1.88	21.38±4.27[a]
	ER	32.05±0.85	31.73±1.65[b]	29.19±4.03	31.17±1.84[b]
GLU（mmol/L）	EW10	8.03±0.59	7.45±0.48		
	EW20		7.27±0.62	7.71±0.53	
	EW30			6.73±0.69	7.69±1.88
	ER	8.87±0.43	8.06±0.65	7.86±0.27	7.93±0.73
LDH（U/L）	EW10	464.10±73.77	290.60±65.26		
	EW20		298.80±57.58	273.00±51.37	
	EW30			213.40±14.66	279.20±64.73
	ER	502.50±19.71	281.50±15.74	226.59±6.23	253.40±47.83
TNF-α（ng/mL）	EW10	0.97±0.20	1.38±0.19[a]		
	EW20		1.00±0.17	1.13±0.15	
	EW30			0.92±0.23	1.21±0.24
	ER	1.17±0.19	0.80±0.19[b]	1.03±0.31	1.15±0.22
CORT（ug/dl）	EW10	5.24±0.20	5.11±0.63[a]		
	EW20		4.74±0.85	5.32±1.45	
	EW30			5.14±1.44	6.02±0.49[a]
	ER	4.72±0.98	4.39±0.23[b]	4.53±1.10	4.10±0.98[b]

3　讨论

3.1　羔羊生长性能的变化

在最初断奶阶段，由于与母羊隔离，饲粮、饲喂方式等方面变更产生一定的应激反应[13,14]，导致羔羊消化酶活性和采食量降低，影响羔羊的生长发育[9]。本试验结果表明，与对照组相比，EW10 和 EW30 组羔羊于断奶后 10d 时 BW 和 ADG 显著降低，但 EW20 组羔羊 BW 和 ADG 与对照组差异不显著；开食料干物质采食量 EW10 和 EW20 组显著高于 ER 组，EW30 组较 ER 组有所降低但差异不显著。Galina 等[15]

试验表明，早期断奶饲喂代乳品的羔羊日增重为153g，而同期哺乳羔羊日增重则为170g。李佩健[9]用代乳品进行早期断奶，15日龄断奶组羔羊断奶后15d时试验组羔羊体重显著低于对照组，30日龄断奶组羔羊断奶后15d时试验组体重与对照组差异不显著，但较对照组稍低。王桂秋[16]用代乳品于羔羊7、17、27日龄进行早期断奶，结果发现断奶后10d试验组羔羊体重虽然与对照组差异不显著，但数值上试验组羔羊体重略低于对照组。Knights等[17]研究表明羔羊早期断奶后相对随母哺乳羔羊有较低的日增重和体重，其原因可能是断奶后饲粮营养物质消化率降低。岳喜新[18]、Napolitano[10]等试验证明饲喂代乳品早期断奶的羔羊开食料采食量较随母哺乳羔羊高。综合羔羊体重、日增重和开食料干物质采食考虑，羔羊于10日龄进行早期断奶可能是由于母乳中免疫因子摄入相对不足，从而导致体重和日增重降低，虽然采食开食料增加，但这个阶段羔羊主要是从代乳品中获取营养；20日龄断奶时瘤胃正好开始发育，早期断奶饲喂代乳品中含有一定的植物蛋白，再加上15日龄开始补饲开食料，刺激了瘤胃发育。同时，可以观察到对照组20~30日龄日增重降低，增长速度缓慢，王桂秋[16]和梁铁刚[19]试验证明羔羊于20~30日龄日增重下降。表明该阶段母乳逐渐不能满足羔羊需要，羔羊主要营养物质获取来源从母乳开始向开食料转变，但此时羔羊还不能有效地利用开食料，因此开食料采食相对较少[20]。对照组羔羊30~40日龄已经可以初步消化利用开食料，而EW30组受断奶应激的影响，开食料有所降低，从而导致体重和日增重较对照组低。因此，早期断奶最初10d内羔羊体重、日增重均有所降低，提高开食料采食量[21]，但受到日龄、母乳分泌规律、开食料影响。

3.2 羔羊营养物质消化的变化

不同日龄羔羊消化道发育程度不同，初生至3周龄为无反刍阶段，3~8周龄为过渡阶段[4]，因此羔羊断奶应激对营养物质消化有很大影响。本试验结果表明，羔羊早期断奶后10d内营养物质消化率显著低于对照组。Montagne等[22]认为植物性蛋白质饲喂犊牛常常表现较低的表观消化率，本试验饲喂含植物蛋白的代乳品所得结果与之相一致。Tomkins等[23]证明饲喂大豆蛋白的犊牛在新生两周龄内，比饲喂全乳蛋白代乳品日粮的犊牛平均日增重和饲料转化率分别降低。可能是由于断奶过程中饲粮由母乳换为含植物蛋白代乳品造成羔羊应激[24]，早期断奶时羔羊胃肠道发育不完善特别是瘤胃未发育或正在发育，各种消化酶活性低且分泌不足，会造成一定程度的羔羊胃肠道黏膜损伤，造成一定的断奶应激，降低营养物质消化率。同时，也可以观察到早期断奶羔羊营养物质消化率虽显著低于对照组，但数值上相差不大。造成此现象的原因可能是试验组羔羊断奶10d内，主要以代乳品为营养物质来源，而本试验代乳品为配方代乳品，主要原料为大豆蛋白粉、乳清粉、矿物质、维生素以及氨基酸复合添加剂等，在加工工艺方面，大豆经加热、干燥、喷雾等处理，去除了抗营养因子等，减轻了羔羊采食后造成肠绒毛萎缩和隐窝增生等[25-27]。与Bartlett等[28]证明适宜的代乳品可以改善羔羊营养物质消化率相类似，表明营养价值高的代乳品营养物质消化率可以接近母乳的消化率，使羔羊有相对小的断奶应激。另外，观察营养物质消化结果可知，断奶后10d内，随着断奶日龄的增加，营养物质消化率逐渐降低。前人研究结果表明：随着羔羊日龄的增长，体重增加，羔羊干物质的采食量相应增加，羔羊对干物质的消化率也呈现递增趋势[16]。本试验与前人结果不同是由于试验组羔羊分别于10d、20d和30d进行早期断奶，显著影响了羔羊营养物质消化率，且随着日龄的增加，断奶应激对营养物质的消化率影响越大。

3.3 羔羊组织器官发育的影响

羔羊内脏器官的发育情况直接反映羔羊机体的发育情况，胃肠道的重量与羔羊消化机能有着一定的相关[18,29]。本研究发现，不同早期断奶日龄下内脏器官占羔羊活体重比值与对照组差异不显著；早期断奶羔羊瘤胃占体重的比例高于对照组，其中EW10组与ER组达到显著水平，其他胃室和小肠占体重的比例与对照组差异不显著。本试验中早期断奶羔羊特别是EW10组瘤胃占体重的比例高于对照组羔羊，可能是由于早期断奶羔羊饲喂代乳品中含有植物蛋白，促进开食料采食，刺激了瘤胃发育，同时羔羊瘤胃处于快速发育阶段，因此效果明显，与早期断奶后 EW10 和 EW20 组羔羊开食料干物质采食量显著增加的结果相对应。Kosgey[30]等试验证明，早期断奶饲喂代乳品可以促进瘤胃功能发育。Lindemann 等[31]报道，随着年龄增加和断奶后采食固体饲料等因素仔猪胃黏膜的生长速度超过体重的增重速度。岳喜新[18]研究结果表明羔羊饲喂代乳品瘤胃重量显著增加，促进瘤胃发育。肝脏与消化器官的发育有着显著的相关，Ortigues[32]等认为肝脏代谢活性的增加受到肝脏中代谢底物含量及类型改变的影响，例如葡萄糖、脂肪酸及短链脂肪酸吸收量，这随瘤胃发育的结果而改变，本试验中肝脏相对重量差异不显著但早期断奶羔羊有大于对照组的趋势，与瘤胃占羔羊体重比值变化规律相似，可能是由于饲喂植物性蛋白源代乳品断奶导致羔羊瘤胃发酵类型发生改变[33]，进而对肝脏重量有一定的影响，同时也可能断奶后营养物质消化率降低，肝脏尽可能地发育提供更多的消化酶用来补偿断奶应激和在幼龄时肝脏占体重的比例较高导致的，具体肝脏发育机制及受早期断奶影响作用需进一步研究。脾脏做为羔羊的主要免疫器官，脾脏占活体重的比例即脾脏指数能够反映脾脏的发育程度及功能，其指数的大小，从一定程度上可以说明其功能的强弱[18]。本试验中虽然早期断奶组羔羊脾脏指数与对照组差异不显著，但均大于对照组，表明不同早期断奶日龄下羔羊均有一定的应激。

3.4　羔羊血清指标的变化

血清 ALB 和 GLOB 组成 TP，蛋白质摄入不足或吸收障碍可引起血清 ALB 数量的降低；TP 含量高，有利于提高代谢水平和免疫力，促进动物健康快速生长。本试验中，早期断奶羔羊 EW10 和 EW30 组在断奶后 10d 血清中 TP 和 ALB 均低于对照组，表明 EW10 和 EW30 组羔羊早期断奶饲喂代乳品可引起羔羊胃肠道消化机能不适，羔羊对蛋白质的利用率有所降低，导致血清中 TP 和 ALB 含量降低，而 EW20 羔羊已经适应代乳粉，其血清蛋白含量也趋于稳定，此结果与羔羊生长性能相对应。Werner[34]等试验表明在犊牛断奶或运输的应激状态下，血清 TP 含量显著降低。

GLU 是动物机体能量平衡的重要指标，它的相对恒定对维持机体的正常生理功能有重要意义。GLU 的提高可增强肾上腺皮质激素和胰高血糖素功能，抵御寒冷和应激等不良因素的影响。本研究中，早期断奶日龄对羔羊血清中 GLU 无显著影响，但对照组数值较试验组略高。Ren[35]等试验证明羔羊 7d 断奶饲喂不同日粮，在 21 日龄各组血清葡萄糖无影响，表明血清葡萄糖不受营养物质消化率的影响，与本试验结果类似。

研究认为血清中 LDH 酶活性可作为判断应激状态的指标[36]，当畜禽受到应激时，易造成血清中该酶的含量和活力会升高，Fuente[37]等试验结果表明羔羊在断距离运输应激状态下，血清中 LDH 含量显著增加，但在长距离运输情况下血清中 LDH 含量有所下降。本试验中早期断奶羔羊 LDH 含量均于断奶后 10d 时高于对照组，但是差异不显著，可能是在断奶后 10d 应激逐渐减小，血清中 LDH 开始逐渐下降。

应激能改变免疫细胞的功能，持续改变细胞因子的产生[38-40]。细胞因子 TNF-α 在细胞免疫、炎症反应和肿瘤免疫等生理和病理过程中发挥关键作用。断奶后最初结果羔羊自身产生的主动免疫抗体水平和细胞免疫能力较低，抗病力减弱，容易导致“免疫应激”，降低营养物质的利用效率，使血清中 TNF-α 含量升高[41]。本试验中，早期断奶羔羊血清中 TNF-α 含量高于对照组，其中 EW10 组羔羊断奶后 10d 时 TNF-α 显著高于 ER 组。结合羔羊生长性能、营养物质消化和血清蛋白含量的变化，表明早期断奶羔羊断奶后 10d 时仍有一定的应激，其中 EW10 组断奶应激较大。另外，发现对照组羔羊在 20 日龄血清中 TNF-α 含量略低，有可能是此指标随日龄变化而变化，徐奇友[42]等研究表明仔猪血清 TNF 含量 1~7 日龄逐渐降低，14 日龄开始上升，本试验中此指标异常，具体原因有待研究。

CORT 是调节免疫反应的重要物质，其含量上升是应激反应的重要标志[43]，对机体抵抗有害刺激起着极为重要的作用，但过多的 CORT 会降低基础代谢，阻碍生长[44]。本研究中，EW10 和 EW30 组羔羊血清中 CORT 含量显著高于 ER 组，EW20 组的 CORT 含量在数值上也高于 ER 组，表明羔羊断奶后 10d 仍有一定的断奶应激存在，其中 EW20 组羔羊应激最小。Sevi[45]等研究证明羔羊在 2 日龄早期断奶后 10d 时血清中 CORT 比随母哺乳羔羊显著升高。Napolitano[46]等试验证明羔羊早期断奶后 4d 时血清中 CORT 也比对照组显著增加。另外，由于 CORT 的含量受到 HPA 轴的调节[47]，本试验中 TNF-α 升高也可能是导致 CORT 含量升高的原因之一。综合生长性能、营养物质利用和其余血清指标，可以得到以下结论。

4 结论

（1）早期断奶羔羊均产生应激反应，断奶应激对羔羊断奶后 10d 的生长性能和代谢机能产生不利影响。

（2）早期断奶饲喂代乳品有利于促进羔羊瘤胃发育。

（3）适宜的断奶时间（20 日龄）能够缓解断奶应激，促进羔羊采食开食料，使羔羊体重和生长速度与随母哺乳羔羊一致。

参考文献（略）

原文发表于：中国农业科学，2015（24），4979-4988

早期断奶时间对湖羊羔羊组织器官发育、屠宰性能和肉品质的影响

柴建民，刁其玉，屠　焰，王海超，张乃锋*

（中国农业科学院饲料研究所/农业部饲料生物技术重点实验室，北京　100081）

摘　要：本试验旨在研究不同早期断奶时间对湖羊羔羊的屠宰性能、组织器官发育和肉品质指标的影响，以确定羔羊早期断奶的最佳时间。采用单因素试验设计，选取初生重为（2.5±0.2）kg的新生湖羊羔羊48只，随机分为4个组，每组12只。ER组为对照组，随母哺乳至60日龄；试验组EW10、EW20、EW30分别于10d、20d、30d断母乳饲喂代乳品至60日龄。60~90日龄，各处理羔羊饲喂开食料育肥。90日龄每组随机选取4只屠宰，测定其屠宰性能、组织器官鲜重和羊肉品质。结果表明：试验组湖羊羔羊90日龄体重、净增重、全期平均日增重和开食料采食量显著高于对照组（$P<0.05$），EW10、EW20、EW30三组间差异不显著（$P>0.05$）；部分屠宰指标与生长性能有相同的变化规律，宰前活重、胴体重和空体重显著高于对照组（$P<0.05$），EW10、EW20、EW30三组间差异不显著（$P>0.05$），但屠宰率、眼肌面积和GR值无显著差异（$P>0.05$）；试验组羔羊蹄重显著高于对照组（$P<0.05$），头、皮+毛重量四个组间无显著差异（$P>0.05$）但试验组有高于对照组趋势；肾脏EW30组显著低于其他组（$P<0.05$），EW10、EW20、ER组间差异不显著（$P>0.05$），其余组织器官四个组间差异不显著（$P>0.05$）；试验组瘤胃重量和比例显著高于对照组（$P<0.05$），且以EW10组重量最大，其余胃室、小肠和大肠四个组间差异不显著（$P>0.05$）；肉品质方面，滴水损失、失水力和臀肌肉色L、a、b四个组均无显著差异（$P>0.05$），但背最长肌的L、b值试验组显著高于对照组（$P<0.05$），a值差异不显著（$P>0.05$）。由此可见，早期断奶促进湖羊羔羊生长发育特别是后期生长发育，在10日龄进行早期断奶最有利于湖羊羔羊生长、组织器官发育和产肉。

关键词：羔羊；早期断奶时间；屠宰性能；器官发育；肉品质

我国养羊业正处于重要的战略转型期，其重要特点之一就是羊肉生产由成年羊肉转向羔羊肉，羔羊育肥在养羊生产中占有越来越重要的地位[1,2]。而目前我国羔羊饲养多采用随母哺乳、3~4月龄断奶的传统养羊法[3]，已经不能满足当前的市场需求。早期断奶技术有缩短繁殖间隔和促进羔羊生长发育等优点[4]，成为加快生产优质羔羊肉的有效手段[5]。同时，早期断奶作为一种饲养模式对羔羊屠宰性能和肉品质有一定的影响[6]。断奶时间是羔羊早期断奶技术成功与否的关键[7]。国内外学者对早期断奶时间进行了大量的研究，但各研究关于羔羊早期断奶时间的报道差异很大，各国的断奶时间由集约化水平和消费习惯决定[8]。我国羔羊早期断奶的研究处于起步阶段，主要集中在代乳品营养及羔羊生长方面的研究，对早期断奶最佳时间、早期断奶羔羊后期的机体发育和肉品质研究甚少。湖羊是我国一级保护地方绵羊品种，具有繁殖力强、宜舍饲、早期生长发育快、产肉性能和肉质较好等优良特性，受到国内外养羊业的关注[9]，

基金项目：公益性行业（农业）科研专项“南方地区幼龄草食畜禽饲养技术研究（201303143-01）”项目

作者简介：柴建民（1988—　），男，河北邯郸人，硕士研究生，从事反刍动物营养研究，E-mail：chaijianmin2012@163.com

* 通讯作者：张乃锋，副研究员，硕士生导师，E-mail：zhangnaifeng@caas.cn

对我国肉羊产业的发展起着至关重要的作用。关于湖羊羔羊的早期断奶研究及其生长发育规律还未见报道。研究早期断奶时间对湖羊羔羊屠宰性能、组织器官发育和肉品质的变化。将为湖羊羔羊早期断奶标准的制定提供理论依据，为湖羊规模化、标准化养殖提供技术参数和生产指导。

1 材料与方法

1.1 试验时间和地点

试验于 2013 年 10 月至 2013 年 12 月在江苏省姜堰区海伦羊业有限公司进行，历时 90d。

1.2 试验设计

本试验采用单因素设计，选取发育正常、初生重相近的湖羊羔羊 48 只（公母各半）随机分为 4 个处理，每处理 3 个重复，每重复 4 只。4 个处理分别设对照组（ER）和 3 个试验组（EW10、EW20、EW30），EW10 组羔羊于 10 日龄全喂代乳品，EW20 组于 20 日龄全喂代乳品，EW30 组羔羊于 30 日龄全喂代乳品，ER 组随母哺乳，4 个组均于 60 日龄停止饲喂液体饲料（试验组停止饲喂代乳品、对照组停止饲喂母乳），于羔羊 90 日龄屠宰，测定其屠宰性能与肉品质。

1.3 饲养管理

羊舍为半开放式暖棚，通风良好。所有试验羔羊均打耳号，免疫程序按羊场正规程序进行。试验前用强力消毒灵溶液对羊舍的地面、四壁、羊栏等喷洒消毒。每个重复 1 个栏位饲养，每个栏位隔半月消毒一次（2%火碱、0.5% 聚维酮碘、0.2%氯异氰脲酸钠，轮流使用）。试验羔羊均于 15 日龄开始训练采食相同的开食料，自由采食和饮水。羔羊在 10~50 日龄、50~60 日龄时代乳品适宜饲喂量分别为体重的 2.0%、1.5%为参考[10]。在试验过程中，根据羔羊的采食和健康情况调整代乳品的喂量。试验组羔羊用 3d 时间逐步从母乳换成代乳品饲喂，过渡期每日增加代乳品饲喂量 1/3。30 日龄前，每日饲喂 3 次(07：00、13：00 和 19：00)，30~60 日龄每日饲喂 2 次（08：00 和 18：00）。代乳品用煮沸后冷却到 50℃的热水按 1：5 比例冲泡成乳液，再冷却至（40±1）℃时饲喂。每次饲喂后及时用干净毛巾将羔羊嘴边的乳液擦拭干净。并将饲喂器具清洗干净，并每天进行消毒（0.1%高锰酸钾或 0.3%氯异氰脲酸钠，轮流使用）。

代乳品和开食料营养成分见表 1。

表 1 开食料、代乳品的营养水平（风干基础） * （%）

项目	开食料	代乳品
干物质	87.81	94.03
消化能（MJ/kg）	24.40	15.45
粗蛋白质	16.17	21.73
粗脂肪	2.58	13.95
粗灰分	7.30	7.37
钙	0.88	1.14
总磷	0.57	0.54

注：1）营养水平均为实测值。

2）由于配方涉及专利内容，未公开。

1.4　测定指标及方法

1.4.1　生长性能指标

记录羔羊初生重、90 日龄重。每天记录每个栏位羔羊的投料量和剩料量。

1.4.2　屠宰性能和器官指数测定

于羔羊 90 日龄时每处理选取健康、体重接近平均体重的 1 个重复的羔羊（4 只，公母各半），共 16 只羔羊。当日 16：00 称重，禁食、禁水 16h，次日 08：00 屠宰前再次称重。试验羊经 CO_2气体致晕后，颈静脉放血屠宰。

屠宰前秤取所有羔羊宰前活重（Slaughter Body Weight，SBW）。去头、蹄、内脏，剥皮后称出胴体重、头重、蹄重、皮重及内脏各器官重量。消化道清除内容物并冲洗干净后，分别称取瘤胃、网胃、瓣胃、皱胃、小肠、大肠重量，进行记录。

用硫酸纸描绘倒数第 1 与第 2 肋骨之间脊椎上眼肌（背最长肌）的轮廓，待测眼肌面积（江苏省无锡测绘仪器厂生产的 CS-1 型求积仪）；用游标卡尺测量在第 12 与第 13 肋骨之间，距离背脊中线 11cm 处的组织厚度即 GR 值。

主要指标计算公式如下：

空体重（Empty Body Weight，EBW）= 宰前活重- 胃肠道内容物重量

胴体重= 宰前活重-头、蹄、皮、尾、生殖器官及周围脂肪、内脏（保留肾脏和周围脂肪）的重量

屠宰率（%）= 100×胴体重/宰前活重

1.4.3　肉品质指标

现场采用柯尼卡美能达 CR-10 色差计测定背最长肌和臀肌的 L（亮值）、a（红值）和 b（蓝值），每个样品测定 3 次后取平均值作为最终结果。

滴水损失率测定：屠宰后取羔羊背最长肌 2 块，长×宽×厚分别为 5cm×3cm×2cm，分别悬挂于一次性纸杯中密封且肉样不与杯壁接触，置于 4℃的冰箱中 24h 后取出用吸水纸吸干表面水分并称重，计算滴水损失[11]。

滴水损失率（%）=（初样重-末样重）/初样重×100

失水力测定：截取第一腰椎以后背最长肌 5cm 肉样一段，平置在洁净的橡皮片上，用直径为 2.532cm 的圆形取样器（面积约 $5cm^2$），切取中心部分厚度约为 1cm 眼肌样品一块，立即用感量为 0.001g 的天平称重，然后放置于铺有多层吸水性好的定性中速滤纸，以水分不透出，全部吸净为准，一般为 18 层定性中速滤纸的压力计平台上，肉样上方覆盖 18 层定性滤纸，上、下各加一块书写用的塑料板加压至 35kg，保持 5min，撤除压力后，立即称取肉样重量，计算失水率[12]。

失水率（%）=（肉样压前重量-肉样压后重量）/肉样压前重量×100

1.5　数据处理

试验数据采用 Excel 2007 进行整理，采用 SASS 9.1 统计软件的 ANOVA 过程进行单因素方差分析，差异显著则用 Duncan 氏法进行多重比较。$P<0.05$ 作为差异显著的判断标准。

2　结果

按试验设计进行，试验进展顺利，早期断奶和调整代乳品饲喂量过程中羔羊平稳过渡，未出现严重腹泻、发病、死亡等现象。

2.1　早期断奶时间对湖羊羔羊生长性能的影响

由表 2 可以看出 4 个组羔羊初生重差异不显著（$P>0.05$），符合随机分组的原则。90 日龄体重组间

差异显著（$P<0.05$），其中 EW10、EW20、EW30 分别比 ER 组提高了 19.79%（$P<0.05$）、15.95%（$P<0.05$）和 8.87%（$P<0.05$），EW10、EW20、EW30 组三组间差异不显著（$P>0.05$）。净增重与平均日增重 EW10、EW20、EW30 组显著高于 ER 组（$P<0.05$），EW10、EW20、EW30 三组之间差异不显著（$P>0.05$）。开食料采食量方面，15～60 日龄开食料采食量 EW10 组显著高于 EW20、EW30 和 ER 组（$P<0.05$），EW20 组显著高于 EW30 和 ER 组（$P<0.05$），EW30 和 ER 组之间差异不显著（$P>0.05$）；60～90 开食料采食量 EW10 组显著高于 EW20、EW30 和 ER 组（$P<0.05$），EW20、EW30 两组间差异不显著（$P>0.05$），但 EW20 和 EW30 显著高于 ER 组（$P<0.05$）；全期开食料采食量 EW10、EW20、EW30 组显著高于 ER 组（$P<0.05$），其中 EW10 显著高于 EW20 和 EW30（$P<0.05$）。

表 2　早期断奶时间对湖羊羔羊生长性能的影响

项目	组别				SEM	P 值
	EW10	EW20 B	EW30	ER		
始重（kg）	2.59	2.52	2.51	2.48	0.14	0.2609
60 日龄重（kg）	13.80	13.38	13.08	13.04	2.12	0.8062
末重（kg）	22.15^{a}	21.44^{a}	20.13^{a}	18.49^{b}	3.09	0.0314
净增重（kg）	19.56^{a}	18.92^{a}	17.62^{a}	16.01^{b}	3.08	0.0330
平均日增重（g/d）	217.33^{a}	210.22^{a}	195.78^{a}	177.89^{b}	34.19	0.0330
15～60 日龄开食料采食量	333.40^{a}	239.21^{b}	202.12^{c}	200.81^{c}	17.69	<.0001
60～90 日龄开食料采食量	1035.86^{a}	875.90^{b}	934.89^{b}	808.57^{c}	49.64	<.0001
全期开食料采食量（g/lamb/d）	604.19^{a}	85.49^{b}	486.55^{b} 4	436.27^{c}	26.17	<.0001

注：同行数据肩标不同小写字母表示差异显著（$P<0.05$）。下表同

2.2　早期断奶时间对湖羊羔羊屠宰性能的影响

由表 3 可知，宰前活重、空体重和胴体重呈现相同的变化规律，即 EW10、EW20、EW30 组显著高于 ER 组（$P<0.05$），EW10、EW20、EW30 组三之间差异不显著（$P>0.05$）。屠宰率、眼肌面积和 GR 值三个指标组间差异不显著（$P>0.05$）。

表 3　早期断奶时间对羔羊屠宰性能的影响

项目	组别				SEM	P 值
	EW10	EW20 B	EW30	ER		
宰前活重（kg）	22.85^{a}	20.31^{a}	20.72^{a}	17.19^{b}	1.634	0.0031
空体重（kg）	18.14^{a}	16.26^{a}	16.83^{a}	13.73^{b}	1.35	0.0042
胴体重（kg）	10.97^{a}	9.81^{a}	10.15^{a}	8.35^{b}	0.80	0.0042
屠宰率（%）	48.01	48.30	48.99	48.57	2.34	0.9627
眼肌面积（cm^2）	20.00	20.38	17.25	16.38	3.75	0.3782
GR 值（mm）	1.60	1.51	1.48	1.15	0.37	0.3834

2.3　早期断奶时间对湖羊羔羊组织和内脏器官重量和发育的影响

由表 4 可知，头、皮+毛各组之间差异不显著（$P>0.05$），但试验组湖羊羔羊头、皮+毛重量均有大于对照组的趋势（$P<0.1$）；蹄重差异显著（$P<0.05$），ER 组最低。头、蹄、皮+毛占宰前活重的比例差

异不显著（$P>0.05$）。

表 4　早期断奶时间对湖羊羔羊组织器官发育的影响

组织（organs）	项目	组别				SEM	P 值
		EW10	EW20	EW30	ER		
头	重量/g	1 206.15	1 107.60	1 133.55	1 001.18	96.29	0.0667
	占宰前活重比例（%）	5.28	5.45	5.47	5.82	0.38	0.2527
蹄	重量/g	644.88[a]	604.25[a]	577.55[a]	505.90[b]	41.16	0.0033
	占宰前活重比例（%）	2.82	2.98	2.79	2.94	0.13	0.5829
皮+毛	重量/g	2 480.50	2 443.10	2 414.90	1 885.60	322.39	0.0699
	占宰前活重比例（%）	10.86	12.03	11.65	10.97	1.11	0.3738

早期断奶时间对湖羊羔羊内脏器官的影响见表 5，除肾脏外早期断奶处理组 EW10、EW20、EW30 其余内脏器官的重量均大于随母哺乳 ER 组，但各处理组间差异不显著（$P>0.05$）。EW10 、EW30 组心脏占宰前活重比例显著低于 EW20、ER 组（$P<0.05$），EW10 和 EW30、EW20 和 ER 组间差异不显著（$P>0.05$）。EW20、EW30、ER 组肺脏占宰前活重比例显著高于 EW10 组（$P<0.05$），EW20、EW30、ER 组间差异不显著（$P>0.05$）。肝脏、肾脏、脾脏的重量和占宰前活重比例各组间差异不显著（$P>0.05$）。

表 5　早期断奶时间对湖羊羔羊内脏器官发育的影响

器官	项目	组别				SEM	P 值
		EW10	EW20	EW30	ER		
头	重量/g	96.53	124.23	97.17	93.08	21.66	0.2142
	占宰前活重比例（%）	0.42[b]	0.61[a]	0.47[b]	0.54[a]	0.09	0.0428
肝脏	重量/g	566.30	496.08	500.93	415.45	74.26	0.0876
	占宰前活重比例（%）	2.48	2.44	2.42	2.42	0.24	0.9801
肺脏	重量/g	359.03	371.18	367.10	307.38	40.59	0.1495
	占宰前活重比例（%）	1.57[a]	1.83[b]	1.77[b]	1.79[b]	0.23	0.0058
肾脏	重量/g	94.35[a]	81.65[a]	68.88[b]	78.53[a]	7.99	0.0059
	占宰前活重比例（%）	0.41	0.40	0.33	0.45	0.03	0.3654
脾脏	重量/g	31.55	32.65	36.35	27.78	10.74	0.7340
	占宰前活重比例（%）	0.14	0.16	0.18	0.16	0.06	0.3056

2.4　早期断奶时间对湖羊羔羊胃肠道发育的影响

由表 6 可知，EW10、EW20、EW30 组湖羊羔羊瘤胃重分别为 593.13g、593.38g、579.08g，显著高于随母哺乳 ER 组的 428.98g（$P<0.05$），瘤胃占复胃总重比例 EW20、EW30 组显著高于 EW10、ER 组（$P<0.05$），瘤胃占宰前活重比例虽然差异不显著，但有 EW20、EW30 组高于 EW10、ER 组的趋势，表明早期断奶饲喂代乳品能促进羔羊瘤胃发育。网胃、瓣胃重量各组间差异不显著（$P>0.05$），占复胃总重比例和占宰前活重比例差异不显著（$P>0.05$）。EW10 组皱胃重量显著高于 ER 组（$P<0.05$），但占复胃总重比例和占宰前活重比例差异不显著（$P>0.05$）。全胃重量是 EW10、EW20、EW30 组显著高于对照组（$P<0.05$），全胃

占宰前活重比例差异不显著（$P>0.05$）。小肠和大肠的重量和占宰前活重比例差异不显著（$P>0.05$）。

表 6　断奶时间对湖羊羔羊胃肠道发育的影响

stomach and intestine	项目	组别				SEM	*P* 值
		EW10	EW20	EW30	ER		
瘤胃	重量/g	593.13[a]	593.38[a]	579.08[a]	428.98[b]	80.11	0.0184
	占复胃总重比例（%）	71.52[a]	74.67[b]	75.10[b]	70.40[a]	1.83	0.0049
	占宰前活重比例（%）	2.60	2.92	2.80	2.50	0.31	0.0696
网胃	重量/g	68.35	62.00	59.00	53.48	10.77	0.2945
	占复胃总重比例（%）	8.24	7.80	7.65	8.78	1.44	0.8443
	占宰前活重比例（%）	0.30	0.31	0.28	0.31	0.06	0.9637
瓣胃	重量/g	54.40	44.63	39.98	40.58	9.71	0.1862
	占复胃总重比例（%）	6.56	5.62	5.20	6.66	0.97	0.3239
	占宰前活重比例（%）	0.24	0.22	0.19	0.24	0.035	0.3826
皱胃	重量/g	113.43[a]	94.65[ab]	93.25[ab]	86.35[b]	15.14	0.0692
	占复胃总重比例（%）	13.68	11.91	12.09	14.17	1.78	0.5288
	占宰前活重比例（%）	0.50	0.47	0.45	0.50	0.05	0.6257
全胃	重量/g	829.30[a]	794.66[a]	771.31[a]	609.39[b]	101.12	0.0250
	占宰前活重比例（%）	3.63	3.89	3.77	3.45	0.44	0.8671
小肠	重量/g	512.05	483.58	459.33	452.75	81.02	0.7349
	占宰前活重比例（%）	2.24	2.38	2.22	2.63	0.38	0.2793
大肠	重量/g	408.18	353.15	356.80	327.63	89.16	0.6434
	占宰前活重比例（%）	1.76	1.74	1.72	1.89	0.36	0.3228

2.5　早期断奶时间对湖羊羔羊肉品质的影响

由表 7 可见，背最长肌的失水力、滴水损失 EW10、EW20、EW30、ER 组间差异均不显著（$P>0.05$），EW10、EW20、EW30 组背最长肌的肉色 L、b 值显著高于 ER 组（$P<0.05$），a 值四个组之间差异不显著（$P>0.05$）。臀肌的肉色 L、a、b 值四个组之间差异不显著（$P>0.05$）。

表 7　早期断奶时间对湖羊羔羊肉品质的影响

项目	组别				SEM	P 值
	EW10	EW29	EW30	ER		
失水力 Water losing rate /g	18.81	16.58	18.60	16.03	5.51	0.6038
滴水损失（%）	3.05	2.78	2.64	2.91	0.28	0.2379

（续表）

项目			组别				SEM	P 值
			EW10	EW29	EW30	ER		
肉色	眼肌	L	41.25[a]	40.30[a]	39.93[a]	30.18[b]	5.38	0.0421
		a	14.25	13.06	14.10	12.38	3.16	0.8155
		b	7.19[a]	6.62[a]	6.26[a]	5.00[b]	0.061	0.0020
	臀肌	L	42.21	40.79	40.65	36.20	3.34	0.1157
		a	11.90	13.19	11.73	11.01	2.17	0.5683
		b	7.03	6.93	6.70	6.516	0.878	0.8430

3　讨论

3.1　早期断奶时间对湖羊羔羊生长性能的影响

羔羊饲喂代乳品进行早期断奶可以避免因多胎或母羊产奶量不足而导致的羔羊营养供给不足的问题，可以更加科学合理地调控羔羊营养物质摄入，促进羔羊生长发育。本试验采用中国农业科学院饲料研究所研制的新型羔羊代乳品，该代乳品采用优质大豆蛋白，并富含多种维生素、微量元素和多种氨基酸，能满足羔羊的营养需求，同时代乳品中引入有益微生物和抗体物质，提高羔羊免疫抵抗力。

目前，研究代乳品对断奶后羔羊生长性能的较多，而研究早期断奶对羔羊后期育肥影响的报道较少。王桂秋等[13]（2007）试验表明，7、17 和 27 日龄断奶的羔羊与对照组羔羊在 47 日龄时的体重差异不显著（$P>0.05$）。Emsen 等[14]（2004）对羔羊进行早期断奶，试验组羔羊于 2~3 日龄饲喂代乳品到 4 周龄，结果发现羔羊 6 周龄时饲喂代乳品组与随母哺乳组体重差异不显著（$P>0.05$）。前人研究结果证明，早期断奶对断奶后体重短时间内影响不显著。有人研究早期断奶对羔羊后期育肥是否有显著影响。岳喜新[10]（2011）试验证明，早期断奶羔羊于 90 日龄饲喂代乳品组体重较随母哺乳组大，但差异不显著（$P>0.05$）。Bhatt 等[15]（2009）研究证明，早期断奶羔羊后期生长体重显著高于随母哺乳羔羊（$P<0.05$）。出现上述结果可能是由于岳喜新（2011）饲喂代乳品到羔羊 90 日龄，饲喂时间较长导致羔羊依赖代乳品不能有效采食和利用开食料从而影响体重的变化。本试验羔羊从早期断奶后饲喂代乳品至 60 日龄，然后进行育肥，研究结果与 Bhatt 等人一致。表明早期断奶利用代乳品育羔一段时间，提高羔羊开食料采食量，促进瘤胃发育，提高开食料利用率进而促进生长发育，且主要促进羔羊后期生长发育。

3.2　早期断奶时间对 90 日龄湖羊羔羊屠宰性能的影响

品种、营养、饲料类型、饲养方式、年龄等因素对羔羊肉的生产有一定程度的影响[16]。合适的饲养管理能促进羔羊生长发育，产肉性能更好[12]。本试验所屠宰羔羊的宰前活重是以平均体重为依据的，可视为早期断奶后育肥效果的直接反映，而胴体重与宰前活重有正相关关系。本试验羔羊宰前活重、空体重和胴体重试验组均显著大于对照组（$P<0.05$），但试验组屠宰率与对照组相比差异不显著（$P>0.05$）。表明早期断奶能促进羔羊发育，提高羔羊机体质量和产肉绝对值，但产肉性能在一定体重范围内是比较恒定的，因此屠宰率差异不显著。Rodríguez 等[17]（2008）试验证明早期断奶羔羊与随母哺乳羔羊在体重 10kg 屠宰时，早期断奶羔羊宰前活重低于随母哺乳羔羊，屠宰率差异不显著，但早期断奶羔羊消化道重量显著高于随母哺乳羊。本试验屠宰时羔羊体重已达到 20kg，可能是由于后期羔羊消化道发育较好，采食和利用饲料效率提高而导致与 Rodríguez 等研究结果不相同。李典芬[5]（2010）试验证明早期断奶羔羊 90 日龄屠宰时宰前活重和胴体重均高于随母哺乳羔羊，屠宰率差异不显著。试验组眼肌面积和 GR 值与对照组相比差异不显著（$P>0.05$），但试验组的眼肌面积和 GR 值均高于对照组，表明试验组羔羊较对照组羔羊发育快，羔羊的产肉性能和脂肪沉积能力没有提高。本试验中虽然没有提高湖羊羔羊的产肉能力，但提高了湖羊羔羊的机体质量，增加了产肉数量，有利于养羊生产。

3.3 早期断奶时间对湖羊羔羊组织和器官重量和发育的影响

组织重量和器官重量在一定程度上反映了动物机体的机能状况，对于理论研究和生产实践有重要的意义[18]。本试验湖羊羔羊头、皮+毛、蹄的重量随断奶时间的提前而增加，其中蹄绝对鲜重试验组显著高于对照组（$P<0.05$）。而头、皮+毛、蹄占羔羊宰前活重的比例差异不显著（$P>0.05$），表明早期断奶能提高组织重量，但组织器官的发育与整个机体的增长协调。心、肝、脾、肺的器官重量各组之间差异不显著（$P>0.05$），但试验组心、肝、肺鲜重均高于试验组，且心、肺占宰前活重的比例达到显著水平（$P<0.05$），表明早期断奶促进心和肺的发育。肝脏对营养物质消化起重要作用，本试验虽然肝脏重量差异不显著，但试验组高于对照组，表明早期断奶促进肝脏发育。肾脏重要功能是通过尿液的形式排泄代谢废物，各组间差异显著可能是由于早期断奶影响了代谢物的排出，从而影响肾脏的发育。脾脏作为羔羊机体主要免疫器官，其重量和占宰前活重比例能一定程度上说明其功能的强弱，本实验表明早期断奶对羔羊育肥期免疫能力无显著影响。表明羔羊早期断奶时间不同，对各组织器官的影响不同，早期断奶有利于部分内脏器官发育。

3.4 早期断奶时间对湖羊羔羊胃肠道重量和发育的影响

反刍动物幼龄时复胃发育的程度影响到成年后的采食量和消化能力，其中瘤胃的发育尤为重要，决定着将来的生产性能[19]。从本试验结果来看，早期断奶饲喂代乳品的羔羊不仅瘤胃重量显著高于对照组（$P<0.05$），而且瘤胃占复胃总重和宰前活重比例显著高于对照组（$P<0.05$），表明瘤胃的发育速度较机体整体发育速度快。这是由于早期断奶饲喂含有植物蛋白和优质纤维成分代乳品，刺激了瘤胃发育。同时早期断奶使羔羊采食较多的开食料，进一步促进了瘤胃发育。岳喜新[10]（2011）证明早期断奶羔羊饲喂代乳品可以显著增加瘤胃重量，促进瘤胃发育。Lane[20]（2006）试验证明，早期断奶饲喂代乳品可以促进瘤胃功能发育。小肠是羔羊营养物质吸收利用的器官，小肠正常发育是保证羔羊对营养物质吸收利用的关键，摄食是肠道发生结构和功能快速改变的主因。小肠的重量与小肠的消化吸收能力有相当大的关系。本试验中小肠、大肠的重量和占宰前活重的比例差异不显著（$P>0.05$），但早期断奶的羔羊小肠和大肠的重量均高于随母哺乳组。这与蔡建森[21]（2007）、岳喜新[10]的研究结果相一致。本研究中，虽然除瘤胃外其余肠道各段均为未达到显著水平，但羔羊胃肠各段重量 EW10 组最大，表明在羔羊 10 日龄利用代乳品进行早期断奶能促进羔羊胃肠的发育，提高羔羊的消化吸收能力。

3.5 早期断奶时间对湖羊羔羊肉品质的影响

羔羊的肉品质受到饲养管理的影响[6]。肉色决定消费者对肉品的可接受性[22]，失水力和滴水损失影响着肉品的多汁性[23]。本试验结果，试验组背最长肌肉色 L 值、b 值显著高于对照组（$P<0.05$），a 值试验组与对照组差异不显著（$P>0.05$）；臀肌 L 值、a 值、b 值试验组高于对照组且以 A 组最高，但各组间差异不显著（$P>0.05$）。失水力和滴水损失组间无显著差异（$P>0.05$）。Argüelloa 等[24]（2005）试验证明，饲喂代乳品羔羊比随母哺乳羔羊的肉色亮度高，但没有随母哺乳羔羊肉嫩和多汁，结果与本试验结果一致。Osorio 等[25]（2008）研究证明，饲喂代乳品羔羊的背最长肌 L、b 值显著高于随母哺乳组，而 a 值较低，结果与本试验一致，可能是由于代乳品导致肌肉内不饱和脂肪酸和肌红蛋白升高导致的[26]。臀肌的 L 值、a 值、b 值可能是由于臀肌的肉色更鲜亮饱满而导致差异不显著。失水力和滴水损失与肌肉的脂肪含量有关系，本试验结果表明早期断奶对肌肉脂肪沉积无显著影响。总的来说，早期断奶能提高羔羊肌肉色泽，改善羊肉品质。

4　结论

（1）早期断奶饲喂代乳品提高羔羊开食料采食量，促进羔羊胃肠道发育和组织器官发育，进而能促进羔羊生长发育。早期断奶促进湖羊羔羊生长发育特别是后期生长发育，10、20、30 日龄早期断奶组羔羊在 90 日龄生长性能超过随母哺乳羔羊，而且以 10 日龄早期断奶组羔羊体重最大。在本试验条件下羔羊 10 日龄利用代乳品对湖羊羔羊进行早期断奶效果最佳。

（2）湖羊羔羊早期断奶饲喂代乳品，能改善肉色，提高湖羊羔羊肉品质。

参考文献（略）

原文发表于：动物营养学报，2014（7），1838-1847

不同初配月龄对新西兰兔繁殖性能的影响

任永军[1]，邝良德[1]，郑　洁[1]，雷　岷[1]，吴英杰[2]，
秦应和[2]，郭志强[1]，李丛艳[1]，谢晓红[1*]

（1. 四川省畜牧科学研究院，四川成都　610066；2. 中国农业大学动物科学技术学院，北京　100193）

摘　要： 本试验旨在研究不同初配月龄对新西兰兔繁殖性能的影响。选取新西兰母兔 90 只，分为 3 个试验组，试验 1、2、3 组分别在 5.5 月龄、6.0 月龄和 6.5 月龄进行初配，连续测定三个繁殖周期的繁殖性能以及雌二醇、促卵泡素含量。结果表明：试验 3 个组在发情率、配怀率、产仔率、产仔数、产活仔数方面差异均不显著（$P>0.05$）；试验 2、3 组仔兔的初生窝重、初生个体重、21 日龄个体重、35 日龄个体重显著高于试验 1 组（$P<0.05$），试验 2、3 组之间差异不显著（$P>0.05$）；试验各组在产后 1d、11d、18d 的雌二醇、促卵泡素水平均呈上升趋势，且差异显著（$P<0.05$），试验 2、3 组均显著高于试验 1 组（$P<0.05$），相互间差异不显著（$P>0.05$）。综上所述，试验 1 组的繁殖性能和生殖激素水平与另外两个组差异显著，试验 2 组和试验 3 组间差异不显著，建议新西兰母兔适宜初配时间为 6.0 月龄。

关键词： 初配月龄；新西兰兔；繁殖性能

初配时间是指动物开始配种的最佳时间，一般在性成熟以后，体成熟之前。对于家畜而言，初配时间应在其成年体重的 70%左右[1]。准确把握初配时间是非常重要的，后备母畜初配时间的早晚对其性机能活动、繁殖性能以及利用年限均有显著影响。就家兔养殖而言，母兔的繁殖性能是决定养殖经济效益的重要因素之一。繁殖性能的充分发挥除了受品种、饲料营养、饲养管理以及环境等因素的影响外，后备母兔的初配时间也是一个非常重要的影响因素，在国内系统性开展关于初配时间对母兔繁殖性能的影响研究还鲜有报道。新西兰兔具有良好的生长性能和繁殖性能，是目前国内饲养量较多的品种之一。本试验拟通过研究不同初配月龄对新西兰兔繁殖性能的影响，提出新西兰兔最佳初配时间，获得较好的生产性能，发挥新西兰种母兔的最大生产潜力，为养殖生产提供理论参考和科学依据。

1　材料与方法

1.1　试验材料

试验分别选择 5.5 月龄、6.0 月龄和 6.5 月龄健康无病、体况良好的新西兰母兔各 30 只；同时选择健康无病和繁殖性能良好的新西兰公兔（1 周岁）10 只。

资助项目：公益性行业（农业）科研专项（201303143）；国家兔产业技术体系（CARS-44-B-4）；四川省“十二五”畜禽育种攻关项目（2011NZ0099）；四川省科研院所基本科研业务费专项资金（SASA2015A10）

作者简介：任永军（1984—　），男，四川眉山人，硕士研究生，助理研究员，主要从事肉兔养殖技术研究，E-mail：renyj17513@126.com

* 通讯作者：谢晓红，xkyyts@vip.126.com

1.2 试验设计

1.2.1 试验动物分组与饲养条件

将试验母兔按不同月龄分为三组，5.5 月龄为试验 1 组、6.0 月龄为试验 2 组、6.5 月龄为试验 3 组。所有试验动物均饲养在同一兔舍内，自由采食、自动饮水。兔舍温度控制在 25℃左右。参照美国 NRC (1977)[2]、结合新西兰母兔营养需要以及本地区饲料资源状况设计基础饲粮。饲粮组成及营养水平见表 1。

表 1　饲粮组成和营养水平（风干基础）

项目	含量（%）
原料	
苜蓿草粉	30.00
玉米	21.00
豆粕	10.70
麸皮	21.00
小麦	7.00
蚕蛹	3.00
菜粕	4.00
磷酸氢钙	0.90
石粉	0.70
食盐	0.50
赖氨酸	0.20
预混料①	1.00
合计	100.00
营养水平	
消化能（MJ/kg）②	10.71
粗蛋白质	16.02
粗纤维	13.10
钙	0.90
磷	0.62

① 预混料可为每千克全价料提供：Fe 100mg，Cu 120mg，Zn 90mg，Mn 30mg，Mg 150mg，VA 4 000IU，VD_3 1 000IU，VE 50mg，胆碱 1mg。② 消化能为计算值，其余为实测值。

1.2.2 光照方案

在人工授精前 6d 至人工授精日后 11d 每天光照 16 小时（6：00—22：00），其余时间每天光照 12 小时（6：00—18：00）；光照位置以兔笼中间母兔的体高处为准，光照强度为 80lux[3]。

1.2.3 繁殖模式

试验 1、2、3 组的初配时间分别为 5.5 月龄、6.0 月龄、6.5 月龄。所有试验母兔均采用 49d 繁殖模式（产后 18d 配种）进行三个繁殖周期的试验。三个繁殖周期配种所需精液均来自统一的 10 只公兔。精子活力均 0.6 以上，输精浓度为 50×10^6 个/mL。

1.3 测定指标

1.3.1 生产性能指标

母兔初配体重、发情率、配怀率、产仔数、产活仔数、初生窝重、初生个体重、21 日龄活仔数、21 日龄窝重、35 日龄活仔数、35 日龄窝重、35 日龄个体重。

1.3.2 激素测定

在每个繁殖周期的产后 1d、11d、18d，每个试验组选择 5 只母兔，早上 8：00 耳动脉采血，静置 2h 后，3 000rpm 离心 10min，取上层血清-20℃保存，待测雌二醇、促卵泡素含量。雌二醇、促卵泡素采用放射免疫法（RIA）测定，试剂盒由武汉基因美生物科技有限公司提供。

1.4 数据处理与分析

试验数据用 Excel 2013 软件进行处理后，采用 SPSS14.0 统计软件，单因素 ANOVA 进行方差分析，Duncan 氏法进行多重比较，以 $P<0.05$ 为差异显著性判断标准，结果以“平均值±标准差”表示。

2 结果

2.1 不同初配月龄对初配体重及繁殖性能的影响

表 2 显示，初配体重方面，试验 1 组显著低于试验 2、3 组（$P<0.05$），试验 2、3 组之间差异不显著（$P>0.05$）；发情率、配怀率、产仔率方面，试验 1、2、3 组之间差异均不显著（$P>0.05$）。

表 2 不同初配月龄对初配体重及繁殖性能的影响

项目	组别		
	试验 1 组	试验 2 组	试验 3 组
初配体重（g）	3 206.73±225.62^{a}	3 633.90±187.62^{b}	3 645.40±165.80^{b}
发情率（%）	75.56	77.78	81.11
配怀率（%）	68.89	70.00	71.11
产仔率（%）	67.78	70.00	70.00

注：同行数据肩标不同小写字母表示差异显著（$P<0.05$），相同或无字母表示差异不显著（$P>0.05$）。表 3 同。

2.2 不同初配月龄对母兔繁殖性能的影响

表 3 显示，产仔数方面，试验 1 组低于试验 2、3 组，试验 2 组高于试验 3 组，但三组之间差异不显著（$P>0.05$）；产活仔数方面，试验 3 组低于试验 1、2 组，试验 2 组高于试验 1 组，但三组之间差异不显著（$P>0.05$）；初生窝重方面，试验 1 组显著低于试验 2、3 组（$P<0.05$），试验 2、3 组之间差异不显著（$P>0.05$）；初生个体重方面，试验 1 组显著低于试验 2、3 组（$P<0.05$），试验 3 组显著高于试验 2 组（$P<0.05$）；21 日龄活仔数和窝重方面，试验 1、2、3 组之间差异不显著（$P>0.05$）；21 日龄个体重方面，试验 1 组显著低于试验 2、3 组（$P<0.05$），试验 2、3 组之间差异不显著（$P>0.05$）；35 日龄活仔数和窝重方面，试验 1、2、3 组之间差异不显著（$P>0.05$）；35 日龄个体重方面，试验 1 组显著低于试验 2、3 组（$P<0.05$），试验 2、3 组之间差异不显著（$P>0.05$）。

表 3　不同初配月龄对母兔繁殖性能的影响

项目	组别		
	试验 1 组	试验 2 组	试验 3 组
产仔数/只	7. 90±1. 09	8. 00±1. 05	7. 95±1. 02
产活仔数/只	7. 75±0. 98	7. 78±0. 89	7. 63±0. 90
初生窝重/g	430. 21±47. 37^{a}	449. 54±45. 97^{b}	457. 22±51. 32^{b}
初生个体重/g	55. 65±2. 48^{a}	57. 97±3. 12^{b}	60. 05±3. 77^{c}
21 日龄活仔数/只	7. 36±0. 82	7. 27±0. 77	7. 19±0. 74
21 日龄窝重/g	2 331. 21±239. 62	2 376. 06±298. 05	2 394. 11±265. 34
21 日龄个体重/g	317. 82±22. 17^{a}	326. 78±21. 94^{b}	333. 56±23. 81^{b}
35 日龄活仔数/只	7. 06±0. 75	6. 98±0. 79	6. 81±0. 72
35 日龄窝重/g	5 122. 10±481. 60	5 201. 65±536. 84	5 122. 53±503. 18
35 日龄个体重/g	726. 13±21. 00^{a}	746. 15±24. 64^{b}	753. 24±25. 64^{b}

2.3　不同初配月龄对哺乳期雌二醇水平的影响

表 4 显示，试验 1、2、3 组在产后 1d、11d、18d 的雌二醇含量均呈上升趋势，且差异均显著（$P<0.05$）；在产后 1d，试验 1 组显著低于试验 2、3 组（$P<0.05$），试验 2、3 组之间差异不显著（$P>0.05$）；在产后 11d，试验 1、2、3 组之间差异均显著（$P<0.05$）；在产后 18d，试验 1 组显著低于试验 2、3 组（$P<0.05$）。

表 4　不同初配月龄对哺乳期雌二醇水平的影响

E2/ng · L^{-1}	组别		
	试验 1 组	试验 2 组	试验 3 组
产后 1d	34. 79±4. 55^{Aa}	37. 43±4. 57^{Ab}	38. 01±4. 78^{Ab}
产后 11d	40. 93±4. 87^{Ba}	45. 79±5. 21^{Bb}	49. 89±5. 38^{Bc}
产后 18d	45. 86±5. 2^{7Ca}	54. 91±5. 52^{Cb}	55. 94±5. 69^{Cb}

注：同行数据肩标不同小写字母表示差异显著（$P<0.05$），相同字母表示差异不显著（$P>0.05$）。同列数据肩标不同大写字母表示差异显著（$P<0.05$），相同字母表示差异不显著（$P>0.05$）。表 5 同。

2.4　不同初配月龄对哺乳期促卵泡素水平的影响

表 5 显示，试验 1、2、3 组在产后 1、11、18d 促卵泡素水平呈上升趋势，产后 18d 显著高于产后 1d（$P<0.05$）；在产后 1d，试验 1 组显著低于试验 2、3 组（$P<0.05$）；在产后 11d，试验 1 组显著低于试验 2、3 组（$P<0.05$），试验 2 组高于试验 3 组，但差异不显著（$P>0.05$）；在产后 18d，试验 1 组显著低于试验 2、3 组（$P<0.05$），试验 2 组高于试验 3 组，但差异不显著（$P>0.05$）。

表5 不同初配月龄对哺乳期促卵泡素水平的影响

FSH/IU · L^{-1}	组别		
	试验1组	试验2组	试验3组
产后1d	8.47±0.76^{Aa}	9.15±0.98^{Ab}	9.49±1.01^{Ab}
产后11d	9.27±0.87^{Ba}	9.93±0.77^{Bb}	9.87±1.02^{Ab}
产后18d	9.87±0.68^{Ca}	10.60±1.16^{Cb}	10.57±1.08^{Bb}

3 讨论

3.1 不同初配月龄对繁殖生产性能的影响

Rommers等报道，后备母兔初配过早，不仅产仔数少，而且初生仔兔虚弱，母兔难产率会明显增加，同时影响母兔的性机能活动[4]。本试验结果显示，在5.5月龄、6.0月龄、6.5月龄进行初配时，其发情率、配怀率、产仔率、产仔数均无显著影响，表明新西兰母兔在5.5月龄已达到性成熟；同时在6.5月龄时比5.5月龄增重了438.67g，表明在5.5月龄时新西兰母兔还未达到体成熟。邵丽玲等报道新西兰母兔的初配年龄提早到4月龄左右，体重达到成年体重的65%~70%时繁殖性能及后代的生长发育无明显差异[5]。本研究发现，不同初配月龄主要影响仔兔的生长发育，具体表现在对初生窝重、初生个体重、21日龄个体重、35日龄断奶个体重的影响，结果显示初配时间为6.0月龄和6.5月龄的仔兔生长发育明显优于5.5月龄，6.0月龄与6.5月龄之间差异不明显。欧洲学者研究后备母兔的初配时间是与饲养策略联系在一起作为一个整体进行研究的。其中有效的方法为在后备兔的培育阶段开展饲养策略研究以将母兔身体发育调整到最佳繁殖状态[6]，同时饲养环境环控化、营养水平精准化、品种优良化，使得后备母兔的初配时间明显提前。Nagy I等研究了“自由采食-15.5周龄初次人工授精（AD15）”和“限制饲喂-19.5周龄初次人工授精（RES19）对母兔繁殖性能的影响，结果发现RES19组显著高于AD15组的受胎率，同时整个以后的繁殖性能AD15组母兔明显差于RES19组[7]。Rommers报道在自由采食饲喂策略下，新西兰母兔在17.5周龄初配时，其繁殖性能明显优于14.5周龄初配母兔，研究发现在自由采食条件下新西兰母兔初配时间为17.5周龄时繁殖性能更佳[8]。

本试验研究表明，从繁殖性能和仔兔生长发育等综合性能来看，6.0月龄初配母兔效果最佳，显著高于5.5月龄初配母兔的综合性能，虽约低于6.5月龄初配母兔的综合性能，但差异不明显，同时6.0月龄培育成本更低，因此是最佳的初配时间。这一结果与国外常规条件下的17~19周龄初配时间相比，初配时间推后，且繁殖性能差距较大，这可能与养殖环境、营养水平、饲喂策略等因素有关，因此，若要缩小与养兔发达国家母兔的繁殖性能差距，除后备兔的培育外，还要加强饲养环境、营养水平和饲养策略等方面的研究。

3.2 不同初配月龄对哺乳期雌二醇水平影响

家兔雌激素是一种G18类固醇激素，主要是由卵泡和胎盘产生，主要包括雌二醇（E_2）、雌酮（E_1）、雌三醇（E_3），其中雌二醇生物活性最强。本试验结果显示，哺乳期新西兰母兔血液中雌二醇水平在35~55ng/L范围，这与刘曼丽报道的哺乳期母兔雌二醇水平变化趋势是一致的，但雌二醇水平约高于其报道值[9]，可能是由于测定方法、饲料营养水平不同所致；母兔发情时，雌二醇水平会升高，这与Rebollar等报道是一致的[10]；本试验结果显示，试验2、3组的雌二醇水平高于试验1组，这与试验2、3组发情率高于试验1组是一致的，验证了雌二醇是调控母兔发情的重要生殖激素之一。雌二醇可以刺激并维持母兔生殖道和乳腺管道系统生殖的生长发育，试验2、3组之间雌二醇水平基本相当，表明新西兰母兔在6.0

月龄时生殖器官已基本发育完善，达到了初配时间。

3.3　不同初配月龄对泌乳期促卵泡素水平影响

促卵泡素（FSH）是由腺垂体嗜碱性细胞分泌的一类能提高卵泡细胞的摄氧量和增加蛋白质合成的糖蛋白质激素，对卵泡内膜细胞分化、颗粒细胞增生以及卵泡液的分泌具有促进作用，因而对卵泡生长、发育、分化和成熟起关键的调控作用[11]。本试验结果显示，哺乳期新西兰母兔血液中促卵泡素水平在8.50~10.60IU/L范围，在产后18d促卵泡素水平最高，此时母兔性接受能力强，受到交配刺激后，兴奋脑垂体，释放促使卵泡成熟和卵泡破裂的促卵泡素，此时促乳素含量亦处于低水平状态[12]，排卵受到抑制较弱，配种受胎率相对高于产后11d[9]。试验2、3组促卵泡素水平明显高于试验1组，这与试验2、3组产仔数高于试验1组的生产数据是一致的，主要机理是促卵泡素与雌激素协同可以诱发并增加卵泡上的促黄体素受体，使卵泡对促黄体素的敏感性增强，从而诱发排卵，促卵泡素和雌二醇水平越高其排卵数越多，许宝华采用日本大耳白兔研究雌二醇、促卵泡素水平与排卵数关系的试验结果证明了这一点[13]。

4　结论

试验结果表明，不同初配月龄对新西兰母兔繁殖性能和生殖激素水平影响显著，6.0月龄和6.5月龄繁殖性能和生殖激素水平差异不显著。综合后备兔的培育和饲养成本，建议新西兰母兔适宜初配时间为6.0月龄。

参考文献（略）

原文发表于：中国畜牧杂志，2016，52（13），77-80

断奶日龄对肉兔肠道发育的影响

郭志强，李丛艳*，谢晓红，雷　岷，任永军，邝良德，李　勤，杨　超

（四川省畜牧科学研究院，成都　610066）

摘　要：本试验旨在研究断奶日龄对肉兔肠道发育变化规律的影响。试验选择同日龄出生肉兔120窝，随机分成4个处理，每个处理30窝，分别在21、25、28和35d断奶，试验期56d。结果表明：断奶日龄对肉兔28d和35d胃、小肠和盲肠重有显著影响（$P<0.05$），断奶日龄早组消化器官重轻于断奶日龄晚组，断奶日龄对49d和56d各消化器官重和各日龄小肠长度无显著影响（$P>0.05$）；断奶日龄对28、35、42和49d十二指肠、空肠和回肠绒毛高度有显著影响（$P<0.05$），断奶日龄早组显著低于断奶日龄晚组，对56d各肠段绒毛高度无显著影响（$P>0.05$），肉兔断奶后绒毛高度需要2~3周才能恢复，21d断奶组恢复最慢，35d组断奶恢复最快；断奶日龄对28和35d十二指肠和空肠隐窝深度有显著影响（$P<0.05$），断奶日龄早组显著高于断奶日龄晚组，对42、49和56d各肠段隐窝深度无显著影响（$P>0.05$）；断奶日龄对28和35d十二指肠和空肠绒毛高度/隐窝深度有显著影响（$P<0.05$），断奶日龄早组显著低于断奶日龄晚组，对56d各肠段空肠绒毛高度/隐窝深度无显著影响（$P>0.05$）。由此可见，断奶日龄对肉兔肠道49d前发育有显著影响（$P<0.05$），对49d后无显著影响（$P>0.05$），早期断奶显著降低了小肠黏膜绒毛高度，增加了隐窝深度（$P<0.05$）；肉兔断奶日龄早组小肠黏膜受损重于断奶日龄晚组，断奶后一般需要2~3周才能恢复小肠黏膜结构。

关键词：断奶日龄；肉兔；肠道发育

现代集约化养兔要求充分发挥母兔的繁殖潜能，缩短胎次间隔，提高母兔年产仔数，对仔兔进行早期断奶是发挥母兔繁殖潜能的重要措施之一[1]。断奶对仔兔是一个巨大的应激，由于仔兔胃肠道发育不完善，容易发生消化道疾病，造成腹泻死亡[2]。因此，研究掌握不同断奶日龄对肉兔胃肠道发育和功能影响的变化规律，对指导肉兔科学早期断奶具有重要意义。1978年，Chen等[3]和Rao等[4]等研究了断奶日龄（4、6、8周龄）对肉兔生产的影响，结果发现不同断奶日龄对体重、饲料效率和胴体品质无影响，死亡率随着断奶日龄的增加而降低，认为4周龄断奶最为经济。De Bias[5]研究发现断奶日龄（25和35d）影响干物质和消化能的摄入量（$P<0.01$）、49d重（$P<0.01$）以及63d重（$P<0.05$），但是对平均日增重或77d重无显著影响（$P>0.05$），从而认为25d断奶更佳。Ferguson[6]发现14d断奶并于14~21d进行人工喂奶和补饲的兔与28d断奶的对照组兔相比，70d体重低0.2kg（$P<0.05$），仔兔数和总采食量差异不显著，表明人工喂奶技术是可行的。在关于早期断奶的研究中，不同断奶日龄条件下商品肉兔在不同时间胃肠道发育的差异研究的报道很少。因此，亟须深入研究不同断奶日龄对肉兔胃肠道形态和功能影响的变化规律，以肉兔早期断奶技术的实现提供理论参考。本试验旨在研究不同断奶日龄对肉兔消化道形态发育

基金项目：公益性行业（农业）科研专项经费（201303143）；国家兔产业技术体系（CARS-44-B-4）；四川省科研院所基本科研业务费（SASA2013B01）；四川省育种攻关项目（2011NZ0099-4）

作者简介：郭志强（1981—　），男，河南安阳人，助理研究员，主要从事肉兔养殖研究，E-mail：ygzhiq@126.com

* 通讯作者：李丛艳（1983—　），女，湖南邵阳人，助理研究员，主要从事肉兔养殖研究，E-mail：xkyyts@126.com

和功能的影响，为最佳断奶日龄的确定和饲料配方研制提供科学依据。

1　材料与方法

1.1　试验设计

选择同期出生的新西兰兔120窝，随机分为4组，组间仔兔数和窝重差异不显著，每组30窝，分别在21、25、28和35d断奶，分别记为W21、W25、W28以及W35，试验期为56d。

1.2　饲养管理

试验兔由专人管理，饲养管理一致，产仔当日通过寄养的方式使每只母兔均带养8只仔兔，哺乳期采用母仔分离饲养，仔兔每日09：00点哺乳一次，喂奶时将仔兔放入母兔笼中，哺乳10min左右。16d时仔兔开始补饲，自由采食饲喂。所有兔只均在35d当天打耳号，并根据体型大小和性别进行分群分笼饲养，60cm×60cm笼位中饲喂3只小兔。42d时注射兔瘟-巴氏杆菌二联疫苗1.5mL/只。小兔一直饲喂肉兔配合饲料直至试验结束，配合饲料组成和营养水平见表1。所有兔只自动饮水，兔舍每天清洁一次。

表1　饲粮组成及营养水平（风干基础）　（%）

项目	含量
苜蓿草粉	35.00
豆粕	10.20
玉米	15.50
全脂米糠	10.00
菜籽粕	5.60
麸皮	20.20
L-赖氨酸	0.10
食盐	0.50
磷酸氢钙	1.20
石粉	0.70
预混料[1)	1.00
合计	100.00
营养水平	
消化能（MJ/kg）	10.46
粗纤维	14.83
粗蛋白质	16.20
钙	1.03
总磷	0.67

1) 预混料可为每千克饲粮提供：Fe 100mg，Cu 20mg，Zn 90mg，Mn 30mg，Mg 150mg，VA 4 000IU，VD_3 1 000IU，VE 50mg，胆碱1mg。

2) 消化能为计算值，其余为实测值。

1.3 指标测定及方法

每个试验组在21、28、35、42和56d选择群体均值附近的6只兔，公母各占1/2，于当日早上饲喂1h后进行屠宰，颈静脉放血处死后，立即打开腹腔，结扎幽门瓣、回盲瓣，将消化道取出，按照解剖学特征小心剥离，将小肠按解剖特征把十二指肠、空肠和回肠分别结扎。

1.3.1 消化道重量和长度测定

将小肠肠袢与肠道小心剥离，用软尺测定其自然长度即为小肠长度。将胃、小肠和盲肠清洗掉内容物，并在滤纸上去掉多余的水分，分别称取重量，即为消化道重量。取样部分估算后计入总重。

1.3.2 小肠黏膜形态的测定

分别截取十二指肠、空肠和回肠中段2cm组织，用生理盐水冲洗后迅速放入预先配制好的10%福尔马林溶液中固定。按常规方法制作石蜡切片，苏木精-伊红染色，按照Sun等[7]的方法测定绒毛高度和隐窝深度，计算绒毛高度/隐窝深度（V/C）。从绒毛顶端到陷窝顶端测定绒毛高度，从相邻绒毛的内陷部分测定隐窝深度。

1.4 统计方法

试验数据用Excel 2007软件进行处理后，采用SPSS 17.0统计软件进行单因素方差分析，Duncan氏法进行多重比较，以 $P<0.05$ 为差异显著性判断标准，结果用“平均值±标准差”表示。

2 结果与分析

2.1 断奶日龄对消化器官重量和小肠长度的影响

由表2可知，断奶日龄显著影响28、35以及42d的胃重（$P<0.05$），对21、49和56d的胃重影响不显著（$P>0.05$）；断奶日龄极显著影响28d小肠重（$P<0.01$），显著影响35d小肠重（$P<0.05$），对42、49和56d的影响不显著（$P>0.05$）；断奶日龄显著影响盲肠重，28和42d的盲肠重组间差异显著（$P<0.05$），35d的盲肠重组间差异极显著（$P<0.01$）；其中28、35和42d时，W21组显著低于其他晚断奶组（$P<0.05$），但是低的幅度随日龄增加逐渐减小，49d后各断奶组差异不显著（$P>0.05$）。各断奶日龄组各个屠宰日龄时段的小肠长度差异均不显著，断奶日龄对小肠长度无显著影响（$P>0.05$）。

表2 断奶日龄对肉兔消化器官发育的影响

项目	屠宰日龄/d	断奶日龄			
		W21	W25	W28	W35
胃重/g	21	6.47±0.26	6.45±0.21	6.43±0.25	6.48±0.27
	28	8.15±0.24[a]	8.52±0.23[b]	8.50±0.24[b]	8.58±0.25[b]
	35	10.43±0.27[a]	10.58±0.40[a]	10.87±0.36[ab]	11.12±0.51[b]
	42	12.22±0.64[a]	12.33±0.58[a]	12.78±0.45[ab]	13.17±0.41[b]
	49	14.20±0.65	14.42±0.74	14.37±0.76	14.77±0.94
	56	16.93±1.41	16.90±1.15	16.98±1.23	17.37±1.45

（续表）

项目	屠宰日龄/d	断奶日龄			
		W21	W25	W28	W35
小肠重/g	21	12. 68±0. 28	12. 57±0. 27	12. 55±0. 37	12. 70±0. 19
	28	19. 73±0. 27[aA]	19. 92±0. 25[aAB]	20. 32±0. 39[bB]	20. 35±0. 36[bB]
	35	26. 20±0. 57[a]	26. 90±0. 56[ab]	27. 12±0. 92[ab]	27. 47±0. 79[b]
	42	32. 70±1. 70	33. 42±1. 97	33. 93±2. 20	33. 70±2. 03
	49	38. 55±2. 06	38. 98±1. 81	39. 03±1. 86	39. 52±1. 90
	56	43. 35±2. 75	44. 13±2. 65	44. 78±2. 10	45. 90±1. 90
盲肠重/g	21	9. 28±0. 47	9. 33±0. 40	9. 27±0. 52	9. 32±0. 50
	28	11. 17±0. 33[a]	11. 55±0. 43[ab]	11. 82±0. 57[b]	11. 90±0. 40[b]
	35	11. 42±0. 87[aA]	14. 15±0. 57[abAB]	14. 40±0. 64[bAB]	15. 25±0. 49[cB]
	42	18. 52±1. 37[a]	19. 75±1. 34[ab]	20. 28±1. 45[ab]	20. 85±1. 12[b]
	49	22. 27±1. 78	22. 37±2. 00	22. 90±1. 81	23. 17±1. 61
	56	25. 63±2. 14	25. 40±2. 26	25. 87±2. 25	26. 12±1. 15
小肠长度	21	161. 95±16. 28	163. 87±16. 08	165. 20±19. 04	166. 53±18. 06
	28	186. 83±19. 79	187. 28±18. 75	189. 85±20. 29	190. 63±19. 22
	35	228. 08±15. 04	232. 43±17. 43	230. 10±14. 61	231. 80±15. 85
	42	250. 12±18. 66	249. 10±19. 04	250. 65±16. 60	253. 43±16. 50
	49	284. 82±17. 87	283. 97±16. 36	283. 70±18. 01	284. 35±20. 39
	56	320. 57±10. 62	319. 97±14. 99	321. 30±14. 79	323. 67±18. 85

注：同行无字母或数据肩标相同字母表示差异不显著（$P>0.05$），不同小写字母表示差异显著（$P<0.05$），不同大写字母表示差异极显著（$P>0.01$）。以下各表同。

2.2 断奶日龄对小肠黏膜绒毛高度的影响

由表 3 可知，断奶显著影响肉兔 28 和 35d 十二指肠绒毛高度（$P<0.05$），对 42、49 和 56d 影响不显著（$P>0.05$），但随着断奶时间延迟，绒毛高度下降较少。断奶显著影响肉兔 28、35、42 和 49d 空肠绒毛高度（$P<0.05$），对 56d 影响不显著（$P>0.05$），也是随着断奶时间延迟，绒毛高度下降较少。断奶显著影响肉兔 28、35、4d 和 49d 回肠绒毛高度（$P<0.05$），对 56d 影响不显著（$P>0.05$）；可见，随着断奶时间延后，对绒毛高度影响逐渐下降，断奶后 2~3 周内小肠绒毛得到恢复。

表 3 断奶日龄对肉兔小肠绒毛高度的影响 （μm）

项目	屠宰日龄/d	断奶日龄			
		W21	W25	W28	W35
十二指肠	21	541. 22±35. 48	552. 14±29. 39	537. 48±22. 08	547. 58±31. 48
	28	454. 17±24. 81[aA]	501. 23±46. 98[bA]	594. 55±29. 71[cB]	588. 79±34. 62[cB]
	35	483. 65±45. 18[aA]	521. 57±25. 24[aA]	529. 57±31. 82[aA]	612. 87±41. 87[bB]
	42	555. 84±25. 16	567. 28±27. 31	588. 42±40. 42	577. 26±26. 39
	49	584. 17±31. 32[a]	602. 47±32. 18[ab]	627. 54±29. 30[b]	634. 18±29. 03[b]
	56	658. 57±52. 11	649. 87±57. 09	666. 27±68. 78	670. 20±57. 15

（续表）

项目	屠宰日龄/d	断奶日龄			
		W21	W25	W28	W35
空肠	21	331.65±21.11	325.98±26.72	339.26±20.25	334.55±23.53
	28	288.67±18.58[aA]	317.45±23.21[bA]	391.21±26.04[cB]	385.47±24.86[cB]
	35	292.58±19.51[aA]	306.52±24.17[aAB]	340.03±26.53[bB]	420.21±32.30[cC]
	42	342.57±25.48[a]	355.31±24.13[ab]	384.25±24.95[b]	367.78±21.96[ab]
	49	390.24±22.74[a]	412.24±29.24[ab]	425.22±22.51[b]	434.06±25.89[b]
	56	472.52±34.37	475.24±35.23	482.06±32.16	458.67±35.41
回肠	21	342.21±20.44	339.02±25.31	348.29±24.53	342.37±20.58
	28	279.64±19.90[aA]	302.11±31.08[aA]	370.21±22.04[bB]	378.29±29.49[bB]
	35	285.34±25.36[aA]	312.55±31.92[abA]	337.28±30.12[bA]	412.41±34.46[cB]
	42	346.58±16.70[a]	360.14±23.61[ab]	381.27±18.52[b]	367.01±17.18[ab]
	49	390.24±18.30[a]	418.02±29.30[ab]	423.68±22.39[b]	429.08±20.03[b]
	56	468.24±36.42	460.28±37.43	472.84±35.34	467.87±36.24

2.3 断奶日龄对小肠黏膜隐窝深度的影响

由表4可知，断奶日龄显著影响28和35d十二指肠隐窝深度（$P<0.05$），对42、49和56d隐窝深度无显著影响（$P>0.05$）；断奶日龄显著影响28、35和42d的空肠隐窝深度（$P<0.05$），对49和56d隐窝深度无显著影响（$P>0.05$）；断奶日龄对28d回肠隐窝深度的影响显著（$P<0.05$），对35、42、49和56d隐窝深度无显著影响。可见断奶日龄对小肠前段隐窝深度的影响要大于后段的影响，断奶后1~2周内小肠隐窝深度得到恢复，恢复时间快于绒毛高度。

表4　断奶日龄对肉兔小肠黏膜隐窝深度的影响　（μm）

项目	屠宰日龄/d	断奶日龄			
		W21	W25	W28	W35
十二指肠	21	152.34±12.66	156.35±14.26	159.57±11.67	155.69±12.30
	28	198.22±11.50[b]	188.65±10.77[ab]	172.65±24.78[a]	168.98±12.43[a]
	35	196.34±15.31[b]	192.65±13.80[b]	189.68±13.09[ab]	172.35±16.37[a]
	42	187.68±15.82	186.22±13.26	176.25±12.47	185.36±12.75
	49	186.98±21.67	188.01±13.31	180.48±13.11	175.69±15.53
	56	190.38±13.59	193.65±19.38	187.68±13.93	187.88±16.37

（续表）

项目	屠宰日龄/d	断奶日龄			
		W21	W25	W28	W35
空肠	21	110. 36±6. 89	113. 65±7. 13	108. 68±6. 81	109. 67±8. 25
	28	126. 38±10. 09[b]	120. 34±12. 40[ab]	111. 35±8. 08[a]	113. 04±6. 55[a]
	35	134. 21±8. 81[b]	124. 25±8. 86[ab]	126. 38±8. 41[ab]	116. 98±9. 48[a]
	42	121. 05±6. 62[ab]	116. 98±7. 26[a]	115. 02±7. 80[a]	128. 69±9. 56[b]
	49	122. 36±10. 88	123. 36±13. 31	119. 68±11. 44	120. 47±9. 25
	56	128. 67±12. 07	130. 27±11. 22	126. 39±12. 63	127. 69±9. 36
回肠	21	102. 36±6. 14	106. 38±6. 19	102. 57±6. 99	105. 37±7. 82
	28	118. 65±8. 91	114. 35±7. 30	109. 68±6. 81	111. 01±5. 77
	35	127. 69±5. 42[b]	119. 68±8. 88[ab]	120. 86±6. 20[ab]	114. 58±8. 62[a]
	42	118. 67±7. 84	115. 38±10. 13	114. 98±8. 77	120. 38±10. 43
	49	120. 39±7. 03	121. 57±7. 52	119. 27±7. 03	118. 57±7. 82
	56	123. 67±6. 14	125. 01±6. 86	123. 04±8. 24	122. 69±9. 17

2.4　断奶日龄对小肠绒毛高度/隐窝深度的影响

由表 5 可知，断奶日龄极显著影响十二指肠 28 和 35d 的 V/C（$P<0.01$），显著影响 49d 的 V/C（$P<0.05$），对 42 和 56d 无显著影响（$P>0.05$）；断奶日龄极显著影响空肠 28 、35 和 42d 的 V/C（$P<0.01$），对 49 和 56d 无显著影响（$P>0.05$）；断奶日龄极显著影响回肠 28 和 35d 的 V/C（$P<0.01$），对 42 、49 和 56d 无显著影响（$P>0.05$）。可见，断奶对肉兔小肠 V/C 的影响主要集中在断奶后 1~2 周内，断奶越早影响越大。

表 5　断奶日龄对肉兔小肠绒毛高度/隐窝深度的影响

项目	屠宰日龄/d	断奶日龄			
		W21	W25	W28	W35
十二指肠	21	3. 58±0. 48	3. 56±0. 46	3. 38±0. 30	3. 55±0. 45
	28	2. 30±0. 24[aA]	2. 66±0. 24[aA]	3. 50±0. 49[bB]	3. 50±0. 35[bB]
	35	2. 48±0. 36[aA]	2. 72±0. 21[aA]	2. 80±0. 22[aA]	3. 59±0. 46[bB]
	42	2. 98±0. 30	3. 07±0. 33	3. 36±0. 44	3. 13±0. 23
	49	3. 15±0. 30[a]	3. 21±0. 19[ab]	3. 48±0. 19[bc]	3. 63±0. 31[c]
	56	3. 46±0. 13	3. 40±0. 58	3. 56±0. 31	3. 60±0. 55

（续表）

项目	屠宰日龄/d	断奶日龄			
		W21	W25	W28	W35
空肠	21	3.01±0.22	2.88±0.36	3.13±0.30	3.06±0.26
	28	2.30±0.30^{aA}	2.67±0.41^{aA}	3.53±0.41^{bB}	3.42±0.26bB
	35	2.18±0.16^{aA}	2.48±0.30^{abAB}	2.71±0.33^{bB}	3.61±0.37^{cC}
	42	2.84±0.30^{aA}	3.04±0.14^{aAB}	3.35±0.26^{bB}	2.86±0.17^{aA}
	49	3.21±0.38	3.37±0.34	3.58±0.38	3.64±0.49
	56	3.72±0.58	3.69±0.59	3.84±0.41	3.83±0.51
回肠	21	3.35±0.22	3.20±0.33	3.42±0.48	3.27±0.37
	28	2.36±0.18^{aA}	2.65±0.27^{bA}	3.38±0.19^{Bc}	3.41±0.20^{Bc}
	35	2.23±0.17^{aA}	2.61±1.54^{bAB}	2.77±0.15^{bB}	3.63±0.51^{cC}
	42	2.94±0.30	3.15±0.42	3.33±0.30	3.07±0.27
	49	3.25±0.30	3.44±0.16	3.56±0.30	3.64±0.40
	56	3.79±0.34	3.70±0.43	3.86±0.37	3.83±0.44

3 讨论

3.1 断奶日龄对消化器官重量和小肠长度的影响

本研究发现，断奶日龄对28、35和42d的胃重、小肠重和盲肠重有着显著影响，断奶越早，同日龄消化器官越小，断奶越晚同日龄消化器官越大，49d后不同断奶日龄组消化器官重差异不显著，可见，肉兔存在补偿发育。Xccato等[8]研究发现18d断奶仔兔与30d断奶仔兔35d体重差异较大，但是50d活重差异不大，该研究从另外角度也验证了本试验结果，肉兔存在补偿发育生长，断奶日龄对于肉兔出栏阶段的体重不存在显著影响。本试验发现，断奶日龄对小肠长度无显著影响，可能小肠的局部生长有关，肉兔小肠发育可能优先发育长度，后发育黏膜结构。试验结果显示，肉兔肠道发育过程存在补偿生长，这为早期断奶提供了可能性。

3.2 断奶日龄对肉兔小肠黏膜发育的影响

本试验中，断奶日龄对28、35和42d肉兔小肠绒毛高度、隐窝深度和V/C有显著影响，断奶越早肠道黏膜绒毛高度越低，隐窝深度越深。断奶越晚肠道黏膜绒毛高度也减少，隐窝深度也增加，但是变化幅度较小。顾宪红等[9研究不同断奶日龄仔猪肠道发育规律时发现仔猪断奶越早，仔猪产肠黏膜受损越严重，恢复时间也越长，一般断奶后8~12d降至最低，随后恢复较快，仔猪和仔兔断奶后肠道黏膜发育类似。Bivolarski[10]研究也发现，在整个肉兔生长阶段，早期断奶和正常断奶兔的平均绒毛高度差异不显著，但是在断奶后第一天组间的绒毛高度和隐窝深度差异显著。本试验同时也发现，断奶日龄对56d肠道黏膜结构无显著影响，说明肉兔在断奶后经过2~3周时间后，肠道黏膜都得到恢复，但早期断奶组肉兔肠道黏膜恢复时间较长。

4　结论

（1）断奶日龄对肉兔肠道49d前发育有显著影响，对49d后无显著影响，早期断奶显著降低了小肠黏膜绒毛高度，增加隐窝深度；

（2）肉兔断奶日龄早组小肠黏膜受损重于断奶日龄晚组，断奶后一般需要2~3周才能恢复小肠黏膜结构。

参考文献（略）

原文发表于：动物营养学报，2016，28（1）：102-108

断奶日龄对仔兔胃肠道 pH 和消化酶活性的影响

卢垚[1,2]，宋代军[1]，郭志强[2,3*]，谢晓红[2]，雷　岷[2]，李丛艳[2]

（1. 西南大学动物科技学院，重庆　400715；2. 四川省畜牧科学研究院，成都　610066；
3. 动物遗传育种四川省重点实验室，成都　610066）

摘　要：本试验旨在研究断奶日龄对肉兔胃肠道 pH 和消化酶活性的影响。选择刚出生肉兔 90 窝，随机分成 3 组，每组 30 窝，分别在 21、28、35 日龄断奶，并在 21、28、35、42、49 日龄屠宰测定胃肠道各段的 pH 以及相关消化酶活性。结果表明：21 日龄断奶组仔兔在 28 日龄时，胃和十二指肠内容物的 pH 显著升高（$P<0.05$），28 日龄后随着日龄的增加，pH 又显著下降（$P<0.05$），另外随着断奶日龄的延迟，胃和十二指肠内容物的 pH 呈降低趋势，42 日龄后，各断奶日龄组间差异不显著（$P>0.05$）；21、28、35 日龄断奶组的胃蛋白酶和 21 日龄断奶组的十二指肠胰蛋白酶活性在断奶后一周显著降低（$P<0.05$），35 日龄后，各个断奶日龄组间差异不显著（$P>0.05$）；十二指肠淀粉酶、空肠和回肠的胰蛋白酶和淀粉酶活性随着断奶日龄的延迟而呈增加趋势，但差异不显著（$P>0.05$）；同时，这些酶的活性都会随着日龄增大而逐渐增加。可见，断奶日龄可影响仔兔胃肠道 pH 和消化酶活性，选择适宜的断奶日龄对仔兔胃肠道消化功能的发育至关重要。

关键词：断奶日龄；胃肠道 pH；酶活性；肉兔

集约化生产中，仔兔通常在 28~30 日龄断奶，实施早期断奶可以提供更高的经济效益，同时限制母兔与仔兔的接触，减少了病原菌的传播，降低消化道疾病的发生。同时，早期断奶也有不利影响，仔兔于 28 日龄断奶后出现采食量降低、生长受阻和死亡率增高[1]。早期断奶仔兔在育肥期活重较 35 日龄低[2]。Hudson 等[3]认为，早期断奶会损害母兔与仔兔的动物福利。通常认为断奶后 10~15d 是仔兔生长发育的关键时期，关于此阶段胃肠道 pH 和消化酶活性变化的研究具有很好的理论意义和实际研究价值。据查阅文献，国内外关于断奶日龄的研究，主要集中在仔猪方面，在肉兔方面的研究相对较少。

随着家兔集约化饲养的发展，为了提高母兔的繁殖性能，提高养殖场收益，早期断奶以及超早期断奶技术已经越来越多地被应用于实际生产，选择合适的断奶日龄降低应激反应的影响，对仔兔胃肠道消化功能的发育至关重要。本试验以新西兰肉兔为试验动物，研究断奶日龄对仔兔胃肠道 pH 和消化酶活性的影响，为完善肉兔早期断奶技术积累更多的资料。

资助项目：公益性行业（农业）科研专项（201303143）；国家兔产业技术体系（CARS-44-B-4）；家兔现代产业链关键技术集成研究与产业化示范（2016NZ0002）

作者简介：卢垚（1994—　），男，苗族，湖北恩施人，硕士研究生，主要从事动物营养与饲料科学研究，E-mail：1023457203@qq.com

* 同等贡献作者：郭志强（1981—　），男，河南安阳人，硕士，助理研究员，主要研究方向为肉兔养殖，E-mail：ygzhiq@126.com

1 材料与方法

1.1 试验动物的选择与分组

选择初生新西兰兔90窝，随机分为3个断奶日龄组，每组30窝。

1.2 试验设计

本试验采用单因素试验设计，试验因素为仔兔断奶日龄，仔兔分别于21d、28d和35d日龄断奶，并在21d、28d、35d、42d和49d 5个日龄点采样比较三个断奶组间的差异，每个采样点6个重复。

1.3 日粮配制

参照Lebas[7]（2008）推荐的营养水平和结合本地饲料资源设计，制成颗粒饲料。试验日粮组成及营养成分见表1。

表1 基础日粮组成和营养成分（风干基础）

项目	含量
原料组成,%	
苜蓿草粉	35.00
豆粕	10.20
玉米	15.50
全脂米糠	10.00
菜籽粕	5.60
麦麸	20.20
食盐	0.50
磷酸氢钙	1.20
石粉	0.70
预混料①	1.00
合计	100.00
营养成分②	
消化能，MJ（kg）	10.46
粗纤维,%	14.83
粗蛋白质,%	16.20
钙,%	1.03
总磷,%	0.67
L-赖氨酸,%	0.10
蛋氨酸+胱氨酸,%	0.62

① 预混料可为每千克全价料提供：铁100mg，铜20mg，锌90mg，锰30mg，镁150mg，维生素A 4 000IU，维生素D 31 000IU，维生素E 50mg，胆固醇1mg。② 消化能、L-赖氨酸和蛋氨酸+胱氨酸为计算值，依据法国INRA数据库提供的营养参数计算，其余为实测值.

1.4 饲养管理

试验母兔由专人管理，饲养管理一致，产仔当日通过寄养的方式使每只母兔均带养 8 只仔兔，哺乳期采用母仔分离饲养，仔兔每日 09：00 哺乳 1 次，喂奶时将仔兔放入母兔笼中，哺乳 10min 左右。16 日龄时仔兔开始补饲，自由采食饲喂。所有参试兔在 35 日龄当天打耳号，并根据体型大小和性别进行分群分笼饲养，60cm×60cm 笼位中饲喂 3 只仔兔。42 日龄时注射兔瘟-巴氏杆菌二联疫苗 1.5mL/只。仔兔一直饲喂肉兔日粮直至试验结束，所有兔自动饮水，兔舍每天清洁 1 次。

1.5 测定指标及方法

每组分别在 21d、28d、35d、42d 和 49d 随机选择 6 只兔，公母各半，于当日早上饲喂后 1h 进行屠宰，颈静脉放血处死后，立即打开腹腔，结扎幽门瓣、回盲瓣，将胃取出，将十二指肠、空肠和回肠分别结扎，按照解剖学特征小心剥离后取胃肠段内容物，分为两份，一份用于测定 pH，另一份液氮速冻后于 -20℃保存，待测定消化酶活性。

1.5.1 消化道酸度测定

仔兔屠宰后取胃肠段内容物，用 pH-25 型酸度计测定 pH。

1.5.2 消化酶活性测定

方法应用酶联免疫吸附法（ELISA），测定胃蛋白酶、十二指肠、空肠和回肠食糜的淀粉酶、胰蛋白酶活性含量。试剂盒购自南京建成生物工程研究所，按操作说明进行消化酶活性测定。

1.6 结果统计分析

试验数据采用 SPSS 17.0 统计软件进行单因素方差分析，Duncan's 法进行多重比较，以 $P<0.05$ 为差异显著性判断标准，结果用平均值±标准差表示。

2 结果

2.1 断奶日龄对仔兔消化道内容物 pH 的影响

由图 1 可知，断奶对胃和十二指肠内容物 pH 有显著影响，21 和 28 日龄组在断奶后一周胃内容物 pH 值显著升高（$P<0.05$），21 日龄组在断奶后一周十二指肠内容物 pH 值有升高趋势，但是差异不显著（$P>0.05$），35 日龄组断奶前后各肠段内容物 pH 值都无显著差异（$P>0.05$）；随着断奶日龄的延后，胃和十二指肠段内容物 pH 值呈降低趋势，21 日龄组在 28、35、42 日龄的胃和十二指肠内容物 pH 值显著高于 35 日龄组（$P<0.05$），28 与 35 日龄组间差异不显著（$P>0.05$）；另外断奶后随着日龄增加，胃和十二指肠内容物 pH 值逐渐降低，42 日龄后三个处理组间差异不显著（$P>0.05$）。空肠、回肠和盲肠 pH 断奶前后无显著差异（$P>0.05$）随着日龄增大，有下降趋势，但是差异不显著（$P>0.05$）。

2.2 断奶日龄对仔兔胃蛋白酶活性的影响

由图 2 可知，21、28 和 35 日龄组在断奶后一周胃蛋白酶活性显著降低；随着断奶日龄的延后，胃蛋白酶活性呈增加趋势，21 日龄组在 28 日龄的胃蛋白酶活性显著低于 28 和 35 日龄组（$P<0.05$）；另外断奶后随着日龄增大，胃蛋白酶活性又逐渐增加，42 日龄后 21、28 和 35 日龄组间差异不显著（$P>0.05$）。

2.3 断奶日龄对仔兔十二指肠酶活性的影响

由图 3 可知，断奶对十二指肠胰蛋白酶活性有显著影响，21 日龄组在断奶后一周十二指肠胰蛋白酶活性显著降低（$P<0.05$），28 和 35 日龄组在断奶前后十二指肠胰蛋白酶活性无显著差异（$P>0.05$），断

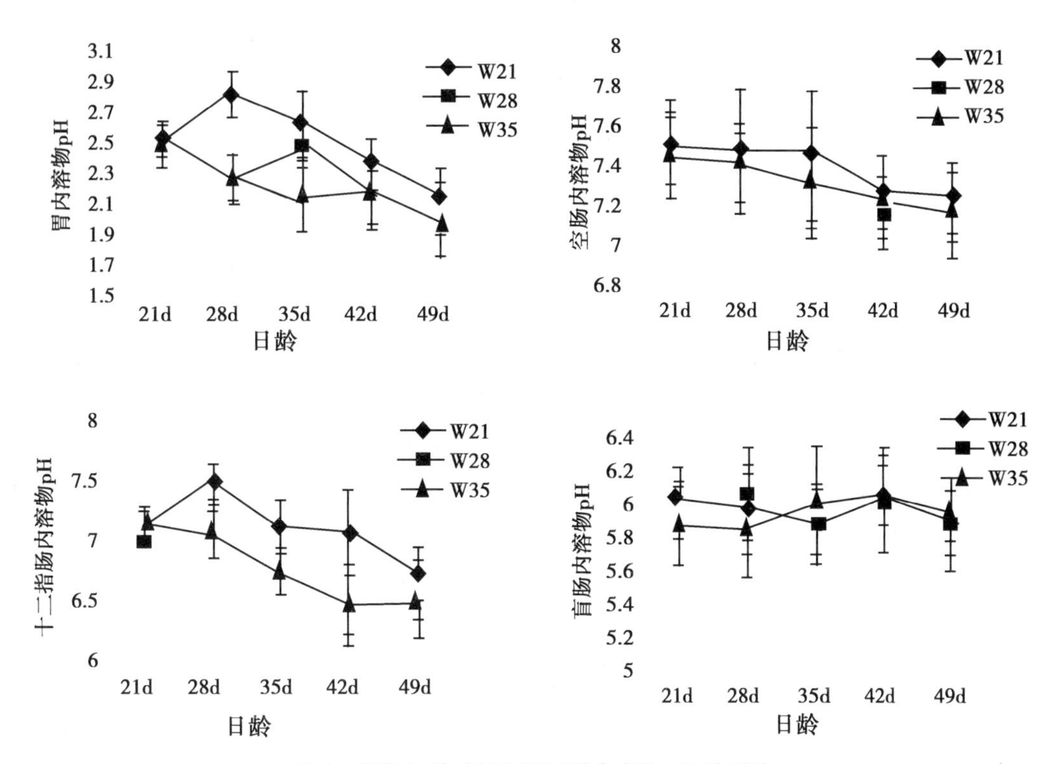

图 1　断奶日龄对仔兔胃肠道内容物 pH 的影响

注：图中 W 21、W 28 和 W35 表示断奶日龄为 21d、28d 和 35d

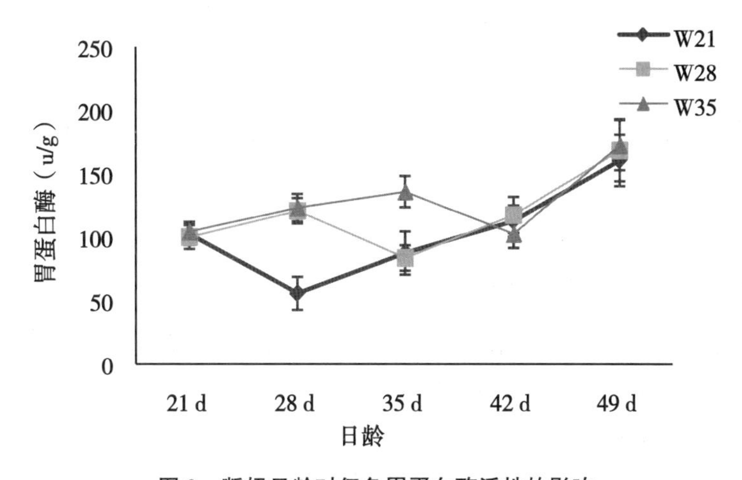

图 2　断奶日龄对仔兔胃蛋白酶活性的影响

奶对十二指肠淀粉酶活性影响不显著（P>0.05）；随着断奶日龄的延后，十二指肠胰蛋白酶和淀粉酶活性呈增加趋势，21 日龄组在 28 和 35 日龄的十二指肠胰蛋白酶活性显著低于 35 日龄组（P<0.05），也低于 28 日龄组，但差异不显著（P>0.05），21 日龄组在 28 日龄的淀粉酶活性显著低于 28 和 35 日龄组（P<0.05）。另外断奶后随着日龄的增大，十二指肠胰蛋白酶和淀粉酶活性呈增加趋势，42 日龄后各处理组间的胰蛋白酶活性差异不显著（P>0.05）。

2.4　断奶日龄对空肠酶活性的影响

由图 4 可知，断奶日龄越早，空肠胰蛋白酶活性越低，21 日龄组在 28 日龄的空肠胰蛋白酶活性显著低于 W35 组（P<0.05），与 28 日龄组差异不显著（P>0.05）；随着日龄的增大，空肠胰蛋白酶活性逐渐

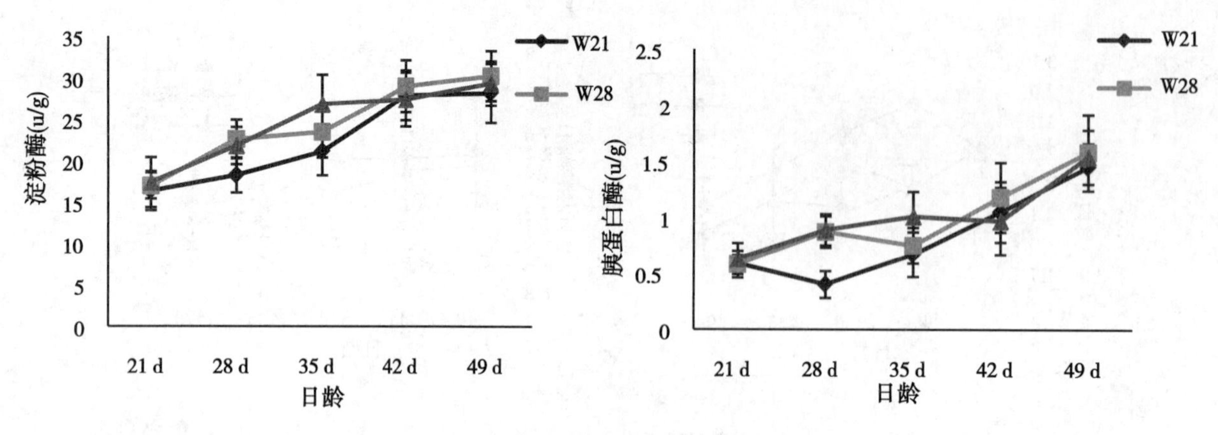

图 3　断奶日龄对十二指肠酶活性的影响

增加，28 日龄后三个处理间的差异不显著（$P>0.05$）。断奶对仔兔空肠淀粉酶活性无显著影响，三个断奶组在各日龄的淀粉酶活性差异都不显著（$P>0.05$）；而随着日龄的增大，空肠淀粉酶活性逐渐增加，42 日龄后的淀粉酶活性显著高于 28 日龄以前的淀粉酶活性（$P<0.05$）。

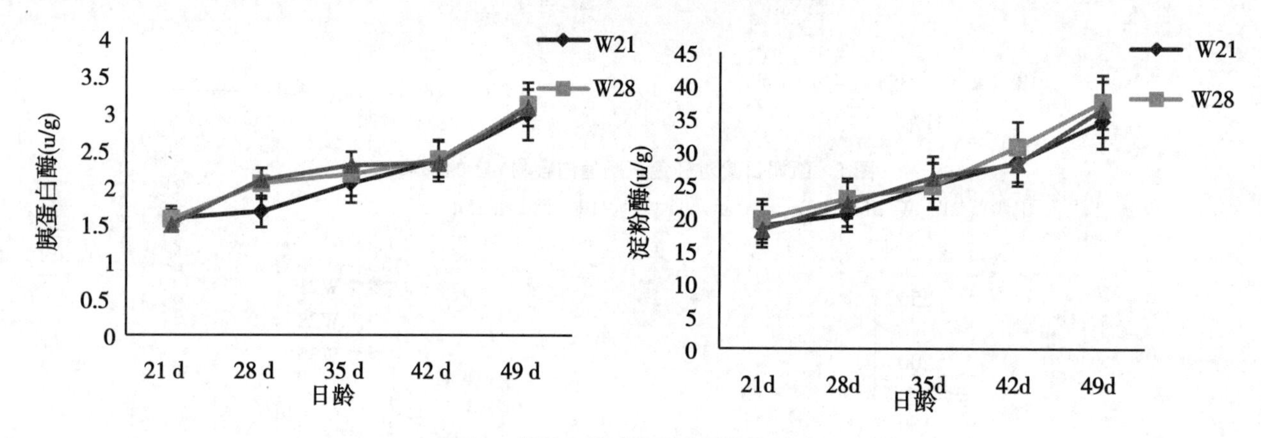

图 4　断奶日龄对空肠酶活性的影响

2.5　断奶日龄对仔兔回肠酶活性变化的影响

由图 5 可知，断奶日龄越早，回肠胰蛋白酶活性越低，21 日龄组在 28 日龄的回肠胰蛋白酶活性显著低于 35 日龄组（$P<0.05$），与 28 日龄组比较差异不显著（$P>0.05$）；随着日龄的增加，回肠胰蛋白酶活性逐渐增加，28 日龄后三个处理组间差异不显著（$P>0.05$）。断奶对回肠淀粉酶活性无显著影响，三个断奶组在各日龄时的淀粉酶活性都无显著差异（$P>0.05$），随着日龄的增加，回肠淀粉酶活性逐渐增加，42 日龄后的淀粉酶活性显著高于 28 日龄以前的淀粉酶活性（$P<0.05$）。

3　讨论

3.1　断奶日龄对仔兔消化道酸度的影响

断奶可影响胃肠道的酸碱环境。张振斌等[4]等发现仔猪断奶后，胃酸的分泌减少，使仔猪胃内 pH 值升高，在断奶后第一天表现尤为显著。断奶后胃内 pH 值升高是由于仔猪不具备分泌足够酸的能力或断奶仔猪采食量高于哺乳仔猪造成的[5]。本研究发现，仔兔在 21、28 日龄断奶后胃内容物 pH 值显著升高，分别在 28 和 35 日龄时达最大值，相比 28 和 35 日龄断奶，21 日龄断奶仔兔的十二指肠内容物 pH 值有升

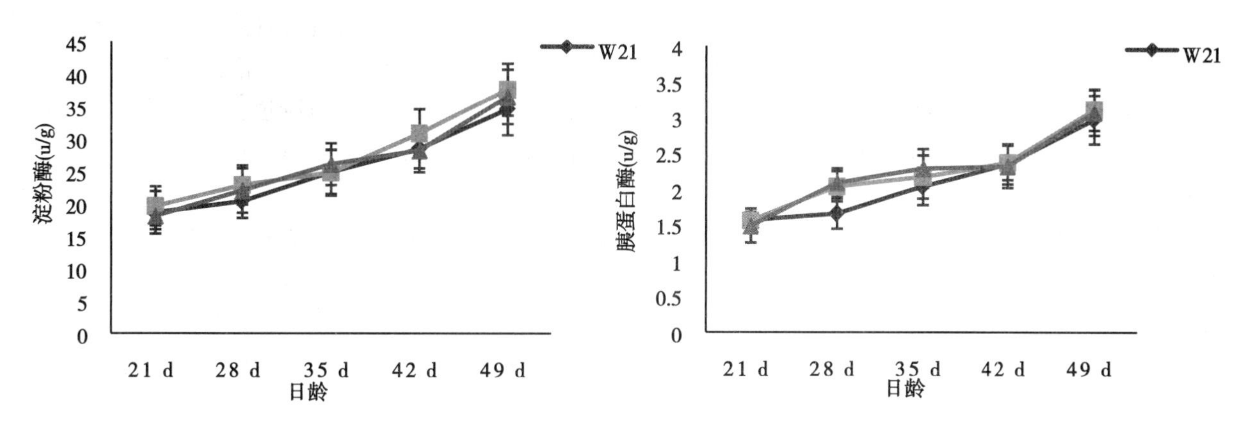

图 5　断奶日龄对回肠酶活性的影响

高趋势，各断奶日龄组仔兔断奶后空肠和回肠的 pH 值都没有显著变化，可见 21 日龄断奶对仔兔影响较大。由于肠液的分泌，同时断奶后胃中向肠道输送的食糜减少，故断奶后十二指肠食糜 pH 值升高。经过十二指肠对酸性食糜的中和作用，到达空场、回肠的未被消化的物质并不会引起这些肠段的 pH 值显著改变，本研究发现 21、28、35 日龄断奶仔兔盲肠 pH 值断奶后有不明显的降低趋势。这可能是由于断奶后固体日粮替代了母乳，盲肠微生物利用固体日粮中植物纤维产生一定的挥发性脂肪酸，使盲肠的 pH 值有不明显的下降。断奶后，胃和各肠段的 pH 值随着日龄的增大而降低。另外，仔兔断奶后胃和十二指肠 pH 值虽出现短暂的升高，但一周后随着日龄的增加，各肠段 pH 值都逐渐降低，经过 2~3 周时间，胃肠道 pH 值恢复正常。这与杨琳等[6]的研究报道相一致。这种变化是与仔兔消化功能的完善，对固体日粮的适应，肠道内微生物生态的平衡相适应的。另外 Efird 等[5]和张宏福等[7]还指出，断奶越早对仔猪胃内酸度的影响越大，断奶较迟的仔猪则不受影响。本试验也有相同结论，21 日龄断奶组仔兔胃和十二指肠的 pH 值在 21~49 日龄都高于 28 和 35 日龄断奶组。对早期断奶仔兔，可通过补充外源酸来避免因胃酸分泌不足导致的消化疾病，在仔猪方面有相关报道，陈佳力等[8]研究发现，日粮中添加 5 000mg/kg 苯甲酸显著降低了仔猪胃和结肠内容物的 pH 值，极显著降低了试验第 42d 仔猪尿液的 pH 值。但无论是何种酸，其添加效果都与断奶时间有关。许多资料均报道指出，酸制剂对早期断奶仔猪在断奶后头两周有效果，此后无明显效果[9]。这提示我们根据仔兔断奶日龄添加外源酸制剂可有效降低仔兔胃酸分泌不足对消化道 pH 的影响。

3.2　断奶日龄对仔兔胃肠道消化酶活性的影响

断奶可影响胃肠道的消化酶活性。Hedemann[10]等发现，28 日龄断奶仔猪基底黏膜组织内的胃蛋白酶活性短暂性下降，后随着日龄增大而增加，第 7d 恢复断奶前水平，胃内容物中胃蛋白酶活性下降不明显。在本试验中，仔兔在 21、28、35 日龄断奶后胃内容物中的胃蛋白酶活性显著降低。分别在 28、35、42 日龄时达最低值，之后随日龄增大而增加，这与上述报道结果相似。本研究发现，只有 21 日龄断奶组仔兔断奶后十二指肠胰蛋白酶显著降低，在其他断奶日龄或其他肠段均没有降低。由于 21 日龄断奶组仔兔十二指肠 pH 相比其他组和其他肠段高，pH 的差异可能导致胰蛋白酶活性变化。Gallois 等[11]也发现 21 日龄断奶仔兔胰蛋白酶活性在 21~28 日龄间显著降低，他分析认为这可能是小肠内容物的改变，和来源于植物性饲料的抗胰蛋白酶因子的作用。另外胰蛋白酶活性会随着日龄的增大呈增加趋势，事实上，在很多文献中，仔兔出生后胰蛋白酶活性变化过程变异很大。Debray 等[12]报道胰蛋白酶活性在 25~42 日龄间没有显著变化。Dojana[13]则报道首先在 15~42 日龄间其活性增加，随后保持稳定。

本研究发现仔兔在 21、28、35 日龄断奶后各肠段的淀粉酶活性都没有变化，但断奶后随着日龄的增大呈增加趋势。这可能是由于断奶后母乳被含淀粉固体日粮完全替代，淀粉的消化强烈刺激了仔兔的淀粉酶活性。Gutiérrez 等[14]也发现35日龄断奶仔兔胰腺产生更多的胰淀粉酶，其相比哺乳期仔兔有更高淀粉摄入量。但 Gidenne 等[15]和 Gallois 等[11]研究发现仔兔高淀粉摄入量有更低的淀粉酶活性。这些差异可能是由于采样的方法、时间和部位的不同导致。饲料中的其他成分也会影响仔畜胃肠道消化酶活性，杨维仁等[16]研究发现，哺乳期仔猪日粮中添加4%植物小肽可提高断奶仔猪胰脏中胃蛋白酶活性，提高十二指肠段脂肪酶和淀粉酶活性。

总之，仔兔断奶后胃肠道 pH 和消化酶活性的变化受多种因素的影响，对实施早期断奶的仔兔，必须供给容易消化吸收的日粮，要做到科学配料，合理搭配营养元素，另外有必要添加适量的外源酸来弥补仔兔胃酸分泌不足的特点，添加外源酶协助饲料消化，提高饲料消化率，添加益生素维护肠道健康，预防肠道疾病。

4 结论

（1）断奶显著提高了仔兔胃和十二指肠的 pH 值，断奶日龄越晚影响程度越小，断奶后随着日龄的增大，胃和十二指肠内容物 pH 逐渐降低。

（2）断奶显著降低了仔兔胃蛋白酶和十二指肠胰蛋白酶活性，断奶日龄越晚影响程度越小，断奶后随着仔兔日龄的增大，上述酶活性逐渐增加。综合考虑，28日龄断奶较21和35日龄断奶更为合理。

参考文献（略）

原文发表于：中国畜牧杂志，2017，53（7）：113-118

狮头鹅、四川白鹅和乌鬃鹅生产性能及消化道生理比较研究

颜莹莉，李孟孟，张　威，倪晓珺，杨　琳，王文策

（华南农业大学动物科学学院，广东广州　510642）

摘　要：本试验研究了狮头鹅、四川白鹅和清远乌鬃鹅三者在1~21和28~70日龄的生产性能和消化生理的差异。试验选用健康的1日龄的狮头鹅、四川白鹅以及清远乌鬃鹅各270只，每个品种6个重复，每个重复45只进行饲养，分别在1、7、14、21、28、42、56、70日龄每个品种屠宰2只，采集样品并测定生产性能、消化器官（肌胃和腺胃）和消化道（十二指肠、空肠、回肠、盲肠）的相对长度和相对重量、消化道脂肪酶、淀粉酶、胰蛋白酶的活性以及盲肠微生物的变化。结果发现，狮头鹅在1~21日龄和28~70日龄的ADG和F/G均极显著高于四川白鹅和乌鬃鹅（$P<0.01$），四川白鹅两个阶段的F/G极显著低于乌鬃鹅（$P<0.01$）；三种鹅的十二指肠的相对重量和相对长度在1~21日龄之间差异不显著，42日龄、70日龄时四川白鹅的十二指肠相对重量显著高于其他鹅（$P<0.05$）；整个阶段空肠的酶活显著高于十二指肠，1~21日龄胰蛋白酶的活性先升高后降低、淀粉酶呈现缓慢增长的趋势。

关键词：狮头鹅；四川白鹅；乌鬃鹅；生产性能；消化生理

狮头鹅是我国现存稀有的大型鹅种，也是世界最大型鹅种之一，具有体型大、适应性广、抗逆性强、耐粗饲、生长速度快等特点。四川白鹅是我国优良的地方畜禽资源保护品种，位列白鹅保护品种之首。清远乌鬃鹅也是一种具有鲜明地方特色的珍稀鹅种，最明显的特征是从头顶部至颈部有一条黑色羽毛带，翼羽、背羽和尾羽都呈黑色。乌鬃鹅骨细肉嫩，富含蛋白质，胸肌和皮下脂肪较少，食而不腻，特别适宜粤派烤鹅以及各种高级餐菜，是出口、接待外宾的佳品[1]。

鹅可以采食粗纤维含量较高的饲草来满足自身生长的需要，不仅可以增加消化酶、胆汁酸等的分泌，而且可以提高营养物质的消化率及生长性能[2]。目前，较多研究集中于饲粮中不同粗纤维水平对鹅消化率的影响。实际上，鹅的品种及日龄等因素，均可造成鹅对粗纤维利用率的差异；同时，研究表明，不同品种鹅对机体的脂质代谢也有密切关系[3,4]。因此，对于不同品种鹅消化生理的比较研究有助于揭示不同品种鹅的生理代谢差异，进一步深入开展各种营养素对鹅营养价值评定的研究。本文旨在比较研究三种不同鹅生长阶段消化器官的酶活力、器官指数以及盲肠微生物菌群的变化规律，为揭示不同鹅的消化生理规律提供基础性的数据，同时为不同地方鹅品种的饲养、饲粮配制和生产管理提供参考。

1　材料和方法

1.1　试验设计及饲粮组成

本试验选用健康的1日龄的狮头鹅、清远乌鬃鹅和四川白鹅。每个品种设计6个重复，每个重复45

基金项目：国家现代农业产业技术体系水禽产业技术体系（nycytx-45-09）；公益性行业科研专项（201303143）；教育部博士点新教师联合资助基金（20134404120024）

只。由于本试验涉及 3 种不同地方品种故采用购买纯种种蛋进行自行孵化。

小鹅阶段（1~21 日龄）每个品种设计 6 个重复，每个重复 45 只。分组时保持组间初重差异不显著（$P>0.05$）。

大鹅阶段（28~70 日龄）处理同小鹅阶段。在恢复期后每个品种随机挑选体重相近的 20 只进行试验。整个试验期 3 种鹅均采食相同的饲粮，饲粮参照 NRC（1994）家禽营养需要和狮头鹅、马冈鹅其他相关研究并结合实际生产进行配制。所有处理全部采食同一种饲粮。两个阶段的饲粮配方以及营养水平见表 1。

表 1　试验饲粮配方组成及营养水平

原料名称	0~3 周龄 配比（%）	4~10 周龄 配比（%）	营养成分	0~3 周龄 营养水平	4~10 周龄 营养水平
玉米（2 级 7.8%）	60.00	60.00	代谢能（MJ/kg）	12.37	11.84
大豆粕（2 级 43%）	18.50	9.39	粗蛋白（%）	19.8	15.29
玉米蛋白粉	7.60	4.00	赖氨酸（%）	1.33	0.8
DL-蛋氨酸	0.12	0.13	蛋氨酸（%）	0.44	0.36
L-赖氨酸盐酸盐 98.5%	0.78	0.35	蛋+胱氨酸（%）	0.75	0.61
小麦麸（1 级 15.7%）	8.10	20.58	精氨酸（%）	1.03	0.8
磷酸氢钙	2.19	2.35	钙（%）	0.93	0.91
食盐	0.35	0.35	总磷（%）	0.75	0.81
脂肪粉	1.25	1.85	非植酸磷（%）	0.5	0.53
石粉	1.00	0.90	食盐（%）	0.42	0.42
多维	0.04	0.04	粗纤维（%）	2.76	2.95
禽矿	0.07	0.07	粗脂肪（%）	4.42	5.13
合计	100.00	100.00			

1.2　试验管理

本试验在广东省汕头市白沙禽畜原种研究所进行。育雏舍为全封闭式栏舍，小鹅阶段 0~3 周龄采用网上平养方式。大鹅阶段 4~10 周龄的鹅采用地面平养方式，均分栏饲养，试验期为 70 天。试验鹅自由采食和饮水，自由活动。试验期间记录环境温度和湿度。记录采食情况和观察试验鹅行为表现，对出现的异常情况做及时处理。每天观察鹅的健康情况，做好鹅只发病、死亡情况记录，及时淘汰病鹅，并回称该栏余料及淘汰鹅重量。

1.3　测定指标及方法

试验结束时统计计算平均日增重（ADG）、平均日采食量（ADFI）和料重比（F/G）。在 1、7、14、21、28、42、56、70 日龄时每个重复随机挑选 2 只接近平均体重的鹅进行屠宰取样，称量各肠段重量和长度，并分别收集腺胃、十二指肠、空肠、回肠，盲肠内容物用于测定胃蛋白酶，脂肪酶，淀粉酶，纤维素酶，木聚糖酶等的活性。

采集胰脏保存于液氮，后期测定胰蛋白酶、胰脂肪酶和胰淀粉酶的活性。消化道内容物以及消化器官的酶活性均采用南京建成生物工程研究所生产的试剂盒进行测定。

盲肠内容物稀释后接种于平板，再次稀释后接种于相应培养基。大肠杆菌接种于麦康凯培养基平皿上，乳酸杆菌接种于 MRS 琼脂培养基平皿上，双歧杆菌接种于 TPY 琼脂培养基平皿上。麦糠该培养基购自天晋生物科技有限公司，MRS、TPY 琼脂培养基购自青岛海博生物技术有限公司。

1.4 数据处理

采用 SASS9.0 进行统计分析，应用 ANOVA 进行方差分析，用 DUNCAN 程序作显著性检验，试验数据采用平均差±标准误表示。

2 结果分析

2.1 狮头鹅、四川白鹅和乌鬃鹅生产性能的对比分析

由表 2 可知，在小鹅阶段（0~3 周）和大鹅阶段（4~10 周）3 种鹅的 ADG、ADFI 和 F/G 都差异极显著（$p<0.01$）。

0~3 周龄：狮头鹅、四川白鹅、乌鬃之间的 ADFI 差异极显著（$p<0.01$），其中狮头鹅的数值最大，比四川白鹅的 ADFI 高 37.7%。同时，狮头鹅的 ADG 极显著高于四川白鹅和乌鬃鹅（$p<0.01$）。耗料增重比方面，三者依然差异极显著（$p<0.01$），狮头鹅的（1.86）最低，乌鬃鹅（2.36）最高。

4~10 周龄：狮头鹅的 ADFI 极显著的高于四川白鹅和乌鬃鹅（$p<0.01$），但四川白鹅和乌鬃鹅之间差异不显著。三种鹅的 ADG 依然差异极显著，其中狮头鹅的 ADG 极显著高于四川白鹅和乌鬃鹅（$p<0.01$）。耗料增重比 3 者也是差异极显著（$p<0.01$），狮头鹅最小（4.07），乌鬃鹅最大（7.07）。

表 2 三种鹅试验期的生长性能对比（n=6）

阶段	品种	ADFI（g）	ADG（g）	F/G
1~21 日龄	狮头鹅	$130.65±1.25^{a}$	$70.06±0.75^{a}$	$1.86±0.01^{c}$
	四川白鹅	$94.88±1.04^{c}$	$47.06±0.51^{b}$	$2.02±0.02^{b}$
	乌鬃鹅	$108.43±0.90^{b}$	$46.01±0.63^{b}$	$2.36±0.02^{a}$
28~70 日龄	狮头鹅	$363.2±4.30^{a}$	$89.21±1.07^{a}$	$4.07±0.06^{c}$
	四川白鹅	$227.81±2.24^{b}$	$47.56±0.85^{b}$	$4.79±0.07^{b}$
	乌鬃鹅	$232.86±2.73^{b}$	$32.94±0.55^{c}$	$7.07±0.12^{a}$

注：表中数据为平均值±标准误。同列肩标大写字母不同表示差异显著（$p<0.05$）、小写字母不同表示差异极显著（$p<0.01$）

2.2 消化道和消化器官指标

三种鹅不同肠段相对重量和相对长度分析结果见表 3 和表 4。

表 3 三种鹅不同肠段相对重量对比（n=6）

日龄	品种	十二指肠（%）	空肠（%）	回肠（%）	盲肠（%）
1 日龄	狮头鹅	3.36±0.18	$12.74±0.27^{a}$	1.59±0.14	0.72±0.05
	四川白鹅	4.23±0.39	$10.79±0.48^{b}$	1.77±0.21	0.94±0.19
	乌鬃鹅	3.8±0.21	$12.19±0.70^{ab}$	1.82±0.06	0.68±0.06

（续表）

日龄	品种	十二指肠（%）	空肠（%）	回肠（%）	盲肠（%）
7日龄	狮头鹅	5.07±0.15	18.15±0.59	1.90±0.03	0.77±0.05
	四川白鹅	5.18±0.28	17.63±0.95	1.84±0.12	0.75±0.09
	乌鬃鹅	4.71±0.19	18.52±0.66	1.96±0.13	0.98±0.10
14日龄	狮头鹅	3.64±0.14	15.6±0.64A	1.59±0.04	0.86±0.02
	四川白鹅	3.72±0.24	14.0±0.38B	1.49±0.12	1.26±0.07
	乌鬃鹅	3.46±0.21	15.9±0.36A	1.74±0.10	1.17±0.15
21日龄	狮头鹅	3.51±0.21	14.1±0.40B	1.42±0.09	1.49±0.09A
	四川白鹅	3.80±0.15	13.7±0.52B	1.51±0.14	1.15±0.05B
	乌鬃鹅	3.90±0.18	16.0±0.69A	1.69±0.09	1.17±0.13B
28日龄	狮头鹅	3.82±0.18	16.18±0.61	1.81±0.09	1.29±0.12
	四川白鹅	4.04±0.06	14.38±0.73	1.66±0.11	1.48±0.10
	乌鬃鹅	4.14±0.15	15.82±0.31	1.73±0.10	1.38±0.10
42日龄	狮头鹅	3.78±0.13B	15.3±0.49A	1.95±0.12	1.72±0.15A
	四川白鹅	4.83±0.39A	13.1±0.65B	1.95±0.23	1.57±0.07B
	乌鬃鹅	4.17±0.20AB	14.16±0.36AB	1.49±0.05	1.57±0.06B
56日龄	狮头鹅	4.54±0.12	13.62±0.47	1.65±0.13	1.49±0.12
	四川白鹅	4.51±0.23	15.22±0.65	1.90±0.22	1.65±0.16
	乌鬃鹅	4.56±0.23	14.91±0.67	1.73±0.15	1.95±0.09
70日龄	狮头鹅	4.56±0.23	15.02±0.53	1.70±0.18	1.80±0.09
	四川白鹅	5.76±0.31A	18.33±1.41	1.60±0.09	1.73±0.14
	乌鬃鹅	5.50±0.23AB	17.99±0.86	1.90±0.09	1.76±0.11

注：数值为平均值±标准误。同列肩标大写字母不同表示差异显著（p<0.05）、小写字母不同表示差异极显著（p<0.01）

由表3可知，3种鹅的十二指肠的相对重量在42日龄时才有显著的差异（$p<0.05$），狮头鹅要显著低于白鹅（$p<0.05$），乌鬃鹅和前两者差异不显著（$p>0.05$）。70日龄时，乌鬃鹅同其他2种鹅差异不显著（$p>0.05$），白鹅显著高于狮头鹅（$p<0.05$）。其他日龄未见明显差异的情形。

空肠相对重量方面，1日龄时白鹅的空肠相对重量极显著小于狮头鹅（$p<0.01$），乌鬃鹅同其他两种鹅差异不显著；14日龄时狮头鹅和乌鬃鹅之间的空肠相对重量差异不显著但均显著高于白鹅（$p<0.05$）；21日龄时狮头鹅和白鹅之间差异不显著（$p>0.05$），但是均显著低于乌鬃鹅；42日龄时乌鬃鹅同其他两种鹅差异不显著（$p>0.05$），狮头鹅要显著高于白鹅（$p<0.05$）。其他日龄未见显著差异。

在整个试验期间未见到3种鹅的回肠的相对重量有明显的差异性变化，从数据分析得之全阶段变化都差异不显著（$p>0.05$）。

盲肠相对重量在21、42日龄时白鹅同乌鬃鹅2者差异不显著（$p>0.05$）但是都显著（$p<0.05$）地低于狮头鹅。

表 4　三种鹅不同肠段相对长度对比（n=6）

日龄	品种	十二指肠（%）	空肠（%）	回肠（%）	盲肠（%）
1 日龄	狮头鹅	17.26±0.45	65.29±0.73	8.92±0.50	8.51±0.30
	四川白鹅	18.54±0.73	63.35±0.66	9.23±0.38	8.71±0.38
	乌鬃鹅	18.39±0.59	64.66±0.89	8.95±0.42	8.48±0.32
7 日龄	狮头鹅	17.43±0.36	69.33±0.68	7.41±0.34	7.59±0.37
	四川白鹅	17.88±0.43	67.47±0.73	7.88±0.31	8.52±0.32
	乌鬃鹅	17.40±0.50	69.08±0.77	7.51±0.50	7.92±0.30
14 日龄	狮头鹅	17.54±0.28	69.00±0.66	7.51±0.27	7.69±0.29
	四川白鹅	17.43±0.45	67.99±0.76	7.91±0.47	9.07±0.47
	乌鬃鹅	17.10±0.35	68.90±0.44	7.83±0.29	7.55±0.27
21 日龄	狮头鹅	17.79±0.21	$68.77±0.61^{a}$	7.60±0.15	$9.84±0.46^{a}$
	四川白鹅	17.49±0.49	$65.65±0.64^{b}$	8.34±0.50	$8.13±0.28^{b}$
	乌鬃鹅	17.94±0.27	$68.24±0.26^{a}$	7.87±0.23	$8.02±0.39^{b}$
28 日龄	狮头鹅	17.52±0.53	69.05±0.57	7.71±0.46	$8.26±0.31^{B}$
	四川白鹅	18.18±0.40	68.02±0.73	8.50±0.31	$9.82±0.17^{A}$
	乌鬃鹅	16.80±0.64	69.75±0.70	8.75±0.34	$8.60±0.30^{B}$
42 日龄	狮头鹅	$16.74±0.31^{B}$	69.31±0.31	7.89±0.20	8.89±0.33
	四川白鹅	$17.63±0.30^{AB}$	68.56±0.26	7.79±0.30	8.76±0.25
	乌鬃鹅	$18.15±0.28^{A}$	69.12±0.39	7.18±0.18	8.82±0.22
56 日龄	狮头鹅	17.00±0.07	$68.92±0.37^{A}$	8.01±0.35	$9.12±0.18^{B}$
	四川白鹅	17.79±0.81	$66.56±0.58^{B}$	8.80±0.62	$10.18±0.53^{A}$
	乌鬃鹅	18.10±0.34	$66.30±0.79^{B}$	8.97±0.89	$9.58±0.35^{B}$
70 日龄	狮头鹅	17.12±0.37	69.59±0.49	6.93±0.25	8.65±0.34
	四川白鹅	18.43±0.69	68.54±0.97	7.26±0.17	9.81±0.44
	乌鬃鹅	18.53±0.35	68.18±0.68	7.62±0.36	9.53±0.41

注：数值为平均值±标准误。同列肩标大写字母不同表示差异显著（$p<0.05$）、小写字母不同表示差异极显著（$p<0.01$）

由表 4 可知，3 种鹅的十二指肠的相对长度在 42 日龄时出现显著性差异（$p<0.05$），狮头鹅的十二指肠相对长度显著的小于乌鬃鹅（$p<0.05$），白鹅同前两者差异不显著（$p>0.05$）。其他它日龄未见显著差异。

空肠相对长度方面，在 21 日龄出现极显著差异（$p<0.01$），狮头鹅和乌鬃鹅之间不显著但是都极显著高于白鹅（$p<0.01$）。在 56 日龄时狮头鹅的空肠相对长度要显著高（$p<0.05$）于其他 2 种鹅。其他日龄未见显著差异。

在整个试验期间未见到 3 种鹅的回肠的相对长度有明显的差异性变化，从数据分析得之全阶段变化都差异不显著（$p>0.05$）。

盲肠相对长度方面，在 21 日龄时白鹅同乌鬃鹅两者差异不显著（$p>0.05$）但都显著低于狮头鹅（$p<0.05$）。28、56 日龄时都是白鹅显著（$p<0.05$）地高于其他 2 种差异不显著的鹅。

2.3 消化道酶活性变化

三种鹅十二指肠、空肠、胰脏中酶活性比对分析结果见表5。

表5 三种鹅7日龄消化道酶活性变化（n=6）

消化器官	酶名称	狮头鹅	白鹅	乌鬃鹅
十二指肠	淀粉酶（U/g）	1.01±0.01	0.81±0.10	0.98±0.11
	脂肪酶（10^2U/g）	9.61±1.09^B	15.86±0.97^A	17.56±1.68^A
	胰蛋白酶（10^2U/g）	41.97±1.63	35.83±4.81	37.89±5.80
空肠	淀粉酶（U/g）	2.03±0.15	1.83±0.11	1.48±0.16
	脂肪酶（10^2U/g）	9.98±0.67^b	11.12±0.72^b	20.17±2.08^a
	胰蛋白酶（10^2U/g）	64.79±6.60	66.97±4.43	48.30±3.98
胰脏	淀粉酶（U/g）	0.89±0.02	0.91±0.16	1.05±0.03
	脂肪酶（10^2U/g）	24.46±4.00	19.13±6.26	26.52±2.27
	胰蛋白酶（10^2U/g）	18.69±1.09^a	12.36±1.96^b	10.39±0.85^c
	腺胃胃蛋白酶（U/g）	7.46±0.08	5.52±0.43	6.20±0.84

注：数值为平均值±标准误。同行肩标大写字母不同表示差异显著（$p<0.05$）、小写字母不同表示差异极显著（$p<0.01$）

由表5可以得出7日龄3种鹅的消化道酶活性变化：十二指肠相关酶活性方面，白鹅同乌鬃鹅2者的脂肪酶活差异不显著（$p>0.05$），但都显著地高于狮头鹅（$p<0.05$）。

空肠相关酶活性方面：狮头鹅和白鹅2者的脂肪酶活性差异不显著（$p>0.05$），但都极显著地低于乌鬃鹅（$p<0.01$）。

胰脏的胰蛋白酶活性3者差异极显著（$p<0.01$），狮头鹅的活性最高，乌鬃鹅的活性最低。胰脏的其他相关酶活性和胃蛋白酶活性都未见显著性差异。

表6 三种鹅21日龄消化道酶活性变化（n=6）

消化器官	酶名称	狮头鹅	白鹅	乌鬃鹅
十二指肠	淀粉酶（U/g）	0.99±0.12	0.75±0.07	0.90±0.21
	脂肪酶（10^2U/g）	7.39±1.31	6.80±0.96	9.40±2.46
空肠	淀粉酶（U/g）	1.73±0.30	1.74±0.15	1.44±0.06
	脂肪酶（10^2U/g）	11.76±2.32^a	5.15±0.51^b	4.66±0.92^b
胰脏	淀粉酶（U/g）	0.75±0.08	0.73±0.04	0.82±0.04
	脂肪酶（10^2U/g）	18.30±2.94^a	12.48±1.89^b	12.74±1.18^b

注：数值为平均值±标准误。同行肩标大写字母不同表示差异显著（$p<0.05$）、小写字母不同表示差异极显著（$p<0.01$）

由表6可见21日龄时3种鹅的消化道相关酶活性变化情况：21日龄时只有白鹅同乌鬃空肠和胰脏的脂肪酶活性极显著地低于狮头鹅（$p<0.01$），其他的酶活性都未见显著性的差异。

表7　三种鹅42日龄消化道酶活性变化（n=6）

消化器官	酶名称	狮头鹅	白鹅	乌鬃鹅
十二指肠	淀粉酶（U/g）	0.91±0.06	0.83±0.09	0.96±0.14
	脂肪酶（10^2U/g）	6.33±0.82	5.53±0.75	6.35±0.92
	胰蛋白酶（10^2U/g）	29.80±3.52	15.52±2.47	27.18±7.93
空肠	淀粉酶（U/g）	1.65±0.13	1.57±0.13	1.55±0.13
	脂肪酶（10^2U/g）	14.72±0.72	9.61±0.47	8.13±0.84
	胰蛋白酶（10^2U/g）	72.63±5.61	72.80±5.37	62.54±7.28
胰脏	淀粉酶（U/g）	0.59±0.04	0.62±0.02	0.65±0.04
	脂肪酶（10^2U/g）	21.26±2.40^{A}	13.31±1.09^{B}	17.76±1.71^{AB}
	胰蛋白酶（10^2U/g）	13.17±0.30^{a}	4.03±0.74^{b}	19.28±1.54^{a}
	腺胃胃蛋白酶（U/g）	42.56±2.99^{a}	39.19±2.18^{b}	21.48±2.43^{c}

注：数值为平均值±标准误。同行肩标大写字母不同表示差异显著（$p<0.05$）、小写字母不同表示差异极显著（$p<0.01$）

由表7可以得知42日龄时3种鹅的消化道相关酶活性变化情况：十二指肠和空肠的相关酶活性未见显著性的差异。

胰脏相关酶活性：狮头鹅脂肪酶活性要显著高于白鹅（$p<0.05$），乌鬃鹅同狮头鹅和白鹅都差异不显著（$p>0.05$）。胰蛋白酶活性则是狮头鹅和白鹅极显著地高于白鹅（$p<0.01$）。

胃蛋白酶活性方面3者差异极显著，狮头鹅最高，乌鬃鹅最低。

表8　三种鹅70日龄消化道酶活性变化（n=6）

消化器官	酶名称	狮头鹅	四川白鹅	乌鬃鹅
十二指肠	淀粉酶（U/g）	0.50±0.09^{b}	1.09±0.14^{a}	0.52±0.07^{b}
	脂肪酶（10^2U/g）	7.33±1.33	10.59±2.60	6.33±0.81
	胰蛋白酶（10^2U/g）	10.31±1.14^{B}	34.38±8.05^{A}	21.99±4.15^{AB}
空肠	脂肪酶（10^2U/g）	4.45±1.36	4.47±1.01	5.42±0.38
	胰蛋白酶（10^2U/g）	58.46±9.23^{A}	40.03±7.60^{AB}	24.46±5.07^{B}
胰脏	脂肪酶（10^2U/g）	26.08±8.0^{a}	7.47±1.35^{b}	12.84±3.06^{b}
	胰蛋白酶（10^2U/g）	21.26±2.33^{a}	4.14±0.73^{b}	17.66±2.23^{a}
	腺胃胃蛋白酶（U/g）	15.38±0.58^{a}	5.76±0.47^{c}	11.89±0.72^{b}

注：数值为平均值±标准误。同行肩标大写字母不同表示差异显著（$p<0.05$）、小写字母不同表示差异极显著（$p<0.01$）

由表8可知，70日龄狮头鹅和乌鬃鹅十二指肠淀粉酶活性差异不显著，但均极显著地低于四川白鹅（$p<0.01$）。四川白鹅胰蛋白酶活性显著高于狮头鹅（$p<0.05$），乌鬃鹅同其他两种鹅差异不显著。

狮头鹅空肠胰蛋白酶活性显著高于乌鬃鹅（$p<0.05$），四川白鹅同狮头鹅、乌鬃鹅差异均不显著。

四川白鹅和乌鬃鹅胰脏中脂肪酶活性均极显著地低于狮头鹅（$p<0.05$）。狮头鹅同乌鬃鹅的胰蛋白酶活性差异不显著，但均极显著高于白鹅（$p<0.01$）。

三种鹅胃蛋白酶的活性差异极显著（$p<0.01$），以狮头鹅最高，白鹅最低。

3 讨论

鹅能较好利用含粗纤维的饲粮，因此大部分的研究都是集中于饲粮的纤维水平和纤维类型以及添加不同的精粗料比例对不同种类鹅的生产性能的影响。本试验的狮头鹅在 1～21 日龄（饲粮代谢能 12.37 MJ/kg，粗蛋白质水平 19.8%）的耗料增重比为 1.86，极显著地优于其他 2 种鹅，同张楚吾等[5]报道的 1～21 日龄的狮头鹅在饲料代谢能为 12.13MJ/kg，粗蛋白质水平为 20%时可以获得耗料增重比最低的 1.81 的最佳生产性能相吻合。

动物消化器官生长发育得好坏在很大程度上决定着动物生长得快慢。对动物消化器官的生长发育和体重增长情况进行结合性分析，可以为家禽育种和营养科学提供理论基础和科学依据。何大乾等[6]通过饲养和屠宰试验对 0～9 周龄肉鹅消化器官的生长发育规律作了初步探讨。试验测定了各消化器官长度和重量，结果表明：各消化器官相对重量以 1 周龄时最大，以后逐周降低。消化道长度的增长速率远低于同期重量的增加。5 周龄后，各消化器官重量和长度变化均不大。龚绍明等[7]研究也发现消化道各段长度与总消化道长度的比值均无明显变化。

无论从狮头鹅的回肠相对重量，肌胃、腺胃、肝脏的相对重量，还是从它们的绝对重量和长度数据分析，三种鹅都是在 2 周龄开始快速升高，在 4 周龄左右达到最高值，4 周龄之后至 10 周龄处于相对稳定的水平，而狮头鹅的体重在 4～6 周龄时增速最快，说明消化器官的发育要先于动物本身身体的发育。这同曾凡同[8]提到的消化器官的生长发育领先于体重的增长，也同 Nitsan et al.[9]发现的只有在消化器官相对生长速度达到高峰后，肉鸭相对体重才继而达到高峰是相一致的。杜金平等[10]通过对 2～16 周龄的湖北白鹅进行屠宰测定，观测了免疫器官、消化器官的生长发育规律，发现 4～8 周龄时鹅表现出明显的生长优势，而肌胃、腺胃、小肠、盲肠、直肠的增长优势出现在 2～4 周。

本试验试验后期盲肠直肠增长没有显著的差异，可能是由于本试验饲养过程中全部采用的是饲喂全价料，没有适时地添加青粗饲粮以刺激盲肠的粗纤维分解功能而导致狮头鹅盲肠的生长发育在 21 日龄后虽有差异但不显著。乌鬃鹅的盲肠相对长度同其体重增长速度和消化器官增长速度未见显著性的联系，可能同乌鬃鹅特殊的品种有关，还待进一步的细致化、差异化的研究。

消化酶活性受到多方面因素的影响，和动物的品种、年龄饲粮的营养水平都有关[11-12]。从本试验的结果来看，1～21 日龄空肠段的淀粉酶、脂肪酶、胰蛋白酶活性均大于十二指肠段，这一点与以往研究相似[13-18]。70 日龄时白鹅的十二指肠相关酶活性在 3 种鹅最高，呈极显著的差异（$p<0.01$），空肠和胰脏相关酶活性依然表现出狮头鹅和乌鬃鹅高于白鹅的总体趋势。这个结果同 3 种鹅的相对增重速度也是基本吻合。

综合本研究数据，狮头鹅在 2 个不同生长期以及全阶段的生产性能均显著优于另外 2 种鹅。三种鹅消化道发育速度在 4 周龄之前较快，4～10 周龄趋于平稳。

参考文献（略）

原文发表于：《农业现代化研究》，2015（5）：895-900

育肥鸭饲料脂肪酸组成的研究

李孟孟，翟双双，谢　强，叶　慧，王文策*，杨　琳**

（华南农业大学动物科学学院，广东广州　510642）

摘　要：本试验旨在研究育肥鸭饲料脂肪酸组成，采集 8 个企业的育肥鸭料，每个企业随机采集 6 个样品，测定粗脂肪和脂肪酸。结果表明：8 个企业育肥鸭饲料使用油脂种类不同，饲料中粗脂肪和脂肪酸含量差异显著（$P<0.05$），粗脂肪含量在 3.54%~6.84%；亚油酸和亚麻酸含量差异显著（$P<0.05$），分别为 41.22%~54.37%、1.29%~4.07%；ω-6/ω-3 在 12.07~36.19（$P<0.05$）；各样品的不饱和脂肪酸（UFA，U）和饱和脂肪酸（SFA，S）含量差异显著（$P<0.05$），分别在 71.48%~82.59%、17.55%~28.29%；U/S（2.52~4.68）差异显著；育肥鸭耗料增重比差异显著（$P<0.05$）。由此可见，企业育肥鸭饲料中含有较多的 ω-6 PUFA，ω-3 PUFA 含量较少，且 ω-6/ω-3 PUFA 比例差异极显著，UFA 是 SFA 的 2~5 倍，显然饲料中脂肪酸组成严重不均衡。

关键词：育肥鸭；饲料；粗脂肪；脂肪酸

在饲料工业和畜牧生产中，油脂作为高能饲料原料，其能值约为碳水化合物的 2.25 倍。日粮中添加油脂能提高其能量价值，油脂固有高能量、易吸收的特性，而且可提高日粮其他组分的能量利用，因此可以提高饲料利用率。此外油脂还具有抗应激的作用，在禽类饲料中已经普遍应用[1-2]。油脂由不同脂肪酸按照一定的比例和空间结构组成，不同油脂的理化性质和生物学价值因其脂肪酸组成和空间结构的不同而存在差异。一般来说，不饱和脂肪酸的消化率要高于饱和脂肪酸，少于 14 个碳原子的短链脂肪酸消化率要高于长链脂肪酸，长链饱和脂肪酸消化率最低[3-4]。Moura 等[5]研究表明，饲喂肉仔鸡含有定量油脂的饲料，生产性能要优于饲喂不含油脂的饲料。Rooke 等[6]在母猪妊娠中期（63~91d）及妊娠后期（92d~产子）饲料中添加金枪鱼油，发现在妊娠后期添加鱼油可增加仔猪体内二十碳五烯酸（EPA）和二十二碳六烯酸（DHA）含量。目前鸭饲粮脂肪酸组成、含量和均衡问题没有统一的标准。本试验旨在研究育肥鸭饲粮脂肪酸组成，发现企业饲料中脂肪酸组成严重不均衡，尤其是 ω-6/ω-3 多不饱和脂肪酸的比值，不饱和脂肪酸是饱和脂肪酸的 2~5 倍。

1　材料与方法

1.1　试验设计

在东莞、汕头、茂名等几个城市生产鸭饲料企业采集育肥鸭料，每个企业随机采集 6 个样品，粉碎后

资助项目：国家水禽产业技术体系（CARS-43-14）；公益性行业科研专项（201303143-07）；教育部博士点新教师联合资助基金（20134404120024）；国家自然基金青年项目（31501959）

作者简介：李孟孟（1990—　），男，山东济宁人，硕士在读，主要从事动物营养与饲料资源开发，E-mail：mengmengli1990@126.com

* 通讯作者：王文策，副教授，硕士生导师，主要从事动物营养与分子生物学，E-mail：wangwence@scau.edu.cn

** 杨琳，教授，博士生导师，主要从事饲料资源开发和水禽营养研究，E-mail：ylin@scau.edu.cn

测定粗脂肪和脂肪酸。

1.2 指标测定

1.2.1 粗脂肪测定

称取饲料样品 2.0g（精确到 0.0001g），进入 SZD-D 脂肪测定仪（索氏抽提）进行粗脂肪测定，保留所提取的油样。

1.2.2 耗料增重比

由采集样品的饲料企业提供。

1.2.3 脂肪酸测定

在 50mL 圆底烧瓶中加入 15 μL 油样，加入 0.5mol/L 氢氧化钾-甲醇溶液 5mL，于 70℃水浴中回流 10min（不断摇动）后加入三氟化硼甲醇溶液 3mL 继续回流 5min（回流后样品均需冷却至室温），加入 2mL 左右正己烷萃取油桐，加入饱和食盐水溶液摇匀分层至瓶口，取上层液体至离心瓶（已加入无水硫酸钠），上清液过滤后 Agilent 7890A 气相色谱仪。检出限为 0.05%。

1.3 统计分析

试验数据经 Excel 初步整理分析后，采用 SPSS22.0 进行单因素方差分析。用 Duncan's 法进行多重比较。以 $P<0.05$ 作为显著性判断标准。结果均采用平均值±标准误表示。

2 结果

2.1 育肥鸭饲料油脂使用种类和耗料增重比

由表 1 可知，8 个企业育肥鸭饲料添加油脂的种类不同，添加大豆油的最多，其次是猪油。饲料中添加油脂的比例存在差异，添加含量在 1.0%~2.5%。8 个企业育肥鸭饲料耗料增重比为 2.20~2.85（$P<0.05$），其中河南的最低。

表 1 8 个企业育肥鸭饲料中油脂种类和耗料增重比（风干基础）

名称	油脂种类	油脂比例,%	耗料增重比
东莞	棕榈油	1.50	$2.85±0.07^{a}$
汕头	猪油	1.00	$2.65±0.06^{ab}$
茂名	猪油	1.00	$2.73±0.09^{ab}$
江西	大豆油	1.50	$2.60±0.04^{b}$
河南	大豆油	2.50	$2.20±0.08^{d}$
佛山	大豆油	2.00	$2.45±0.03^{c}$
广州 1	鸡油	1.80	$2.53±0.06^{bc}$
广州 2	大豆油	2.00	$2.40±0.05^{c}$

注：同列数据肩标不同字母表示差异显著（$P<0.05$），字母相同或无字母表示无显著差异（$P>0.05$）。下表同

2.2 育肥鸭饲料粗脂肪的含量

由表 2 可知，8 个企业育肥鸭饲料粗脂肪有显著性差异（$P<0.05$），粗脂肪含量在 3.54%~6.84%，其中广州 1 的最高。

表2　8个企业育肥鸭饲料粗脂肪含量（绝干基础）　（%）

项目	干物质	粗脂肪
东莞	89.23±0.05	3.54±0.01[f]
汕头	89.63±0.03	6.44±0.02[b]
茂名	89.39±0.21	4.32±0.20[d]
江西	89.38±0.04	3.94±0.040[e]
河南	87.16±0.03	6.27±0.04[b]
佛山	89.02±0.08	4.70±0.07[c]
广州1	89.50±0.03	6.84±0.05[a]
广州2	89.26±0.05	4.01±0.03[e]

2.3　育肥鸭饲料脂肪酸的组成及含量

由表3可知，汕头、茂名和广州2样品均不含有C8：0、C10：0、C12：0，茂名样品同时不含有C14：0和C16：1，江西和佛山不含有C16：1，河南不含有C8：0和C10：0，东莞不含有C22：0，这8个样品中均不含有C20：5和C22：6。其中C8：0、C10：0、C20：0、C20：1、C22：0、C24：0等脂肪酸含量均有显著性差异（$P<0.05$），且含量较小，均在0.6%以下；8个样品均含有C16：0、C18：0、C18：1、C18：2、C18：3 n3，且含量差异显著（$P<0.05$），分别在13.04%~17.99%、2.07%~4.08%、24.80%~32.68%、41.22%~54.37%、1.29%~4.07%。饲粮脂肪酸ω-6/ω-3有显著性差异（$P<0.05$），比值在12.07~36.19。各样品间不饱和脂肪酸（UFA，U）和饱和脂肪酸（SFA，S）含量差异显著，分别为71.48%~82.59%、17.55%~28.29%（$P<0.05$），U/S为2.52~4.68（$P<0.05$）。

3　讨论

3.1　育肥鸭饲料油脂种类和粗脂肪含量的分析

本试验结果表明，饲料添加油脂种类和比例不同，粗脂肪含量不同（3.54%~6.84%）。油脂或脂肪是最有效的能源，其生理能值是蛋白质和碳水化合物的2.25倍左右，代谢能值高、热增耗小，且具有额外的热能效应[7]。在饲料中添加油脂类原料可利用较小的配方空间来提供较高的能量浓度，以满足部分家畜对高能量的需求，且能够提高其他营养成分浓度[8]。不同类型的油脂代谢能存在差异（NRC 2012），选择时应特别注意。

Lauridsen等[9]研究表明，在哺乳期母猪的饲粮中添加油脂，不仅能增加日粮能量浓度，还可以提高采食量，使母猪在哺乳期摄取更多的营养，提高母猪的生产性能。研究发现，与日粮中未添加植物油的对照组相比，在雏鸡最初1周龄的日粮中添加植物油可以显著提高雏鸡对动物脂肪的消化性，同时在21日龄时其生长性能也得到显著提高[10]。饲料中添加油脂，可以提供必需脂肪酸（亚油酸和亚麻酸）[11]。目前，畜禽日粮基本上是玉米-豆粕型，为了提高饲料的代谢能，会根据实际生产需要添加不同比例油脂（如：豆油、菜籽油等），因此导致饲粮中粗脂肪含量有显著性差异。从经济角度考虑，油脂属于价格相对昂贵的饲料原料，油脂在配合饲料中的使用会受到一定的限制，添加油脂所带来的成本增加必须由更多的生产性能改善来弥补。因此，在使用过程中必须对代谢能、脂肪酸组成进行综合评估，以求在动物日粮中更加合理地应用油脂资源。

表 3　8 个企业育肥鸭饲料脂肪酸组成及含量（饲料粗脂肪基础）　（%）

项目	东莞	汕头	茂名	江西	河南	佛山	广州 1	广州 2
C8：0	0.32±0.09[a]	—	—	0.30±0.01[ab]	—	0.22±0.06[ab]	0.17±0.01[b]	—
C10：0	0.20±0.00[b]	—	—	0.33±0.00[a]	—	0.21±0.03[b]	0.23±0.01[b]	—
C12：0	3.96±0.15[b]	—	—	5.39±0.04[a]	0.13±0.03[e]	3.30±0.06[d]	3.63±0.04[c]	—
C14：0	1.52±0.03[c]	0.31±0.01[e]	—	2.10±0.01[a]	0.19±0.01[f]	1.31±0.03[d]	1.60±0.01[b]	0.21±0.02[f]
C16：0	16.17±0.10[c]	16.65±0.19[b]	13.72±0.13[f]	13.76±0.06[f]	14.48±0.06[e]	13.04±0.06[g]	17.99±0.07[a]	15.75±0.14[d]
C16：1	0.22±0.01[c]	0.43±0.01[b]	—	—	0.12±0.01[d]	—	1.84±0.02[a]	0.20±0.01[c]
C18：0	1.84±0.03[g]	2.91±0.02[c]	2.74±0.05[d]	2.21±0.02[e]	3.35±0.04[b]	2.87±0.03[c]	4.08±0.03[a]	2.07±0.03[f]
C18：1	24.80±0.11[e]	32.68±0.08[a]	24.47±0.25[e]	25.61±0.07[d]	26.94±0.10[c]	25.5±0.14[d]	31.18±0.07[b]	31.14±0.26[b]
C18：2	46.83±0.50[d]	43.35±0.11[e]	54.37±0.25[a]	47.47±0.18[cd]	49.09±0.23[bc]	49.36±0.18[b]	35.89±0.12[g]	41.22±1.59[f]
C20：0	0.45±0.02[c]	0.65±0.02[a]	0.62±0.02[ab]	0.58±0.01[b]	0.62±0.02[ab]	0.57±0.03[b]	0.38±0.02[d]	0.60±0.02[ab]
C20：1	0.47±0.02[b]	0.49±0.01[b]	0.33±0.01[cd]	0.31±0.01[d]	0.36±0.02[cd]	0.30±0.03[d]	0.39±0.01[c]	1.08±0.05[a]
C18：3 n3	3.12±0.30[b]	1.66±0.07[d]	3.15±0.08[b]	1.29±0.03[e]	4.07±0.05[a]	3.14±0.07[b]	2.06±0.02[c]	3.15±0.08[b]
C22：0	—	0.31±0.04[a]	0.32±0.04[a]	0.29±0.05[a]	0.34±0[a]	0.32±0.03[a]	0.17±0.01[b]	0.27±0.02[a]
C24：0	0.28±0.04[ab]	0.41±0.02[a]	0.27±0.04[ab]	0.20±0.02[b]	0.34±0.07[ab]	0.28±0.02[ab]	0.23±0.06[b]	0.27±0.03[ab]
ω-6/ω-3	17.89±0.39[c]	27.15±0.74[b]	17.49±0.32[c]	36.19±0.72[a]	12.07±0.14[e]	15.74±0.37[d]	17.45±0.16[c]	13.08±0.27[e]
UFA	75.09±0.41[d]	78.68±0.22[c]	82.59±0.16[a]	74.71±0.22[d]	80.54±0.17[b]	78.22±0.19[c]	71.48±0.13[e]	78.7±0.18[c]
SFA	24.20±0.16[c]	21.06±0.26[e]	17.55±0.21[g]	25.12±0.12[b]	19.32±0.14[f]	21.75±0.2[d]	28.29±0.08[a]	19.24±0.17[f]
U/S	3.10±0.02[e]	3.74±0.06[c]	4.67±0.09[a]	2.97±0.02[e]	4.17±0.04[b]	3.60±0.04[d]	2.52±0.01[f]	4.09±0.05[b]

注：ω-6 为 C18：2；ω-3 为 C18：3 n3；UFA 为 C16：1+C18：1+C18：2+C20：1+C18：3 n3；SFA 为 C8：0+C10：0+C12：0+C14：0+C16：0+C18：0+C20：0+C22：0+C24：0；U/S 为 UFA/SFA；；—表示未检出

3.2　育肥鸭饲料脂肪酸的组成

本试验结果表明，8 个企业育肥鸭饲料样品均含有 C16：0、C18：0、C18：1、C18：2、C18：3 n3，且含量差异显著。饲喂富含油脂日粮肉鸡的大部分 SFA 的沉积不是重新合成产物，主要来自日粮中 SFA[12]。以棕榈油（C16：0：40%）替代鱼油的日粮为研究对象的结果表明，棕榈油显著增加了鱼肉中饱和和单不饱和脂肪酸的水平，但却显著降低了多不饱和脂肪酸的含量[13]。Dutta 等[14]研究表明，日粮添加棕榈油 5%显著提高了断奶羔羊的生长性能和饲料转化率。关于饲粮中棕榈酸在动物体沉积效率及适宜添加水平的报道很少，仍需进一步探究。Hopkins 等[15]研究表明，亚油酸缺乏导致肉仔鸡生长减慢，肝脏增大，肝脏脂肪含量升高，小鸡亚油酸需要量为 0.8%～1.4%。Whitehead[16]研究指出，维持正常生理状况下产蛋鸡亚油酸需要量为 0.9%最佳，维持最大蛋重亚油酸需要量为 2%～4%最佳。饲粮亚油酸水平为 0.95%时，产蛋初期蛋鸭可以获得较好的产蛋率、蛋重、日产蛋重及料蛋比；饲粮亚油酸水平提高，可以显著提高产蛋初期蛋鸭蛋黄及肝脏多不饱和脂肪酸比例[17]。显然，饲粮亚油酸的添加对动物脂类代谢具有显著的影响。本研究饲料亚油酸水平在 1.67%～3.07%，肉鸭饲粮亚油酸合适的添加水平文献中没有明确的报道。在 1 日龄肉仔鸡日粮中添加 0、2%、4%亚麻籽油，饲喂 38d 后，2%和 4%亚麻油日粮组肉鸡体增重和末重显著高于对照组，但并没有提高饲料转化率[18]。Murphy 等[19]研究表明，n-3 多不饱和脂肪酸（PUFA）日粮可直接增强脂蛋白脂酶的活性和基因表达，使血液中总胆固醇的浓度降低。n-3 PUFA 还能够抑制胆固醇合成关键酶 β-羟-β-甲戊二酸单酰辅酶（HMG-COA）还原酶活性，减少胆固醇的吸收和增加胆固醇的排泄，而明显降低甘油三酯水平[20]。饲粮中添加亚麻油可有效提高腿肌和胸肌中n-3 PUFA 含量及降低 n-6/n-3 比值[21]。本研究的饲粮 n-3 PUFA 含量有显著性差异，对畜禽血脂及组织脂肪酸亚麻油酸的沉积有影响，做饲粮配方时应值得考虑。

3.3　育肥鸭饲料脂肪酸 ω-6/ω-3 和 U/S 比例

饲粮脂肪酸 ω-6/ω-3 显著影响胸腺、脾脏和法氏囊的发育，饲粮中多 PUFA 含量的增加，显著促进雏鸡 4 周龄前免疫器官的发育[22]。饲粮脂肪酸 ω-6/ω-3 低比例组（6：1 和 3：1）能有效降低扬州鹅脂肪沉积和生产出高比例 ω-3 脂肪酸的优质鹅肉产品，与脂肪酸合成相关的乙酰辅酶 A 羧化酶（Acetyl-CoA carboxylase，ACC）、苹果酸酶（Malic Enzyme，ME）、脂肪酸合成酶（Malic Enzyme，FAS）酶活性较低，而与脂肪周转代谢相关的肝脂酶、脂蛋白脂酶酶活性较高，低 ω-6/ω-3 比例饲粮能够在一定程度上抑制脂肪合成代谢[23]。Simopoulos[24] 认为 ω-6/ω-3 比例为 4：1 或更低，能够有效地使 ALA 转化为 EPA。随着日粮 ω-6/ω-3 的降低，LPL 和 CAPN1 mRNA 表达显著增加，ALDH1A1 显著下降，不同品种间 Apo-A Ⅰ 和 H-FABP 表达存在差异[25]。本试验中，比值在育肥鸭饲料脂肪酸 ω-6/ω-3 比例在 12. 07~36. 19 之间，与以上结果不同。这种差异表明企业做饲料配方时并没有考虑饲料脂肪酸 ω-6/ω-3 的比例，ω-6/ω-3 比例最低在 12. 07 和上述结果相差很大，会影响鸭肉脂肪酸组成。在鸭上适宜的比例还没有确定，因此要进一步深入研究鸭饲料脂肪酸的比例，阐明理想脂肪酸的模式，更好地指导生产。饲料脂肪的消化率取决于饲粮中 UFA 和 SFA 的比率[3]。实际生产者 U/S 比率并不是越高越好，U/S 比率对油脂的消化率影响也不是线性的，还应考虑饲料中总脂肪酸的组成及动物品种、年龄等。Wongsuthavas 等[26] 研究发现饲料脂肪酸影响肉鸡的生产性能和屠体品质，随着饲粮中 U/S 比值的升高（从 1 到 4），肉鸡的平均日增重和饲料转化效率逐渐增加，腹脂率逐渐降低。适宜的 U/S 比率可以使脂肪的消化利用率达到最大值，节约饲料成本。但是在实际生产中所添加油脂往往是单一油脂或者是几种油脂简单混合添加，脂肪酸组成比较单一，且单一油脂的 U/S 比率往往过低（如椰子油 0. 12、棕榈仁油 0. 24）或者过高（如：玉米油 8. 26、菜籽油 11. 38）（NRC 2012），为了维持合适的比率，应根据动物理想脂肪酸模型，将多种油脂按一定的比例添加使用。本研究中饲粮 U/S 比率在 2. 52~4. 68 之间，和上述研究接近，有利于油脂的消化吸收。

4　结论

饲料中脂肪酸组成和含量有显著差异，含有较多的 ω-6 PUFA，ω-3 PUFA 含量较少，甚至不含 EPA 和 DHA，ω-6/ω-3 PUFA 比值差异极大，UFA 是 SFA 的 2~5 倍，显然饲料中脂肪酸组成严重不均衡。

参考文献（略）

《中国畜牧杂志》，2017，53（6）：87-91

第三部分　营养调控技术

妊娠后期母羊饲粮精料比例对羔羊初生重、生长、消化性能及血清抗氧化指标的影响

张　帆，崔　凯，毕研亮，刁其玉*

（中国农业科学院饲料研究所，农业部饲料生物技术重点实验室，北京　100081）

摘　要：（目的）本试验旨在研究妊娠后期母羊精料补充料饲喂比例对产后早期断奶羔羊生长性能、消化性能和血清抗氧化指标的影响。（方法）试验选用66只妊娠90d、平均体重（44.45±2.20）kg的初产湖羊（相近3d内发情受孕），按照体重相近原则分为3个处理组，每个处理11个重复，每个重复2只。母羊饲喂相同的精料补充料和饲草，饲粮精料比例分别为50%、40%和30%，饲喂至母羊产羔，分娩后母羊饲喂相同的TMR。羔羊初生10d，每只母羊取一只羔羊早期断乳饲喂代乳粉，15d补饲开食料，20d补饲苜蓿干草，自由采食至60d。每10d测定羔羊体重，在初生50d进行羔羊消化代谢试验。初生20和60d采集羔羊血液测定血清抗氧化指标。（结果）结果表明：妊娠后期母羊饲粮精料比例对断奶羔羊初生重、各测定日体重、各测定日体尺及饲料养分消化率指标均无显著影响（$P>0.05$）；随母羊饲粮精料比例降低，羔羊初生20d、60d血清T-AOC活性、GSH-Px含量增加（$P<0.01$），20d时SOD活性极显著增加（$P<0.01$），初生20d血清MDA含量降低（$P<0.01$）。（结论）妊娠后期母羊饲粮精料比例对羔羊初生重、生长和消化性能影响不显著，羔羊血清抗氧化指标随母羊饲粮精料比例降低而增加。

关键词：妊娠母羊；精料补充料；早期断奶；羔羊；湖羊

饲草为基础的饲喂体系可能导致动物出现营养或能量摄入不足的风险。在中小规模的肉羊养殖场或放牧的草场，低投入的肉羊饲养与高投入饲养相比最常见的差别是精料补充料的饲喂水平，降低精料补充料而更多饲喂农区或牧区的各种饲草是常用的降低成本的方法。但妊娠后期是胚胎在母体内发育的重要时期，此时期母体的营养可能影响产后羔羊的健康发育。羔羊早期断奶可促进消化系统发育，使用代乳粉有利于阻断母畜疾病传染，提高多产母羊羔羊的成活率，加快优良种羊的繁育速度[1]。湖羊养殖的工厂化、集约化生产客观要求羔羊的早期断奶以实现母羊快速繁殖[2]。因此研究妊娠后期母羊饲粮的精料补充料饲喂比例对早期断奶羔羊的生长发育情况有重要的意义。

国内外在妊娠期母体的营养对后代发育的影响开展了大量的研究，从不同方法调控饲粮营养水平，揭示母体营养的作用。Taylor等[3]、Campion等[4]分别研究了妊娠期母体能量水平对产后犊牛、羔羊发育的影响；He[5]等研究了饲粮的蛋白和能量限制对产后羔羊发育的影响；高峰[6]采用饲喂水平研究了妊娠后期母羊营养对产后羔羊的内脏器官影响；苏国旗等[7]采用不同饲喂量研究了妊娠期母猪的营养对后代的作用。通过以上各研究进一步表明母体营养对后代发育的重要作用。调节动物饲粮营养水平的方法除直接改变饲粮的能量、蛋白水平或饲喂量外，也可通过调节饲粮的精料补充料饲喂量或饲喂水平。Horn等[8]采用调节母牛每天精料补充料饲喂量研究营养对奶牛泌乳性能、繁殖性能和代谢反应的影响，Muhammad

---

基金项目：国家肉羊产业技术体系建设专项资金（CARS-39）、南方地区幼龄草食畜禽饲养技术研究（201303143）、中国农业科学院饲料研究所基本科研业务费（1610382017009）

作者简介：张帆（1990—　），男，河南南阳人，硕士研究生，从事动物营养研究，E-mail：1065598441@qq.com

* 通讯作者：刁其玉，研究员，博士生导师，E-mail：diaoqiyu@caas.cn

等[9]采用调节母牛饲粮精料比例的方法研究其对犊牛的采食、生长等指标的影响。通常情况下，精料补充料的营养价值高于饲草，因此改变精料补充料饲喂量影响动物的营养摄入量，可影响到动物的生产性能。

湖羊是我国优良的地方品种，具有产羔数多、性成熟早、生长速度快、宜舍饲、泌乳性能好等优良特点，是目前规模化舍饲养羊的重要品种[10]。因此实现妊娠后期湖羊母羊合理的营养水平调节对我国肉羊产业发展具有重要的意义。目前关于妊娠后期母羊的营养对后代生长发育的研究主要在能量、蛋白、饲喂量及其他添加剂上，关于通过调节精料补充料饲喂比例对后代的影响报道较少。本研究结合妊娠后期母羊营养需要量增加的情况，探索调节饲粮精料补充料调控妊娠后期母羊营养水平对羔羊初生重及早期断奶羔羊发育的影响。通过研究母羊妊娠后期精料补充料饲喂比例对产后断奶羔羊的生长性能、消化性能和血清抗氧化指标的影响，为生产中妊娠后期母羊精料补充料的饲喂提供参照。

1 材料与方法

1.1 试验时间和地点

本试验于 2015 年 7 月 31 日至 2016 年 2 月 28 日在山东省临清市润林牧业有限公司进行。

1.2 试验设计

选取 66 只怀孕 90d，平均体重（44.45±2.20）kg 的湖羊母羊作为试验用羊。妊娠 90d，母羊按体重一致的原则随机分为 3 组，每组 11 个重复，每个重复 2 只。分别按照精料补充料饲喂比例依次为 50%（50%组）、40%（40%组）和 30%（30%组）（干物质基础），相应饲草饲喂比例依次为 50%、60%和 70%进行精粗分开饲喂，饲喂至母羊产羔。分娩后母羊饲喂相同的 TMR，羔羊随母哺乳至羔羊 10d 时，从每只母羊选 1 只羔羊早期断奶（按照每组母羊所产羔羊的初生体重、性别平均分配原则选取），饲喂代乳粉至 60d。羔羊于 15d 时补饲开食料，20d 时自由进食苜蓿，自由饮水。50~60d 时每组随机选取 4 只采用全收粪法进行消化代谢试验，其中预试期 5d，正试期 5d。

因试验过程，在母羊妊娠 140d 时，每组选取 3 只母羊用于屠宰试验，及 40%组 1 只母羊流产、30%组 2 只流产及死羔。因此母羊共产羔 108 只（50%组：20 只公羔、18 只母羔；40%组：19 只公羔、17 只母羔；30%组：15 只公羔、19 只母羔）。羔羊 10d 时每组选 3 只屠宰，因此用于本试验的羔羊分别为：50%组 7 只公羔、9 只母羔；40%组 8 只公羔、8 只母羔；30%组 6 只公羔、10 只母羔。各组平均初生重如下：50%组为 3.34kg，40%组为 3.23kg，30%组为 3.14kg。

1.3 试验饲粮

参考本课题组楼灿等[11]的妊娠后期母羊饲粮营养水平进行 50%组饲粮的配制，分别配制精料补充料和饲草，其中精料补充料为玉米、豆粕、麸皮和 4%的预混料按照相应的比例配制成颗粒料，其组成和营养水平见表 1；饲草为全株青贮玉米和花生秧按照干物质比例 1∶1 于每天拌匀后饲喂；3 个处理组的精料补充料和饲草均相同，各处理组的饲粮组成及营养水平见表 2。羔羊断奶后所需代乳粉由北京精准动物营养研究中心提供。代乳粉、开食料和苜蓿草的营养水平见表 3。

表 1 妊娠后期母羊精料补充料组成及营养水平（干物质基础） （%）

项目	含量	营养水平	含量
玉米	58.88	干物质	88.73
小麦麸	16.12	有机物	92.72

（续表）

项目	含量	营养水平	含量
豆粕	20.42	粗灰分	7.28
预混料[1)]	4.58	总能（MJ/kg）	18.85
		代谢能（MJ/kg）[2)]	15.99
		粗蛋白质	20.03
		粗脂肪	2.74
		中性洗涤纤维	28.39
		酸性洗涤纤维	4.83

[1)] 预混料为每千克精料补充料提供：钙 1.03%，磷 0.61%，维生素 A 30 000IU，维生素 D 10 000IU，维生素 E 100mg，钠 3.5g，铜 12.5mg，铁 90mg，锰 50mg，锌 80mg，碘 0.8mg，硒 0.3mg，钴 0.5mg。

[2)] 代谢能为计算值，其余为实测值，下同。

表 2　妊娠后期母羊饲粮组成及营养水平（干物质基础）　（%）

项目	50%组	40%组	30%组
原料			
精料补充料	50	40	30
饲草	50	60	70
合计	100	100	100
营养水平[2)]			
干物质	62.58	57.35	52.12
有机物	91.64	91.42	91.20
粗灰分	8.36	8.57	8.79
总能（MJ/kg）	17.60	17.35	17.10
代谢能（MJ/kg）[2)]	12.13	11.36	10.59
粗蛋白质	14.72	13.65	12.59
粗脂肪	3.08	3.15	3.21
中性洗涤纤维	44.51	47.73	50.96
酸性洗涤纤维	21.67	25.04	28.41

1.4　饲养管理

羊舍为双列式半开放羊舍，东西走向，通风良好。所有试验用羊均打耳号，并按照羊场的正规程序进行免疫和消毒。妊娠 90d 至产羔阶段母羊两只一栏定量饲喂，以采食量最低组（30%组）的每只平均干物质采食量（1.25kg）作为其他各组的单只平均饲喂量（确保每只母羊有相同干物质采食量）。每天饲喂两次，分别于 06：30 和 16：00 饲喂饲草，饲草基本采食完毕后饲喂精料补充料。母羊分娩后自由采食相同的 TMR，羔羊在 0~10d 时随母哺乳，10~60d 时断母乳（柴建民等[13]的研究显示 10 日龄断奶最有利于羔羊生长发育），饲喂代乳粉。羔羊在 11~50d 和 51~60d 期间，代乳粉饲喂量分别以体重 2.0%和 1.5%为标准[14]。每日饲喂 3 次（07：00、14：00 和 21：00），代乳粉饲喂方法采用煮沸后冷却至 50 °C 的热水，按代乳粉：水=6：1 混匀，冷却至 40 ℃ 左右后单个饲喂。羔羊于 15d 开始训练采食相同开食料，20d 开始饲喂苜蓿草，自由采食和饮水。

表 3　代乳粉、开食料和苜蓿草的营养水平（干物质基础）　(%)

项目	代乳粉	开食料	苜蓿
干物质	95.39	91.46	89.51
总能（MJ/kg）	21.07	18.14	17.83
粗蛋白	25.55	22.85	15.82
粗脂肪	13.97	2.34	2.28
粗灰分	6.96	7.17	10.89
钙	1.03	0.64	1.04
总磷	0.65	0.60	0.29

实测值

1.5　样品采集

羔羊出生后每 10d 于晨饲前空腹单个称重。在羔羊 50~60d 时进行消化代谢试验，每组选出 4 只公羔于代谢笼内进行全收粪法进行消化试验，5d 预试期，5d 正试期。正试期准确记录羔羊每日的各种饲粮的饲喂量和剩料量；准确记录羔羊每日的粪排出量，按照总粪样的 10%分别采样后，按照每 100g 鲜粪加入 10%稀盐酸 10mL 的比例进行固氮，-20℃保存待测。

在羔羊 20 和 60d 时于晨饲前颈静脉采血，每组 8 只，公母各半，所采血液经 3 000 r/min 离心 10min 后，收集血清于 1.5mL 离心管中，-20℃保存待测。

1.6　检测指标

生长性能：分别称量羔羊 0、10、20、30、40、50 和 60d 的体重。因试验过程羔羊死亡，在试验结束时三个处理组依次剩余羔羊 13 只（50%组）、11 只（40%组）和 13 只（30%组）。分别在羔羊 20 和 60d 时，对羔羊进行体高、胸深、胸围、腹围、头宽、头长、直冠臀长、曲冠臀长和体斜长的测定。具体测定方法参照张崇志[15]的方法进行。

样品成分测定：对饲料、粪样进行干物质（DM）、粗蛋白（CP）、中性洗涤纤维（NDF）、酸性洗涤纤维（ADF）、粗灰分（Ash）、钙（Ca）、磷（P）、脂肪（EE）和总能（GE）的测定，其测定方法参照张丽英的《饲料分析及饲料质量检测技术》[16]的方法进行测定。所得结果用于营养物质表观消化率的计算。

血清学指标测定：血清样品使用 L-3180 半自动生化分析仪测定血清总抗氧化能力（T-AOC）、超氧化物歧化酶（SOD）、谷胱甘肽过氧化酶（GSH-PX）、丙二醛（MDA）等抗氧化指标，试剂盒购于南京建成生物工程研究所。

1.7　数据统计分析

首先用 Excel 2013 对原数据进行初步整理后，使用 SASS 9.4 统计软件中 ANOVA 过程进行单因子方差分析，Duncan 法进行多重比较，以 $P<0.05$ 作为差异显著性判断标准。

2　结果

2.1　生长性能

由表 4 可知，妊娠后期母羊饲粮的精料补充料饲喂比例对产后早期断奶羔羊的体重（0d、10d、20d、30d、40d、50d、60d）影响差异不显著（$P>0.05$）。虽然各组羔羊体重差异不显著，但 50%组羔羊在 0d、10d、20d、30d 的体重均高于其他各组。

表 4　妊娠后期母羊饲粮精料补充料饲喂比例对早期断奶羔羊体重的影响

项目	日龄	组别			SEM	*P* 值
		50%组	40%组	30%组		
体重	0	3.23	3.11	3.05	0.092	0.715
	10	5.29	4.92	4.71	0.134	0.230
	20	5.62	5.24	5.10	0.121	0.174
	30	6.43	5.92	5.92	0.161	0.311
	40	7.06	7.08	7.12	0.243	0.994
	50	8.72	8.58	8.47	0.370	0.967
	60	10.50	10.29	10.16	0.491	0.961

注：同行数据肩标无字母或相同字母表示差异不显著（$P>0.05$），不同小写字母表示差异显著（$P<0.05$），不同大写字母表示差异极显著（$P<0.01$）。下表同

2.2　羔羊体尺指标

妊娠后期母羊饲粮精料比例对产后早期断奶羔羊体尺指标的营养结果见表 5，妊娠后期母羊的饲粮精料比例对产后早期断奶羔羊在 20d 和 60d 时的体高、胸深、胸围、腹围、头宽、头长、直冠臀长、曲冠臀长和体斜长均无显著影响（$P>0.05$）。

表 5　妊娠后期母羊饲粮精料补充料饲喂比例对产后羔羊体尺指标的影响

日龄	项目	50%组	40%组	30%组	标准差	*P* 值
20d	体高	41.30	40.96	40.86	0.45	0.917
	胸深	18.17	17.02	17.83	0.33	0.324
	胸围	41.27	41.07	40.95	0.44	0.957
	腹围	39.93	39.56	39.97	0.42	0.912
	头宽	9.22	8.59	8.96	0.06	0.063
	头长	14.47	14.56	14.70	0.15	0.834
	直冠臀长	56.54	55.67	54.94	0.48	0.411
	曲冠臀长	63.03	61.38	63.00	0.55	0.383
	体斜长	38.07	37.86	36.93	0.45	0.573

（续表）

日龄	项目	50%组	40%组	30%组	标准差	P 值
60d	体高	47.73	48.16	48.44	0.66	0.908
	胸深	23.56	24.09	25.70	0.85	0.561
	胸围	50.86	51.33	52.79	0.86	0.633
	腹围	54.74	54.63	56.67	1.03	0.667
	头宽	10.23	10.24	10.35	0.10	0.872
	头长	16.86	17.44	16.90	0.20	0.474
	直冠臀长	69.36	7.60	68.09	1.14	0.684
	曲冠臀长	79.73	80.36	81.77	1.24	0.791
	体斜长	49.07	49.18	50.52	0.86	0.746

2.3 营养物质表观消化率

如表 6 所示，妊娠后期母羊饲粮的精料比例对产后早期断奶羔羊的 DM、OM、GE、CP、EE、NDF、ADF、Ca、P、Ash 等营养物质的表观消化率均无显著影响（$P>0.05$）。

表 6 妊娠后期母羊饲粮精料补充料饲喂比例对早期断奶羔羊营养物质表观消化率的影响 （%）

项目	组别			SEM	P 值
	50%组	40%组	30%组		
干物质	78.06	79.16	78.13	1.12	0.919
有机物	83.17	84.44	84.29	0.85	0.830
总能	69.68	65.83	67.56	1.69	0.691
粗蛋白质	78.04	81.15	78.04	1.30	0.629
粗脂肪	80.23	82.46	83.05	1.07	0.575
中性洗涤纤维	68.11	75.08	75.48	1.87	0.206
酸性洗涤纤维	64.86	68.63	69.69	2.04	0.642
钙	49.10	49.32	44.48	2.94	0.443
磷	69.76	70.91	65.56	2.50	0.698
灰分	64.24	67.20	63.41	1.51	0.604

2.4 血清抗氧化指标

妊娠后期母羊饲粮的精料补充料饲喂比例对产后早期断奶羔羊的血清抗氧化指标如表 7 所示。随妊娠母羊饲粮营养水平的降低（精料补充料饲喂量降低），20d 和 60d 的羔羊血清中的 T-AOC、GSH-Px 的活性极显著增加（$P<0.01$），20d 时 SOD 的活性也极显著增加（$P<0.01$），在 60d 时 50%组的 SOD 活性显著低于 40%组和 30%组（$P<0.05$）。血清中 MDA 的含量在 20d 时随饲粮精料补充料饲喂比例的降低而极显著降低（$P<0.01$），60d 时 50%组的 MDA 含量显著高于 30%组，而 40%组与 50%组和 30%组间差异不显著（$P>0.05$）。

表7　妊娠后期母羊饲粮精料补充料饲喂比例对早期断奶羔羊血清抗氧化指标的影响

项目	日龄	组别			SEM	P 值
		50%组	40%组	30%组		
总抗氧化能力（U/mL）	20d	8.04[A]	9.27[B]	10.70[C]	0.27	<0.001
	60d	9.28[A]	10.37[B]	10.77[B]	0.20	0.003
超氧化物歧化酶（U/mL）	20d	85.45[A]	90.48[B]	96.48[C]	1.26	<0.001
	60d	92.98[a]	98.37[b]	98.21[b]	0.85	0.011
谷胱甘肽过氧化酶（umol/L）	20d	836.57[A]	837.97[A]	982.78[B]	21.03	0.001
	60d	849.78[A]	918.00[A]	1027.91[B]	19.99	<0.001
丙二醛（nmol/mL）	20d	5.30[A]	4.19[B]	3.47[C]	0.20	<0.001
	60d	4.14[a]	3.76[ab]	3.49[b]	0.11	0.043

3　讨论

3.1　生长性能

在母羊的饲养过程中，特别是在妊娠后期饲养的最大目的是提高所产羔羊的生产性能[4]。根据本试验关于产后羔羊体重的结果可以看出，妊娠后期母羊饲粮的精料补充料饲喂比例对产后早期断奶羔羊的生长无显著影响。精料补充料的营养价值优于粗饲料或饲草，在相同的干物质采食量条件下进行饲喂时，随精料补充料饲喂比例的降低，母羊摄入的代谢能、代谢蛋白及其他可利用的营养物质含量随之减低。妊娠后期，胚胎处于快速生长发育阶段，同时乳腺的发育[17]及初乳的形成[18]导致母羊需要更多的营养需要，当母羊饲粮的营养水平发生改变时，母羊可通过体贮的调节及提高饲料营养的利用效率维持胚胎的发育，因此，本试验中尽管30%组羔羊的出生重低于50%组但差异不显著，原因可能是母羊自身的代谢调节降低了饲料低营养对胚胎体重增长的负面影响。Campion 等[4]研究发现在妊娠后期母羊分别采用100% ME（AFRC，1993）和100%、110%、120% NE（INRA，1989）四种能量水平饲喂妊娠后期母羊时，羔羊的出生重差异不显著，但在分娩时母羊的120% NE组的母羊体重显著高于100% ME组，说明母羊通过利用体贮维持了胚胎的发育。Shadio 等[19]的研究结果也显示，妊娠后期母羊的营养水平对羔羊的出生重无显著影响，母体通过自身的调节维持胚胎的正常发育。但高峰等[6]对妊娠后期母羊进行饲喂量限饲时，羔羊的出生重随母羊饲喂量降低而极显著降低。从以上研究可以看出，当母羊采食饲粮的营养水平在母羊自身可调节的情况下，母羊可通过自身的调节维持胚胎的发育，出生重差异不显著。Campion 等[4]的研究也表明，妊娠后期母羊的初乳和羔羊采食初乳的能力无显著的影响，因此本试验在早期断奶条件下，羔羊处于相同的饲养条件下，羔羊采食相同的饲粮营养，降低因母羊泌乳性能间的差异对羔羊生长的影响，因此在羔羊断母乳后各组间羔羊体重差异不显著。综上所述，妊娠后期母羊饲粮的精料补充料饲喂比例对早期断奶羔羊的生长无显著影响。

本试验各处理组羔羊体重增长差异不显著，但母羊的饲养成本不同。本试验母羊妊娠前期、泌乳期，及羔羊的饲喂条件相同，因此差别在母羊妊娠后期饲粮成本间的差异。按照羊场制作精料价格2 600元/吨、玉米青贮400元/吨、花生秧800元/吨的费用，每组母羊每只每天的成本依次为：2.97元（50%组）、2.80元（40%组）、2.63元（30%组）。50%组比40%组每只每天相差0.17元，40%组比30%组每只每天也多0.17元，但50%组每只每天比30%组多0.34元。因此降低精料饲喂比例，不影响早期断母乳羔羊生长，并可节约一定的成本，但其可能影响母羊的健康。

3.2 体尺指标

体尺指标也可反映动物的生长发育状况，是评价动物体况发育的重要指标[20]。通过体尺数据的测定，可评估羊的生长速度、各部位之间发育情况，以及评测活羊体质量等[21]。因此本试验通过对羔羊各项体尺指标的测定，对了解妊娠期母羊的试验处理对早期断奶羔羊的生长发育具有重要意义。在整个试验过程中，羔羊在20和60d时的体尺指标均没有显著差异，说明在羔羊早期断奶情况下，母羊的饲粮精料补充料饲喂比例不影响羔羊的体格正常发育。母羊的营养影响羔羊的发育，当妊娠后期母羊营养供给量降低时，母羊动员内源营养也会增多[22]。哈德肯·库巴干[23]的研究却显示，补饲颗粒料母羊的羔羊在30日龄时体高、体长、胸围显著高于不补饲组。本试验羔羊体尺差异不显著，原因可能是在早期断奶条件下，各组羔羊的生长受母乳的影响较低。羔羊的体尺与体重存在显著正相关，结合本试验羔羊的体重各组间差异不显著的原因，因此可以表明在早期断奶的情况下，妊娠期母羊的精料补充料饲喂比例不影响羔羊的体尺指标。

3.3 营养物质表观消化率

动物对营养物质的表观消化率可影响到饲料的利用效率，同时可间接反映动物的生长性能。动物对饲料营养物质的消化率除受饲料因素影响外，还受外界环境和动物的肠道发育状况等因素的影响。本试验消化试验处于羔羊50~60d阶段，通过早期断奶方法，羔羊处于相同的饲养条件下，其对饲料营养物质的消化率更多受其胚胎期发育的影响。曹猛[24]的研究表明，母猪在妊娠期供给0.75倍NRC（1998）的维持需要营养水平时，会导致出生时肠道发育受损，但在哺乳期结束时肠道发育恢复正常。此研究说明虽然在妊娠期母体营养会影响胚胎肠道的发育，但经哺乳期的恢复，肠道健康可恢复正常。肠道的功能和发育在动物对营养物质消化和吸收具有重要的作用，是影响动物对饲料消化吸收能力的重要组织器官[25]。因此在早期断奶情况下，妊娠后期母羊饲粮精料补充料饲喂比例不影响羔羊对营养物质的表观消化率。

3.4 血清抗氧化指标

血清中T-AOC、SOD、GSH-Px和MDA的含量是反映动物机体的抗氧化能力的重要指标。血清中T-AOC的含量可反映动物抗氧化自由基的代谢状态；SOD是生物体内氧自由基天然清除剂；GSH-Px具有保护细胞膜作用，可清除细胞内的过氧化氢和脂质自由基；MDA含量增多会破坏细胞膜的结构和完整性，是脂质过氧化物的代谢终产物。动物机体通过抗氧化酶清除体内含氧自由基，当动物的含氧自由基生成过量，抗氧化酶含量降低，会导致细胞或组织受损[26]。本试验中，随母羊饲粮中精料补充料饲喂比例的降低，羔羊血清的抗氧化能力显著提高，说明母羊饲粮中适宜降低精料补充料比例有利于产后早期断奶羔羊提高血清抗氧化能力。张艳云等[27]的研究结果表明，肉用种母鸡产蛋期的能量限制可使子代出现补偿生长作用，血清和胸肌的抗氧化能力显著提高；He等[28]的研究结果表明，虽然妊娠后期母羊的能量与蛋白限制降低了羔羊出生时血清抗氧化能力，但在羔羊6周龄和22周龄时血清抗氧化能力显著提高，能量或蛋白限制组的羔羊血浆中SOD含量高于对照组。GSH-Px、SOD、CAT为机体内的重要抗氧化酶，其活性直接反映机体抗氧化能力；MDA是机体的过氧化产物，含量间接反映机体受自由基攻击程度[29]。本试验中妊娠母羊随饲粮精料补充料饲喂比例降低，则其营养水平降低，产后早期断奶羔羊血清抗氧化能力显著提高，原因可能是虽然低补饲水平组母羊的营养水平较低，但经母羊自身调节，维持了胚胎发育。在产后，羔羊在相同的饲喂水平下，低营养组的羔羊出现补偿生长效果，导致动物增加产生氧化应激，提高抗氧化能力。Jane等[30]在研究母体蛋白限制对后代骨骼肌抗氧化能力时有类似结果，张帆等[31]的研究也显示，妊娠后期母羊降低精料饲喂水平可显著提高产后哺乳羔羊血清的抗氧化能力。因此，本试验中羔羊表现更好抗氧化性能。

4　结论

妊娠后期母羊饲粮的精料补充料饲喂比例对产后早期断奶羔羊的体重、体尺、营养物质表观消化率无显著影响，但随母羊饲粮精料补充料的饲喂比例的降低，羔羊血清的抗氧化能力显著提高。

参考文献（略）

原文发表于：动物营养学报，2017，29（10）：3583-3591

大豆苷元对6月龄锦江黄牛生产性能、抗氧化及免疫性能的影响

周 珊[1]，赵向辉[1]，杨食堂[2]，陈作栋[1]，瞿明仁[1]*

（1. 江西农业大学江西省动物营养重点实验室/饲料工程研究中心，南昌 330045；
2. 高安裕丰农牧有限公司，高安 330800）

摘 要：本试验旨在研究大豆苷元对6月龄锦江黄牛生产性能、抗氧化及免疫性能的影响。选取20头健康状况良好、平均体重（140±5）kg的6月龄锦江黄牛，随机分为4组，每组5头牛，对照组饲喂基础饲粮，试验组饲喂分别添加100、200和400mg/kg大豆苷元的试验饲粮，饲粮精粗比为4∶6，由于限饲每组的干物质采食量均为3.98kg/d. 试验预饲期为10d，正试期为60d。结果表明：1）饲粮中添加大豆苷元极显著提高各试验组平均日增重（$P<0.001$），400mg/kg大豆苷元添加组的平均日增重极显著高于对照组（126.6g/d）。2）各水平大豆苷元添加组均能显著提高饲粮中粗蛋白的表观消化率（$P<0.05$）；100mg/kg大豆苷元添加组的NDF消化率相比于对照组有降低的趋势（$0.05\leqslant P\leqslant0.1$）。3）与对照组相比，各试验组血清中的超氧化物歧化酶（T-SOD）均极显著升高（$P<0.05$）；同时各试验组的谷胱甘肽过氧化物酶（GSH-Px）相比于对照组均有升高的趋势（$0.05\leqslant P\leqslant0.1$）；血清丙二醛（MDA）的浓度各试验组均低于对照组，但差异不显著（$P>0.05$）。4）饲粮中添加大豆苷元各试验组血清IgM的水平均显著高于对照组（$P<0.05$），同时400mg/kg大豆苷元添加组血清IgM显著高于100mg/kg组（$P<0.05$）；各试验组的血清IgG浓度相比于对照组均有一定程度的升高但差异均不显著（$P>0.05$）。由上述结果可见，饲粮中各水平大豆苷元添加组均在一定程度上提高6月龄锦江黄牛的抗病能力，同时促进其生长，其中以400mg/kg组的作用效果最佳。

关键词：大豆苷元；生产性能；免疫性能；抗氧化性能

随着我国经济不断发展，人们的生活水平不断提高，民众的膳食结构在不断地发生改变，而牛肉因其脂肪含量低、富含高蛋白的特质受到人们的喜爱。从肉牛养殖实践可知，犊牛的培育是肉牛养殖的关键环节，因为这一阶段是牛只损失的危险期；并且，犊牛发育得好坏严重影响到后续的生产性能。因此，在犊牛饲养阶段，不仅要确保犊牛能够获取生长所必需的各种营养，还要提高犊牛的免疫力，保证犊牛的健康成长，从而在保证养殖户的经济收益同时，也为广大消费者提供安全、优质的牛肉。大豆苷元（Daidzein，DA），别名大豆黄酮、大豆素，又名葛根黄豆苷元[1]，是大豆异黄酮类化合物中主要的游离苷元之一。大豆苷元的分子式及分子量分别为$C_{15}H_{10}O_4$和254.24。一般情况下，大豆苷元呈白色粉末状，无味、无毒，不溶于水，但易溶解于醇和酮类溶剂，极易溶于二甲基亚砜。大豆苷元首次于1931年从大豆中分离提取。Setchell和Adlercreutz研究表明，大豆苷元的结构与哺乳动物雌激素的结构相似[2]，从而

基金项目：国家公益性行业（农业）科研专项（201303143）；江西省赣鄱555工程领军人才计划（赣才字［2012］1号）；国家现代肉牛牦牛产业技术体系项目（CARS-38）

作者简介：周珊（1989— ），女，江西抚州人，硕士研究生，研究方向：动物营养与饲料科学，E-mail：15270802519@163.com 8315270802519@163.com327070

* 通讯作者：瞿明仁，教授，博士生导师，E-mail：qumingren@sina.com

促使其具有弱雌激素活性的生物学效应[3]。此外，Kaldas 等[4]的研究表明，大豆苷元还具有抗雌激素样的作用，是一种雌激素样的天然活性物质。它能够调节机体的神经内分泌，影响机体的激素分泌水平，从而提高肉公鸡以及去势仔公猪饲料利用率[5,6]；增强肉公鸡、去势仔公猪以及东北细毛羊的日增重效果[5,7,6,8]，但对肉母鸡生长性能无显著影响，甚至对雌性去势仔母猪的生长起到抑制的效果[5,7,6]；提高断奶仔猪日粮的养分消化率[9]；研究表明[10]，大豆黄酮具有显著的抗氧化能力。畜牧生产实践证明，日粮中添加大豆黄酮可以显著提高小尾羊、老龄蛋鸡、肥育猪、奶牛的抗氧化能力[11-14]。以往的研究表明：大豆黄酮可显著提高新生仔猪的血清中母源抗体水平和 T 淋巴细胞 CD^{8+}、CD^{4+} 亚群比例，提高母猪乳腺局部及整体的体液免疫功能[13,15]；提高奶牛血浆及乳中 IgA、IgG 水平[16,17]；增强雏公鸡淋巴细胞对植物血凝素的反应性，显著增加其免疫器官的相对重量[18]。大豆苷元在畜牧生产中的应用，主要集中在蛋鸡、奶牛、猪、肉鸡等动物，研究在动物不同生长时期日粮中添加大豆苷元对其性能和生理生化指标的影响，以期降低畜牧业生产成本和提高生产效率提供依据。目前，大豆苷元在犊牛生产上的应用研究较少，因此本研究拟通过在 6 月龄锦江黄牛饲粮中添加大豆苷元，研究其对犊牛生产性能、抗氧化性能、免疫性能的影响，为大豆苷元在犊牛生产中的应用提供依据。

1　材料与方法

1.1　试验材料、试验时间与地点

大豆苷元（陕西慈缘生物技术有限公司，2015）纯度>98%，本试验于 2015 年 4 月 25 日至 2015 年 7 月 5 日在江西高安裕丰农牧有限公司牛场进行，试验预饲期为 10d，正式期为 60d，试验为期 70d。

1.2　试验设计及饲粮

选取 20 头健康状况良好、平均体重（140±5）kg 的 6 月龄锦江黄牛公犊，随机分为 4 组，每组 5 头牛，对照组饲喂基础饲粮，3 个试验组在饲喂对照组饲粮的基础上分别添加 100、200 和 400mg/kg 大豆苷元，饲粮精粗比为 4：6，由于限饲每组的干物质采食量均为 3.98kg/d。试验预饲期为 10d，正试期为 60d。正式期 6 月龄锦江黄牛日粮营养水平按照中国肉牛饲养标准（2004）要求进行配制。精料组成为玉米、豆粕、小苏打、食盐、预混料等，粗料为稻草。试验精料组成及试验饲粮营养水平见表 1，其中各营养水平的测定参照《饲料分析及饲料质量检测技术》[19]进行。

表 1　试验饲粮组成及营养水平（风干基础）　（%）

饲料组分	大豆苷元添加水平（mg/kg）			
	0	100	200	400
玉米	25.2	25.2	25.2	25.2
豆粕	12	12	12	12
食盐	0.4	0.4	0.4	0.4
小苏打	0.8	0.8	0.8	0.8
大豆苷元	0	0.004	0.008	0.016
预混料1)	1.6	1.596	1.592	1.584
稻草	60	60	60	60
合计	100.00	100.00	100.00	100.00
营养水平2)				

（续表）

饲料组分	大豆苷元添加水平（mg/kg）			
	0	100	200	400
干物质	89.39	89.39	89.39	89.39
粗蛋白质	9.69	9.69	9.69	9.69
中性洗涤纤维	41.39	41.39	41.39	41.39
酸性洗涤纤维	22.60	22.60	22.60	22.60
粗灰分	8.21	8.21	8.21	8.21

1) 预混料为每千克饲粮提供：VA 212 500IU，VD_3 71 875IU，VE 2 250IU，Fe 2 125mg，Mn 3 312.5mg，Zn 3 375mg，Cu 687.5mg，I 13.75mg，Se 1.6mg，Co 2.5mg，Ca 150g，P 30g，NaCl 230g。

2) 营养水平均为实测值

1.3 指标测定及方法

1.3.1 生长性能

各试验犊牛在正试期第1d和第60d的早晨08：30，对其进行空腹称重，以记录每头牛试验初始重和试验期末重，计算各组犊牛试验期的平均日增重。平均日增重（g）= 1 000×（末重-始重）/试验天数。

1.3.2 饲料样品和粪样的测定及消化率计算

饲料及粪样的常规指标：干物质（DM）、粗蛋白质（CP）、有机物（OM）、中性洗涤纤维（NDF）、酸性洗涤纤维（ADF）的测定参照《饲料分析及饲料质量检测技术》[19]进行。饲料及粪便中的AIA含量根据Van Keulen和Mc Carthy等的4mol/LHCl不溶灰分法测定。

营养物质表观消化率=100-100×bc/ad。

设：a为饲料样品中某养分的含量（%）；b为粪样中某养分的含量（%）；c为饲料样品中指示物含量（%）；d为粪样中指示物的含量（%）。

1.3.3 抗氧化及免疫指标测定

在试验正式期的第60d的早晨08：30，用真空采血管对每头犊牛进行颈静脉采血。用无抗凝采血管采集15mL血液，倾斜静置30min后，以3 500r/min转速离心10min，吸取离心后的上清液，制备血清，放置于-20℃冷冻保存。血清MDA、GSH-Px和T-SOD的测定参照试剂盒说明书的步骤进行，试剂盒均购自南京建成生物工程研究所。采用免疫比浊法对血清样品中IgA、IgM、IgG进行定量测定。

1.4 数据处理及分析

采用2003年版Excel对所有试验数据进行初步整理，使用SPSS 17.0中的单因素方差分析（one-way ANOVA）对各处理组进行差异显著性分析，当存在显著差异时用Duncan氏多重比较进行对照组和各处理组之间的多重比较。差异显著性的判断标准为：$P<0.01$ 表示差异极显著；$P<0.05$ 表示差异显著；当 $0.05 \leqslant p \leqslant 0.1$ 时表示各处理组之间存在差异显著的趋势。

2 结果与分析

2.1 饲粮中添加大豆苷元对6月龄锦江黄牛生长性能的影响

由表2可知，各不同水平大豆苷元添加组平均日增重与对照组相比均差异显著（$P<0.05$），与对照组相比，从低剂量到高剂量组的平均日增重分别提高了19.05%、21.05%、29.19%，400mg/kg大豆苷元添

加组的平均日增重显著高于100mg/kg组，而200mg/kg大豆苷元添加组与另外两水平大豆苷元添加组之间差异不显著（$P>0.05$）。

表2 大豆苷元对6月龄锦江黄牛平均日增重的影响 (g/d)

组别	平均日增重（g/d）
0mg/kg Daidzein	433.7^{c}
100mg/kg Daidzein	516.3^{b}
200mg/kg Daidzein	525.0^{ab}
400mg/kg Daidzein	560.3^{a}
SEM	12.6
*P*值	<0.001

注：同列无字母或者数字带有相同肩标字母表示差异不显著（$P>0.05$），不同小写字母表示差异显著（$P<0.05$）。

2.2 饲粮中添加大豆苷元对6月龄锦江黄牛养分消化率的影响

由表3可知，与对照组相比，日粮中添加大豆苷元显著提高6月龄锦江黄牛对日粮中CP的表观消化率（$p=0.029$），100mg/kg组与对照组相比提高了4.8%，200mg/kg组与对照组相比提高了5.5%，400mg/kg组与对照组相比提高了5.1%，但添加不同水平大豆苷元组间的CP表观消化率无显著性差异（$p>0.05$）。日粮中大豆苷元添加量为100mg/kg组的NDF消化率相比于对照组有降低的趋势（$0.05\leq p\leq 0.1$），而200mg/kg组和400mg/kg组与对照组差异不显著（$P>0.05$）。各处理组的OM和ADF消化率与对照组相比，均差异不显著（$P>0.05$）。

表3 大豆苷元对6月龄锦江黄牛养分表观消化率的影响 (%)

项目	大豆苷元添加水平（mg/kg）				SEM	*P*值
	0	100	200	400		
有机物（OM）	71.72	70.69	71.91	73.40	0.55	0.414
粗蛋白质（CP）	65.78^{b}	68.93^{a}	69.41^{a}	69.14^{a}	0.55	0.029
中性洗涤纤维（NDF）	74.05	70.21	73.97	74.61	0.72	0.094
酸性洗涤纤维（ADF）	73.62	71.19	73.76	72.42	0.60	0.452

2.3 饲粮中添加大豆苷元对6月龄锦江黄牛血清抗氧化指标的影响

由表4可知，添加大豆苷元试验组6月龄锦江黄牛的MDA含量相比于对照组有一定程度的降低，但

表4 大豆苷元对6月龄锦江黄牛血清抗氧化指标的影响

项目	大豆苷元添加水平（mg/kg）				SEM	*P*值
	0	100	200	400		
丙二醛（nmol/mL）	4.71	4.64	4.12	4.35	0.25	0.847
超氧化物歧化酶（U/mL）	146.01^{b}	167.75^{a}	168.51^{a}	178.99^{a}	3.49	0.001
谷胱甘肽过氧化物酶（U/mL）	91.58	102.97	100.80	104.74	1.93	0.058

不存在显著性差异（$p>0.05$）。随着日粮中大豆苷元添加量的增加，6月龄锦江黄牛血清中T-SOD活性也在持续的升高，且各不同水平大豆苷元添加组活性均显著高于对照组（$P<0.05$），其中以400mg/kg组活性最高。各水平大豆苷元添加组犊牛血清GSH-Px含量相比于对照组均有升高的趋势（$0.05\leqslant P\leqslant 0.1$）。

2.4 饲粮中添加大豆苷元对6月龄锦江黄牛血清免疫指标的影响

由表5可知，随着大豆苷元添加水平的升高，各不同水平大豆苷元添加组（100mg/kg、200mg/kg、400mg/kg）6月龄锦江黄牛血清IgG浓度相比于对照组分别升高了8.6%、6.38%和16.43%，但均无显著性差异（$p>0.05$）。200mg/kg和400mg/kg大豆苷元添加组6月龄锦江黄牛血清IgM含量分别为2.67g/L和2.82g/L，且均显著高于对照组（$P<0.05$），但两水平大豆苷元添加组之间无显著差异（$p>0.05$）；100mg/kg大豆苷元组6月龄锦江黄牛血清IgM含量高于对照组，但差异不显著（$p>0.05$）。大豆苷元各水平添加组6月龄锦江黄牛血清IgA含量与对照组相比无显著性差异（$p>0.05$）。

表5 大豆苷元对6月龄锦江黄牛血清免疫指标的影响 (g/L)

项目	大豆苷元添加水平（mg/kg）				SEM	*P*值
	0	100	200	400		
免疫球蛋白	10.35	11.24	11.01	12.05	0.29	0.241
免疫球蛋白	2.41[c]	2.55[bc]	2.67[ab]	2.82[a]	0.05	0.002
免疫球蛋白	0.94	1.04	0.94	0.91	0.02	0.196

3 讨论

3.1 饲粮中添加大豆苷元对6月龄锦江黄牛生长性能的影响

大量试验研究表明，大豆苷元能促进雄性动物的生长，但对雌性动物和去势后动物的促生长效果不一致。王国杰[7]在87只32日龄的红布罗肉鸡日粮中添加3g/t大豆黄酮，进行28d生长对比试验。结果表明，与未添加大豆黄酮组相比，试验组公肉鸡日增重显著提高，而母肉鸡在整个试验期内的日增重与对照组无显著差异。刘皙杰等[14]选用5只3月龄的雄性小尾寒羊进行前后对照试验，结果显示每千克日粮中添加3mg和6mg大豆黄酮均提高了雄性小尾寒羊的重量，但差异不显著。郭慧君[6]用添加有5mg/kg大豆黄酮基础日粮饲喂断奶仔猪（公母均去势），连续饲喂30d。结果显示，与对照组相比，试验组的增重存在明显性别差异，雄性去势仔猪增重提高59.15%，但雌性去势仔猪低26.39%。本试验研究得出类似的结果，在日粮中添加大豆苷元可以显著提高6月龄锦江黄牛公牛平均日增重，400mg/kg组平均日增重极显著高于对照组，同时显著高于100mg/kg大豆苷元添加组。

3.2 饲粮中添加大豆苷元对6月龄锦江黄牛养分表观消化率的影响

李芳芳等[9]在大白断奶仔猪日粮中分别添加5、10、15mg/kg大豆异黄酮，研究其对仔猪养分表观消化率影响，结果得出，各试验组的粗蛋白表观消化率均高于对照组，且10mg/kg添加组与对照组差异显著。本试验研究结果与其基本一致，本试验研究发现在6月龄锦江黄牛饲粮中添加大豆苷元各处理组的粗蛋白表观消化率均显著高于对照组。陈杰等研究发现，雄性水牛经十二指肠瘘管连续12d灌注大豆黄酮（500mg /d），显著提高处理组雄性水牛瘤胃菌体蛋白及HN_3-N，从而促进动物蛋白质代谢。

刘春龙等[20]研究发现，在奶牛的基础日粮中每日添加200mg大豆黄酮，可以显著提高奶牛瘤胃内木聚糖酶、羧甲基纤维素酶、水杨苷酶和微晶纤维素酶的活性，由此表明大豆黄酮在适宜添加水平下有促进饲料纤维性物质降解的作用。但是本试验中，对于NDF、ADF而言，100mg/kg大豆苷元组NDF消化率相比于对照组有降低的趋势，而另外两水平大豆苷元添加组消化率与对照组差异不显著，添加不同水平大豆苷元组与对照组的ADF消化率均差异不显著，这可能是由于大豆苷元添加量、试验动物和其他试验条件不同导致的 。

3.3 饲粮中添加大豆苷元对6月龄锦江黄牛抗氧化性能的影响

动物机体防御体系的抗氧化能力强弱紧密联系着动物的健康。正常生理状态下的动物机体，体内自由基的产生与清除保持着动态平衡，从而使自由基的含量处于较适宜的水平[21]。该防御体系主要由酶促和非酶促两个系统组成。酶促反应系统由超氧化物歧化酶、谷胱甘肽过氧化物酶和过氧化氢酶等抗氧化酶组成[74]；VE 、VC、β-胡萝卜素、金属蛋白和半胱氨酸等组成非酶促反应系统。一般认为，机体内高的过氧化氢酶（CAT）、超氧化物歧化酶（SOD）活性、谷胱甘肽过氧化物酶（GSH-Px）、以及低的丙二醛（MDA）含量暗示机体具备良好的抗氧化能力[22]。Mi等[10]研究表明，大豆黄酮除具有微弱的雌激素样活性外，抗氧化能力也十分显著。刘德义等[78]在基础日粮中添加大豆黄酮饲喂中国荷斯坦奶牛，结果显示，与对照组相比，试验组奶牛的CAT、SOD及GSH-Px活性均有显著的增加，MDA含量显著地降低。朱新建等[12]研究表明，大豆黄酮可以显著降低老龄蛋鸡肝脏、下丘脑组织和血清的MDA水平，显著提高血清中SOD的水平。程忠刚等[13]发现，大豆黄酮可以显著降低肥育猪血清中MDA含量，显著提高血清中SOD、GSH-Px的活性。任皓威[14]等研究表明，大豆黄酮按一定比例添加到小尾羊日粮中，可以提高机体的抗氧化水平。本试验研究发现，在6月龄锦江黄牛饲粮中添加大豆苷元可以极显著升高各处理组T-SOD浓度，同时各处理组的谷胱甘肽过氧化物酶相比于对照组有升高的趋势，且各处理组的血清MDA含量均低于对照组，这与前人的研究结果相一致。

3.4 饲粮中添加大豆苷元对6月龄锦江黄牛免疫性能的影响

大豆苷元属于植物源免疫调节剂，可以作用于靶组织或者靶细胞上的雌激素受体，因此往往通过神经-内分泌途径调节免疫器官或细胞上的雌激素受体进而发挥免疫调节作用[23,24]。在动物日粮中添加适量的大豆苷元可以促淋巴细胞的增殖，从而提高机体的免疫能力；但过量的添加会抑制淋巴细胞的增殖，进而抑制机体的免疫功能[25]。郑立等[16]、杨建英等[17]发现，大豆黄酮能明显提高奶牛血浆及乳中IgG、IgA抗体水平。Liu等[26]研究表明，在热应激奶牛的泌乳后期日粮中添加300mg/d、400mg/d的大豆黄酮，奶牛血液中IgG抗体水平极显著高于对照组及200mg/d大豆黄酮组。本试验结果显示，日粮中添加大豆苷元显著提高6月龄锦江黄牛血清IgM浓度，同时各处理组的IgG含量有一定程度的升高，但对IgA无显著影响。由此我们可以得出，大豆苷元对6月龄锦江黄牛的体液免疫功能具有一定的改善作用。

4 结论

饲粮中添加大豆苷元可以显著提高各处理组的平均日增重，其中以400mg/kg大豆苷元添加组极显著高于对照组；各水平大豆苷元添加组的粗蛋白表观消化率均显著提高；饲粮中添加大豆苷元各处理组的抗氧化能力均有所改善且提高犊牛的免疫性能，当饲粮中大豆苷元添加水平达到400mg/kg时，极显著升高IgM水平，综合各项指标，以日粮中大豆苷元添加水平为400mg/kg时最佳。

致谢：感谢江西农业大学动物科技学院赵向辉博士对文稿所提的宝贵意见。

参考文献（略）

原文已发表于：动物营养学报，2016，28（10）：3161-3167

大豆素对湘中黑牛育肥牛屠体性能指标、肉品质及相关指标的影响

许兰娇[1]，包淋斌[1]，赵向辉[1]，王灿宇[1]，瞿明仁[1*]，
欧阳克蕙[1]，熊小文[1]，祝远魁[2]

（1. 江西农业大学江西省动物营养重点实验室/饲料工程研究中心，南昌 330045；
2. 湖南天华实业有限公司，娄底 417100）

摘 要：（目的）本试验旨在研究饲粮添加大豆素对湘中黑牛育肥牛屠体性能、牛肉品质及相关指标的影响。（方法）选择 14 头健康、体重相近（450±20）kg、2 岁左右阉割湘中黑牛，随机分成 2 组，每组 7 头，对照组饲喂基础饲粮，试验组饲喂基础饲粮+500mg/kg 大豆素。试验期为 120d。（结果）结果表明：（1）饲粮添加 500mg/kg 大豆素对宰前活重、热胴体重、屠宰率无显著影响，胴体的脂肪含量、背膘厚有降低趋势，但差异不显著（$P>0.05$）。（2）添加大豆素显著提高背最长肌的肌肉脂肪含量及大理石花纹评分（$P<0.05$），分别较对照组提高了 8.34%、1.93 分，并显著降低了排酸 24h 肌肉的 pH 和水分含量（$P<0.05$），显著增加了肌肉的红度及色度（$P<0.05$）。（3）添加大豆素显著降低了血清中葡萄糖、尿素氮、甘油三酯、总胆固醇、游离脂肪酸、高密度脂蛋白胆固醇、低密度脂蛋白胆固醇的浓度（$P<0.05$）。（结论）结果表明，添加大豆素能够影响育肥牛的脂类代谢，促进肌肉脂肪沉积，改善牛肉的大理石花纹和品质。这为大豆素应用于高档牛肉生产提供依据。

关键词：大豆素；湘中黑牛；肉品质；肌肉脂肪；屠体性能

随着人们生活水平的提高，对牛肉的品质要求越来越高，肌肉脂肪（IMF）含量是影响肉质的关键因素，显著影响其风味、多汁性和嫩度，决定牛肉大理石花纹的丰富程度（Nishimura，et al. 1999）[1]。如何提高牛肉中肌肉脂肪（Intramuscular Fat）含量和牛肉品质也是当前研究的热点之一。大豆素（Daidzein，Dai）属于植物雌激素，存在于大豆、苜蓿等饲料中（Franke，et al. 1994；Liggins，et al. 2002）[2,3]。研究发现，大豆素具有雌激素样作用、抗氧化作用、免疫调控功能和保健功能。在实际应用中具有剂量小、见效快、毒性低等优点，因此，是一种具有非常重要开发应用价值的新型饲料添加剂。可能会影响肉牛的脂类代谢、大理石花纹及肉品质。目前尚未见大豆素对牛肉品质及肌肉脂肪方面研究报道，因此本研究对此进行探讨，旨在为提高牛肉品质提供技术支撑。

基金项目：国家公益性行业（农业）科研专项（201303143）；国家现代肉牛牦牛产业技术体系项目（CARS-38）；江西省赣鄱 555 工程领军人才计划（赣才字［2012］1 号）；江西省自然科学基金计划（项目编号：20151BAB214009）

作者简介：许兰娇（1981— ），女，江西临川人，博士，助理研究员，研究方向：动物营养与饲料科学，E-mail：xulanjiao1314@163. com。

* 通讯作者：瞿明仁，教授，博士生导师，E-mail：qumingren@ sina. com

1　材料与方法

1.1　试验牛选择、分组及基础饲粮组成

选择14头选择健康、体重相近（450±20）kg、2岁左右阉割湘中黑牛，随机分为对照组和试验组，试验组在基础饲粮中添加500mg/kg大豆素（购于陕西慈缘生物技术有限公司，大豆素含量大于98%），配料时将大豆素加入精饲料中混合均匀；对照组饲喂基础饲粮。基础饲粮组成见表1。

表1　基础饲粮组成及营养组成（风干基础）

饲粮原料（%）	组成
稻草	10.0
玉米	41.4
炒大麦	11.2
麦麸	19.8
炒大豆	5.4
干酒糟	10.3
石粉	0.9
预混料①	1.0
合计	100.00
营养水平	
干物质	88.4
灰分	3.5
粗蛋白	12.8
中性洗涤纤维	25.3
酸性洗涤纤维	10.8
粗脂肪	4.2
综合净能②（Mcal/kg）	1.60

① 预混料（每千克提供）：Vitamin A，250 000IU；Vitamin D3，30 000IU；Vitamin E，800IU；Cu，1g；Fe，5g；Mn，4g；Zn，3g；Se，10mg；I，50mg；Co，10mg. ② 为计算值。

1.2　饲养管理

饲养试验于国家肉牛产业技术体系湖南涟源试验站进行，预试期10d，正式期120d。试验牛采用小栏散养，通风采光一致，自由采食和饮水。早上7：00和下午4：00两次饲喂。

1.3　屠宰、排酸、分割及样品采集

饲养试验结束后，所有试验牛均在湖南天华牧业有限公司的屠宰厂进行称重与屠宰。屠宰前禁食24h，保证充足饮水和休息。按照《牛屠宰操作规程》（GB/ T19477—2004）进行屠宰。屠宰后，立即采集20mL颈动脉血，室温凝固，3 000rpm，4℃冷冻离心20min分离血清，保存于-80℃超低温冰箱以备血清生化指标测定。

宰后 30min 内对胴体进行称重，采集左侧胴体第 12~13 肋间背最长肌肉样，平均分成 2. 54cm 厚的两份，其中一份肉样用封口袋保存于-20℃冰箱中冷冻保存，以备测定肌肉中的营养成分；另一份肉样置于 4℃排酸间排酸 24h 后测定肉色、嫩度（剪切值）、滴水损失、pH 值等肉质指标。

胴体在 4℃ 排酸间排酸 24h，然后取左半边胴体分割出肉、骨、脂肪（皮下脂肪）及其他组织（如结缔组织等），计算屠宰率、脂肪率等指标。

1.4 背膘厚和眼肌面积的测定

使用游标卡尺测定两侧胴体的第 12~13 肋处背膘厚，然后用四点背膘厚数据计算平均背膘厚。取左侧胴体第 12~13 肋骨处背最长肌，用透明硫酸纸绘下眼肌横断面图形，然后用莱卡 QWIN 软件计算出眼肌面积。

1.5 牛肉 pH 值的测定

取左侧胴体第 12~13 肋骨间背最长肌肉样，在宰后 45min 和 24h 两个时间点用 Mettler Toledo Delta 320 pH 计的金属探头直接插入肉样中心直接测定肌肉 pH 值，每个肉样在三个不同位置测定 pH 值，最后取平均值进行统计分析。测完后肉样置于 0-4℃冰箱保存，用于其他指标测定。

1.6 肉色和大理石花纹评分

取第 12~13 肋背最长肌肉样，利用 WSC-S 测色差计测量宰后 24h 肉样肉色，包括亮度（L＊值）、红度（a＊值）和黄度（b＊值）。每个肉样取 3 个不同部位测量，最后取平均值。使用日本大理石花纹评分板对第 12~13 肋背最长肌进行大理石花纹评分，大理石花纹评分板有 12 个级别分值，包括 8~12=丰富，5~7=适中，3~4=平均，2=少量及 1=微量等。

1.7 肌肉嫩度的测定

将在 0~4℃熟化 24h 后的背最长肌肉块（3cm×4cm×5cm）在室温下放置 1h 后，使用保鲜膜将肉样包好，将温度计插入肌肉中心部位，再置于 80℃恒温水浴中加热至肌肉中心温度达 70℃时立即取出肉样，室温冷却至中心温度达 20℃左右时，沿肌纤维方向切取标准样条（1cm×3cm）。使用 Warner-Bratzler 剪切仪（C-LM4，哈尔滨，中国）测量剪切肉样所需的力值（N）。每个肉样切取 6 个标准样品测量，取其平均值。

1.8 肌肉常规养分测定

将左侧胴体第 12~13 肋骨处背最长肌 50g 左右肉样，剔除可见脂肪、肌键及表面结缔组织，绞碎置于 65℃烘箱制成风干样品，按照 AOAC（1990）方法测定水分、干物质含量、粗脂肪含量[4]。使用凯氏定氮法测定肌肉粗蛋白含量。所有测定值均使用鲜物质为基础。

1.9 血液生化指标测定

使用日本协和公司生产的分析试剂盒测定血清甘油三酯、总胆固醇、高密度脂蛋白胆固醇（HDL-C）、低密度脂蛋白胆固醇（LDL-C）和尿素氮含量；使用德国豪迈公司生产的试剂盒测定血糖含量；使用四川迈克公司生产的试剂盒测定糖化血清蛋白含量；使用南京建成非酯化脂肪酸试剂测定血清中游离脂肪酸（NEFA）含量。试验在南昌大学一附院采用立式 AU5421 全自动生化分析仪（Backman-Kelt，USA）进行测定，方法按说明书上进行测定。

1.10 肌肉内脂类合成酶活性测定

样品背最长肌从-80℃拿出，在 37℃下解冻，取 100mg 组织样品加 1 000mL 生理盐水，混匀离心，去除上清液。使用苏州科铭生物科技有限公司葡萄糖-6-磷酸脱氢酶（G-6-PD）测定试剂盒（测红细胞）（比色法）、苹果酸脱氢酶（MDH）测定试剂盒（测血清）（紫外比色法）、异柠檬酸脱氢酶测定试剂盒（比色法）进行测定。

1.11　数据处理与统计分析

采用 Excel 对所有数据进行初步整理，使用 SPSS17.0 统计软件对数据进行单因素方差分析（one-wayANOVA），结果用平均值表示，SEM 为标准误值，$P \leq 0.01$ 为差异极显著，$P \leq 0.05$ 为差异显著，$P \geq 0.05$ 为差异不显著。

2　结果与分析

2.1　屠体性能指标

屠体性能指标测定结果见表 2。与对照组相比，试验组胴体的脂肪比例（32.04% 和 28.62%，$P = 0.054$）和背膘厚（3.39cm 和 2.85cm，$P = 0.055$）有降低的趋势，但差异不显著（$P>0.05$），显著增加骨比例（$P = 0.020$）。添加大豆素对宰前活重、热胴体重和屠宰率及胴体的肌肉比例和眼肌面积均无显著影响。

表 2　大豆素对育肥牛屠体性能指标的影响

屠体性能指标	对照组	试验组	SEM	*P* 值
宰前活重，kg	653.1	677.1	11.881	0.332
热胴体重，kg	400.0	402.7	7.664	0.868
屠宰率,%	61.24	59.44	0.661	0.183
胴体组成,%				
脂肪	32.04	28.62	0.904	0.054
瘦肉	49.57	51.85	0.849	0.189
骨	13.31	14.22	0.205	0.020
背膘厚，cm	3.39	2.85	0.144	0.055
眼肌面积，cm^2	90.21	86.97	2.213	0.486

注：SEM 为标准误，每组 n=7，下表同

2.2　牛肉品质指标

牛肉品质指标测定结果见表 3。由表 3 可知，与对照组相比，大豆素组牛背最长肌的红度、色度显著提高（$P<0.05$），排酸 24h 的 pH 显著降低（$P<0.05$）。添加大豆素使背最长肌的肌肉脂肪含量及大理石花纹评分显著提高（$P<0.05$），分别较对照组提高了 8.34%、1.93 分，水分含量显著降低（$P<0.05$），剪切力有所降低，但差异不显著（$P>0.05$）。

表 3　大豆素对育肥牛背最长肌肉品质参数的影响

牛肉品质指标	对照组	试验组	SEM	*P* 值
pH 值				

（续表）

牛肉品质指标	对照组	试验组	SEM	*P* 值
pH_{45}	6. 63	6. 54	0. 091	0. 663
pH_{24}	5. 57	5. 45	0. 028	0. 029
肉色				
亮度（L*）	38. 90	38. 91	0. 499	0. 993
红度（a*）	17. 22	20. 27	0. 736	0. 031
黄度（b*）	3. 14	3. 06	0. 306	0. 898
化学成分				
水分（%）	68. 50	63. 08	1. 316	0. 033
粗脂肪（%）	7. 94	16. 28	1. 782	0. 012
粗蛋白（%）	21. 10	19. 87	0. 382	0. 113
剪切力（kgf）	3. 83	3. 03	0. 271	0. 149
大理石花纹评分	3. 36	5. 29	0. 377	0. 004

注：pH_{45}：屠宰后 45min 时的 pH 值；pH_{24}：屠宰后 24h 时的 pH 值

2.3 血液生化指标

血液生化指标测定结果见表 4。由表 4 可知，添加大豆素较对照组显著降低了血清葡萄糖、尿素氮、甘油三酯、总胆固醇、游离脂肪酸、高密度脂蛋白胆固醇、低密度脂蛋白胆固醇的浓度（$P<0.05$）。对糖化血清蛋白影响差异不显著（$P>0.05$）。

表 4　大豆素对育肥牛血清生化指标的影响（mmol/L）

血液生化指标	对照组	试验组	SEM	P 值
葡萄糖	13. 36	7. 85	1. 050	0. 002
总甘油三酯	0. 138	0. 087	0. 012	0. 024
非酯化脂肪酸	145. 49	89. 40	13. 749	0. 037
糖化血清蛋白	1. 79	1. 70	0. 042	0. 314
总胆固醇	4. 68	3. 57	0. 259	0. 025
高密度脂蛋白胆固醇	2. 79	2. 34	0. 105	0. 024
低密度脂蛋白胆固醇	1. 26	0. 84	0. 095	0. 019
血液尿素氮	4. 84	3. 86	0. 222	0. 019

2.4 肌肉中脂类合成酶活性

肌肉中脂类合成酶活性测定结果见表 5。由表 5 可知，与对照组相比，添加大豆素显著提高了背最长肌的异柠檬酸脱氢酶活性（$P<0.05$），显著降低了葡萄糖-6-磷酸脱氢酶活性（$P<0.05$）。对苹果酸脱氢酶活性影响差异不显著（$P>0.05$）。

表 5　大豆素对育肥牛背最长肌脂类合成酶活性的影响

脂类合成酶	对照组	试验组	SEM	P 值
异柠檬酸脱氢酶	31.10	51.10	3.598	0.001
葡萄糖 6 磷酸脱氢酶	10.36	5.96	1.091	0.038
苹果酸脱氢酶	188.82	151.19	17.793	0.309

注：酶活性为每毫克蛋白每分钟产生多少 nmol NADPH（G6PDH ICDH）和消耗多少 nmol NADH（MDH）。

3　讨论

3.1　大豆素对肉牛屠体性能指标影响

本研究发现大豆素具有显著提高湘中黑牛育肥牛屠体骨的比例（$P<0.05$）和显著降低屠体脂肪含量及背膘厚（$P<0.05$），这与 Kaludjerovic 和 Ward（2009）[5]、Fujioka 等（2004）[6]、Ohtomo 等（2008）[7]在鼠或其他动物研究结果相似。这可能是由于大豆素能够抑制脂肪组织中脂肪细胞的分化（Kim 等，2010）[8]，促进骨细胞生长（Jia 等，2003；Sugimoto and Yamaguchi，2000）[9,10]，导致了大豆素对骨形成与发育具有促进作用，并对体脂肪合成具有抑制作用有关。有研究表明，大豆素能在瘤胃中部分代谢为雌马酚（Lundh 等，1995）[11]，而雌马酚具有抑制体脂（不包括肌肉脂肪）积累，促进骨骼发育作用（Fujioka 等，2004；Ohtomo 等，2008）[6,7]。

3.2　大豆素对牛肉品质指标影响

肌肉的 pH 影响肌肉的嫩度、风味、持水力，这些肌肉特性对消费者选择有非常重要影响（Mach 等，2008；Villarroel 等，2003）[12,13]。当肌肉 pH_{24} 由 5.5 增加至 6.1 时，其嫩度有降低趋势（Villarroel 等，2003）[13]。肌肉 pH_{24} 高于 5.5，一般认为是由于肌肉糖元较少的缘故，以致肌肉中无法积累足够的乳酸（Mach 等，2008）[12]。本研究发现添加大豆素降低了背最长肌的 pH_{24}，剪切力有降低的趋势（但差异不显著，$P>0.05$），这可能是因为大豆素增加了肌肉中的糖元含量。在 Malardé 等（2013）[14]的研究中，添加大豆异黄酮（含大豆素和染料木素）增加了鼠肌肉中的糖元含量，这与本研究结果相似。

肉色是重要的肉质性状，它直接影响消费者的购买欲。肉色的差异与肌肉中亚铁肌红蛋白（鲜红）、肌红蛋白（暗红色）、正铁肌红蛋白（灰-褐色）的比例有关（Carlez 等，1995）[15]。当肉色由亮红色变为暗褐色时，消费者一般会认为肉的养分已损失或变质，进而不去购买这类产品（Sánchez-Escalante 等，2001）[16]。因此，肉中的肌红蛋白应维持亚铁形式。本研究发现，添加大豆素增加了背最长肌的红度（a*），这意味着大豆素抑制了肌肉在空气中的氧化，改善了肉色的稳定性，这可能与大豆素和雌马酚内在的抗氧化特性有关（Rimbach 等，2003）[17]。

3.3　大豆素对牛肉肌肉脂肪及大理石花纹评分影响

本研究发现大豆素显著降低了湘中黑牛皮下脂肪含量（$P<0.05$），但显著促进了背最长肌肉脂肪含量及大理石花纹评分（$P<0.05$）。Crespillo 等（2011）[18]发现添加大豆素可增加鼠骨骼肌中的脂肪含量并降低肝脏中的脂肪含量。还有一些体内或体外试验研究发现，大豆素和雌马酚能够加强人和鼠前脂肪细胞的分化、脂粒形成和脂肪的积累（Cho 等，2010；Hirota 等.，2010；Nishide 等，2013）[19-21]。但是 Rehfeldt 等（2007）[22]研究了母猪妊娠期饲喂大豆素对仔猪胴体组成的影响，结果显示大豆素不影响仔猪的皮下脂肪含量，但显著提高了仔猪整个身体的脂肪含量。这些结果表明，大豆素具有调脂作用，能选择性地促进脂肪在肌肉中的沉积。

3.4 大豆素对湘中黑牛血液生化指标及肌肉脂类合成酶活性影响

本研究发现，添加大豆素降低了湘中黑牛血清中脂代谢产物如游离脂肪酸、甘油三酯、总胆固醇等的浓度。这与前人以鼠为研究动物发现大豆素具有明显的降胆固醇作用的结果（Park 等，2006；Cao 等，2013；Crespillo 等，2011）[23-25]一致。本研究中添加大豆素降低了湘中黑牛血清中葡萄糖的浓度，这与 Choi 等（2008）[26]和 Cao 等（2013）[24]的结果一致。大豆素能够通过增加 GLUT4 和 IRS-1 的表达量提高胰岛素刺激葡萄糖摄入量（Cho 等，2010）[19]，进而可能导致较低的血糖浓度。

葡萄糖-6-磷酸脱氢酶、苹果酸脱氢酶、异柠檬酸脱氢酶参与了脂肪酸从头合成中 NADPH 的合成。本研究发现添加大豆素增加了背最长肌异柠檬酸脱氢酶的活性，这可能与肌肉脂肪含量提高有关。葡萄糖-6-磷酸脱氢酶曾被认为与肉牛肌肉脂肪的沉积有关，是一个较好的用于预测大理石花纹的指标（Bonnet 等，2007）[27]。然而，本研究中添加大豆素较对照组显著降低了葡萄糖-6-磷酸脱氢酶的活性。出现这一矛盾结果的原因不清，尚需要进一步的研究。

4 小结

添加大豆素降低了湘中黑牛育肥牛胴体的背膘厚、脂肪含量、血清中葡萄糖和脂类代谢物浓度、pH_{24}，增加了背最长肌的异柠檬酸脱氢酶活性、红度、肌肉脂肪含量及大理石花纹评分。这些结果表明，饲粮中添加大豆素能够降低肉牛的皮下脂肪含量，促进肌肉脂肪沉积，改善大理石花纹评分和肉质。大豆素是一种可用于高档牛肉生产的绿色添加剂。

参考文献（略）

原文发表于：动物营养学报，2016，28（1）：191-197

灌服 N-氨甲酰谷氨酸对哺乳山羊羔羊生长性能、血液参数及器官重的影响

王若丞[1]，纪　宇[1]，孙玲伟[1]，茆达干[1]，王金刚[2]，
马铁伟[1]，王　锋[1-2]，王子玉[1,2*]

（1. 南京农业大学动物科技学院，南京　210095；2. 南京农业大学海门山羊研发中心，海门　216121）

摘　要：（目的）本试验旨在研究给 0~40 日龄哺乳山羊羔羊灌服 N-氨甲酰谷氨酸（N-carbamylglutamate，NCG）后对其生长性能、血液参数及器官重的影响。选取体重相近（3.1±0.3kg）的哺乳山羊羔羊 32 只，随机分在 2 个组中（每组 16 只），按每日每千克体重分别灌服 100mg NCG（试验组）和 0mg（对照组）。于羔羊 40 日龄时进行屠宰。结果表明：① 与对照组羔羊相比，灌服 NCG 的羔羊显著提高了其平均日增重，显著降低了羔羊腹泻率（$P<0.05$）。② 灌服 NCG 显著提高了 40 日龄羔羊血浆中总蛋白和白蛋白含量，而降低了 20 和 40 日龄羔羊血浆血氨和尿素氮含量（$P<0.05$）。③ 灌服 NCG 显著提高了 20 和 40 日龄羔羊血浆胰岛素、生长激素及一氧化氮含量（$P<0.05$）。④ 灌服 NCG 组羔羊血浆精氨酸、鸟氨酸和瓜氨酸浓度显著提高（$P<0.05$）。⑤ 灌服 NCG 组羔羊脾脏、小肠及大肠相对重量均显著高于对照组（$P<0.05$）。结果提示，灌服 NCG 促进哺乳山羊羔羊的生长发育及内源精氨酸合成。

关键词：N-氨甲酰谷氨酸；哺乳羔羊；生长性能；血液参数；器官重

精氨酸作为维持幼年家畜最佳生长和氮平衡的必需氨基酸[1]，在促进幼畜肠道蛋白质合成，提高肠道免疫力、抗氧化性及维护肠道健康等方面都具有重要作用[2]。由于母乳中所含的精氨酸量和自身合成的量往往无法满足幼年家畜的营养需求，可能会限制其生长性能的发挥，因此需要额外提供[3]。然而，精氨酸在瘤胃内的高降解率以及瘤胃保护性精氨酸的高成本限制了其在饲料工业中的应用[4]。N-氨甲酰谷氨酸（NCG）作为精氨酸合成激活剂 N-乙酰谷氨酸（NAG）的结构类似物[5]，可以通过提高精氨酸合成限速酶氨甲酰磷酸合成酶-1（CPS-Ⅰ）的活性来促进肠细胞精氨酸合成[6]。因此，NCG 被认为是一种精氨酸增强剂。相对于精氨酸，NCG 在瘤胃中的降解率极低[7]。不同于 NAG，NCG 不会被哺乳动物细胞质中高活性的脱酰基酶分解[8]，这一特性使其更容易进入细胞线粒体发挥作用。通过对哺乳仔猪灌服 NCG 能显著提高哺乳仔猪的血浆精氨酸和生长激素浓度，促进仔猪生长和肌肉蛋白质合成[9]。灌服 NCG 也可以促进 7 日龄哺乳仔猪生长发育及内源精氨酸的合成[10]，但是 NCG 对哺乳山羊羔羊生长性能的影响报道较少。本试验旨在研究灌服 NCG 对哺乳山羊羔羊生长性能、血液参数及器官重的影响，为 NCG 在哺乳山羊羔羊上的应用提供理论依据。

基金项目：公益性行业（农业）科研专项（201303143-06）；江苏省农业科技自主创新引导资金项目［CX（15）1007］。
作者简介：王若丞（1991—　），男，山东滕州人，硕士研究生，从事羊生产学研究，E-mail：603327920@qq.com
* 通讯作者：王子玉，男，讲师，E-mail：wangziyu@njau.edu.cn

1 材料与方法

1.1 试验动物与试验设计

选取32只初生重相近、健康无病的0日龄波尔山羊×海门山羊杂交公羔作为试验羊。为了排除母羊产奶量以及哺乳羔羊数对哺乳山羊羔羊生长性能的潜在影响，每只母山羊哺乳两只公羔且保证每只母山羊哺乳的公羔分入两个不同处理组：对照组和试验组。羔羊从1日龄到40日龄每天用注射器灌服0（对照组）或100mg/kg体重（试验组）的NCG，试验期40d。试验期间每天分早晚2次灌喂。NCG与温水混合后用5mL注射器缓慢注入羔羊口腔，对照组注射等体积温水。试验所用NCG购自亚太兴牧科技有限公司，生产许可证号为豫饲添（2014）T05005，产品纯度为97%。

1.2 饲养管理和样品采集

试验在南京农业大学海门山羊研发中心进行。哺乳母羊饲粮参照NRC（2007）推荐的哺乳羊的营养需要配制，哺乳母羊日粮组成及营养水平见表1。试验期间哺乳母羊单栏饲喂，自由饮水，自由采食。羔羊自由哺乳。试验期间根据羊场生产安排，对试验羔羊进行驱虫、防疫。羔羊0、20及40日龄时，从每组中随机选取5只羔羊，早上灌服NCG 2h后颈静脉采血5mL于灭菌的肝素钠抗凝管中，即刻于3 000r/min离心8min，分离血浆，于-20℃冻存。

表1 哺乳母羊日粮组成及营养水平（干物质基础） （%）

项目	含量
原料	
豆秸	32.35
玉米	36.80
麸皮	10.73
豆粕	16.80
磷酸氢钙	0.60
碳酸氢钠	0.12
食盐	0.50
预混料	2.00
多维	0.10
合计	100.00
营养水平	
消化能（MJ/kg）	12.43
粗蛋白质	15.85
中性洗涤纤维	39.37
酸性洗涤纤维	21.01
钙	0.62
有效磷	0.41

预混料为每千克饲粮提供：Fe 56mg，Cu 15mg，Zn 40mg，I 1mg，Mn 30mg，Se 0.2mg，Co 0.25mg，VA 2 150IU，VD 170IU，VE 13IU

1.3 测定指标及方法

1.3.1 羔羊生长性能

每组羔羊在0、20及40日龄空腹称重一次，计算平均日增重，平均日增重（kg/d）=（末重-初重）/天数。为保证称重时羔羊处在空腹状态，称重当天采血后立即将羔羊抱离哺乳母羊，12h 后称重。

1.3.2　羔羊腹泻率的测定

每日记录各组试验羔羊腹泻数，腹泻率=腹泻头次/（羔羊总数×试验天数）。羔羊排出粪便稀软或稀如水样，尾根被粪便污染时，判定为腹泻。

1.3.3　血浆生化指标的测定

将羔羊 0、20 及 40 日龄采集分离的血浆样品于 4℃解冻后用 Vital Scientific 临床化学分析仪测定葡萄糖（Glu）、总蛋白（TP）、白蛋白（ALB）、尿素氮（BUN）、血氨（AMM）、甘油三酯（TG）、总胆固醇（TC）的含量。

1.3.4　血浆激素水平的测定

将羔羊 40 日龄采集分离的血浆样品于 4℃解冻，利用 ELISA 试剂盒（购自上海卡迈舒生物科技有限公司）测定血浆生长激素（GH）、胰岛素（Ins）及一氧化氮（NO）含量。

1.3.5　血浆氨基酸浓度的测定

将羔羊 40 日龄采集分离的血浆样品于 4℃解冻。测定时，取 0.3mL 血浆样品与 10%磺基水杨酸按 1∶3比例稀释，混匀，室温下 12 000r/min 离心 30min，取上清液，用日立 L-8800 氨基酸自动分析仪测定氨基酸含量。

1.4　数据统计分析

试验数据采用 SPSS 19.0 软件进行统计分析。处理间的差异采用 t 检验，百分数采用 χ^2 检验。除百分数外，所有数据均以平均值±标准差表示，以 $P<0.05$ 为差异显著。试验期间有少量羔羊死亡淘汰，因此对照组和试验组进入统计的羔羊数分别为 13 头和 14 头。

2　结果

2.1　灌服 NCG 对哺乳山羊羔羊生长性能及腹泻率的影响

由表 2 可知，与对照组相比，NCG 组羔羊 40 日龄体重提高了 0.88kg（$P<0.05$），20~40 日龄和 0~40 日龄平均日增重显著提高（$P<0.05$）。但 NCG 对羔羊 20 日龄体重及 0~20 日龄平均日增重影响并不显著（$P>0.05$）。相对于对照组，NCG 组羔羊腹泻率显著降低（$P<0.05$）。

表 2　灌服 NCG 对哺乳山羊羔羊生长性能和腹泻率的影响

项目	时间	对照组	N-氨甲酰谷氨酸	t 值
体重（kg）	0d	3.04±0.21	3.12±0.21	0.98
	20d	5.42±0.50	5.57±0.50	0.84
	40d	7.51±0.39	8.40±0.39*	6.43
平均日增重（kg/d）	0~20d	0.12±0.03	0.12±0.03	0.39
	20~40d	0.11±0.02	0.14±0.02*	5.71
	0~40d	0.11±0.01	0.13±0.01*	5.98
腹泻率（%）	0~40d	32.51	19.63*	-4.16

注：同行数据肩标 * 表示差异显著（$P<0.05$）。下表同

2.2　灌服 NCG 对哺乳山羊羔羊血浆生化指标的影响

由表 3 可知，NCG 组羔羊 0 日龄血浆生化指标与对照组显著无差异（$P>0.05$）。NCG 组羔羊 40 日龄

血浆 TP 和 ALB 含量显著高于对照组（$P<0.05$）；但 NCG 组羔羊 20 和 40 日龄血浆中 AMM 和 BUN 浓度显著降低（$P<0.05$）。

表 3　灌服 NCG 对 0、20 及 40 日龄哺乳山羊羔羊血浆生化指标的影响

项目	对照组	N-氨甲酰谷氨酸组	t 值
葡萄糖（mmol/L）			
0 日龄	4.25±0.69	4.04±0.61	-0.58
20 日龄	4.69±0.71	4.43±0.69	-0.70
40 日龄	3.64±0.75	3.98±0.31	1.12
总蛋白（g/L）			
0 日龄	64.77±5.72	66.73±6.26	0.37
20 日龄	52.76±5.77	53.70±3.31	0.38
40 日龄	50.56±2.42	60.11±2.55*	4.18
白蛋白（g/L）			
0 日龄	38.04±3.28	38.92±4.11	0.37
20 日龄	30.07±3.29	31.61±1.89	0.38
40 日龄	31.10±1.38	36.27±1.45*	4.18
尿素氮（mmol/L）			
0 日龄	3.70±0.67	3.61±0.65	-0.24
20 日龄	3.73±0.341	2.12±0.29*	-3.60
40 日龄	4.31±0.423	3.19±0.27*	-3.45
血氨（mmol/L）			
0 日龄	111.00±10.13	108.43±9.48	-0.24
20 日龄	105.57±17.30	77.57±10.68*	-3.59
40 日龄	129.43±14.70	95.57±8.02*	-3.45
甘油三酯（mmol/L）			
0 日龄	0.45±0.24	0.45±0.22	-0.23
20 日龄	0.58±0.10	0.42±0.13	-1.82
40 日龄	0.55±0.71	0.39±0.07	-1.40
总胆固醇（mmol/L）			
0 日龄	3.80±0.50	3.60±0.55	-0.71
20 日龄	3.82±0.53	3.78±0.36	-1.04
40 日龄	3.83±0.31	3.67±0.89	-0.62

2.3　灌服 NCG 对哺乳山羊羔羊血浆激素指标及一氧化氮浓度的影响

由表 4 可知，0 日龄 NCG 组羔羊血浆中激素指标与对照组相比无显著差异（$P>0.05$）；相对于对照组，20 和 40 日龄的 NCG 组羔羊血浆中 GH、Ins 及 NO 浓度均显著升高（$P<0.05$）。

表 4　灌服 NCG 对 0、20 及 40 日龄哺乳山羊羔羊血浆激素指标及一氧化氮浓度的影响

项目	对照组	N-氨甲酰谷氨酸组	t 值
生长激素（pg/mL）			
d 0	455.80±50.44	459.65±69.19	0.19
d 20	479.245±52.12	546.711±49.945*	4.27
d 40	467.846±36.85	553.389±46.331*	6.02
胰岛素（mIU/L）			
d 0	15.16±0.72	15.34±0.62	0.20
d 20	13.09±1.63	14.798±0.97*	3.34
d 40	14.99±1.60	17.451±1.58*	5.03
一氧化氮（nmol/L）			
d 0	6.62±0.71	6.55±0.72	0.19
d 20	7.02±0.86	8.46±0.98*	2.91
d 40	7.38±0.88	11.24±1.41*	6.15

2.4　灌服 NCG 对 40 日龄羔羊血浆氨基酸浓度的影响

由表 5 可知，与对照组相比，NCG 组羔羊血浆精氨酸、瓜氨酸及鸟氨酸浓度显著升高（$P<0.05$）。

表 5　灌服 NCG 对 40 日龄哺乳山羊羔羊血浆氨基酸浓度的影响　（μmol/L）

项目	对照组	N-氨甲酰谷氨酸组	t 值
精氨酸	97.83±9.63	206.50±11.50*	10.70
丝胺酸	150.00±19.65	168.63±18.13	2.69
脯氨酸	228.00±17.00	235.50±9.50	0.29
组氨酸	89.73±8.32	99.50±19.50	0.43
苏氨酸	96.33±5.04	106.20±20.80	0.19
赖氨酸	249.33±25.51	257.00±33.00	0.15
甲硫氨酸	21.83±7.02	34.00±3.10	1.92
缬氨酸	401.67±140.47	400.33±88.91	-0.09
酪氨酸	89.70±9.65	79.13±24.91	-1.02
异亮氨酸	77.80±39.70	71.40±1.00	-0.86
亮氨酸	173.67±13.87	138.67±23.67	-1.92
苯丙氨酸	56.47±2.80	58.37±6.18	0.17
色氨酸	26.00±2.90	29.90±2.47	0.26
丙氨酸	264.67±35.36	286.50±9.50	0.71
天门冬氨酸	25.18±0.69	25.11±0.81	-0.05
天门冬酰胺	387.30±8.29	397.00±92.00	0.04

（续表）

项目	对照组	N-氨甲酰谷氨酸组	t 值
谷氨酸	29.73±2.98	23.71±5.55	-0.16
谷氨酰胺	439.67±9.50	399.00±42.00	-0.18
半胱氨酸	9.62±0.03	11.19±2.06	0.31
甘氨酸	237.67±11.02	201.57±11.16	-1.29
瓜氨酸	40.46±3.80	58.37±6.19*	6.02
鸟氨酸	46.47±2.80	68.37±7.17*	5.43

2.5 灌服 NCG 对哺乳山羊羔羊相对器官重的影响

由表 6 可知，灌服 NCG 后，羔羊各器官相对重量均有所升高，其中 NCG 组羔羊脾脏、小肠以及大肠相对重量均显著高于对照组（$P<0.05$）。

表 6　灌服 NCG 对哺乳山羊羔羊相对器官重的影响 （g/kg）

项目	对照组	N-氨甲酰谷氨酸组	t 值
心脏	5.59±0.99	5.60±0.69	0.74
肝脏	21.97±3.08	24.17±2.98	1.93
脾脏	1.73±0.24	2.50±0.31*	3.24
肺脏	16.91±3.37	17.86±2.21	0.97
肾脏	4.46±0.6	5.24±0.65	1.29
瘤胃	7.32±1.02	7.26±0.79	0.57
网胃	2.66±0.27	2.74±0.34	1.21
瓣胃	0.80±0.11	0.83±0.24	0.42
皱胃	7.86±1.13	7.86±1.07	0.74
大肠	13.98±1.96	17.14±2.63*	3.22
小肠	29.29±4.1	42.74±4.23*	4.98
睾丸	1.43±0.19	1.75±0.41	1.31

3 讨论

以往多个报道中均表明精氨酸对幼年家畜来说是一种必需氨基酸[11-13]，这可能是母乳提供的和内源性合成的精氨酸不能满足其营养需求的原因。通过外源性途径直接补充精氨酸会导致其他氨基酸（色氨酸、赖氨酸及组氨酸等）的吸收障碍而且过量补充精氨酸会导致体内一氧化氮（NO）急剧增加，对机体组织造成损伤[14]。通过内源性途径调节动物精氨酸浓度，提高其生长性能，可以避免直接灌服精氨酸带来的负面效应[14]。NAG 是内源性精氨酸合成的一个必要的辅助性因子[15]。许多研究已经证实：NCG 作为 NAG 的结构类似物，可以促进多数哺乳动物（包括鼠[16]、猪[10]、牛[6]、羊[17]）内源性精氨酸的合成。

关于 NCG 对幼龄家畜生产性能的影响，国内外已有一些报道，但主要集中在仔猪上。例如，灌服

NCG 可以促进哺乳仔猪生长发育及内源精氨酸的合成[18]；饲粮添加 0.08%的 NCG 可以显著提高断奶仔猪生长性能，促进肠道发育，缓解断奶应激以及降低腹泻率[12]。但 NCG 对新生反刍动物生长性能的影响报道较少。本研究表明，灌服 NCG 20d 后，哺乳山羊羔羊的平均日增重显著提高，腹泻率显著降低。其原因可能是 NCG 促进了机体内源性精氨酸的合成，进而促进羔羊骨骼肌蛋白合成和肠道发育。Frank 等报道，灌服 NCG 显著提高了哺乳仔猪的平均日增重和骨骼肌蛋白质合成[9]；Wang Yuanxiao 等[19]报道，在 7~14 日龄的健康及宫内生长迟缓（IUGR）仔猪代乳料中添加 0.6%的精氨酸，显著促进了仔猪的肠道发育，降低了腹泻率。这些报道均与本研究结果一致。

血氨（AMM）是动物体内一种有毒代谢物，动物可以通过尿素循环将多余的氨转化为尿素从而降低 AMM 浓度[20]，而 CPS-Ⅰ是 AMM 向氨甲酰磷酸转化过程中的关键酶[21]。在精氨酸合成代谢过程中，NAG 是 CPS-Ⅰ的变构激活剂[10,14]。因此，NCG 作为 NAG 的类似物，可以通过激活 CPS-Ⅰ而促进体内多余的氨向尿素转化[22]。本试验中，灌服 NCG 显著降低了 20 和 40 日龄哺乳羔羊的血浆 AMM 和尿素氮（BUN）水平，提高了血浆 TP 含量。这表明哺乳仔猪灌服 NCG 后，一方面通过激活 CPS-Ⅰ将体内多余的氨转化为尿素，另一方面又促进了体内蛋白质合成并增加了氮沉积。ALB 是动物应激的重要指标，应激时通常伴随着 ALB 的降低[14]。本试验发现 NCG 组羔羊 40 日龄血浆 ALB 水平显著高于对照组，原因可能是灌服 NCG 提高了哺乳羔羊的抗应激能力。

众所周知，精氨酸可以促进动物内源性胰岛素（Ins）和生长激素（GH）的释放[23-25]。本试验发现灌服 NCG 显著提高了 20 和 40 日龄哺乳羔羊的血浆 GH 和 Ins 水平。这可以归因于灌服 NCG 所引起的血浆精氨酸水平的提高。精氨酸是动物体内 NO 合成的前体物质和调节因子[26]。本试验发现灌服 NCG 显著提高了羔羊血浆 NO 水平，但还在羔羊正常生理范围内。这表明，饲粮中添加 NCG 并不会使 NO 大量增多，但 NO 的适当增加能调节机体免疫、促进血管生成、减少胃肠道黏膜损害[27]，进而促进羔羊生长发育。

仔猪出生 1 周后，母乳提供的精氨酸及内源合成的精氨酸已不能满足其最大生长的营养需要[23]。尽管每天灌服高剂量的精氨酸或瓜氨酸可以提高血浆精氨酸浓度，但同时也会导致血浆中其他必需氨基酸的浓度（如赖氨酸和色氨酸）的降低。这可能是由氨基酸之间（精氨酸/赖氨酸，瓜氨酸/色氨酸）的拮抗作用所引起的[1]。所以通过灌服 NCG 来补充精氨酸和瓜氨酸是一种更为可行的选择[9]。作为 CPS-Ⅰ的代谢稳定激活因子，在猪肠细胞内，NCG 可以促进精氨酸和瓜氨酸的合成[1]。本研究发现，灌服 NCG 促进了哺乳羔羊体内精氨酸的合成，使血浆游离精氨酸、瓜氨酸及鸟氨酸含量显著升高，但并没有降低血浆色氨酸和赖氨酸含量。说明 NCG 在促进内源性精氨酸合成的同时，并未影响哺乳羔羊对赖氨酸和鸟氨酸的转运与吸收。

精氨酸是重要的免疫调节器。有研究发现，在鸡和鹅的饲粮中添加适量精氨酸可显著增加免疫器官如脾脏和法氏囊的发育[28,29]。麻名文等[30]研究发现，肉兔的日粮添加精氨酸可显著影响胸腺指数，但对脾脏指数影响不显著。本试验发现给哺乳羔羊灌服 NCG 可以显著提高脾脏相对重量，这与前人结果基本一致，说明 NCG 可能在哺乳羔羊免疫器官的发育及机体免疫调节方面起促进作用。单胃动物上的研究发现精氨酸可以调节肠上皮细胞 mTOR 信号通路，促使肠道蛋白合成，抑制蛋白降解，同时促进肠黏膜上皮细胞增殖与生长[31]。确实，在 21 日龄断奶仔猪的基础饲粮中添加 1%的精氨酸可以显著提高小肠的相对重量、绒毛高度及隐窝深度，促进了小肠的发育[12,32]。此外，还有研究发现精氨酸可以诱导新生仔猪肠黏膜的生长[33]。近期的研究还发现在日粮中添加瘤胃保护性精氨酸及 N-氨甲酰谷氨酸均可提高新疆细毛羊断奶羔羊肠道黏膜的蛋白合成率[34]。本试验发现给哺乳羔羊灌服 NCG 可以显著提高大肠和小肠的相对重量，促进了肠道发育，这与前人研究的结果基本一致。肠道是机体重要的消化器官，是营养物质消化和吸收的最终场所[35]。促进肠道的生长发育可以增强其对营养物质的消化和吸收，这可能是灌服 NCG 提高哺乳羔羊生长性能的原因之一。

4 结论

给哺乳羔羊灌服适量的 NCG，可有效提高血浆精氨酸及其代谢产物的水平，降低哺乳羔羊腹泻率，提高羔羊生长性能，促进器官发育。

参考文献（略）

原文发表于：动物营养学报，2016，28（6）：1765-1773

酵母培养物对生长期锦江黄牛生产性能、抗氧化能力及免疫性能的影响

陈作栋[1]，周　珊[1]，赵向辉[1]，杨食堂[2]，
瞿明仁[1]，文露华[1]，许兰娇[1]

（1. 江西农业大学江西省动物营养重点实验室/营养饲料开发研究中心，南昌　330045；
2. 高安裕丰农牧有限公司，高安　330800）

摘　要：本研究旨在探讨饲粮中添加酵母培养物对生长期锦江黄牛生产性能、抗氧化能力及免疫性能的影响，为生长期肉牛培育及锦江黄牛饲粮配制提供依据。试验选择16头6月龄、体重140kg左右的锦江黄牛公犊，随机分成对照组和试验组，每组8头。对照组饲喂基础饲粮，试验组在对照组饲粮基础上添加30g/（d·头）酵母培养物，试验期为60d。结果表明：1）试验组平均日增重显著高于对照组（$P<0.05$）；2）试验组饲粮干物质和粗蛋白质的表观消化率显著高于对照组（$P<0.05$），但饲粮有机物、中性洗涤纤维和酸性洗涤纤维的表观消化率相比于对照组则差异不显著（$P>0.05$）；3）试验第30d和第60d，试验组血清总超氧化物歧化酶（T-SOD）活性显著高于对照组（$P<0.05$），而血清丙二醛（MDA）含量较对照组有所降低，但差异不显著（$P>0.05$），同时血清谷胱甘肽过氧化物酶（GSH-Px）活性也与对照组无显著差异（$P>0.05$）；4）试验组血清免疫球蛋白A（IgA）含量在试验第30d显著高于对照组（$P<0.05$），血清免疫球蛋白G（IgG）含量在试验第30d和第60d相比对照组均有一定程度的提高，但差异不显著（$P>0.05$），血清免疫球蛋白M（IgM）含量在试验第30d和第60d与对照组相比无显著差异（$P>0.05$）。由上述结果可知，饲粮中添加30g/（d·头）酵母培养物可促进饲粮中养分的消化，增加生长期锦江黄牛的抗氧化能力和免疫性能，进而改善其生产性能。

关键词：锦江黄牛；酵母培养物；生产性能；抗氧化能力；免疫性能

生长期是肉牛养殖的关键时期，这一阶段生长发育得好坏会严重影响到整个养殖阶段的生产性能和经济效益的提高。因此，不仅要确保生长期肉牛能够获取必需的各种营养物质，还要提高其免疫力及抗氧化功能，保证肉牛的健康成长，从而在保证养殖户的经济收益同时，也为广大消费者提供安全的牛肉产品。

酵母培养物（yeast culture）是指在严格控制条件下，由酵母菌在特定的培养基上经过充分的厌氧发酵后形成的微生态制品[1]。酵母培养物含有各种消化酶和酵母发酵所产生的其他营养代谢产物，具有储存期长，在热和湿环境条件下的稳定性好，能够提高饲粮的适口性和改善消化率等特点[2]。此外，大量研究表明，酵母培养物能够促进动物肠道益生菌的生长繁殖，抑制有害菌的生长繁殖，并能提供动物生长必需的营养因子，在促进动物生长，提高饲料利用率，预防疾病，提高机体免疫力和改善环境等方面具有重要的作用[3]。酵母培养物已广泛应用于畜禽及水产养殖上[4]，但对生长期肉牛培育及相关影响尚未见报道。本试验以江西著名的地方牛种——锦江黄牛为研究对象，探索酵母培养物对生长期肉牛生产性能、抗氧化能力及免疫性能的影响，为生长期肉牛培育及锦江黄牛饲粮配制提供参考。

1 材料与方法

1.1 试验时间与地点

本试验在江西省高安市裕丰农牧有限公司养殖基地进行，时间为 2015 年 5 月 5 日至 2015 年 7 月 3 日，共 60d。

1.2 试验材料

试验用酵母培养物由美国达农威生物发酵工程技术（深圳）有限公司生产，其粗蛋白质≥15.0%，粗脂肪≥0.5%，粗纤维≤32.0%，水分≤10.0%，粗灰分≤12.0%，用于肉牛的产品推荐量为 30～45g/（d·头）。

1.3 试验牛的选择与分组设计

本试验共选择 6 月龄、健康、体重（140±10）kg 的锦江黄牛公犊 16 头，随机分为试验组和对照组，每组 8 头。生长期锦江黄牛饲粮营养水平按照我国《肉牛饲养标准》（NY/T 815—2004）进行配制。对照组饲喂基础饲粮（表 1），试验组在对照组饲粮基础上添加 30g/（d·头）酵母培养物。基础饲粮精粗比为 4∶6，其组成及营养水平见表 1。各组锦江黄牛限饲喂养，干物质采食量（DMI）均为 6.37kg/（d·头）。

表 1 基础饲粮组成及营养水平（风干基础） （%）

项目	含量
原料	
玉米	25.20
豆粕	12.00
食盐	0.40
小苏打	0.80
预混料[1]	1.60
稻草	60.00
合计	100.00
营养水平[2]	
综合净能（MJ/kg）	4.49
干物质	89.39
粗蛋白质	9.69
中性洗涤纤维	41.39
酸性洗涤纤维	22.6
粗灰分	8.21
钙	0.34
磷	0.24

[1] 预混料为每千克饲粮提供：VA 2 400IU，VD 320IU，VE 48mg，Fe 51.2mg，Cu 10.4mg，Zn 32mg，Mn 24mg，Co 0.16mg，I 0.56mg，Se 0.16mg。

[2] 综合净能、钙和磷为计算值，其余为实测值。

1.4　饲养管理与称重

试验牛采取圈养方式，日饲喂2次（07：00和16：00），自由采食，自由饮水，按时打扫卫生，常规消毒与免疫。饲养试验开始和结束早饲前空腹称重，详细记录，并计算平均日增重。

1.5　粪样采集、常规养分含量的测定和养分表观消化率的计算

在饲养试验结束前最后3d进行消化试验。从试验组和对照组中各选取3头体重接近的锦江黄牛，单栏饲喂。准确记录每天的投料量和剩料量，采用全粪收粪法收集粪便。取200g混匀粪样，加入50mL稀硫酸，用于测定粗蛋白质含量。另取300g混匀粪样，用于测定其他常规养分。粗蛋白质、干物质和有机物含量采用常规分析方法测定，中性洗涤纤维和酸性洗涤纤维采用范氏（Van Soest）洗涤纤维分析法[5]测定。饲粮样和粪样中的酸不溶灰分（AIA）含量按4mol/L HCl不溶灰分法测定。根据饲粮样与粪样中养分含量测定结果，计算各养分的表观消化率。

$$养分表观消化率（\%）=1-bc/ad$$

式中：a为饲粮中某养分的含量（%）；b为粪样中该养分的含量（%）；c为饲粮中指示剂酸不溶灰分的含量（%）；d为粪样中指示剂酸不溶灰分的含量（%）。

1.6　血样采集、测定指标及方法

在饲养试验的第30d和第60d，早饲前2h颈静脉采血15mL，其中5mL用肝素抗凝，另外10mL于恒温箱中孵育30min，之后均以2 200×g离心15min，将血清保存于-20℃冰箱待测。血清丙二醛（MDA）含量采用硫代巴比妥酸（thibabituric ccid，TBA）法[6]测定，谷胱甘肽过氧化物酶（GSH-Px）活性采用二硫代二硝基苯甲酸（DTNB）直接显色法[7]测定，总超氧化物歧化酶（T-SOD）活性采用黄嘌呤氧化酶-亚硝酸盐形成法[8]测定。血清免疫球蛋白A（IgA）、免疫球蛋白M（IgM）和免疫球蛋白G（IgG）含量采用免疫比浊法测定，试剂盒购于南京建成生物工程研究所。

1.7　数据统计与分析

本试验采用Excel 2003对数据进行初步整理，并采用SPSS 17.0进行差异显著性分析，$P<0.05$表示差异显著。

2　结果与分析

2.1　饲粮中添加酵母培养物对生长期锦江黄牛平均日增重的影响

由表2可知，试验组的平均日增重显著高于对照组（$P<0.05$），与对照组相比，试验组的平均日增重提高了34%。

表2　饲粮中添加酵母培养物对生长期锦江黄牛平均日增重的影响

项目	对照组	试验组	SEM	P值
初重（kg）	139.5	138.0	9.61	0.942
末重（kg）	165.6	173.0	9.98	0.732
平均日增重（kg/d）	0.44	0.58	0.03	0.013

2.2 饲粮中添加酵母培养物对生长期锦江黄牛养分表观消化率的影响

由表3可知，试验组饲粮粗蛋白质、干物质的表观消化率显著高于对照组（$P<0.05$），其中粗蛋白质的表观消化率较对照组提高7.74%，干物质的表观消化率较对照组提高3.58%。试验组饲粮有机物、中性洗涤纤维和酸性洗涤纤维的表观消化率与对照组差异不显著（$P>0.05$），但有机物、中性洗涤纤维的表观消化率均较对照组有所提高，其中有机物的表观消化率较对照组提高2.88%，中性洗涤纤维的表观消化率较对照组提高0.73%。

表3 饲粮中添加酵母培养物对生长期锦江黄牛养分表观消化率的影响 （%）

项目	粗蛋白质	干物质	有机物	中性洗涤纤维	酸性洗涤纤维
对照组	64.46	67.86	70.88	72.74	72.26
试验组	69.45	70.29	72.92	73.27	70.84
SEM	1.10	0.64	0.59	0.72	0.87
*P*值	0.029	0.049	0.086	0.732	0.449

2.3 饲粮中添加酵母培养物对生长期锦江黄牛血清抗氧化指标的影响

由表4可知，在第30d，试验组血清MDA含量较对照组降低25.39%；在第60d，试验组血清MDA含量较对照组降低4.87%，但差异均不显著（$P>0.05$）。试验组血清GSH-Px活性在第30d和第60d与对照组均无显著差异（$P>0.05$）。在第30d和第60d，试验组血清T-SOD活性均显著高于对照组（$P<0.05$），其中第30d较对照组提高33.85%，第60d较对照组提高17.86%。

表4 饲粮中添加酵母培养物对生长期锦江黄牛血清抗氧化指标的影响

项目	时间	对照组	试验组	SEM	*P*值
丙二醛（nmol/mL）	第30d	5.71	4.26	0.45	0.149
	第60d	4.72	4.49	0.41	0.803
谷胱甘肽过氧化物酶（U/mL）	第30d	98.95	86.83	8.43	0.505
	第60d	91.58	76.38	4.61	0.100
总超氧化物歧化酶（U/mL）	第30d	136.33	182.48	10.64	0.018
	第60d	146.01	172.09	5.98	0.017

2.4 饲粮中添加酵母培养物对生长期锦江黄牛血清免疫指标的影响

由表5可知，试验组血清IgG含量在试验第30d和第60d相比对照组均有一定程度的提高，但差异均不显著（$P>0.05$）。在试验第30d和第60d，试验组血清IgM含量与对照组相比无显著差异（$P>0.05$）。在试验第30d，试验组血清IgA含量较对照组显著升高（$P<0.05$），在试验第60d，试验组血清IgA含量较对照组有所升高，但差异不显著（$P>0.05$）。

表 5 饲粮中添加酵母培养物对生长期锦江黄牛血清免疫指标的影响 (g/L)

项目	时间	对照组	试验组	SEM	*P* 值
免疫球蛋白	第 30d	9.15	9.30	0.22	0.756
	第 60d	9.11	10.35	0.37	0.093
免疫球蛋白	第 30d	2.38	2.37	0.02	0.876
	第 60d	2.41	2.36	0.03	0.546
免疫球蛋白	第 30d	0.83	1.04	0.05	0.013
	第 60d	0.86	0.94	0.03	0.290

3 讨论

3.1 饲粮中添加酵母培养物对生长期锦江黄牛生产性能的影响

酵母培养物含有蛋白质、B 族维生素、核苷酸、寡糖等多种物质[9]，可为动物机体提供营养物质。早在 1994 年 Olson 等[10]就报道，酵母培养物能明显改善肉牛的生产性能，饲粮中添加酵母培养物可使肉牛增重 5%，犊牛增重 12%。另有研究显示，酵母培养物能提高反刍动物的干物质采食量及体增重[11-12]。汤飞飞[13]在母猪妊娠后期和仔猪饲粮中添加酵母培养物，结果表明添加酵母培养物能显著提高母猪的饲料转化率和产仔性能，对仔猪的肠道发育起促进作用。张连忠等[14]在雏鸡饲粮中添加酵母培养物提高了蛋雏鸡的平均日增重，降低料重比并提高成活率。本试验研究结果与前人研究结果基本一致，在饲粮中添加酵母培养物的试验组锦江黄牛的平均日增重比对照组高出 34%。关于酵母培养物对反刍动物的作用机理，张鹏飞等[2]做了大量研究，研究发现酵母培养物中含有有机酸、维生素、钙、磷等营养成分，在瘤胃中可以对微生物起到营养作用，增加瘤胃细菌数，从而加大发酵强度，促进纤维素降解，增加瘤胃挥发性脂肪酸（VFA）浓度。酵母培养物中的活性酵母菌通过对瘤胃内氧气的消耗，促进瘤胃内厌氧微生物的生长，与瘤胃微生物竞争发酵底物，改善瘤胃内环境及微生物菌群，促进瘤胃发育，提高饲粮消化吸收效率，最终改善肉牛生产性能。

3.2 饲粮中添加酵母培养物对生长期锦江黄牛养分表观消化率的影响

研究报道酵母培养物可影响瘤胃内消化途径，提高对粗蛋白质、中性洗涤纤维、酸性洗涤纤维的瘤胃消化率及全消化道消化率[15]。研究发现，饲粮中添加酵母培养物，反刍动物采食后，瘤胃内厌氧菌和纤维素分解菌的数量增加[16]。酵母培养物还可以促进瘤胃内有益菌的比例和活性[16]，提高营养物质的降解率。寇慧娟等[17]在绒山羊羔羊饲粮中添加 20g/kg 酵母培养物，研究其对羔羊养分表观消化率的影响，结果发现试验组的粗蛋白质、中性洗涤纤维的表观消化率显著高于对照组。Mcgilliard 等[18]研究表明，酵母培养物能改变非氨态氮的代谢速度，使干物质和中性洗涤纤维的降解加快，增加非菌氮、非氨态氮流入十二指肠的速度，从而使瘤胃中的氨态氮浓度下降。张昌吉[19]在瘘管羯绵羊饲粮中添加酵母培养物后发现，干物质、有机物、中性洗涤纤维和酸性洗涤纤维的降解率均高于对照组。本试验得出基本一致结果，即在饲粮中添加酵母培养物显著提高了生长期锦江黄牛粗蛋白质和干物质的表观消化率。这与酵母培养物影响蛋白质分解菌的生长和活性有关，研究发现，活酵母细胞的小肽可对细菌的蛋白酶产生抑制效应[20]。饲粮中的可溶性氮与碳水化合物之间有一个合适的平衡比例，酵母培养物可加强微生物的生长并减少氮损失，增加机体可利用的氮量。本试验中，试验组中性洗涤纤维与酸性洗涤纤维的表观消化率与对照组相比差异不显著，可能与选用的酵母培养物中的菌种有关，不是所有的酵母培养物中的菌种对瘤胃纤维分解菌的生长都具有刺激作用。饲喂可溶性氮与碳水化合物平衡性较好的饲粮时，促进肠道菌群的稳定，酵母培养物获得的影响效果较小，对真菌和纤维菌在纤维基质上的定植刺激程度较小，导致中性洗涤纤维和酸性洗涤纤维的表观消化率差异不显著。

3.3 饲粮中添加酵母培养物对生长期锦江黄牛抗氧化能力的影响

动物机体通过酶系统和非酶系统清除活性自由基，减轻和阻止活性氧的过氧化损伤，保持机体氧化系统的动态平衡[21]。SOD是体内抗氧化酶系统中重要酶系之一，具有保持机体的氧化与抗氧化平衡的作用。MDA是机体代谢过程中产生的自由基攻击生物膜中不饱和脂肪酸引发脂质过氧化反应形成的物质，其含量能反映机体内脂质过氧化程度，同时也间接反映细胞受损伤的程度[22]。动物体内的GSH-Px可将谷胱甘肽（GSH）作为还原剂，促进过氧化氢、有机氢过氧化物和脂质氢过氧化物的还原，有助于保护细胞抵抗氧化损伤[23]。本试验中，饲粮中添加酵母培养物显著提高了生长期锦江黄牛血清T-SOD活性，与王兰惠[24]研究结果相似；饲粮中添加酵母培养物后血清MDA含量出现下降，但与对照组差异不显著，与张学峰等[25]研究结果相似；饲粮中添加酵母培养物后血清GSH-Px活性有降低的趋势，但与对照组差异不显著，可能与饲养环境改变、气温较高产生应激有关。酵母培养物发挥抗氧化作用可能与其富含多种营养物质有关，包括多种维生素（维生素E、维生素C等）、微量元素［锌（Zn）、硒（Se）、铜（Cu）、锰（Mn）等］、GSH、酶和其他未知因子。维生素E可释放羟基上活泼氢，使其与自由基结合，从而抑制自由基对脂质的攻击，中断脂质过氧化自由基的链式反应[26]，降低MDA含量。维生素C是一种重要的自由基清除剂，它通过逐级供给电子而转变成半脱氢抗坏血酸和脱氢抗坏血酸，以达到清除活性氧自由基的目的。超氧化物歧化酶（SOD）是一种金属酶[27]，其可与酵母培养物提供的Mn、Cu和Zn，结合生成Mn-SOD，Cu/Zn-SOD，歧化超氧阴离子（O_{2-}）形成过氧化氢（H_2O_2），清除超氧阴离子的毒性，起到保护细胞的作用。酵母细胞中GSH含量为10mmol/L[28]，酵母培养物能提高体内GSH含量。GSH-Px利用GSH，还需Se作为辅因子，促进过氧化氢和脂质氢过氧化物的还原[23]，保护细胞膜中多不饱和脂肪酸，防止脂质过氧化。本试验结果表明，在生长期锦江黄牛饲粮中添加酵母培养物可以提高机体的抗氧化能力。

3.4 饲粮中添加酵母培养物对生长期锦江黄牛免疫性能的影响

酵母培养物为体内的微生物菌群提供营养底物，可改善胃肠道环境和菌群结构，促进肠道双歧杆菌、乳酸菌等有益菌的繁殖，从而提高抗病能力[29]。酵母培养物中的酵母菌代谢产生有机酸可降低胃肠道pH，有效抑制病原菌的入侵[30]。构成酵母细胞壁的主要物质有β-葡聚糖和磷酸化甘寡糖。β-葡聚糖可以刺激网状内皮细胞发育，使巨噬细胞增生，吞噬入侵的病原体。磷酸化甘寡糖能吸附病菌，与病原菌进行生存竞争，诱导机体产生细胞免疫和体液免疫，进而提高机体的免疫性能[31]。目前关于酵母培养物对肉牛免疫性能影响的报道很少。Zhang等[32]研究发现，在开士米羊饲粮中添加酵母培养物可显著提高血清中IgA含量，血清中IgG含量有增加趋势。本试验结果显示，饲粮中添加酵母培养物，在试验第30d时血清IgA含量显著提高，其他免疫球蛋白含量都无显著变化，可能与试验动物的种类、气候环境和机体生理状态有关。由此可知，饲粮中添加酵母培养物对生长期锦江黄牛的免疫性能有一定提高作用。

4 结论

饲粮中添加30g/（d·头）酵母培养物可促进饲粮中养分的消化，增加生长期锦江黄牛的抗氧化能力和免疫性能，进而改善其生产性能。

参考文献（略）

原文发表于：动物营养学报，2017，29（5）：1767-1773

饲粮非纤维性碳水化合物/中性洗涤纤维对肉公犊牛生长性能和营养物质消化代谢的影响

李岚捷[1,2]，成述儒[2]，刁其玉[1]，付　彤[3]，王安思[3]，李　明[3]，屠　焰[1*]

（1. 中国农业科学院饲料研究所，农业部饲料生物技术重点试验室，北京　100081；2. 甘肃农业大学动物科学技术学院，兰州　730070；3. 河南农业大学牧医工程学院，郑州　450002）

摘　要：本试验旨在研究非纤维性碳水化合物/中性洗涤纤维（NFC/NDF）对断奶肉公犊牛生长性能、血清生化指标和营养物质消化代谢的影响。选取2~3月龄健康、平均体重为（94.38±0.25）kg的断奶肉公犊牛60头，随机分为4组，每组15头。分别饲喂粗蛋白质水平相近，NFC/NDF分别为1.35（A组）、1.23（B组）、0.94（C组）和0.80（D组）的4种全混合日粮。试验期105d，其中预试期15d，正试期90d。每日测定采食量，每隔15d测量犊牛的体重；于15、30、45、60、75和90d颈静脉采血测定血清葡萄糖（GLU）、生长激素（GH）、胰岛素样生长因子-I（IGF-I）、瘦素（LEP）、胰岛素（INS）、胰高血糖素（PG）和甘油三酯（TG）的浓度；分别在30d和90d时以全收粪尿法进行消化代谢试验。结果表明：1）高NFC/NDF饲粮提高了犊牛的平均日增重，A组显著高于其他3组（$P<0.05$）；2）A组血清LEP浓度显著高于C组和D组（$P<0.05$），D组血清IGF-Ⅰ浓度显著高于其他各组（$P<0.05$）；3）90d时，干物质、中性洗涤纤维和酸性洗涤纤维的表观消化率及总能消化率、总能代谢率和消化能代谢率随饲粮NFC/NDF的降低而降低，A组均显著高于D组（$P<0.05$），D组甲烷能显著高于其他组（$P<0.05$），A组尿能、尿氮和消化氮显著高于B组和C组（$P<0.05$）。综上所述，NFC/NDF为1.35的饲粮可以满足3~6月龄肉犊牛对营养物质的需求，采食该饲粮不但可以使肉犊牛保持较高的平均日增重（1.14kg/d），而且此饲粮易消化利用，采食后相关血清生化指标均在正常范围内，并未影响犊牛健康。

关键词：肉犊牛；非纤维性碳水化合物/中性洗涤纤维；生长性能；血清生化指标；消化代谢

根据《中国畜牧业统计年鉴》[1]，我国2013年活牛存栏量占世界同期的10%，为10 420.5万头；活牛出栏数量从2009年的4 602万头上升到2013年的4 828万头；牛肉产量在2009—2014年间从635.54万t上升到689万t，分别占我国肉类总产量和全球牛肉总产量的7.95%和11.8%，是除美国和巴西外的另一牛肉生产大国。

有研究发现，精料高的饲粮可发酵碳水化合物含量高，使瘤胃中挥发性脂肪酸（VFA）含量升高，丙酸和丁酸所占比例增加，促进瘤胃上皮的发育[2]，更利于营养物质在全消化道的消化吸收[3]。但也有研究表明，饲粮中精料比例影响了内格尔公羔粗蛋白质（CP）表观消化率，对其他营养物质表观消化率无影响[4]。血清生化指标可以反映机体所食饲粮是否满足其需要，体内新陈代谢是否稳定，体内外环境是否维持平衡，进而推断机体生长发育与健康情况[5]。有研究表明，改变饲粮结构会影响血清生化指标

基金项目：公益性行业科技项目“南方地区幼龄草食畜禽饲养技术研究与应用”（201303143）；河南省科技开放合作项目“肉用犊牛早期断奶能量需要研究及早期断奶犊牛料的开发”（152106000029）；河南省现代农业产业技术体系建设专项资金（Z-2013-08-01）

作者简介：李岚捷（1992—　），甘肃陇西人，硕士研究生，从事动物遗传育种与繁殖研究，E-mail：3034368036@ qq. com

* 通信作者：屠焰，研究员，博士生导师，E-mail：tuyan@ caas. cn

及某些激素、生长因子等指标[6]。目前研究基本集中在羊和成年牛上，在3~6月龄肉公犊牛方面的报道较少，而且对于此阶段犊牛较适宜的非纤维性碳水化合物/中性洗涤纤维（NFC/NDF）没有统一的报道。此外，3~6月龄犊牛处于生长发育的重要阶段，其胃肠道发育并不完善，选择适宜的NFC/NDF饲粮利于其胃肠道发育和微生物菌群的建立，同时利于后续的饲养管理。本试验通过对肉犊牛生长性能、血清生化指标和营养物质消化代谢的研究，探讨3~6月龄犊牛饲粮适宜NFC/NDF，旨在为肉用公犊牛的营养需要提供参考。

1 材料与方法

1.1 试验时间与地点

本试验于2015年10月15日至2016年4月22日在河南农业大学许昌试验基地进行。

1.2 试验材料

本试验采用单因素试验设计。选用60头夏杂牛2~3月龄早期断奶肉公犊牛，平均体重（94.38±0.25）kg，随机分成4组，每组15头。根据犊牛体重和营养需要特点，参照中国《肉牛饲养标准》（NY/T 815—2004）体重150kg、日增重1.0kg/d犊牛营养需要量，配制CP含量为11.70%左右，NFC/NDF分别为1.35（A）、1.23（B）、0.94（C）和0.80（D）的4种试验饲粮，其组成及营养水平见表1，以全混合日粮（TMR）形式饲喂。试验期105d，其中预试期15d，正试期90d。

表1 试验饲粮组成及营养水平（干物质基础） （%）

项目	组别			
	A	B	C	D
原料				
玉米	43.62	48.00	39.06	30.03
麸皮	15.00			
豆粕	2.90	4.30	3.38	2.57
干酒糟及其可溶物	15.00	15.00	15.00	15.00
石粉	0.20	0.61	0.42	0.21
磷酸氢钙	1.78	0.59	0.64	0.69
预混料 1)	1.00	1.00	1.00	1.00
食盐	0.50	0.50	0.50	0.50
苜蓿	20.00	25.00	30.00	35.00
羊草		5.00	10.00	15.00
合计	100.00	100.00	100.00	100.00
营养水平2)				
干物质（风干基础）	91.80	90.50	91.24	91.58
粗蛋白质	16.34	16.42	16.44	16.38
粗脂肪	3.71	3.54	4.09	3.82
粗灰分	7.57	7.93	7.11	7.44

（续表）

项目	组别			
	A	B	C	D
中性洗涤纤维	34.43	37.14	42.78	45.33
酸性洗涤纤维	15.34	18.33	22.54	25.44
钙	1.05	1.08	1.10	1.14
总磷	0.45	0.45	0.41	0.47
代谢能（MJ/kg）	11.20	10.87	10.37	9.79
非纤维性碳水化合物/中性洗涤纤维/NDF	1.35	1.23	0.94	0.80

1) 预混料为每千克饲粮提供：VA 15 000IU，VD 5 000IU，VE 50mg，Fe 90mg，Cu 12.5mg，Mn 60mg，Zn 100mg，Se 0.3mg，I 1.0mg，Co 0.5mg。

2) 代谢能为计算值，代谢能=总能-粪能-尿能-甲烷能，其中甲烷能采用六氟化硫示踪法[7]测定，其他营养水平为实测值

1.3　饲养管理

犊牛进场后清晨空腹称重，佩戴耳标和进行驱虫处理，再置于犊牛岛（4.5m×1.5m）内单栏饲养。给每头犊牛提供水槽、食槽，每周清粪和消毒各 1 次。采食量按体重的 3.3%干物质（DM）供给全混合日粮（TMR），每天晨饲前收集每头牛的剩料量，计算每日采食量。

1.4　样品收集与测定

1.4.1　生长性能测定

每天晨饲前收集每头牛的剩料量，计算干物质采食量（DMI）；试验开始后分别在 1、15、30、45、60、75 和 90d 晨饲前单独称量每头牛体重并计算每组平均日增重（ADG）。

1.4.2　血清样品采集与分析

试验开始后，每组随机选取 6 头体况良好的健康犊牛，分别于 15、30、45、60、75 和 90d 晨饲前颈静脉采血装于 10mL 的离心管中，4 000r/min 离心 30min，取上层血清于 4 个 1.5mL 的离心管中，-20℃冷冻保存待测。

采用比色法（日本日立 7160 全自动生化仪）对血清中的葡萄糖（GLU）和甘油三酯（TG）浓度进行测定；用酶免法（STAT FAX-2100 全自动酶标仪）测定血清生长激素（GH）、瘦素（LEP）、胰岛素样生长因子-Ⅰ（IGF-Ⅰ）和胰高血糖素（PG）浓度；用放射性免疫法（XH-6020 全自动放免计数仪）对血清胰岛素（INS）浓度进行测定。

1.4.3　粪、尿样品的采集与分析

在犊牛 30d 和 90d 时采用全收粪尿法用消化代谢笼进行 2 次消化代谢试验。试验期 6d，其中预试期 2d，正试期 4d，记录每头犊牛每天采食量、总排粪量和总排尿量。连续收集每头牛混匀后粪便样 100g，加 10%的硫酸 50mL 固氮；连续收集每头牛尿样 100mL，加 10%的硫酸 10mL 固氮。所有样品于-20℃冷冻保存待测。

粪样：CP 含量用凯氏定氮仪测定，中性洗涤纤维（NDF）和酸性洗涤纤维（ADF）含量用 ANKOM 200 Fiber Analyzer 测定，总能（GE）用 PARR-6400 全自动氧弹量热仪测定，同时测定样品的 DM、有机物（OM）含量[8]。

尿样：尿氮采用凯氏定氮法，尿能采用 PARR-6400 全自动氧弹量热仪测定[8]。

甲烷能（CH_4E）测定：参照六氟化硫示踪法进行测定[7]。消化代谢试验开始的同时用气体收集袋（光明化工研究设计院）收集每头牛 24h 呼出的气体，连续收集 4d。SF_6渗透速率通过气相色谱仪（上海舜宇恒平，GC1120）和氮、氢、空气发生器（北京汇佳精仪工贸有限公司，GTL-300/500/1 000）测定，甲烷（CH_4）排放量通过气相色谱仪（上海精学科学仪器有限公司，GC-4000A）测定。

$$QCH_4 = QSF_6 \times [CH_4] / [SF_6]$$ [9]

$$FCH_4E\ (MJ/d) = 39.75 \times CH_4\text{排放量}$$ [10]

式中：QCH_4为测定的肉牛甲烷排放速率；QSF_6为六氟化硫的释放速率；$[CH_4]$为采样气体的甲烷浓度；$[SF_6]$为采样气体中六氟化硫的浓度。

1.5 数据统计分析

试验数据用 SASS 8.1 软件进行 MIXED 和 ANOVA 进行显著性检验，差异显著时用 LSD 法和 Duncan 氏法进行多重比较检验，$P<0.05$ 为差异显著，$0.05 \leq P<0.10$ 为有显著差异的趋势。

2 结果与分析

2.1 肉犊牛生长性能

由表 2 可知，试验全期（1~90d）A 组肉犊牛 ADG 显著高于其他 3 组（$P<0.05$），分别高 14.00%、20.00%、23.91%；31~45d 和 76~90d 时，A 组 ADG 显著高于 B 组（$P<0.05$），其他各组间差异不显著（$P>0.05$）。试验全期肉犊牛 DMI 与饲料转化率未受饲粮 NFC/NDF 的影响（$P>0.05$）。但 DMI 在 16~30d 时，C 组显著低于 A 组（$P<0.05$）。

试验全期肉犊牛 ADG、DMI 和 F/G 均受日龄极显著影响（$P<0.01$）；ADG 和 F/G 不受组别与日龄交互作用的影响（$P>0.05$），DMI 受组别与日龄交互作用影响显著（$P<0.05$）。

表 2 饲粮 NFC/NDF 对肉犊牛生长性能的影响

项目	组别				SEM	固定效应 P		
	A	B	C	D		组别	日龄	组别×日龄
平均日增重（kg/d）								
1~90d	1.14[a]	1.00[b]	0.95[b]	0.92[b]	0.027	0.0362	<0.0001	0.1143
1~15d	1.13	0.97	0.96	1.07	0.048	0.1988		
16~30d	1.09	0.88	0.92	0.97	0.042	0.1061		
31~45d	1.34[a]	1.09[b]	1.13[ab]	1.19[ab]	0.046	0.0469		
46~60d	1.16	1.06	0.93	0.98	0.051	0.0808		
61~75d	1.18	1.25	1.17	1.06	0.053	0.1397		
76~90d	1.18[a]	0.85[b]	0.72[bc]	0.61[c]	0.057	<0.0001		
干物质采食量（kg/d）								
1~90d	4.09	3.81	3.79	3.85	0.105	0.6054	<0.0001	0.0273
1~15d	3.28	2.93	3.04	3.12	0.128	0.2892		
16~30d	3.79[a]	3.33[ab]	2.95[b]	3.46[ab]	0.113	0.0127		
31~45d	4.57	4.47	4.40	4.52	0.123	0.6239		

（续表）

项目	组别				SEM	固定效应 P		
	A	B	C	D		组别	日龄	组别×日龄
46～60d	4.24	4.04	4.06	4.12	0.112	0.5473		
61～75d	5.01	4.62	4.52	4.46	0.123	0.0963		
76～90d	3.95	3.53	3.65	3.44	0.098	0.1213		
饲料转化率								
1～90d	3.65	3.81	4.02	4.15	0.085	0.1690	0.0004	0.7597
1～15d	2.93	3.19	3.44	3.79	0.175	0.0837		
16～30d	3.62	4.07	3.37	4.01	0.187	0.1678		
31～45d	3.56	4.52	4.18	4.18	0.206	0.5258		
46～60d	4.27	3.95	4.64	4.54	0.206	0.1735		
61～75d	4.31	3.88	4.06	4.69	0.163	0.1025		
76～90d	3.80[b]	3.98[b]	4.54[ab]	4.96[a]	0.154	0.0193		

注：同行数据肩标无字母或相同字母表示差异不显著（$P>0.05$），不同小写字母表示差异显著（$P<0.05$）。下表同

2.2 肉犊牛血清生化指标

由表 3 可知，肉犊牛血清 GLU、TG、GH、INS 和 PG 浓度未受到饲粮 NFC/NDF 影响（$P>0.05$）。A 组血清 IGF-Ⅰ浓度与 C 组差异不显著（$P>0.05$），其他各组间差异显著（$P<0.05$），D 组最高。A 组血清 LEP 浓度显著高于 C 组和 D 组（$P<0.05$），其他组间差异均不显著（$P>0.05$）。

肉犊牛血清 GLU、GH 和 INS 浓度极显著地受到日龄的影响（$P<0.01$）；肉犊牛日龄显著地影响了血清 LEP 浓度（$P<0.05$）；肉犊牛日龄不影响血清 TG、IGF-Ⅰ和 PG 浓度（$P>0.05$）。除血清 INS 浓度显著受组别与日龄交互作用的影响（$P<0.05$）外，其他血清生化指标均不受组别与日龄交互作用的影响（$P>0.05$）。

表 3 饲粮 NFC/NDF 对肉犊牛血清生化指标的影响

项目	组别				SEM	固定效应 P 值		
	A	B	C	D		组别	日龄	组别×日龄
葡萄糖（mmol/L）	4.72	4.55	4.47	4.63	0.073	0.1954	0.0006	0.4991
甘油三酯（mmol/L）	0.15	0.14	0.14	0.12	0.005	0.6541	0.0708	0.9011
生长激素（ng/mL）	4.64	4.38	3.99	4.16	0.095	0.2849	0.0001	0.8189
胰岛素样生长因子-Ⅰ（ng/mL）	197.42[b]	182.12[c]	194.91[b]	208.80[a]	2.475	0.0151	0.4987	0.2007
胰岛素（μIU/mL）	20.00	19.01	21.58	16.79	0.773	0.2616	0.0011	0.0121
胰高血糖素（pg/mL）	95.42	94.75	94.99	92.82	1.056	0.5481	0.1695	0.0585
瘦素（ng/mL）	5.96[a]	5.57[ab]	5.20[b]	5.10[b]	0.093	0.0232	0.0435	0.9106

2.3 肉犊牛营养物质表观消化率

由表 4 可知，肉犊牛 30d 时，各营养物质表观消化率均不受饲粮 NFC/NDF 的影响（$P>0.05$）。90d 时，A 组 DM 的表观消化率显著高于 C 组和 D 组（$P<0.05$），其他组间差异不显著（$P>0.05$）；OM 有随饲粮 NFC/NDF 降低而降低的趋势（$P=0.0576$）；A 组 NDF 的表观消化率显著高于 B 组、C 组和 D 组($P<0.05$)，B 组、C 组和 D 组间差异不显著（$P>0.05$）；A 组 ADF 的表观消化率显著高于 B 组和 D 组（$P<0.05$），C 组显著高于 D 组（$P<0.05$），其他各组间皆无显著差异（$P>0.05$）。

表 4　不同 NFC/NDF 饲粮对肉犊牛营养物质表观消化率的影响

项目	组别				SEM	P 值
	A	B	C	D		
代谢体重 $W^{0.75}$（kg）						
30d	36.72	36.11	35.85	34.22	0.711	0.2429
90d	50.65	48.75	47.82	47.06	0.746	0.2295
干物质采食量（kg/d）						
30d	3.54	2.91	2.99	3.08	0.160	0.3452
90d	5.27	4.73	4.91	4.93	0.109	0.2120
干物质采食量/代谢体重/$W^{0.75}$（kg $W^{0.75}$/d）						
30d	0.09	0.08	0.08	0.09	0.004	0.2548
90d	0.10	0.10	0.11	0.10	0.003	0.5176
粪排出量（kg/d）						
30d	1.42	1.15	1.30	1.37	0.063	0.3301
90d	1.68	1.63	2.00	1.92	0.071	0.1661
表观消化率（%）						
干物质						
30d	58.26	60.90	56.53	55.79	1.526	0.3955
90d	67.90^{a}	65.32^{ab}	59.26^{b}	58.60^{b}	1.403	0.0342
有机物						
30d	63.33	64.79	60.42	59.92	1.435	0.4028
90d	71.64	67.65	63.49	62.69	1.347	0.0576
中性洗涤纤维						
30d	73.50	65.38	65.87	66.75	1.421	0.1217
90d	74.11^{a}	69.42^{b}	67.18^{b}	65.35^{b}	0.987	0.0040
酸性洗涤纤维						
30d	45.96	30.90	45.13	37.48	2.633	0.1184
90d	49.50^{a}	40.24^{bc}	46.43^{ab}	35.99^{c}	1.684	0.0101

2.4　肉犊牛能量利用率

由表5可知，饲粮NFC/NDF对30d肉犊牛的各项能量指标均无显著影响（$P>0.05$）。90d时，D组CH_4E显著高于A组、B组和C组（$P<0.05$），且A组、B组和C组间差异不显著（$P>0.05$）；A组尿能排出量显著高于B组和C组（$P<0.05$），其他各组间差异不显著（$P>0.05$）；A组GE消化率显著高于C组、D组（$P<0.05$），其他各组间差异不显著（$P>0.05$）；A组和B组GE代谢率显著高于D组（$P<0.05$），其他各组间差异皆不显著（$P>0.05$）；A组、B组和C组消化能代谢率差异不显著（$P>0.05$），但均显著高于D组（$P<0.05$）。

表5　饲粮NFC/NDF对肉犊牛能量利用率的影响

项目	组别				SEM	P值
	A	B	C	D		
食入总能［MJ/（kg $W^{0.75}$·d）］						
30d	1.45	1.21	1.27	1.38	0.055	0.2356
90d	1.63	1.49	1.62	1.56	0.054	0.4369
粪能［MJ/（kg $W^{0.75}$·d）］						
30d	0.44	0.38	0.45	0.48	0.022	0.3698
90d	0.40	0.41	0.50	0.51	0.023	0.2060
尿能［MJ/（kg $W^{0.75}$·d）］						
30d	0.03	0.02	0.03	0.03	0.002	0.4872
90d	0.03^{a}	0.02^{b}	0.02^{b}	0.03^{ab}	0.002	0.0368
甲烷能［MJ/（kg $W^{0.75}$·d）］						
30d	0.07	0.06	0.06	0.07	0.002	0.2533
90d	0.09^{b}	0.09^{b}	0.10^{b}	0.13^{a}	0.005	0.0162
总能消化率（%）						
30d	68.97	68.90	65.26	65.73	1.235	0.3411
90d	75.43^{a}	72.57^{ab}	69.61^{b}	67.05^{b}	1.080	0.0245
总能代谢率（%）						
30d	61.83	62.11	57.83	58.18	1.342	0.5957
90d	67.97^{a}	65.08^{a}	62.57^{ab}	56.97^{b}	1.249	0.0060
消化能代谢率（%）						
30d	89.47	90.15	88.57	88.50	0.443	0.5637
90d	90.07^{a}	89.59^{a}	89.87^{a}	84.88^{b}	0.547	<0.0001

2.5　肉犊牛氮代谢

由表6可知，饲粮NFC/NDF对30d时肉犊牛的氮代谢指标无显著影响（$P>0.05$）。90d时，A组和D组尿氮显著高于B组和C组（$P<0.05$），A组消化氮显著高于B组和C组（$P<0.05$）。

表 6　饲粮 NFC/NDF 对肉犊牛氮代谢的影响

项目	组别				SEM	P 值
	A	B	C	D		
食入氮 [g/ (kg $W^{0.75}$ · d)]						
30d	2.17	1.78	1.77	2.03	0.081	0.2193
90d	2.37	2.11	2.15	2.27	0.038	0.0549
粪氮 [g/ (kg $W^{0.75}$ · d)]						
30d	0.75	0.66	0.69	0.74	0.032	0.8007
90d	0.67	0.67	0.79	0.74	0.026	0.2811
尿氮 [g/ (kg $W^{0.75}$ · d)]						
30d	0.50	0.33	0.39	0.48	0.030	0.1267
90d	0.53[a]	0.35[b]	0.35[b]	0.48[a]	0.026	0.0103
沉积氮 [g/ (kg $W^{0.75}$ · d)]						
30d	0.92	0.78	0.69	0.82	0.060	0.6673
90d	1.18	1.09	1.01	1.05	0.037	0.4736
氮沉积率 (%)						
30d	40.96	44.13	39.25	40.73	2.184	0.9131
90d	49.45	51.14	47.45	46.44	1.424	0.6833
消化氮 [g/ (kg $W^{0.75}$ · d)]						
30d	1.42	1.12	1.08	1.42	0.069	0.2788
90d	1.71[a]	1.45[b]	1.37[b]	1.54[ab]	0.040	0.0085
氮表观消化率 (%)						
30d	64.50	63.07	61.05	64.06	1.497	0.8895
90d	71.97	68.11	63.51	67.75	1.143	0.0635

3　讨论

3.1　饲粮 NFC/NDF 对肉犊牛生长性能的影响

饲粮结构影响饲粮营养价值高低，进而影响机体对营养物质的吸收利用，最终影响机体生长发育。1~90d 夏杂公犊牛胃肠道未发育完全，对营养物质的消化、吸收和利用有限，饲喂低营养物质饲粮会抑制机体的生长发育；高非纤维性碳水化合物（NFC）饲粮在瘤胃中更易发酵，使得丙酸浓度增加。丙酸可通过糖异生作用转化成葡萄糖为机体提供能量，促进犊牛生长[11]。本试验促进犊牛生长的结果与刘晓辉等[12]的研究结果一致，但汪利等[13]得到了不太一致的结果，可能是因为所喂饲粮的不同，同时试验动物品种、性别和年龄也是造成结果出现差异的原因。DMI 与犊牛 ADG 息息相关，本试验中，NFC/NDF 最高的饲粮中 NDF 含量相对最低，犊牛喜采食且本组饲粮营养物质含量最高，因此犊牛 ADG 最高，达到了 1.14kg/d。

3.2　饲粮 NFC/NDF 对肉犊牛血清生化指标的影响

IGF-Ⅰ经肝脏分泌进入血液后与其结合蛋白结合，然后被运输到其靶器官上（如肌肉和骨骼）发挥作用。GH 和 IGF-Ⅰ构成 GH-IGF 轴共同调节机体生长发育，GH 可刺激肝脏生成 IGF-Ⅰ，同时 IGF-Ⅰ对 GH 的生成有一定的抑制作用[14]。但本试验中 GH 和 IGF-Ⅰ两者并未呈现相互影响的关系，采食 NFC/NDF 为 1.35 饲粮的犊牛因 DMI 提高而促进了体重增长，但 IGF-Ⅰ浓度最高值却出现在 NFC/NDF 为 0.80 的饲粮组，与董文超[15]研究结果一致。也许是低饲粮营养水平不能满足犊牛需要，破坏了 GH-IGF 轴的平衡；此外，随着饲粮 NFC 含量的降低，饲粮适口性变差，使部分试验动物出现挑食现象。LEP 的本质是由脂肪细胞分泌的一种蛋白质，作用主要是调节能量的平衡[16]，进入血液后参与糖、脂肪和能量等的代谢，同时对其他激素的分泌液也有一定的影响。有研究表明，4~6 月龄犊牛的血浆 LEP 浓度受饲粮营养水平的影响[17]，本试验中血清 LEP 浓度也随饲粮 NFC/NDF 的降低出现了显著降低，与犊牛能量消化代谢和增重趋势一致，说明高营养水平饲粮可以促进 LEP 的分泌，利于犊牛生长。

3.3　饲粮 NFC/NDF 对肉犊牛营养物质消化代谢的影响

本试验结果表明，30d 和 90d 的犊牛代谢体重（$W^{0.75}$）和 DMI/$W^{0.75}$组间差异不显著，说明用于做代谢试验的犊牛符合本试验要求。已有研究表明，粗饲料容易使机体产生饱腹感，随饲粮中粗饲料比例的增加，动物 DMI 逐渐降低[18]。但本试验中 30d 犊牛的 DMI 除 NFC/NDF 为 1.35 的组外，其他组 DMI 随饲粮中 NDF 含量的增加而增加，表明随着饲粮中 NFC/NDF 的降低（从 1.23 降至 0.80），机体需采食更多的饲粮才能满足其需要；而 NFC/NDF 为 1.35 组的饲粮 NFC 含量最高，适口性好，犊牛喜采食，所以采食量高于其他组。

研究发现，可以用 DM 和 OM 的表观消化率来衡量机体健康状况和胃肠道发育状况[18]。本试验中各组犊牛均按体重的百分比给料，所食入营养物质的多少则与饲粮组成有关。有研究发现，饲粮结构对反刍动物营养物质的消化代谢有重要的影响[18]。30d 时犊牛对 DM 和 OM 的表观消化率无影响，但 NFC/NDF 为 1.23 组最高，说明这组饲粮营养水平已能满足犊牛需要。90d 时随着饲粮易消化碳水化合物含量提高，供给给瘤胃微生物的碳源增加，在氮源足够的基础上，微生物增殖和新陈代谢活跃，饲粮 DM 和 OM 的表观消化率提高，与 Júnior 等[19]的研究结果一致。

机体对 NDF 和 ADF 的消化利用情况可在一定程度上反映瘤胃的发育情况。高 NDF 饲粮，刺激了瘤胃蠕动，减少了饲粮在瘤胃中的滞留时间，使其对 NDF 和 ADF 的消化利用率降低[20]。这与禹爱兵等[21]的研究结果犊牛对营养物质的消化率随饲粮 NDF/NFC 的增加而降低一致。而张立涛[22]的研究发现，当饲粮中 NDF 含量为 33.26%时 35~50kg 肉羊的 NDF 和 ADF 的表观消化率却最低，分别为 32.76%和 23.15%，大量可发酵碳水化合物的发酵使瘤胃 pH 降低，抑制了纤维分解菌的活性，降低了 NDF 和 ADF 的表观消化率[23-24]，但本试验中并未出现这种情况，估计是 3~6 月龄犊牛胃肠道发育并不完善，对所食入营养物质不能完全消化利用，所以并未造成瘤胃液 pH 过低而影响纤维分解菌活性，所以未影响 NFC/NDF 为 1.35 组犊牛 NDF 和 ADF 的表观消化率。

3.4　饲粮 NFC/NDF 对肉犊牛能量利用率的影响

本试验中，犊牛采食 NFC/NDF 逐渐降低的 4 种饲粮 30d 后，其 GE 消化率和 GE 代谢率分别维持在 67%和 60%左右，虽然犊牛对能量的利用率组间差异不显著，但在一定程度上改善了犊牛对能量的利用，提高了犊牛的 ADG，因此提高能量利用效率的关键是提高能量的代谢率[25]。当饲粮中 NDF 含量提高时，瘤胃微生物对碳水化合物的发酵主要是“5 葡萄糖→6 乙酸+2 丙酸+丁酸+二氧化碳+3 甲烷+6 水”形式[26]，同时乙酸的大量生成增加了其降解过程中氢离子的产生[27]，使瘤胃甲烷的产量增加。尿能受蛋白质代谢产物的影响，NFC/NDF 为 1.35 和 0.80 组犊牛的尿氮含量显著高于 1.23 和 0.94 组，使尿能增加。

90d 犊牛对 GE 消化率和 GE 代谢率及消化能的代谢率均随饲粮 NFC/NDF 的降低而降低，分别在 71%、62%和 80%左右，一方面是因为随饲粮中 NFC/NDF 的降低（由 1.35 降至 0.80），饲粮营养水平和易消化程度降低，机体需要消耗更多的时间对饲粮进行反刍和消化[3]；另一方面可能是因为经 90d 的饲养试验后，犊牛由于采食不同结构饲粮胃肠道已发生改变，从而影响了能量的利用率。本试验中 NFC/NDF 为 1.35 和 1.23 组犊牛对能量的利用率组间差异不显著，但 NDF 和 ADF 的表观消化率差异显著，一方面说明机体对营养物质的利用率并不完全取决于其对营养物质的消化率，尤其是表观消化率，另一方面说明 NFC/NDF 为 1.23 组饲粮可以满足此阶段犊牛对营养物质的需要量，但并不能提供多余的营养物质供机体利用，所以在生长发育方面 NFC/NDF 为 1.23 组慢于 NFC/NDF 为 1.35 组。

3.5 饲粮 NFC/NDF 对肉犊牛氮代谢的影响

反刍动物对氮的利用主要是氮代谢途径[28]，来源主要是机体对蛋白质的降解和微生物对蛋白质的合成。犊牛将多余的蛋白质通过尿氮的形式排出体外，本试验 4 组饲粮蛋白质水平相近，由于 NFC/NDF 为 1.35 和 0.80 组犊牛饲粮采食量高，相对应的尿氮和氮表观消化率皆较高。Raven[29]发现，提高犊牛饲粮营养物质含量可显著提高沉积氮，本试验发现犊牛沉积氮均在 NFC/NDF 为 1.35 组最高，但氮沉积率皆在 NFC/NDF 为 1.23 组最高，可能饲粮营养水平的增加使在 NFC/NDF 为 1.35 组犊牛内脏器官周围脂肪沉积增加，使其肾脏功能受到一定的影响，导致氮沉积率降低。这与刘清清[30]的研究结果不太一致，也许是试验饲粮和试验动物的不同造成了结果的不同。

3.6 日龄对肉犊牛生长性能、血清生化指标和营养物质消化代谢的影响

随着犊牛日龄的增加，各项机能更加完善，对营养物质的利用率提高[3]，生长速度提高。同时与犊牛生长发育相关的血清生化指标也相应地升高或降低，呈现与动物生长相同的规律。胃肠道的发育对营养物质的消化代谢有直接的关系。在本试验中，30d 时，犊牛胃肠道正在发育，微生物区系不健全，对各种消化酶的分泌少且酶活性低，对营养物质和能量利用程度低；随着日龄和食入饲粮的刺激，90d 时犊牛胃肠道发育更加完善，微生物区系消化酶系统逐渐建立，能更加充分地消化吸收所食入的饲粮，因此犊牛对营养物质的消化代谢能力增加。

4 结论

在本试验条件下，NFC/NDF 为 1.35 的饲粮可以满足 3~6 月龄肉犊牛对营养物质的需求，采食该饲粮不但可以使肉犊牛保持较高的 ADG，而且此饲粮易消化利用，采食后相关血清生化指标均在正常范围内，并未影响犊牛健康。

参考文献（略）

原文发表于：动物营养学报，2017，29（6）：2143-2152

饲粮纤维水平对初产母兔瘦素分泌及其基因表达的影响

邝良德，任永军*，谢晓红，雷　岷，郭志强，李丛艳，
郑　洁，张翔宇，张翠霞，杨　超，邓小东

（四川省畜牧科学研究院，动物遗传育种四川省重点实验室，四川成都　610066）

摘　要：为研究饲粮不同纤维水平对初产母兔血清中瘦素含量以及卵巢组织中 *OB*、*OB-R* 基因表达的影响。选取 165 日龄新西兰青年母兔 240 只，随机分为 4 个处理，即 12%、14%、16%、18%纤维水平添加组，每个处理设 5 个重复，每个重复 12 只，每个处理共 60 只。结果显示：从配种到分娩，各处理组的母兔血清中瘦素含量均呈上升趋势。不同处理组相比较，母兔血清中瘦素含量存在显著差异，其中 16%添加组的母兔血清瘦素含量最高。基因表达研究表明，16%添加组的母兔卵巢中，*OB*、*OB-R* 基因表达量显著高于其他各试验组。饲粮不同纤维水平对初产母兔瘦素分泌影响显著，初产母兔饲粮中纤维的适宜添加水平为 16%。

关键词：纤维；母兔；*OB*，*OB-R*；卵巢；表达

前言

粗纤维泛指植物性来源纤维成分，包括纤维素、半纤维素、果胶、植物胶、黏多糖和木质素等，其主要存在于植物的细胞壁中。国内外研究表明：粗纤维是家兔最重要的营养素之一，对家兔具有特殊的生理作用，在构成合理日粮结构、维持家兔正常的生理功能，特别是在初产母兔繁殖、胚胎成活率等方面起着非常重要的作用。瘦素（Leptin）是肥胖基因（obesegene，ob）编码的产物，是一种分泌性蛋白质类激素。*OB* 基因是一条含 167 个氨基酸密码的 DNA 序列，包含有两个外显子，一个内含子。Hindlet 等（2007）发现缺陷 ob/ob（缺乏功能性瘦素）雌鼠除出现肥胖外，还出现生殖功能障碍，而且在持续注射外源性瘦素后即恢复了生殖功能，由此证明瘦素与生殖功能有关[1,2]。瘦素受体由 db 基因（diabetes gene）编码，为高度特异的跨膜蛋白质，与瘦素具有高度的亲和力。最初认为瘦素只在白色脂肪组织中表达，后来研究发现瘦素在下丘脑、垂体、肺、胃底部上皮、骨骼肌、卵巢、子宫内膜、合体滋养层细胞及乳腺上皮等都有表达，而且在卵巢、子宫内膜中有瘦素与瘦素受体同时表达[3-4]。

瘦素及其受体在下丘脑-垂体-性腺（HPG）轴的多处表达，表明瘦素对生殖的调节是通过旁分泌或内分泌的方式对 HPG 轴不同水平进行复杂的网络式调节，从而对哺乳动物的繁殖机能发挥着重要作用[5-7]。适宜的粗纤维水平对家兔繁殖生产具有重要意义；因此，通过深入研究不同粗纤维水平对初产母兔瘦素分泌及其基因表达的影响，为降低母兔淘汰率、死亡率，综合提高母兔繁殖性能提供前提条件和基础。

基金项目：四川省公益性科研院所基本科研业务费项目（SASA2015A10）；四川省“十二五”畜禽育种攻关项目（2011NZ0099）；公益性行业（农业）科研专项经费（201303143-5）；国家兔产业技术体系（CARS-44-B-4）；动物遗传育种四川省重点实验室运行补助项目。

作者简介：邝良德（1983—　），男，汉族，湖南郴州人，硕士，助理研究员，四川省畜牧科学研究院，主要从事家兔遗传育种及饲养研究，E-mail：happyboy5851258@163.com

* 通讯作者：任永军，硕士，助理研究员，主要从事家兔饲养及疫病防控研究，E-mail：360167513@qq.com

1 材料与方法

1.1 试验设计及母兔饲养管理

选择相同日龄（165 日龄）新西兰青年母兔 240 只，随机分为 4 个处理，每个处理设 5 个重复，每个重复 12 只，每个处理共 60 只。试验期为母兔 165 日龄至第 1 胎分娩，4 个处理分别饲喂 12%、14%、16%、18%不同水平纤维的日粮，所有日粮均按美国 NRC 肉兔饲养标准配制。分别于母兔配种当天、妊娠 21d、分娩当天从每个重复中选择 4 只母兔，每个处理共 20 只，进行耳缘静脉采血，分离血清并于-20℃保存待测；同时在以上日龄的每个重复中选择 1 只母兔，每个处理 5 只，共计 60 只，进行屠宰并采集卵巢组织样品，于-80℃保存，用于瘦素及瘦素受体 mRNA 表达量的测定。

1.2 试验日粮及营养水平

按照美国 NRC 肉兔饲养标准配制全价料，试验日粮组成及营养成分见表 1。在日粮中添加苜蓿草粉，将日粮粗纤维水平分别调整为 12%、14%、16%、18%，即试验 1、2、3、4 组。所有试验母兔均饲养在同一兔舍内，自由采食、自动饮水。

表 1 饲粮组成及营养水平（风干基础）

原料	含量/%			
	试验 1 组	试验 2 组	试验 3 组	试验 4 组
玉米	19.00	16.00	18.00	14.00
麸皮	18.50	16.50	7.00	5.00
苜蓿草颗粒	17.50	19.00	28.00	30.00
豆粕（43 型）	16.50	17.30	19.00	21.00
次粉	9.00	8.20	4.00	2.00
菜粕	6.00	6.00	6.00	5.00
统糠	6.20	10	10.00	14.00
大豆油	2.50	3.0	4.00	5.00
氯化钠	0.50	0.50	0.50	0.50
磷酸二氢钙	0.50	0.50	0.50	0.50
石粉	2.00	2.00	2.00	2.00
澎润土	0.80	0	0	0
预混料①	1.00	1.00	1.00	1.00
营养水平				
粗纤维 CF	12.01	14.03	16.04	18.02
粗蛋白 CP	17.09	17.10	17.08	17.09
消化能 DE（MJ/kg）②	10.40	10.40	10.40	10.40
钙	1.22	1.23	1.25	1.26
磷	0.61	0.6	0.62	0.63

① 预混料可为每千克全价料提供：Fe 100mg，Cu 120mg，Zn 90mg，Mn 30mg，Mg 150mg，VA 4 000IU，VD_3 1 000IU，VE 50mg，胆碱 1mg。② 消化能为计算值，其余为实测值。

1.3　主要仪器及试剂

Biowave DNA 型核酸蛋白检测仪，Power Pac 3000 型电泳仪，岛津 UV2600 型紫外分光光度计，电动 Polytron PT1200E 型电动匀浆器，Bio-rad iCycler iQ 型定量 PCR 仪，日立 CR22g 型高速冷冻离心机，Versa Doc 1000 型凝胶成像系统，无菌操作工作台。兔瘦素（leptin）ELISA 测定试剂盒为基因美公司产品，Trizol 试剂，PrimeScript ™ RT reagent Kit 反转录试剂盒，SYBR© Premix Ex Taq ™均为 TaKaRa 公司产品。

1.4　试验指标测定

1.4.1　血清瘦素水平测定

分别取-20℃冰箱中冷冻保存的血清样品，每个样品取 0.5mL 进行瘦素水平测定。血清瘦素的测定采用酶联免疫吸附法（ELISA），利用紫外分光光度计（酶标仪）进行读数。

1.4.2　瘦素及瘦素受体基因 mRNA 表达量测定

采用 Trizol 法提取各组织样品中总 RNA，利用琼脂糖凝胶电泳法检测总 RNA 质量和完整性，将质量合格 RNA 置于-80℃冰箱中冻存备用。参照 PrimeScript ™ RT reagent Kit 试剂盒说明书将 RNA 反转录成 cDNA 模板，反转录产物于-20℃保存备用。根据 GenBank 公布的家兔瘦素基因（*OB*）、瘦素受体基因（*OB-R*）、内参基因 *GAPDH* 序列，使用 Primer 5.0 设计引物扩增 *OB*、*OB-R*、*GAPDH* 基因。所有引物均由上海生物工程技术有限公司合成。引物序列及参数见表 2。以 *GAPDH* 为内参基因利用实时荧光定量 PCR 技术检测 *OB*、*OB-R* 基因在初产母兔卵巢组织中 mRNA 表达量的变化规律。RT-PCR 体系（20 μL）：为 1 μL 反转录产物，10 μL 的 SYBR© Premix Ex Taq™（2×），10 μmol/L 的上下游引物各 0.6 μL、7.8 μL 超纯水。采用 iCycler 型荧光定量 PCR 仪（Bio-Rad 公司）进行扩增。PCR 条件为：95℃ 90s；95℃ 15s，63℃ 20s，42 个循环；72℃ 15s。每个样品设 3 个平行样。所得到 Ct 值（Cycle threshold）采用 $2^{-\Delta\Delta Ct}$方法[8]计算。目的基因 mRNA 表达水平通过内参基因 *GAPDH* 进行校正。

表 2　目的基因引物信息

基因名称	用途	引物序列（5’ -3’ ）	产物长度（bp）
OB	定量	Forward：TGCCCATGCGGAAAGTCCAGGATG Reverse：GCAGACTGGCGAGGATCTGTTGGT	204
OB-R	定量	Forward：TGTGCCAGCAGCCAAGCTCAACT Reverse：ACGCAAGCCTAACGGTGGATCAGG	136
GAPDH	内参	Forward：GATGCTGGTGCCGAGTAC Reverse：GCTGAGATGATGACCCTTTTGG	104

1.5　数据统计分析

采用 SPSS 11.5 软件进行单因素方差分析，采用 Duncan's 检验进行多重比较和显著分析。所有数据均为“平均值±标准误”，显著性水平为 $P<0.05$，极显著水平为 $P<0.01$。

2　结果与分析

2.1　纤维水平对初产母兔瘦素分泌的影响

由表 3 可知，配种当天各处理组母兔血清中瘦素含量存在差异，其中试验 3 组瘦素含量最高，显著高于其他试验组（$P<0.05$），试验 1、2 组显著高于试验 4 组（$P<0.05$）。在妊娠 21d，试验 3 组瘦素含量最

高，显著高于试验 1、4 组（P<0.05），试验 1 组和 4 组之间差异不显著。在分娩当天，试验 3 组瘦素含量显著高于其他各试验组（P<0.05），试验 1 组与 4 组之间差异不显著，试验 1 组瘦素含量最低。从配种到分娩，各处理组母兔血清中瘦素含量均呈上升趋势。

表 3　纤维水平对初产母兔血清瘦素含量的影响

时间	瘦素含量（ng/mL）			
	试验 1 组	试验 2 组	试验 3 组	试验 4 组
配种当天	3.71±0.08bA	3.80±0.09bA	4.03±0.07cA	3.58±0.11aA
妊娠 21d	4.87±0.12aB	5.34±0.09bB	5.49±0.11bB	4.76±0.08aB
分娩当天	5.73±0.17aC	6.40±0.13bC	7.11±0.16cC	5.78±0.15aC

注：同行数据后不同小写字母表示差异显著（P<0.05），相同小写字母表示差异不显著（P>0.05）。同列数据后不同大写字母表示差异显著（P<0.05），相同大写字母表示差异不显著（P>0.05）。下表同

2.2　纤维水平对初产母兔卵巢组织中 *OB* 基因表达的影响

由表 4 可知，在配种当天，各处理组母兔卵巢组织中 *OB* 基因表达量存在显著差异，其中试验 3 组 *OB* 基因表达量最高，显著高于其他各试验组（P<0.05），试验 4 组表达量最低，试验 1 组和 2 组之间差异不显著。在妊娠 21d，试验 3 组 *OB* 基因表达量最高，依次为试验 3 组>试验 1 组>试验 2 组>试验 4 组。在分娩当天，试验 3 组 *OB* 基因表达量显著高于其他各试验组（P<0.05），试验 1 组和 4 组之间差异不显著；从配种到分娩，各处理组母兔卵巢组织中 *OB* 基因表达量均呈显著上升趋势。

表 4　纤维水平对初产母兔卵巢组织中 *OB* 基因表达的影响

时间	*OB* 基因相对表达量			
	试验 1 组	试验 2 组	试验 3 组	试验 4 组
配种当天	1.38±0.46bA	1.21±0.31bA	3.41±0.75cA	0.31±0.05aA
妊娠 21d	2.63±0.98bB	2.54±0.52bB	5.45±0.63cB	1.22±0.17aB
分娩当天	3.43±0.83aB	5.92±1.00bC	7.16±0.92cC	3.52±1.12aC

2.3　纤维水平对初产母兔卵巢组织中 *OB-R* 基因表达的影响

由表 5 可知，饲料中纤维水平对初产母兔卵巢组织中 *OB-R* 基因表达有显著影响。在配种当天，各处理组母兔卵巢组织中 *OB-R* 基因表达量存在差异，其中试验 3 组 *OB-R* 基因表达量最高，显著高于其他各试验组（P<0.05）。在妊娠 21d，试验 3 组 *OB-R* 基因表达量最高，显著高于其他各试验组（P<0.05），试验 4 组表达量最低。在分娩当天，试验 3 组 *OB-R* 基因表达量显著高于其他各试验组（P<0.05），依次为试验 3 组>试验 2 组>试验 4 组>试验 1 组；从配种到分娩，试验 2、3、4 组母兔卵巢组织中 *OB-R* 基因表达量均呈显著上升趋势，试验 1 组则表现为先升高，后基本维持不变。

表 5　纤维水平对初产母兔卵巢组织中 *OB-R* 基因表达的影响

时间	*OB-R* 基因相对表达量			
	试验 1 组	试验 2 组	试验 3 组	试验 4 组
配种当天	0.86±0.18aA	1.18±0.56aA	1.84±0.59bA	0.60±0.27aA

（续表）

时间	OB-R 基因相对表达量			
	试验 1 组	试验 2 组	试验 3 组	试验 4 组
妊娠 21d	2. 23±0. 81aB	1. 65±0. 49aA	3. 75±0. 75bB	1. 31±0. 61aB
分娩当天	2. 23±0. 43aB	3. 32±0. 34bB	5. 81±0. 51cC	2. 48±0. 34aC

3 讨论与结论

作为分泌性蛋白质类激素，瘦素通过与其受体发生特异性结合发挥作用。瘦素水平呈生理性波动，卵泡早期瘦素水平较低，排卵期达到高峰。瘦素可激活磷酸二酯酶水解第二信使 cAMP，刺激胚泡的分裂，从而导致卵细胞的成熟[9-10]。已有研究表明，瘦素可促进卵泡刺激素（FSH）、促黄体激素（LH）、雌二醇（E2）的产生，影响卵巢的生殖能力，体内瘦素水平过低，会导致女性不孕。Barash 等通过每日给小鼠注射瘦素发现小鼠 LH 和 FSH 水平明显升高，表明瘦素在一定程度上可提高动物卵巢的生殖功能；小鼠在瘦素水平极低的情况下，出现不孕症现象，而注射瘦素后生育功能得到改善[11-12]。为禁食蛋鸡注射外源瘦素，结果发现，在禁食期间注射瘦素可以抑制卵泡的衰亡，蛋鸡产蛋行为的停止被延迟，由此可见瘦素具有抑制卵巢功能退化，提高鸡的繁殖性能的作用[13-14]。本试验结果表明，从配种到分娩，各处理组母兔血清中瘦素含量均呈上升趋势，这与母兔卵巢组织中 *OB*、*OB-R* 基因表达量基本相符合。不同纤维水平添加组之间相比较，母兔血清中瘦素含量存在显著差异。在各试验阶段，试验 3 组母兔血清中的瘦素含量均最高。在基因表达方面，试验 3 组母兔卵巢中的 *OB*、*OB-R* 基因表达量显著高于其他各试验组。饲粮不同纤维水平对初产母兔瘦素分泌影响显著，初产母兔饲粮中纤维的适宜添加水平为 16%。

参考文献（略）

原文发表于：江苏农业科学，2016，44（10），281-283

纤维水平对初产母兔繁殖性能及胚胎发育的影响

任永军，邝良德，郭志强，雷　岷，谢晓红，张翔宇，
李丛艳，郑　洁，张翠霞，杨　超

（四川省畜牧科学研究院，动物遗传育种四川省重点实验室，四川成都　610066）

摘　要：本试验旨在研究不同纤维水平对初产母兔繁殖性能及胚胎发育的影响。选取新西兰母兔240只，分为4个试验组，试验期分为两个阶段，第一阶段为母兔165日龄至第一胎分娩，试验1、2、3、4组分别饲喂12%、14%、16%、18%不同纤维水平的日粮，第二阶段为母兔分娩至仔兔断奶，测定其繁殖性能和胚胎发育。结果表明：试验2、3组发情率、配怀率显著高于4组（$P<0.05$）；试验4个组之间的产仔数差异不显著（$P>0.05$）；试验4组产活仔数显著低于1组（$P<0.05$）；试验2、3组的初生窝重、初生个体重显著高于1、2组（$P<0.05$），同时试验1组显著高于4组（$P<0.05$）；试验2、3组21d个体重显著高于1、4组（$P<0.05$），试验4组35d个体重显著低于其他各试验组（$P<0.05$）；试验3组的胚胎长度和胚胎重量显著大于其他各试验组（$P<0.05$）。综上所述，初产母兔饲喂16%纤维水平日粮其繁殖性能、胚胎发育以及仔兔生产性能表现最佳。本试验条件下，初产母兔最适纤维水平为16%。

关键词：纤维；初产母兔；繁殖性能；胚胎发育

现代养兔生产的最终目的是为了提高经济效益，经济效益的高低主要取决于母兔的繁殖性能。提高母兔繁殖效率主要可通过遗传育种、营养调控和激素调控等方式实现，而在生产实践中通过营养调控的方式来实现母兔繁殖效率的提高显得更有实际意义。粗纤维是家兔重要的营养素之一，对家兔具有特殊的生理作用，在构成合理日粮结构、维持家兔正常的生理功能，特别是在初产母兔繁殖、胚胎成活率等方面起着非常重要的作用[1]。已有研究证实，低纤维日粮是家兔腹泻的主要原因之一，主要是破坏家兔胃肠道微生物区系平衡而导致腹泻，繁殖母兔饲喂低纤维日粮也会导致腹泻，影响营养物质利用率，母兔体况下降，影响繁殖生产，严重者导致妊娠母兔流产、死胎[2]。但粗纤维水平也并非越高越好，高纤维低淀粉日粮会降低盲肠中的挥发性脂肪酸含量，使盲肠中的酸性下降，阻碍正常的微生物群落生长，促进病原微生物的生长，从而导致家兔腹泻，同样对繁殖母兔造成不利影响[3]。这些观点从两个方面说明了母兔饲料中应含有合理的粗纤维水平。无论高纤维水平还是低纤维水平都会直接或间接地影响母兔的繁殖生产。因此，适宜的粗纤维水平对家兔繁殖生产具有重要意义，本试验拟通过研究不同纤维水平对初产母兔繁殖性能及胚胎发育的影响，为提高母兔综合繁殖生产性能和确定母兔饲粮所需的最适纤维水平提供科学数据和重要参考。

资助项目：四川省科研院所基本科研业务费专项资金（SASA2015A10）；公益性行业（农业）科研专项（201303143）；国家兔产业技术体系（CARS-44-B-4）；四川省“十二五”畜禽育种攻关项目（2011NZ0099-4）；四川省科技支撑计划家兔现代产业链关键技术集成研究与产业化示范（2016NZ0002）

作者简介：任永军（1984—　），男，四川眉山人，硕士研究生，助理研究员，主要从事肉兔养殖技术研究，E-mail：renyj17513@126.com

1　材料与方法

1.1　试验动物

试验分别选择同一日龄（165 日龄）健康无病、体况良好的新西兰后备母兔 240 只；同时选择健康无病和繁殖性能良好的新西兰公兔（1 周岁）20 只。试验兔由四川省畜牧科学研究院肉兔科研基地提供。

1.2　试验设计

1.2.1　试验动物分组与饲养条件

将试验母兔随机分为四组，每组 60 只，分别为试验 1 组、试验 2 组、试验 3 组和试验 4 组。试验期为母兔 165 日龄至第一胎仔兔断奶（35 日龄断奶）。试验期分为两个阶段，第一阶段为母兔 165 日龄至第一胎分娩，试验 1、2、3、4 组分别饲喂 12%、14%、16%、18%不同纤维水平的日粮，其他营养水平基本一致；第二阶段为母兔分娩至仔兔断奶，4 个处理均按美国 NRC 肉兔饲养标准配制日粮进行饲喂。所有试验动物均饲养在同一兔舍内，自由采食、自动饮水。兔舍温度控制在 25℃左右。参照美国 NRC（1977）[4]、结合新西兰母兔营养需要以及本地区饲料资源状况设计基础饲粮。饲粮组成及营养水平见表 1。

表 1　饲粮组成及营养水平（风干基础）

项目	组别			
	试验 1 组	试验 2 组	试验 3 组	试验 4 组
日粮组成（%）				
玉米	19.00	16.00	18.00	14.00
麸皮	18.50	16.50	7.00	5.00
苜蓿草颗粒	17.50	19.00	28.00	30.00
豆粕（43 型）	16.50	17.30	19.00	21.00
次粉	9.00	8.20	4.00	2.00
菜粕	6.00	6.00	6.00	5.00
统糠	6.20	10	10.00	14.00
大豆油	2.50	3.0	4.00	5.00
氯化钠	0.50	0.50	0.50	0.50
磷酸二氢钙	0.50	0.50	0.50	0.50
石粉	2.00	2.00	2.00	2.00
澎润土	0.80	0	0	0
预混料①	1.00	1.00	1.00	1.00
营养成分②				
粗纤维（%）	12.01	14.03	16.04	18.02
粗蛋白（%）	17.09	17.10	17.08	17.09
消化能（$MJ \cdot kg^{-1}$）	10.40	10.40	10.40	10.40

（续表）

项目	组别			
	试验 1 组	试验 2 组	试验 3 组	试验 4 组
钙（%）	1.22	1.23	1.25	1.26
磷（%）	0.61	0.6	0.62	0.63

① 预混料可为每千克全价料提供：Fe 100mg，Cu 120mg，Zn 90mg，Mn 30mg，Mg 150mg，VA 4 000IU，$VD_3$1 000IU，VE 50mg，胆碱 1mg。② 营养成分中消化能为计算值，其余为实测值

1.2.2 光照方案

在配种前 6d 至配种后 11d 每天光照 16 小时（6：00~22：00），其余时间每天光照 12 小时（6：00~18：00）；光照位置以兔笼中间母兔的体高处为准，光照强度为 80lux[5]。

1.2.3 配种方式

试验 1、2、3、4 组所有试验母兔在 180 日龄当天进行人工授精配种，在 2h 内完成所有试验母兔配种工作。

1.3 测定指标

1.3.1 繁殖性能指标

在配种当天检查每组试验母兔的发情情况，配种后 12d 采用摸胎法检胎测定配怀率；分娩后分别测定产仔数、产活仔数、初生窝重、21d 活仔数、21d 窝重、35d 活仔数、35d 窝重、35d 个体重。

1.3.2 胚胎发育测定

在妊娠 21d 屠宰试验母兔，每组屠宰 5 只，切开子宫收集胚胎，最后测量每个胚胎的头-尾长和称量总的胚胎重，记录数据。

1.4 数据处理与分析

试验数据用 Excel 2013 软件进行处理后，采用 SPSS14.0 统计软件，单因素 ANOVA 进行方差分析，Duncan 氏法进行多重比较，以 $P<0.05$ 为差异显著性判断标准，结果以“平均值±标准差”表示。

2 结果

2.1 纤维水平对初产母兔发情率与配怀率的影响

表 2 显示，18%组的发情率显著低于 14%、16%组（$P<0.05$），16%组高于 12%、14%组，但差异不显著（$P>0.05$）；18%组的配怀率显著低于 14%、16%组（$P<0.05$），16%组高于 12%、14%组，但差异不显著（$P>0.05$）。

表 2 纤维水平对初产母兔发情率与配怀率的影响

项目	组别			
	试验 1 组	试验 2 组	试验 3 组	试验 4 组
发情率（%）	86.67^{ab}（52/60）	90.00^{b}（54/60）	93.33^{b}（56/60）	80.00^{a}（48/60）
配怀率（%）	76.67^{ab}（46/60）	83.33^{b}（50/60）	86.67^{b}（52/60）	70.00^{a}（42/60）

注：同行数据肩标不同小写字母表示差异显著（$P<0.05$），相同或无字母表示差异不显著（$P>0.05$）。下表同

2.2　纤维水平对初产母兔繁殖性能的影响

表 3 显示，12%、14%、16%、18%组之间在产仔数、21d 仔兔数、35d 仔兔数方面差异均不显著($P>0.05$)；产活仔数方面，18%组显著低于 12%组（$P<0.05$）；初生窝重、初生个体重方面，16%组显著高于 12%、18%组（$P<0.05$），12%组显著高于 18%组（$P<0.05$），16%组高于 14%组（$P>0.05$）；21d 窝重方面，18%组显著低于 12%、14%、16%组（$P<0.05$），16%组高于 12%、14%组（$P>0.05$）；21d 个体重方面，14%、16%组显著高于 12%、18%组（$P<0.05$）；35d 窝重方面，18%组显著低于 12%、14%、16%组（$P<0.05$）；35d 个体重方面，18%组显著低于 12%、14%、16%组（$P<0.05$），16%组高于 12%、14%组，但差异不显著（$P>0.05$）。

表 3　纤维水平对初产母兔繁殖生产性能的影响

项目	组别			
	试验 1 组	试验 2 组	试验 3 组	试验 4 组
产仔数（只）	8.94±0.93	8.50±0.63	8.69±0.56	9.13±0.89
产活仔数（只）	8.63±0.81^{b}	8.25±0.45^{ab}	8.38±0.5^{ab}	8.19±0.41^{a}
初生窝重（g）	513.31±44.05^{b}	520.81±45.32^{c}	536.53±47.57^{c}	463.41±41.97^{a}
初生个体重（g）	59.82±5.84^{b}	63.16±5.94^{c}	64.12±6.15^{c}	56.64±5.64^{a}
21d 仔兔数（只）	7.75±0.45	7.50±0.63	7.56±0.63	7.44±0.51
21d 窝重（g）	2 577.13±134.52^{b}	2 619.88±178.38^{b}	2 665.50±164.87^{b}	2 391.75±142.13^{a}
21d 个体重（g）	333.36±22.33^{b}	349.48±19.61^{c}	353.52±19.16^{c}	322.15±17.47^{a}
35d 仔兔数（只）	7.38±0.89	7.06±0.77	7.13±0.81	7.25±0.88
35d 窝重（g）	5 365.48±605.61^{b}	5 356.64±638.88^{b}	5 445.19±647.27^{b}	4 893.75±473.46^{a}
35d 个体重（g）	726.37±93.92^{b}	757.58±98.27^{c}	763.71±100.21^{c}	674.92±87.28^{a}

2.3　纤维水平对初产母兔胚胎发育的影响

表 4 显示，16%组的胚胎长度显著大于 12%、14%、18%组（$P<0.05$），16%组的胚胎重量显著高于 12%、14%、18%组（$P<0.05$）。

表 4　纤维水平对初产母兔胚胎发育的影响

项目	组别			
	试验 1 组	试验 2 组	试验 3 组	试验 4 组
胚胎长度（mm）	4.98±0.24^{a}	4.99±0.22^{a}	5.19±0.17^{b}	4.91±0.14^{a}
胚胎重量（g）	5.99±0.13^{a}	6.07±0.13^{b}	6.46±0.21^{c}	5.57±0.12^{a}

3　讨论

3.1　纤维水平对初产母兔发情率和配怀率的影响

本试验结果显示，随着饲粮纤维水平的升高，初产母兔的发情率、配怀率呈先升高后降低的趋势，其中纤维水平为16%的发情率与配怀率最高。Bach 等报道，饲喂过高纤维饲粮母兔虽然可以通过提高采食量来弥补能量摄入的不足，但母兔的血清瘦素水平显著降低[6]；瘦素对母畜初情期的调节起着至关重要的作用，体内瘦素水平的下降，发情周期停止或延长，促卵泡素的分泌受到限制，这可能是饲喂过高纤维饲粮母兔发情率和配怀率显著降低的主要原因。饲喂低纤维饲粮母兔发情率和配怀率低主要原因是由于在此日粮结构下，母兔肠道微生物区系和消化酶系统受到严重影响[7]，影响母兔对其他营养素的消化吸收，从而不能满足母兔繁殖生理的需要。

3.2 纤维水平对初产母兔繁殖水平的影响

母畜饲喂高纤维日粮可提高卵母细胞质量，妊娠后期母畜饲喂高纤维日粮可增加产仔数；另外，纤维可影响体内与繁殖相关的代谢激素分泌，进而影响妊娠早期胚胎存活[9]。但过高的纤维日粮可使得母兔血清中瘦素水平显著下降，瘦素在早期胚胎发育中起重要作用，过低的瘦素水平不仅影响母兔发情配种，同时还影响母兔卵泡发育以及胚胎的着床，这可能是本试验条件下，随着纤维水平的升高，产仔数虽有所提高，但产活仔数下降是内在因素之一。

在本试验中，虽仔兔出生后母兔饲喂营养水平一致的饲粮，但仔兔生产性能依然表现为妊娠期母兔饲喂16%纤维饲粮最佳。其主要原因是母体妊娠期营养摄入的改变可影响母体子宫内环境，同时母体营养可通过“营养程序化”的方式影响胚胎生长发育[9]。本试验结果提示母体“营养程序化”的敏感时期不仅局限在胎儿期，而且还延至哺乳期。由此可以看出，妊娠期母兔供给适宜的纤维水平日粮，对其哺乳期仔兔的生长发育和健康具有持久影响。

3.3 纤维水平对初产母兔胚胎发育的影响

动物胎儿的生长发育依赖于母体养分的供给，而养分供给依赖于胎盘发育和功能。胎盘是胎儿与母体之间进行物质交换、维持胎儿生长发育的重要器官。通过胎盘绒毛间隙内母子血液间的物质交换，供应胎儿所需要的营养物质，运走胎儿代谢废物，以维持胎儿正常发育。因此，营养物质通过胎盘从母体向胎儿转运的多少决定了胎儿的营养状况[10]。本试验结果显示，妊娠期饲喂纤维16%的饲粮，胚胎发育的长度和重量均显著高于其他纤维水平的饲粮。其原因可能是16%的纤维水平更有利于母兔肠道微生物区系平衡和维持母兔肠道健康，从而保证了母体对营养物质更好地吸收利用，母体在维持自身需要的同时，能更有效地将营养供给胎盘发育，胎盘的发育良好能更有效地将母体与胎儿之间的物质进行交换，胎儿的发育得到充分发挥。

4 结论

综上所述，初产母兔饲喂16%纤维水平日粮其繁殖性能、胚胎发育以及仔兔生产性能表现最佳。本试验条件下，初产母兔最适纤维水平为16%。

参考文献（略）

原文发表于：中国畜牧杂志，2017，53（1）：51-53

第四部分　副产物营养价值评定

利用体外法评定南方4种经济作物副产品及3种暖季型牧草的营养价值研究

李文娟，王世琴[1]，姜成钢[1]，马　涛[1]，朱正廷[2]，刁其玉[1*]

（1. 中国农业科学院饲料研究所，农业部饲料生物技术重点实验室，北京　100081；
2. 金陵科技学院，南京 211169）

摘　要：本试验旨在评价南方4种经济作物副产品及3种暖季型牧草的营养价值，开发新的饲料资源。试验采用单因素设计，通过体外产气法对14种样品进行评定，主要测定指标为0、2、4、6、8、10、12、16、20、24、30、36、42、48、60、72、84、96h的产气量，24h发酵液的挥发性脂肪酸产量、氨态氮、微生物蛋白浓度、pH值以及体外干物质消化率。结果表明：木薯叶的粗蛋白和粗脂肪含量显著高于其他经济作物副产品及牧草（$P<0.05$）；产气量方面从大到小依次为：经济作物副产品是柚子皮>木薯淀粉渣>木薯叶>薏米秸秆，而牧草则是象草（印尼引进）>皇竹草>高丹草；柚子皮和木薯淀粉渣的理论产气量显著高于其他经济作物副产品及牧草；柚子皮的乙酸、丙酸、异戊酸、戊酸及总挥发酸显著大于其他经济作物副产品及牧草（$P<0.05$）；氨态氮含量最高的是象草（印尼引进），且与其他经济作物副产品及牧草相比差异显著（$P<0.05$）；pH值和微生物蛋白无显著差异（$P>0.05$）。本试验选用的南方经济作物副产品及牧草的粗蛋白与粗脂肪含量适宜，微生物活性高，易消化，能够提供反刍动物所需要的能量，适合作为反刍动物的粗饲料来源。且经济作物副产品中柚子皮的营养价值最高，其次是木薯淀粉渣、木薯叶和薏米秸秆；而牧草中依次为象草（印尼引进）、皇竹草、高丹草。

关键词：经济作物副产品；暖季型牧草；体外产气；瘤胃发酵；干物质消化率

1　引言

随着我国畜牧业的飞速发展，常规饲料已经远远不能满足畜牧业的发展需要。据统计，仅2015年1—11月累计进口玉米459.69万吨，是2014年全年进口量的1.77倍，且2015年全年进口玉米、高粱、大麦、DDGS以及木薯干预计替代国产消费达到3 300万吨[1]，然而我国南方地区地域辽阔，气候温和，适合牧草栽培，也是我国重要的经济作物种植区，每年产生的副产品大多未被合理利用，有的甚至被焚烧，不仅污染环境，也造成资源的极大浪费。研究这些经济作物副产品及暖季型牧草对瘤胃发酵的影响，能有效地评估其在瘤胃中的营养价值，合理用于动物饲料的生产，不仅可以缓解畜牧业生产的压力，降低生产成本。体外产气法在评价饲料的活体外产气量及瘤胃发酵方面具有简便、快捷、重复性好等优点[2]；可以通过详细描述产气动力学研究不同饲料、不同成分的降解特性，在反刍动物饲料价值评定等方面已经被广泛利用。Sallam等[3]通过体外产气法对5种干草的营养价值进行了评价；Smith等[4]利用体外产气法

基金项目：1. 行业性公益项目“中国南方经济作物副产物饲料化利用：201403049”；2. 公益性行业（农业）科研专项经费“南方地区幼龄草食畜禽饲养技术研究：201303143”

作者简介：李文娟（1990—　），女，liwjuan1226@163.com；硕士研究生，研究方向：反刍动物营养与饲料科学。

* 通讯作者：刁其玉，男，博士生导师，diaoqiyu@caas.cn；研究方向：反刍动物营养与饲料科学。

评定了饲料的干物质消化率及瘤胃挥发酸产量，进而评价了饲料对动物的生产性能影响；曾燕霞等[5]通过体外产气法研究了不同精粗比日粮中添加甘露寡糖对绵羊体外发酵的影响，并最终确定了合适的精粗比及甘露寡糖的添加量。目前关于南方经济作物副产品及栽培牧草对活体外产气量及瘤胃发酵的影响研究较少，难以有效地评估其营养价值，缺少相关在反刍动物上应用的数据。本试验旨在通过体外产气法，观察南方不同经济作物副产品及3种暖季型牧草对产气量、发酵参数和干物质消化率的影响，为这些潜在饲料在反刍动物生产中的应用提供理论依据。

2 材料与方法

2.1 试验材料

试验样品分别在2014年7月—2015年1月采集于广西、贵州、安徽、海南等地共7类样品，依次为木薯叶（3种）、木薯淀粉渣（4种）、柚子皮（2种）、薏米秸秆（2种）、象草（印尼引进）（1种）、皇竹草（1种）、高丹草（1种），共计14个样品。

2.2 试验设计

试验采用单因子试验设计，每种参试样品均取约0.20g作为一个处理，每个处理设置6个重复，其中3个重复在体外发酵24h后取出用于测定pH、挥发酸、氨态氮、微生物蛋白浓度等，96h后终止培养，在整个阶段，测定各时间点的产气量。

2.3 瘤胃培养液的制备

采用Menke[6]方法制备。选择4只健康无病、体重（60±1.73）kg、装有永久性瘤胃瘘管的杜寒杂交肉羊，预饲期14d，于晨饲前1h采集瘤胃液，用4层纱布过滤至已经预热的39℃保温瓶，迅速带回实验室。人工瘤胃液由微量元素溶液（A液）、缓冲溶液（B液）、常量元素溶液（C液）、刃天青溶液和还原剂溶液组成，将人工瘤胃液与瘤胃液按照2∶1的比例混合作为瘤胃培养液。试验期晨饲前采集瘤胃液，试验羊的饲喂饲料精粗比为4∶6，日粮营养成分组成见表1。

表1 试验用日粮的组成及营养成分（干物质基础）

原料	日粮配比（%）	营养水平	含量（%）
羊草	68.66	干物质	88.60
玉米	17.00	粗蛋白质	12.25
豆粕	12.00	粗脂肪	2.71
磷酸氢钙	1.35	粗灰分	6.32
石粉	0.25	中性洗涤纤维	41.36
食盐	0.50	酸性洗涤纤维	21.78
预混料	0.24	钙	0.87
合计	100.00	磷	0.30

注：（1）预混料为每千克饲粮提供：Cu 15.0mg；Fe 100.0mg；Mn 60.0mg；Zn 100.0mg；I 0.9mg；Se 0.3mg；Co 0.2mg；VA 16 000IU；VD 4 000IU；VE 100IU。（2）表中营养成分值均为实测值。

2.4 发酵底物的制备

将采集到的木薯叶、木薯淀粉渣、柚子皮、薏米秸秆、象草、皇竹草和高丹草制成风干样品并粉碎过筛，作为活体外发酵试验的底物。

2.5　活体外发酵试验过程

体外发酵装置采用 DSHZ-300A 水域恒温振荡器，称取约 0.200g 参试样品于内管已涂抹凡士林的玻璃注射器（德国原装产气设备 Gasmessgeräte，Kap. Ansaty 25mm，100mL：1）中进行体外产气试验。边通入 CO_2 边用分液器向培养管中分装 30mL 培养液，排除气泡，放置到 39℃恒温振荡培养箱中培养，并计时。当培养至 0、2、4、6、8、10、12、16、20、24、30、36、42、48、60、72、84、96h 各时间点时，取出培养管，快速读取活塞所处的刻度值（mL）并记录产气量。

将产气量数据参照以下模型进行分析，计算相关预测值：

$$Y=B\ (1-e^{-ct})\qquad\text{（公式 1）}$$

式中，Y 为 t 时间点 0.20g DM 样本累积产气量（mL）；B 为 0.20g 样本的理论最大产气量（mL）；c 为 0.20g 样本的产气速度（h^{-1}）。

2.6　测定指标及计算方法

2.6.1　常规营养成分

干物质含量测定参照张丽英的《饲料分析及饲料检测技术》[7]；粗蛋白含量采用全自动凯氏定氮仪（KDY-9830）测定；有机物用马弗炉灰化法测定，有机物=100-粗灰分含量；粗脂肪采用 ANKOM^{XT15} 全自动脂肪仪测定；中性洗涤纤维和酸性洗涤纤维（Acid detergent fiber，ADF）采用 *Van Soes* 纤维分析方法测定。

2.6.2　体外累计净产气量（mL/0.20g）

根据公式：净产气量（mL/0.20g DM）=某一时间段产气量（mL/0.20g DM）-对应时间段 6 支空白管平均产气量（mL/0.20g DM）　（公式 2）

2.6.3　发酵液 pH 值

采用便携式 pH 计（testo 2. 德国）测定，精确度为 0.1。

2.6.4　发酵液挥发性脂肪酸（VFA）浓度的测定

将取出的 24h 发酵液，以 20 000g 转速离心 10min，取 1mL 已经离心的上清液，加入 0.2mL 25%（w/v）偏磷酸溶液并混匀，在冰水浴中 30min，再次以 5 400g 转速离心 10min，取上清液待测，采用气相色谱仪（型号 N2010）测定。

2.6.5　发酵液氨态氮（NH_3-N）的测定

应用 Chaney（1962）[8] 方法通过分光光度计测定发酵液 NH_3-N 浓度。

2.6.6　微生物蛋白浓度的测定

微生物蛋白的测定浓度采用嘌呤法，根据公式：

微生物蛋白氮（mg/mL）= RNA 测定值（mg/mL）×RNA 含氮量/细菌氮中 RNA 含氮量×稀释倍数　（公式 3）

再计算微生物蛋白浓度，根据公式：

微生物蛋白浓度（mg/mL）=微生物蛋白氮（mg/mL）×6.25　（公式 4）

2.6.7　体外瘤胃干物质降解率

采用 Ankom Daisy II 体外培养箱批量测定，瘤胃干物质降解率（DM,%）=（样本 DM-残渣 DM+空白 DM）/样本 DM×100　（公式 5）

2.6.8　数据统计分析

所有数据先采用 Excel 2013 进行初步整理得到净产气量，再使用 SAS9.2 处理软件 NLIN（Nonlinear regression）程序计算 B、c 值等发酵参数，NH_3-N、微生物蛋白浓度采用单因素方差分析（one-way ANOVA）程序进行分析。差异显著则用 DUNCAN 法进行多重比较，以 $P<0.05$ 作为差异显著的评定标准。

3 结果分析

3.1 参试样品的营养物质含量分析

由表 2 可见，参试样品均采自南方地区（广西、海南、贵州、安徽等），其中有机物含量南方经济作物副产品依次是木薯淀粉渣、柚子皮、木薯叶和薏米秸秆（$P<0.05$）；牧草类由高到低依次是皇竹草、高丹草、象草。各类参试样品粗蛋白含量差异较大（$P<0.05$），其中经济作物副产品中木薯叶最大，为 16.78%，其次为薏米秸秆、柚子皮和木薯淀粉渣；牧草类则是象草、皇竹草、高丹草。木薯叶的粗脂肪含量显著高于其他经济作物副产品（$P<0.05$），为 3.87%；牧草类的粗脂肪含量均在 2.00%以下。对于中性洗涤纤维，薏米秸秆最大，达到 80.02%，且显著高于木薯叶和柚子皮（$P<0.05$）；牧草类样品则是差异不显著（$p>0.05$），均在 74.00%以上。而对于酸性洗涤纤维而言，经济作物副产物类是薏米秸秆显著高于木薯叶、柚子皮和木薯淀粉渣（（$P<0.05$）；牧草类则是皇竹草和象草均大于高丹草。

表 2 参试样品营养物质含量成分表

项目	木薯叶	木薯淀粉渣	柚子皮	薏米秸秆	象草	皇竹草	高丹草	SEM	P
产地	广西	海南	广西	贵州	四川	安徽	安徽		
DM（%）	92.00^{ab}	85.32^{b}	90.91^{ab}	92.87^{a}	95.42^{a}	94.71^{a}	94.89^{a}	1.13	0.027
E（MJ/kg）	19.49^{a}	17.34^{b}	16.67^{b}	17.37^{b}	17.14^{b}	17.44^{b}	17.25^{b}	0.28	0.001
OM（%）	92.42^{c}	97.77^{ab}	95.71^{b}	89.59^{d}	98.89^{a}	99.05^{a}	99.02^{a}	0.94	0.000
CP（%）	16.78^{a}	1.68^{f}	8.37^{c}	11.08^{b}	7.31^{cd}	6.14^{d}	4.38^{e}	1.53	0.000
EE（%）	3.87^{a}	0.19^{c}	1.26^{bc}	0.95^{bc}	1.16^{bc}	1.60^{b}	1.75^{b}	0.38	0.000
NDF（%）	53.97^{b}	75.60^{a}	35.16^{c}	80.02^{a}	74.50^{a}	77.22^{a}	59.61^{b}	4.30	0.000
ADF（%）	33.54^{b}	23.81^{b}	24.76^{b}	49.64^{a}	43.54^{a}	45.74^{a}	32.87^{b}	2.76	0.001
Ash（%）	7.58^{b}	2.24^{cd}	4.29^{c}	10.41^{a}	1.11^{d}	0.95^{d}	0.98^{d}	0.94	0.000
Ca（%）	0.13^{a}	0.11^{a}	0.10^{a}	0.09^{a}	0.10^{a}	0.09^{a}	0.09^{a}	0.01	0.519
P（%）	0.36^{a}	0.11^{cd}	0.07^{d}	0.25^{b}	0.13^{c}	0.12^{c}	0.20^{b}	0.03	0.000
NFC（%）	25.39^{c}	22.54^{d}	55.22^{a}	7.97^{e}	17.03^{d}	15.04^{de}	34.26^{b}	3.87	0.000

注：同列字母肩标不同小写字母者差异显著（$P<0.05$），下表同

3.2 参试样品的产气量

由表 3 可知，在 0~96h 内，参试样品的总产气量呈递增的趋势，经济作物副产品中柚子皮的总产气量最多，为 85.22mL，其次依次为木薯淀粉渣、木薯叶、薏米秸秆，产气量分别为 76.64mL、59.22mL、46.78mL；牧草类则依次是象草、皇竹草和高丹草，产气量分别为 56.30mL、53.73mL 和 32.40mL。在 2h 时，柚子皮产气量最高，达到 23.67mL，其次是木薯叶、木薯淀粉渣和薏米秸秆，分别为 9.48mL、5.95mL 和 3.02mL，而牧草类比较集中，在 3~4mL；发酵 24h 时，薏米秸秆的产气量仍远低于木薯叶、木薯淀粉和柚子皮的产气量；牧草类中象草、皇竹草和高丹草的产气量分别为 35.97mL、35.07mL 和 19.23mL。

表 3　不同参试样品在各个时间点的产气量　(mL)

项目	木薯叶	木薯淀粉渣	柚子皮	薏米秸秆	象草	皇竹草	高丹草
0h	0.00	0.00	0.00	0.00	0.00	0.00	0.00
2h	9.48	5.95	23.67	3.02	3.43	3.62	3.73
4h	14.60	11.96	36.08	4.12	6.03	5.30	6.03
6h	20.84	19.95	43.83	5.68	8.97	7.06	7.40
8h	22.71	28.38	51.20	7.17	13.17	9.02	9.20
10h	26.54	35.48	56.15	9.45	16.83	11.47	11.03
12h	29.73	41.66	61.08	11.80	20.40	16.25	12.67
16h	35.13	47.97	67.07	16.66	26.27	22.87	15.50
20h	39.20	53.08	70.45	21.35	31.50	29.20	17.63
24h	41.98	56.53	73.27	25.00	35.97	35.07	19.23
36h	48.69	65.04	78.28	35.90	44.67	44.49	24.07
48h	52.10	69.35	80.93	39.50	49.53	49.34	26.90
60h	54.97	71.35	82.40	42.01	52.90	51.05	27.97
72h	56.69	72.52	83.52	43.73	54.17	52.24	29.63
84h	58.07	74.76	84.72	45.10	55.13	53.27	30.60
96h	59.22	76.64	85.22	46.78	56.30	53.73	32.40

图 1 是参试样品产气过程的动态变化图，与产气量相对应，经济作物副产品中柚子皮的产气速度最快，产气量也最高，其次是木薯淀粉渣和木薯叶，整个产气过程可以分为两个阶段，前期产气速度快，后期减慢，而薏米秸秆和牧草类样品都呈现前期产气速度较慢，中期产气速度较快，后期产气速度减慢，直至趋于直线。

从曲线图中可看出对于柚子皮、木薯淀粉渣和木薯叶 0~60h 为产气量上升最快的时间段，60h 以后产气量增长速度减慢，72~96h 趋于平缓；而对于薏米秸秆和三种暖季型牧草象草、皇竹草和高丹草 0~12h 产气较少，16~48h 为产气量上升最快的时间段，72~96h 趋于平缓。其中象草和皇竹草产气趋势大致相同，总产气量也相近。象草、皇竹草、高丹草和薏米秸秆均有一个产气延滞期，且薏米秸秆和高丹草的延滞期最长，接近 24h。

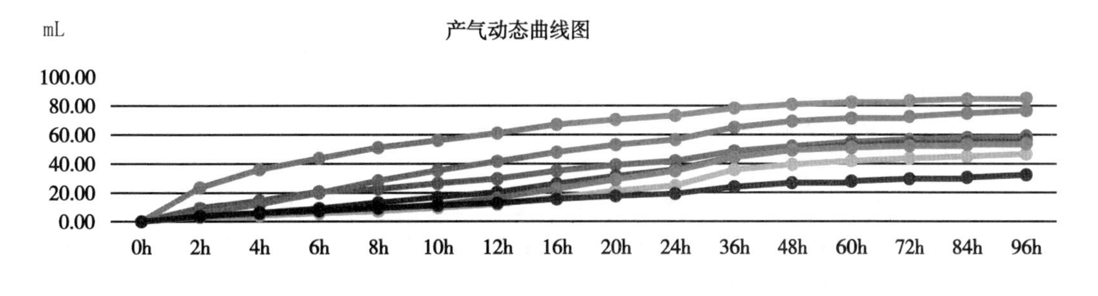

图 1　参试样品产气曲线动态变化

3.3 体外发酵参数

由表 4 可知，通过预测模型得出的理论最大产气量与图 1 中所显示的实际产气量趋势基本相一致。柚子皮和木薯淀粉渣的理论产气量（B）显著高于木薯叶和薏米秸秆（P<0.05）；对于牧草类，象草和皇竹草差异不大，均显著高于高丹草（P<0.05）。柚子皮的产气速率（c）显著快于其他经济作物副产品（P<0.05），这与图 1 中柚子皮的产气曲线上升较快相一致，其次是木薯叶和木薯淀粉，产气速率均显著高于薏米秸秆（P<0.05）；牧草类象草、皇竹草和高丹草的产气速率相差不大。

表 4　参试样品的产气模型参数

项目	木薯叶	木薯淀粉渣	柚子皮	薏米秸秆	象草	皇竹草	高丹草	SEM	P
B（mL）	56.43^{b}	75.06^{a}	81.49^{a}	53.34^{b}	58.77^{b}	58.63^{b}	31.54^{c}	2.26	0.000
c（h^{-1}）	0.07^{b}	0.06^{b}	0.12^{a}	0.03^{c}	0.04^{c}	0.03^{c}	0.04^{c}	0.01	0.000

3.4 24h 发酵液的 pH 值及挥发酸产量

如表 5 所示，不同种类的样品 pH 值和戊酸无显著差异（P>0.05），柚子皮的乙酸、戊酸、异戊酸以及总挥发酸含量最高，显著高于其他参试样品（P<0.05）；而丙酸，柚子皮和木薯淀粉渣显著高于其他参试样品（P<0.05）；木薯淀粉渣的丁酸与异丁酸含量均最高（P<0.05）；乙酸/丙酸最高的是薏米秸秆，为 2.88，其次依次是木薯叶、柚子皮和木薯淀粉渣（P<0.05）；而牧草类则差异不显著。

表 5　不同试验样品培养 24h 时发酵液中 pH 值及挥发性脂肪酸含量

项目	木薯叶	木薯淀粉渣	柚子皮	薏米秸秆	象草	皇竹草	高丹草	SEM	P
pH	6.70	6.65	6.71	6.84	6.79	6.64	6.60	0.02	0.124
乙酸（mmol/L）	27.07^{bcd}	32.01^{b}	42.12^{a}	26.63^{bcd}	21.46^{d}	23.62^{cd}	28.88^{bc}	1.10	0.000
丙酸（mmol/L）	9.88^{bc}	14.46^{a}	15.06^{a}	9.22^{bc}	7.59^{c}	8.79^{c}	12.09^{ab}	0.52	0.000
异丁酸（mmol/L）	0.54^{b}	0.87^{a}	0.68^{b}	0.68^{b}	0.65^{b}	0.56^{b}	0.62^{b}	0.02	0.000
丁酸（mmol/L）	5.09^{ab}	3.81^{bc}	6.26^{a}	5.70^{a}	3.48^{c}	4.39^{bc}	3.76^{c}	0.20	0.000
异戊酸（mmol/L）	1.25^{bc}	0.87^{d}	1.59^{a}	1.04^{cd}	1.42^{ab}	1.04^{cd}	0.80^{d}	0.05	0.000
戊酸（mmol/L）	0.55	0.51	0.67	0.54	0.56	0.59	0.57	0.02	0.449
总挥发酸（mmol/L）	44.38^{bcd}	52.53^{b}	66.37^{a}	43.79^{bcd}	35.15^{d}	38.99^{cd}	46.71^{bc}	1.67	0.000
乙酸/丙酸	2.84^{ab}	2.24^{c}	2.80^{ab}	2.88^{a}	2.83^{ab}	2.76^{ab}	2.39^{bc}	0.06	0.000

3.5 24h 发酵液氨态氮含量及微生物蛋白浓度

由表 6 可以看出牧草类中象草的氨态氮浓度最大（P<0.05），为 29.61mg/dL，其次为皇竹草和高丹草；经济作物副产品则依次是柚子皮、薏米秸秆、木薯叶和木薯淀粉渣。微生物蛋白浓度均为 2.23 mg/mL，经济作物副产品和牧草类差异不显著（P>0.05）。

表 6　24h 发酵液氨态氮含量及微生物蛋白浓度

项目	木薯叶	木薯淀粉渣	柚子皮	薏米秸秆	象草	皇竹草	高丹草	SEM	P
氨态氮（mg/dL）	24.48[bc]	20.70[d]	26.59[b]	26.42[b]	29.61[a]	25.80[b]	21.97[cDWd]	0.53	0.000
微生蛋白（mg/mL）	2.23	2.23	2.23	2.23	2.23	2.23	2.23	0.000	0.756

3.6　各参试样品的 24h 干物质消化率

如表 7 所示，各参试样品在 24h 时的体外干物质消化率差异较大，其中经济作物副产品中柚子皮的干物质消化率最大，为 67.82%，显著高于其他经济作物副产品（$P<0.05$），其次是木薯淀粉渣，为 56.71%，显著高于木薯叶和薏米秸秆（$P<0.05$）；牧草类中皇竹草和高丹草差异不大，均显著高于象草（$P<0.05$）。

表 7　参试样品的 24h 干物质消化率

项目	木薯叶	木薯淀粉渣	柚子皮	薏米秸秆	象草	皇竹草	高丹草	SEM	P
干物质消失率（%）	35.98[c]	56.71[b]	67.82[a]	25.53[d]	20.65[d]	35.40[c]	33.49[c]	3.07	0.000

4　讨论

4.1　参试样品的营养价值成分

粗蛋白和粗脂肪含量是评价粗饲料营养价值的重要指标。本试验中木薯叶的粗蛋白含量为 16.78%，稍低于 Dongmeza E[9] 报道的 20.6%~27.4%，这可能是由于地域及品种不同造成的；木薯淀粉渣的粗蛋白含量为 1.68%，低于李世传等[10] 报道的 4.92%，但与冀凤杰等[11] 测定的四种木薯淀粉渣的粗蛋白含量相似。本试验测定的柚子皮、薏米秸秆和象草的粗蛋白含量分别是 8.37%、11.08%和 7.31%，未见相关报道。皇竹草的粗蛋白含量为 6.14%，高于谭文彪等[12] 报道的秋季皇竹草的粗蛋白含量 4.48%，但低于冬季的粗蛋白含量 12.46%，这也与本试验的采样时间相吻合。本试验测定的高丹草的粗蛋白含量为 4.38%，稍低于王志军等[13] 的报道，这应该是由于产地的不同造成的。本试验中测定的木薯叶的粗脂肪含量为 3.87%，稍低于胡琳等[14] 报道的 4.55%；而木薯渣的粗脂肪含量为 0.19%，也稍低于冀凤杰[10] 等的研究，这可能是产地不同出现的差异；柚子皮、薏米秸秆以及象草的粗脂肪含量分别为 1.26%、0.95% 和 1.16%，未见相关的报道；本试验测定的皇竹草的粗脂肪含量为 6.14%，高于谭文彪等[11] 报道的 1.19%~1.97%，这可能是由于季节不同造成的；本试验测定的高丹草的粗脂肪含量为 4.38%，高于王志军等[12] 的报道。总体来说本试验所选的参试样品的粗蛋白含量在 1.68%~16.78%，相比阳伏淋等[15] 测定的优质牧草苜蓿干草的粗蛋白含量 17.30%，较低，多数集中在余苗[16] 报道的夏、秋季收获羊草的粗蛋白 7.70%~11.60%，但高于小麦秸秆的 2.91%，而粗脂肪水平与孟杰等[17] 测定的玉米秸秆的粗脂肪相似，因此本试验的参试样品均属于中等或者中等偏上水平的粗饲料。

4.2　产气量

体外发酵在一定时间内的产气量代表饲料的营养价值高低程度。总产气量综合反映了饲料的降解程度以及微生物的生长情况，总产气量越大说明饲料的可发酵营养越高，同时微生物也具有较强的活性[18]。本试验中柚子皮的产气过程为快速增加和缓慢增加趋于平缓两个过程，而其他参试样品经历了先缓慢增加，后快速增加，再缓慢增加趋于平缓三个过程，这与王定发等[19] 报道的田间废弃物的产气过程一致。

本试验中柚子皮的产气量最高，其次是木薯淀粉渣、木薯叶和薏米秸秆，牧草类依次是象草、皇竹草和高丹草，基本上符合 Russell 等[20]报道的非纤维性碳水化合物与产气量相关的结论。其中柚子皮的 48h 产气量已经达到孙红梅等[21]报道的苜蓿干草及燕麦青干草的 48h 产气量，其他参试样品在 48h 的产气量已经达到或超过汤少勋等[22]报道的三叶草与皇竹草、象草、牛鞭草、黑麦草等不同比例组合时的产气量，也说明本试验的参试样品在产气量方面已经达到或者超过中等牧草水平，适合作为反刍动物的粗饲料。

4.3 体外发酵参数

本试验中的参试样品的理论产气量与实际产气量基本一致，Nsahlai 等[23]认为理论最大产气量 NDF、ADF 呈负相关，本试验结果也证实了这一结论。本试验所有参试样品的理论产气量均达到或超过姜海林等[24]报道的不同禾本科与秸秆组合的理论产气量，这也表明了柚子皮、木薯叶、木薯淀粉渣、薏米秸秆等经济作物副产品及牧草类象草、皇竹草和高丹草均具有一般牧草的产气特性，都有作为反刍动物粗饲料的潜力。

4.4 24h 挥发性脂肪酸的浓度

瘤胃碳水化合物发酵的主要产物是乙酸、丙酸、丁酸等挥发性脂肪酸，是反刍动物的主要能量来源[25]。挥发性脂肪酸的产量和比例可显著影响反刍动物对饲料中营养物质的吸收和利用[26]。影响瘤胃液挥发性脂肪酸的主要因素是干物质采食量、淀粉的摄入量和瘤胃微生物对有机物的发酵[27]。本试验中，柚子皮的总挥发酸、乙酸、丙酸、丁酸和异戊酸含量最高，说明饲喂柚子皮时，反刍动物的瘤胃微生物对有机物的发酵较完全；参试样品中乙酸/丙酸最高的是薏米秸秆，为 2. 88，其次是木薯叶、柚子皮和木薯淀粉，而牧草类依次是象草、皇竹草和高丹草，邹彩霞等[28]报道了乙酸/丙酸的值与能量利用效率呈线性关系，可以说明参试样品的能量利用效率依次是木薯淀粉、柚子皮、木薯叶和薏米秸秆，牧草类依次是高丹草、皇竹草和象草。本试验中的乙酸和总挥发酸与何香玉等[29]报道的苜蓿挥发酸产量相似，这也表明本试验的参试样品均能提供足够的能量，可以作为反刍动物的饲料。

4.5 氨态氮及微生物蛋白浓度

氨态氮也是评价瘤胃内环境的重要指标，过高或过低都不利于微生物的生长繁殖，本试验中参试样品 24h 氨态氮浓度在 20. 70~29. 61mg/dL，均在 Illius[30]报道的瘤胃液氨态氮的临界范围 6~30mg/dL 内，稍高于张吉鹍等[31]报道的稻草与多水平苜蓿组合下的氨态氮浓度，但低于孟杰等[16]测定的玉米秸秆和大豆秸秆，说明参试样品经过发酵后可以促进瘤胃微生物的生长，且营养价值在优质牧草和秸秆之间。

微生物蛋白是反刍动物的主要氮源供应者，能提供反刍动物蛋白质需要的 40%~80%，其反映的是饲料组合提供微生物可利用蛋白质的能力。体外培养微生物蛋白产量受底物、可降解氮、可发酵有机物的比例等影响[32]。本试验中各参试样品的微生物蛋白浓度无显著差异，均为 2. 23mg/mL，高于朱雯等[33]报道的稻草、羊草等的体外发酵微生物蛋白含量，说明了参试样品具有较好的合成菌体蛋白的能力，适合饲喂反刍动物。

4.6 pH 值

发酵液 pH 是反映瘤胃内部环境及发酵水平的一项综合指标，是维持瘤胃微生物生长繁殖的重要条件[34]。pH 受瘤胃代谢及饲粮类型等多种因素的影响。本试验中 24h 发酵液的 pH 值在 6. 60~6. 84，符合瘤胃微生物生长的适宜 pH 值为 6. 6~7. 0 的范围内[35]，也说明所选南方经济作物副产品及暖季型牧草均符合粗饲料的发酵情况。

4.7 干物质消化率

体外干物质消化率反映了饲料在发酵体系中的降解程度[36]。本试验中柚子皮的干物质消化率最高，为67.82%，其次是木薯淀粉渣、木薯叶和薏米秸秆，牧草类依次是皇竹草、高丹草和象草，基本与产气量呈正相关，这与陈艳琴等[37]对几种山蚂蟥亚族植物的研究结果相似。其中柚子皮和木薯淀粉渣的干物质消化率高于稻草、玉米秸秆以及苜蓿[38]，木薯叶、薏米秸秆、皇竹草、高丹草和象草的干物质消化率达到或超过孙国强等[39]报道的全株玉米青贮与花生蔓以及羊草的组合。充分说明了参试样品均可以开发为反刍动物的粗饲料。

5　结论

南方地区经济作物副产物柚子皮、木薯叶、木薯淀粉渣、薏米秸秆以及3种高产暖季型牧草的蛋白质与脂肪含量适宜，容易发酵，微生物活性高，易消化，能够提供反刍动物所需要的能量，适合作为反刍动物的粗饲料来源。其中柚子皮的营养价值最高，其次是木薯淀粉渣、木薯叶和薏米秸秆，而牧草类依次是象草（印尼引进）、皇竹草和高丹草。

参考文献（略）

原文发表于：畜牧与兽医，2017，49（4）：33-39

体外产气法评定甘蔗副产物作为草食动物饲料的营养价值

李文娟[1]，王世琴[1]，马　涛[1]，朱正廷[2]，刁其玉[1*]

（1. 中国农业科学院饲料研究所，农业部饲料生物技术重点实验室，北京　100081；
2. 金陵科技学院，南京　211169）

摘　要： 本文旨在评价甘蔗副产物包括甘蔗叶、青贮甘蔗叶、甘蔗渣和膨化甘蔗渣、全株甘蔗作为草食动物饲料的营养价值，充分发挥甘蔗副产物的潜能。采用体外产气法对甘蔗副产物进行评定，测定0、2、4、6、8、10、12、16、20、24、30、36、42、48、60、72、84、96h的产气量，24h时发酵液的挥发性脂肪酸产量、氨态氮、微生物蛋白浓度、pH值以及体外干物质消化率。结果表明：在产气方面，甘蔗副产物都经历了缓慢增加、快速增加和缓慢增加并逐渐趋于平缓的三个阶段；全株甘蔗的产气量及产气速率明显高于其他甘蔗副产物；甘蔗叶、青贮甘蔗叶、甘蔗渣、膨化甘蔗渣、全株甘蔗的总挥发酸分别是45.498、52.805、56.270、26.755和56.631mmoL/L；乙酸/丙酸最高的是全株甘蔗；氨态氮的范围在22.965~29.224mg/dL；微生物蛋白浓度在1.1165~1.1184mg/mL的范围内；24h的pH值波动区间在6.72~6.92；全株甘蔗的体外干物质消化率最高，为47.796%，而甘蔗渣的干物质消化率最低，仅为10.271%。试验表明甘蔗副产物的饲料价值是全株甘蔗>甘蔗叶>甘蔗渣；青贮或者膨化技术可以提高其饲料价值；甘蔗副产物均可以作为南方地区饲料开发的对象，也可以添加一定量的优质牧草补饲。

关键词： 甘蔗；体外产气；草食动物；营养价值

在过去的10年，我国天然牧场牲畜放牧量超载率高居不下，过度放牧的现象十分严峻，天然草地退化仍在持续，给畜牧业的发展造成很大的压力[1]。甘蔗是南方地区的主要经济作物，2015年我国的甘蔗总产量是12561.1万吨，南方地区占99.99%[2]。按甘蔗梢叶鲜重为总重的30%，加工每吨甘蔗约有300千克蔗渣，每年所产生的甘蔗副产物的量不容小觑。然而这些副产物大多被废弃，甚至被焚烧，既造成了资源浪费又污染环境。调研并评定甘蔗副产物的饲料价值，使之合理利用起来，扩大饲料原料范围，可以有效地降低南方地区草食动物饲养成本。体外产气法具有简便、快捷、数据重复性好等优点，目前已经被广泛应用于评价饲草饲料的产气特性[3]。（前人研究进展）丁角力等[4]在我国首次使用体外产气技术评价饲料的营养价值，此后该方法被广泛利用，Sallam[5]认为通过对饲料体外产气量的测定，能较精确地反映饲料在体内的消化率。（本研究切入点）每年南方地区的甘蔗副产物产量大，但利用率极小，本试验拟使用体外产气法评定甘蔗副产物的营养价值，开发甘蔗副产物的潜能。（拟解决的关键问题）本试验采用体外产气法评定甘蔗副产物的饲用价值，旨在为甘蔗副产物的饲料化提供依据，降低南方地区草食动物饲养成本，从而缓解畜牧业发展的压力。

基金项目：1. 行业性公益项目“中国南方经济作物副产物饲料化利用：201403049”；2. 公益性行业（农业）科研专项经费“南方地区幼龄草食畜禽饲养技术研究：201303143”

作者简介：李文娟（1990—　），女，liwjuan1226@163.com；硕士研究生，研究方向：反刍动物营养与饲料科学。

* 通讯作者：刁其玉，男，博士生导师，diaoqiyu@caas.cn；研究方向：反刍动物营养与饲料科学。

1 材料与方法

1.1 试验材料

供试甘蔗副产物分别为甘蔗叶（3 种）、青贮甘蔗叶（4 种）、甘蔗渣（1 种）、膨化甘蔗渣（1 种）和全株甘蔗（1 种）。其中甘蔗叶均采自广西钦州，青贮甘蔗叶均采自广州甘蔗糖业研究所，甘蔗渣、膨化甘蔗渣、全株甘蔗均采自广西金光奶牛场。

1.2 供体动物及瘤胃液的采集

在中国农业科学院南口中试基地，选取 4 只健康无病、体重（60±1.73）kg、装有永久性瘘管的杜寒杂交肉羊，预饲期 14d。羊只单栏单饲，自由饮水，每天饲喂两次（7：30 和 16：30）。于晨饲前 1h 通过瘤胃瘘管采集瘤胃内容物，用 4 层纱布过滤于已经预热的 39℃ 保温瓶，迅速带回实验室。试验期晨饲前采集瘤胃液。试验羊的饲喂饲料精粗比为 4∶6，日粮营养成分组成见表 1。

表 1 试验用日粮的组成及营养成分（干物质基础） （%）

原料	日粮配比（%）	营养水平	含量（%）
羊草	68.66	干物质	88.60
玉米	17.00	粗蛋白质	12.25
豆粕	12.00	粗脂肪	2.71
磷酸氢钙	1.35	粗灰分	6.32
石粉	0.25	中性洗涤纤维	41.36
食盐	0.50	酸性洗涤纤维	21.78
预混料	0.24	钙	0.87
合计	100.00	磷	0.30

注：（1）预混料为每千克饲粮提供：Cu 15.0mg；Fe 100.0mg；Mn 60.0mg；Zn 100.0mg；I 0.9mg；Se 0.3mg；Co 0.2mg；VA 16 000IU；VD 4 000IU；VE 100IU。（2）表中营养成分值均为实测值

1.3 体外发酵

体外发酵装置采用 DSHZ-300A 水域恒温振荡器，称取约 200mg 于内管已涂抹凡士林的玻璃注射器（德国原装产气设备 Gasmessgeräte，Kap. Ansaty 25mm，100mL：1）中进行体外产气试验，每个样品 6 个重复 6 支管（其中 3 支管用来测定产气量，另外 3 支管测 24h pH 和微生物蛋白菌体浓度），并设置 6 支空白管。采用 Menke[6] 方法配制人工瘤胃液，并将人工瘤胃液与瘤胃液按体积比 2∶1 混合液作为培养液。边通入 CO_2 边用分液器向培养管中分装 30mL 培养液，排除气泡，放置到 39℃ 恒温振荡培养箱中培养，并计时。当培养至 0、2、4、6、8、10、12、16、20、24、30、36、42、48、60、72、84、96h 各时间点时，取出培养管，快速读取活塞所处的刻度值（mL）并记录。培养 24h 后，快速取出 3 支培养管放入冰水浴中，发酵停止。将培养管中的发酵液排出至对应编号的 10mL 离心管中，立即用 pH 计测定 pH 值并记录。发酵液经低温离心（4℃，8，000g，15min），取上清液冷冻保存以备其他发酵参数（VFA、NH_3-N 等）的测定，沉淀供微生物蛋白的测定，每组剩余的 3 支管培养至 96h 终止培养。

1.4 测定指标及计算方法

1.4.1 常规营养成分

干物质含量测定参照张丽英的《饲料分析及饲料检测技术》[7]；粗蛋白含量采用全自动凯氏定氮仪（KDY-9830）测定；马弗炉灰化法测定有机物，有机物=100-粗灰分含量；粗脂肪采用ANKOM[XT15]全自动脂肪仪器测定，中性洗涤纤维和酸性洗涤纤维（Acid detergent fiber，ADF）采用*Van Soest*[8]纤维分析方法。

1.4.2 体外累积净产气量（mL/200mg DM）

净产气量（mL/200mg DM）=某一时间段产气量（mL/200mg DM）-对应时间段6支空白管平均产气量（mL/200mg DM）

1.4.3 体外产气动力学数据计算

记录甘蔗副产物在不同时间点（0、2、4、6、8、10、12、16、20、24、30、36、42、48、60、72、84、96h）的产气量，采用产气模型 $Y = B(1-e^{-ct})$，式中：Y为t时间点200mg DM样本累积产气量（mL）；B为200mg样本的理论最大产气量（mL）；c为200mg样本的产气速度（h^{-1}）。

1.4.4 发酵液pH值

采用便携式pH计（testo 2. 德国）测定，精确度为0. 1。

1.4.5 发酵液挥发性脂肪酸（VFA）浓度的测定

将取出的24h发酵液，以20 000g转速离心10min，取1mL已经离心的上清液，加入0. 2mL 25%（w/v）偏磷酸溶液，混匀，在冰水浴中30min以上，再次以5 400g转速离心10分钟，取上清液待测，以2-乙基丁酸为内标，采用气相色谱仪（型号N2010）测定。

1.4.6 发酵液氨态氮（NH_3-N）的测定

应用Chaney（1962）方法通过分光光度计测定发酵液NH_3-N浓度。

1.4.7 微生物蛋白浓度的测定

微生物蛋白的测定浓度采用嘌呤法，用酵母RNA做标准曲线，用分光光度计测定吸光值，根据公式：微生物蛋白氮（mg/mL）= RNA测定值（mg/mL）×RNA含氮量/细菌氮中RNA含氮量×稀释倍数

再根据公式：微生物蛋白浓度（mg/mL）=微生物蛋白氮（mg/mL）×6. 25，计算微生物蛋白浓度。

1.4.8 体外瘤胃干物质降解率

采用Ankom Daisy II体外培养箱批量测定，瘤胃干物质降解率（DM,%）=（样本DM-残渣DM重+空白DM）/样本DM×100

1.4.9 数据统计分析

所有数据先采用Excel 2013进行初步整理得到净产气量，再使用SAS9. 2处理软件NLIN（Nonlinear regression）程序计算B、c值等发酵参数，NH_3-N、微生物蛋白浓度采用单因素方差分析（one-way ANOVA）程序进行分析。差异显著则用DUNCAN法进行多重比较，以$P<0.05$作为差异显著的评定标准。

2 结果分析

2.1 甘蔗副产物营养物质含量

参试样品的常规营养成分见表2，可以看出甘蔗副产物的有机物含量均在90%以上；能量相差不大，均在17 MJ/kg以上；粗蛋白含量均在6%以上；中性洗涤纤维最低的是全株甘蔗，为62. 95%，其他几种甘蔗副产物均在70%左右；酸性洗涤纤维甘蔗叶最高，平均为46. 14%，其他副产物从大到小依次是青贮甘蔗叶、甘蔗渣、膨化甘蔗渣和全株甘蔗，测定值分别为37. 99%、32. 37%、31. 49%和30. 71%，非纤维

性碳水化合物相差较大，数值从大到小依次是全株甘蔗、青贮甘蔗叶、膨化甘蔗渣、甘蔗叶和甘蔗渣。

表 2　甘蔗副产物的采样信息及营养成分（干物质基础）

项目	甘蔗叶	青贮甘蔗叶	甘蔗渣	膨化甘蔗渣	全株甘蔗
产地	广西钦州	广西甘蔗糖业有限公司		广西金光奶牛场	
干物质（%）	93.38±1.19	93.02±0.25	92.79	94.41	93.9
有机物（%）	94.20±0.90	91.64±0.55	93.95	93.4	92.45
能量（MJ/kg）	18.45±0.33	17.82±0.30	18.04	17.81	17.22
粗蛋白（%）	6.12±0.28	6.70±0.14	6.62	6.57	6.13
粗脂肪（%）	1.46±0.49	3.03±0.09	1.21	1.37	1.35
中性洗涤纤维（%）	76.48±1.67	68.60±3.44	75.33	74.08	62.95
酸性洗涤纤维（%）	46.14±4.28	37.99±1.49	32.37	31.49	30.71
非纤维性碳水化合物（%）	16.95±1.11	21.68±3.32	16.84	17.98	29.57
钙（%）	0.22±0.02	0.28±0.01	0.21	0.22	0.25
磷（%）	0.1±0.01	0.13±0.01	0.09	0.08	0.09

2.2　甘蔗副产物的产气量

表 3 为甘蔗副产物的产气量，可以看出，0~96h 各时间点的产气量，总体趋势为递增，到 96h 几乎平缓，产气量最少的为甘蔗渣，总产气量为 27.56mL，最大的为全株甘蔗，总产气量为 64.03mL，其他的从大到小依次为青贮甘蔗叶、甘蔗叶、膨化甘蔗渣，产气量分别为 36.93mL、36.85mL 和 34.66mL。

表 3　甘蔗副产物的产气量（200mg/mL）

项目	甘蔗叶（mL）	青贮甘蔗叶（mL）	甘蔗渣（mL）	膨化甘蔗渣（mL）	全株甘蔗（mL）
0h	0.00	0.00	0.00	0.00	0.00
2h	2.39	2.84	0.60	5.72	9.80
4h	3.72	4.41	1.23	7.73	14.75
6h	5.02	5.59	1.47	9.33	18.63
8h	6.89	7.18	2.43	11.05	21.73
10h	8.98	8.76	2.70	11.83	24.50
12h	10.91	10.98	3.97	14.52	27.63
16h	14.25	13.55	6.90	15.93	32.99
20h	16.93	17.35	9.91	18.67	37.19
24h	19.90	20.05	12.96	20.90	39.63
36h	25.00	25.49	19.02	26.06	45.11
48h	29.17	29.88	22.70	29.84	49.63
60h	32.03	32.98	24.88	31.95	54.67
72h	34.33	34.75	25.91	33.27	59.29
84h	35.78	36.13	26.94	34.14	63.16
96h	36.85	36.93	27.56	34.66	64.03

2.3 甘蔗副产物体外产气曲线

由图1可以看出甘蔗副产物各个时间点的产气动态变化，整体呈先缓慢升高，再快速升高，最后趋于平缓的趋势。

从曲线图中可以看出，全株甘蔗处在0~72h的产气上升速度较快，之后趋于缓慢；其他甘蔗副产物在0~12h产气上升缓慢，12~60h产气量上升较快，之后趋于平缓。全株甘蔗的产气量最快，且产气量最大，其他甘蔗副产物产气有较长的延滞期，甘蔗叶、青贮甘蔗叶、膨化甘蔗渣产气量接近，甘蔗渣产气量最少。

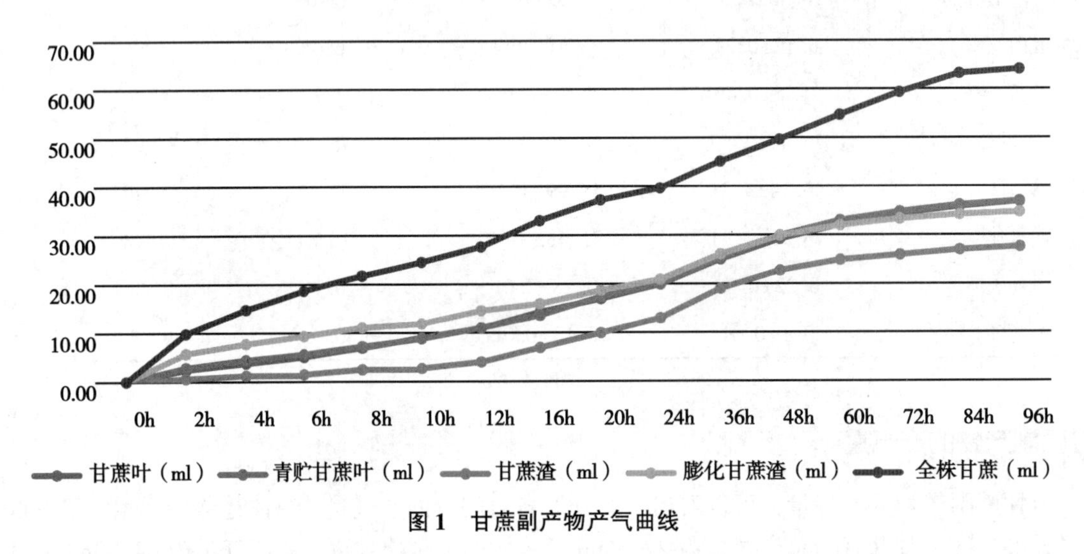

图1 甘蔗副产物产气曲线

2.4 体外发酵参数

表4是甘蔗副产物的发酵参数，与产气曲线相对应，全株甘蔗的理论产气量（B）最大，为61.355mL，显著大于其他样品的理论产气量，甘蔗叶、青贮甘蔗叶、甘蔗渣、膨化甘蔗渣的理论产气量差异不显著；200mg甘蔗副产物的产气速度（c）全株甘蔗最大，依次为膨化甘蔗渣、青贮甘蔗叶、甘蔗叶、甘蔗渣。

表4 甘蔗副产物的体外发酵参数

项目	甘蔗叶	青贮甘蔗叶	甘蔗渣	膨化甘蔗渣	全株甘蔗	SEM	P
B（mL）	40.795^{b}	47.446^{b}	37.509^{b}	34.842^{b}	61.355^{a}	2.5179	0.0013
c（h^{-1}）	0.0259^{c}	0.0299^{bc}	0.0164^{c}	0.0419^{ab}	0.0494^{a}	0.0035	0.0048

注：同列字母肩标不同小写字母者差异显著（$P<0.05$），下表同

2.5 24h发酵液pH值和挥发酸产量

如表5所示，24h甘蔗副产物的发酵液的pH值在6.72~6.92；乙酸产量，甘蔗渣最大，为34.254mmoL/L，其次依次青贮甘蔗叶、全株甘蔗、甘蔗叶和膨化甘蔗渣；丙酸产量最大的是全株甘蔗，达到18.732mmoL/L，膨化甘蔗渣最小，为6.680mmoL/L；总挥发酸产量最大的是全株甘蔗，为56.631mmoL/L，最小的是膨化甘蔗渣，为26.775mmoL/L；乙酸与丙酸的比值最大的是全株甘蔗，为2.634，其次依次为膨化甘蔗渣、青贮甘蔗叶、甘蔗叶、甘蔗渣，比值分别为2.517、2.195、2.161、2.041。

表 5　甘蔗副产物 24h 发酵液 pH 值及挥发酸产量

项目	甘蔗叶	青贮甘蔗叶	甘蔗渣	膨化甘蔗渣	全株甘蔗	SEM	*P*
pH	6.72	6.72	6.92	6.75	6.74	0.0246	0.3433
乙酸（mmoL/L）	26.590	30.741	34.254	16.812	30.611	1.9011	0.2134
丙酸（mmoL/L）	12.464	14.144	14.635	6.680	18.732	1.1396	0.1521
异丁酸（mmoL/L）	0.561	0.690	0.715	0.403	0.786	0.0432	0.1761
丁酸（mmoL/L）	4.489	5.561	5.011	2.126	5.146	0.3794	0.0775
异戊酸（mmoL/L）	0.852	1.158	1.127	0.510	0.789	0.0818	0.0898
戊酸（mmoL/L）	0.542	0.518	0.529	0.225	0.569	0.0353	0.0705
总挥发酸（mmoL/L）	45.498	52.805	56.270	26.755	56.631	3.3019	0.1224
乙酸/丙酸	2.161	2.195	2.041	2.517	2.634	0.0976	0.3797

2.6　24h 发酵液的氨态氮含量及微生物蛋白浓度

从表 6 可以看出，氨态氮浓度最大的是甘蔗渣，为 29.224mg/dL，与膨化甘蔗渣、全株甘蔗相比差异不显著（$P>0.05$），但显著高于甘蔗叶和青贮甘蔗叶（$P<0.05$）；对于微生物蛋白浓度，青贮甘蔗叶最大，为 1.1184mg/mL，与甘蔗叶、膨化甘蔗渣以及全株甘蔗相比差异不显著（$P>0.05$），但均显著高于甘蔗渣（$P<0.05$）。

表 6　甘蔗副产物 24h 发酵液氨态氮及微生物蛋白浓度

项目	甘蔗叶	青贮甘蔗叶	甘蔗渣	膨化甘蔗渣	全株甘蔗	SEM	*P*
氨态氮（mg/dL）	25.883^{bc}	22.695^{c}	29.224^{a}	29.056^{a}	28.293^{ab}	1.7257	0.0254
微生物蛋白（mg/mL）	1.1183^{a}	1.1184^{a}	1.1165^{b}	1.1175^{ab}	1.1174^{ab}	0.007	0.0309

2.7　甘蔗副产物的 24h 体外干物质消化率

如表 7 所示，甘蔗副产物在 24h 时的体外干物质消化率不同，其中全株甘蔗的干物质消化率最大，为 47.796%，其次是青贮甘蔗叶，为 38.480%，两者均显著高于甘蔗叶、甘蔗渣以及膨化甘蔗渣（$P<0.05$）。

表 7　甘蔗副产物的 24h 体外干物质消化率

项目	甘蔗叶	青贮甘蔗叶	甘蔗渣	膨化甘蔗渣	全株甘蔗	SEM	*P*
干物质消化率（%）	22.297^{bc}	38.480^{ab}	10.271^{d}	21.630^{cd}	47.796^{a}	3.8922	0.0016

3　讨论

甘蔗的副产物包括甘蔗叶、甘蔗渣、全株甘蔗，这些副产物产量高，但综合利用率还不足 20%[9,10]。有研究表明，动物饲喂单一粗饲料时，对新鲜甘蔗叶的采食量大于木薯渣、玉米秸和稻草[11]。目前，对于甘蔗副产物的处理方式有青贮、氨化、膨化等方式，也取得了一些成果，余梅等[12]以青贮甘蔗梢饲喂水牛时，得出合理补饲可以提高采食日粮的消化代谢率。本试验采用体外产气法测定甘蔗叶、青贮甘蔗叶、甘蔗渣、膨化甘蔗渣以及全株甘蔗作为反刍动物的饲料价值。

3.1 甘蔗副产物的营养成分

在常规分析中，粗蛋白含量是评价粗饲料营养价值的重要指标。本试验中，甘蔗叶的粗蛋白含量平均为5.12%，这与蚁细苗等[13]测定的甘蔗叶的蛋白含量在3%~6%相似，对于青贮甘蔗叶，本试验测定的平均蛋白含量为6.70%，稍高于唐书辉等[14]测定的结果（5.34%），可能是由于产地和青贮的时间不同导致的。而本试验中测定的甘蔗渣的蛋白含量与膨化甘蔗渣差别不大，均在6.6%左右，高于蚁细苗等的2%~3%的结果，可能是地域不同导致的，但具体原因还待进一步考究。全株甘蔗的蛋白含量为6.13%，整体来说，甘蔗副产物的粗蛋白约在6%以上，相比优质牧草苜蓿平均20.14%[15]较低，但与羊草、豆秸、玉米秸等[16]类似，并且甘蔗副产物糖分含量高、适口性好，可以在一定程度上缓解饲料成本高的问题，又可以减少资源的浪费。

3.2 产气量

体外发酵产气的主要底物是碳水化合物，一定时间内产气量的多少代表底物营养价值的高低程度[17]。张桂杰等[18]研究表明，牧草品质越好，产气量越大。本试验中，甘蔗副产物总的产气过程经历了先缓慢增加，再快速增加，最后趋于平缓三个过程，这与王定发等[19]得出3种田间废弃物的产气趋势相同。全株甘蔗的产气量最高，之后依次是青贮甘蔗叶、甘蔗叶、膨化甘蔗渣、甘蔗渣，青贮甘蔗叶比甘蔗叶的产气量高，这与田瑞安等[20]研究结果青贮提高饲草中非纤维性碳水化合物的含量一致；膨化甘蔗渣的产气量大于甘蔗渣，这是由于膨化可以改变甘蔗渣的结构，提高可消化性[12]。基本上符合Russell等[21]非纤维性碳水化合物与产气量呈正相关的结论，全株甘蔗的产气量与张桂杰等[18]研究的盛花期白三叶牧草的产气量相似，甘蔗叶、青贮甘蔗叶、甘蔗渣以及膨化甘蔗渣与靳玲品[3]得出的玉米、小麦秸秆的产气量接近，这也说明了甘蔗副产物尤其是全株甘蔗适合作为草食动物的饲料。

3.3 体外发酵参数

甘蔗副产物的理论最大产气量与实际产气量一致，Nsahlai等[22]认为理论最大产气量与NDF呈显著负相关，汤少勋等[23]研究表明，牧草中粗蛋白含量与理论最大产气量呈显著负相关。本试验也表明B、与NDF、CP呈负相关。本试验中，全株甘蔗的产气量最大，其CP、NDF均为最小也符合这一规律。在理论最大产气量方面，全株甘蔗的理论最大产气量为61.335mL，高于孟杰等[24]人研究的白酒糟、玉米秆等的理论最大产气量，而甘蔗叶、青贮甘蔗叶、甘蔗渣和膨化甘蔗渣的最大产气量与之相似，也说明甘蔗副产物均有开发为草食动物粗饲料的前景。

3.4 24h挥发酸浓度

挥发性脂肪酸是反刍动物能量的主要来源，也是瘤胃微生物增殖的主要碳架来源[25]。其含量及比例是反映瘤胃消化代谢的重要指标。本试验中，全株甘蔗的总挥发酸含量最大，说明其能为微生物生长提供足够的能量，这也是与微生物蛋白等指标对应的。邹彩霞等[26]的研究证明了乙酸/丙酸的值与能量利用效率呈线性关系，也说明了本试验中利用效率为全株甘蔗、膨化甘蔗渣、青贮甘蔗叶、甘蔗叶和甘蔗渣依次增加。本试验中的乙酸和总挥发酸含量均与何香玉等[27]人测定的3茬4年和1年生苜蓿的含量相似，这也说明了甘蔗副产物能够为草食动物提供充分的能量。

3.5 24h氨态氮含量及微生物蛋白浓度

氨态氮含量是衡量瘤胃氮代谢的重要指标，并能间接反映瘤胃微生物利用氨态氮合成微生物蛋白和微生物分解饲料中蛋白质生成氨态氮的平衡情况[28]。瘤胃液中氨态氮的浓度过高或过低均不利于瘤胃微生物的生长，Preston[29]研究表明瘤胃液中氨态氮的临界范围是6~30mg/dL，本试验的研究结果均在这一范围内。说明甘蔗副产物经过发酵可以促进瘤胃微生物的生长，使其更多地转化为微生物蛋白，从而提高蛋白质的利用效率。

微生物蛋白浓度大小反映了瘤胃微生物利用氨态氮的能力，也从侧面反映了微生物的种群大小[30]，本试验中微生物蛋白的浓度大小依次是青贮甘蔗叶大于甘蔗叶、膨化甘蔗渣、全株甘蔗、甘蔗渣，这也从一定程度上说明了青贮甘蔗叶中微生物种群最大。本试验中，甘蔗副产物的量均大于羊草干草、玉米秸、苜蓿[31]，小于完全青贮玉米的微生物蛋白含量[32]，这也表明了草食动物采食甘蔗副产物后，其瘤胃微生物利用氨态氮的能力介于羊草干草和青贮玉米之间。

3.6　pH 值

瘤胃液 pH 受饲粮类型及瘤胃代谢产物的吸收与排放的多重因素影响，反映瘤胃内环境及发酵水平的重要指标[33]。有研究报道，pH 的正常变化范围在 5.5~7.5，过高或过低都会影响瘤胃微生物的活力，适宜的瘤胃酸度在 6.2~7.0[34]。本试验中甘蔗副产物在 24h 时的 pH 在 6.72~6.92，均在合适的范围内，也说明甘蔗副产物发酵 24h 时 pH 符合粗饲料发酵的规律。

3.7　体外干物质消化率

体外干物质消化率在一定程度上能够反映饲料在动物体内的降解程度，也是评价饲料价值的重要指标[35]。本试验中全株甘蔗的消化率最高，达到 47.796%，甘蔗渣最低，仅为 10.271%，但膨化后能将干物质消化率提高到 21.630%，这也证实了王双飞等[36]报道的膨化技术能使一部分木质素降解的结论。相对于甘蔗叶，青贮后也能提高干物质消化率，这与王春芳[37]对于香蕉叶的青贮结果相似。本试验中全株甘蔗的干物质消化率大于麦壳、羊草、杂交高粱青贮，而青贮甘蔗叶与以上三种粗饲料相似，其他甘蔗副产物的干物质消化率较低，可以看出全株甘蔗和青贮甘蔗叶已经达到或超过中等饲料的消化率，适合大量饲喂草食动物饲料，其他甘蔗副产物消化率较低，可以适量饲喂。

4　结论

甘蔗的梢、渣等作为糖产业的副产品产量高，是一种可以广泛用于草食动物养殖的饲料资源，甘蔗的不同部位其饲养价值不同，饲料价值是全株甘蔗>甘蔗叶>甘蔗渣；青贮或者膨化技术可以提高甘蔗副产物的饲料价值；甘蔗副产物均可以作为南方地区饲料开发的对象，可以添加一定量的优质牧草补饲。

参考文献（略）

原文发表于：饲料研究，2016（18）：16–22

体外产气法评价南方经济作物副产物对肉牛的营养价值

马俊南[1]，司丙文[1]，李成旭[2]，王世琴[1]，刁其玉[1]，屠　焰[1*]

（1. 中国农业科学院饲料研究所，北京　100081；2. 金陵科技学院，南京　211169）

摘　要：（目的）本试验主要利用体外产气法估测包括桑叶、麻叶在内的15种南方经济作物副产物对肉牛饲用的营养价值。（方法）通过体外发酵试验并采用批次培养法，将15种参试样品培养120h，在培养过程中分别记录0、2h、4h、6h、8h、10h、12h、16h、20h、24h、30h、36h、42h、48h、60h、72h、84h、96h、120h各个时间点的产气量，并测定发酵24、48h时发酵液的挥发性脂肪酸（VFA）产量、氨态氮（NH_3-N）的浓度、pH值以及体外干物质消化率。（结果）由各个时间点的产气量情况来看，各种参试样品的产气量均随时间先逐渐升高最后趋于平衡，其中柑橘渣在各个时间点的产气量以及总产气量（66.41mL）均显著高于其他原料（$P<0.01$）；笋壳、玉米壳以及柑橘渣24h及48h时的挥发性脂肪酸含量，明显高于其他原料（$P<0.01$），而乙酸/丙酸最高的是红苕藤（$P<0.05$）。在24h及48h两个时间点发酵液中氨态氮（NH_3-N）浓度最高的均为红苕藤，差异显著（$P<0.05$）；通过对两个时间点pH值的测定，发现培养过程中发酵液的pH值保持相对恒定，在6.7~6.9。柑橘渣的体外干物质消化率在两个时间点分别以56.18%和62.42%保持最高，其次是红苕藤和花生藤。（结论）在本试验条件下，数据统计分析表明，柑橘渣、桑叶、花生藤、红苕藤、笋壳、玉米壳、象草等原料均可以通过加工利用作为新型饲料资源加以开发利用，而麻叶、甘蔗渣、油菜秸秆的利用则需要进一步的研究。

关键词：肉牛；经济作物副产物；体外产气法；营养价值评价

我国南方土地肥沃，日照充足，适合多种经济作物的生长，而南方作为反刍动物饲料的饲草则多数为稻草，种类单一；桑叶、麻叶等大多数种类的南方经济作物副产物具有产量大，营养物质丰富的特点，但目前都未被广泛使用，大部分被焚烧或是闲置浪费，这不仅造成了资源浪费，而且对大气环境造成了很大程度的污染[1]。为加快南方反刍动物养殖行业的快速发展，合理利用饲料资源是关键。开发利用新的饲料资源，饲料的营养含量是否满足动物的生长需要是最需要衡量的因素，因此需对其进行营养价值评定，针对其营养特性饲喂牲畜是合理利用的前提[2-4]。体外产气法由于能够较好地模拟瘤胃中的发酵过程[5-7]，且可通过分析饲料对瘤胃发酵产气量、pH值、氨态氮（NH_3-N）和挥发性脂肪酸（VFA）浓度，及体外干物质降解率（IVDMD）等指标的影响，对判断饲料中的能氮是否符合瘤胃微生物发酵所需，是否可被高效利用具有重要地位。自Menke等[8]成功应用体外产气法预测发酵底物的营养价值以来，该技术因其简便、经济、评价效率高等优点最终成为了一种评价反刍动物粗饲料营养价值的一种简单有效的方法。孟庆翔等[9]的一系列研究证明了体外产气法与体内法有很高相关性（R>0.97），使得该方法越来越多地应用在反刍动物饲料的营养研究领域。Aghsaghali等[10]用体外产气法评价干番茄皮渣的营养价值，试验结果

基金项目：公益性行业（农业）科研专项经费“南方地区幼龄草食畜禽饲养技术研究”（201303143）。

第一作者：马俊南，女，河南周口人，硕士，E-mail：manan014@163.com。

* 通讯作者：屠焰，女，研究员，E-mail：tuyan@caas.cn。

表明，番茄皮渣可以作为一种有价值的副产品应用于反刍动物饲料中。Akinfemi 等[11]用体外产气法评价了 5 种尼日利亚农业副产品饲料的营养价值，结果表明体外产气法能用于评价热带农业副产品的营养价值和区别它们的潜在可消化性和代谢能值，并证明了这些农业副产品具有成为反刍动物日粮的潜力。国内也做了大量相关试验，丁角力（1983）[12]首次将人工瘤胃产气法用于牛饲料营养价值的评定，并与体内消化试验结果相比较，获得了较满意的结果。近年来针对新型饲料资源开发利用的研究越来越多，而具有地域特点的大量而系统的营养参数数据还较为缺乏，特别是南方所拥有的丰富的经济作物副产物，需要对其饲料营养价值进行研究，从而广开饲料资源。本试验通过运用体外产气法针对部分南方经济作物及其副产物进行试验，旨在根据数据的分析对粗饲料营养价值进行评价，筛选出适合反刍动物生长的原料，为南方经济作物及其副产物的有效利用以及新型饲料资源的开发利用提供基本参数。

1 材料与方法

1.1 参试样品

南方经济作物及其副产物（桑叶、麻叶、红苕藤、柑橘渣、花生藤、甘蔗梢等）15 个参试样品的采样信息见表 2，采集后于干燥阴凉处密封保存。

1.2 试验动物及饲养管理

试验采用单因素设计，在中国农业大学肉牛研究中心挑选 3 头健康、体重（600±40）kg、装有永久性瘤胃瘘管的利木赞×复州黄牛杂交阉牛为试验动物，预饲期为 2 周。试验牛的试验用日粮的组成及营养成分见表 1。日粮精粗比为 3：7，每天饲喂 2 次（08：00 和 16：00），自由饮水，单槽饲养。试验期于晨饲前采集瘤胃液。

表 1 试验用日粮的组成及营养成分（干物质基础） （%）

原料名称	日粮配比	营养成分	含量
豆腐渣	15.2	代谢能（ME，MJ/kg）	9.12
玉米秸秆青贮	57.0	粗蛋白（CP,%）	12.67
蒸汽压片玉米	13.0	淀粉（%）	54.24
小苏打	0.5	酸性洗涤纤维（NDF,%）	33.58
羊草	4.0	钙（Ca,%）	0.63
苜蓿颗粒	9.0	磷（P,%）	0.32
石粉	0.4		
食盐	0.5		
氧化镁	0.2		
磷酸氢钙	0.2		

注：蒸汽压片玉米的密度为 360g/L

1.3 体外产气试验方法

1.3.1 样品称量

采用德国制造特种玻璃注射器为培养管，长度 27cm，内径 3cm，在 100mL 范围内具有刻度显示，最小分度 1mL。准确称取待测样品约 200mg（DM），置于体外培养管底部（注意不要让样品进入产气管注入口和沾染30mL以上管壁），样品称取完毕后，管塞上均匀涂抹凡士林，将管塞塞回对应的外管，扣好夹子后将培养管置于65℃恒温箱内保存待用。

1.3.2 人工瘤胃培养液的配制以及瘤胃液的采集

采用menke和steingass[8]的方法配制人工瘤胃营养液原液，具体配方参照赵广永[13]的配制方法执行。

晨饲前抽取3头牛的瘤胃液，抽取后放入保温瓶内，并迅速带回实验室，以防止微生物区系发生改变。正式培养前将瘤胃液混合均匀后经四层纱布过滤，量取所需体积（瘤胃液与人工瘤胃营养液的体积比为1：2）的瘤胃液迅速加入到准备好的人工瘤胃营养液中，制成混合人工瘤胃培养液。混合人工瘤胃培养液边加热边用磁力搅拌器搅拌，同时通入无氧CO_2，将缓冲液pH调整至6.9~7.0，39℃水浴30min。

1.3.3 体外培养

水浴完成后，用自动分液器向每个培养管中分别加入30mL上述混合培养液。排尽培养管内气体后夹住前端硅橡胶管，记录初始刻度值（mL），同时做5个空白（只有培养液而没有底物）。将上述培养管迅速放入已预热（39℃）的水浴箱中，完成后转入人工瘤胃培养箱中开始培养，记录起始时间。

1.3.4 产气量测定

当培养至0、2、4、6、8、10、12、16、20、24、30、36、42、48、60、72、84、96、108、120h各时间点时，取出培养管，快速读取活塞所处的刻度值（mL）并记录。若某一时间点读数超过80mL时，为了防止气体超过刻度而无法读数，应在读数后及时排气并记录排气后的刻度值。

1.3.5 培养终止并取样

参试样品在体外培养条件下培养24h和48h、120h后，将培养管快速取出并放入冰水浴中，发酵停止。将培养管中的发酵液排出至5mL对应编号的塑料离心管中，立即用pH计测定发酵液pH值并记录。发酵液经低温离心（4℃，8，000g，15min），取上清液冷冻保存以备其他发酵参数（VFA、NH_3-N等）的测定。

1.4 测定指标与测定方法

1.4.1 常规营养成分

参试样品首先在65℃条件下烘干48h，粉碎至40目左右。在实验室条件下进行干物质、有机物、粗蛋白、粗脂肪等常规样品成分分析测定。

干物质（Dry matter，DM）含量测定参照张丽英[14]的方法；粗蛋白（Crude protein，CP）含量采用全自动凯氏定氮仪测定；粗灰分含量采用马弗炉灰化法，有机物（Organic matter，OM）= 100-粗灰分含量；粗脂肪（Crude fat，CF）采用ANKOM全自动仪器测定，中性洗涤纤维（Neutral detergent fiber，NDF）和酸性洗涤纤维（Acid detergent fiber，ADF）采用*Van Soest*[15]纤维分析方法。非纤维碳水化合物（Non-fiber carbohydrate，NFC）= 100-（NDF%+CP%+FAT%+ASH%）参照孟庆祥[16]（2001）的方法。

1.4.2 累积净产气量（mL/0.2g DM）

净产气量（mL/0.2g DM）= 某时间段产气量（mL/0.2g DM）-对应时间段3支空白管平均产气量（mL/0.2g DM）

1.4.3 发酵参数

将不同种参试样品在不同时间点（0、2、4、6、8、10、12、16、20、24、30、36、42、48、60、72、84、96、120h）的产气量带入基于Orskov[17]产气模型 $GP = a+b\ (1-e^{-ct})$，根据非线性最小二乘法原理计算产气参数a、b、c值。式中：GP为t时刻的产气量，mL；*a*为快速产气部分，*b*为慢速产气部分，*c*为慢速产气部分的产气速度常数，*a+b*为潜在产气量（Orskov等，1980）。

1.4.4 发酵液pH值

用pH计（Sartorius PB-10，SartoriusCo. 德国）测定，精度为0.1。

1.4.5 发酵液氨态氮（NH_3-N）的测定

氨态氮含量采用苯酚-次氯酸钠比色法测定（Broderick 和 Kang，1980）[18]，每支试管加入 100μL 经适当倍数稀释的样本液或标准液，向每支试管中加入 5mL 的苯酚试剂，摇匀后向每支试管中加入 4mL 的次氯酸钠试剂，并摇匀，将混合液在 95℃ 水浴中加热显色反应 5 分钟，冷却后在 630 nm 波长下 UV-VIS8500 分光光度计比色。

1.4.6 发酵液挥发性脂肪酸（VFA）浓度的测定

分别取发酵 24h 及 48h 后的澄清瘤胃液，以 5 400g 转速离心 10 分钟，取 1mL 离心上清液，加入 0.2mL 25%（w/v）偏磷酸溶液，混匀，在冰箱中过夜，再次以 5 400g 转速离心 10 分钟，取上清液待测，以 2-乙基丁酸为内标，采用气相色谱仪（型号 SP-3420，北京分析仪器厂）和玻璃填充柱进行测定。

1.4.7 体外干物质消化率

干物质消化率（DM,%）=（样本 DM 重-残渣 DM 重+空白管 DM 重）/样本 DM 重×100

1.4.8 数据统计分析

数据均需采用 Excel 2013 进行初步整理，利用初步整理后净产气量，采用 SASS9.2 处理软件 NLIN（Nonlinear regression）程序计算 a、b、c 值等发酵参数，降解参数、pH 以及挥发性脂肪酸含量，氨态氮浓度采用单因素方差分析（one-way ANOVA）程序进行分析，差异显著则用 DUNCAN 法进行多重比较。当 $P<0.05$ 时为差异显著。

2 结果

2.1 参试样品常规营养成分

通过进行实验室样品成分测定，15 种参试样品的常规营养成分见表 2（以 DM 为基础），由表中可知，CP 含量上，桑叶、红苕藤较高，甘蔗渣最低；NDF 含量，甘蔗渣最高，柑橘渣最少；各种原料的有机物含量均在 90%以上。参试样品的 NFC 含量差别较大，含量最高的是柑橘渣，为 54.28%，其次是红苕藤、木薯渣和甘蔗梢，分别为 31.51%、30.63%和 30.31%。象草、玉米壳、麻叶、竹叶的 NFC 含量均较少，尤其竹叶最少，NFC 含量仅为 2.01%。

表 2 参试样品的采样信息及营养成分（干物质基础）

样品名称	科	属	植物种	采样地点	采样时间	干物质（风干物质基础）(%)	粗蛋白(%)	粗脂肪(%)	有机物(%)	中性洗涤纤维(%)	酸性洗涤纤维(%)	非纤维性碳水化合物(%)
竹叶	禾木科	刚竹属	淡竹	浙江萧山	2014.04	87.70	13.20	4.21	91.62	72.20	40.60	2.01
桑叶	桑科	桑属	桑	重庆云阳	2014.06	91.70	24.75	3.90	86.91	47.44	17.45	10.82
麻叶	胡麻科	胡麻属	芝麻	贵州平塘	2013.07	91.05	17.44	3.86	80.52	55.82	28.13	3.4
柑橘渣	芸香科	柑橘属	柑橘	重庆万州	2014.06	90.66	4.98	2.11	83.02	21.65	16.31	54.28
木薯渣	大戟科	木薯属	木薯	广西宣武	2014.06	91.23	5.56	2.57	97.57	58.81	21.32	30.63
甘蔗渣	禾本科	甘蔗属	甘蔗	云南元谋	2014.06	94.32	1.59	0.29	92.24	84.40	50.54	5.96
油菜秸秆	十字花科	芸薹属	油菜	浙江台州	2014.06	90.23	2.39	2.55	94.26	76.00	55.10	13.32
毛豆秸	豆科	大豆属	毛豆	浙江嘉兴	2014.07	91.26	1.94	2.51	95.35	61.51	40.08	29.39
红苕藤	旋花科	番薯属	红苕	重庆云阳	2014.06	96.82	19.36	3.27	84.23	30.09	28.48	31.51
花生藤	豆科	落花生属	花生	重庆云阳	2014.06	96.20	10.29	1.90	88.80	46.30	42.94	30.31

（续表）

样品名称	科	属	植物种	采样地点	采样时间	干物质（风干物质基础）（%）	粗蛋白（%）	粗脂肪（%）	有机物（%）	中性洗涤纤维（%）	酸性洗涤纤维（%）	非纤维性碳水化合物（%）
甘蔗梢	禾本科	甘蔗属	甘蔗	浙江杭州	2014.07	92.65	5.65	2.06	92.80	75.52	43.06	9.57
笋壳	禾木科	刚竹属	淡竹	浙江台州	2014.04	90.93	1.92	0.21	92.19	75.30	33.23	14.76
玉米壳	禾本科	玉蜀黍属	玉米	浙江萧山	2014.04	92.50	5.60	0.62	92.22	82.20	37.80	3.80
油菜籽荚	十字花科	芸薹属	油菜	安徽池州	2014.06	91.63	11.24	3.12	92.72	80.18	59.42	4.3
象草	禾本科	狼尾草属	象草	广西武宣	2014.08	95.14	10.27	3.46	92.26	73.26	43.75	5.27

2.2 产气量

2.2.1 各个时间点的产气量

由表3可知，随着体外培养时间的延长，各组参试样品产气量总体呈逐级递增趋势，并大部分在96h左右时产气量呈现平缓的趋势。其中以柑橘渣在各个时间点产气量最多，在120h时达到了66.14mL。桑叶、花生藤、甘蔗梢、笋壳、玉米壳、象草在120h的产气量也均在45mL以上，这可能跟桑叶的高蛋白以及花生藤、笋壳、玉米壳中的高纤维含量有关。木薯渣、甘蔗渣、毛豆秸、红苕藤、油菜籽荚的产气量也都在30mL以上。麻叶的产气量为16.28mL，在15种参试样品中是最低的。

2.2.2 6种参试样品的产气曲线

如图1分别选取了桑叶、柑橘渣、毛豆秸、花生藤、玉米壳、象草6种具有代表性的参试样品。由图可看出各个参试样品产气过程的动态变化，所有参试样品大致的产气趋势相同，产气前期产气速度较快，曲线斜率明显，后期产气速度减慢，直至变成直线，均在120h左右产气量达到最大值。

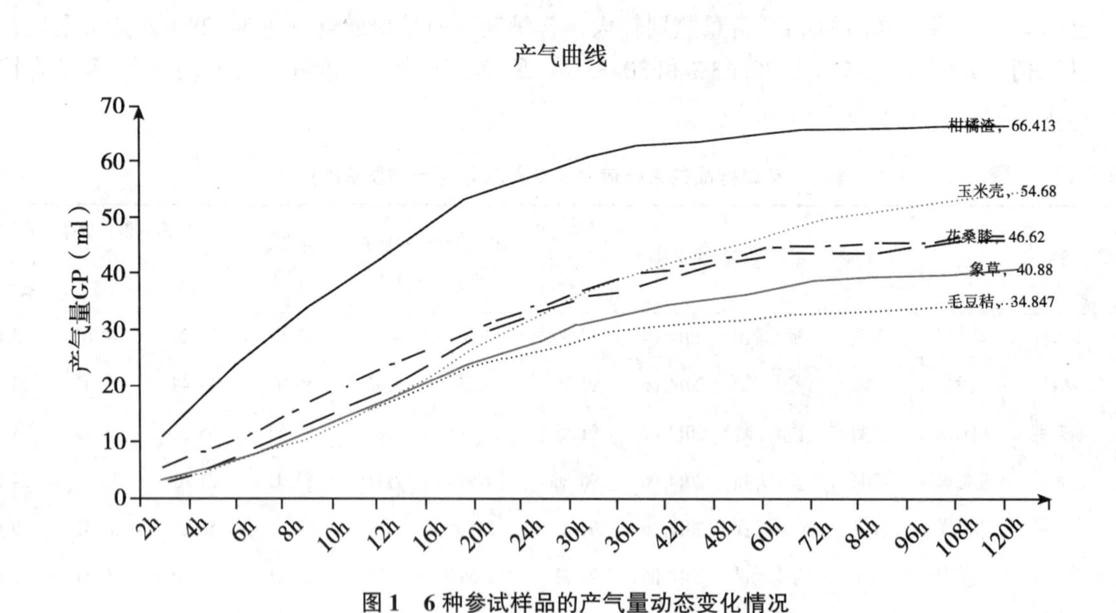

图1　6种参试样品的产气量动态变化情况

从曲线可看出0~24h为产气量上升最快的时间段，24~48h产气量增长速度减慢，72~120h趋于平缓，120h后产气量几乎不再增加。参试样品中柑橘渣在各个时间点的产气量及产气速度均明显高于其余5种。花生藤和桑叶的产气趋势大致相同，总产气量也相近。从图中也能看出毛豆秸的主要产气阶段集中在0~24h，这区别于其他材料的主要发酵时间为0~72h。

表3　不同种参试样品的产气量

时间点	竹叶（mL）	桑叶（mL）	麻叶（mL）	柑橘渣（mL）	木薯渣（mL）	甘蔗渣（mL）	油菜秸秆（mL）	毛豆秸（mL）	红苕藤（绿色）（mL）	花生藤（mL）	甘蔗梢（mL）	笋壳（mL）	玉米壳（mL）	油菜籽荚（mL）	象草（mL）
2h	1.79^{p}	5.39^{q}	0.33^{i}	10.29^{m}	3.59^{o}	0.097^{p}	1.62^{p}	3.45^{k}	1.27^{l}	2.35^{f}	4.05^{m}	2.82^{f}	3.15^{o}	0.59^{o}	2.59^{n}
4h	3.87^{o}	8.67^{p}	0.37^{i}	19.03^{l}	7.23^{n}	0.73^{p}	3.60^{o}	5.50^{k}	2.30^{l}	4.90^{o}	5.83^{m}	4.47^{o}	4.60^{o}	1.87^{no}	4.97^{m}
6h	5.16^{n}	11.93^{o}	0.86^{i}	27.26^{k}	11.23^{m}	1.793^{o}	4.59^{n}	8.93^{j}	5.43^{k}	9.19^{n}	8.96^{l}	7.39^{n}	7.36^{n}	2.83^{n}	7.86^{l}
8h	7.01^{m}	16.58^{n}	1.18^{i}	33.88^{j}	16.11^{l}	2.81^{n}	7.81^{m}	11.65^{j}	9.18^{j}	13.18^{m}	12.25^{k}	10.81^{m}	10.513^{m}	4.78^{m}	11.28^{k}
10h	8.59^{l}	20.56^{m}	1.39^{i}	39.79^{i}	20.22^{k}	4.13^{m}	10.29^{l}	14.86^{i}	13.33^{j}	16.53^{l}	15.59^{j}	14.23^{l}	13.96^{l}	6.73^{l}	14.79^{j}
12h	10.01^{k}	24.44^{l}	1.77^{i}	44.84^{h}	23.84^{j}	6.00^{l}	11.77^{k}	18.11^{h}	16.37^{h}	20.57^{k}	18.41^{i}	17.81^{k}	17.54^{k}	8.57^{k}	18.27^{i}
16h	12.98^{j}	27.85^{k}	3.48^{h}	51.45^{g}	27.68^{i}	9.08^{k}	14.28^{j}	22.35^{g}	18.98^{gh}	26.31^{j}	22.08^{h}	23.55^{j}	23.81^{j}	11.08^{j}	22.35^{h}
20h	15.20^{i}	31.73^{j}	5.27^{g}	55.47^{f}	30.27^{h}	12.20^{j}	15.13^{i}	25.00^{fg}	21.00^{fg}	30.47^{i}	25.53^{g}	28.23^{i}	29.07^{i}	13.47^{i}	26.37^{g}
24h	16.87^{h}	34.43^{i}	6.57^{g}	57.90^{e}	32.13^{g}	15.10^{i}	16.23^{h}	26.90^{ef}	22.23^{f}	33.17^{h}	27.90^{g}	31.70^{h}	32.90^{h}	15.10^{i}	28.77^{f}
30h	19.09^{g}	37.69^{h}	7.96^{f}	60.93^{d}	34.23^{f}	18.76^{h}	17.56^{g}	28.89^{de}	23.89^{ef}	35.76^{g}	31.16^{f}	35.66^{g}	37.36^{g}	17.29^{h}	32.19^{e}
36h	21.05^{f}	40.05^{g}	9.49^{e}	62.85^{c}	35.62^{e}	21.95^{g}	18.76^{f}	30.15^{cd}	25.62^{de}	37.42^{f}	33.39^{ef}	38.49^{f}	40.49^{f}	19.49^{g}	34.15^{d}
42h	22.17^{f}	41.67^{f}	10.43^{de}	63.20^{c}	35.83^{e}	24.23^{f}	19.63^{e}	30.97^{bcd}	26.57^{cde}	41.07^{f}	34.67^{e}	40.70^{e}	42.40^{f}	21.40^{f}	35.33^{cd}
48h	23.33^{e}	43.03^{e}	11.57^{d}	64.27^{bc}	36.77^{de}	26.30^{e}	20.30^{d}	31.80^{abcd}	27.77^{bcd}	42.60^{e}	35.80^{de}	42.27^{d}	44.67^{e}	23.17^{f}	36.63^{bc}
60h	24.97^{d}	45.10^{d}	29.13^{c}	65.43^{ab}	37.63^{cd}	29.33^{d}	21.33^{c}	32.67^{abc}	13.33^{abc}	43.60^{de}	3709^{cd}	44.93^{c}	48.27^{d}	25.93^{e}	37.67^{b}
72h	26.22^{c}	44.92^{d}	14.09^{bc}	65.85^{ab}	38.29^{bc}	31.12^{c}	21.43^{bc}	32.92^{abc}	29.29^{abc}	43.987^{d}	38.92^{bc}	45.19^{c}	49.89^{cd}	28.49^{d}	39.45^{a}
84h	26.66^{bc}	45.66^{cd}	14.32^{bc}	65.93^{ab}	38.39^{abc}	31.43^{c}	21.59^{b}	33.09^{abc}	29.56^{abc}	44.13^{cd}	39.56^{bc}	45.29^{bc}	51.23^{bc}	29.49^{cd}	39.59^{a}
96h	27.07^{bc}	45.76^{bc}	15.33^{ab}	66.37^{a}	39.17^{ab}	33.67^{b}	21.74^{b}	34.07^{a}	30.23^{ab}	44.93^{bc}	40.80^{ab}	47.17^{b}	52.53^{ab}	30.97^{bc}	39.73^{a}
108h	27.80^{ab}	46.70^{b}	16.00^{a}	66.50^{a}	39.47^{ab}	34.37^{ab}	22.76^{a}	34.67^{a}	31.10^{a}	45.71^{ab}	42.60^{a}	48.73^{a}	53.87^{a}	32.63^{ab}	40.13^{a}
120h	27.91^{a}	46.68^{a}	16.28^{a}	66.41^{a}	39.61^{a}	34.78^{a}	22.72^{a}	34.85^{a}	31.51^{a}	46.21^{a}	43.18^{a}	49.71^{a}	54.68^{a}	33.48^{a}	40.88^{a}
SEM	1.169	1.941	0.780	2.313	1.526	1.672	0.900	1.391	1.322	1.856	1.702	2.127	2.378	1.449	1.722
*P*值	<0.0001	<0.0001	<0.0001	<0.0001	<0.0001	<0.0001	<0.0001	<0.0001	<0.0001	<0.0001	<0.0001	<0.0001	<0.0001	<0.0001	<0.0001

注：同列字母肩标不同小写字母者差异显著（$P<0.05$）

2.3　体外发酵参数

由表4可得，从体外发酵动力学参数来看，这几种参试样品的快速产气部分a皆为负值，因为在快速降解开始前都存在一个延滞时间；慢速产气部分b值，柑橘渣最高为66.35mL，明显高于其他参试样品（$P<0.05$），其次是玉米壳、笋壳、花生藤、桑叶，其慢速产气部分均在40mL以上。

大体上可以看出在本试验中，作物渣类、作物藤类以及作物壳类的慢速产气部分相对于其他种类要高。b值最小的是竹叶和麻叶。产气速率常数c值最高的是柑橘渣和木薯渣，分别为0.092和0.075，毛豆秸、桑叶、象草等次之，值也均在0.05以上，产气速率常数最低的是麻叶，油菜籽荚和甘蔗渣，只有0.02左右。最大产气量a+b值最高的是柑橘渣，其次为玉米壳、笋壳和桑叶，都在40mL以上，麻叶的潜在产气部分最少，只有18.79mL，几乎只占最高值柑橘渣的1/3。从一系列发酵参数数值来看，各种参试样品的发酵情况不尽一致，且几乎都差异显著。

表 4　不同种参试样品的体外发酵参数

样品名称	发酵参数			
	快速产气部分 (a, mL)	慢速产气部分 (b, mL)	b 的产气速度常数 (c)	潜在产气量 (a+b, mL)
竹叶	−0.25[ab]	28.25[h]	0.038[gh]	27.99[j]
桑叶	−0.53[ab]	46.46[d]	0.058[cd]	46.21[cd]
麻叶	−1.27[def]	19.51[i]	0.020[i]	18.24[l]
柑橘渣	−0.55[abc]	66.35[a]	0.092[a]	65.79[a]
木薯渣	−1.60[efg]	40.31[e]	0.075[b]	38.71[fg]
甘蔗渣	−2.974[j]	40.53[e]	0.025[i]	37.56[gh]
油菜秸秆	−0.60[abc]	22.63[i]	0.059[cd]	22.01[k]
毛豆秸	−1.13[cde]	35.11[fg]	0.063[c]	33.981[i]
红苕藤	−1.94[cde]	32.26[g]	0.058[cd]	30.32[j]
花生藤	−2.46[ij]	46.00[d]	0.057[d]	43.54[de]
甘蔗梢	−0.06[a]	41.57[e]	0.046[f]	41.51[ef]
笋壳	−2.39[i]	51.18[c]	0.043[fg]	48.79[c]
玉米壳	−2.24[hi]	56.76[b]	0.037[h]	54.52[b]
油菜籽荚	−0.80[bcd]	35.98[f]	0.024[i]	35.18[hi]
象草	−1.80[fgh]	42.20[e]	0.052[e]	40.40[fg]
SEM	0.137	1.817	0.003	1.794
P 值	<0.0001	<0.0001	<0.0001	<0.0001

注：同列字母肩标不同小写字母者差异显著（$P<0.05$）

2.4　24h 及 48h 的发酵液挥发酸产量、氨态氮浓度、pH 值及体外干物质消化率

由表 5 可知，在发酵至 24h 时，不同参试样品的总 VFA 浓度不同，含量最高的是柑橘渣，为 53.57mmol/L，其次为花生藤，桑叶、毛豆秸、红苕藤、甘蔗梢、笋壳、玉米壳、象草也均在 40mmol/L 以上，它们之间差异不显著（$P>0.05$）。柑橘渣发酵液在 24h 时的乙酸浓度依次高于红苕藤、玉米壳、笋壳、象草、毛豆秸（$P>0.05$），竹叶乙酸浓度最低（$P<0.05$）。柑橘渣、花生藤、甘蔗梢、笋壳、玉米壳、象草的丙酸浓度均在 8.50mmol/L 以上，差异不显著（$P>0.05$）。

24h 发酵液中，红苕藤的 NH_3−N 浓度为 25.84mg/100mL，柑橘渣为 7.57mg/100mL，仅是最高值的 1/3（$P<0.05$）。

不同种参试样品在 24h 时的 pH 值在 6.58~6.94，能够保持瘤胃酸碱性的平衡。

24h 时的 IVDMD 以柑橘渣、红苕藤、花生藤最高，分别是 56.18%、47.84%、40.03%，显著高于甘蔗渣以及油菜秸秆的 11.52%、14.89%。桑叶、麻叶、毛豆秸、甘蔗梢、玉米壳、油菜秸秆、象草的 IVDMD 则集中在 30%~40%。

表 6 为不同参试样品体外发酵 48h 的 VFA、NH_3−N 浓度和 pH 值大小，不同种参试样品在发酵至 48h 时，发酵液中 VFA 以及 NH_3−N 浓度相对于 24h 时均有不同幅度的上升，总挥发性脂肪酸浓度最高的依然是柑橘渣，为 58.30mmol/L，而总挥发酸浓度增长最多的是桑叶，增加浓度为 15.81mmol/L，其中乙酸增加量为 9.51mmol/L。油菜秸秆、甘蔗梢、象草的总挥发酸浓度几乎保持不变。乙酸增加浓度最多的是笋

壳，增加浓度为7.89mmol/L，木薯渣、柑橘渣、玉米壳的增长量也均在7.18mmol/L以上，而象草的两个时间点的乙酸浓度则变化不大。氨态氮浓度增加最多的是红苕藤，增加值为9.01mg/100mL，pH值则依然保持在6.6~6.9，维持平衡。柑橘渣在培养至48h时体外干物质消化率达到62.42%，在所有参试样品中依然保持最高值（$P<0.05$）。其次是红苕藤和笋壳，为55.60%和47.41%。甘蔗渣此时的消化率为16.84%，显著低于其他参试样品（$P<0.05$）。

3　讨论

体外产气法（In Vitro Gas Production）是目前发达国家采用最多的用来评价反刍家畜饲草饲料营养价值的技术之一[19]，它能够较好地模拟瘤胃发酵过程。不同时间段内的体外产气量在某种程度上反映了底物被瘤胃微生物发酵利用的情况，可以作为衡量底物营养价值高低的因素，也是用产气法预测干物质降解率最主要的指标[20]。一般情况下，由于体外模拟的瘤胃发酵环境毕竟有别于牛瘤胃的实际生理状况[21]，所以大多数研究体外产气方法时都要结合原料的各种不同营养成分的含量、发酵参数以及模拟环境的变化情况，这样预测结果将更加准确。本试验则主要通过测定产气量、挥发性脂肪酸浓度、氨态氮浓度、pH以及体外干物质消化率的值来综合分析参试样品反刍动物的饲用价值。

3.1　产气量

根据Menke[8]最早提出的人工瘤胃产气量法评价饲草料的营养价值，体外发酵产气量成为反刍动物瘤胃底物发酵一个很重要的指标[22]。Murillo等[23]用体外产气法评价了放牧阉牛日粮营养价值随季节性的变化规律，结果表明体外产气量是评价放牧牛日粮营养价值的一个很好的指标。当体外利用缓冲瘤胃液消化饲料时，碳水化合物会降解成短链的脂肪酸、气体和微生物的细胞成分[24]。气体主要是碳水化合物在降解为乙酸、丙酸、丁酸的过程中产生的，与碳水化合物相比，蛋白质降解时的产气量要低[25]。本试验中各种饲料体外发酵产气量动态变化曲线表明，饲料发酵有一个过程，在初始阶段发酵不完全，产气量较少；当到一定的时期，产气量开始达到最高峰，然后逐渐下降，各种样品在96~120h产气曲线上升缓慢；到120h时，产气曲线几乎都不再上升，变成一条直线。

不同的饲料产气量达到最高峰的时间不同，柑橘渣在本试验中最早达到产气高峰，而且在每个时间点的产气量以及总的产气量都明显高于其他参试样品，这与柑橘渣中含有非纤维性碳水化合物（NFC）含量较高有关；柑橘渣中的NFC主要为可溶性糖和果胶质[26]，较易被发酵。另外木薯渣、花生藤以及笋壳等的发酵情况均明显好于甘蔗梢、油菜秸秆等，这与任莹等[27]的研究相一致。麻叶在本次试验中产气量、产气速率等都明显低于其他参试样品，试验中发现麻叶由于本身质量较轻且发酵初始很难溶于发酵液，这可能是它发酵前段时间的产气不明显，整个发酵过程产气缓慢且产气量较少的原因之一。

3.2　体外产气发酵参数

体外产气参数可以间接反映饲料在瘤胃中的消化情况[28]，有研究表明，快速降解部分即a值与CP含量正相关，b值和a+b值主要与无灰分NDF的含量和消化性成正相关[29]，在本试验中甘蔗渣、玉米壳、笋壳的a值较低而b值则相对较高，可能由于这些参试样品中所含的CP较少，而NDF含量则相对较高有关。柑橘渣的b值最高，与它有较好的消化性以及其内含有的可溶性糖以及果胶质有一定关系，可溶性糖和果胶在瘤胃中发酵较快[30,31]。a+b值即潜在产气量，最大的是柑橘渣、玉米壳，分别为65.79mL和54.52mL，这与以上提到的潜在产气量与NDF含量呈正相关也是相符的。

3.3　挥发性脂肪酸浓度

瘤胃碳水化合物发酵的主要产物是乙酸、丙酸和丁酸等VFA，它们是反刍动物主要的能量来源[32]。因此 VFA 的产量及其比例可显著影响反刍动物对营养物质的吸收、利用和生产能力的发挥[20]。试验表明，产气量较高的试验材料总挥发性脂肪酸的浓度也相对较高，这与张元庆等[1]的研究结果相符合。柑橘渣、玉米壳、笋壳、花生藤在 24h 和 48h 的总挥发性脂肪酸浓度分别为 53.57 和 62.48mmol/L、48.97 和 59.66mmol/L、47.24 和 59.48mmol/L、49.04 和 0.22mmol/L。桑叶在 24h 的总挥发性脂肪酸浓度为 42.49mmol/L，而在 48h 时增长至 58.30mmol/L，是所有样品中增长最多的，可能原因为桑叶中含有相对较多的粗蛋白，所以产气量在 24~48h 迅速增多。乙酸/丙酸值的大小与能量利用效率成线性相关[33]，本试验中红苕藤的该比值最高（$P<0.05$），其他参试样品的乙酸/丙酸值也均在 3.0 以上，能量利用效率很接近。

3.4 氨态氮浓度

氨态氮浓度可反映蛋白质合成与降解所达到的平衡状况，以及饲料氮降解速度和微生物对氨的利用[34]，另外 NH_3-N 是瘤胃内饲料蛋白质、肽、氨基酸、氨化物、尿素和其他非蛋白氮化合物分解的终产物，所以 NH_3-N 浓度是评价瘤胃内环境的重要指标[20]。本试验通过测定各种参试样品外发酵 24h 及 48h 后培养液中氨态氮浓度来研究其在瘤胃内降解与利用情况。很多研究表明瘤胃 NH_3-N 浓度在采食后呈先上升后下降的趋势[35,36]，在本试验结果中，24h 与 48h 氨态氮浓度的变化趋势是不一致的，大部分参试样品的 48h 氨态氮浓度要比 24h 时的高，其中差异最明显的是桑叶，其次是木薯渣、甘蔗渣、玉米壳，上升值均在 10mg/100mL 以上。而油菜秸秆、花生藤、油菜籽荚、象草在 48h 的氨态氮浓度比 24h 的低，其中降低最明显的是油菜秸秆，降低值为 5.28mg/100mL，这与不同种参试样品的特性有关。

表 5 不同种参试样品培养 24h 时发酵液中挥发性脂肪酸及氨态氮浓度、pH 值及体外干物质消化率

样品名称	挥发性脂肪酸浓度									氨态氮（mg/100mL）	pH	体外干物质消化率（%）
	总挥发性脂肪酸（mmol/L）	乙酸（mmol/L）	丙酸（mmol/L）	异丁酸（mmol/L）	丁酸（mmol/L）	异戊酸（mmol/L）	戊酸（mmol/L）	乙酸/丙酸	乙酸/总挥发性脂肪酸			
竹叶	32.41^{bcd}	22.09^{bcdef}	5.57^{cd}	0.38^{ab}	3.26^{cd}	0.78^{ab}	0.34^{b}	4.01^{bc}	0.68^{bc}	12.77^{efg}	6.90^{ab}	23.31^{f}
桑叶	42.49^{abcd}	30.18^{abcdef}	7.23^{bcd}	0.50^{ab}	2.99^{ef}	1.07^{ab}	0.52^{b}	4.19^{b}	0.71^{b}	22.10^{ab}	6.81^{d}	35.06^{cd}
麻叶	39.31^{bcd}	26.87^{bcdef}	6.76^{cd}	0.47^{abc}	3.70^{de}	1.06^{ab}	0.45^{b}	3.97^{bcd}	0.68^{bc}	17.44^{bcde}	6.84^{cd}	32.06^{de}
柑橘渣	53.57^{a}	36.78^{a}	9.24^{a}	0.41^{bc}	5.55^{a}	0.91^{b}	0.69^{a}	3.98^{bcd}	0.69^{bc}	7.57^{g}	6.58^{g}	56.18^{a}
木薯渣	38.66^{bcd}	24.86^{def}	7.66^{abcd}	0.45^{abc}	4.21^{bcd}	0.98^{ab}	0.50^{b}	3.25^{g}	0.64^{d}	15.17^{cdef}	6.74^{e}	28.28^{ef}
甘蔗渣	35.17^{d}	23.22^{f}	7.23^{bcd}	0.34^{c}	3.44^{de}	0.65^{c}	0.29^{c}	3.21^{g}	0.66^{cd}	9.98^{fg}	6.85^{cd}	11.52^{g}
油菜秸秆	38.52^{bcd}	25.64^{cdef}	6.86^{cd}	0.55^{a}	3.77^{de}	1.18^{ab}	0.52^{b}	3.73^{cdef}	0.66^{cd}	21.34^{abc}	6.88^{bc}	14.89^{g}
毛豆秸	46.17^{abcd}	31.82^{abcde}	8.04^{abcd}	0.47^{abc}	4.26^{bcd}	1.06^{ab}	0.52^{b}	3.95^{bcd}	0.69^{bc}	14.89^{def}	6.79^{de}	30.85^{de}
红苕藤	46.51^{abcd}	35.00^{ab}	7.34^{abcd}	0.54^{ab}	2.04^{f}	1.10^{ab}	0.50^{b}	4.76^{a}	0.75^{a}	25.84^{a}	6.83^{cd}	47.84^{b}
花生藤	49.04^{ab}	34.00^{abc}	8.72^{abc}	0.51^{ab}	5.20^{ab}	1.21^{a}	0.58^{ab}	3.90^{bcde}	0.68^{c}	19.35^{bcd}	6.75^{e}	40.03^{c}
甘蔗梢	45.30^{abcd}	30.64^{abcdef}	8.60^{abcd}	0.41^{abc}	4.27^{bcd}	0.93^{ab}	0.45^{b}	3.56^{f}	0.68^{c}	17.52^{bcde}	6.75^{e}	26.75^{f}
笋壳	47.24^{abc}	32.44^{abcde}	8.55^{abcd}	0.43^{abc}	4.35^{bcd}	1.00^{ab}	0.47^{b}	3.79^{cdef}	0.69^{bc}	18.89^{bcde}	6.80d^{e}	35.53^{cd}
玉米壳	48.97^{ab}	33.09^{abcd}	8.98^{ab}	0.45^{abc}	4.92^{abc}	1.03^{ab}	0.50^{b}	3.68^{def}	0.68^{c}	13.24^{defg}	6.66^{f}	31.66^{e}
油菜籽荚	36.51^{cd}	24.11^{ef}	6.67^{d}	0.52^{ab}	3.64^{de}	1.11^{ab}	0.46^{b}	3.61^{ef}	0.66^{cd}	18.38^{bcde}	6.94^{a}	24.72^{f}
象草	46.81^{abcd}	32.19^{abcde}	8.73^{abc}	0.42^{abc}	4.00^{cde}	1.00^{ab}	0.46^{b}	3.68^{ef}	0.69^{bc}	18.23^{bcde}	6.75^{e}	27.11^{f}
SEM	1.077	0.816	0.181	0.012	0.144	0.026	0.015	0.058	0.004	0.797	0.014	1.701
P 值	0.018	0.008	0.026	0.080	<0.0001	0.018	0.001	<0.0001	<0.0001	<0.0001	<0.0001	<0.0001

注：同列字母肩标不同小写字母者差异显著（$P<0.05$）

表 6　不同种参试样品培养 48h 时发酵液中挥发性脂肪酸及氨态氮浓度、pH 值及体外干物质消化率

样品名称	挥发性脂肪酸浓度									氨态氮（mg/100mL）	pH	体外干物质消化率（%）
	总挥发性脂肪酸（mmol/L）	乙酸（mmol/L）	丙酸（mmol/L）	异丁酸（mmol/L）	丁酸（mmol/L）	异戊酸（mmol/L）	戊酸（mmol/L）	乙酸/丙酸	乙酸/总挥发性脂肪酸			
竹叶	39.52^{d}	26.28^{e}	7.01^{f}	0.59^{bcde}	3.87^{fg}	1.22^{ef}	0.56^{fg}	3.74^{bcd}	0.66^{def}	18.61^{cdef}	6.93^{b}	23.53^{h}
桑叶	58.30^{a}	39.69^{a}	10.30^{abc}	0.71^{a}	4.97^{cd}	1.75^{a}	0.89^{b}	3.85^{b}	0.68^{b}	23.72^{b}	6.85^{de}	44.83^{cd}
麻叶	45.35^{bcd}	30.39^{cde}	8.36^{de}	0.53^{ef}	4.09^{efg}	1.35^{bcde}	0.62^{def}	3.63^{cde}	0.67^{bcde}	20.68^{bcde}	6.90^{bc}	33.41^{e}
柑橘渣	62.48^{a}	42.17^{a}	11.22^{a}	0.63^{bc}	6.04^{a}	1.42^{bc}	1.00^{a}	3.76^{bc}	0.67^{bcd}	15.09^{f}	6.71^{g}	62.42^{a}
木薯渣	49.31^{b}	32.19^{cd}	9.61^{bcd}	0.55de^{f}	4.88^{d}	1.40^{bcd}	0.68^{cde}	3.34^{fg}	0.65^{f}	21.73^{bcd}	6.81^{f}	36.85^{e}
甘蔗渣	46.72^{bcd}	30.79^{cde}	9.46^{cd}	0.52^{f}	4.27^{ef}	1.18^{f}	0.50^{g}	3.25^{g}	0.66e^{f}	18.39^{cdef}	6.84^{e}	16.84^{h}
油菜秸秆	40.70^{cd}	27.20^{de}	7.37^{ef}	0.60^{bcde}	3.64^{g}	1.35^{bcde}	0.54f^{g}	3.69^{cde}	0.67^{cde}	16.06^{ef}	6.92^{b}	26.40^{fg}
毛豆秸	50.30^{b}	33.27^{bc}	9.31^{cd}	0.60^{bcd}	4.92^{d}	1.46^{b}	0.73^{c}	3.57^{e}	0.66^{ef}	17.64^{cdef}	6.87^{cde}	35.01^{e}
红苕藤	51.44^{b}	37.76^{ab}	9.07^{cd}	0.61^{bcd}	2.08^{h}	1.36^{bcde}	0.57^{fg}	4.16^{a}	0.73^{a}	34.85^{a}	6.97^{a}	55.60^{b}
花生藤	50.22^{b}	32.37^{cd}	8.98^{cd}	0.55^{def}	5.02^{cd}	1.41^{bc}	0.71^{c}	3.60^{de}	0.66^{ef}	18.45^{cdef}	6.79^{f}	46.50^{c}
甘蔗梢	47.75^{bc}	31.30^{cde}	9.58^{bcd}	0.51^{f}	4.58^{de}	1.18^{f}	0.60^{ef}	3.27^{fg}	0.66^{f}	18.65^{cdef}	6.79^{f}	35.01^{e}
笋壳	59.48^{a}	40.33^{a}	10.81^{ab}	0.65^{b}	5.49^{bc}	1.47^{b}	0.72^{c}	3.73^{bcd}	0.68^{bc}	22.14^{bc}	6.79^{f}	47.41^{c}
玉米壳	59.66^{a}	40.27^{a}	11.01^{a}	0.54^{def}	5.85^{ab}	1.28^{cdef}	0.70^{cd}	3.66^{cde}	0.67^{bcd}	17.64^{cdef}	6.72^{g}	37.73^{e}
油菜籽荚	46.16^{bcd}	30.83^{cde}	9.07^{cd}	0.53^{ef}	3.94^{fg}	1.25^{def}	0.54^{fg}	3.40^{f}	0.67^{cde}	13.72^{f}	6.88^{cd}	31.94^{f}
象草	48.88^{b}	32.69^{cd}	9.58^{bcd}	0.57^{cdef}	4.15^{efg}	1.30^{cdef}	0.60^{ef}	3.41^{f}	0.67^{cde}	16.71^{def}	6.79^{f}	38.53^{e}
SEM	1.114	0.809	0.195	0.009	0.148	0.023	0.021	0.037	0.003	0.799	0.011	1.797
P	<0.0001	<0.0001	<0.0001	<0.0001	<0.0001	<0.0001	<0.0001	<0.0001	<0.0001	<0.0001	<0.0001	<0.0001

注：同列字母肩标不同小写字母者差异显著（$P<0.05$）

3.5　pH 值

体外产气发酵液的 pH 值代表的是参试样品发酵影响下的瘤胃环境总酸度的变化情况，可以反映瘤胃微生物、代谢产物有机酸产生、吸收、排出及中和的状况，瘤胃酸度对维持瘤胃内环境相对恒定具有主导作用，是瘤胃发酵过程的综合指标[37]，它影响着瘤胃微生物的区系和活性，缓冲液的酸碱度是否与瘤胃液的 pH 值保持一致直接影响体外产气效果[27]，其变动范围一般为 5.5~7.5[33]，最适宜范围为 6.6~7.0，可以保证瘤胃微生物的生长[38]。本试验中，经过测定不同种瘤胃发酵液在培养 24h 和 48h 时的 pH 值（范围均保持在 6.0~7.0），这与 Satter[39] 等报道的瘤胃微生物合成的最适 pH 值范围相一致，说明了瘤胃培养液的酸碱环境一直处于能够保持瘤胃微生物具有正常活性的状态。

3.6　体外干物质消化率

体外干物质消化率可以用来了解饲料的消化情况并反映饲料消化的难易程度[40]，本试验中柑橘渣、红苕藤、花生藤、笋壳均表现出较好的易消化性。这与郝正里[41] 的研究饲料粗蛋白质和粗纤维含量与其体外干物质消化率存在的相关关系相符合。24h 与 48h 相比，消化率均有不同程度的上升，其中最明显的是油菜秸秆、笋壳、象草。这几种参试样品的 NFC 含量均较低，可能是其中原因之一。而竹叶、甘蔗渣、甘蔗渣的体外消化率相对较低，结合其 NDF 及 ADF 可知这与文亦芾[18,42] 等的研究结果中的体外干物质消化率与 NDF、ADF 呈极显著负相关相一致。

4 结论

在本试验测定的 15 种样品中，产气过程集中在 0~72h，产气量以及产气速率由于营养成分的不同存在差异，但都能在 120h 左右达到平衡。

综合产气量以及发酵参数可知，柑橘渣、木薯渣、桑叶、红苕藤、花生藤、笋壳、花生壳、象草具有较高的营养价值，可作为优质粗饲料开发利用。竹叶、木薯渣、甘蔗渣、毛豆秸、甘蔗梢、油菜籽荚发酵特性次之，但仍然可以适量添加。而麻叶、油菜秸秆对反刍动物来说营养价值较低，不宜作为饲料大量饲喂。

参考文献（略）

原文发表于：饲料工业，2016，37（9）：34-43

象草与4种经济作物副产物间组合效应的研究

马俊南[1]，司丙文[1]，李成旭[2]，王世琴[1]，刁其玉[1]，屠　焰[1*]

(1. 中国农业科学院饲料研究所，北京　100081；2. 金陵科技学院，南京　211169)

摘　要：(目的) 通过体外产气法研究象草与柑橘渣、桑叶、红苕藤、油菜秸秆4种经济作物副产物之间的组合效应，以探究其在反刍动物饲料中使用的适宜组合及比例，提高经济作物副产物的有效利用率。(方法) 采集肉牛瘤胃液，通过体外发酵试验并采用批次培养法，将象草以100%、75%、50%、25%、0的比例分别与柑橘渣、桑叶、红苕藤、油菜秸秆（干物质基础）进行组合后在体外条件下培养120h，在培养过程中分别记录0h、2h、4h、6h、8h、10h、12h、16h、20h、24h、30h、36h、42h、48h、60h、72h、84h、96h、120h各个时间点的产气量，通过分析以上系列数据以及产气量组合相应、产气速率组合效应、发酵参数来评价组合效应。(结果) 结果表明，由组合效应情况来看，各个组合产气量均随发酵时间的延长先逐渐升高最后趋于平衡，其中象草以25%的比例与红苕藤组合时24h及48h时的正组合效应突出，产气特性也相对较好 ($P<0.01$)；象草以75%的比例与桑叶组合、以25%的比例与油菜秸秆组合也出现了正组合效应。(结论) 在本试验条件下，象草以25%的比例与红苕藤组合最佳；象草以75%比例与桑叶组合、以25%比例与油菜秸秆组合均能改善发酵状况；单一柑橘渣的产气特性较好，与象草间的组合效应不太理想。

关键词：象草；肉牛；经济作物副产物；体外产气；组合效应

象草是广西地区反刍动物最常用的饲草，营养物质丰富。但象草饲喂过于单一。柑橘渣、桑叶、红苕藤、油菜秸秆等南方经济作物及其副产物，具有营养丰富且产量大的特点[1]。但现在我国对于这些副产物的利用率较低，有的甚至被随意堆放、丢弃或焚烧，造成环境污染。因此开发新的饲料应用技术，提高经济作物副产物的利用率，成为了现在促进畜牧业发展的一条有效途径[2,3]。研究者已证实在饲养体系中[4-6]，饲草料间存在着广泛的正或负组合效应，当饲料之间出现正组合效应时不仅能大大节省饲料成本，得到较好的饲养效果，而且饲料本身也得到最大程度的利用。因此研究饲料之间的组合效应是提高饲料利用率的一个重要方法[7]。(前人研究进展) Blaster等[8]指出，用不同饲料组合的日粮饲喂草食家畜，日粮表观消化率必定不等于各个饲料表观消化率的加权。卢德勋等[9]提出饲料间组合效应的实质，即来自不同饲料源的营养性物质、非营养性物质以及抗营养性物质之间互作的整体效应。Leng等[10]用体外发酵法研究秸秆和苜蓿或酒糟混合青贮，结果表明，混合青贮可以提高秸秆的消化率。(本试验切入点) 饲草多样化、科学搭配的主要依据是饲草间存在着的组合效应。柑橘渣、桑叶、红苕藤、油菜秸秆等营养物质含量丰富，但饲料利用化低，缺乏一定的利用可信度、利用方法及依据。(拟解决问题) 通过应用体外产气法比较四个组合不同比例条件下的发酵特性，为反刍动物饲养尤其是南方地区寻求新的粗饲料资源以

基金项目：公益性行业（农业）科研专项经费“南方地区幼龄草食畜禽饲养技术研究”(201303143)。
第一作者：马俊南，女，河南周口人，硕士，E-mail：manan014@163.com
* 通讯作者：屠焰，女，研究员，E-mail：tuyan@caas.cn

及最佳组合及配比。

1 材料与方法

1.1 试验材料

采自南方地区的象草、柑橘渣、桑叶、红苕藤、油菜秸秆，制成风干样品后粉碎过40目筛，备用。

1.2 试验动物及饲粮组成

挑选体重（600±40）kg、装有永久性瘤胃瘘管的健康利木赞×复州黄牛杂交阉牛3头作为试验动物，预饲2周，使瘤胃内环境达到稳定状态。试验期于晨饲前采集瘤胃液。试验牛的日粮精粗比为3∶7，饲粮组成及营养水平见表1。每天饲喂2次（08：00和16：00），自由饮水，单槽饲养。

表1 饲养日粮组成及营养水平（干物质基础）

原料名称	日粮配比（%）	营养成分	含量（%）
豆腐渣	15.2	代谢能（ME，MJ/kg）	9.12
玉米秸秆青贮	57.0	粗蛋白（CP,%）	12.67
蒸汽压片玉米[1]	13.0	淀粉（%）	54.24
小苏打	0.5	酸性洗涤纤维（NDF,%）	33.58
羊草	4.0	钙（Ca,%）	0.63
苜蓿颗粒	9.0	磷（P,%）	0.32
石粉	0.4		
食盐	0.5		
氧化镁	0.2		
磷酸氢钙	0.2		

[1]. 蒸汽压片玉米的密度为360g/L.

1.3 试验方法

1.3.1 产气装置的准备及称样

准确称取待测样品约200mg（干物质基础），置于体外培养管底部。样品称取完毕后，管塞上均匀涂抹凡士林以减少摩擦和防止漏气，将管塞塞回对应的外管，扣好夹子后将培养管置于65℃恒温箱内保存待用。

1.3.2 人工瘤胃培养液的配制

微量元素溶液A：称取13.2g $CaCl_2 \cdot 2H_2O$、10.0g $MnCl_2 \cdot 4H_2O$、1.0g $CoCl_2 \cdot 6H_2O$、8.0g $FeCl_3 \cdot 6H_2O$ 加蒸馏水至100mL。

缓冲液B：称取4.0g NH_4HCO_3、35.0g $NaHCO_3$，加蒸馏水至1 000mL。

常量元素溶液C：称取5.7g Na_2HPO_4、6.2g KH_2PO_4、0.6g $MgSO_4 \cdot 7H_2O$，加蒸馏水至1 000mL。

刃天青溶液：0.1%（w/v）。

还原剂溶液：量取4.0mL 1mol/L NaOH溶液、625.0mg $Na_2S \cdot 9H_2O$，加蒸馏水至100mL。

人工瘤胃营养液：蒸馏水400mL + 微量元素溶液A0.1mL +缓冲液B 200mL +常量元素溶液C200mL + 刃天青溶液1mL + 还原剂溶液40mL。每次使用前新鲜配制，再用CO_2饱和，并预热至39℃，配制成人工瘤胃营养液。

1.3.3　人工瘤胃培养液的配制

晨饲前采用抽取法采集3头牛的瘤胃液，放入保温瓶内，迅速带回实验室，以防止微生物区系发生改变。混合均匀后经四层纱布过滤，以瘤胃液：人工瘤胃营养液体积比为1：2的比例混合均匀，制成人工瘤胃培养液。边加热边用磁力搅拌器搅拌，同时通入无氧CO_2，39℃水浴30min。

1.3.4　产气培养

待水浴完成后，用自动分液器向每个称完样品的培养管中加入30mL上述人工瘤胃培养液。记录初始刻度值（mL），同时做5个空白（只有培养液而没有试验样品）。将培养管迅速放入已预热（39℃）的水浴箱中，开始培养，记录起始时间。

1.4　测定指标与方法

1.4.1　试验样品营养成分

干物质（DM）含量测定参照张丽英[11]的方法；粗蛋白（CP）含量采用全自动凯氏定氮仪测定；粗灰分含量采用马弗炉灰化法，有机物（OM）= 100-粗灰分含量；粗脂肪（CF）采用ANKOM全自动仪器测定，中性洗涤纤维（NDF）和酸性洗涤纤维（ADF）采用*Van Soest*[12]纤维分析方法。非纤维碳水化合物（Non-fiber carbohydrate，NFC）= 100-（NDF%+CP%+FAT%+ASH%）[13]。

1.4.2　累积净产气量

当培养时间至0、2、4、6、8、10、12、16、20、24、30、36、42、48、60、72、84、96、108、120h时，取出培养管，快速读取并记录注射器当时所处的刻度值（mL）。若在某一时间点读数超过80mL，应在读数后及时排气并记录排气后的刻度值，以防止气体超过刻度而无法读数。

净产气量（mL/0.2g DM）= 某时间段产气量（mL/0.2g DM）-对应时间段5支空白管平均产气量（mL/0.2g DM）

1.4.3　发酵参数

根据不同时间点的产气量，代入Orskov产气模型：

$$GP = a + b\ (1 - e^{-ct})$$ [14]

式中：GP为t时刻的产气量，mL；a为快速产气部分，%；b为慢速产气部分，%；c为慢速产气部分的产气速度常数，$a+b$为潜在产气量，mL。

1.4.4　组合效应

组合效应（associative effects，AE）=（实测值-加权估算值）/加权估算值

加权估算值= 一种饲料的实际测定值×所占比例+另一种饲料的实际测定值×所占比例

1.4.5　数据统计分析

采用Excel 2013进行初步整理，采用SAS9.2处理软件NLIN（Nonlinear regression）程序计算a、b、c值等发酵参数。采用单因素方差分析（one-way ANOVA）程序进行分析，差异显著则用DUNCAN法进行多重比较。当$P<0.05$时为差异显著。

2　结果与分析

2.1　样品的主要营养成分含量

通过进行实验室样品常规成分测定，样品的常规营养成分见表2。

表 2　试验样品的营养成分（干物质基础）　(%)

样品名称	干物质（风干物质基础）	粗蛋白	粗脂肪	有机物	中性洗涤纤维	酸性洗涤纤维	非纤维性碳水化合物
象草	95.14	10.27	3.46	92.26	73.26	43.75	5.27
柑橘渣	90.66	4.98	2.11	83.02	21.65	16.31	54.28
桑叶	91.70	24.75	3.90	86.91	47.44	17.45	10.82
红苕藤	96.82	19.36	3.27	84.23	30.09	28.48	31.51
油菜秸秆	90.23	2.39	2.55	94.26	76.00	55.10	13.32

2.2　产气量

由图 1~图 4 可知，各个组合的产气量总体上来看，各个组合不同比例的产气趋势相似，累计产气量在最初的 0~24h 迅速增加，24~48h、48~72h 分两个阶段产气量增加减慢，72h 后产气量积累逐渐达到平衡阶段，产气量几乎不再增加。

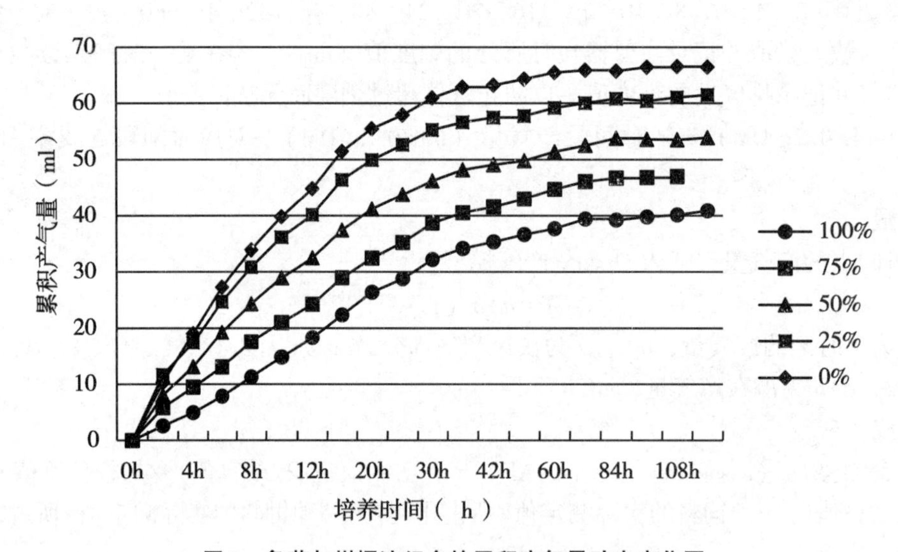

图 1　象草与柑橘渣组合的累积产气量动态变化图

注：图例所示比例为象草在各个组合中所占比例，下同。

图 1 显示在象草与柑橘渣组合的情况下，各个比例产气量差异较大（$P<0.01$）。随着柑橘渣所占比例的增加，产气量不断增加。在 24h 时，象草的产气量为 28.77mL，而柑橘渣的产气量则达到了 57.90mL；在 120h 时，象草的累积产气量为 40.88mL，此时柑橘渣的产气量则为 66.41mL。

图 2 显示的象草与桑叶组合，桑叶的产气量要比象草的产气量高（$P<0.01$），象草比例为 100%和比例为 0 时在 120h 的累积产气量为 40.88mL 和 46.75mL，在相同时间点不同比例的产气量随着象草所占比例的增加而降低，象草比例为 75%、25%时各个时间点的产气量接近，低于象草比例为 50%时的产气量（$P<0.05$）。

图 3 显示的象草与红苕藤的组合，象草与红苕藤组合在象草比例为 100%、75%时的产气量在各个时间点极其相近，75%比例组合的累积产气量最高（$P<0.01$），在 120h 时为 41.28mL。在 0~48h，象草比

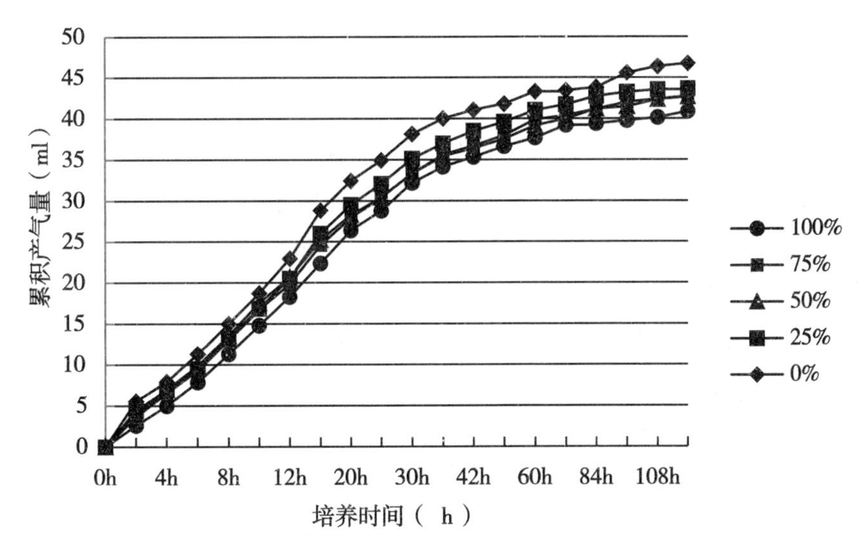

图 2　象草与桑叶组合的累积产气量动态变化图

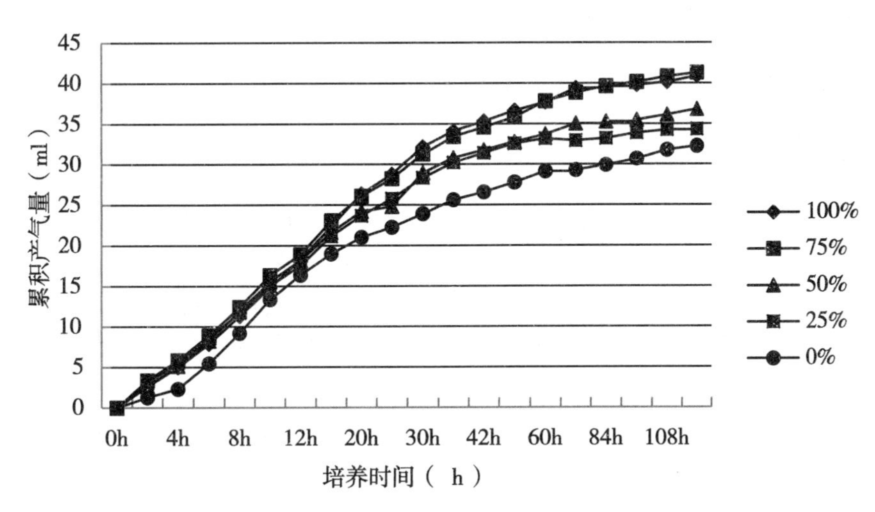

图 3　象草与红苕藤组合的累积产气量动态变化图

例为 25%、50%组合的产气量接近，48h 后 50%比例组合的产气量稍高（$P<0.01$）。

图 4 可知，象草与油菜秸秆组合时，产气量随着象草比例的增加而增加，尤其在 6h 后，差异极显著（$P<0.01$），象草比例为 100%时在 120h 的累积产气量达到最大值 40.88mL，象草比例为 25%、50%的组合产气量相近，在 120h 时的累积产气量分别为 25.31mL 和 28.48mL。

2.3　发酵参数及产气量组合效应值、产气速率组合效应值

表 3~表 6 显示，在由 6、12、24、48、72、96、120h 产气量计算出的组合效应值以及由产气速率计算的组合效应值中，不同饲料组合均出现了正、负组合效应。AE_{GP} 为各个时间点的产气量的组合效应值，AEc 为 c 值即慢速发酵部分的发酵速率的组合效应值，a 为快速发酵部分，b 为慢速发酵部分，c 为慢速发酵部分的发酵速率。

由表 3 可知，与柑橘渣组合下，当象草占 25%时，各个时间点 AE_{GP} 均出现正组合效应，并在 6h 时数值最大；象草比例为 75%时，发酵 12h、24h、48h、120h 的 AE_{GP} 值为负值，其他时间则为正值；象草比例为 50%时，除发酵 48h 及 72h 的 AE_{GP} 值出现负值外其他时间点均为正值，且 12h 时数值最大，为 0.362。发酵 6h 时各组合间 AE_{GP} 值差异显著（$P<0.01$），其中以象草占 25%、50%时显著高于 0、75%、

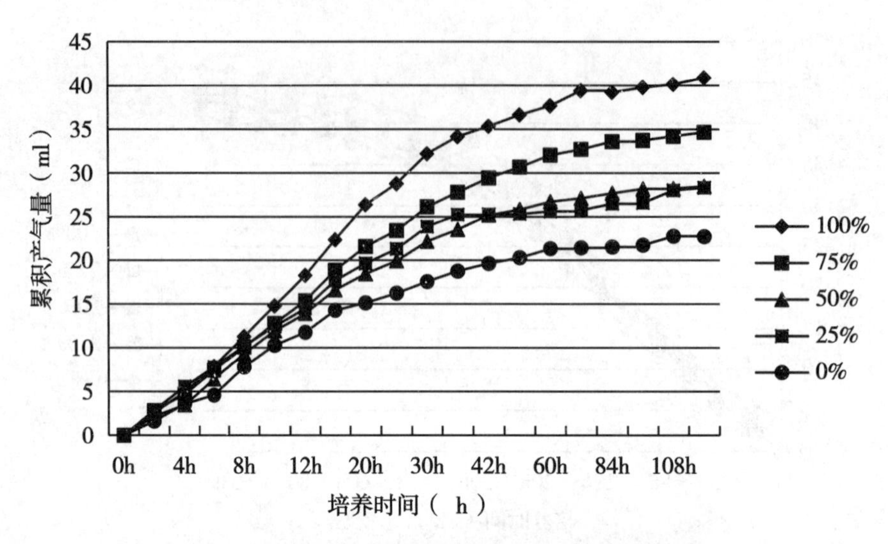

图 4　象草与油菜秸秆组合的累积产气量动态变化图

100%组。AEc 值只有象草占 50%时为正值，其他比例下均为负值，且在象草占 25%时负值达到最大（$P<0.01$），为-0.892。由发酵参数来看，象草比例为 25%时的 a 值即慢速发酵部分值最大（$P<0.01$），为 0.640；柑橘渣单独使用时的 b 值、c 值以及 a+b 值均高于其他组合（$P<0.01$），且这三个值均随着柑橘渣所占比例的降低而逐渐降低。

表 4 表明了在象草与桑叶组合中，象草比例为 75%时，除 72h 外，其余时间点的 AE_{GP} 均为正值，并在 6h 时达到最大，为 0.062。与之相对应的，当象草比例为 25%时，各个时间点的 AE_{GP} 均为负值，且在 6h 时负值达到最大。由表 4 所显示的发酵参数值我们可以看出，象草与桑叶组合各个比例的发酵参数相差不大，尤其是 c 值，维持在 0.052~0.059，极其相近。桑叶单独使用时的 b 值和 a+b 值均高于各个组合的相应值。象草与桑叶各个组合的 AEc 均为负值，且在象草比例为 25%时，负值达到最大，为-0.034。

由表 5 可明显看出象草与红苕藤组合的 7 个时间点的 AE_{GP} 均为正值，象草比例为 25%时为最大，并在发酵时间为 6h 时达到 0.418，极显著高于其他组合（$P<0.01$）。象草比例为 50%的正组合效应值较小，且在 24h 表现为负组合效应。由表 5 中的发酵参数可知，象草比例为 0 时即红苕藤单独作用时的 b 值达到了 2.387，而其他几个组合均为负值。象草比例为 25%时的 c 值为 0.060，显著高于其他组合（$P<0.01$）。象草比例为 100%和 75%时的 a+b 值，分别为 40.40mL 和 40.39mL，非常接近。三个组合的 AEc 均为正值，其中象草比例为 25%时，AEc 为 1.306，极显著高于其他比例组合（$P<0.01$）。

如表 6 所示，象草与油菜秸秆组合时，象草比例为 25%时，在发酵至 72h 之前 AE_{GP} 均为正值，并在 6h 时达到最大值，为 0.441，极显著高于其他组合（$P<0.01$）。在 72h 之后 AE_{GP} 渐变为负值。象草比例为 75%和 25%时，AE_{GP} 在 6h、12h 为正值，其他时间点均为负值。由表 6 中的发酵参数可知，象草单独使用时的 b 值以及 a+b 值均要高于其他比例组合。象草比例为 25%的 c 值最大，为 0.070，极显著高于其他组合（$P<0.01$）。由 AEc 值来看，三种比例的组合均在产气速率方面发生了负组合效应，以象草比例为 50%组合的负组合作用最明显，AEc 值为-0.100。

表 3　象草与柑橘渣组合发酵参数及产气量、产气速率组合效应值

象草比例（%）	产气量组合效应							产气速率组合效应	发酵参数			
	6h	12h	24h	48h	72h	96h	120h		a（mL）	b（mL）	c（mL/s）	a+b（mL）
100	0^{b}	0	0	0	0	0	0	0b	-1.80^{e}	42.20^{e}	0.052^{d}	40.40^{e}
75	0.028^{b}	-0.027	-0.015	-0.015	0.002	0.007	-0.005	-0.043^{c}	0.192^{ab}	46.39^{d}	0.059^{c}	46.58^{d}

（续表）

象草比例（%）	产气量组合效应							产气速率组合效应	发酵参数			
	6h	12h	24h	48h	72h	96h	120h		a（mL）	b（mL）	c（mL/s）	a+b（mL）
50	0.095^{a}	0.362	0.010	-0.013	-0.002	0.010	0.050	0.054^{a}	0.379^{ab}	52.21^{c}	0.075^{b}	52.59^{c}
25	0.102^{a}	0.051	0.040	0.007	0.013	0.011	0.024	-0.892^{d}	0.640^{a}	59.34^{b}	0.088^{a}	59.98^{b}
0	0^{b}	0	0	0	0	0	0	0b	-0.56^{b}	66.35^{a}	0.092^{a}	65.79^{a}
SEM	0.014	0.070	0.009	0.008	0.007	0.008	0.133	0.096	2.358	0.004	2.454	0.096
P	0.003	0.414	0.358	0.915	0.980	0.989	0.476	<0.0001	0.0002	<0.0001	<0.0001	<0.0001

注：同列字母肩标不同小写字母者差异显著（$P<0.05$）

表 4　象草与桑叶组合发酵参数及产气量、产气速率组合效应值

象草比例（%）	产气量组合效应							产气速率组合效应	发酵参数			
	6h	12h	24h	48h	72h	96h	120h		a（mL）	b（mL）	c（mL/s）	a+b（mL）
100	0^{ab}	0^{ab}	0	0^{a}	0	0^{ab}	0^{ab}	0	-1.803^{b}	42.20^{b}	0.052	40.40^{c}
75	0.062^{a}	0.019^{a}	0.004	0.001	-0.003	0.019	0.009^{a}	-0.014	-0.957^{a}	43.02^{b}	0.053	42.07^{bc}
50	0.026^{a}	0.002^{ab}	-0.046	-0.043	-0.039	-0.029	-0.027^{ab}	-0.003	-0.637^{a}	42.17^{b}	0.055	41.53^{bc}
25	-0.090^{b}	-0.058^{b}	-0.040	-0.022	-0.023	-0.021	-0.037^{b}	-0.034	-1.107^{ab}	44.39^{ab}	0.055	43.29^{ab}
0	0^{ab}	0^{ab}	0	0	0	0	0^{ab}	0	-0.873^{a}	46.42^{a}	0.059	45.54^{a}
SEM	0.017	0.011	0.008	0.006	0.006	0.006	0.006	0.012	0.135	0.525	0.001	0.543
P	0.040	0.022	0.063	0.086	0.174	0.090	0.061	0.927	0.038	0.017	0.246	0.005

表 5　象草与红苕藤组合发酵参数及产气量、产气速率组合效应值

象草比例（%）	产气量组合效应							产气速率组合效应	发酵参数			
	6h	12h	24h	48h	72h	96h	120h		a（mL）	b（mL）	c（mL/s）	a+b（mL）
100	0^{c}	0^{b}	0^{ab}	0^{b}	0	0^{b}	0^{b}	0^{d}	-1.803^{c}	42.20^{b}	0.052^{b}	40.40^{b}
75	0.226^{b}	0.060	0.041	0.041^{ab}	0.054	0.068^{a}	0.071^{a}	0.174^{c}	-0.650^{b}	41.04^{bc}	0.051^{b}	40.39^{b}
50	0.238^{b}	0.049	-0.027	0.019^{b}	0.021	0.002^{b}	0.017^{ab}	0.596^{b}	-0.940^{b}	36.77^{cd}	0.055^{ab}	35.83^{bc}
25	0.418^{a}	0.041	0.080	0.087^{a}	0.036	0.019^{a}	0.015^{ab}	1.306^{a}	-1.053^{bc}	35.15^{d}	0.060^{a}	34.10^{c}
0	0^{c}	0^{b}	0	0^{b}	0	0^{b}	0b	0^{d}	2.387^{a}	50.52^{a}	0.018^{c}	52.91^{a}
SEM	0.043	0.007	0.015	0.011	0.009	0.010	0.010	0.133	0.399	1.543	0.004	1.850
P	<0.0001	0.0009	0.194	0.031	0.284	0.121	0.130	<0.0001	0.0002	<0.0001	<0.0001	<0.0001

表 6　象草与油菜秸秆组合发酵参数及产气量、产气速率组合效应值

象草比例（%）	产气量组合效应							产气速率组合效应	发酵参数			
	6h	12h	24h	48h	72h	96h	120h		a（mL）	b（mL）	c（mL/s）	a+b（mL）
100	0^{b}	0^{ab}	0^{b}	0^{b}	0^{b}	0	0	0	-1.803	42.20^{a}	0.052^{b}	40.40^{a}

（续表）

象草比例（%）	产气量组合效应							产气速率组合效应	发酵参数			
	6h	12h	24h	48h	72h	96h	120h		a（mL）	b（mL）	c（mL/s）	a+b（mL）
75	0.054[b]	-0.076[b]	-0.096[c]	-0.058[bc]	-0.063[bc]	-0.047	-0.059	-0.033	-0.697	34.66[b]	0.050[b]	33.96[b]
50	0.032[b]	-0.074[b]	-0.114[c]	-0.093[c]	-0.108[c]	-0.083	-0.104	-0.100	-0.803	28.88[c]	0.055[b]	28.08[c]
25	0.441[a]	0.083[a]	0.100[a]	0.087[a]	0.081[a]	-0.039	-0.071	-0.040	-0.876	27.67[c]	0.070[a]	26.79[c]
0	0[b]	0[ab]	0[b]	0[b]	0[b]	0	0	0	-0.610	22.62[d]	0.059[b]	22.01[d]
SEM	0.053	0.020	0.022	0.018	0.018	0.020	0.020	0.018	0.178	1.823	0.003	1.733
P	0.008	0.029	0.002	0.0005	0.0006	0.728	0.428	0.417	0.204	<0.0001	<0.0001	<0.0001

3 讨论

混合饲料中的单个饲料不是单独存在的，而是相互作用、相互影响的[15]。根据饲料间互作关系的性质不同，饲料间组合效应可分为3种类型：一是当饲料间的整体互作使日粮内某种养分的利用率或采食量指标高于各个饲料原来数值的加权值时，为“正组合效应”，发生这种组合效应能够使饲料的采食量和消化率有所提高[16]；二是日粮的整体指标低于各个饲料原料相应指标的加权值时为“负组合效应”，饲料间若是产生负组合效应，则会降低混合饲料的有效能值，并对营养物质消化吸收造成影响[17]。三是二者相等，则“零组合效应”。不同饲料组合后，其营养成分之间的互作更为复杂，对组合饲料降解率的影响也更为复杂，不同饲料在组合料中所占比例的改变都会引起组合料发酵特性的变化[18]。

3.1 产气量

体外发酵累积产气量是反刍动物瘤胃底物发酵一个很重要的指标[19]，与营养物质的消化率高度相关[20]，可作为一个很好的指标来评价牛日粮的营养价值[21]。饲料的可发酵性越强，即可发酵有机物含量越高，瘤胃微生物的活性越高，产气量就越大[22]。体外累积产气量一般含可溶性碳水化合物多的能量饲料达到最高峰是在24h之内[23]，蛋白质饲料在48h可达到较高的降解率高峰[24]。

本试验发现，产气量较高的是象草与柑橘渣及其组合，而较低的是象草与油菜秸秆组合。从结合样品的营养成分含量可知，柑橘渣的碳水化合物含量较其他几种粗饲料要高，且柑橘渣中的NFC主要为可溶性糖和果胶质[25]，较易被发酵，而油菜秸秆和象草的粗纤维含量较高，这与汤少勋等[26]的研究结果一致。碳水化合物含量较高时，饲料会在瘤胃中快速发酵。在组合的产气量情况来看，柑橘渣与象草组合的产气量均少于单一柑橘渣，这可能与二者CP、粗纤维以及NFC等的含量相差较大有关，而这几项营养物质含量会直接影响产气量，组合后可相互补充。同样效果的还有象草与油菜秸秆组合。象草与油菜秸秆均含有大量的粗纤维，二者的产气量均相对较低，但在不同的时间段各组合产气量的差异有变化，0~12h时差异不大，而随后则差异加大，原因可能是组合后，使得随着时间的改变发酵的难易程度及发酵顺序发生改变。在象草与桑叶组合中，单一桑叶的产气量最高，桑叶相对象草含有较高的蛋白质，在0~16h，各组合的产气量极为相似，16h后象草比例为75%的组合产气量相对另外两个比例的组合要大，可能原因为组合后对各个比例所含的蛋白含量影响偏大，这与以上提到的蛋白质类饲料的产气高峰48h间的产气量差异较大相一致。象草与红苕藤组合中，产气量较多的是象草比例为25%的组合，原因可能是红苕藤的NFC、CP含量较高，促进了组合的消化。

3.2 发酵参数及产气量组合效应值、产气速率组合效应值

由表3~6可知，根据所抽取出的七个时间点的产气量的组合效应值来看，体外培养120h内各时间点

的组合效应并不全为正值，且大部分时间点的组合效应均未达到显著水平。象草与红苕藤组合均发生正组合效应，正组合效应值最高的是象草比例为25%的组合。同时发生正组合效应的还有象草比例为25%时的象草与柑橘渣、象草与油菜秸秆组合；象草比例为75%时的象草与桑叶组合。其中象草与桑叶以及象草与油菜秸秆发生正组合效应的培养时间均为0~72h，且所有组合效应值均随着时间的延长而减小。原因可能是随着发酵时间的延长，营养物质不断发酵完成，可能造成能氮比例失衡等，从而导致组合效应降低。为瘤胃微生物的活动提供了充足的营养物质，促进了该比例组合的消化，从而产生了正组合效应。但随着发酵的进行，组合中易于发酵的部分逐渐减少，剩下部分不易发酵的纤维素、半纤维素等，导致组合能氮不平衡，可发酵程度降低，故组合效应逐渐减小，直至产生负值。这与于腾飞等[27]的研究结果相一致。从AEc的结果来看，能提高产气速率的组合为象草与红苕藤组合。

有研究表明，快速降解部分即a值与CP含量正相关，b值和a+b值主要与无灰分NDF的含量和消化性成正相关[28]，有对豆科田菁属牧草的研究证明，产气速率与NDF、木质素和半纤维素的含量呈显著负相关，与CP含量呈显著正相关关系[29]，这与本试验中桑叶及红苕藤的发酵状况相一致。而柑橘渣的产气速率及产气量则主要与其含有较高的NFC有关。

以上试验结果显示，组合效应产生的机制及相关效果的评估目标可以深入到营养素之间，用以深入准确地研究组合效应，分析营养素互作机制，找到产生组合效应的原因，便于更进一步分析饲料原料间相互作用的机理[30]。

4　结论

柑橘渣在产气特性上效果较好，但与象草组合的效果不佳，可作为单一饲料适量添加饲喂或寻求其他组合方法应用。

从AE_{GP}和AE_{C}的结果来看，组合效果最好的是象草以25%比例与红苕藤的组合。另外，象草以75%的比例与桑叶组合、以25%的比例与油菜秸秆组合均能产生一定程度的正组合效应，改善其利用率及其在瘤胃内的发酵状况。

参考文献（略）

原文发表于：中国草食动物科学，2016，36（5），18-23

六种经济作物副产物的营养价值评定

黎力之，潘　珂，欧阳克蕙*，瞿明仁，熊小文，黎观红，许兰娇

（江西农业大学江西省动物营养重点实验室/营养饲料开发工程研究中心，南昌　330045）

摘　要：采集长江中下游地区6种经济作物副产物（大豆秸、甘蔗梢、油菜秸、苎麻、花生藤、莲叶）共40个样本，采用概略养分分析和饲料相对值（RFV）对几种经济作物副产物的营养价值进行了评定。结果表明，大豆秸中粗蛋白（CP）、粗脂肪（EE）、中性洗涤纤维（NDF）、酸性洗涤纤维（ADF）、粗灰分（Ash）的含量分别为8.87%、2.33%、49.02%、35.98%、5.52%；甘蔗梢中为7.01%、2.07%、49.75%、24.91%、6.75%；油菜秸中为5.73%、3.34%、57.8%、48.93%、5.51%；苎麻中为13.31%、4.18%、34.31%、21.68%、12.20%；花生藤中为10.08%、2.06%、33.83%、26.49%、8.68%；莲叶中为18.45%、6.84%、22.63%、15.95%、9.19%。根据粗饲料品质评定指数RFV，六种副产物的营养价值由高到低顺序为：莲叶（318.29）>苎麻（205.89）>花生藤（193.19）>甘蔗梢（132.10）>大豆秸（124.22）>油菜秸（87.99）。从以上结果来看，这几种副产物都可作为反刍动物的优质粗饲料。

关键词：经济作物副产物；营养价值；评定；饲料相对值

中国南方消费了全国63%的牛肉，但母牛存栏量仅占全国的34%，牛肉产量仅占全国的12%，究其原因是南方优质粗饲料资源的缺乏，未得到充分利用的草料资源占全国的65%[1]！南方地区气候温和，是我国重要的粮、油、经济作物产区。每年产出的大量农林副产物多被随意废弃或焚烧，造成火灾、环境污染等问题频发。肉牛等反刍动物对粗饲料消化率高达50%~90%，对农副产品的利用度也可达75%[2]。用这些副产物作粗饲料，不仅可以避免资源浪费，又能减轻环境压力。准确评定粗饲料的营养价值，对促进经济作物副产物的饲料化利用，维持反刍动物的良好生理状态和生产性能有重要意义。传统的概略养分分析法是饲料评价的基础，用于比较不同来源粗饲料的营养价值清楚明了。而粗饲料相对值（RFV）作为粗饲料质量评定指数目前在美国广泛使用，并被世界上越来越多的国家所接受。本试验采用概略养分分析法和RFV法对几种经济作物副产物的营养价值进行评定，为合理利用这些副产物资源提供基础数据。

1　材料和方法

1.1　样品的采集与制备

大豆秸、甘蔗梢、油菜秸、苎麻、花生藤、莲叶，样品采集于江西、湖北、湖南三省。大豆秸取完熟后地面上全株，不含豆荚；甘蔗梢取完熟甘蔗顶部2~3个嫩节及附着的青绿色叶片；油菜秸在完熟后距地面15~20cm处刈割，去籽，含少量荚壳；苎麻为开花期距地面15~20cm处刈割；花生藤取完熟后地面

基金项目：公益性行业（农业）科研专项（201303143-04）；国家现代农业产业技术体系（nycytx-38）

作者简介：黎力之（1990—　），女，江西抚州人，硕士研究生，研究方向为饲料资源开发与利用，E-mail：jxlilizhi@ qq. com

* 通讯作者：欧阳克蕙，副教授，硕士生导师，E-mail：ouyangkehui@ sina. com

以上全株；莲叶为完熟期采摘莲子时所取叶片，去除茎杆。样品采后尽快带回实验室制样备测。

1.2　测定指标及方法

测定样品中干物质（DM）、总能（GE）、粗蛋白（CP）、粗脂肪（EE）、中性洗涤纤维（NDF）、酸性洗涤纤维（ADF）、粗灰分（Ash）、钙（Ca）、磷（P）的含量，其中 NDF 和 ADF 的测定按照 Van Soest 的方法[3]进行，其余指标参考张丽英[4]的方法测定。每个样品测 3 个平行样，相对偏差须在允许范围内。

1.3　饲料相对值（RFV）计算

$$RFV = DMI \times DDM / 1.29$$

$$DMI\ (\%BW) = 120 / NDF\ (\%DM)$$

$$DDM\ (\%DM) = 88.9 - 0.779 \times ADF\ (\%DM)$$

式中：DMI 为干物质采食量占体重（BW）的百分数（%BW），DDM 为可消化干物质占干物质的百分含量（%DM）。

1.4　统计分析

数据用 Excel 软件进行整理，以其算术平均值为结果，并计算变异系数 $C \cdot V$。

2　结果与分析

2.1　六种经济作物副产物概略养分含量

六种经济作物副产物概略养分含量及其变异系数见表 1。从表 1 看出，这 6 种副产物 GE 在 15 377.61~17 506.42J/g，差异不大；CP 含量由高到低为莲叶（18.45%）>苎麻（13.31%）>花生藤（10.08%）>大豆秸（8.87%）>甘蔗梢（7.01%）>油菜秸（5.73%）；EE 含量由高到低为莲叶（6.84%）>苎麻（4.18%）>油菜秸（3.34%）>大豆秸（2.33%）>甘蔗梢（2.07%）>花生藤（2.06%）；NDF 含量由高到低为油菜秸（57.8%）>甘蔗梢（49.75%）>大豆秸（49.02%）>苎麻（34.31%）>花生藤（33.83%）>莲叶（22.63%）；ADF 含量由高到低为油菜秸（48.93%）>大豆秸（35.98%）>花生藤（26.49%）>甘蔗梢（24.91%）>苎麻（21.68%）>莲叶（15.95%）；Ash 含量在 5.51%~12.2%，与一般粗饲料相近；几种副产物 Ca 含量大致在 0.67%~1.4%，但甘蔗梢 Ca 含量极低，只有 0.21%，苎麻 Ca 含量较高，为 2.43%。

表 1　不同副产物概略养分含量及其变异系数（DM%）

样品名	样本数（n）		DM（%）	GE（J/g）	CP（%）	EE（%）	NDF（%）	ADF（%）	Ash（%）	Ca（%）	P（%）
大豆秸①	6	'X	92.89	16 858.95	8.87	2.33	49.02	35.98	5.52	0.67	0.36
		$C \cdot V$	1.59	2.43	47.06	73.82	24.15	35.99	35.33	38.81	33.33
甘蔗梢②	6	'X	92.01	15 949.49	7.01	2.07	49.75	24.91	6.75	0.21	0.13
		$C \cdot V$	2.26	4.31	17.25	48.34	12.7	10.96	25.05	48.64	22.35
油菜秸③	7	'X	87.45	16 610.75	5.73	3.34	57.8	48.93	5.51	0.84	0.09
		$C \cdot V$	1.42	2.09	25.48	54.49	14.95	23.22	32.85	25	88.89

（续表）

样品名	样本数（n）		DM（%）	GE（J/g）	CP（%）	EE（%）	NDF（%）	ADF（%）	Ash（%）	Ca（%）	P（%）
苎麻④	5	$\bar{X}$	90.42	15 377.61	13.31	4.18	34.31	21.68	12.2	2.43	0.34
		$C \cdot V$	0.65	3.56	14.42	21.54	24.63	26.8	19.93	27.53	29.68
花生藤⑤	11	$\bar{X}$	92.19	16 034.23	10.08	2.06	33.83	26.49	8.68	1.4	0.16
		$C \cdot V$	1.92	4.04	21.54	51.03	15.61	17.06	23.72	25.63	32.19
莲叶⑥	5	$\bar{X}$	91.63	17 506.42	18.45	6.84	22.63	15.95	9.19	0.99	0.18
		$C \cdot V$	0.64	3.49	6.78	8.78	11.8	10.09	18.39	31.46	16.92

① 采集于江西（玉山、南康、新余）、湖北（孝感、天门）、湖南（长沙）、② 采集于江西（南昌、高安、吉安）、湖北（随州、汉川、天门）、③ 采集于江西（南昌、高安、万年）、湖北（随州、荆州）、④ 采集于江西（宜春）、湖北（孝感、天门）、湖南（长沙）、⑤采集于江西（万载、玉山、南康、新余、吉安、高安）、湖南（郴州、长沙）、湖北（孝感、天门、随州）⑥ 采集于江西（广昌）、湖南（长沙）、湖北（孝感、天门）下同

2.2 六种经济作物副产物 RFV 值

表 2 六种经济作物副产物 RFV 值及其变异系数

样品名	大豆秸	甘蔗梢	油菜秸	苎麻	花生藤	莲叶
RFV	124.22	132.10	87.99	205.89	193.19	318.29
$C \cdot V$	34.88	15.76	28.20	26.35	21.14	13.15

几种经济作物副产物 RFV 值及其变异系数见表 2。表 2 所示，大豆秸、甘蔗梢、油菜秸、苎麻、花生藤和莲叶的 RFV 均值分别为 124.22、132.10、87.99、205.89、193.19 和 318.29，最高为莲叶，油菜秸最低。

3 讨论

3.1 不同种类的秸秆营养价值不同

与稻草（DM 96.29%、CP 4.44%、EE 1.38%、NDF 61.61%、ADF 43.28%、Ash 11.84%、Ca 0.67%、P 0.09%）[5]，玉米秸（DM 93.50%、CP 6.47%、EE 1.67%、NDF 71.26%、ADF 39.62%、Ash7.37%）[6]，小麦秸（DM43.71%、CP 5.18%、EE 4.18%、NDF 70.04%、ADF 42.56%、Ash12.36%）[7]相比较，本试验测的这 6 种副产物 CP 含量除油菜秸低于玉米秸外，其他 5 种副产物均高于稻草、玉米秸和小麦秸；EE 含量除莲叶高于小麦秸、苎麻与小麦秸持平外，其他 4 种副产物均低于小麦秸，但 6 种副产物 EE 含量均高于稻草和玉米秸；6 种副产物 NDF 含量普遍低于稻草、玉米秸和小麦秸，除油菜秸的 ADF 含量高于这三种农副产物外，其他 5 种副产物 ADF 含量均低于这三种农副产物。单从养分含量上看，这几种副产物都可以作为优质的粗饲料加以利用。

3.2 除品种差异，秸秆中养分含量还受到生长期、施肥水平、不同部位的影响

本试验测得的成熟期 6 个大豆秸样本的 CP、EE 含量均值分别为 8.87%、2.33%，CP 含量（8.87%）低于乔玉梅[8]测定的大豆秸结荚盛期（19.51%）和鼓粒盛期（17.20%）的结果，与其成熟期含量

(9.9%) 相近，而 EE 含量与其测定的三个时期均差异较大。本试验测定的苎麻开花期 CP、NDF、ADF、EE、Ca 含量分别为 13.31%、34.31%、21.68%、4.18%、2.43%，与曾日秋[7]测定的平和苎麻开花期的养分含量（19.65%、41.8%、24.2%、1.3%、4.19%）差异较大。这可能主要是受到茎叶比、刈割高度的影响[10]。样品处理方式也与测定结果有关。本试验测得的大豆秸 NDF 含量均值为 49.02%，与程颖颖等[11]测定的 3 个大豆秸粉碎粒度为 40 目（48.67%）时的粗纤维含量均值相近，稍低于粉碎粒度为 20 目（52.33%）和 60 目（52.93%）时的粗纤维含量，这说明样品的前期处理同样很重要。

RFV 的定义是相对于特定标准的粗饲料（假定盛花期苜蓿 RFV 值为 100）而言，某种粗饲料的可消化干物质采食量，RFV 值越高，说明此种粗饲料的饲用价值越高。以 RFV 均值为标准为几种副产物从大到小排序：莲叶（318.29）>苎麻（205.89）>花生藤（193.19）>甘蔗梢（132.10）>大豆秸（124.22）>油菜秸（87.99），均高于玉米秸（69.93）（红敏［8］）和羊草（77.80）、芦苇（57.84）、青贮玉米（82.94）、草木樨状黄芪（78.26）、柠条锦鸡儿（75.10）（其其格［13］）的 RFV 值，除油菜秸（83.99）外其他副产物均高于紫色狗尾草（92.37）、披碱草（90.27）、黄花苜蓿（110.10）（其其格[13]），尤其是莲叶 RFV 值高达 318.29，苎麻（205.89）也较高。

4　结论

大豆秸、甘蔗梢、油菜秸、苎麻、花生藤、莲叶的营养价值都较丰富，可以作为反刍动物的优质粗饲料加以开发利用。以 RFV 值为标准，6 种副产物的排序为：莲叶（318.29）>苎麻（205.89）>花生藤（193.19）>甘蔗梢（132.10）>大豆秸（124.22）>油菜秸（87.99）。

参考文献（略）

该论文发表于：黑龙江畜牧兽医，2016（8）：151-153

10种热带经济作物副产物营养价值分析

李　茂[1]，字学娟[1,2]，周汉林[1*]

（1. 中国热带农业科学院热带作物品种资源研究所，海南儋州　571737；
2. 海南大学应用科技学院（儋州校区），海南 儋州　571737）

摘　要：测定了10种热带经济作物副产物主要营养成分含量，并采用隶属函数法进行营养价值评价。结果表明：10种热带经济作物副产物主要营养成分平均含量为粗蛋白8.83%，粗脂肪8.40%，中性洗涤纤维40.64%，酸性洗涤纤维28.64%，总能16.15 MJ/kg。通过隶属函数法综合评价结果，10种热带经济作物副产物营养价值由低到高为：甘蔗渣<甘蔗稍<香蕉茎叶<菠萝皮<菠萝叶<木薯渣<香蕉皮<椰子粕<番木瓜皮<菠萝蜜皮。

关键词：经济作物副产物；营养价值

饲料是畜牧业的基础，我国畜牧业生产中采用的是“玉米-豆粕型”日粮为主，所使用的饲料原料主要来自于粮食生产。专家预测到2020年、2030年我国粮食原粮需求的43%、50%将用作饲料（杨在宾等，2008）。可以说，21世纪中国的粮食问题，实际上是解决养殖业所需的饲料粮问题。热带亚热带地区约占我国国土面积的1/6，以种植经济作物为主，缺乏大面积的天然草场，饲料来源吃紧，热区畜牧业的发展也受到饲料供应不足的限制。但是种植经济作物也产生大量副产物，如木薯渣、菠萝渣、香蕉茎叶、椰子粕、甘蔗叶等，如果能够有效利用这些资源，将极大缓解热带地区饲料紧缺的压力。本研究测定了10种常见热带经济作物副产物主要营养成分含量，对其营养价值进行分析，以期为热带地区饲料资源的开发提供理论依据。

1　材料与方法

1.1　试验材料

供试10种经济作物副产物分别为：椰子粕、番木瓜皮、菠萝蜜皮、菠萝皮、香蕉皮、香蕉茎叶、木薯渣、甘蔗渣、甘蔗尾叶、菠萝叶。其中番木瓜皮、菠萝蜜皮、菠萝皮、香蕉皮均采自海南水果市场；椰子粕、木薯渣、甘蔗渣由饲料原料公司购买；香蕉茎叶、甘蔗尾叶、菠萝叶均采自热带作物品种资源研究所种质资源圃。每种经济作物副产物采集3份样品，各取约2 000g，充分混匀后四分法取样备用。

1.2　测定指标与方法

采集的样本用65℃烘48h，过40目筛粉碎制成样品备测。样品分析粗蛋白质（CP）、粗脂肪（EE）、中性洗涤纤维（NDF）、酸性洗涤纤维（ADF）、总能（GE），其中CP、EE、NDF、ADF的分析参照张丽英（2003）的方法，GE采用Parr6300氧弹量热仪测定。

资助项目：公益性行业（农业）科研专项（201303143），中央级公益科研院所基本科研业务专项（1630032012049）。
作者简介：李茂（1984—　），男，四川绵阳人，硕士，主要从事热带饲料资源和反刍动物营养研究。
* 通讯作者：周汉林（1971—　），男，研究员，研究方向为热带畜禽营养与饲料资源开发利用，E-mail：zhouhanlin8@163.com

1.3 营养价值分析方式

应用模糊数学中的隶属函数值法（陶向新，1982），以有机物、粗蛋白、粗脂肪、酸性洗涤纤维和中性洗涤纤维含量等指标进行综合评价。

隶属函数值计算公式：

$$R(Xi) = (Xi-Xmin) / (Xmax-Xmin)$$

式中 Xi 为指标测定值，Xmin、Xmax 为所有参试材料某一指标的最小值和最大值。

如果为负相关，则用反隶属函数进行转换，计算公式为：

$$R(Xi) = 1-(Xi-Xmin) / (Xmax-Xmin)$$

1.4 数据统计与分析

采用 Excel 2007 软件计算平均值和标准差，数据以平均值±标准差表示。

2 结果与分析

2.1 营养成分分析

如表 1 所示，热带经济作物副产物粗蛋白含量椰子粕最高（19.97±1.53)%，甘蔗渣最低（2.66±0.21)%，平均含量为 8.83%；粗脂肪含量椰子粕最高（21.93±1.07)%，甘蔗渣最低（2.14±0.09)%，平均含量为 8.40%；中性洗涤纤维含量甘蔗稍最高（69.61±5.45)%，菠萝蜜皮最低（15.93±1.23)%，平均含量为 48.15%；酸性洗涤纤维含量香蕉茎叶最高（42.51±4.35)%，菠萝蜜皮最低（11.96±1.83)%，平均含量为 28.64%；总能含量椰子粕最高（20.92±0.64）MJ/kg，木薯渣最低（12.20±0.13）MJ/kg，平均含量为 16.15 MJ/kg。

表 1　热带经济作物副产物营养成分含量

	CP（%）	EE（%）	NDF（%）	ADF（%）	GE（MJ/kg）
椰子粕	19.97±1.53	21.93±1.07	50.17±3.25	30.27±2.97	20.92±0.64
番木瓜皮	11.22±0.47	6.83±1.44	17.79±1.27	13.52±1.45	15.81±0.23
菠萝蜜皮	9.45±0.49	10.07±1.42	15.93±1.23	11.96±1.83	16.83±0.38
菠萝皮	4.82±0.21	8.23±1.19	48.02±4.33	32.21±3.12	16.10±0.68
香蕉皮	6.32±0.59	15.86±1.37	33.79±3.41	26.48±4.38	16.51±0.24
木薯渣	12.20±1.10	6.84±1.33	61.61±4.52	25.02±2.23	12.20±0.13
香蕉茎叶	4.71±0.18	2.31±0.26	63.42±3.81	42.51±4.35	14.15±0.14
甘蔗渣	2.66±0.21	2.14±0.09	69.28±5.45	38.39±3.83	15.45±0.52
甘蔗梢	8.53±0.82	4.55±1.18	69.61±4.15	42.10±3.07	17.45±0.27
菠萝叶	8.44±0.86	5.26±1.20	51.89±3.12	24.01±1.69	16.12±0.65
平均值	8.83	8.40	48.15	28.64	16.15

2.2 隶属函数分析

按照隶属函数法，将供试材料的营养价值进行综合分析。如表 2 所示，营养价值由低到高的顺序为：

甘蔗渣<甘蔗梢<香蕉茎叶<菠萝皮<菠萝叶<木薯渣<香蕉皮<椰子粕<番木瓜皮<菠萝蜜皮。

表 2 热带经济作物副产物营养成分隶属函数值

植物	Z1	Z2	Z3	Z4	Z5	S
椰子粕	1.0000	1.0000	0.3751	0.4222	0.0000	0.5595
番木瓜皮	0.4945	0.2370	1.0000	1.0000	0.5860	0.6635
菠萝蜜皮	0.3923	0.4007	1.0359	1.0538	0.4690	0.6703
菠萝皮	0.1248	0.3077	0.4166	0.3553	0.5528	0.3514
香蕉皮	0.2114	0.6933	0.6912	0.5529	0.5057	0.5309
木薯渣	0.5511	0.2375	0.1544	0.6033	1.0000	0.5093
香蕉茎叶	0.1184	0.0086	0.1195	0.0000	0.7764	0.2046
甘蔗渣	0.0000	0.0000	0.0064	0.1421	0.6273	0.1552
甘蔗梢	0.3391	0.1218	0.0000	0.0141	0.3979	0.1746
菠萝叶	0.3339	0.1577	0.3420	0.6382	0.5505	0.4045

注：Z1、Z2、Z3、Z4、Z5 分别表示粗蛋白、粗脂肪、中型洗涤纤维、酸性洗涤纤维、总能；S 代表隶属函数平均值

3 结论与讨论

已有学者对部分经济作物副产物营养价值作了报道。陈倩婷（2010）、程时军等（2010）均报道了椰子粕的部分营养成分含量，其中粗蛋白质含量与本研究相当，均在20%左右，而粗脂肪含量低于本研究，可能与采样品种或前处理方式不同有关。目前尚未有番木瓜皮相关报道，但程菊芬等（2009）等报道了木瓜粉主要营养成分，蛋白质 7.51%，脂肪 2.5%，略低于本研究中番木瓜皮相关成分含量。菠萝蜜皮含量大量果胶等黏性物质，营养成分报道较少，本研究发现粗蛋白、粗脂肪、总能含量较高，纤维含量低，海南黑山羊对菠萝蜜皮有一定的采食，可以考虑作为反刍动物饲料。黄和等（2010）采用霉菌和酵母菌株对菠萝皮进行发酵处理，能够显著提高粗蛋白质含量，且发酵产物气味芳香，适口性好，可做动物蛋白饲料。李明福等（2010）等研究发现添加育肥猪日粮中添加 7.28kg/d 菠萝叶渣饲喂效果较好，粗蛋白含量与本研究相当。香蕉皮主要作为酚类物质、果胶类物质、膳食纤维等提取原料（鲍金勇，2006；贾冬英等，2005；陈军等，2007），香蕉皮可以作为饲料原料，由于品种不同营养成分差异较大（成训妍，1997；李仁茂等，2001）。木薯渣已经在畜禽饲料中大量应用，随着木薯产业的进一步发展，木薯渣的利用潜力会更加广泛（钟秋平等，2004；张伟涛，2008；张吉鹍等，2010；于向春等，2011）。香蕉茎叶生物量大、分布广，有望作为饲料资源，对其营养成分、单宁含量已有较多报道（字学娟等，2010；王定发等，2013），但是如何加工调制提高其营养价值是今后研究的重点。甘蔗是南方地区主要糖料作物，甘蔗渣、甘蔗梢产量很大，对其营养成分和加工处理已有较多研究。江明生等（2001）研究表明，本地山羊饲喂氨化与微贮处理甘蔗叶较对照未处理甘蔗组，日增重显著提高，经济效益明显。刘建勇等（2010）研究发现添加尿素青贮甘蔗梢能有效降低粗纤维含量，育肥退役水牛饲喂该饲料日增重显著提高。郭望山等（2006）研究发现添加氢氧化钙能提高甘蔗渣干物质和细胞壁消化率。柳洪良等（2011）研究发现甘蔗渣接种乳酸菌复合系进行发酵，可以获得较好发酵品质的饲料。总的来说，与上述研究结果相比，本研究中 10 种经济作物副产物粗脂肪、能量含量较高，粗蛋白含量略低，纤维成分含量较为适中，有一定的利用价值。

隶属函数分析法是一种在多项测定指标基础上对材料特性进行综合评价的方法，具有一定的客观性和准确性。采用隶属函数分析法进行饲料营养价值评定已有报道。高杨等（2009）采用隶属函数分析法对

鸭茅新品系进行营养价值评定，其结果为鸭茅新品种选育提供参考。字学娟（2012）采用隶属函数分析法对14种热带粗饲料营养价值进行比较，该研究结果可以为饲料的评价提供较为可信的信息。本试验通过隶属函数分析法对10种热带粗饲料进行营养价值评定结果如下：甘蔗渣<甘蔗梢<香蕉茎叶<菠萝皮<菠萝叶<木薯渣<香蕉皮<椰子粕<番木瓜皮<菠萝蜜皮。

饲料的营养价值应考虑营养成分、适口性和消化率等因素（龙明秀2003）。本试验仅对其营养成分进行分析，结果具有一定局限性。另外，还应综合考虑产量、加工方式以及不同动物的饲喂方法，针对经济作物副产物的营养价值还需做进一步的研究。

参考文献（略）

原文发表于：饲料研究，2014（9）：69-71

海南7种经济作物副产物营养价值测定与分析

徐铁山，张亚格，李 茂，周汉林*

（中国热带农业科学院热带作物品种资源研究所，海南儋州 571737）

摘 要：本研究分析了海南省7种经济作物副产物的主要营养成分和矿物质含量，应用隶属函数法综合评价了它们的营养价值。得结果如下：（1）主要营养物质中，干物质7.85%~33.42%、粗蛋白6.64%~22.50%、粗脂肪1.72%~5.80%、酸性洗涤纤维13.25%~30.90%、中性洗涤纤维17.16%~33.30%、单宁5.24~35.67mg/g、饲料相对值184.95~426.86；（2）矿物质含量中，钙0.32%~3.52%、磷0.18%~0.58%、钙磷比0.65~11.76、铁208.29~891.33mg/kg、锰66.92~666.17mg/kg、铜3.46~9.60mg/kg、锌27.56~58.98mg/kg；（3）7种经济作物副产物营养价值由高到低的顺序为桑叶>木瓜茎叶>芒果皮>西瓜皮>荷叶>火龙果茎叶>火龙果皮。本文结果能为这7种经济作物副产物的有效利用提供理论依据。

关键词：经济作物副产物；营养成分；矿物质；隶属函数

随着生活水平的逐渐提高，我国人民的食物结构发生了重大变化，动物性食品一路攀升，而粮食消耗量逐年减少。如1985—2012年间，猪肉、禽肉、牛肉、羊肉和奶类的需求量逐年增加，而口粮需求量逐步降低[1]。由此导致饲料用粮所占比重的增加。据估计，中长期内我国饲料粮的用量将是口粮的2.5倍[2]。因此，发展节粮型草地畜牧业是缓解我国饲料用粮需求量的必经之路。

海南省地处我国最南端，以种植热带经济作物为主，缺乏面积较大的草场，其草地畜牧业常常面临着草料供应不足的困境。因此，开发新的饲料资源，充分利用经济作物生产后剩余的副产物是缓解海南省草地畜牧业草料供应不足的有效途径。而准确评价这些经济作物副产物的营养价值则是充分利用它们的前提。本研究测定了海南省7种经济作物副产物的主要营养成分和矿物质元素含量，综合评价了它们的营养价值情况，以期为更好地利用这些副产物提供理论基础。

1 材料与方法

1.1 试验材料

本试验所用样品包括：木瓜茎叶、桑叶、荷叶、火龙果茎叶、火龙果皮、西瓜皮、芒果皮等。其中，木瓜茎叶和火龙果茎叶采自中国热带农业科学院热带作物品种资源研究所果树研究中心种质圃，桑叶采自海南省国营红光农场，荷叶采自中国热带农业科学院热带作物品种资源研究所畜牧基地旁的水塘，火龙果皮、西瓜皮、芒果皮采自海南省儋州市水果市场。每种副产物采集3份样品，采集后立即带回实验室制样、待测。

基金项目：公益性行业（农业）科研专项（201303143-07-01）

作者简介：徐铁山（1979— ），男（汉），副研究员，博士，主要从事热带畜禽饲养，E-mail：xutieshan760412@163.com

* 通信作者：周汉林（1971— ），男（汉），研究员，硕士，主要从事营养与饲养，E-mail：zhangxiaohui78@126.com

1.2　测定的指标及测定方法

本文对每种副产物的每个样品均测定如下指标：干物质（DM）、粗蛋白（CP）、粗脂肪（EE）、酸性洗涤纤维（ADF）、中性洗涤纤维（NDF）、单宁、Ca、P、Ca/P、Fe、Mu、Cu、Zn 等。计算饲料相对值（RFV）。其中，CP、EE、ADF 和 NDF 的测定方法参照张丽英描述的方法[3]。参照 Rohweder 等描述的方法进行饲料相对值（RFV）计算[4]。用 EDTA 络合滴定法测定钙（Ca）的测定；用钼黄比色法测定磷（P）；用等离子体发射光谱仪测定其他微量元素。

1.3　营养价值综合评价方法

以 CP、EE、ADF 和 NDF 等为指标，应用隶属函数值法[5]进行经济作物副产物的营养价值高低的综合评价。

隶属函数值计算公式：R（Xi）=（Xi-Xmin）/（Xmax-Xmin）

式中，Xi 为指标测定值，Xmin 和 Xmax 为所有材料某一指标的最小值和最大值。

如果为负相关，则用反隶属函数进行转换，计算公式如下：

$$R(X_i)=1-(X_i-X_{min})/(X_{max}-X_{min})$$

1.4　数据统计分析

应用 Excel 2003 进行数据处理。

2　结果与分析

2.1　主要营养成分含量分析

7 种经济作物副产物主要营养成分含量见表 1。

表 1　7 种经济作物副产物主要营养成分含量表

项目	DM（%）	CP（%）	EE（%）	ADF（%）	NDF（%）	RFV	单宁/（mg·g-1）
木瓜茎叶	23.00	17.62	5.80	23.95	28.80	227.07	13.47
桑叶	33.42	22.50	1.85	13.34	26.24	279.11	13.47
荷叶	17.50	22.16	3.20	21.51	33.30	201.67	35.67
火龙果茎叶	8.60	12.97	2.34	30.80	32.65	184.95	5.24
火龙果皮	9.92	9.58	1.81	30.90	31.98	188.90	7.16
西瓜皮	7.85	14.91	1.88	22.00	26.44	252.45	8.41
芒果皮	16.95	6.64	1.72	13.25	17.14	426.86	30.03
平均	16.75	15.20	2.66	22.25	28.08	251.57	16.21

从干物质来看，7 种经济作物副产物的含量差异比较大，桑叶干物质含量最大为 33.42%，西瓜皮最小为 7.85%，平均为 16.75%；CP 含量范围为 6.64（芒果皮）~22.50（桑叶），平均 15.20%；木瓜茎叶的 EE 含量最高，芒果皮的最低，平均为 2.66%；ADF 含量以火龙果茎叶和火龙果皮为最高，分别为 30.80%和 30.90%，桑叶和芒果皮的含量较少，分别为 13.34%和 13.25%，其余几种 ADF 含量在 20%~25%；NDF 则以荷叶、火龙果茎叶和火龙果皮含量较高，分别为 33.30%、32.65%和 31.98%，芒果皮最

低为17.14%；几种经济作物副产物的单宁含量由高到低的顺序为荷叶、芒果皮、木瓜茎叶、桑叶、西瓜皮、火龙果皮和火龙果茎叶；RFV值最大的是芒果皮为426.86，最小的是火龙果茎叶为184.95，平均为251.57。

2.2 矿物质含量分析

7种经济作物副产物矿物质含量见表2。

表2 7种经济作物副产物矿物质含量表

项目	钙（%）	磷（%）	钙/磷	铁（mg/kg）	锰（mg/kg）	铜（mg/kg）	锌（mg/kg）
木瓜茎叶	3.52	0.30	11.76	369.21	128.39	3.46	36.18
桑叶	1.24	0.33	3.77	816.14	143.00	5.37	52.14
荷叶	0.99	0.23	4.75	358.50	357.17	7.42	40.09
火龙果茎叶	1.28	0.28	4.63	891.33	202.23	6.75	54.29
火龙果皮	1.63	0.25	6.53	208.29	666.17	5.03	58.98
西瓜皮	0.38	0.58	0.65	321.04	66.92	9.60	57.99
芒果皮	0.32	0.18	1.79	226.68	133.46	6.42	27.56
平均	1.34	0.31	4.84	455.88	242.48	6.29	46.75

如表2所示，钙（Ca）的含量以木瓜茎叶含量最高（3.52%），西瓜皮和芒果皮含量较低（0.38%和0.32%），其余含量差异不大，为1.00%左右，平均为1.34%；磷（P）含量范围为0.18（芒果皮）~0.58（西瓜皮），平均含量为0.31。钙磷比（Ca/P）以木瓜茎叶最大（11.76），西瓜皮最小（0.65），平均4.84。铁（Fe）含量以火龙果茎叶和桑叶最高（分别为891.33mg/kg和816.14mg/kg），平均为455.88mg/kg；火龙果皮中锰（Mn）的含量最高（666.17mg/kg），其次，为荷叶（357.17mg/kg）；西瓜皮中的铜含量最高（9.60mg/kg），平均为6.29mg/kg；芒果皮和木瓜茎叶的锌（Zn）含量较低（27.56mg/kg和36.18mg/kg），其余的差异不显著，为50mg/kg左右。

2.3 隶属函数分析

按照隶属函数计算公式，计算出了7种经济作物副产物主要营养成分的隶属函数值，结果见表3。

表3 7种经济作物副产物主要营养成分隶属函数值

项目	DM	CP	EE	ADF	NDF	单宁	平均值
木瓜茎叶	0.59	0.69	1.00	0.39	0.28	0.73	0.61
桑叶	1.00	1.00	0.03	0.99	0.44	0.73	0.70
荷叶	0.38	0.98	0.36	0.53	0.00	0.00	0.38
火龙果茎叶	0.03	0.40	0.15	0.01	0.04	1.00	0.27
火龙果皮	0.08	0.19	0.02	0.00	0.08	0.94	0.22
西瓜皮	0.00	0.52	0.04	0.50	0.42	0.90	0.40
芒果皮	0.36	0.00	0.00	1.00	1.00	0.19	0.42

由于隶属函数是对一种经济作物所有营养物质的综合评价。因此，一种经济作物副产物的隶属函数平

均值可以作为评价该物质综合营养价值的指标。由表3可知，7种经济作物副产物营养价值由高到低的顺序为：桑叶>木瓜茎叶>芒果皮>西瓜皮>荷叶>火龙果茎叶>火龙果皮。

3 讨论

我国南方地区气候温和，水热条件好，一直是我国重要的经济作物种植基地，每年产生大量的副产物[6]，可作为草食动物饲料进行开发。目前，已有学者对部分经济作物副产物营养价值进行了评价[7-9]。桑树在我国各地均有分布，桑叶产量非常大。我国桑叶除了满足养蚕业，还能作物一种非常规饲料资源，进行开发利用，以缓解我国草食家畜饲料短缺的问题。桑叶含有丰富的碳水化合物、蛋白质、脂肪酸、纤维素、维生素和矿物质元素[10]，非常适合开发形成草食动物的粗饲料。王雯熙等研究了不同产地、品种的29种桑叶营养成分，发现桑叶粗蛋白含量高，纤维含量低，富含微量元素，可作为畜禽优质蛋白饲料[11]。本研究中，CP含量是7种经济作物副产物中最高的，纤维素含量（ADF+NDF）不到40%，这与上述研究结果一致。木瓜在我国主要分布在广东、海南、广西、云南、福建、台湾等省（区），其茎叶产量巨大。然而，目前尚未发现有人研究过木瓜茎叶的营养成分及饲用价值。本研究中，木瓜茎叶的EE和CP含量均较高（分别为5.80%和17.62%）。因此，木瓜茎叶是一种很有开发利用前景的经济作物副产物。荷叶具有清热解毒、凉血、止血的作用。目前关于荷叶的研究主要集中在其药用价值上[12-13]，其作为饲料资源的研究尚未开展。本研究中，荷叶的CP含量非常高（22.16%），适合用作非常规饲料资源进行开发。但是，荷叶的单宁含量较高（35.67mg/g）。因此，在将荷叶进行饲料资源开发利用时要注意去除单宁。火龙果茎叶和火龙果皮的纤维素（ADF+NDF）含量均较高（分别为63.45%和62.88%），加之其产量不是很大。因此，不适合进行饲料资源开发。

目前，已有研究开始分析经济作物副产物中矿物质的含量。如李茂等2015年分析了广西10种经济作物副产物的矿物质含量[7]。与李茂等研究的经济作物副产物种类相比，桑叶是本研究和他们研究的共同经济作物副产物。但是，两个研究中桑叶的矿物质含量差异均较大。这可能是由于两个研究中使用的桑叶品种和样品采集时间的差异导致的。本研究分析的7种经济作物副产物中，木瓜茎叶的Ca含量最高（3.52%），磷则以西瓜皮的含量最高（0.58%）。从钙磷比来看，参照畜禽饲料中适宜的钙磷比[14]，本研究中木瓜茎叶、火龙果皮、火龙果茎叶、荷叶和桑叶的钙磷比偏高，西瓜皮的钙磷比偏低，只有芒果皮的钙磷比比较适中。本文分析的经济作物副产物的Fe含量较为适中，均在动物的耐受范围；只有火龙果皮的Mn含量超过了猪的耐受上限，饲喂时需要注意多种粗饲料搭配使用。7种经济作物副产物均检出了Cu和Zn，且其含量均没有超出动物耐受范围。

隶属函数分析法是根据材料多项测定指标数据对材料进行综合评价的一种方法，客观上具有一定的准确性[7]。一些学者已经将隶属函数分析法应用在了饲料原料营养价值评定上。字学娟等应用该法分析了14种热带粗饲料的营养价值[15]；高杨等应用该法研究了鸭茅的营养价值[16]。本研究中，根据7种经济作物副产物的隶属函数平均值，我们可以将它们按照营养价值的高低排序如下：桑叶>木瓜茎叶>芒果皮>西瓜皮>荷叶>火龙果茎叶>火龙果皮。

由于饲料的实际营养价值不能只考虑其营养成分，还与其适口性和消化率等因素密切相关[17]。本试验仅对7种经济作物副产物的营养价值进行了分析，结果具有一定的局限性。还需要针对这几种经济作物副产物的适口性和消化率进行进一步的分析。

参考文献（略）

原文发表于：黑龙江畜牧兽医，2017（8）：170-172

鹅对 5 种作物副产物的表观代谢能和真代谢能测定

顾丽红[1]，张亚格[2]，李　茂[2]，周汉林[2]，周　帅[2]，徐铁山[2*]

（1. 海南省农业科学院畜牧兽医研究所，海南，海口　571100；
2. 中国热带农业科学院热带作物品种资源研究所，海南，儋州　517137）

摘　要：研究鹅对经济作物副产物的代谢能值是有效利用这些副产物进行鹅日粮配制的基础。本文应用强饲排空法测定了鹅对木薯茎叶、木瓜茎叶、甘蔗尾叶、桑树茎叶和椰子粕的表观代谢能（AME）和真代谢能（TME）。结果显示：鹅对椰子粕的 AME 和 TME 最高为 9.28MJ · kg^{-1} 和 11.06MJ · kg^{-1}，其次为木薯茎叶为 8.35MJ · kg^{-1} 和 9.66MJ · kg^{-1}，鹅对桑树茎叶 AME 和 TME 最低为 4.58MJ · kg^{-1} 和 5.22MJ · kg^{-1}。

关键词：鹅；经济作物副产物；表观代谢能；真代谢能

我国传统畜牧业生产模式常以耗粮为基础的耗粮型畜牧业，人畜争粮的矛盾日益突出。专家预言，到 2020 年和 2030 年饲料用粮将占我国粮食总产量的 43% 和 50%（杨在宾等，2008）。因此，开发具有较高饲用价值经济作物副产物去替代部分饲料用粮在解决我国人畜争粮的矛盾中具有重要意义。

鹅对纤维素的消化能力极强，是有效利用经济作物副产物的重要家禽，研究鹅对主要经济作物副产物的代谢能是利用这些产物进行鹅饲料有效配制的基础。本文应用强饲排空法测定了 5 种经济作物副产物的表观代谢能（AME）和真代谢能（TME），旨在为有效地利用它们进行鹅日粮配制奠定基础。

1　材料与方法

1.1　作物副产物及加工处理方法

使用的经济作物副产物包括：木薯茎叶、木瓜茎叶、甘蔗尾叶、桑树茎叶和椰子粕。其中，木薯茎叶、木瓜茎叶、甘蔗尾叶、桑树茎叶采自热带作物品种资源研究所种质资源圃，切碎至 3~5cm、晒干后粉碎为草粉储藏备用；椰子粕从饲料原料公司购买烘干备用。几种作物副产物的总能、蛋白质和干物质值见表 1。

表 1　几种作物副产物的总能、粗蛋白及干物质值

项目	总能值（MJ · kg^{-1}）	粗蛋白（%）	干物质（%）
木薯茎叶	16.42	16.41	18.16
木瓜茎叶	15.57	18.12	17.65
甘蔗尾叶	16.54	13.66	19.56

基金项目：公益性行业（农业）科研专项（201303143-07-01）和海南省重大科技项目（ZDKJ2016017-03），现代农业产业技术体系建设专项资金（CARS-43-42）；海南省自然科学基金（317185）

顾丽红，（1978—　），女（汉），助理研究员，博士，主要从事家禽遗传育种，E-mail：nil2008@yeah.net

* 通讯作者，徐铁山（1979—　），男（汉），副研究员，博士，主要从事热带畜禽饲养，E-mail：xutieshan760412@163.com

（续表）

项目	总能值（$MJ \cdot kg^{-1}$）	粗蛋白（%）	干物质（%）
桑树茎叶	17.07	19.79	16.59
椰子粕	21.79	19.95	93.61

1.2　供试鹅选择及饲养管理

从海南海平达实业有限公司 60 只体重相近（4.5±0.3）kg、体况良好、采食正常的健康成年白莲鹅公鹅为试鹅，其中 42 只用来试验，其余 18 只为备选鹅。供试鹅购买后，采用地面平养的方式饲养于半开放鹅舍适应 1 个月；以育成期饲料配方组成饲喂全价配合饲料，每日定量供应，以尽量保持体重稳定；自然光照（每日光照时间为 14 小时）；自由饮水。

1.3　试验分组

每一种副产物设置 6 个重复，每个重复 1 只鹅，单笼饲养。内源物收集组也设置 6 个重复，每个重复 2 只鹅，每个重复内的 2 只鹅饲养于同一个笼内。

1.4　试验操作

采用强饲排空法开展实验，排空期为 24h，排空期内停料、自由饮水。排空期后进行强饲，每只鹅强饲 50g 粉状副产物，强饲后马上装上粪便收集袋进行收粪，收粪时间为 24h，收粪期间不供料、自由饮水。内源物收集组除了不强饲外，其余操作与试验组相同。

1.5　粪便处理

粪便收集结束后，将其置于 65℃下烘干至恒重，室内回潮 24h，称重、记录；粉碎、过 40 目筛（圆孔筛孔径 0.45mm）；将每个重复组鹅的风干排泄物混合均匀、装瓶封存以待能量测定。

1.6　能量测定

本文能量测定采用美国 Parr 公司生产的全自动 Parr 6300 氧弹量热仪进行，副产物原料的 AME 和 TME 计算公式如下：

$$\text{饲料表观代谢能（J/g）} = \frac{\text{食入总能（J）} - \text{粪尿排泄物中总能（J）}}{\text{被测饲料干物质食入量（g）}}$$

$$\text{饲料真代谢能（J/g/干物质）} = \frac{\text{食入总能（J）} - \text{粪尿排泄物中总能（J）} + \text{内源物排出总能（J）}}{\text{被测饲料干物质食入量（g）}}$$

式中：

食入总能（J）= 食入干物质（g）×食入干物质总能（J/g）

排泄物中总能（J）= 食入被测饲料后 24h 排出干物质量（g）×排泄物干物质总能（J/g）

内源排泄物中总能（J）= 平行对照组 24h 内源物排出干物质量（g）×内源排泄物干物质总能（J/g）

1.7　数据统计分析

应用 SSAS9.0 软件进行数据处理。

2　结果与分析

5 种经济作物副产物 AME 和 TME 测定结果见表 2。

表 2 鹅对 5 种经济作物副产物 AME 和 TME 测定结果

项目	AME/MJ · kg^{-1}	TME/MJ · kg^{-1}
木薯茎叶	8. 35±0. 76^{cd}	9. 66±0. 79^{cd}
木瓜茎叶	7. 81±0. 57^{c}	8. 62±0. 62^{c}
甘蔗尾叶	6. 57±0. 26^{b}	7. 69±0. 31^{b}
桑树茎叶	4. 58±0. 14^{a}	5. 22±0. 16^{a}
椰子粕	9. 28±0. 20^{d}	11. 06±0. 19^{d}

注：同列数据肩标相同小写字母表示差异不显著（$P>0.05$），不同小写字母表示差异显著（$P<0.05$）

由表 2 可知，无论是 AME 还是 TME 5 种经济作物副产物由大到小的顺序均为：椰子粕>木薯茎叶>木瓜茎叶>甘蔗尾叶>桑树茎叶。其中，椰子粕的 AME 和 TME 均最大，显著高于桑树茎叶、木瓜茎叶和甘蔗尾叶（$P<0.05$），与木薯茎叶的 AME 和 TME 差异不显著（$P>0.05$）。桑树茎叶的 AME 和 TME 均最小，显著低于其他 4 种副产物。

3 讨论

客观精确地评定饲料的代谢能值是确定动物营养需要量及优化饲料配方的主要决策依据（赵峰和张子仪，2006）。由于鹅对粗纤维的消化能力及耐受能力远远高于鸡和鸭，因此在鹅饲料配制时必须充分考虑加入适量的高纤维原料，而经济作物副产物是高纤维饲料原料的重要来源。因此，评价鹅对经济作物副产物的代谢能值测定是应用其配制鹅饲料的前提和基础。

本研究显示，无论椰子粕的粗蛋白含量还是其代谢能值均为 5 种副产物最高，是 5 种副产物中最优秀的鹅高纤维饲料原料。本文中鹅对木薯茎叶代谢能仅次于椰子粕（AME 和 TME 分别为 8. 35MJ · kg^{-1}和 9. 66MJ · kg^{-1}），是鹅较为理想的高纤维饲料原料。我们前期饲养试验结果表明，饲粮中添加木薯叶粉能提高鹅生长性能而不会影响鹅的健康（李茂等，2016），这很好地印证了本文结果。本文结果显示桑树茎叶的 AME 和 TME 均为 5 种作物副产物最低值（分别为 4. 58MJ · kg^{-1}和 5. 22MJ · kg^{-1}）。这一结果显著低于黄璇等（2015）的结果（鹅对桑叶的平均 AME 为 8. 23MJ · kg^{-1}），而高于王永昌（2016）的研究结果（鹅对桑叶的平均 AME 和 TME 分别为 4. 18MJ · kg^{-1}和 4. 92MJ · kg^{-1}）。考虑到本文中桑树茎叶粗蛋白含量为 19. 79%，在 5 种测定的副产物中仅次于椰子粕，理论上其代谢能值也应该较高。对于这一矛盾，王永昌（2016）给予了合理解释：由于桑叶单宁和其他活性物质含量较高，使得其饲用价值明显降低。因此，在肉鹅日粮配制中应慎用桑叶粉。此外，木瓜茎叶和甘蔗尾叶的代谢能值居 5 种副产物中游，具有一定的能值，理论上可以在鹅饲料配制时适量添加。但是，经过文献检索尚未发现有关二者在鹅饲养上的任何探索。因此，应进一步探索其应用价值后再应用于鹅的饲料配制实践。

鹅对粗纤维具有特殊的要求，生产中如果鹅日粮粗纤维含量过低，常会发生瘫痪，羽毛无光泽，食欲不振，生长缓慢等症状；但含量过高，又会影响鹅的生长速度，增加养殖成本。因此，在鹅饲料配制时一定要充分考虑鹅对粗纤维的需要。目前，鹅的粗纤维利用量研究极少，大多参考鸡的使用量。伍铠尉利用白罗曼鹅测定菇类培养废弃物、脱水苜蓿粒、狼尾草的代谢能显著高于鸡（伍铠尉，2010）。由此可见，鹅对高纤维饲料原料的代谢能值完全参考鸡的测定值有较大误差，在今后的生产实践中应多加注意。

参考文献（略）

原文发表于：中国家禽，2017，39（15）：59-60

油菜秸瘤胃降解特性的研究

黎力之[1,3]，潘　珂[1,3]，付东辉[2]，欧阳克蕙[1,3*]，熊小文[1,3]，瞿明仁[1,3]，温庆琪[3]

（1. 江西农业大学江西省动物营养重点实验室/营养饲料开发工程研究中心，南昌　330045；
2. 江西农业大学农学院/作物生理生态与遗传育种教育部重点实验室，南昌　330045；
3. 江西农业大学动物科技学院，南昌　330045）

摘　要：本研究以 3 头安装有永久性瘤胃瘘管的锦江黄牛为试验动物，采用尼龙袋法对油菜秸的瘤胃降解特性进行研究。结果表明，油菜秸干物质（DM）、有机物（OM）、粗蛋白（CP）、中性洗涤纤维（NDF）、酸性洗涤纤维（ADF）含量分别为 89.00%、81.84%、6.45%、51.51%、33.88%；各营养成分瘤胃动态降解率为 dp（DM）= 27.60+23.32×（$1-e^{-0.09t}$），dp（OM）= 24.41+24.70×（$1-e^{-0.09t}$），dp（CP）= 33.05+54.29×（$1-e^{-0.13t}$），dp（NDF）= 7.18+19.63×（$1-e^{-0.03t}$），dp（ADF）= 5.30+12.80×（$1-e^{-0.01t}$）；瘤胃有效降解率为 DM 46.83%、OM 44.78%、CP 80.28%、NDF 19.19%、ADF 11.82%。

关键词：油菜秸；营养成分；瘤胃降解率

油菜（*Brassica campestris L*）属于十字花科芸苔属（*Brassica*）植物，是中国主要的油料作物之一，在湖北、湖南、贵州、安徽、江西等长江流域省份中大量种植（黎力之等，2014）。当今，我国油菜面积和总产量占世界的 1/4（陈丽园等，2010）。2012 年全国油菜籽产量达到 1 400万吨（国家统计局，2013），估计油菜秸年产量近 3 500万吨（按油菜草谷比 2.67 计）（毕于运，2010），资源量巨大。随着农村生活水平的不断提高，油菜秸传统的炊用价值逐渐被商品能源替代，常见的处理方式为焚烧还田，不仅秸秆中的可利用物质不能高效转化，而且生物质燃烧过程中产生的细粒子污染及引发的相关问题如亚洲棕色云团，都已受到世界的关注（祝斌等，2005）。由此看来，油菜秸的资源化利用也显得日趋急迫。目前，油菜秸作为饲用的比例不足 10%（杨德志，2012），对其基础研究也较缺乏。本研究利用尼龙袋法探讨油菜秸在肉牛瘤胃内的降解特性，为合理、有效利用油菜秸及发展草食动物生产提供参考。

1　材料与方法

1.1　油菜秸的采集与制备

样品是 2014 年 5 月 3 日，于江西农业大学农学院试验田采集的中双 11 号油菜秸，含少量荚壳。样品立即带回实验室 65℃烘至恒重，室温下回潮 24h，一部分粉碎过 40 目筛，用于常规营养成分含量测定，另一部分粉碎过 16 目筛用于尼龙袋降解试验。

基金项目：公益性行业（农业）科研专项（201303143-04）；国家现代农业产业技术体系（CARS-38）；江西农业大学研究生创新专项资金项目（NDYC2014-03）

第一作者：黎力之，在读硕士生，研究方向为饲料资源开发与利用，E-mail：jxlilizhi@ qq. com

* 通信作者：欧阳克蕙，教授，博士，研究方向为动物营养与饲料科学，E-mail：ouyangkehui@ sina. com

1.2 试验动物及饲养管理

选用 3 头平均体重为（300±15）kg 安装有永久性瘤胃瘘管的健康锦江黄牛公牛。试验牛在 1.3 倍维持需要的营养水平下单栏饲养，每天饲喂 2 次，自由饮水。

1.3 尼龙袋制备

选用 400 目孔径尼龙布，用涤纶线缝双道制成 12cm×8cm 尼龙袋，用蜡烛火燎将边烤焦以去除线头。

1.4 试验方法

准确称取样品（3g 左右）放入已知重量的尼龙袋（使用前先将尼龙袋放入瘤胃内 72h，而后取出、洗净及 65℃烘干回潮后称重）中，袋口用尼龙绳扎紧，保证不漏料，每头牛每个样品设三个重复。取一根 50cm 长的半软塑料管，将 9 个尼龙袋分为三个间隔（每个间隔 10cm）绑在软管上，软管一端与尼龙绳打结，另一端绑一重物，保证不滑脱。于晨饲前将半软管与尼龙袋一起投入牛瘤胃腹囊处，尼龙绳固定在牛体外瘘管口。于投放后 0、4h、6h、12h、24h、36h、48h、72h、96h 将尼龙袋取出，立即放入冷水中终止发酵，用自来水冲洗至水澄清。洗净后的尼龙袋经 65℃烘至恒重，放室温下回潮 24h 后称重。

1.5 测定指标和计算方法

不同时间点取出尼龙袋内样品采用张丽英（2003）的方法测定干物质（DM）、有机物（OM）、粗蛋白（CP）、中性洗涤纤维（NDF）、酸性洗涤纤维（ADF）的含量。

待测饲料某营养成分瘤胃降解率/%=（待测饲料某营养成分质量-残留物中某营养成分质量）/待测饲料某营养成分质量×100。

按照 φrskov 等（1979）提出的 $dp=a+b(1-e^{-c\times t})$ 公式确定降解常数 a、b、c。其中 dp 为在 t 培养时间某样品被测营养成分的实时瘤胃降解率（%）；a 为快速降解部分（%）；b 慢速降解部分（%）；c 为 b 的降解速率（$\%\cdot h^{-1}$）；t 为样品在瘤胃中的培养时间。

饲料中某营养成分有效降解率（ED）按照公式 $ED=a+(b\times c)/(c+k)$ 计算，ED 为待测样品某营养成分的有效降解率（%）；k 为样品营养成分的瘤胃外流速率（/h），本试验取 k=0.0193/h（颜品勋等，1994）。

1.6 统计分析

采用 Excel6.0 和 SPSS17.0 中的非线性回归程序对数据进行处理和统计分析。

2 结果与分析

2.1 油菜秸主要营养成分含量

表 1 油菜秸主要营养成分含量（风干基础） （%）

项目	DM	OM	CP	NDF	ADF
油菜秸	89.00	81.84	6.45	51.51	33.88

油菜秸主要营养成分含量测定结果见表 1。由表 1 可知，油菜秸中 DM、OM、CP、NDF、ADF 含量分别为 89.00%、81.84%、6.45%、51.51%、33.88%。

2.2 油菜秸的瘤胃降解特性

油菜秸的瘤胃降解特性见表 2 和表 3。

表 2　油菜秸主要营养成分瘤胃降解率　(%)

项目	不同时间点降解率							
	4h	6h	12h	24h	36h	48h	72h	96h
DM	33. 84	38. 50	43. 08	48. 27	49. 25	50. 11	50. 50	52. 36
OM	31. 00	35. 90	40. 94	46. 53	46. 77	48. 07	48. 83	50. 98
CP	51. 55	67. 61	74. 56	82. 18	85. 79	87. 63	88. 25	89. 16
NDF	8. 20	11. 73	12. 61	18. 98	19. 88	21. 33	23. 74	26. 77
ADF	3. 78	7. 99	8. 32	8. 90	9. 29	11. 67	13. 52	18. 35

由表 2 可以看出，随着瘤胃消化时间的延长，油菜秸各营养成分降解率随之提高，在 24h 内 DM、OM、CP 降解率上升明显，而 36h 后上升速度非常缓慢，NDF、ADF 降解率在 36h 内上升缓慢，而后上升明显。至 96h 时间点油菜秸 DM、OM、CP、NDF、ADF 降解率分别为 52. 36%、50. 98%、89. 16%、26. 77%、18. 35%。

表 3　油菜秸主要营养成分瘤胃降解参数及有效降解率　(%)

项目	DM	OM	CP	NDF	ADF
a	27. 60	24. 41	33. 05	7. 18	5. 30
b	23. 32	24. 70	54. 29	19. 63	12. 80
$c/\% \cdot h^{-1}$	0. 09	0. 09	0. 13	0. 03	0. 01
a+b	50. 92	49. 11	87. 34	26. 81	18. 10
ED	46. 83	44. 78	80. 28	19. 19	11. 82

由表 3 可以得出，油菜秸各营养成分动态降解率为 dp（DM）$= 27.60 + 23.32 \times (1 - e^{-0.09t})$，dp（OM）$= 24.41 + 24.70 \times (1 - e^{-0.09t})$，dp（CP）$= 33.05 + 54.29 \times (1 - e^{-0.13t})$，dp（NDF）$= 7.18 + 19.63 \times (1 - e^{-0.03t})$，dp（ADF）$= 5.30 + 12.80 \times (1 - e^{-0.01t})$；油菜秸 DM、OM、CP、NDF、ADF 有效降解率分别为 46. 83%、44. 78%、80. 28%、19. 19%、11. 82%。

3　讨论与小结

油菜秸 CP 潜在降解率（a+b）较高，为 87. 34%；DM、OM 潜在降解率差异不大，分别为 50. 92%、49. 11%；而 NDF、ADF 潜在降解率较低，分别为 26. 81%、18. 10%。油菜秸 DM、CP、NDF 潜在降解率（50. 92%、87. 34%、26. 81%）与反刍动物常饲喂的稻秸（52. 05%、50. 48%、43. 31%）、玉米秸（81. 83%、58. 13%、25. 79%）、麦秸（39. 63、50. 20%、19. 80%）、豆秸（52. 17%、61. 62%、44. 89%）（陈晓琳，2014）相比较，油菜秸 CP 潜在降解率较高，均高于稻秸、玉米秸、麦秸、豆秸；油菜秸 DM 潜在降解率高于麦秸，但低于稻秸、玉米秸、豆秸，而油菜秸 NDF 潜在降解率高于玉米秸、麦秸，低于稻秸、豆秸。

本试验测定油菜秸各营养成分动态降解率分别为 dp（DM）$= 27.60 + 23.32 \times (1 - e^{-0.09t})$， dp（OM）= 24.41+24.70×（$1-e^{-0.09t}$），dp（CP）= 33.05+54.29×（$1-e^{-0.13t}$），dp（NDF）= 7.18+19.63×（$1-e^{-0.03t}$），dp（ADF）= 5.30+12.80×（$1-e^{-0.01t}$）；各营养成分瘤胃有效降解率为 DM 46.83%、OM 44.78%、CP 80.28%、NDF 19.19%、ADF 11.82%。综合来看，油菜秸在瘤胃中降解效果较好，或经加工可作为优质粗饲料用于反刍动物。

参考文献（略）

原文发表于：饲料研究，2016（2）：57-59

花生藤在锦江黄牛瘤胃降解率测定

包淋斌，黎力之，潘　柯，欧阳克蕙，瞿明仁*

（江西农业大学江西省动物营养重点实验室/营养饲料开发工程研究中心，南昌　330045）

摘　要：为研究花生藤在锦江黄牛瘤胃中的降解规律，选用3头装有永久性瘤胃瘘管的健康成年锦江黄牛，采用尼龙袋法测定花生藤干物质（DM）、有机物质（OM）、粗蛋白（CP）、中性洗涤纤维（NDF）和酸性洗涤纤维（ADF）在瘤胃降解率，计算瘤胃降解参数及有效降解率。结果表明：（1）在24小时前，花生藤营养物质的消化速率较快，24小时后消化速率减慢，逐渐趋于平稳；（2）花生藤干物质、有机物质、中性洗涤纤维、酸性洗涤纤维、粗蛋白有效降解率分别59.02%、52.38%、26.44%、35.38%、58.35%，花生藤各营养成分有效降解率较高，具有较高饲用价值。

关键词：锦江黄牛；花生藤；瘤胃降解

花生是世界上广泛种植的经济作物之一，全世界花生产量以中国、印度、美国最多。我国花生种植面积约460万 hm^2，是我国重要的农业经济支柱。花生藤是采摘花生后的副产品，在花生大规模生产的同时，花生藤的产量也相当可观，每年为2 000万~3 000万t[1,2]，花生藤中的营养物质含量丰富，据分析测定，花生藤蔓茎叶中含有12.9%粗蛋白（CP）、2%粗脂肪（EE）、46.8%碳水化合物，其中叶的蛋白质含量更高，达20%[3,4]。在众多作物秸秆中，花生藤的综合价值仅次于苜蓿草粉，明显高于玉米秸、大豆秸[5]。

瘤胃降解率的测定是评定粗饲料价值的重要手段，同时也是反刍动物日粮配制的重要参数[6-7]。尼龙袋法是评定饲料营养物质在瘤胃内降解率的有效方法，其简单易行、有较好的重复性、成本低、便于推广使用的优点，是近几十年评价饲料降解率的主要方法[8-14]。本试验采用尼龙袋技术，以锦江黄牛为试验动物，在分析测定花生藤营养价值的基础上，测定在锦江黄牛瘤胃中干物质、有机物质、粗蛋白、中性洗涤纤维和酸性洗涤纤维的消失率和降解率，并根据 Φrskov 和 Mcdonald（1979）提出的模型[15]，分析花生藤在瘤胃中的降解特性，以期为提高花生藤在肉牛养殖生产中的利用率，为提高肉牛生产效率提供一定参考依据。

1　材料与方法

1.1　试验材料来源

本试验所用风干花生藤品种赣花92-01为8月份采收于江西万载县，样品为整个植株去除根部部分（包含叶子）。

基金项目：国家现代肉牛牦牛产业技术体系项目（CARS-38）；国家公益性行业（农业）科研专项（200903006）

作者简介：包淋斌（1990—　），男，江西广昌人，硕士研究生，研究方向：动物营养与饲料科学，E-mail：691076811@qq.com。

* 通讯作者：瞿明仁，教授，博士生导师，E-mail：qumingren@sina.com

1.2 试样制备

饲料采样后以“四分法”采取样品，于65℃烘干12h，粉碎后过40目筛用于饲料常规营养成分分析及尼龙袋降解试验数据分析。各营养成分根据《饲料分析与饲料质量检测技术》的方法进行测定[16]。

1.3 试验动物与饲养管理

选用3头装有永久性瘤胃瘘管的健康成年锦江黄牛，体重（300±20）kg，试验前进行健康检查以及给予试验牛驱虫、健胃。对牛进行7d的预试期，从预试期开始每天上午08：00和下午17：00进行饲喂，先饲喂精料，后饲喂粗料，自由饮水。每天下午4点清理牛舍，保持牛舍清洁卫生，使试验动物有卫生、干净的饮水与舒适的休息环境。试验牛的基础日粮参照中国肉牛饲养标准（2004）配制，精粗比为4：6，精料由玉米、麦麸等饲料组成，粗料为稻草[17]。基础日粮组成和营养水平详见表1。

表1 试验牛日粮组成及营养水平

项目	比例（%）	营养水平	含量
玉米	10	干物质	90.8
麦麸	10.4	综合净能（MJ/kg，DM）	4.85
棉粕	7.2	粗蛋白（%，DM）	15
豆粕	2.8	Ca（%，DM）	0.92
菜粕	6.8	P（%，DM）	0.28
碳酸氢钠	0.5		
石粉	0.2		
食盐	0.6		
预混料	1		
稻草	60.5		
合计	100		

注：1. 每千克预混料含：VA500KIU；$VD_3$80KIU；VE 2000IU；烟酸 80g；Cu 2g；Fe 10g；Mn 8g；Zn 6g；Se 0.02g；I 0.1g；Co 0.02g。2. 营养水平均为计算值

1.4 瘤胃尼龙袋技术

选择400目孔径的尼龙布，裁成13cm×15cm的矩形，对折，用涤纶线缝双道制成长×宽为13cm×7.5cm的尼龙袋，用铁烫或蜡烛火燎将边烤焦以去除线头。称取3g左右处理好的样品放入不同的尼龙袋中，用棉线将袋口扎紧。每头牛每个样品设三个重复，将每个时间点的尼龙袋用尼龙绳串到一根1.5米长的麻绳上，将所有尼龙袋在晨饲前放入牛的瘤胃腹囊部，麻绳另一端固定到瘘管外部[18]。于投放后4、6、12、24、36、48 、72、96h将拴在一个麻绳上的尼龙袋取出，用缓慢流水冲洗同时缓慢摇动，直至澄清无浑浊物流出为止。而后将尼龙袋放入65℃烘箱中烘至恒重。装入自封袋中放于干燥处保存，用于进行营养成分分析。

1.5 计算公式

（1）消失率：饲料在不同时间段的营养成分消失率%/h=［1-（残留营养物质含量/饲料原本营养物质含量）］×100%。

（2）动态降解率：根据瘤胃降解参数计算模型曲线 $dp=a+b*(1-e^{-ct})$，用最小二乘法计算式中 a、b、c 值。dp 为在 t 培养时间某样品被测养分的实时瘤胃降解率%；a 为某样品被测养分快速可降解部分%；b 为某样品被测养分慢速可降解部分%；c 为 b 的降解速度率（%/h）；t 为样品在瘤胃中的培养时间；e 为自然对数底数。计算某样品目标养分的有效降解率采用公式模型[13]：$ED=a+b*c/(c+K)$。式中：ED 为待测样品目标养分的有效降解率（%）；K 为饲料瘤胃外流速率，本试验 K 取值 0.05/h，a、b、c 的含义同上。

1.6 数据统计分析

本试验数据统计处理采用 SPSS17.0 和 Excel 2003 进行统计分析。

2 结果与分析

2.1 原料主要营养成分

花生藤主要营养成分测定结果见表 2。经检测分析得出原料花生藤的干物质、有机物质、粗蛋白、中性洗涤纤维、酸性洗涤纤维、粗脂肪含量分别为 91.67%、83.24%、7.98%、36.03%、29.56%、1.59%。

表 2 花生藤主要营养成分 （%）

项目	干物质	有机物质	粗蛋白	中性洗涤纤维	酸性洗涤纤维	粗脂肪
花生藤	91.67	83.24	7.98	36.03	29.56	1.59

2.2 花生藤各营养成分在瘤胃内不同时间点的降解率

从表 3、图 1 可以看出，花生藤不同营养成分在不同时间点降解率各有差别。花生藤在瘤胃中各营养成分降解率均随样品在瘤胃内放置时间延长而增大。在 96h 时，花生藤干物质、有机物质、中性洗涤纤维、酸性洗涤纤维、粗蛋白在瘤胃内降解率达到 76.60%、75.24%、49.98%、58.82%、82.39%。中性洗涤纤维、酸性洗涤纤维在各个时间点降解率均低于干物质、有机物质、粗蛋白，说明花生藤中性洗涤纤维、酸性洗涤纤维比干物质、有机物质、粗蛋白较难降解，在 96h 时，粗蛋白降解率最高，说明在瘤胃中花生藤粗蛋白吸收效果好于干物质、有机物质、中性洗涤纤维、酸性洗涤纤维。DM 与 OM 降解率趋势线走向基本一致。

表 3 花生藤营养成分在瘤胃内各时间点降解率 （%）

间点/h	干物质	有机物质	中性洗涤纤维	酸性洗涤纤维	粗蛋白
4	42.83	31.76	8.13	19.89	30.49
6	47.11	36.83	11.40	22.84	49.76
12	59.35	51.38	22.71	29.74	64.80
24	73.34	71.47	41.92	49.93	66.59
36	73.89	72.99	42.51	52.54	79.35
48	75.01	73.41	45.39	56.07	79.76
72	76.46	74.85	45.99	57.05	81.59
96	76.60	75.24	49.98	58.82	82.39

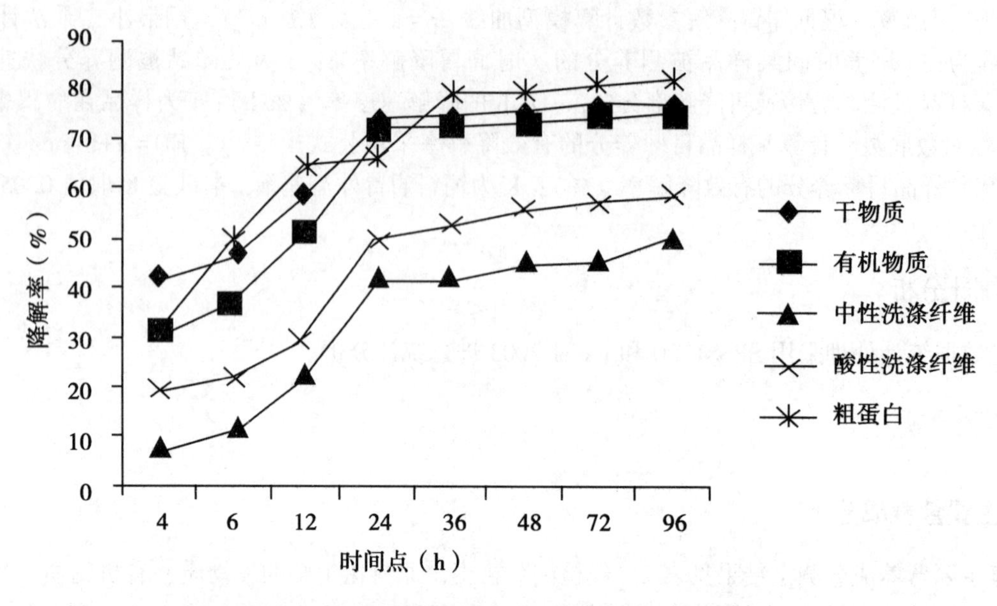

图 1　花生藤营养成分在瘤胃内各时间点降解率

2.3　花生藤各营养成分在瘤胃内各时间段降解速率

从表 4 和图 2 可以看出，在 0~4h 花生藤干物质、有机物质、中性洗涤纤维、酸性洗涤纤维降解速率最大，而粗蛋白在 4~6h 降解速率出现高峰值；干物质、有机物质、中性洗涤纤维、酸性洗涤纤维、粗蛋白降解速率一直下降，在前 0~12h 内降解速率下降最快，而后逐渐趋于平缓。干物质、有机物质、中性洗涤纤维、酸性洗涤纤维、粗蛋白降解速率最大值分别为 10.71%/h、7.94%/h、2.03%/h、4.97%/h、9.63%/h。干物质、有机物质、粗蛋白降解速率最低都出现在 72~96h，分别为 0.01%/h、0.02%/h、0.03%/h，中性洗涤纤维、酸性洗涤纤维降解速率最低却出现在 48~72h，为 0.02%/h、0.04%/h。中性洗涤纤维、酸性洗涤纤维降解速率在 48~72h 出现低谷而后上升，粗蛋白降解速率在 48~72h 再次出现高值，干物质和有机物质分别在 24~36h 和 36~48h 出现一个低谷。

表 4　花生藤各营养成分在瘤胃内各时间段降解速率（%/h）

时间段	干物质	有机物质	中性洗涤纤维	酸性洗涤纤维	粗蛋白
0~4h	10.71	7.94	2.03	4.97	7.62
4~6h	2.14	2.54	1.64	1.48	9.63
6~12h	2.04	2.43	1.88	1.15	2.51
12~24h	1.17	1.67	1.60	1.68	0.15
24~36h	0.05	0.13	0.05	0.22	1.06
36~48h	0.09	0.03	0.24	0.29	0.03
48~72h	0.06	0.06	0.02	0.04	0.08
72~96h	0.01	0.02	0.17	0.07	0.03

2.4　花生藤各营养成分在瘤胃内降解参数及有效降解率

由表 5 可知，花生藤 DM 快速降解部分含量最高，为 26.22%，NDF 快速降解部分 0.37%，有机物、

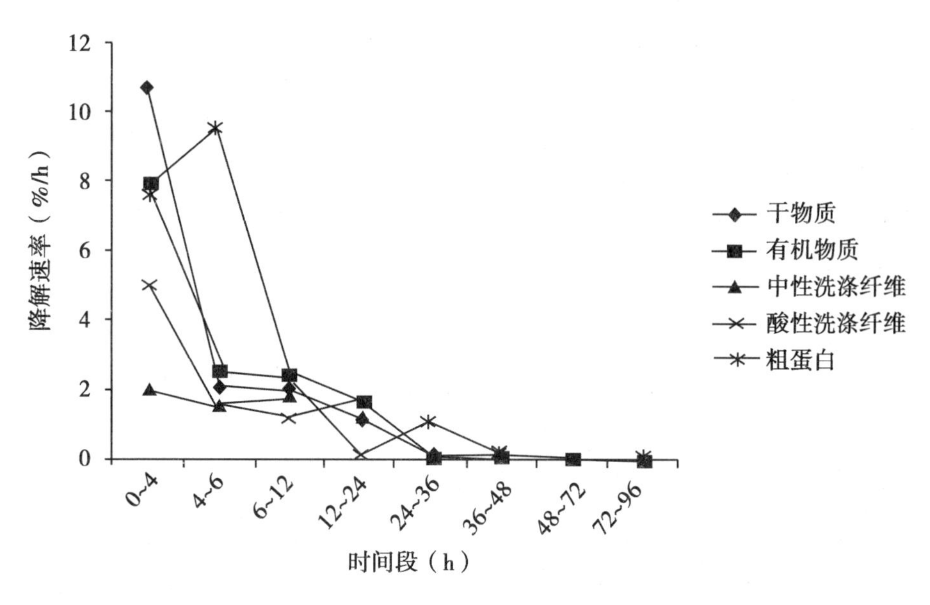

图 2　花生藤各营养成分在瘤胃内各时间段降解速率（%/h）

酸性洗涤纤维、粗蛋白快速降解部分分别为 10.66%、7.62%、7.74%。花生藤 CP 慢速降解部分最高，为 71.98%，干物质、有机物质、中性洗涤纤维、酸性洗涤纤维慢速降解部分为 50.15%、64.70%、49.02%、51.24%。花生藤干物质、有机物质、中性洗涤纤维、酸性洗涤纤维、粗蛋白可降解部分都较高，分别为 76.37%、75.36%、49.39%、58.86%、79.72%。干物质、有机物质、中性洗涤纤维、酸性洗涤纤维、粗蛋白慢速降解部分降解速率也较高，为 9.45%、9.08%、5.68%、5.91%、11.84%。干物质、有机物质、粗蛋白有效降解率较高，超过 50%，分别为 59.02%、52.38%、58.35%。中性洗涤纤维、酸性洗涤纤维相对较低，为 26.44%、35.38%。

表 5　花生藤各营养成分降解参数及有效降解率　（%）

	DM	OM	NDF	ADF	CP
快速降解部分（a）	26.22	10.66	0.37	7.62	7.74
慢速降解部分（b）	50.15	64.70	49.02	51.24	71.98
可降解部分（a+b）	76.37	75.36	49.39	58.86	79.72
慢速降解部分降解速率（c）	9.45	9.08	5.68	5.91	11.84
有效降解率（ED）	59.02	52.38	26.44	35.38	58.35

3　讨论

王俊宏等（2010）报道花生藤蔓茎叶中含有 12.9%粗蛋白质、2%粗脂肪[1]，而本试验测定花生藤的粗蛋白和粗脂肪含量为 7.98%与 1.59%，这与所用试验样品品种、采摘时间和部位、存放时间、地域差异有关。本研究发现，花生藤各营养成分在锦江黄牛瘤胃内的降解率均随着样品在瘤胃内降解时间的延长而逐步增加，花生藤在锦江黄牛瘤胃不同停留时间，各营养物质的降解率不同，而且同一时间点，不同营养成分的消失率也存在差异，以 NDF 的降解率最低，ADF 次之。在 24 小时前，花生藤营养物质的消化速率较快，24 小时后消化速率减慢，逐渐趋于平稳，这说明花生藤在锦江黄牛瘤胃中最佳消化状态是 24 小时以后，此结果与方热军等（1992）研究结果一致[19]。掌握花生藤这一降解特性，合理地对花生藤进行加工调制和饲喂，对充分利用花生藤无疑是很重要的。

本试验结果表明，花生藤干物质、有机物质、中性洗涤纤维、酸性洗涤纤维在0~4h的降解速率最大，这可能是因为其快速降解部分在瘤胃微生物的作用下快速降解或者直接溶解于瘤胃液中，导致降解速率最大。在干物质、有机物质、中性洗涤纤维、酸性洗涤纤维、粗蛋白0~4h降解速率中中性洗涤纤维最小，仅有2.03%，这于中性洗涤纤维快速降解部分最少，只有0.37%相符合。粗蛋白在4~6h的降解速率最大，这可能附着于饲料细菌蛋白在此时间段也加入降解。各营养成分中，0~4h以干物质的降解速率最大，说明干物质的快速降解部分含量最高，这于快速降解部分的含量以干物质的最大相符合。随着时间延长各营养成分降解速率逐渐降低，是因为可降解部分不断降解。各营养成分降解速率在不同时间段都出现一个峰值，这可能是细胞壁或者其他保护结构被微生物破坏掉，细胞内的营养物质开始被利用。

本试验结果表明，花生藤干物质、有机物质、中性洗涤纤维、酸性洗涤纤维、粗蛋白有效降解率分别59.02%、52.38%、26.44%、35.38%、58.35%，各营养成分有效降解率都较高，说明花生藤具有较高饲用价值。柏雪等（2011）研究发现花生藤干物质和粗蛋白在山羊瘤胃有效降解率分别为43.00%和60.11%[20]，本研究花生藤干物质和粗蛋白在锦江黄牛瘤胃有效降解率分别为59.02%和58.35%，导致研究结果不同可能与所用试验样品品种、采摘时间和部位、存放时间及试验动物差异有关。本次试验证实花生藤不同营养物质在瘤胃中的降解难易程度差异，DM、OM、CP有效降解率较高，NDF和ADF较低，说明纤维性物质在瘤胃内消化更难，此与苗树君等（2007）研究玉米青贮有效降解率在各收获期均为CP较高，NDF和ADF较低的结果一致[21]。

4 结论

（1）在24小时前，花生藤营养物质的消化速率较快，24小时后消化速率减慢，逐渐趋于平稳。

（2）花生藤干物质、有机物质、中性洗涤纤维、酸性洗涤纤维、粗蛋白有效降解率分别59.02%、52.38%、26.44%、35.38%、58.35%，各营养成分有效降解率都较高，说明花生藤具有较高饲用价值。

参考文献（略）

原文发表于：饲料研究，2015（11）：34-38

苎麻副产物的瘤胃降解特性研究

黎力之，潘　珂，欧阳克蕙*，熊小文，瞿明仁，许兰娇，赵向辉

（江西农业大学　江西省动物营养重点实验室/营养饲料开发工程研究中心，南昌　330045）

摘　要：本研究以 3 头安装有永久性瘤胃瘘管的锦江黄牛为试验动物，采用尼龙袋法对苎麻副产物的瘤胃降解特性进行研究。结果表明：苎麻副产物的干物质（DM）、有机物（OM）、粗蛋白（CP）、中性洗涤纤维（NDF）、酸性洗涤纤维（ADF）含量分别为 90.61%、80.58%、11.67%、47.73%、31.75%；各营养成分动态降解率为 $dp(DM)=29.11+33.5\times(1-e^{-0.05t})$，$dp(OM)=10.98+49.06\times(1-e^{-0.06t})$，$dp(CP)=56.9+26.07\times(1-e^{-0.08t})$，$dp(NDF)=1.08+40.90\times(1-e^{-0.05t})$，$dp(ADF)=43.62\times(1-e^{-0.03t})$；瘤胃有效降解率分别为 DM 53.85%、OM 48.28%、CP 77.82%、NDF 29.78%、ADF 27.72%。

关键词：苎麻副产物；营养成分；瘤胃降解率

苎麻（*Boehmeria Nivea* L. Gaud）是我国重要的出口创汇经济作物，在西方俗称“中国草”（刘立军等，2010）。至 2002 年底，全国苎麻种植面积达 13 万 hm^2，年产量 24 万 t（吕江南等，2004）。但从利用情况来看，常利用仅占苎麻全株 5%左右的纤维部分来作为纺织原料，而近 95%的麻骨、麻叶等副产物很少被利用（姜涛，2008），造成严重的资源浪费和环境污染。近年来，我国草食动物生产快速发展，且呈现由牧区向农区转移的趋势，亟待解决优质粗饲料资源短缺的问题。研究表明，苎麻不仅是优良的天然纤维作物，其营养成分含量也较好，嫩茎的营养价值高于苜蓿（喻春明等，2007）。国内外利用苎麻叶、苎麻干草等饲喂猪、牛、羊、鸡、鱼等都取得了良好的饲养效果（Garnica 等，2010；Trung 等，2001；Agus 等，2009；牟琼等，2000；陈丽婷等，2013；Permana 等，2011）。目前，关于苎麻及苎麻副产物在反刍动物营养中的基础研究较缺乏。本研究利用尼龙袋法探讨苎麻副产物在肉牛瘤胃内的降解特性，为合理、有效利用苎麻副产物及发展草食动物生产提供参考。

1　材料和方法

1.1　苎麻副产物的采集与制备

样品是 2014 年 8 月 20 日，于江西省宜春市农业科学研究所苎麻研究所采集的二麻，为抽丝后的麻骨、麻叶。样品立即带回实验室 65℃烘至恒重，室温下回潮 24h，一部分粉碎过 40 目筛，用于常规营养成分含量测定，另一部分粉碎过 6 目筛用于尼龙袋降解试验。

项目基金：公益性行业（农业）科研专项（201303143-04）；国家现代农业产业技术体系（CARS-38）；江西农业大学研究生创新专项资金项目（NDYC2014-03）

作者简介：黎力之（1990—　），女，江西抚州人，在读硕士生，研究方向为饲料资源开发与利用，E-mail：jxlilizhi@qq.com

* 通信作者：欧阳克蕙（1974—　），女，教授，硕士生导师。

1.2 试验动物及饲养管理

选用3头平均体重为（300±15）kg安装有永久性瘤胃瘘管的健康锦江黄牛公牛。试验牛在1.3倍维持需要的营养水平下单栏饲养，每天饲喂2次，自由饮水。

1.3 尼龙袋制备

选用400目孔径的尼龙布，用涤纶线缝双道制成12cm×8cm的尼龙袋，用蜡烛火燎将边烤焦以去除线头。

1.4 试验方法

准确称取样品（3g左右）放入已知重量的尼龙袋（使用前先将尼龙袋放入瘤胃内72h，而后取出、洗净及65℃烘干后称重）中，袋口用尼龙绳扎紧，保证不漏料，每头牛每个样品设三个重复。取一根50cm长的半软塑料管，将9个尼龙袋分为三个间隔（每个间隔10cm）绑在软管上，软管一端与尼龙绳打结，另一端绑一重物，保证不滑脱。于晨饲前将半软管与尼龙袋一起投入牛瘤胃腹囊处，尼龙绳固定在牛体外瘘管口。于投放后0、4、6、12、24、36、48、72、96h将尼龙袋取出，立即放入冷水中终止发酵，用自来水冲洗至水澄清。洗净后的尼龙袋经65℃烘至恒重，放室温下回潮24h后称重。

1.5 测定指标

不同时间点取出尼龙袋内样品采用张丽英（2003）的方法测定干物质（DM）、有机物（OM）、粗蛋白（CP）、中性洗涤纤维（NDF）、酸性洗涤纤维（ADF）含量，计算不同时间点各营养成分降解率及有效降解率。

1.6 计算方法

待测饲料某营养成分瘤胃降解率（%）=（待测饲料某营养成分质量-残留物中某营养成分质量）/待测饲料某营养成分质量×100。

按照φrskov等（1979）提出的饲料中某营养成分在瘤胃中实时降解率公式$dp=a+b(1-e^{-c\times t})$确定降解常数a、b、c，其中dp为在t培养时间某样品被测营养成分的实时瘤胃降解率（%）；a为快速降解部分（%）；b慢速降解部分（%）；c为b的降解速率（$\% \cdot h^{-1}$）；t为样品在瘤胃中的培养时间。

饲料中某营养成分有效降解率（ED）按照公式$ED=a+(b\times c)/(c+k)$计算，ED为待测样品某营养成分的有效降解率（%）；k为样品营养成分的瘤胃外流速率（/h），本试验取k=0.0193/h（颜品勋等，1994）。

1.7 统计分析

采用Excel 6.0和SPSS 17.0软件中的非线性回归程序对数据进行处理和统计分析。

2 结果与分析

2.1 苎麻副产物主要营养成分含量

苎麻副产物主要营养成分含量测定结果见表1。

表 1　苎麻副产物主要营养成分含量（风干基础）　(%)

项目	DM	OM	CP	NDF	ADF
苎麻副产物	90.61	80.58	11.67	47.73	31.75

2.2　苎麻副产物的瘤胃降解特性

苎麻副产物的瘤胃降解特性见表 2 和表 3。

表 2　苎麻副产物主要营养成分瘤胃降解率　(%)

项目	不同时间点降解率							
	4h	6h	12h	24h	36h	48h	72h	96h
DM	34.86	39.44	45.10	56.07	56.46	58.36	61.78	64.19
OM	21.69	26.92	33.90	52.20	54.22	55.16	58.66	61.65
CP	63.10	66.62	75.37	77.12	80.25	82.28	83.19	84.11
NDF	6.58	11.38	19.47	28.89	33.56	36.17	38.42	43.96
ADF	3.41	6.43	15.23	23.11	32.97	35.08	38.83	41.88

由表 2 可以看出，随着瘤胃消化时间的延长，苎麻副产物各营养成分降解率随之提高，在 24h 内上升明显，而 36h 后上升速度非常缓慢，至 96h 时间点 DM、OM、CP、NDF、ADF 降解率分别为 64.19%、61.65%、84.11%、43.96%、41.88%。

表 3　苎麻副产物主要营养成分瘤胃降解参数及有效降解率　(%)

项目	DM	OM	CP	NDF	ADF
a	29.11	10.98	56.90	1.08	0
b	33.50	49.06	26.07	40.90	43.62
$c/\%\cdot h^{-1}$	0.05	0.06	0.08	0.05	0.03
a+b	62.61	60.04	82.97	41.98	43.62
ED	53.85	48.28	77.82	29.78	27.72

由表 3 可以得出，苎麻副产物 DM、OM、CP、NDF、ADF 有效降解率分别为 53.85%、48.28%、77.82%、29.78%、27.72%；各营养成分动态降解率为 $dp(DM)=29.11+33.5\times(1-e^{-0.05t})$，$dp(OM)=10.98+49.06\times(1-e^{-0.06t})$，$dp(CP)=56.9+26.07\times(1-e^{-0.08t})$，$dp(NDF)=1.08+40.90\times(1-e^{-0.05t})$，$dp(ADF)=43.62\times(1-e^{-0.03t})$。

3　讨论与小结

苎麻副产物 DM、OM、CP 的潜在降解率（a+b）均较高，分别为 62.61%、60.04%、82.97%，而 NDF、ADF 的潜在降解率（41.98%、43.62%）也达到了 40%。苎麻副产物 DM、CP、NDF 的潜在降解率（62.61%、82.97%、41.98%）与反刍动物常饲喂的稻秸（52.05%、50.48%、43.31%）、玉米秸（81.83%、58.13%、25.79%）、麦秸（39.63、50.20%、19.80%）、豆秸（陈晓琳，2014）（52.17%、61.62%、44.89%）相比较，苎麻副产物 DM 潜在降解率低于玉米秸，但均高于稻秸、麦秸、豆秸；苎麻

副产物 CP 潜在降解率较高，均优于稻秸、玉米秸、麦秸、豆秸，而其 NDF 潜在降解率低于稻秸、豆秸，高于玉米秸、麦秸。

本试验测定苎麻副产物各营养成分动态降解率分别为 $dp(DM)=29.11+33.5\times(1-e^{-0.05t})$，$dp(OM)=10.98+49.06\times(1-e^{-0.06t})$，$dp(CP)=56.9+26.07\times(1-e^{-0.08t})$，$dp(NDF)=1.08+40.90\times(1-e^{-0.05t})$，$dp(ADF)=43.62\times(1-e^{-0.03t})$；各营养成分瘤胃有效降解率为 DM 53.85%、OM 48.28%、CP 77.82%、NDF 29.78%、ADF 27.72%。综合来看，苎麻副产物在瘤胃中降解效果较好，可作为反刍动物粗饲料资源加以开发利用。

参考文献（略）

原文发表于：中国饲料，2015（17）：36-37，40

木薯渣在锦江黄牛瘤胃降解率的测定

包淋斌，黎力之，潘　柯，欧阳克蕙，瞿明仁*

（江西农业大学江西省动物营养重点实验室/营养饲料开发工程研究中心，南昌　330045）

摘　要：为研究木薯渣在锦江黄牛瘤胃中的降解规律，选用3头装有永久性瘤胃瘘管的健康成年锦江黄牛，采用尼龙袋法测定木薯渣干物质（DM）、有机物质（OM）、粗蛋白（CP）、中性洗涤纤维（NDF）和酸性洗涤纤维（ADF）在瘤胃降解率，计算瘤胃降解参数及有效降解率。结果表明：（1）在36小时前，木薯渣营养物质的消化速率较快，36小时后消化速率减慢，逐渐趋于平稳；（2）木薯渣干物质、有机物质、中性洗涤纤维、酸性洗涤纤维、粗蛋白有效降解率分别为63.13%、63.05%、46.55%、25.36%、32.49%，木薯渣各营养成分有效降解率较高，具有较高饲用价值；（3）木薯渣饲用价值低于稻谷，高于苕草、苜蓿。

关键词：锦江黄牛；木薯渣；瘤胃降解率

木薯（Manihot esculenta Crantz.）又名树薯或树翻薯，是世界三大薯类（木薯、甘薯和马铃薯）之一，誉称地下粮食或淀粉之王，主要产于热带地区，产量在粮食作物中排第七位[1]。随着江西发展薯类作物非粮原料燃料乙醇项目的实施，木薯的种植面积与种植范围不断扩大，目前已扩展到了以东乡为中心的周边鹰潭、南昌、上饶、抚州、井冈山等市的10多个县（市）[2]。木薯渣（Casvsa Residues，CR）是木薯提取淀粉或酒精等加工后的废料。木薯渣含有大量的粗纤维（CF）及少量淀粉，缺乏蛋白质（CP），粗纤维含量较高且难消化，以及多种微量元素，而且木薯渣无毒，可作为饲料资源进行开发利用[3,4]。近几年来，新饲料资源的开发与利用备受重视，以木薯渣作为饲料原料的研究也成热点之一，国内外对木薯渣研究多在利用其生产单细胞蛋白、酒精、植酸酶、栽培平菇等方面[5-11]，且利用量较少，存放过程中易发霉变质，使大量的木薯渣被废弃，造成极大浪费，且污染环境[12]，而作为饲料原料研究利用较少。本试验对木薯渣各营养成分及其在锦江黄牛瘤胃降解率进行测定，为充分开发木薯渣在肉牛养殖生产中的利用提供一定参考依据。

1　材料与方法

1.1　试验材料来源

本试验所用木薯渣为江西雨帆农业发展有限公司提取淀粉后产物。

1.2　试样制备

饲料采样后以“四分法”采取样品，于65℃烘干12h，粉碎后过40目筛用于饲料常规营养成分分析

基金项目：国家现代肉牛牦牛产业技术体系项目（CARS-38）；国家公益性行业（农业）科研专项（200903006）

作者简介：包淋斌（1990—　），男，江西广昌人，硕士研究生，研究方向：动物营养与饲料科学，E-mail：691076811@qq.com。

* 通讯作者：瞿明仁，教授，博士生导师，E-mail：qumingren@sina.com

及尼龙袋降解实验数据分析。各营养成分根据《饲料分析与饲料质量检测技术》的方法进行测定[13]。

1.3 试验动物与饲养管理

选用3头装有永久性瘤胃瘘管的健康成年锦江黄牛，体重（300±20）kg，试验前进行健康检查以及给予实验牛驱虫、健胃。对牛进行7d的预试期，从预试期开始每天上午08：00和下午17：00进行饲喂，先饲喂精料，后饲喂粗料，自由饮水。每天下午4点清理牛舍，保持牛舍清洁卫生，使试验动物有卫生、干净的饮水与舒适的休息环境。试验牛的基础日粮参照中国肉牛饲养标准（2004）配制，精粗比为4∶6，精料由玉米、麦麸等饲料组成，粗料为稻草。基础日粮组成和营养水平详见表1。

表1 试验牛日粮组成及营养水平

项目	比例（%）	营养水平	含量
玉米	10	干物质	90.8
麦麸	10.4	综合净能（MJ/kg，DM）	4.85
棉粕	7.2	粗蛋白（%，DM）	15
豆粕	2.8	Ca（%，DM）	0.92
菜粕	6.8	P（%，DM）	0.28
碳酸氢钠	0.5		
石粉	0.2		
食盐	0.6		
预混料	1		
稻草	60.5		
合计	100		

注：（1）每千克预混料含：VA500KIU；$VD_3$80KIU；VE 2000IU；烟酸80g；Cu 2g；Fe 10g；Mn 8g；Zn 6g；Se 0.02g；I 0.1g；Co 0.02g。（2）营养水平均为计算值。

1.4 瘤胃尼龙袋技术

选择400目孔径的尼龙布，裁成13cm×15cm的矩形，对折，用涤纶线缝双道制成长×宽为13cm×7.5cm的尼龙袋，用铁烫或蜡烛火燎将边烤焦以去除线头。称取3g左右处理好的样品放入不同的尼龙袋中，用棉线将袋口扎紧。每头牛每个样品设三个重复，将每个时间点的尼龙袋用尼龙绳串到一根1.5米长的麻绳上，将所有尼龙袋在晨饲前放入牛的瘤胃腹囊部，麻绳另一端固定到瘘管外部。于投放后4、6、12、24、36、48 、72、96h将拴在一个麻绳上的尼龙袋取出，用缓慢流水冲洗同时缓慢摇动，直至澄清无浑浊物流出为止。而后将尼龙袋放入65℃烘箱中烘至恒重。装入自封袋中放于干燥处保存，用于进行营养成分分析。

1.5 计算公式

（1）消失率：饲料在不同时间段的营养成分消失率%/h=（1-残留营养物质含量/饲料原本营养物质含量）×100%。

（2）动态降解率：根据Qrskov等（1979）[14]提出的瘤胃降解参数计算模型曲线 $dp=a+b\times(1-e^{-ct})$，用最小二乘法计算式中a、b、c值。dp为在t培养时间某样品被测养分的实时瘤胃降解率%；a为某样品被测养分快速可降解部分%；b为某样品被测养分慢速可降解部分%；c为b的降解速度率（%/h）；t为样品在瘤胃中的培养时间；e 为自然对数底数。计算某样品目标养分的有效降解率采用公式模型：ED=a+b×c/（c+K）。式中：ED 为待测样品目标养分的有效降解率（%）；K 为饲料瘤胃外流速率，本试验 K 取值 0.05/h，a、b、c 的含义同上。

1.6　数据统计分析

本试验数据统计处理采用 SPSS17.0 和 Excel2003 进行统计分析。

2　结果与分析

2.1　原料主要营养成分

木薯渣主要营养成分测定结果见表 2。经检测分析得出原料木薯渣的干物质（DM）、有机物质（OM）、粗蛋白（CP）、粗脂肪（EE）、中性洗涤纤维（NDF）、酸性洗涤纤维（ADF）含量分别为 91.52%、89.39%、2.28%、0.42%、35.70%、16.88%。

表 2　木薯渣主要营养成分　（%）

项目	干物质	有机物	粗蛋白	粗脂肪	中性洗涤纤维	酸性洗涤纤维
木薯渣	91.52	89.39	2.28	0.42	35.7	16.88

2.2　木薯渣各营养成分在瘤胃内不同时间点降解率

从表 3、图 1 可以看出，木薯渣不同营养成分在不同时间点降解率各有差别。木薯渣在瘤胃中各营养成分降解率均随样品在瘤胃内停滞时间延长而增大。在 96h 时，木薯渣干物质、有机物质、中性洗涤纤维、酸性洗涤纤维、粗蛋白在瘤胃内降解率达到 84.69%、85.26%、67.58%、49.50%、69.25%。中性洗涤纤维、酸性洗涤纤维在各个时间点降解率均低于干物质、有机物质，说明木薯渣中性洗涤纤维、酸性洗涤纤维比干物质、有机物质较难降解，而酸性洗涤纤维各时间点降解率低于中性洗涤纤维，则说明木薯渣酸性洗涤纤维较中性洗涤纤维较难降解。酸性洗涤纤维和粗蛋白在 4h 降解率较低，仅 1.26%、8.67%。DM 与 OM 降解率趋势线走向基本重合，NDF 与 DM、OM 降解率趋势线走向基本一致。

表 3　木薯渣营养成分在瘤胃内各时间点降解率　（%）

时间/h	干物质	有机物质	中性洗涤纤维	酸性洗涤纤维	粗蛋白
4	39.71	39.06	19.42	1.26	8.67
6	50.9	50.99	29.36	5.31	13.41
12	66.32	65.35	45.05	18.76	36.05
24	76.02	76.75	58.87	42.88	41.27
36	84.25	84.57	64.72	45.8	54.77
48	84.41	84.79	66.68	49.12	62.38
72	84.69	85.26	67.58	49.5	69.25
96	84.86	85.26	67.87	50.62	74.32

2.3　木薯渣各营养成分在瘤胃内各时间段降解速率

从表 4 和图 2 可以看出，在 0~4h 木薯渣干物质、有机物质降解速率最大，而中性洗涤纤维在 4~6h

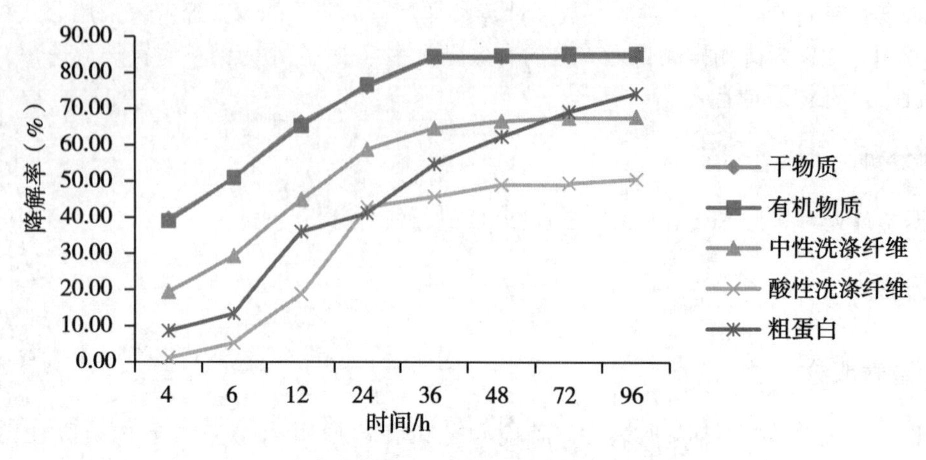

图1　木薯渣营养成分在瘤胃内各时间点降解率

降解速率出现高峰值，酸性洗涤纤维、粗蛋白在6~12h降解速率出现高峰值。干物质、中性洗涤纤维降解速率一直下降，在前0~12h内降解速率下降最快，而后逐渐趋于平缓。干物质、有机物质、中性洗涤纤维、酸性洗涤纤维、粗蛋白降解速率最大值分别为9.927%/h、9.764%/h、4.971%/h、2.241%/h、3.773%/h。干物质、有机物质、中性洗涤纤维、粗蛋白降解速率最低都出现在72~96h，分别为0.007%/h、0.000%/h、0.012%/h、0.211%/h。酸性洗涤纤维降解速率最低却出现在48~72h，为0.016%/h。有机物质降解速率在48~72h出现一个小峰值，酸性洗涤纤维降解速率在48~72h出现个低谷值，粗蛋白降解速率在24~36h再次出现一个峰值。

表4　木薯渣各营养成分在瘤胃内各时间段降解速率（%/h）

时间段/h	干物质	有机物质	中性洗涤纤维	酸性洗涤纤维	粗蛋白
0~4h	9.927	9.764	4.855	0.316	2.168
4~6h	5.594	5.966	4.971	2.022	2.371
6~12h	2.571	2.393	2.615	2.241	3.773
12~24h	0.808	0.95	1.152	2.01	0.435
24~36h	0.686	0.652	0.487	0.244	1.125
36~48h	0.013	0.018	0.163	0.276	0.634
48~72h	0.012	0.02	0.038	0.016	0.286
72~96h	0.007	0	0.012	0.047	0.211

2.4　木薯渣各营养成分在瘤胃内降解参数及有效降解率

由表5可知，木薯渣DM快速降解部分含量最高，为19.32%，有机物快速降解部分亦高达19.17%，中性洗涤纤维、酸性洗涤纤维、粗蛋白快速降解部分分别为5.07%、0.11%、0.33%。木薯渣CP慢速降解部分最高，为74.34%，干物质、有机物质、中性洗涤纤维、酸性洗涤纤维慢速降解部分为65.33%、66.05%、64.46%、53.65%。木薯渣干物质、有机物质、中性洗涤纤维、酸性洗涤纤维、粗蛋白可降解部分都较高，分别为84.65%、85.22%、69.53%、53.76%、74.67%。干物质、有机物质、中性洗涤纤维慢速降解部分降解速率较高，为10.18%、9.89%、9.03%，酸性洗涤纤维、粗蛋白慢速降解部分降解速率较低，为4.46%、3.81%。干物质、有机物质有效降解率较高，超过50%，分别为63.13%、63.03%。中

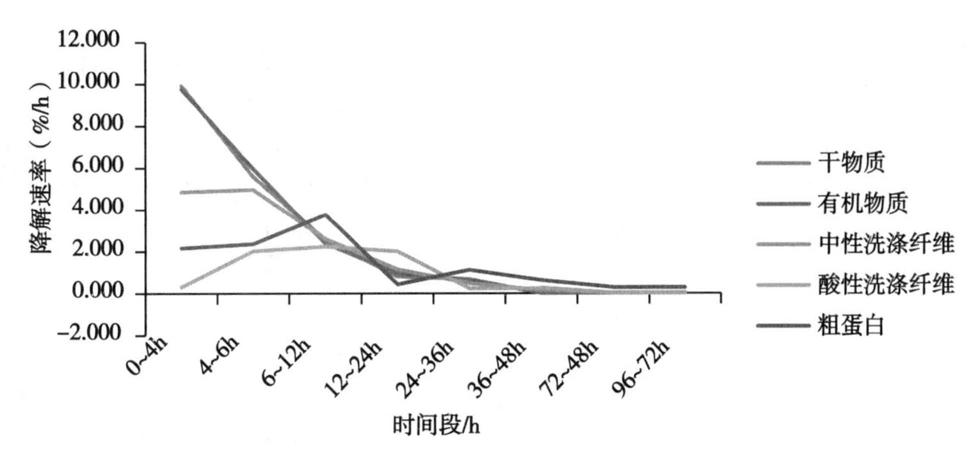

图 2　木薯渣各营养成分在瘤胃内各时间段降解速率

性洗涤纤维、酸性洗涤纤维、粗蛋白相对较低，为 46.55%、25.39%、32.49%。

表 5　木薯渣各营养成分降解参数及有效降解率　(%)

	DM	OM	NDF	ADF	CP
快速降解部分（a）	19.32	19.17	5.07	0.11	0.33
慢速降解部分（b）	65.33	66.05	64.46	53.65	74.34
可降解部分（a+b）	84.65	85.22	69.53	53.76	74.67
慢速降解部分降解速率（c）	10.18	9.89	9.03	4.46	3.81
有效降解率（ED）	63.13	63.05	46.55	25.39	32.49

3　讨论

胡忠泽等（2002）报道木薯渣中含有 4.92%粗蛋白质、1.96%粗脂肪、92.42%干物质[15]，而本试验测定木薯渣的粗蛋白、粗脂肪和干物质含量为 2.28%、0.42%、91.52%，这与木薯在被利用抽取淀粉前根茎叶各部分所配合的比例不同及提取工艺有关。本试验结果表明，木薯渣各营养成分在锦江黄牛瘤胃内的降解率均随着样品在瘤胃内降解时间的延长而逐步增加，木薯渣在锦江黄牛瘤胃不同停留时间点，各营养物质的降解率不同，而且同一时间点，不同营养成分的消失率也存在差异，以 ADF 的降解率最低，干物质、有机物质较高。36h 前，木薯渣各营养物质的消化速率较快，36h 后消化速率减慢，逐渐趋于平稳，这说明木薯渣在锦江黄牛瘤胃中最佳消化状态是 36h 以后，掌握木薯渣这一降解特性，合理地对木薯渣进行加工调制和饲喂，对充分利用木薯渣无疑是很重要的。

本试验结果表明，木薯渣干物质、有机物质在 0~4h 的降解速率最大，这因为其快速降解部分在瘤胃微生物的作用下快速降解或者直接溶解于瘤胃液中，导致降解速率最大。中性洗涤纤维、酸性洗涤纤维、粗蛋白降解速率最大分别出现在 4~6h、6~12h、6~12h，这因为瘤胃菌附着于样品上并繁殖需要一定时间。在干物质、有机物质、中性洗涤纤维、酸性洗涤纤维、粗蛋白 0~4h 降解速率中酸性洗涤纤维最小，仅有 0.316%，这与酸性洗涤纤维快速降解部分最少，只有 0.11%相符合。粗蛋白在 6~12h 的降解速率最大，这可能是因为附着于饲料的细菌蛋白在此时间段也加入降解。各营养成分中，0~4h 以干物质的降解速率最大，说明干物质的快速降解部分含量最高，这与快速降解部分的含量以干物质最大相符合。随着时间延长各营养成分降解速率逐渐降低，是因为可降解部分不断降解。有机物质、酸性洗涤纤维和粗蛋白降解速率在不同时间段都出现一个峰值，这可能是细胞壁或者其他保护结构被微生物破坏掉，细胞内的营养物质开始被利用。

本试验结果表明，木薯渣干物质、有机物质、中性洗涤纤维、酸性洗涤纤维、粗蛋白有效降解率分别为63.13%、63.05%、46.55%、25.36%、32.49%，各营养成分有效降解率都较高，蔡永权等（2007）研究表明以青贮木薯渣饲养成本较低，增质量速度较快，可获得较好的经济效益[16]。刘建勇等（2011）研究表明用木薯渣育肥肉牛，增重效果好，牛肉品质较好，牛肉和脂肪颜色正常，处于最好等级区间[17]，说明木薯渣具有较高饲用价值。唐兴等（2010）研究木薯柠檬酸渣在山羊体内干物质有效降解率为45.32%，中性洗涤纤维有效降解率为23.36%，粗蛋白质有效降解率为48.86%[18]。本试验测得木薯渣干物质、中性洗涤纤维和粗蛋白在锦江黄牛瘤胃有效降解率分别为63.13%、46.55%、58.35%，导致研究结果不同可能与所用试验木薯在被利用抽取淀粉前根茎叶各部分所配合的比例不同及提取工艺有关。据包淋斌等（2014）报道稻谷各营养成分有效降解率：DM 75.34%，OM 79.72%，CP 39.49%，NDF 39.55%，ADF 48.58%[19]，张芳平（2014）报道鄱阳湖苔草各营养成分有效降解率：DM 33.40%，OM 33.60%，CP 56.38%，NDF 17.68%，ADF 3.08%[20]，宋伟红等（2008）报道苜蓿干草各营养成分有效降解率：DM 47.99%，CP 66.53%，NDF 27.45%，ADF 25.35%[21]。本试验木薯渣各营养成分有效降解率低于稻谷，而干物质、有机物质、中性洗涤纤维、酸性洗涤纤维高于苔草，DM、NDF、ADF 高于苜蓿干草，仅粗蛋白有效降解率低于苔草与苜蓿，这可能与木薯渣蛋白含量少及其细胞结构有关，与能量饲料稻谷相比，木薯渣饲用价值低于稻谷，与粗饲料苔草、苜蓿相比，木薯渣饲用价值高于苔草、苜蓿。本次试验证实木薯渣不同营养物质在瘤胃中的降解难易程度差异，DM、OM、NDF 有效降解率较高，ADF 最低，说明中性洗涤纤维在瘤胃内消化较难，这与木薯渣中木质素、硅酸盐等难降解物质含量较高有关。

4 结论

（1）在 36h 前，木薯渣营养物质的消化速率较快，36h 后消化速率减慢，逐渐趋于平稳。

（2）木薯渣干物质、有机物质、中性洗涤纤维、酸性洗涤纤维、粗蛋白有效降解率分别 63.13%、63.05%、46.55%、25.36%、32.49%，各营养成分有效降解率都较高，说明木薯渣具有较高饲用价值。

（3）木薯渣饲用价值低于稻谷，高于苔草、苜蓿。

参考文献（略）

原文发表于：中国饲料，2015（21）：12-15

第五部分 副产物利用技术

油菜秸秆与皇竹草适宜混合微贮模式的研究

王福春[1]，付　凌[2]，瞿明仁[1]，欧阳克蕙[1]，王灿宇[1]，许兰娇[1*]

（1. 江西农业大学 动物科学技术学院，2. 江西农业大学 理学院，江西南昌　330045）

摘　要：本试验以改善饲料品质、提高饲料利用率为目的。以粪肠球菌复合菌和不同比例的油菜秸秆和皇竹草为研究对象，旨在通过不同水平的粪肠球菌复合菌和不同比例的皇竹草与油菜秸秆进行组合青贮，探讨不同组合对油菜秸秆与皇竹草混合微贮品质的影响，为油菜秸秆与皇竹草混合微贮提供理论支持和科学的技术依据。试验采用 3×3 的两因素试验设计，共设 9 个处理组，每个处理组 3 个重复。微贮 45d 后，进行感官评定和相关指标的测定。结果表明：（1）以Ⅱ组的感官评价得分最高（18 分），其次为Ⅲ、Ⅴ、Ⅵ、Ⅷ处理组（16 分）。（2）Ⅵ组 pH 值最低，并显著低于Ⅸ处理组（$P<0.05$）。（3）Ⅸ组 DM 含量显著高于Ⅰ、Ⅳ、Ⅶ处理组（$P<0.05$）。（4）Ⅱ组 CP 的含量与Ⅲ、Ⅴ组差异不显著（$P>0.05$），但显著或极显著高于Ⅰ、Ⅳ、Ⅵ、Ⅶ、Ⅷ、Ⅸ处理组（$P<0.05$ 或 $P<0.01$）。（5）Ⅱ、Ⅴ、Ⅵ组的 VBN 含量较低，且显著或极显著低于Ⅰ、Ⅲ、Ⅳ、Ⅶ、Ⅷ、Ⅸ处理组（$P<0.05$ 或 $P<0.01$）。（6）Ⅱ组的 VBN/TN 的比值最低，且极显著低于其他 8 个处理组（$P<0.01$），其次较低的为Ⅲ、Ⅴ处理组。（7）NDF 含量高的为Ⅶ、Ⅳ处理组，差异不显著（$P>0.05$），其次为Ⅰ、Ⅸ处理组，但与Ⅳ组差异不显著（$P>0.05$）。（8）ADF 含量低的为Ⅷ、Ⅱ、Ⅴ，差异不显著（$P>0.05$）。（9）Ⅲ、Ⅴ的 WSC 含量显著或极显著高于Ⅰ、Ⅳ、Ⅵ、Ⅶ组。综合本试验研究结果，适宜的微贮组合为Ⅱ、Ⅲ、Ⅴ，即油菜秸秆：皇竹草+粪肠球菌复合菌组合为 3：7+150mg/kg、3：7+300mg/kg、4：6+150mg/kg。

关键词：油菜秸秆；皇竹草；混合微贮；适宜模式

我国是油菜种植大国，有丰富的油菜秸秆资源，但其质地粗硬，适口性差，粗纤维含量高，可消化利用营养成分低，不能被有效利用。皇竹草是我国南方广大地区通常种植的牧草，产量高，但水分含量也很高，不利于储存。有研究表明，采用微生物添加剂进行微贮，能够分解木质素，降低粗纤维含量，增强适口性，提高营养利用价值[1-4]。

本试验旨在通过添加微生物添加剂，对我国常见且数量较大的油菜秸秆和皇竹草进行混合微贮试验，以期确定适宜混合微贮模式，为油菜秸秆合理利用提供依据。

1　材料与方法

1.1　试验材料

油菜秸秆在江西当地选购。皇竹草为国家肉牛产业技术体系高安试验站基地种植，刈割高度为地上部

基金项目：国家现代肉牛牦牛产业技术体系项目（CARS-38）、国家公益性行业（农业）科研专项（201303143）和江西省赣鄱英才555 工程领军人才计划（赣才字［2012］1 号）共同资助。

作者简介：王福春（1987—　），男，硕士研究生，主要从事反刍动物营养与饲料科学研究，E-mail：837232466 @ qq. com

* 通讯作者：许兰娇，助理研究员，博士，E-mail：xulanjiao1314@ 163. com

分 180cm 左右，茎叶青绿、清洁新鲜、无泥土夹杂，油菜秸秆和皇竹草的营养成分测定结果见表 1。

表 1　油菜秸秆、皇竹草营养成分

原料	水分（%FM）	粗蛋白（%DM）	粗脂肪（%DM）	粗纤维（%DM）	无氮浸出物（%DM）	粗灰分（%DM）
皇竹草	82.98±3.06	19.98±0.15	13.58±0.39	34.54±1.91	17.97±1.51	13.93±0.30
油菜秸秆	7.34±0.36	6.73±0.71	11.69±0.19	42.67±2.05	27.68±1.81	11.24±0.23

微生物添加剂选用由宜春强微微生物科技有限公司提供的乳酸粪肠球菌复合菌。含总益生菌数量>15×10^9cfu/g，其中乳酸粪肠球菌>6×10^9cfu/g，芽孢杆菌>5×10^9cfu/g，产朊假丝酵母菌>4×10^9cfu/g。

1.2　试验设计

试验采用 3×3 的两因素的试验设计，共设 9 个处理组，每个处理组设 3 个重复（瓶），具体试验设计见表 2

表 2　油菜秸秆与皇竹草混合微贮试验设计

组别	油菜秸秆：皇竹草混合微贮比例	粪肠球菌添加量（mg/kg）
Ⅰ	3：7	0
Ⅱ	3：7	150
Ⅲ	3：7	300
Ⅳ	4：6	0
Ⅴ	4：6	150
Ⅵ	4：6	300
Ⅶ	5：5	0
Ⅷ	5：5	150
Ⅸ	5：5	300

1.3　混合微贮的制作

将晒干的油菜秸秆切至长度为 1~3cm，新鲜的皇竹草切至长度为 3~7cm，并按 3：7、4：6、5：5 三种不同的比例分别与 0、150 和 300mg/kg 粪肠球菌复合菌菌液添加量进行混匀，装入到微贮瓶中，每瓶净重约 600g，压紧，密封，置于室温储藏。微贮 45d，开封，从各微贮瓶取出样品 200g 左右，置于烘箱中，在 65℃条件下烘至恒重（48 小时左右），用于相关指标的测定。

1.4　微贮料品质评定

1.4.1　感官评定

微贮饲料的感官评定指标是依据我国农业部发行的《青贮饲料质量评估标准》[5]，分别从色泽、气味、质地、霉变等方面对微贮饲料的品质进行初步评定。

1.4.2　实验室评定

pH 值采用 PHS-320 测定仪进行测定。氨态氮（VBN）的测定参照冯宗慈[6]测定。微贮饲料中的水分、干物质（DM）、有机物质（OM）、粗蛋白（CP）、酸性洗涤纤维（ADF）和中性洗涤纤维（NDF）

采用张丽英主编饲料分析检测技术方法测定[7]；可溶性碳水化合物（WSC）采用蒽酮比色法进行测定[8]；

1.5　数据统计处理

试验数据采用 Excel 进行初步整理，结果用 SPSS 19.0 软件中的 ANOVA 程序进行方差分析，用 Duncan's 程序进行多重比较。

2　结果与分析

2.1　感官评定结果

经过 45d 的微贮后，各组混合微贮饲料的感官评定结果见表 3。

表 3　各组混合微贮饲料的感官评定结果

组别	霉变	气味		颜色		质地		综合评价	
		描述	得分	描述	得分	描述	得分	总分	等级
Ⅰ	部分霉变	中等酸度	4	亮黄略绿	2	软、松散	4	10	中
Ⅱ	少量霉变	酸度较大、微香	12	亮黄略绿	2	软、松散	4	18	优
Ⅲ	无霉变	酸度较重、略香	10	黄、略绿	2	软、松散	4	16	优
Ⅳ	霉变部位较多	酸度较大	4	暗黄色	1	较硬、松散	2	7	可
Ⅴ	无霉变	酸度较大、略香	10	黄、略绿	2	软、松散	4	16	优
Ⅵ	少量霉变	酸味较重、略香	10	黄、略绿	2	软、松散	4	16	优
Ⅶ	瓶口及瓶颈处有霉变	酸度较淡	2	黄	2	硬、松散	1	5	下
Ⅷ	部分霉变	酸度较大、略香	10	中黄	2	软、松散	4	16	优
Ⅸ	少量霉变	酸度较重	10	中黄	2	较硬、松散	2	14	中

由表 3 可以得出：添加粪肠球菌复合菌可在一定程度上改善油菜秸秆与皇竹草微贮饲料的香味及微贮饲料的松软程度，而对皇竹草与油菜秸秆各混合比例的微贮饲料的色泽没有明显的变化。综合各感官评价指标，以Ⅱ组（皇竹草：油菜秸秆＝7：3、粪肠球菌复合菌＝150mg/kg）得分最高（18 分），其次为Ⅲ、Ⅴ、Ⅵ、Ⅷ（16 分）。

2.2　实验室评定结果

实验室评定结果见表 4–6。

表 4　各组混合微贮饲料 pH 值和 DM 测定结果

组别	pH 值	DM
Ⅰ（3：7+0）	5.20 ± 0.03^{ab}	31.80 ± 1.78^{a}
Ⅱ（3：7+150）	5.12 ± 0.05^{ab}	32.41 ± 0.75^{ab}
Ⅲ（3：7+300）	5.17 ± 0.07^{ab}	32.31 ± 0.73^{ab}
Ⅳ（4：6+0）	5.12 ± 0.14^{ab}	31.36 ± 0.98^{a}
Ⅴ（4：6+150）	5.15 ± 0.03^{ab}	33.32 ± 0.75^{ab}

（续表）

组别	pH 值	DM
Ⅵ（4：6+300）	5.10±0.03[b]	32.63±0.63[ab]
Ⅶ（5：5+0）	5.14±0.14[ab]	31.77±0.24[a]
Ⅷ（5：5+150）	5.11±0.08[ab]	32.37±2.29[ab]
Ⅸ（5：5+300）	5.25±0.04[a]	34.21±1.48[b]

注：同列数据肩注不同大写字母表示差异极显著（$P<0.01$），不同小写字母表示差异显著（$P<0.05$），相同字母表示不显著（$P>0.05$），下同。

由表4可知，pH值以Ⅵ组最低，并显著低于处理组Ⅸ（$P<0.05$），其他各处理组间差异均不显著（$P>0.05$）；处理组Ⅸ的DM含量显著高于处理组Ⅰ、Ⅳ、Ⅶ（$P<0.05$），处理组Ⅱ、Ⅲ、Ⅴ、Ⅵ、Ⅷ、Ⅸ的DM含量均分别高于处理组Ⅰ、Ⅳ、Ⅶ，但差异不显著（$P>0.05$）。说明油菜秸秆与皇竹草混合比例和粪肠球菌复合菌添加剂量对混合微贮的pH值影响较小，而粪肠球菌复合菌对油菜秸秆与皇竹草混合微贮料的干物质回收率有一定的影响，但影响不大。

表5　不同处理组合对混合微贮饲料CP、VBN和VBN/TN比值评定结果的影响

组别	CP	VBN	VBN /TN
Ⅰ（3：7+0）	12.38±0.78[BCa]	0.025±0.00[Aa]	1.24±0.08[Aa]
Ⅱ（3：7+150）	17.96±0.98[Ab]	0.019±0.00[Bb]	0.64±0.02[Bb]
Ⅲ（3：7+300）	14.96±2.33[ABDb]	0.025±0.00[Aa]	0.93±0.03[Ce]
Ⅳ（4：6+0）	11.29±0.15[Ca]	0.031±0.00[Cc]	1.73±0.04[Dd]
Ⅴ（4：6+150）	15.15±0.32[ABDb]	0.019±0.00[Bb]	0.94±0.06[ACac]
Ⅵ（4：6+300）	12.33±0.042[DCa]	0.022±0.00[ABab]	1.11±0.14[Aa]
Ⅶ（5：5+0）	10.52±0.75[Ca]	0.072±0.00[Ee]	3.73±0.19[Ee]
Ⅷ（5：5+150）	12.31±0.70[CDa]	0.061±0.00[Ff]	2.47±0.10[Ff]
Ⅸ（5：5+300）	10.26±1.51[Ca]	0.066±0.00[Gg]	3.62±0.13[Ee]

由表5可知，从微贮料蛋白质含量数据来看，Ⅱ组的CP含量与Ⅲ、Ⅴ组差异不显著（$P>0.05$），但显著或极显著高于Ⅰ、Ⅳ、Ⅵ、Ⅶ、Ⅷ、Ⅸ组（$P<0.05$或$P<0.01$），以Ⅱ组的CP含量最高，其次为Ⅴ组。VBN含量以Ⅱ、Ⅴ、Ⅵ组的最低，且各组间差异均不显著（$P>0.05$），但显著或极显著低于处理组Ⅰ、Ⅲ、Ⅳ、Ⅶ、Ⅷ、Ⅸ（$P<0.05$或$P<0.01$）。由表中VBN /TN结果可知，Ⅱ组的VBN/TN的比值最低，极显著低于其他8个处理组（$P<0.01$），其次为Ⅲ、Ⅴ组，但差异不显著（$P>0.05$）。

表6　不同处理对混合微贮饲料NDF、ADF和WSC结果的影响

组别	NDF	ADF	WSC
Ⅰ（3：7+0）	63.68±1.55[ADEa]	44.45±1.47[ABb]	1.94±0.13[Aa]
Ⅱ（3：7+150）	54.96±1.07[BCb]	40.60±0.02[Bb]	2.62±0.18[ABab]
Ⅲ（3：7+300）	54.58±3.92[BCb]	42.66±0.44[Bb]	3.32±0.61[BCb]
Ⅳ（4：6+0）	66.17±0.86[AEae]	46.17±0.54[ABab]	2.13±0.20[ADa]

（续表）

组别	NDF	ADF	WSC
Ⅴ（4：6+150）	55.63±0.37^{BCb}	40.75±3.71^{Bb}	3.13±0.30^{BDb}
Ⅵ（4：6+300）	59.38±0.71^{BDc}	44.30±1.86^{ABab}	2.35±1.01^{ABDac}
Ⅶ（5：5+0）	68.24±0.90^{Ee}	52.10±2.54^{Aa}	2.09±0.51^{ADa}
Ⅷ（5：5+150）	53.78±0.53^{Cb}	40.41±0.80^{Bb}	2.58±0.60^{ABab}
Ⅸ（5：5+300）	63.01±0.97^{ADa}	43.79±6.66^{ABb}	2.94±0.23^{ABDbc}

表6显示出了各组中性洗涤纤维、酸性洗涤纤维和可溶性碳水化物含量的变化规律，由NDF结果可知，Ⅶ、Ⅳ组NDF含量最高，但差异不显著（$P>0.05$），其次为Ⅰ、Ⅸ，但与Ⅳ组差异不显著（$P>0.05$）。ADF含量低的为Ⅷ、Ⅱ、Ⅴ，相互之间差异不显著（$P>0.05$）。Ⅲ、Ⅴ组的WSC含量最高，且差异不显著（$P>0.05$），但显著或极显著高于Ⅰ、Ⅳ、Ⅵ、Ⅶ处理组（$P<0.05$或$P<0.01$）。

3 讨论

3.1 不同组合对油菜秸秆与皇竹草混合微贮料感官品质的影响

赵政、陈学文等（2009）[9]研究表明，添加乳酸复合菌和纤维素酶，可降低玉米秸秆青贮料的腐败率，改善青贮的感官品质和营养指标，提高青贮的营养价值。本试验结果表明，在相同原料组成比例的条件下，添加粪肠球菌复合菌Ⅱ、Ⅲ、Ⅴ、Ⅵ、Ⅷ、Ⅸ处理组的微贮料均具有酸香味，呈亮黄绿色或棕黄色，松软不黏手。而未用粪肠球菌复合菌处理的Ⅰ、Ⅳ、Ⅶ组均未闻到香味，黄色不够鲜亮，质地较硬，且综合评价指标均低于与复合菌处理的微贮组合。说明粪肠球菌复合菌可在一定程度上提高皇竹草与油菜秸秆混合微贮的感观品质。

3.2 不同组合对油菜秸秆与皇竹草混合微贮料pH值和DM含量的影响

由表4可知，pH值以Ⅵ组最低，并显著低于处理组Ⅸ（$P<0.05$），但与其他各处理组间差异均不显著（$P>0.05$），说明原料组成比例和粪肠球菌复合菌对皇竹草与油菜秸秆混合微贮料的pH值影响较小。在本试验中，pH值并没有在4.2以下。李翠霞[10]研究了抑制二次发酵菌、植物乳杆菌、粪肠球菌对全株玉米青贮的影响，发现青贮后，添加粪肠球菌的青贮组产酸最弱。万里强和李向林（2005）[11]研究报道了添加糖蜜可显著降低青贮pH值，但在本试验中，可能是由于油菜秸秆和皇竹草的WSC含量较低，缓冲性能较高，额外添加的红糖还不足以大幅降低微贮的pH值。另一方面可能是由于微贮还处于酸化期，pH值难以降低到4.2及以下。因此 对今后油菜秸秆与皇竹草进行混合微贮可增大碳水化合物添加量和延长微贮时间来综合研究。处理组Ⅸ的干物质含量显著高于处理组Ⅰ、Ⅳ、Ⅶ（$P<0.05$），处理组Ⅱ、Ⅲ、Ⅴ、Ⅵ、Ⅷ、Ⅸ的干物质含量均分别高于处理组Ⅰ、Ⅳ、Ⅶ的，但差异不显著（$P>0.05$）。进一步分析可发现，随着油菜秸秆比例增大，微贮料的DM含量呈递增趋势，这与廖惠珍[12]的研究结果一致，但是粪肠球菌复合菌对油菜秸秆与皇竹草混合微贮料的干物质含量影响不大，这可能是由于相同原料比例条件下，青贮料中皇竹草的干物质含量差异较小，而相对皇竹草中的营养物质，粪肠球菌复合菌对油菜秸秆中营养物质的利用较难。

3.3 不同组合对油菜秸秆与皇竹草混合微贮料CP、VBN和VBN/TN比值的影响

粗蛋白是衡量饲料营养价值的重要经济指标。饲料中粗蛋白含量高，说明饲料品质优良，反之则表明

饲料品质低下[13]。本试验结果表明，Ⅱ组 CP 的含量与Ⅲ、Ⅴ组差异不显著（$P>0.05$），但显著或极显著高于Ⅰ、Ⅳ、Ⅵ、Ⅶ、Ⅷ、Ⅸ组（$P<0.05$ 或 $P<0.01$），以Ⅱ组的蛋白质含量最高，其次为Ⅴ组。分析结果可以发现，混合微贮料粗蛋白质含量不仅与原料混合比例有关，而且与粪肠球菌复合菌的添加剂量密切相关。本试验中，微贮料中粗蛋白的含量随着油菜秸秆比例提高而呈降低趋势，这是因为皇竹草粗蛋白质（19.98%）含量比油菜秸秆（6.73%）要高；而粗蛋白的含量随着粪肠球菌复合菌添加水平的增高而呈现出先升高后降低的趋势。在同一原料比例中，均以 150mg/kg 添加量组蛋白质含量最高，不添加或添加 300mg/kg 粪肠球菌复合菌组蛋白质含量均低于 150mg/kg 组。这可能是由于当添加适宜浓度的粪肠球菌复合菌时，既可以达到抑制复合菌以外的其他有害微生物的生长繁殖，又可以促进粪肠球菌复合菌内部菌群间的良性增长，使蛋白质的合成速度高于蛋白质的损耗速度；而当粪肠球菌复合菌添加剂量超过一定浓度时，粪肠球菌复合菌内部菌群间过早竞争资源，降低饲料中粗蛋白的净合成率，甚至呈现负增长。

VBN 含量和 VBN/TN 的比值变化规律也呈现出与粗蛋白质含量变化相同的规律，即：在同一原料比例中，均以 150mg/kg 添加量组氨氮含量和氨氮/总氮比值最低，不添加或添加 300mg/kg 粪肠球菌复合菌组的 VBN 含量和 VBN/TN 的比值均高于 150mg/kg 组。可能原因有：一方面是由于粪肠球菌复合菌中的枯草芽孢杆菌产生的多种活性抑菌物质和粪肠球菌产生的抑菌物质抑制其他有害微生物的生长繁殖，从而间接抑制 VBN 的产生，另一方面由于粪肠球菌复合菌中的枯草芽孢杆菌可降解纤维素并最终生成单糖和二糖，而粪肠球菌复合菌中的产朊假丝酵母可利用这些糖类物质作为碳架合成蛋白类物质[14]，从而提高饲料中总氮含量，间接地降低氨氮与总氮的比值。

3.4 不同组合对油菜秸秆与皇竹草混合微贮料 NDF、ADF 和 WSC 含量的影响

席兴军等（2003）在玉米秸秆青贮料中添加粪肠球菌和纤维素酶，结果表明添加粪肠球菌和纤维素酶能明显降低 ADF、NDF 含量[15]。本试验结果表明，NDF 含量高的为Ⅶ、Ⅳ组（差异不显著，$P>0.05$）、较高的为Ⅰ、Ⅸ组，而且Ⅳ组与Ⅰ、Ⅸ组差异不显著（$P>0.05$）；ADF 含量低的为Ⅷ、Ⅱ、Ⅴ组，而其差异不显著（$P>0.05$），WSC 含量高的为Ⅲ、Ⅴ组，差异不显著（$P>0.05$），但显著或极显著高于Ⅰ、Ⅳ、Ⅵ、Ⅶ组（$P<0.05$ 或 $P<0.01$）。进一步分析可知，随着混合微贮原料中油菜秸秆比例的升高，混合微贮料的 NDF 和 ADF 含量逐渐增加。这可能是由于油菜秸秆粗纤维含量（42.67%）比皇竹草的粗纤维含量（34.54%）高所致。在同一油菜秸秆与皇竹草比例中，添加粪肠球菌复合菌无论是 150mg/kg 还是 300mg/kg 组，其中 NDF 和 ADF 的含量都表现出一定程度的降低，而与之对应的可溶性碳水化物则呈现一定幅度的提高。说明粪肠球菌复合菌具有降解粗纤维的作用，把粗纤维降解为 WSC，增加微贮料的营养价值。

4 小结

综合本试验研究结果，适宜的微贮组合为Ⅱ、Ⅲ、Ⅴ组，即油菜秸秆：皇竹草+粪肠球菌复合菌组合为 3：7+150mg/kg、3：7+300mg/kg、4：6+150mg/kg。

参考文献（略）

原文发表于：江西农业大学学报，2015，37（4）：702-707

油菜秸秆与皇竹草混合微贮料对锦江黄牛体内营养物质消化率的研究

王福春，瞿明仁，欧阳克蕙，赵向辉，王灿宇，许兰娇*

（江西农业大学动物科学技术学院，江西南昌 330045）

摘 要：研究旨在探讨油菜秸秆与皇竹草混合微贮料对锦江黄牛体内营养物质消化率的影响。试验选用健康、25月龄左右、体重为（246.33±30.25）kg的锦江黄牛生长公牛6头，随机分为对照组和试验组，每组3头。对照组饲喂未处理的比例为3：7的油菜秸秆和皇竹草；试验组饲喂比例为3：7、并添加150mg/kg乳酸粪肠球菌复合菌处理的油菜秸秆与皇竹草混合微贮料。试验为期20d，试验最后5d采用全收粪法收集粪便。测定GE、DM、OM、CP、NDF、ADF等营养物质的表观消化率。结果表明：试验组的DM、OM、GE、CP、NDF、ADF在锦江黄牛体内的消化率均极显著高于对照组（$P<0.01$）。以上结果表明，在油菜秸秆与皇竹草按照3：7混合，并添加150mg/kg乳酸粪肠球菌进行混合微贮，可极显著提高锦江黄牛对其GE、DM、OM、CP、NDF、ADF的表观消化率。

关键词：油菜秸秆；皇竹草；混合微贮；锦江黄牛；营养物质消化率

油菜秸秆质地粗硬，适口性差，目前没有很好地被用做反刍动物饲料。为进一步探讨肉用锦江黄牛对油菜秸秆与皇竹草混合微贮料的适口性、饲喂价值及利用率，本课题在前期研究的基础上，就油菜秸秆与皇竹草混合微贮料对锦江黄牛营养物质消化率的影响进行研究，为科学合理地利用油菜秸秆与皇竹草资源提供技术依据。通过饲养试验测定混合微贮料中各营养指标在锦江黄牛瘤胃中的消化率，研究混合微贮料对锦江黄牛营养物质消化率的影响，为在生产实践中进行推广应用提供技术依据。

1 材料与方法

1.1 油菜秸秆与皇竹草混合微贮料的制作

油菜秸秆在江西当地选购，皇竹草在高安市裕丰农牧有限公司的种植基地种植。利用前期研究中得出最适宜的油菜秸秆与皇竹草混合微贮模式，采用包膜微贮方法制作混合微贮料，具体制作方法如下。

将晒干的油菜秸秆和新鲜的皇竹草用型号为9RSJ-3的秸秆揉丝机粉碎后，按照油菜秸秆与皇竹草比例为3：7进行混合，并额外添加150mg/kg乳酸粪肠球菌复合菌进行混匀后，再用型号为YK-5552的青贮圆捆机打捆，最后用型号为BM-5552的圆捆包膜机进行包膜打包，在常规条件下微贮45d，备用。

1.2 试验动物及分组

试验选在高安试验站进行。选用25月龄左右、健康、体重为（246.33±30.25）kg的锦江黄牛生长公

基金项目：国家公益性行业（农业）科研专项（201303143）、国家现代肉牛牦牛产业技术体系项目（CARS-38）和江西省赣鄱英才555工程领军人才计划（赣才字［2012］1号）共同资助。

作者简介：王福春（1987— ），男，硕士研究生，主要从事反刍动物营养与饲料科学研究，E-mail：837232466@qq.com.

* 通讯作者：许兰娇，助理研究员，博士，E-mail：xulanjiao1314@163.com

牛 6 头，随机分为二组，每组 3 头。各组试验处理设计如表 1。

表 1　试验设计

组别	处理
对照组	粗饲料为未处理的油菜秸秆和皇竹草，比例为 3 : 7，没有进行微贮，直接饲喂
微贮组	粗饲料为油菜秸秆与皇竹草，比例为 3 : 7+150mg/kg 乳酸粪肠球菌，进行 45d 混合微贮后饲喂。

试验为期 20d，其中预饲期为 13d，正式期为 7d。各组试验牛采用定点定位饲养。试验前对每头牛用长效双威进行驱虫一次。在试验前 1 周，确定试验牛采食量。自由采食和定时饮水，于每天早上 6：30 和 14：30 分两次饲喂，采用先粗后精的方式饲喂，精粗比为 4 : 6。饮水于上午采完食后（约 08：00）或下午采完食后（约 17：00）。日粮组成及营养水平见表 2。

表 2　试验日粮组成及营养水平（%，MJ/kg＊DM）

日粮组成	对照组	微贮组
精料	41.25	42.42
未处理的油菜秸秆	40.58	0.00
未处理的皇竹草	18.17	0.00
混合微贮料	0.00	57.58
营养水平		
干物质	51.98	38.93
粗蛋白	14.74	19.53
中性洗涤纤维	46.35	42.84
酸性洗涤纤维	35.00	29.76
总能	21.01	19.58

1.3　粪样的收集及处理

试验最后 5d，采用连续全收粪法收集所有粪便，并准确称重。每天准确称取 10%的鲜粪作为粪样，加入浓度为 10% 的、质量为 1/4 鲜粪重的硫酸溶液进行固氮，混匀后放入 65℃烘箱中连续烘 48h 至恒重，回潮，制成风干粪样。将风干粪样粉碎经 40 目筛制成分析样品，并注明日期和动物编号，供实验室分析用。

1.4　测试指标与方法

测定指标包括饲料样和粪样的能量（GE）、DM 、OM 、CP、NDF 、ADF，GE 采用氧氮热量计的方法测定，DM 、OM 、CP、NDF 、ADF 按照常规方法进行测定。

计算各营养成分的表观消化率，计算公式如下：

某养分的消化率（%）=（饲料样中某养分的含量-粪便样中某养分的含量）/饲料样中某养分的含量×100

1.5　数据处理和分析

采用 Excel 2003 和 SPSS19. 0 软件对试验数据进行独立样本 t 检验，结果均用“平均值±标准差”来表示。

2　结果与分析

各组锦江黄牛对营养成分消化率测定结果见表3。

表3　各组锦江黄牛营养成分消化率　(%)

项目	对照组	微贮组
能量	65. 39±1. 06[b]	70. 88±1. 09[a]
干物质	41. 92±1. 80[b]	53. 21±1. 17[a]
有机物质	46. 14±1. 58[b]	56. 95±0. 89[a]
粗蛋白	84. 95±1. 05[b]	91. 70±0. 87[a]
中性洗涤纤维	36. 15±0. 79[b]	50. 39±0. 92[a]
酸性洗涤纤维	25. 03±2. 32[b]	44. 66±1. 09[a]

注：有不同小写字母表示差异显著（$p<0.01$）；有相同字母表示差异不显著（$p>0.05$）

表3显示了锦江黄牛对各组饲料GE、DM、OM、CP、NDF和ADF消化率的变化情况。由表中数据可知，微贮组的牛只对GE、DM、OM、CP、NDF、ADF等营养物质的消化率均极显著高于对照组（$P<0.01$）。

3　讨论

消化率是反映饲料营养成分消化、吸收和利用的重要指标，与饲料的组成、质量及加工处理方式密切相关。微贮是青粗饲料一种常用的饲料加工方式，能改善青粗饲料的适口性，提高饲料的消化利用率。惠小双（2013）[1]研究报道了发酵可提高羊对玉米秸秆的干物质表观消化率，有助于提高动物的生产性能。张宏福等（1998）、贾小翠等（2011）[2][3]研究表明黄贮可提高绵羊对玉米秸的粗蛋白食入量，降低粗蛋白排出量，提高粗蛋白表观消化率，于秀芳等（2008）[4]也有类似的报道。本试验结果表明：油菜秸秆与皇竹草按照3∶7进行混合，并添加150mg/kg乳酸粪肠球菌复合菌进行微贮45d后，其DM、OM、GE、CP、NDF、ADF的消化率均显著高于对照组（$P<0.05$）。与上述报道结果相似。这可能是因为粪肠球菌复合菌作用的结果，主要表现为：发酵初期，乳酸粪肠球菌和枯草芽孢杆菌可降解饲料中的纤维素并最终生成已被动物消化吸收的单糖、二糖、乳酸等可溶性碳水化物，从而提高动物对纤维的消化率；发酵后期，产朊假丝酵母菌可利用五碳糖和六碳糖为碳架，酰胺、氨基酸等为氮源合成高品质单细胞蛋白和B族维生素，从而提高动物对粗蛋白的消化利用率；另外，在动物体内，乳酸粪肠球菌可在动物肠黏膜上形成芽孢杆菌和酵母菌等过路菌所不具有的天然保护屏障，同时还可分泌对沙门氏菌、志贺菌和假单孢菌等致病菌都具有良好的抑制作用的具有广谱抗菌活性的抗菌肽物质，从而有效地保障动物肠道健康，减少动物肠炎等疾病的发生，间接地促进动物对营养物质的消化，提高营养物质消化率；以芽孢形式存在的枯草芽孢杆菌在进入动物肠道等适宜的环境中时，可被迅速活化[5]，分泌产生抗菌肽、多种抗菌素等具有明显抑制致病菌作用的活性物质，同时还可合成淀粉酶、蛋白酶、脂肪酶、纤维素酶等多种酶类物质，从而促进动物对饲料营养物质的消化吸收，提高营养物质的消化率。

4　小结

在本试验条件下，在油菜秸秆与皇竹草按照3∶7混合，并添加150mg/kg乳酸粪肠球菌进行混合微贮，可极显著提高锦江黄牛对其 GE、DM、OM、CP、NDF、ADF 的表观消化率。

参考文献（略）

原文发表于：饲料研究，2015（13）：45-47

油菜秸秆与皇竹草混合微贮料瘤胃动态降解参数的研究

王福春，瞿明仁，欧阳克蕙，赵向辉，王灿宇，许兰娇*

（江西农业大学动物科学技术学院，江西南昌 330045）

摘 要：选取油菜秸秆与皇竹草混合比例为3：7，粪肠球菌复合菌剂量添加量为150mg/kg、300mg/kg和比例为4：6、粪肠球菌复合菌添加量为150mg/kg等三种模式的混合微贮料，分别测定其在锦江黄牛瘤胃中培养4、8、16、24、36、48、72h时的DM、OM、CP、NDF、ADF等营养物质消失率，并计算其在瘤胃降解参数及有效降解率。结果表明：(1) Ⅰ、Ⅱ、Ⅲ组DM、OM、CP、NDF、ADF等营养物质在瘤胃中的降解率随着在瘤胃中培养时间的累积而逐渐增大，其中以Ⅰ组在72h时的降解率最大。(2) 各组间DM在瘤胃中的有效降解率没有显著差别（$P>0.05$），但Ⅲ组的快速降解部分和慢速降解部分的降解率均与Ⅰ组达到显著水平（$P<0.05$），而与Ⅱ组差异不显著（$P>0.05$）。(3) Ⅰ组OM在瘤胃中的有效降解率、快速降解部分降解率和不可降解部分与Ⅱ组均达到显著水平（$P<0.05$），而与Ⅲ组的差异不显著（$P>0.05$）。(4) Ⅰ组CP在瘤胃中的有效降解率和快速降解部分的降解率均显著高于Ⅲ组（$P<0.05$）；而不可降解部分则极显著低于Ⅲ组（$P<0.01$），但与Ⅱ组的差异不显著（$P>0.05$）。(5) Ⅰ、Ⅱ、Ⅲ组间NDF有效降解率、不可降解部分、快速降解部分以及慢速降解部分的降解率差异均不显著（$P>0.05$），但以Ⅰ组的有效降解率最大、不可降解部分最小。(6) 各组间ADF的有效降解率和不可降解部分的差异均不显著（$P>0.05$），但Ⅰ组的快速降解部分的降解率高于Ⅱ组（$P>0.05$）和Ⅲ组（$P<0.05$）。以上结果表明，以原料组成比例为3：7，乳酸粪肠球菌复合菌添加剂量为150mg/kg的油菜秸秆与皇竹草混合微贮料在锦江黄牛瘤胃中的降解率最好。

关键词：油菜秸秆；皇竹草；混合微贮；瘤胃降解率

油菜秸秆是我国肉牛养殖一种潜在的丰富优质饲料资源，但由于质地粗硬，适口性差，难以被动物消化利用。皇竹草是我国南方地区饲养畜禽的主要青绿饲料之一，具有适口性好、产量高等特点，但是由于其水分含量高而不利于储存。为提高油菜秸秆和皇竹草的饲用价值，本课题在前期研究筛选出较为适宜的油菜秸秆与皇竹草混合微贮模式的基础上，研究油菜秸秆与皇竹草混合微贮料在锦江黄牛瘤胃中的降解规律，旨在为油菜秸秆与皇竹草资源的合理利用提供科学的技术依据。

1 材料与方法

1.1 试验材料

试验原料为前期试验所筛选出的三种较为适宜的油菜秸秆与皇竹草混合微贮料，其混合比例及粪肠球

基金项目：国家公益性行业（农业）科研专项（201303143）、国家现代肉牛牦牛产业技术体系项目（CARS-38）和江西省赣鄱英才555工程领军人才计划（赣才字［2012］1号）共同资助。

作者简 介：王福春（1987— ），男，硕士研究生，主要从事反刍动物营养与饲料科学研究，E-mail：837232466 @ qq. com.

* 通讯作者：许兰娇，助理研究员，博士，E-mail：xulanjiao1314@ 163. com

菌复合菌添加剂量如表 1 所示。

表 1　油菜秸秆与皇竹草混合微贮料处理方法

微贮料	油菜秸秆：皇竹草混合微贮比例	粪肠球菌复合菌添加剂量（mg/kg）
Ⅰ	3：7	150
Ⅱ	3：7	300
Ⅲ	4：6	150

1.2　试验动物及饲养管理

选用 3 头体重为（300±20）kg、健康无病且装有永久性瘤胃瘘管的锦江黄牛。饲养在江西农业大学国家肉牛产业技术体系研究基地，均采用单栏单舍饲养，每天于 08：00 和 18：00 分别给每头牛饲喂混合精料和稻草，精粗比为 4：6，采用先粗后精的方式进行饲喂，自由饮水。试验为期 14d，其中预饲期为 10d，正式期为 4d。

1.3　尼龙袋的制备

选用孔径为 50μm 的尼龙筛绢网，统一制成 16cm×8. 5cm（高×宽）的尼龙袋，袋的三边以细涤纶线作双道缝合，并用蜡烛将散边烤焦，以免因脱丝而造成的实验误差。袋底部、两角呈圆形，洗净后烘干称重备用。

1.4　试验方法

准确称取各组待测微贮样品 10g 左右装入尼龙袋中，同组同一时间点的 2 个平行样系于 1 根尼龙绳上，同一时间点共 6 个尼龙袋，采用分时投入同时取出的方法分别于 00：00、04：00、08：00、12：00 和 16：00 放入 A、B、C 等 3 头锦江黄牛的瘤胃腹囊处，每头牛前后一共放入 14 个尼龙袋。在瘤胃中分别培养 4、8、16、24、36、48、72h 后取出。

1.5　样品处理及测定指标

将取出后的尼龙袋放入盆内用流水冲洗并轻柔，反复多次，直到水流清澈为止。把洗好的尼龙袋放入 65℃烘箱内烘干至恒重（大约需要 72h），称量各时间点消化后剩余物质的重量。将未消化完的物质转移到做好标记的自封袋内保存，用于相关指标的测定。

测定指标包括样品及瘤胃残渣中的 DM、有机物（OM）、CP、NDF 和 ADF，采用常规方法进行测定各营养指标含量，并计算瘤胃降解率，计算公式如下：

某营养成分瘤胃降解率（%）＝（样品中某营养成分的质量-
某一时间点残渣中该营养成分的质量）/样品中某营养成分的质量×100

1.6　有效降解率的计算

（1）消失率（dp）：饲料在不同时间段的营养成分消失率（%/h）＝（1-残留营养物质含量/饲料原本营养物质含量）×100

（2）降解参数（a、b、c）：根据瘤胃降解参数计算模型曲线 $dp=a+b\times(1-e^{-ct})$，用最小二乘法计算式中 a、b、c 值。dp 为在 t 培养时间某样品被测养分的实时瘤胃降解率（%）；a 为某样品被测养分快速可降解部分（%）；b 为某样品被测养分慢速可降解部分（%）；c 为 b 的降解速率（%/h）；t 为样品在瘤胃中的培养时间。

（3）有效降解率（ED）：某样品目标养分的有效降解率采用公式模型：ED = a + b × c/（c + K）（ΦRSKOV E R，MCDONALD L，1979）。式中：ED 为待测样品目标养分的有效降解率（%）；K 为饲料瘤胃外流速率，本试验 K 取值 2.53%/h（冯仰廉等，1994）[1]，a、b、c 的含义同上。

1.7 数据统计与处理

数据采用 Excel 软件进行初步整理，结果采用 SPSS19.0 软件中的 ANOVA 程序进行方差分析，用 Duncan's 程序进行多重比较。观察各处理组之间差异是否显著，从而得出最优的处理模式。

2 结果分析

2.1 干物质瘤胃降解率及降解参数

油菜秸秆与皇竹草混合微贮料 DM 在瘤胃中不同时间点的消失率及降解参数见表 2。

表 2 微贮料干物质在瘤胃中不同时间点的消失率和降解参数 （%）

组别	不同时间点的降解率							降解参数				
	4h	8h	16h	24h	36h	48h	72h	a	b	c	d	ED
Ⅰ	12.01±0.28	15.30±0.87^{ab}	18.40±2.22	21.52±1.06	26.85±0.50	31.96±3.73	38.05±2.06	12.00±0.28^{A}	26.05±1.77^{a}	3.65±1.91	61.95±2.05	26.75±2.19
Ⅱ	12.64±0.24	14.81±0.02^{a}	18.03±1.27	21.86±1.06	25.54±1.25	34.51±0.72	37.37±0.75	12.65±0.21^{A}	24.70±0.99^{ab}	4.45±0.78	62.65±0.78	28.30±0.57
Ⅲ	14.88±0.23	17.88±0.40^{b}	20.47±0.89	23.47±1.91	24.67±1.80	34.23±0.43	36.46±0.45	14.85±0.21^{B}	21.60±0.71^{b}	4.40±0.85	63.55±0.49	28.50±0.71

注：1. 表中 a 为快速降解部分，b 为慢速降解部分，c 为慢速降解部分降解速率，单位为（%/h），d 为不可降解部分；ED 为有效降解率。

2. 同列数据肩注不同大写字母表示差异极显著（$P<0.01$），不同小写字母表示差异显著（$P<0.05$），有相同字母或没有标字母表示差异不显著（$P<0.05$），下同

由表 2 所示：三组之间 DM 在瘤胃中的有效降解率以及慢速降解部分的降解速率没有显著差异（$P>0.05$）。Ⅲ组慢速降解部分的降解率显著高于Ⅰ组（$P<0.05$），与Ⅱ组差异不显著（$P>0.05$）；快速降解部分的降解率极显著高于Ⅰ组（$P<0.01$），与Ⅱ组差异不显著（$P>0.05$）；Ⅰ组的不可降解部分最低，其次为Ⅲ组，最高为Ⅱ组，但三组之间差异不显著（$P>0.05$）。

2.2 有机物瘤胃降解率

油菜秸秆与皇竹草混合微贮料有机物 OM 在瘤胃不同时间点的消失率和降解参数测定结果见表 3。

表 3 微贮料 OM 在瘤胃中不同时间点消失率和降解参数 （%）

组别	不同时间点的消失率							降解参数				
	4h	8h	16h	24h	36h	48h	72h	a	b	c	d	ED
Ⅰ	10.79±1.22	11.89±1.22	22.11±0.74^{A}	26.18±1.13^{A}	28.64±1.38^{A}	37.24±1.34^{A}	39.94±0.12^{Aa}	10.75±1.20	29.15±1.34^{a}	5.05±0.92^{a}	60.10±0.14^{a}	30.05±1.48^{a}
Ⅱ	10.48±1.06	12.80±0.06	15.60±0.16^{B}	18.40±0.16^{B}	21.28±1.48^{B}	28.83±0.76^{B}	35.24±2.37^{Bb}	10.50±0.99	24.75±1.34^{b}	2.80±0.28^{b}	64.75±2.33^{b}	23.45±1.06^{b}
Ⅲ	11.30±1.00	13.87±0.38	15.54±0.83^{B}	18.61±0.53^{B}	23.64±0.34^{B}	32.78±1.99^{C}	37.35±0.72^{ABab}	11.25±1.06	26.10±0.28^{ba}	3.60±0.42^{ab}	62.65±0.78^{ab}	26.55±1.63^{ab}

由表3可以看出，在0~72h期间，Ⅰ、Ⅱ、Ⅲ组饲料的OM消失率随着在瘤胃内停留时间的累积而逐步升高。Ⅰ组慢速降解部分显著高于Ⅱ组（$P<0.05$），而与Ⅲ组差异不显著（$P>0.05$）；快速降解部分Ⅰ、Ⅱ、Ⅲ组间差异不显著（$P>0.05$）；不可降解部分Ⅰ组显著低于Ⅱ组（$P<0.05$），而与Ⅲ组差异不显著（$P>0.05$）；有机物在瘤胃中的有效降解率高于Ⅱ组（$P<0.05$）和Ⅲ组（$P>0.05$）。

2.3 粗蛋白瘤胃降解率

油菜秸秆与皇竹草混合微贮料CP在瘤胃中不同时间点的降解率及动态降解参数见表4。

表4　三种微贮料CP在瘤胃中不同时间点的消失率和降解参数　（%）

组别	不同时间点的降解率							降解参数					
	4h	8h	16h	24h	36h	48h	72h	a	b	c	d	ED
Ⅰ	79.00±0.04^{Aa}	80.23±0.42^{a}	81.01±0.65^{a}	82.32±0.11^{Aa}	82.74±0.16^{a}	83.65±0.26^{a}	83.99±0.03^{Aa}	79.00±0.00^{Aa}	5.00±0.00	5.85±1.63	16.00±0.00^{Aa}	82.50±0.28^{Aa}
Ⅱ	76.16±1.29^{Bb}	78.95±0.59^{b}	80.06±0.25^{ab}	81.05±1.16^{ABa}	82.30±0.33^{ab}	81.99±0.21^{b}	82.66±0.17^{ABa}	76.15±1.20^{ABba}	6.50±1.4	7.35±3.32	17.35±0.21^{ABab}	80.85±0.78^{ABab}
Ⅲ	73.80±0.80^{Cc}	78.83±1.39^{b}	80.30±0.70^{b}	80.37±0.98^{Bb}	81.15±0.87^{b}	81.91±0.19^{b}	81.56±0.67^{Bb}	73.80±0.85^{Bb}	7.75±1.49	6.60±2.08	18.45±0.64^{Bb}	79.25±0.35^{Bb}

由4的降解率可知：在0~4h期间，Ⅰ、Ⅱ、Ⅲ组CP在瘤胃不同时间段的消失率先快速上升后趋于稳定，其中在0~4h间的降解速度最快。Ⅰ组在各时间点对饲料中粗蛋白的降解率显著（$P<0.05$）或极显著（$P<0.01$）高于Ⅲ组，而与Ⅱ组的差异除在4h、48h两个时间点达到显著水平外，其他各时间点的差异均不显著（$P>0.05$）。从表中降解参数结果可以看出，Ⅰ组CP在瘤胃中的有效降解率显著高于Ⅲ组（$P<0.05$），而与Ⅱ组的差异不显著（$P>0.05$）；快速降解部分显著高于Ⅲ组（$P<0.05$），而与Ⅱ组的差异不显著（$P>0.05$）；慢速降解部分由大到小依次是Ⅲ、Ⅱ、Ⅰ，但三者之间差异不显著（$P>0.05$）；Ⅰ组的不可降解部分极显著（$P<0.01$）低于Ⅲ组，而与Ⅱ组的差异显著（$P<0.05$）。

2.4 中性洗涤纤维瘤胃降解率

油菜秸秆与皇竹草混合微贮料NDF在瘤胃不同时间点的消失率及动态降解参数见表5。

表5　三种油菜秸秆与皇竹草混合微贮料NDF在瘤胃不同时间点及降解参数

组别	不同时间点的降解率							降解参数					
	4h	8h	16h	24h	36h	48h	72h	a	b	c	d	ED
Ⅰ	13.94±0.50^{ab}	15.14±0.92	18.51±1.53^{Aa}	21.78±0.26^{Ba}	30.50±5.72	38.78±3.66	49.52±0.92	13.95±0.49^{ab}	35.60±1.41	2.70±0.28	50.40±0.85	32.30±1.13
Ⅱ	9.90±2.19^{a}	15.35±0.67	20.42±0.70^{Bb}	25.76±2.28^{ABb}	30.85±1.25	38.58±1.17	47.98±3.55	11.50±0.00^{a}	36.50±3.54	3.10±0.71	52.00±3.54	31.40±0.14
Ⅲ	15.43±1.52^{b}	19.15±0.27	25.15±0.53^{ABa}	27.95±1.03^{Ab}	30.39±0.79	37.84±2.64	48.21±2.57	15.45±1.48^{b}	32.80±1.41	2.40±0.00	51.75±2.90	31.45±2.19

表5显示了NDF在锦江黄牛瘤胃中的降解变化。由表中降解率数据可知，在0~72h期间，Ⅰ、Ⅱ、Ⅲ组混合微贮料的NDF在瘤胃内不同时间点的消失率随着停留时间的延长而逐渐增加，其中以Ⅰ组在72h的降解率最大。从降解参数来看，Ⅰ、Ⅱ、Ⅲ组间的有效降解率差异不显著（$P>0.05$），但以Ⅰ组最大。Ⅰ组的不可降解部分最低，其次为Ⅱ组，最高为Ⅲ组，但三组之间差异不显著（$P>0.05$）。

2.5　酸性洗涤纤维瘤胃降解率

三种油菜秸秆与皇竹草混合微贮料 ADF 在瘤胃不同时间点的消失率和降解参数测定结果见表 6。

表 6　三种油菜秸秆与皇竹草混合微贮料 ADF 在瘤胃不同时间点的降解率和动态降解参数

组别	不同时间点的降解率							降解参数				
	4h	8h	16h	24h	36h	48h	72h	a	b	c	d	ED
Ⅰ	14.31±0.21	17.45±0.81	25.16±1.15[a]	31.95±0.51[a]	34.24±1.35	40.33±1.16[Aa]	44.47±1.31[a]	14.30±0.14[a]	30.15±1.48	4.5±0.99	55.55±1.34	33.45±0.78
Ⅱ	13.93±0.40	16.72±1.08	20.50±1.12[b]	27.48±2.33[b]	33.15±3.48	36.60±4.12[ABb]	42.26±2.42[ac]	13.90±0.42[ab]	28.35±2.05	3.80±0.85	57.75±2.47	30.85±3.18
Ⅲ	12.99±0.54	18.51±3.00	26.09±0.95[a]	29.38±0.67[ab]	30.82±0.37	35.18±0.56[Bb]	40.00±0.19[bc]	12.95±0.49[b]	27.05±0.35	3.65±0.49	60.00±0.14	28.90±0.57

表 6 显示了 ADF 在锦江黄牛瘤胃中降解变化。从表中降解率的数据可以看出，在 0~72h 期间，Ⅰ、Ⅱ、Ⅲ组皇竹草与油菜秸秆混合微贮料的 ADF 的消失率随着在瘤胃内停留时间的延长而逐步增加。其中，Ⅰ组和Ⅲ组在 48h、72h 分别达到极显著（$P<0.01$）和显著（$P<0.05$）水平，而在其他五个时间点的差异不显著（$P>0.05$）；Ⅰ组与Ⅱ组相比，除在 16、24、48h 三个时间点的 ADF 降解率差异显著外（$P<0.05$），其他各时间点的差异均不显著（$P>0.05$）。从降解参数来看，ADF 的有效降解率从大到小依次为Ⅰ组>Ⅱ组>Ⅲ组，但三组之间差异不显著（$P>0.05$）；Ⅰ组的快速降解部分大于Ⅱ组（$P>0.05$）和Ⅲ组（$P<0.05$），慢速降解部分高于Ⅱ、Ⅲ组，但差异不显著（$P>0.05$）；不可降解部分以Ⅰ组的最低，其次为Ⅲ组，最高为Ⅱ组，但三组之间差异不显著（$P>0.05$）。

3　讨论

3.1　不同处理对混合微贮料营养物质在锦江黄牛瘤胃降解率的影响

本试验中Ⅰ、Ⅱ、Ⅲ组皇竹草与油菜秸秆混合微贮料在 4~72h 间的 DM、OM、CP、NDF、ADF 等营养物质在瘤胃中的消失率随着在瘤胃中的停留时间的延长而逐步增加，且各营养物质在 72h 的消失率以Ⅰ组的最高。进一步分析发现，同一剂量不同原料比处理的油菜秸秆与皇竹草混合微贮料营养物质的降解率也不相同，且随着原料中油菜秸秆比例的升高而呈现出下降的趋势。这可能是由于油菜秸秆粗纤维含量较高，且其营养物质被木质化表皮包裹，使得油菜秸秆的消化率和可消化能较皇竹草的低[2]。分析还发现同一原料组成比例不同剂量处理的油菜秸秆与皇竹草混合微贮料营养物质降解率不同，且主要表现出在 0~72h 各时间段，各营养物质在瘤胃中的降解率以粪肠球菌复合菌添加剂量为 150mg/kg 的较高。

3.2　不同处理对混合微贮营养物质在锦江黄牛瘤胃有效降解率的影响

本试验结果显示了不同组合处理的油菜秸秆与皇竹草混合微贮料营养成分在瘤胃有效降解率不同。对于 OM 和 CP 而言，Ⅰ组的最高，Ⅲ组次之，Ⅱ组最低，且Ⅰ组显著或极显著高于Ⅱ组（$P<0.05$ 或 $P<0.01$）；虽然，对于 DM、NDF、ADF 而言，三组之间差异不显著（$P>0.05$），但Ⅰ组混合微贮料的 DM、NDF、ADF 有效降解率最高。对于不同油菜秸秆与皇竹草微贮料其营养成分在瘤胃有效降解率不同的原因可能有：一是油菜秸秆与皇竹草混合比例不同，由于油菜秸秆与皇竹草所含营养成分不同，不同混合比例所产生的组合效应与营养成分互补效果不同；二是粪肠球菌复合菌的添加量不同，尽管Ⅰ组和Ⅱ组油菜秸秆与皇竹草混合比例相同，但由于添加量不同，其营养成分在瘤胃中的有效降解率差别很大。进一步分析发现，粗蛋白在瘤胃中的有效降解率较高，且都在80%左右，在Hvelplund（1985）[3]研究综述了禾本科牧草青贮料粗蛋白在瘤胃内有效降解率（60%~90%）的范围内，高于赵天章、刘大林、乔良、颜品勋等[4-8]测得能量饲料、蛋白质饲料和粗饲料等饲料蛋白的有效降解率，而与麦麸在瘤胃中的有效降解率相当[9,10]。本试验测得的DM、OM有效降解率均在30%以内，与萨其仍贵、赵天章（2007）、高义彪（2008）、李飞等（2000）[4,9,11,12]测得的秸秆类青贮料的干物质在瘤胃内的有效降解率存在一定的差距，但与王兴菊（2007[13]测得的青贮皇竹草的干物质ED值相接近。NDF、ADF的有效降解率在28%~35%，与赵天章（2007）和李飞等（2000，2001）[4,12]研究结果相一致。导致这种现象的原因可能与试验动物、试验方法以及试验饲料中各营养物质的含量多少有关[14]，具体原因有待进一步研究。

综合三组混合微贮料的有效降解率及其他动态降解参数，以Ⅰ组最好，即：油菜秸秆与皇竹草比例为3∶7和粪肠球菌复合菌添加量为150mg/kg的处理组合最好。

4 小结

在本试验条件下，以原料组成比例为3∶7，乳酸粪肠球菌复合菌添加剂量为150mg/kg的油菜秸秆与皇竹草混合微贮料在锦江黄牛瘤胃中的降解率最好。

参考文献（略）

原文发表于：饲料工业，2015，36（11）：51-55

不同真菌处理油菜秸秆对其化学成分及降解率的影响

龚剑明，赵向辉，周　珊，傅传鞭，刘婵娟，瞿明仁*

（江西农业大学江西省动物营养重点实验室/营养饲料开发工程研究中心，南昌　330045）

摘　要：为提高油菜秸秆的利用率，筛选出油菜秸秆处理适宜菌种，本试验利用黄孢原毛平革菌（*P. chrysosporium*）、香菇菌（*L. edodes*）、虫拟蜡菌（*C. subvermispora*）、槭射脉革菌（*P. acerina*）等四种真菌对油菜秸秆进行50d的固态发酵，研究其对油菜秸秆化学成分含量、有机物质瘤胃体外降解率（IVOMD）、酶解率（Enzymatic OMD）及发酵液中相关酶活性，结果表明：（1）不同真菌处理油菜秸秆，经过50d的固态发酵后，显著或极显著地改变了油菜秸秆的化学成分（$P<0.01$或$P<0.05$），各处理组OM含量均降低，CP含量显著升高（$P<0.05$）；（2）不同真菌处理显著影响油菜秸秆有机物质的体外瘤胃消化率和酶解消化率（$P<0.01$），且呈现不同的规律；（3）在油菜秸秆真菌发酵液中，*L. edodes*组的锰过氧化物酶活性最大，其次为*P. chrysosporium*组，*P. acerina*和*C. subvermispora*组较小（$P<0.001$）。对于羧甲基纤维素酶的活性，*P. acerina*组最低，其余组间无显著差异；（4）*L. edodes*处理组的油菜秸秆DM、OM、NDF、ADF、ADL等养分的降解率最大，其次为*P. chrysosporium*组，*P. acerina*和*C. subvermispora*组的降解率较小（$P<0.01$）；（5）真菌处理的油菜秸秆有益成分几丁质含量得到提高。综上所述，以*L. edodes*、*P. chrysosporium*处理油菜秸秆效果最好。

关键词：油菜秸秆；白腐真菌；降解率；几丁质；酶活

我国油菜种植面积大，油菜秸秆资源丰富。油菜秸秆中含有大量的纤维素（茎部达53%）、半纤维素（18.34%）等碳水化合物，是反刍动物的重要饲料来源[1]。但生产中，油菜秸秆并没有被广泛用于畜牧养殖业，大部分被直接焚烧[2]或腐解还田，不仅浪费了资源，还严重污染环境。究其原因在于，油菜秸秆木质化程度高、秸秆粗硬、适口性差；油菜秸秆中木质素与纤维素形成坚固的酯键结构，瘤胃微生物对其难以降解。若不加工处理，会影响动物采食量，降低生产性能[3]。以往多采用酸化、碱化等方式处理油菜秸秆，但其残留的酸碱，会对动物本身造成伤害，而且污染环境[4]。与上述化学方法相比，利用微生物发酵技术处理油菜秸秆，则绿色、安全、无污染，且可提高饲料的适口性和利用率。

研究表明：真菌处理秸秆，能够显著地降低木质素含量，提高瘤胃利用率[5,6]。同时研究表明：裂褶菌科部分菌种（*Phlebia spp*）、香菇菌（*L. edodes*）及虫拟蜡菌（*C. subvermispora*）处理麦秸、稻草、玉米秸时，具有较高的降解木质素的能力，能在降解木质素的同时，损耗少量的纤维素、半纤维素等物质[7-8]。但这些菌种处理油菜秸秆的效果如何，目前尚未见到报道。因此，本试验通过研究白腐真菌（*P. chrysosporium*）、香菇菌（*L. edodes*）、虫拟蜡菌（*C. subvermispora*）、槭射脉革菌（*P. acerina*）发酵对油菜秸秆化学成分及体外瘤胃发酵的影响，探讨其降解油菜秸秆木质素的能力，旨在为油菜秸秆的开发利用

基金项目：公益性行业（农业）科研专项（201303143，20150133）、国家肉牛牦牛产业技术体系（CARS-38）、赣鄱555领军人才培养计划。

作者简介：龚剑明（1989—　），男，江西抚州人，硕士研究生，从事反刍动物营养研究，E-mail：gongjianming20@sina.com

* 通讯作者：瞿明仁，教授，博士生导师，E-mail：qumingren@sina.com

提供理论依据和技术支撑。

1 材料与方法

1.1 试验材料及菌种

本试验所使用的*P. chrysosporium*，*L. edodes*，*C. subvermispora* 菌 购自中国农业微生物菌种保藏中心。*P. acerina* 菌购自中国普通微生物菌种保藏管理中心。

油菜秸秆，取自国家肉牛体系高安试验站。去除样品根部10cm严重木质化部分，切碎至1~2cm长，65℃烘干。

1.2 培养基的配制

1.2.1 马铃薯培养基

马铃薯葡萄糖琼脂（PDA）综合培养基：称取200g去皮、去芽眼的马铃薯，切成小块，加1 000mL水煮沸30min，6层纱布过滤去除马铃薯渣，继续加热，加入20g琼脂，待琼脂溶解完全后，加20g葡萄糖，3g KH_2PO_4，1.5g $MgSO_4 \cdot 7H_2O$，10mg硫胺素（$VitB_1$），稍冷却后将滤液补足至1 000mL，pH调至6.0。0.12 MPa灭菌20min，倒入培养皿，检查灭菌效果。

1.2.2 麦粒培养基

取1kg小麦，沸水煮40min，自来水冲洗后沥干，加入2g $CaCO_3$和8g $CaSO_4$，混合均匀。将120g处理过的小麦放入250mL锥形瓶中，密封，0.12 MPa高压蒸汽灭菌30min，检查灭菌效果。

1.3 试验设计

试验设5个组，即不加真菌的油菜秸秆对照组及接种*P. acerina*、*L. edodes*、*C. subvermispora*、*P. chrysosporium*的油菜秸秆处理组等5个组，每组设3个重复，对油菜秸秆培养处理50d。

1.4 不同真菌对油菜秸秆培养处理

各组培养处理条件及具体步骤如下。

将4℃保存的四种菌种取出，25℃培养活化，分别接种于PDA平板培养基上，直至菌丝铺满培养皿（一般1周左右）。然后从PDA平板培养基取3个含有菌丝的琼脂块（约6mm）接种于麦粒培养基中，25℃避光培养，定期摇匀，直至培养基长满菌丝（一般2周左右）。准确称取50g油菜秸秆加入到1 L锥形瓶中，然后加入蒸馏水75mL，使水分含量达到60%，0.12 MPa高压蒸汽灭菌15min，无菌间室温下冷却24h。然后向装有油菜秸秆的锥形瓶中接种3.75g麦粒菌种（约占3%，w/w），摇匀。25℃避光培养50d。

1.4.1 样品的采集

在第50d时，向秸秆固态发酵的锥形瓶中加入720mL 20mM的乙酸-乙酸钠缓冲液（pH=5.0），39℃恒温振荡水浴锅振荡（200rpm）20min。然后用400目尼龙网过滤液体，滤液在4℃离心（8 000rpm）15min，取上清液，用于酶活性测定。剩余滤渣65℃烘干至恒重，粉碎（FZ102粉碎机，北京中兴伟业仪器有限公司，1mm孔径），用于测定化学成分。

1.4.2 化学成分测定方法

将5个组培养了50d的油菜秸秆，经65℃烘干至恒重，用凯氏定氮法测定粗蛋白（CP）含量。参照Van Soest[9]的方法测定中性洗涤纤维（NDF）、酸性洗涤纤维（ADF）、木质素（ADL）含量。通过计算NDF与ADF的差值以及ADF与ADL的差值得到半纤维素（Hemicellulose）和纤维素（Cellulose）含量。

几丁质含量的测定参考 Chen [10] 的方法。并计算相应成分的降解率。

1.4.3 酶活性测定

取5个组培养处理50d的培养液进行有关酶活性测定。漆酶活性测定参考 Shrivastava 等[11] 的方法并进行适当改正。测定2，2-联氮-二（3-乙基-苯并噻唑-6-磺酸）二铵盐（ABTS，ε = 36 000cm^{-1}. M^{-1}）的氧化反应，用分光光度计（U-3900；Hitachi，Japan）测定其在420 nm 吸光度的变化。反应在1.5mL离心管中于25℃下进行，酶活反应体系为1mL（0.5mL 0.3mM ABTS 和0.5mL 50mM 醋酸钠缓冲液，pH 5.0）。定义每分钟氧化1μmol ABTS 所需的酶量为1个酶活力单位（U）。

锰过氧化物酶活性测定参考 Wariishi 等[12] 的方法并进行适当改正。反应体系含有50mM 琥珀酸-琥珀酸钠缓冲液（pH 4.5），1mM $MnSO_4$，0.1mmol/L H_2O_2，30℃水浴，于270 nm 处测吸光度的变化（ε = 11 590cm^{-1} · M^{-1}）。定义每分钟使1μmol Mn^{2+}转化为Mn^{3+}所需的酶量为1个酶活力单位（U）。

1.5 有机物质瘤胃体外降解率（IVOMD）及酶解率（Enzymatic OMD）测定

将65℃烘干至恒重的5个组样品有机物质瘤胃体外降解率（IVOMD）测定。瘤胃液于晨饲前采自饲喂稻草：精料（7：3）的三头瘘管锦江黄牛，瘤胃液经过四层纱布过滤后按1：2比例与缓冲液[13]混匀，持续通入CO_2至饱和。向250mL的发酵瓶中加入500mg的50d样品和60mL的瘤胃混合液，39℃恒温振荡发酵48h。所有样品做三个重复，空白组（不添加样品）用于校正瘤胃液中残留的有机物造成的影响。48h后将发酵瓶放入4℃终止发酵，用已称重的玻璃坩埚（G_1）过滤残渣，抽滤，65℃烘干，用于计算IVOMD。

将65℃烘干至恒重的5个组样品进行有机物酶解率（Enzymatic OMD）测定。其测定方法参考 Rahman[14]。

1.6 数据处理与统计分析

试验数据采用 Excel 2003 整理后，采用 SPSS 17.0 中的 one-way ANOVA 程序进行单因素方差分析，用 Duncan 进行多重比较检验，用 Pearson 进行相关性分析。

2 结果与分析

2.1 不同真菌处理对油菜秸秆养分含量影响

由表1可知，不同真菌发酵处理显著改变了油菜秸秆的化学成分。与对照组相比，*P. chrysosporium*、*L. edodes* 组油菜秸秆的 CP 含量分别提高了84%和103%，而 *P. acerina* 组 CP 含量降低了33%，*C. subvermispora* 组 CP 含量无显著变化（P<0.001）。*L. edodes* 和 *P. chrysosporium* 组较对照组显著降低了油菜秸秆 NDF、ADF、纤维素、木质素的含量（P<0.001），*P. acerina* 和 *C. subvermispora* 组在这些指标上与对照组差异不显著。与对照组相比，处理组均显著提高了油菜秸秆的几丁质含量，其中以 *L. edodes* 和 *P. chrysosporium* 组提高的较高（P<0.001），*P. acerina* 组提高的最少，但也较对照组高出210%。

表1　不同真菌处理对油菜秸秆养分含量的影响（干物质基础）　（%）

项目	对照组	*P. acerina*	*L. edodes*	*C. subvermispora*	*P. chrysosporium*	SEM	*P* 值
粗灰分	3.20^{c}	4.34^{bc}	7.04^{a}	5.34^{ab}	6.60^{a}	0.430	0.003
粗蛋白质	3.86^{b}	2.57^{c}	7.86^{a}	4.03^{b}	7.05^{a}	0.557	<0.001
中洗纤维	74.34^{a}	72.93^{a}	48.72^{b}	68.29^{a}	51.53^{b}	3.004	<0.001

（续表）

项目	对照组	*P. acerina*	*L. edodes*	*C. subvermispora*	*P. chrysosporium*	SEM	*P* 值
酸洗纤维	56.38[a]	55.76[a]	32.69[b]	56.45[a]	36.37[b]	2.903	<0.001
木质素	12.19[a]	12.39[a]	7.34[c]	12.63[a]	9.09[b]	0.592	<0.001
半纤维素	17.96[a]	17.17[a]	16.03[a]	11.84[b]	14.82[ab]	0.742	0.043
纤维素	40.99[a]	39.04[a]	18.31[b]	38.48[a]	21.03[b]	2.693	<0.001
几丁质	0.62[d]	1.90[c]	5.11[a]	3.44[b]	4.75[a]	0.471	<0.001

注：同行数据不同小写字母肩标表示差异显著（$P<0.05$），相同或无字母肩标表示差异不显著（$P>0.05$）. SEM 为平均值的标准误。-表示未检测到变化。下表同

2.2 不同真菌处理对发酵油菜秸秆有机物质瘤胃降解率及酶解率的影响

表 2 不同真菌处理油菜秸秆有机物质瘤胃体外降解率及酶解率的影响（干物质基础） （%）

项目	对照组	*P. acerina*	*L. edodes*	*C. subvermispora*	*P. chrysosporium*	SEM	*P* 值
有机物降解率	0.28[b]	0.14[c]	0.42[a]	0.27[b]	0.39[a]	0.027	<0.001
有机物酶解率	0.27[c]	0.20[e]	0.38[a]	0.23[d]	0.33[b]	0.018	<0.001

由表 2 可知，不同真菌处理显著影响油菜秸秆有机物质的体外瘤胃消化率（IVOMD）和酶解消化率（Enzymatic OMD），且呈现不同的规律（$P<0.001$），与对照组相比，*L. edodes* 和 *P. chrysosporium* 处理使 IVOMD 由 0.28 分别增加到 0.42 和 0.39，Enzymatic OMD 由 0.27 分别增加到 0.38 和 0.33；然而，*P. acerina* 处理后则使 IVOMD 和 Enzymatic OMD 分别由 0.28 和 0.27 降到了 0.14 和 0.20；*C. subvermispora* 处理不影响 IVOMD，但降低了 Enzymatic OMD。

2.3 不同真菌处理对发酵油菜秸秆养分降解率的影响

由表 3 可知，经过真菌 50d 的固态发酵，*L. edodes* 处理组的油菜秸秆 DM、OM、NDF、ADF、ADL 等养分的降解率最大，其次为 *P. chrysosporium* 组，*P. acerina* 和 *C. subvermispora* 组的降解率较小（$P<0.001$）；对于纤维素降解率，*L. edodes* 组、*P. chrysosporium* 组显著高于 *P. acerina* 组和 *C. subvermispora* 组（$P<0.001$），但 *L. edodes*、*P. chrysosporium* 组之间，*P. acerina*、*C. subvermispora* 组之间差异不显著。*L. edodes* 组半纤维素降解率显著高于 *C. subvermispora* 组和 *P. acerina* 组（$P<0.001$），与 *P. chrysosporium* 组差异不显著。*L. edodes* 组和 *P. chrysosporium* 组的木质素降解率显著高于 *C. subvermispora* 组和 *P. acerina* 组（$P<0.05$）。

表 3 不同真菌处理对油菜秸秆养分降解率的影响（干物质基础） （%）

项目	对照组	*P. acerina*	*L. edodes*	*C. subvermispora*	*P. chrysosporium*	SEM	*P* 值
干物质	—	20.33[c]	63.80[a]	17.31[c]	51.25[b]	6.138	<0.001
有机物质	—	21.27[c]	65.23[a]	19.15[c]	52.97[b]	6.143	<0.001
中洗纤维	—	23.19[c]	78.74[a]	26.84[c]	69.17[b]	7.560	<0.001
酸洗纤维	—	22.95[c]	82.51[a]	20.55[c]	72.30[b]	8.557	<0.001

（续表）

项目	对照组	*P. acerina*	*L. edodes*	*C. subvermispora*	*P. chrysosporium*	SEM	*P* 值
木质素	—	19. 03[c]	78. 20[a]	14. 38[c]	63. 63[b]	8. 432	<0. 001
半纤维素	—	23. 91[c]	67. 56[a]	45. 48[b]	59. 89[ab]	5. 650	0. 005
纤维素	—	24. 11[b]	83. 80[a]	22. 38[b]	74. 88[a]	8. 603	<0. 001

2.4 不同真菌处理对油菜秸秆发酵液中酶活性的影响

如表 4 所示，在油菜秸秆真菌发酵液中，*L. edodes* 组的锰过氧化物酶活性最大，其次为 *P. chrysosporium* 组，*P. acerina* 和 *C. subvermispora* 组较小（$P<0.001$）。对于羧甲基纤维素酶的活性，*P. acerina* 组最低（$P=0.029$），其余组间无显著差异。

表 4 不同真菌处理对油菜秸秆发酵液中酶活的影响 （U/L）

项目	对照组	*P. acerina*	*L. edodes*	*C. subvermispora*	*P. chrysosporium*	SEM	*P* 值
锰过氧化物酶	—	0. 24[c]	2. 32[a]	0. 17[c]	1. 81[b]	0. 292	<0. 001
羧甲基纤维素酶	—	3. 50[b]	10. 56[a]	13. 84[a]	9. 92[a]	1. 392	0. 029

3 讨论

3.1 不同真菌处理对油菜秸秆化学成分含量影响

本研究结果显示，不同真菌固态发酵 50d 后，各处理组 OM 含量均降低，其中 *L. edodes* 组和 *P. chrysosporium* 组降解率最高，达到 65. 23% 和 52. 97%。*L. edodes* 和 *P. chrysosporium* 降解后的油菜秸秆中 CP 含量显著升高，这是由于一部分糖类被降解，导致了 OM 的损失。这与 Tuyen 等[15]的研究结果一致。此外，油菜秸秆中 CP 的增加还可能是由于有氧发酵吸收空气中的氮导致的[16]。然而，在本研究中同对照组相比 *P. acerina* 的 CP 含量降低了，这同在其他的农副产品上的研究不一致[15,17]。这可能是由于 *P. acerina* 处理组的残余秸秆中分泌的水溶性蛋白或胞外酶蛋白导致的。Eriksson[18]指出，如果真菌需要分泌大量的胞外蛋白酶去降解木质纤维素，那么胞内蛋白含量会偏低。此作者还指出由 *Sporotrichum pulverulentum* 产生的胞外酶可能占整个菌体蛋白的近 30%。

在本研究中，*L. edodes* 组和 *P. chrysosporium* 组油菜秸秆的 IVOMD 和 Enzymatic OMD 显著提高。然而，*P. acerina* 组和 *C. subvermispora* 组的 IVOMD 和 Enzymatic OMD 较对照组反而有所降低。可能由于 *P. acerina* 菌在早期的生长过程中利用了油菜秸秆中的可直接利用的营养物质，同时后期又不能够很好地将木质素降解产生更多的可利用物质（比如多糖），从而导致降解率下降。

3.2 不同真菌对油菜秸秆木质素、有机物质降解及相关酶活性影响

木质素是由三种苯丙烷结构［对羟苯基（H），紫丁香基（S），愈创木基（G）］聚合而成的复合物，并通过共价键与植物的半纤维素连接[19]。木质素的结构在不同植物种类中是不同的。例如，在麦秸的木质素中，H、G、S 结构的比例为 5%、49%和 46%，但在玉米秸的木质素中，H、G、S 的比例则分别为 4%、35%和 61%[20]。因此，油菜秸秆和其他大量的生物原料中不同结构的木质素可能导致了即使相同

菌发酵而木质素的降解率不同，Okano 等[21]研究证实了此观点。

有研究表明 *L. edodes*[22] 和 *P. chrysosporium* [7]有很强的木质纤维素降解能力，与本研究结果一致。Tripathi 等[23]研究利用真菌将芥末秆转化成瘤胃可利用能量物质，发现 *P. chrysosporium* 降解木质素是最有效的，经过 35d 发酵，降解大约 40%的有机物。本试验中，*L. edodes* 组和 *P. chrysosporium* 组的木质素降解率显著高于 *C. subvermispora* 组和 *P. acerina* 组。*L. edodes* 和 *P. chrysosporium* 组锰过氧化物酶活性显著大于 *P. acerina* 和 *C. subvermispora* 组，这同试验中这两种菌更高的木质素降解率相符。真菌通过木质纤维素酶分解木质素以及改变木质纤维素结构。很多研究报道 *L. edodes* 和 *P. chrysosporium* 在很多木质纤维素材料上能够产生较强的木质素降解酶活性。Orth 等[24]研究发现在橡树木屑中 *L. edodes* 较 *P. chrysosporium* 显示出更高的锰过氧化物酶活性，这与本研究结果一致。De Souza-Cruz 等[25]用 *C. subvermispora* 菌分解木头时发现锰过氧化物酶是其最主要的木质素降解酶，而本试验中 *C. subvermispora* 组锰过氧化物酶含量很低，这与本试验不符，这种差异可能是由于培养条件不同造成的，包括培养基、温度、pH、农业原料等[26]。关于 *P. acerina* 的酶活特性研究非常少。Arora 等[27]比较性地研究了 *P. chrysosporium* 和 *Phlebia* 属（*P. fascicularia*，*P. floridensis*，*P. radiate*）的木质素降解酶活性，发现所有的 *Phlebia* 属都能产生锰过氧化物酶。而本研究中，经过 50d 的培养，*P. acerina* 中的锰过氧化物酶较低。

3.3 不同真菌对处理油菜秸秆几丁质含量影响

几丁质是真菌细胞壁的基本成分，难被微生物降解，还可能影响其他细胞壁成分的降解[28]。同时，有研究表明几丁质具有提高机体免疫能力[29]，抑制肿瘤的作用[30,31]。真菌菌丝生长及渗透进入秸秆基质致使几丁质含量增多[32]。本研究中，真菌处理组的油菜秸秆的几丁质含量都提高（表 1）。*P. acerina* 组的几丁质含量为 1.90mg/g，显著高于对照组。它们覆盖在油菜秸秆表面，在一定程度上可能阻碍了油菜秸秆的进一步降解，可能导致了油菜秸秆降解率降低。本试验中还发现，对照组的油菜秸秆中也检测到几丁质，这可能是由于油菜秸秆本身包含有少量的葡萄糖胺。

4 结论

本研究结果显示，不同真菌处理油菜秸秆，经过 50d 的固态发酵 50d 后，显著或极显著地改变了油菜秸秆的化学成分，显著提高油菜秸秆 CP 含量及 DM、OM、NDF、ADF、ADL 等养分的降解率，提高了油菜秸秆有机物质的体外瘤胃消化率和酶解消化率及发酵液中锰过氧化物酶活性，提高了油菜秸秆有益成分几丁质含量。综合试验结果，以 *L. edodes*、*P. chrysosporium* 处理油菜秸秆效果最好。

参考文献（略）

原文发表于：动物营养学报，2015，27（7）：2309-2316

氨化对油菜秸营养成分及山羊瘤胃降解特性的影响

孟春花[1,2]，乔永浩[1,3]，钱　勇[1,2]，王子玉[3]，王慧利[1,2]，曹少先[2*]

（1. 江苏省农业科学院畜牧研究所家畜研究室，江苏南京　210014；2. 江苏省农业科学院动物品种改良和繁育重点实验室，江苏南京　210014；3. 南京农业大学动物科技学院，江苏南京　210095）

摘　要：油菜秸的饲料化利用既可以缓解南方农区牛羊粗饲料紧缺现状，降低饲料成本，也可以减少秸秆焚烧产生的空气污染。将粉碎的油菜秸秆用不同比例碳酸氢铵（10%、15%、20%）和30%水进行氨化处理，并于处理后7d、14d和21d采集样品，与未氨化处理的油菜秸秆同时进行营养成分分析。然后采用尼龙袋法对氨化21d油菜秸秆的DM、CP、NDF和ADF的瘤胃降解率与对照组（未处理的油菜秸秆）进行了比较研究。结果表明：氨化处理组油菜秸秆CP含量增加，EE、NDF和ADF含量下降，DM、Ash含量基本保持不变。DM和CP的有效降解率均显著高于对照组（$P<0.05$）；15%、20%碳酸氢铵氨化处理油菜秸秆ADF有效降解率均显著高于对照组（$P<0.05$）。因此，添加15%和20%碳酸氢铵氨化能显著提高油菜秸秆DM、CP和ADF的山羊瘤胃降解率（$P<0.05$），油菜秸秆经15%碳酸氢铵、30%水分条件下氨化处理效果最好、最经济。

关键词：油菜秸秆；氨化；瘤胃降解；山羊

据统计，我国每年产生的农作物秸秆大约为6亿吨，居世界之首，特别是南方农区秸秆资源丰富，但秸秆综合利用工作相对滞后，焚烧秸秆现象屡禁不止，由此造成的空气污染已成为一个社会问题[1]。油菜是我国第一大油料作物，主产区在长江中下游平原等南方地区，每年种植面积约670万亩，年产油菜秸约2 000万吨，其转化利用是一个亟需解决的问题[1-4]。另外，南方农区粗饲料资源短缺，成为制约草食畜牧业发展的瓶颈。油菜秸含有较高的粗蛋白、粗纤维等营养成分，可部分替代常规粗饲料[4,5]。但油菜秸适口性差、采食率低，自然状态下体积大、易霉变，不便于运输、贮存和饲喂，这些都使油菜秸秆的饲料化利用率很低[4]。秸秆氨化就是在密闭的条件下，将氨源（液氨、氨水、尿素溶液、碳酸氢铵溶液）按一定的比例喷洒到秸秆上，在适宜的温度条件下，经过一定时间的化学反应，从而提高秸秆饲用价值的一种秸秆处理方法。氨化可望改善油菜秸的适口性和消化率等，提高CP含量，延长保存时间，从而满足反刍动物饲喂的需要。本研究比较了不同碳酸氢铵添加量对油菜秸秆氨化效果的影响，通过营养成分测定和营养成分瘤胃降解率测定，确定了油菜秸秆的最佳氨化方法，为油菜秸秆的饲料化利用提供科学依据。

1　材料与方法

1.1　试验材料与试验动物

油菜秸秆从江苏省农业科学院经济作物研究所实验基地收集。3头装有永久性瘤胃瘘管的波杂山羊为

基金项目：公益性行业（农业）科研专项（201303143-06），江苏省农业科技自主创新资金（CX（15）1007）

作者简介：孟春花（1979—　），女，山东单县人，副研究员，博士，从事动物营养与繁殖的研究，E-mail：mengchunhua@jaas.ac.cn

* 通讯作者：曹少先，研究员，硕士生导师，E-mail：sxcao@jaas.ac.cn

试验动物。试验在江苏省农业科学院六合动物科学基地开展。

1.2 试验方法

油菜秸秆收集后晒干（含水量9.31%），揉搓粉碎成0.3~3.0cm的小段，分为4组分别处理，1个对照组为未处理的油菜秸秆（风干基础），3个氨化油菜秸秆组，每组添加30%水分和不同比例碳酸氢铵（10%、15%、20%），混匀后用塑料袋包装后抽真空，室温密封保存，每个处理设置3个重复，分别于氨化后7、14和21d采集样品进行相关检测。

1.3 营养成分检测

采用凯氏定氮法（FOSS）测定风干样中的粗蛋白质（CP）含量，用乙醚浸提法（索氏抽提法）测定样品的粗脂肪（EE）含量，具体方法参见《中国国家标准汇编》（1995）。用Van Soest法测定中性洗涤纤维（NDF）和酸性洗涤纤维（ADF），烘箱干燥法测定干物质（DM），灼烧法测定粗灰分（Ash），比色法测定饲粮及原料中钙（Ca）、磷（P）含量，具体方法详见张丽英主编《饲料分析及饲料质量检测技术》（2003）。

1.4 瘤胃降解试验羊饲养管理及样品采集

试验瘘管羊为3只2周岁的波杂山羊母羊，其饲粮的粗饲料为青贮玉米秸秆，精料由玉米、豆粕等组成，饲粮组成及日粮营养成分见表1。采用单独圈舍饲养，每天饲喂2次，自由饮水。

表1 基础饲粮组成及营养水平（干物质基础） （%）

项目	含量
原料	
玉米	10.00
豆粕	1.50
麸皮	3.00
玉米蛋白粉	5.00
玉米皮	4.00
醋糟	6.00
复合多维含微量元素[1)	0.40
石粉	0.10
食盐	0.16
青贮玉米秸秆	69.84
合计	100.00
营养水平[2)	
粗蛋白质	13.06
中性洗涤纤维	45.93
酸性洗涤纤维	29.57
钙	0.88
磷	0.57

1）复合多维含微量元素为每千克TMR提供：VA 15 000IU，VD 4 000IU，VE 50mg，VK_3 0.5mg，VB_1 1.4mg，VB_2 5mg，VB_6 3mg，Fe 75mg，Cu 8mg，Mn 90mg，Zn 80mg，Se 0.3mg，I 0.8mg。

2）为实测值

对照组和氨化21d的3组油菜秸秆饲料样品分别称取2g左右的样品多份，放入已知质量的尼龙袋内（用孔径50μm的尼龙布使用细涤纶线双线缝合制成，规格12cm×8cm，使用前在瘤胃内培养72h，取出、洗净、65℃烘干），每个样品分别在3只瘘管羊瘤胃内培养3h、6h、12h、24h、36h、48h、72h后取出，洗净，烘干，每只羊每个时间点设置2个重复，测定并计算各不同时间点样品的DM、CP、NDF和ADF的瘤胃实时降解率。

1.5　数据处理与分析方法

根据降解率数学模型公式，求得各营养成分的快速降解部分a值、慢速降解部分b值和降解速率常数c以及有效降解率ED。参照Ørskov和McDonald等提出的瘤胃动力学数学指数模型测定和计算[6]。某饲料营养成分的实时瘤胃降解率符合指数曲线：$dp = a + b(1 - e^{-ct})$，式中：dp，t时刻某营养成分的瘤胃实时降解率（%）；t，饲料在瘤胃内停留的时间（h）。饲料营养成分的瘤胃有效降解率：ED＝a+bc/（c+k），式中k，某营养成分的瘤胃外流速率，其值取0.031[7]。

试验数据采用SPSS 18.0软件进行统计分析，采用One-Way ANOVA进行差异显著性检验，试验结果以Mean±SE表示。

2　结果与分析

2.1　氨化处理不同时间油菜秸秆的感官和常规营养成分变化

与对照组相比，氨化21d后各组油菜秸秆偏黄色，湿度适中，质地柔软，有较浓的氨味。饲喂前打开密闭包装，适当释放氨味，与精粗料搅拌混匀，采用TMR饲喂，不影响采食。氨化组CP含量均增加了2倍以上，NDF、ADF含量在氨化21d后下降10%左右，EE含量随氨化时间的延长逐渐下降，氨化21d后下降约70%，DM和Ash含量在氨化过程中基本保持不变（表2）。

表2　氨化处理油菜秸秆的营养成分（干物质基础）　　（%）

组　别	处理时间	DM	CP	EE	NDF	ADF	Ash
对照组	0d	90.69	3.37	6.82	79.70	58.87	5.52
10%氨化组	7d	90.20	8.56	8.39	75.03	54.60	5.50
15%氨化组		90.64	8.47	5.51	77.86	55.43	5.21
20%氨化组		89.96	10.40	7.82	76.48	56.81	5.12
10%氨化组	14d	88.45	11.32	4.96	76.01	56.07	5.71
15%氨化组		89.20	11.15	4.60	72.99	54.46	5.04
20%氨化组		88.31	13.93	3.77	76.74	56.62	5.42
10%氨化组	21d	90.02	7.50	3.14	71.63	52.97	5.50
15%氨化组		89.64	8.85	2.76	69.11	51.81	5.23
20%氨化组		89.32	9.08	1.91	70.31	52.56	5.15

2.2　氨化油菜秸秆DM降解率和动态降解模型

4组油菜秸秆在山羊瘤胃中不同时间点的DM降解率见表3，此表可以看出：所有氨化组油菜秸秆48h、72h DM降解率均显著高于对照组（$P<0.05$）；15%、20%氨化组24h、36h、48h、72h DM降解率显

著高于对照组（$P<0.05$）；随着碳酸氢铵添加比例的升高，24h、36h、48h、72h DM 降解率有升高趋势；前 24h 的 DM 降解速率升高较快，24h 后降解速率增长减慢。

表 3　氨化处理油菜秸秆在瘤胃中不同时间点的 DM 降解率

组　别 取样时间	对照组	10%氨化组	15%氨化组	20%氨化组
3h	11.01±1.60[a]	13.68±0.20[b]	9.80±1.52[ac]	13.17±0.83[b]
6h	14.44±3.45[a]	16.33±2.50[a]	12.94±3.04[a]	15.77±1.96[a]
12h	18.13±1.46[a]	19.70±3.09[a]	16.91±3.16[a]	20.42±1.05[a]
24h	21.52±1.45[a]	23.96±1.83[a]	24.64±2.79[b]	27.48±0.45[c]
36h	22.74±1.44[a]	24.29±4.76[a]	28.71±2.59[b]	29.51±1.71[b]
48h	24.84±0.25[a]	27.33±2.39[b]	29.45±1.73[b]	30.85±1.32[b]
72h	25.59±1.14[a]	29.71±6.66[b]	31.10±2.20[b]	32.16±0.84[b]

注：同行肩标不同字母表示为差异显著（$P<0.05$），相同字母表示为差异不显著（$P>0.05$）。下表 5、7、9 同。

DM 动态降解模型参数见表 4，由此表可以看出：氨化处理组油菜秸秆 DM 有效降解率均显著高于对照组（$P<0.05$），15%氨化组最高，显著高于其他氨化组（$P<0.05$）。

表 4　氨化处理油菜秸秆 DM 动态降解模型参数

组　别	a	b	c	ED
对照组	8.64±1.02[a]	16.70±0.93[a]	0.064±0.010	19.89±1.25[a]
10%氨化组	12.36±1.16[b]	17.85±1.45[a]	0.039±0.010	22.31±1.51[b]
15%氨化组	15.80±0.89[c]	26.18±0.86[b]	0.052±0.006	32.20±1.03[c]
20%氨化组	9.08±0.68[a]	23.39±0.63[b]	0.059±0.005	24.41±0.77[b]

注：a 为快速降解部分；b 为慢速降解部分；c 为 b 部分的降解速率（%/h）；ED 为有效降解率。同列肩标不同字母表示差异显著（$P<0.05$），相同字母表示差异不显著（$P>0.05$）。下表 6、8、10 同。

2.3　CP 降解率和动态降解模型

4 组油菜秸秆在山羊瘤胃中不同时间点的 CP 降解率见表 5，由此表可以看出：所有氨化组各时间点的 CP 降解率都显著高于对照组（$P<0.05$）。随着碳酸氢铵添加比例的增加，CP 降解率有增高的趋势。

表 5　氨化处理油菜秸秆在瘤胃中不同时间点的 CP 降解率

组　别 取样时间	对照组	10%氨化组	15%氨化组	20%氨化组
3h	16.51±1.41[a]	52.14±2.87[b]	55.28±1.37[b]	60.91±2.62[b]
6h	20.56±0.77[a]	55.52±1.82[b]	60.70±2.08[b]	64.73±1.51[b]
12h	25.94±1.04[a]	58.82±1.46[b]	62.41±2.19[b]	67.54±0.85[b]
24h	28.89±3.56[a]	60.74±0.35[b]	63.76±0.89[b]	68.72±1.43[b]
36h	29.12±0.56[a]	61.18±2.35[b]	64.09±2.66[b]	69.57±0.91[b]
48h	30.00±2.07[a]	62.32±3.34[b]	65.18±0.50[b]	70.92±1.72[b]

CP 动态降解模型参数见表 6，由此表可以看出：对照组氨化油菜秸秆的 CP 快速降解部分降解速度显著低于氨化组（$P<0.05$），而 10%和 20%氨化组慢速降解部分显著高于对照组（$P<0.05$）。氨化组油菜秸秆的 CP 有效降解率（ED）均显著高于对照组（$P<0.05$）。

表 6　氨化处理油菜秸秆 CP 动态降解模型参数

组　别	a	b	c	ED
对照组	9.86±0.97[a]	19.84±0.90[a]	0.134±0.011[a]	25.97±1.21[a]
10%氨	46.11±1.94[b]	15.46±1.82[b]	0.141±0.029[a]	58.93±3.71[b]
15%氨	45.74±4.85[b]	18.47±4.72[a]	0.250±0.073[b]	62.17±8.15[b]
20%氨	56.42±2.30[c]	13.55±2.16[b]	0.144±0.040[a]	67.57±3.52[b]

2.4　NDF 降解率和动态降解模型

4 组油菜秸秆在山羊瘤胃中不同时间点的 NDF 降解率见表 7，此表可以看出：油菜秸秆的 NDF 降解率普遍偏低，其 72h 降解率在 20%左右。氨化组随着碳酸氢铵添加比例增加，NDF 降解率有增高趋势，15%、20%氨化组 36h、48h、72h 降解率显著高于对照组（$P<0.05$）。

表 7　氨化处理油菜秸秆在瘤胃中不同时间点的 NDF 降解率

组别 取样时间	对照组	10%氨化组	15%氨化组	20%氨化组
3h	1.52±0.35[a]	2.06±0.39[b]	2.10±0.89[b]	2.11±0.35[b]
6h	3.52±0.10[a]	4.03±0.49[a]	6.06±0.42[b]	5.39±0.17[b]
12h	7.42±0.66[a]	8.97±1.52[a]	11.23±1.27[b]	12.88±0.09[b]
24h	12.57±1.80[a]	13.21±1.07[a]	14.62±1.91[a]	16.41±1.59[a]
36h	14.26±1.82[a]	15.73±2.78[a]	20.77±1.43[b]	19.66±1.44[b]
48h	15.45±1.23[a]	17.07±0.65[a]	21.58±1.21[b]	20.98±1.30[b]
72h	16.21±0.56[a]	18.74±0.65[a]	23.13±1.43[b]	23.36±1.51[b]

NDF 动态降解模型参数见表 8，由此表可以看出：所有秸秆的 NDF 有效降解率均在 20%以下。随着碳酸氢铵添加比例升高，NDF 快速降解部分有降低趋势，NDF 慢速降解部分有升高趋势。20%氨化组 NDF 有效降解率最高（$P<0.05$）。氨化油菜秸秆的 NDF 有效降解率随碳酸氢铵比例升高而增加。

表 8　氨化处理油菜秸秆 NDF 动态降解模型参数

组　别	a	b	c	ED
对照组	2.72±0.07[a]	18.21±0.37[a]	0.060±0.004	14.73±0.05[a]
10%氨化组	1.90±0.06[a]	19.81±0.53[a]	0.053±0.005	14.40±0.13[a]
15%氨化组	1.54±0.14[b]	24.12±1.47[b]	0.049±0.010	16.31±0.50[a]
20%氨化组	0.98±0.09[c]	27.56±1.52[c]	0.063±0.012	19.45±0.51[c]

2.5　ADF 降解率和动态降解模型

4 组油菜秸秆在山羊瘤胃中不同时间点的 ADF 降解率见表 9，由此表可以看出：所有氨化组油菜秸秆的 72h ADF 降解率显著高于对照组（$P<0.05$），且随着碳酸氢铵比例的增加，氨化油菜秸秆的 72h ADF 降解率有升高趋势。

表 9　氨化处理油菜秸秆在瘤胃中不同时间点的 ADF 降解率

组别 取样时间	对照组	10%氨化组	15%氨化组	20%氨化组
3h	$4.97±0.73^{a}$	$3.63±0.28^{a}$	$2.90±0.90^{b}$	$2.46±0.14^{b}$
6h	$7.22±0.92^{a}$	$7.50±0.54^{a}$	$5.13±1.53^{b}$	$4.35±0.10^{b}$
12h	$10.25±1.03^{a}$	$12.35±0.49^{b}$	$12.91±3.10^{b}$	$13.76±1.93^{b}$
24h	$17.39±0.21^{a}$	$17.84±2.06^{a}$	$18.01±2.23^{a}$	$18.30±0.83^{a}$
36h	$19.68±1.79^{a}$	$20.42±1.59^{a}$	$20.11±2.01^{a}$	$21.48±0.94^{a}$
48h	$21.12±2.57^{a}$	$22.34±0.16^{a}$	$22.60±0.64^{a}$	$22.89±2.35^{a}$
72h	$23.67±1.29^{a}$	$25.18±0.65^{b}$	$25.94±0.93a^{b}$	$26.54±1.80^{b}$

ADF 动态降解模型参数见表 10，由此表可以看出：经氨化处理的秸秆 ADF 快速降解部分速度均降低，15%和 20%氨化组降低速度差异显著（$P<0.05$），氨化组慢速降解部分均显著增加（$P<0.05$），随氨碳酸氢铵添加比例的增加，ADF 有效降解率呈上升趋势，15%、20%氨化组油菜秸秆 ADF 有效降解率均显著高于对照组（$P<0.05$）。

表 10　氨化处理油菜秸秆 ADF 动态降解模型参数

组　别	a	b	c	ED
对照组	$2.07±0.81^{a}$	$22.45±0.90^{a}$	0.043±0.006	$15.12±0.96^{a}$
10%氨化组	$1.89±0.19^{a}$	$24.29±0.90^{b}$	0.049±0.006	$16.77±0.34^{a}$
15%氨化组	$1.47±0.08^{b}$	$26.41±1.63^{b}$	0.051±0.010	$17.90±0.48^{b}$
20%氨化组	$1.09±0.14^{b}$	$27.97±2.00^{b}$	0.053±0.013	$18.74±0.73^{b}$

3　讨论

3.1　不同比例碳酸氢铵对油菜秸秆氨化效果评价

氨化处理时间受环境温度的影响较大，环境温度越高，氨化所需的时间越短，氨化效果越好[8]。本研究开展时间为油菜成熟的夏季，气温在 25℃以上，这可能也是快速氨化的原因。不同氮源氨化的效果各异，本试验中所用氮源为碳酸氢铵，它比尿素更易于分解，比氨水安全、方便，是一种来源广泛、成本低且效果好的氮源[9]。碳酸氢铵中氨的含量约为 17%，本试验中添加 10%、15%和 20%的碳酸氢铵，折算后氨的添加量分别为 1.7%、2.6%和 3.4%。秸秆氨化效果受含水量的影响较大，黄瑞鹏等的研究表明添加 30%水和 3.5%氨的尿素氨化效果最好，与本试验中添加 30%的水分和 3.4%氨的碳酸氢铵结果类似[10]。添加 15%和 20%的碳酸氢铵均能取得较好的氨化效果，但考虑到节约成本，以添加 15%的碳酸氢铵为最佳。

3.2　不同比例碳酸氢铵氨化油菜秸秆的营养成分变化

油菜秸秆直接饲喂适口性差，采食率低，加上体积大，易霉变，运输、贮存的不便使油菜秸秆一直没有得到很好的开发利用，饲料化的仅占2%，饲料化利用潜力巨大[4,11]。油菜秸秆的营养成分优于稻草、小麦秸，氨化能增加油菜秸秆的CP含量，降低NDF和ADF的含量，改善其适口性[12]。采用碳酸氢铵氨化处理是油菜秸秆饲料化利用的一种简便途径，既可以将这一宝贵资源充分利用，减少环境污染，又可在一定程度上缓解南方农区反刍动物粗饲料短缺的困难[4,11]。本试验测得的对照组CP含量为3.37%，油菜秸杆中CP含量可能与油菜的品种有关。氨化后油菜秸秆的CP含量从3.37%提高到7%以上，这与黄瑞鹏等的研究结果一致[10]。氨化21d后油菜秸秆NDF和ADF含量均下降了10%以上，有效降解率也显著升高（$P<0.05$），这可能是因为氨化破坏了油菜秸秆纤维的内部结构，使纤维之间的氢键结合变弱，同时也打断了木质素与纤维素和半纤维素之间的酯键，破坏木质化纤维的镶嵌结构，淀粉等营养物质被释放出来，提高了油菜秸秆的营养价值[10]。氨化处理后秸秆变蓬松、空隙增多，吸附纤维素酶的表面积增大，有助于酶解的进行[13]。氨化过程中形成的铵盐可作为氮源为瘤胃微生物的生长、繁殖提供有利条件。

3.3　不同比例碳酸氢铵氨化油菜秸秆营养物质的瘤胃降解特性

本研究采用尼龙袋法测定氨化油菜秸秆的瘤胃降解率，该方法属于测定粗饲料营养价值的半体内法，目前被广泛用来测定饲料中各种养分的降解率[12]。DM有效降解率作为影响反刍动物干物质采食量（DMI）的一个主要因素，随饲料种类的不同而不同。不同种类饲料的DM降解率会随培养时间的延长呈现不同程度的增加。本研究表明，氨化处理能有效提高油菜秸秆DM、CP、NDF和ADF的有效降解率。经山羊瘤胃降解72h后，无论是对照组还是氨化处理组，油菜秸秆DM降解率均在30%左右，这远低于青贮玉米秸秆72h DM瘤胃降解率（69.09%）[14]，但与大豆秸72h DM的瘤胃降解率相似，高于麦秸DM 72h的瘤胃降解率（25.38%）[14]。本研究中，氨化组CP瘤胃降解率和有效降解参数均显著高于对照组（$P<0.05$），表明氨化都能显著提高油菜秸秆的CP降解率以及有效降解率，是较好的改善秸秆营养价值的方法[9]。另外，由于经过碳酸氢铵氨化处理的秸秆CP快速降解部分降解速度显著增加，慢速降解部分下降，说明其CP在山羊瘤胃内降解主要发生在早期。NDF和ADF的瘤胃降解率都是评价粗饲料营养价值的重要指标，受饲料NDF和ADF组成的影响[13]。本试验中，氨化均能提高油菜秸秆NDF和ADF瘤胃降解率，且降解主要在慢速降解部分，快速降解部分低于对照组，说明油菜秸秆较难降解，这可能与油菜秸秆的纤维素与半纤维素之间、半纤维素与木质素之间的化学键不同有关，醚键等结构不能被消化道内厌氧微生物产生的酶分解，因而降低了秸秆瘤胃内的可消化性[13]。反刍动物主要利用细菌、真菌和原虫这些可以分泌的纤维素酶分解利用纤维素物质[15]，氨化在一定程度上破坏了木质素和半纤维素形成的牢固酯键，有利于瘤胃微生物的消化，所以，氨化后的油菜秸秆CP、NDF、ADF的瘤胃降解率均升高。

4　结论

（1）碳酸氢铵氨化处理能提高油菜秸秆CP含量，降低NDF和ADF的含量，且对干物质含量无影响。

（2）氨化能提高油菜秸秆营养成分DM、CP、NDF和ADF的瘤胃降解率。

（3）油菜秸秆在15%碳酸氢铵、30%水分条件下氨化处理效果最好、最经济。

参考文献（略）

原文发表于：动物营养学报，2016，28（6）：1 796-1 803

饲粮添加木薯渣对羔羊生长性能、血清指标及瘤胃发酵参数的影响

吕小康，王　杰，王世琴，崔　凯，刁其玉，张乃锋*

（中国农业科学院饲料研究所，农业部饲料生物技术重点开放实验室，北京　100081）

摘　要：（目的）本试验旨在研究饲粮中不同比例木薯渣对羔羊生长性能、营养物质消化率、血清指标及瘤胃发酵参数的影响。（方法）试验选取3~4月龄、体重相近，健康状况良好的断奶湖羊羔羊96只，采用单因素随机分组设计方法，随机分为4组，每组6个重复，每个重复4只，分别在饲粮中添加0，5%，10%，20%的木薯渣，配制成等能等氮饲粮（A、B、C、D）。试验预饲期10d，正式期45d。（结果）结果表明：1）饲料添加不同比例木薯渣对羔羊的末重、平均日采食量及营养物质表观消化率均无显著性影响（$P>0.05$），但羔羊日增重和饲料利用效率均随着木薯渣的添加比例提高而呈线性增长（$P<0.05$）。2）随木薯渣添加量的升高，血清T-AOC和GSH活性呈二次曲线关系（$P<0.05$），血清MDA含量差异不显著（$P>0.05$），血清SOD活性呈线性下降（$P<0.05$）。3）随着饲粮中木薯渣添加比例的提高，血清TP和Alb含量均呈线性（$P<0.05$）和二次曲线性关系（$P<0.05$），A/G、AST活性、TG和Glb含量呈二次曲线性关系（$P<0.05$）。各组之间血清ALT活性和GLU含量差异不显著（$P>0.05$），UA和Crea含量呈线性增长（$P<0.05$）。4）不同比例木薯渣添加比例对生长羔羊瘤胃液的pH、乙酸、丙酸、乙酸/丙酸、丁酸、异戊酸、戊酸含量无显著性影响（$P>0.05$）。（结论）因此，在生长羔羊饲粮中添加木薯渣，生长性能显著提高，对营养物质消化率和瘤胃发酵无影响。但血清学指标表明高添加量的木薯渣会对生长羔羊抗氧化能力和肾脏造成损害，建议木薯渣添加量不超过20%，以10%为宜。

关键词：木薯渣；羔羊；生长性能；消化率；血清指标；瘤胃发酵

目前，饲料成本在动物产品生产中占了65%~75%，甚至更高，饲料成本成为制约畜牧业发展的关键因素[1]。随着我国农业快速发展，糟渣类饲料的应用越来越广泛[2]。我国每年木薯渣的产量高达150万吨[3]，如此大的产量，若不能充分利用，势必造成巨大的浪费。木薯在南方地区产量丰富，且与大豆秸相比，价格相对便宜。木薯渣是木薯加工后的副产物，木薯渣纤维素和氨基酸含量丰富[4]，富含多种对动物有益的微量元素与维生素。将木薯渣作为非常规饲料，可以有效地节约粮食，提高畜牧业经济效益[5]，保护环境，减少污染。近年来，木薯渣在畜牧业上的应用成为了一个研究热点，在鸡[6]、牛[7-8]和猪[9]上均有报道。反刍动物与单胃动物相比，虽能够更好地消化利用纤维含量高的木薯渣，但木薯渣本身含有氢氰酸、单宁和植酸等抗营养因子，限制了木薯渣在反刍动物上的利用，因此探索木薯渣在反刍动物上的适宜添加比例十分必要。唐春梅[10]在肉牛上研究表明，用7%木薯渣替代饲粮中麦麸，饲喂效果最佳，而用木薯渣代替玉米饲喂育肥牛，结果发现在育肥牛饲粮中添加15%的木薯渣饲喂效果最好[11]。在

基金项目：国家公益性行业（农业）科研专项（201303143）；国家肉羊产业技术体系建设专项（CARS-39）

作者简介：吕小康（1994—　），男，山西长治人，硕士研究生，研究方向为动物营养与饲料科学，E-mail：13121991399@163.com

* 通信作者：张乃锋，研究员，硕士生导师，研究方向为动物营养与饲料科学，E-mail：zhangnaifeng@caas.cn

奶牛饲粮中木薯渣的添加比例可以达到12.5%[12]。高俊峰[13]在黑山羊上的研究表明，发酵木薯渣能够提高黑山羊生长性能。用液体木薯渣（DM=67%）替代玉米饲喂绵羊，发现25%（折合DM=16.8%）的替代比例也可行[14]。2017年中央一号文件提出，要全面推进农业废弃物资源化利用。南方地区木薯渣产量丰富，将其作为生长羔羊的饲粮原料，具有巨大的经济和环保效益。但木薯渣在生长羔羊饲粮中的适宜添加比例及其对羔羊生长与健康的影响鲜见报道。目前木薯渣在反刍动物饲粮中的适宜添加比例并没有达成共识，且多在20%以下。探究木薯渣应用于生长羔羊饲粮的效果与可行性符合国家号召，具有重大意义。因此，本试验旨在研究木薯渣对羔羊生长性能、营养物质表观消化率、血清指标和瘤胃发酵指标的影响，以确定木薯渣在羔羊饲粮中的适宜添加量，为木薯渣的应用提供技术支撑。

1　材料与方法

1.1　试验动物及试验设计

试验选取3~4月龄、体重相近，健康状况良好的断奶湖羊羔羊96只，采用单因素随机分组设计方法，随机分为4组，每组6个重复，每个重复4只，对照组饲喂基础饲粮，试验分为3个水平组，试验饲粮中木薯渣添加比例为5%，10%，20%。预饲期10d，正式期45d。饲养试验结束后，测定有关湖羊生长性能的指标；空腹采血测定湖羊血液生化指标；采集湖羊瘤胃液，测定瘤胃发酵指标；试验正式期开始后第35d开始收集羔羊粪便，测定养分消化率。

1.2　试验饲粮

按照本实验室研究关于25kg杂交羔羊日增重200g的营养需要[15]配制饲粮（代谢能需要量为9.25 MJ·d^{-1}，可代谢蛋白质需要量为64.91g·d^{-1}）。木薯渣在饲粮中的添加比例分别为0、5%、10%、20%，通过调整配方达到饲粮的等能等氮，其组成及营养水平见表1。

表1　饲粮组成及营养水平（干物质基础）　　(%)

处理	A（对照组）	B（5%）	C（10%）	D（20%）
原料				
玉米	23.4	23.4	21.8	20.7
麸皮	7.5	7.0	8.5	8.5
豆粕	15.5	16.0	16.0	17.0
木薯渣	0.0	5.0	10.0	20.0
大豆秸粉	27.0	22.0	17.0	7.0
豆腐渣（风干）	6.0	6.0	6.0	6.0
玉米秸秆（风干）	18.0	18.0	18.0	18.0
石粉	0.1	0.1	0.2	0.3
磷酸氢钙	1.2	1.2	1.2	1.2
预混料1)	1.0	1.0	1.0	1.0
食盐	0.3	0.3	0.3	0.3
合计	100.0	100.0	100.0	100.0
营养成分				

（续表）

处理	A（对照组）	B（5%）	C（10%）	D（20%）
干物质	91.19	91.18	91.22	91.23
代谢能（MJ/kg）	10.63	10.66	10.64	10.66
粗蛋白质	15.00	14.97	14.95	14.97
代谢蛋白质	10.79	10.78	10.76	10.80
粗脂肪	2.48	2.41	2.35	2.20
中性洗涤纤维	42.79	43.24	44.23	45.38
酸性洗涤纤维	25.65	24.56	23.63	21.54
钙	0.87	0.84	0.86	0.86
总磷	0.44	0.45	0.45	0.46

1) 预混料为每千克饲粮提供：VA 12 000IU，VD 20 00IU，VE 40IU，Cu 12mg，Fe 65mg，Mn 58mg，Zn 60mg，I 1.2mg，Se 0.4mg，Co 0.4mg。

2 营养水平除代谢能、代谢蛋白质外均为实测值

试验所用原料均为就近采购。采用常规法测定其营养成分（表 2）。

表 2　木薯渣及其他原料营养水平[1]

原料名称	玉米	麸皮	豆粕	木薯渣	大豆秸粉	玉米秸秆	豆腐渣
营养成分（%）							
干物质	87.25	91.05	92.93	90.16	90.71	93.65	93.25
代谢能（MJ/kg）	11.59	9.92	11.70	8.62	8.30	8.81	10.03
粗蛋白质	7.78	17.71	42.26	2.58	5.70	7.53	18.14
代谢蛋白质	5.34	12.09	31.59	1.81	3.99	5.27	12.69
粗脂肪	3.50	4.00	1.90	0.22	0.72	1.33	3.34
中性洗涤纤维	9.40	37.00	13.60	75.34	65.03	65.57	42.99
酸性洗涤纤维	3.50	13.00	9.60	24.48	44.06	36.05	28.69
钙	0.06	0.11	0.28	0.67	1.09	0.45	0.77
总磷	0.22	0.62	0.52	0.03	0.13	0.12	0.2

1 常规养分分析参见张丽英[16]的方法，ME 及 MP 计算参照刘洁[17]的方法

1.3　饲养管理

试验于 2016 年 8 月 1 日到 2016 年 9 月 10 日在江苏省泰州市西来原生态农业有限公司开展，试验羊自由采食与饮水，保持圈内清洁干燥，定期进行消毒。试验开始和结束分别对每组羔羊称重，以计算平均日增重；同时，每天记录每栏羔羊的采食量及剩余量，以计算 ADG、ADFI 和料重比（F /G）。

1.4　样品收集与检测

试验结束前 10d，采用全收粪法进行消化试验。预试期 5d，正式期 5d。每组随机选取 4 只羊单独放入代谢笼中，每天收集粪便，以备常规成分分析。试验结束前 1d，每重复组随机选取 2 只羔羊，取瘤胃

液约50mL，随即测定pH值，然后用4层纱布过滤，滤液中加入2滴10% $HgCl_2$溶液，使酶钝化；将滤液分装入3个15mL的冻存管中，冷冻（-20℃）保存，备测氨氮、挥发性脂肪酸（volatile fatty acids，VFAs）。试验结束时，每个重复组随机选取1只羔羊进行采血，然后离心取血清，并保存于-20℃待检测。

1.5 数据统计分析

试验数据采用SASS9.4单因素方差分析（one-way ANOVA）方法进行组间差异显著性统计，并利用多项式比较组间的直线及二次曲线关系。以$P<0.05$作为差异显著的判别标准。

2 结果与分析

2.1 饲粮添加木薯渣对羔羊生长性能的影响

如表3所示，试验羔羊初始体重的组间差异不显著，符合试验要求。饲粮添加不同比例木薯渣对羔羊的末重、平均日采食量均无显著性影响（$P>0.05$）。羔羊日增重和饲料利用效率均随着木薯渣的添加比例提高而呈线性增长（$P<0.05$）。其中，D组的平均日增重显著高于A、B组（$P<0.05$），C组平均日增重显著高于A组（$P<0.05$）；D、C组料重比显著低于A组（$P<0.05$）。

表3　饲粮添加木薯渣对生长羔羊生长性能的影响

项目	组别				SEM	P值		
	A	B	C	D		Treats	Linear	Quadratic
初重（kg）	21.57	21.00	21.00	21.33	0.21	0.727	—	—
末重（kg）	28.76	28.68	29.47	30.62	0.31	0.091	0.215	0.584
采食量（g）	1 107.19	1 090.30	1 120.59	1 145.05	9.59	0.232	0.099	0.277
日增重（g）	229.94^{c}	256.00^{bc}	282.33^{ab}	309.53^{a}	9.71	0.011	0.001	0.971
料重比	4.91^{a}	4.33^{ab}	4.02^{b}	3.71^{b}	0.15	0.018	0.022	0.597

注：同行数据肩标不同小写字母表示差异显著（$P<0.05$），相同或无字母表示差异不显著（$P>0.05$）。下表同

2.2 饲粮添加木薯渣对羔羊营养物质表观消化率的影响

如表4所示，饲粮添加不同比例的木薯渣对羔羊各营养物质的表观消化率均无显著影响（$P>0.05$）。

表4　饲粮添加木薯渣对羔羊营养物质表观消化率的影响

项目（%）	组别				SEM	P值		
	A	B	C	D		Treats	Linear	Quadratic
干物质	83.78	83.87	82.30	83.92	0.75	0.875	0.877	0.648
有机物	83.59	84.13	82.63	84.93	0.77	0.7978	0.743	0.606
粗蛋白	86.54	87.45	87.03	87.85	0.82	0.962	0.675	0.980
总能（MJ/kg）	84.46	84.30	83.06	84.81	0.74	0.878	0.982	0.563
粗脂肪	87.54	85.90	88.24	87.50	0.62	0.634	0.710	0.733
中性洗涤纤维	81.99	81.80	81.21	82.32	0.80	0.976	0.960	0.722
酸性洗涤纤维	70.34	70.14	68.52	72.25	1.29	0.824	0.747	0.494

2.3 饲粮添加木薯渣对生长羔羊血清抗氧化指标的影响

如表5所示，A、B、C和D四个处理组之间血清T-AOC呈现二次曲线关系，B组T-AOC显著低于A组与D组（$P<0.05$）。随木薯渣添加比例增加，GSH活性差异显著（$P<0.05$），且随木薯渣添加量的升高，GSH活性呈二次曲线关系（$P<0.05$）。血清SOD活性呈线性下降（$P<0.05$），D组SOD活性显著低于A组（$P<0.05$）。A、B、C和D四个处理组之间血清MDA含量差异不显著（$P>0.05$），但有上升趋势。

表5　不同比例木薯渣对生长羔羊血清抗氧化指标的影响

项目	组别				SEM	P值		
	A	B	C	D		Treats	Linear	Quadratic
总抗氧化能力（U/mL）	28.61[a]	21.62[b]	25.12[ab]	26.19[a]	0.90	0.014	0.471	0.007
谷胱甘肽还原酶（μmol/L）	27.25[b]	28.87[b]	36.52[a]	24.74[b]	1.43	<0.001	0.985	0.001
超氧化物歧化酶（U/mL）	104.70[a]	64.76[b]	103.25[a]	73.43[b]	5.57	<0.001	0.010	0.211
丙二醛（nmol/mL）	5.60	6.08	6.26	6.18	0.21	0.755	0.381	0.571

2.4 饲粮添加木薯渣对生长羔羊血清生化指标的影响

如表6所示，随着饲粮中木薯渣添加比例的提高，血清TP和Alb含量均呈线性（$P<0.05$）和二次曲线性关系（$P<0.05$），Glb含量和A/G呈二次曲线性关系（$P<0.05$）（表6）。B、C组TP含量显著高于A、D组（$P<0.05$），C组A1b含量显著高于其A、B组（$P<0.05$），B、C和D组Glb含量显著高于A组（$P<0.05$），B、C和D组A/G显著低于A组（$P<0.05$）。

各组之间GLU含量无显著性差异（$P>0.05$），TG含量呈二次曲线性关系（$P<0.05$），B、C组TG含量显著高于A、D组（$P<0.05$）。各组之间血清ALT活性差异不显著（$P>0.05$），AST活性呈二次曲线性关系（$P<0.05$）。A、D组血清AST活性显著高于B组和C组（$P<0.05$）。随木薯渣添加比例的增加，血清UA和Crea含量呈线性增长（$P<0.05$）。D组UA含量显著高于A、B两组（$P<0.05$）。各组之间Crea含量差异显著（$P<0.05$），D组最高，A组最低。

表6　饲粮添加木薯渣对羔羊血清生化指标的影响

项目	组别				SEM	P值		
	A	B	C	D		Treats	Linear	Quadratic
总蛋白（g/L）	66.63[c]	71.43[b]	78.60[a]	67.53[c]	1.46	<0.001	0.023	<0.001
白蛋白（g/L）	43.17[b]	33.97[d]	46.30[a]	41.27[c]	1.37	<0.001	0.001	<0.001
球蛋白（g/L）	23.47[d]	37.47[a]	32.30[b]	26.27[c]	1.66	<0.001	0.306	<0.001
白球比	1.84[a]	0.91[d]	1.43[c]	1.57[b]	0.10	<0.001	0.157	<0.001
甘油三酯（mmol/L）	1.63[b]	1.98[a]	1.97[a]	1.36[c]	0.08	<0.001	0.009	<0.001
葡萄糖（mmol/L）	7.87	7.79	7.92	6.25	0.29	0.089	0.05	0.121

（续表）

项目	组别				SEM	P值		
	A	B	C	D		Treats	Linear	Quadratic
丙氨酸氨基转移酶（U/L）	29.87	23.30	27.87	27.47	1.11	0.203	0.774	0.159
门冬氨酸氨基转移酶（U/L）	33.67[a]	28.10[b]	20.53[b]	33.10[a]	1.86	<0.001	0.515	<0.001
尿酸（μmol/L）	282.03[c]	316.10[bc]	371.40[ab]	403.03[a]	16.42	0.009	0.001	0.952
肌酐（μmol/L）	103.73[d]	148.60[b]	129.07[c]	168.97[a]	7.51	<0.001	<0.001	0.590

2.5　饲粮添加木薯渣对生长羔羊瘤胃发酵指标的影响

如表7所示，不同比例木薯渣添加比例对生长羔羊瘤胃液的pH、乙酸、丙酸、乙酸/丙酸、丁酸、异戊酸、戊酸含量无显著性影响（$P>0.05$），瘤胃液氨态氮和异丁酸含量呈线性下降（$P<0.05$）。

表7　不同比例木薯渣对生长羔羊瘤胃发酵指标的影响

项目	组别				SEM	P值		
	A	B	C	D		组间	Linear	Quadratic
pH	6.86	6.88	6.70	6.84	0.06	0.7330	0.687	0.627
氨态氮（mg·DL^{-1}）	25.27[a]	21.66[ab]	21.24[ab]	14.99[b]	1.40	0.053	0.010	0.059
乙酸（mmol·L^{-1}）	51.06	49.02	52.23	52.50	2.12	0.946	0.714	0.802
丙酸（mmol·L^{-1}）	13.19	13.72	14.00	14.75	0.60	0.854	0.398	0.932
丁酸（mmol·L^{-1}）	10.52	8.69	10.53	8.96	0.57	0.556	0.596	0.915
异丁酸（mmol·L^{-1}）	0.86[a]	0.71[ab]	0.60[b]	0.60[b]	0.04	0.075	0.015	0.354
戊酸（mmol·L^{-1}）	0.81	0.65	0.73	0.65	0.06	0.754	0.451	0.767
异戊酸（mmol·L^{-1}）	1.10	0.87	0.86	0.83	0.05	0.754	0.090	0.330
乙酸/丙酸	3.84	3.66	3.75	3.58	0.08	0.7251	0.372	0.968

3　讨论

3.1　饲粮添加木薯渣对生长羔羊生长性能的影响

已有研究表明用糟渣类饲料饲喂羊能够取得良好的效果[18-19]，本试验中试验羊的平均日采食量无显著差异，Phoemchalard[20]在小母牛上的研究发现，木薯渣副产品对小母牛干物质采食量无显著影响，同样Gibb[21]曾报道了相似结果，这与本试验结果相一致。然而Filho[14]用25%（DM=67%）的液体木薯渣饲喂羊，发现随饲粮中木薯渣添加比例的增加，羊的平均日采食量显著增加，产生这种现象的原因可能有三点：第一，本试验各组饲粮与之间 NDF 含量基本一致，而 NDF 的含量是影响干物质采食量的主要因素[22]，所以各组间采食量差异不显著。第二，纤维含量高、能量和蛋白含量低的饲粮降低动物的采食量[23]，而本试验处理组间纤维、能量、蛋白基本相同，所以各组采食量差异不显著。第三，可能是因为试验期间正值夏季，潮湿炎热，试验羊的热应激较大，影响了采食量与日增重，这与唐春梅[10]在热应激对育肥牛的研究中结果相似。高俊峰[13]在黑山羊研究中发现，木薯渣的添加比例超过 5%，随添加比例的增加，平均日增重逐渐升高、料重比逐渐降低，这与本试验的结果一致。在本试验中，D 组的平均日增重最高，D 组与 C 组料重比显著低于 A 组，这表明在生长羔羊饲粮中添加 20%的木薯渣，生长性能要好于 0、5%、10%添加组，随着饲粮中木薯渣添加比例的增加，生长性能呈线性提高。

3.2 饲粮添加木薯渣对羔羊营养物质表观消化率的影响

本试验中四个处理组之间试验羊的干物质、有机物、粗蛋白、NDF 和 ADF 的表观消化率差异均不显著，Guimarães[24]曾报道在生长羔羊饲粮中添加木薯皮对营养物质表观消化率无显著性影响，然而 Santos[7]研究发现，随着木薯渣添加比例的增加，试验牛的干物质、有机物、粗蛋白和 NDF 的消化率降低，之所以与本试验结果不同可能是因为 Santos[7]试验中随木薯皮添加比例增加，NDF 和 ADF 的含量也随之增加，导致了营养物质消化率的下降。瘤胃中纤维消化率的下降会导致与降解蛋白相关的微生物数量的下降，进而导致蛋白的消化率下降[25]。但本试验各组饲粮间 NDF 和 ADF 的含量基本接近，四个处理组间生长羔羊的干物质、有机物、粗蛋白、NDF 和 ADF 的消化率差异均不显著[26]。本试验发现，四个组之间粗脂肪的表观消化率差异不显著，而 Guimarães[24]曾报道随木薯皮的添加比例增加，粗脂肪的消化率呈线性提高，这可能与木薯皮中的脂肪更易消化有关。高俊峰[13]在黑山羊的研究表明，随着木薯渣添加比例的增加，试验组之间干物质、粗纤维、粗蛋白、粗脂肪和总能的表观消化率均显著提高，这与本试验结果不一致，原因可能与发酵过后的木薯渣营养成分全面提高[18]，动物更易消化吸收有关。总的来说，在生长羔羊饲粮中添加木薯渣对生长羔羊营养物质的表观消化率无显著差异，表明生长羔羊饲粮中添加木薯渣是可行的，为充分利用量大价廉的非常规饲料提供了技术支撑。

3.3 饲粮添加木薯渣对生长羔羊血清抗氧化性能的影响

抗氧化能够保护机体免受自由基的损伤，反映抗氧化能力的指标包括 T-AOC、SOD、GSH 及 MDA [27-28]，SOD 与 GSH 是动物机体内两种重要的抗氧化酶，能够清除体内的自由基，防止氧化应激对机体造成损伤，二者之间相互协调完成机体抗氧化。MDA 是脂质过氧化的产物，能够引起膜脂和膜蛋白交联，使细胞产生功能障碍，其含量的高低能够反映机体脂质过氧化的程度。T-AOC 是机体抗氧化能力的综合指标。如果机体抗氧化性能受到损伤，则表现为血清 T-AOC 下降，SOD 和 GSH 活性下降，MDA 含量升高。本试验四个处理组之间血清 T-AOC 随木薯渣添加比例的增加呈二次曲线关系，先下降后上升。GSH 活性随木薯渣添加比例的增加先上升后下降，血清 SOD 活性呈线性下降，MDA 含量差异不显著，但有上升趋势。血清 GSH、SOD 活性和 T-AOC 下降表明饲喂高添加量的木薯渣，可能会对生长羔羊的血清抗氧化性能造成损伤，原因可能是木薯渣中含有单宁、氰苷等抗营养因子[29-30]，饲粮中添加量过高，可能会对机体抗氧化性能造成损害。苏斌朝[24]等用玉米干酒糟饲喂猪发现，玉米干酒糟一定程度上降低了猪的抗氧化能力，这与本研究结果相同。然而李景伟[23]发现，饲粮中添加木薯渣不会对肉牛的抗氧化能力造成影响，这与本试验研究结果不一致。造成这种现象的原因可能是，本试验在江苏泰州进行，正值炎热潮湿的夏季，热应激可能也会对生长羔羊抗氧化能力造成损伤[31]。

3.4 饲粮添加木薯渣对生长羔羊血清生化指标的影响

血清 TP 和 Alb 的含量能够反映动物机体的营养状况以及对蛋白质的吸收代谢情况[32]。血清中 TP 含量降低表明饲粮蛋白质含量不足，机体蛋白质合成受阻。血清 TP 和 Alb 含量提高，表明机体代谢旺盛，促进动物生长。在本试验中，随着饲粮中木薯渣添加比例的提高，血清 TP 和 Alb 含量先增加后减少，表明饲粮中低添加量的木薯渣能够满足生长羔羊机体对蛋白质的需要，不会影响蛋白质的合成，且促进了动物生长，这与生长性能变化趋势一致。但木薯渣添加量过高，血清 TP 含量下降，可能是由于过高含量的木薯渣中单宁和氢氰酸含量过高，影响了生长羔羊对蛋白质的利用。然而李景伟[11]研究表明，随木薯渣添加比例的增高，血清 TP 与 Alb 含量有下降趋势，原因可能是其试验羊采食量受到影响，而本试验中木薯渣没有影响到生长羔羊的采食，不会对蛋白质代谢造成影响，Oni[33]曾报道了与本试验相同的结果。本试验中，B、C、D 组 Glb 含量显著高于 A 组，这表明添加木薯渣提高了生长羔羊的体液免疫能力。A/G 降低常见于肝功能损伤，本试验中，B、C、D 三组 A/G 显著低于 A 组，但 C 组 A/G 下降并不是由于 Alb 的下降所致，而是其中 Alb 增加较慢所致。D 组 A/G 下降则是由于血清 Alb 的下降所致。所以木薯渣的添加量不超过 10%对生长羔羊的肝脏不会造成损伤，但添加量超过 10%，可能会对生长羔羊的肝脏造成损伤。因此，木薯渣在生长羔羊饲粮中的添加量以 10%较为适宜。

本试验中四个处理组之间血清 GLU 含量没有显著性差异，这与 Oni[33]和唐春梅[10]的研究结果一致，表明生长羔羊饲粮中添加木薯渣，不会影响生长羔羊葡萄糖代谢。本试验中，随着饲粮木薯渣添加比例的增加，血清中 TG 含量先上升后下降，表明饲粮中添加木薯渣能够提高生长羔羊对脂肪的利用率，但饲粮中木薯渣含量过高可能影响生长羔羊对脂肪的利用。因此，木薯渣在生长羔羊饲粮中的添加量以 10%较为适宜。

正常情况下，机体内的 ALT 和 AST 主要来自于肝脏，ALT 和 AST 是肝功检测的重要指标。如果肝脏受到损伤[34]，血清中 ALT 和 AST 活性升高。本试验中，各组之间血清 ALT 活性差异不显著，AST 活性随木薯渣添加比例的增加先下降后升高，这说明高添加量的木薯渣可能会对生长羔羊的肝功能造成损害，原因可能是木薯渣中含有氰苷，氰苷在体内代谢会产生氢氰酸进而对生长羔羊的肝脏造成损伤。但唐春梅[10]用发酵过的木薯渣饲喂肉牛发现木薯渣不会对其肝脏造成损伤，原因可能是发酵过的木薯渣氰苷含量大幅下降[35]，这也印证了 A/G 的变化。因此，生长羔羊饲粮中木薯渣的添加比例不宜超过 10%。

血清 UA 和 Crea 含量反映机体蛋白质代谢和肾脏的健康程度。当肾脏受到损伤时，血清中 UA 和 Crea 含量升高[36]。本试验中，B、C、D 组较 A 组，血清中 UA 和 Crea 含量显著增高，且呈线性上升，Oni[33]曾报道了相同的结果，这表明长期饲喂高添加量的木薯渣可能会对生长羔羊肾脏造成损伤。然而高俊峰[13]在黑山羊上研究发现饲粮中添加发酵木薯渣对血清中 UA 和 Crea 含量无显著性影响，原因可能是干木薯渣与发酵过的木薯渣相比，氰苷含量高，可能会对生长羔羊肾脏造成损害。因此，生长羔羊饲粮中木薯渣的添加比例以 10%较为适宜。

3.5 饲粮添加木薯渣对生长羔羊瘤胃发酵指标的影响

瘤胃液的 pH 值能够反映瘤胃的生理状况，正常的 pH 范围为 6~7[37]，本试验中 pH 范围为 6.70~6.88，处于正常范围之内，表明在生长羔羊饲粮中添加木薯渣没有损伤瘤胃，这与高俊峰[13]和王智博[38]研究结果一致。NH_3-N 是蛋白质和内外源尿素的最终代谢产物，瘤胃中的微生物可以分解饲料产生 NH_3-N，同时也可利用 NH_3-N 产生 MCP，瘤胃液中 NH_3-N 的正常浓度范围是 6.3~27.5mg /dL。本试验中随木薯渣添加比例的增加，NH_3-N 浓度呈线性下降，NH_3-N 的浓度范围为 14.99~25.27mg /dL，但属于正常范围，不会影响瘤胃微生物的正常生长，且能够满足微生物合成 MCP 的需要。Wanapat[39]和 Cherdthong[18]曾报道在羔羊饲粮中添加木薯渣，其瘤胃液 NH_3-N 的浓度无显著差异，但也处于正常范围。VFA 是反刍动物重要的能量来源，可以为宿主提供大约 75%的能量。本试验四个处理组之间瘤胃液中乙酸、丙酸、乙酸/丙酸、丁酸、异戊酸、戊酸含量均差异不显著，这表明在生长羔羊饲粮中添加木薯渣并没有改变瘤胃的发酵类型，生长羔羊饲粮中用 20%的木薯渣代替大豆秸粉是可行的。

4 结论

本试验研究结果表明，随着生长羔羊饲粮中木薯渣添加比例的增长，生长羔羊的生长性能显著提高，且添加20%木薯渣生长羔羊生长性能好于0、5%、10%添加组。饲粮中添加木薯渣对营养物质的消化率和瘤胃发酵无影响。但血清指标表明饲喂高添加量的木薯渣降低了羔羊机体抗氧化能力，并且对生长羔羊肾脏功能造成损伤。因此，本试验条件下，综合羔羊生长、血清指标，建议木薯渣添加量不超过20%，以10%为宜。

参考文献（略）

原文发表于：动物营养学报，2017，29（10），3666-3675

发酵鲜食大豆秸秆对母羊繁殖性能、初乳品质及消化性能的影响

朱　勇[1]，余思佳[2]，包　健[2]，徐建雄[2*]

（1. 上海市崇明县动物疫病预防控制中心，上海　202150；2. 上海交通大学农业与生物学院，上海市兽医生物技术重点实验室，上海　200240）

摘　要： 试验旨在探讨发酵鲜食大豆秸秆（FSBS）对母羊繁殖性能、初乳品质及消化代谢的影响。选择16只产前30d的妊娠崇明白山羊随机分为4组，每组4只，分别饲喂以0（对照组）、17.5%（试验A组）、35.0%（试验B组）、52.5%（试验C组）FSBS制作的TMR颗粒料，试验从产前30d至羔羊60d断奶。结果表明：与对照组及试验A组相比，试验C组母羊产后30d日粮干物质（DM）、粗蛋白质（CP）、粗脂肪（EE）、有机物（OM）的表观消化率显著提高（$P<0.05$）；母羊产后30d血清中尿素氮（BUN）含量在各处理组之间差异显著（$P<0.05$），其中试验C组含量最低；与对照组相比，试验C组羔羊的初生窝重和断奶窝重显著提高（$P<0.05$），母羊初乳中乳脂（MF）、乳蛋白（MP）、乳糖（ML）、乳总固形物（TS）和乳非脂固形物（SNF）的含量显著提高（$P<0.05$）。综上所述，FSBS具有提高母羊日粮养分消化率和初乳品质、促进羔羊生长发育的作用，且含量为52.5%时作用最佳，可在养羊业推广应用。

关键词： 发酵鲜食大豆秸秆；繁殖性能；表观消化率；初乳品质；母羊

鲜食大豆（也称毛豆）作为一种富含蛋白质、不饱和脂肪酸、粗纤维及各种人体必需营养元素的绿色保健蔬菜而深受人们的喜爱。我国自古以来就是鲜食大豆的生产和消费大国[1]，据估计，全国鲜食大豆种植面积达40.02万公顷，年产鲜食大豆秸秆约300万t。鲜食大豆秸秆粗蛋白含量较高，但水分和粗纤维含量也较高，不易保存和消化，目前尚不能有效利用。大量鲜食大豆秸秆废弃物随意堆放在田间或道路两旁，自然堆沤发酵，影响了农村的生产和生活环境。如能解决鲜食秸秆的保存问题，同时提高其消化利用率，则对草食畜牧业的发展非常有利。目前有关鲜食大豆秸秆的处理方法主要有干燥及青贮处理。通过干燥，能够减少鲜食秸秆的含水量，但是人工干燥成本太高，而自然干燥又受天气情况的影响较大。又由于鲜食大豆秸秆粗纤维含量高，青贮效果并不好。近年来，利用微生物发酵处理秸秆成为发展节粮型畜牧业和降低饲养成本的技术研究方向。利用不同微生物制剂处理秸秆可提高粗纤维的消化率，从而提高秸秆的利用率。李丽娜[2]等用白腐真菌、嗜酸乳杆菌等合成的秸秆发酵微生物菌剂发酵稻草秸秆，发现粗蛋白含量提高了32.10%，中性洗涤纤维降低了25.79%。逮素芬等[3]在高效秸秆微生物调制剂发酵农作物秸秆试验中发现，饲喂发酵料后，奶牛产奶量比未发酵组高15%。但是，微生物发酵秸秆也面临着一些问题，如难以选育纤维素产量高的菌种，菌种选择不当会造成瘤胃微生物菌群的紊乱等问题。黄金华[4]发现用乳酸菌发酵玉米秸秆可提高秸秆消化率，增加秸秆饲料中菌体蛋白。包健等[5]研究发现，利用复合益生菌发酵鲜食大豆秸秆，可解决其不易保存的问题，可改善饲料的适口性，为反刍动物提供能量和蛋白质来源，可改善肠道微生物菌群，促进养分的消化吸收，解决了鲜食大豆秸秆不易作为动物饲料的瓶颈问题。本试验以复合益生菌发酵的鲜食大豆秸秆配制TMR日粮，饲喂妊娠期和哺乳期母羊，探讨发酵鲜食大豆秸秆（FSBS）对母羊繁殖性能和羔羊生长发育的影响，以期为提高母羊繁殖性能及鲜食大豆秸秆饲料资源化利用提供依据。

1 材料与方法

1.1 试验动物与分组

试验于2014年9月至2014年11月在上海市崇明县崇明白山羊保种基地进行。试验选取体重(32.38±2.53) kg、胎次在2~4胎、预产期相近的16只崇明白山羊母羊，随机分成4组，每组4只母羊。试验从母羊产前30d至产羔后60d断奶，试验期3个月。

1.2 试验日粮及饲养管理

FSBS按上海市崇明县动物疫病预防控制中心发明专利方法制作（专利申请号：201410572723.9）。母羊饲喂全混合颗粒料（TMR），TMR中粗饲料与精饲料的比例为7∶3，粗饲料由玉米秸秆和FSBS组成。TMR日粮中FSBS的比例分别为0（对照组）、17.5%（试验A组）、35.0%（试验B组）和52.5%（试验C组）。试验日粮组成及营养水平见表1。FSBS及玉米秸秆的养分含量见表2。

试验羊舍为半开放式，将试验羊单栏饲养，各组的饲养环境保持一致，每天上午08：00和下午16：00各喂料1次，定量饲喂、自由饮水，每天清理料槽和水槽1次，及时打扫羊舍。平时认真观察试验羊的采食和精神状况，母羊分娩时记录产羔数和体重。

1.3 样品采集

采集母羊分娩当天的初乳样品10mL，置于离心管中，冷藏条件下送到实验室进行分析。

母羊在产后第30d开始进行消化试验，试验期间每天上午09：00和下午5：00分两次采集粪便，按每100g鲜粪中加入5mL 10%硫酸进行固氮。连续收集4d之后，将收集的粪样混合在一起，再按四分法进行取样，在65℃下烘干48h后放置于室温回潮24h，装于样品袋中备测。消化试验期间从日粮中随机取样，将料样混合后放于样品袋中备测。

母羊在产后30d颈静脉采血5mL，置于离心管中，3 000r/min、4℃离心10min，收集血清，置于-20℃冰箱保存，用于生化指标的测定。

表1 试验日粮组成及营养水平 (%)

	对照组	试验A组	试验B组	试验C组
原料				
发酵鲜食豆秸	0	17.5	35	52.5
玉米秸杆	70	52.5	35	17.5
玉米	19.2	19.2	19.2	19.2
豆粕	9	9	9	9
食盐	0.3	0.3	0.3	0.3
母羊预混料	1.5	1.5	1.5	1.5
营养水平				
总能（kJ/g）	14.6	14.6	14.6	14.6
粗蛋白质	12.2	12.4	12.7	12.9
粗脂肪	1.1	1.3	1.5	1.7
钙	0.3	0.4	0.6	0.8
磷	0.1	0.2	0.2	0.3

表 2 FSBS 及玉米秸秆营养成分 (%)

营养成分	鲜食大豆秸秆	玉米秸秆
总能/（kJ/g)	17.5	17.4
粗蛋白质	12.2	10.9
粗脂肪	2.5	1.3
粗灰分	7.1	6.1
粗纤维	39.7	26.8
中性洗涤纤维	54.5	54.6
酸性洗涤纤维	43.1	35.2
无氮浸出物	38.4	55.2
钙	1.3	0.3
磷	0.4	0.1

1.4 测定指标和方法

（1）产羔和断奶情况记录母羊产羔数和羔羊健康情况，称量并记录羔羊初生重和断奶重。

（2）表观消化率采用 4N 盐酸不溶灰分（AIA）作为内源指示剂测定营养成分的表观消化率，计算公式为：某养分的表观消化率（%）$= \left(1 - \frac{b \times a}{a \times d}\right) \times 100$

式中：a，日粮中某养分的含量（%）；b，粪便中某养分的含量（%）；c，日粮中 AIA 含量（%），d，粪便中 AIA 含量（%）。

干物质按照 GB/T 6435—2006 的方法测定；粗蛋白按照 GB/T 6432—1994 用凯氏定氮法测定；粗脂肪按照 GB/T 6433—2006 用索氏浸提法测定；有机物按照 GB/T 6438—2007 用灼烧法测定。

（3）生化指标血清中总蛋白（TP）、白蛋白（ALB）、总胆固醇（TC）、葡萄糖（GLU）、尿素氮（BUN）的含量测定严格按照试剂盒说明书要求进行操作，试剂盒均购自南京建成生物工程研究所。球蛋白（GLB）按总蛋白和白蛋白差减法进行测定计算。

（4）初乳品质将乳样稀释后以 Foss 多功能乳品分析仪测定样品中乳脂（MF）、乳蛋白（MP）、乳糖（ML）、乳总固形物（TS）和乳非脂固形物（SNF）的含量。

1.5 统计分析

采用 SPSS 17.0 软件对试验数据进行统计分析，结果以平均值±标准差表示。以单因素方差分析法分析不同水平 FSBS 对母羊的影响，用 Duncan 氏法进行多重比较，以 $P<0.05$ 为差异显著性判断标准。

2 结果与分析

2.1 羔羊初生重、断奶重、初生窝重、断奶窝重和成活率

羔羊初生及断奶时的数量、个体重、窝重和存活率见表 3。由表 3 可知，各试验组与对照组的产羔数、初生重、断奶重及成活率均无显著差异（$P<0.05$）；试验 A、B 组初生窝重及断奶窝重与对照组相比差异不显著（$P>0.05$），但试验 C 组初生窝重显著高于对照组（$P<0.05$），断奶窝重显著大于对照组和试验 A 组（$P<0.05$）。

表 3　羔羊初生及断奶时的数量、个体重、窝重和存活率

项目	对照组	A 组	B 组	C 组
窝产羔数（只）	2. 00±0. 71	2. 00±0. 00	2. 50±0. 50	2. 75±0. 43
初生重（kg）	2. 25±0. 21	2. 41±0. 19	2. 02±0. 23	1. 95±0. 68
初生窝重（kg）	4. 51±0. 32b	4. 83±0. 39ab	5. 06±0. 30ab	5. 37±0. 42a
断奶窝数（只）	1. 75±0. 43	1. 75±0. 43	2. 25±0. 43	2. 5±0. 50
羔羊断奶重（kg）	8. 66±1. 56	8. 88±1. 42	7. 92±2. 50	7. 6±0. 95
断奶窝重（kg）	15. 16±0. 87 b	15. 54±1. 10 b	17. 82±0. 95 ab	19. 00±1. 02 a
成活率（%）	87. 50	87. 5	90. 00	90. 90

注：同行数据肩标不同字母表示差异显著（$P<0.05$）；肩标相同字母或无字母标注表示差异不显著（$P>0.05$）。下同

2.2　母羊日粮表观消化率

FSBS 对母羊日粮表观消化率的影响见表 4。由表 4 可知，从 DM 表观消化率来看，试验 A 组略高于对照组但差异不显著（$P>0.05$），试验 B、C 组均显著高于对照组（$P<0.05$）；从 CP 表观消化率来看，试验 A 组略高于对照组但差异不显著（$P>0.05$），试验 B、C 组均显著高于对照组（$P<0.05$），且试验 C 组明显高于 B 组（$P<0.05$）；从 EE 表观消化率来看，试验 A、B 组略高于对照组，但差异不显著（$P>0.05$），试验 C 组显著高于对照组（$P<0.05$）；从 OM 表观消化率来看，试验 A、B 及 C 组均显著高于对照组（$P<0.05$）。

表 4　不同日粮处理母羊日粮养分表观消化率的影响　（%）

项目	对照组	试验 A 组	试验 B 组	试验 C 组
干物质	57. 45±1. 27c	59. 62±2. 43bc	61. 73±1. 54ab	65. 20±2. 08a
粗蛋白质	62. 30±1. 30c	63. 38±0. 76c	65. 92±1. 61b	68. 81±0. 92a
粗脂肪	76. 78±2. 72b	77. 21±2. 34b	79. 75±1. 95ab	81. 97±2. 16a
有机物	58. 53±1. 36c	61. 51±1. 09b	63. 21±1. 82b	66. 42±1. 40a

2.3　母羊血清 TP、ALB、GLB、TC、GLU、BUN 含量

发酵鲜食大豆秸秆对母羊血清生化指标的影响见表 5。由表 5 可知，各组之间 TP、ALB、GLB、TC 和 GLU 含量差异不显著（$P>0.05$）。试验 A、B 和 C 组 BUN 含量显著低于对照组（$P<0.05$）。

表 5　不同日粮处理母羊血清生化指标　（mmol/L）

项目	对照组	试验 A 组	试验 B 组	试验 C 组
总蛋白（g/L）	53. 19±5. 38	54. 02±7. 25	52. 37±6. 83	53. 64±5. 60
白蛋白（g/L）	25. 78±4. 18	23. 45±3. 64	25. 15±2. 87	26. 39±3. 51
球蛋白（g/L）	27. 41±3. 54	30. 57±3. 92	27. 22±4. 07	27. 25±3. 05
总胆固醇	2. 79±0. 24	2. 60±0. 30	2. 53±0. 28	2. 68±0. 25
葡萄糖	25. 74±3. 27	25. 46±4. 14	25. 90±4. 30	23. 87±3. 51
尿素氮	6. 99±0. 41a	6. 84±0. 35b	6. 61±0. 39d	6. 70±0. 43c

2.4 母羊初乳品质

发酵鲜食大豆秸秆对羊初乳成分的影响见表6。由表6可知，试验A组MF略高于对照组但差异不显著（$P>0.05$），试验B、C组MF含量显著高于对照组（$P<0.05$）。试验A、B和C组MP含量显著高于对照组（$P<0.05$），试验A、B组ML含量略高于对照组但差异不显著（$P>0.05$），试验C组ML含量显著高于对照组（$P<0.05$）。从TS和SNF来看，试验A和B组略高于对照组但差异不显著（$P>0.05$），试验C组显著高于对照组（$P<0.05$）。

表6 不同日粮处理对母羊初乳成分的影响 （%）

项目	对照组	试验A组	试验B组	试验C组
乳脂	9.15±0.24b	9.28±0.37b	9.95±0.31a	10.13±0.28a
乳蛋白	6.27±0.39b	7.17±0.24a	7.46±0.42a	7.62±0.35a
乳糖	2.65±0.13b	2.80±0.14ab	2.73±0.08ab	2.94±0.16a
乳总固形物	18.05±0.76b	18.41±0.72ab	18.69±0.8ab	19.65±0.73a
乳非脂固形	11.25±0.57b	11.45±0.49b	12.19±0.51ab	12.83±0.46a

3 讨论

本试验表明母羊日粮中添加FSBS可以显著提高羔羊的初生窝重、断奶窝重及母羊的初乳品质，且添加量高的试验C组（52.5%）效果最佳。从初乳成分指标可以看出，与对照组相比，试验组MF、MF、ML、TS以及SNF含量均有显著提高，这与王德培等[6]通过微生物发酵精饲料饲喂奶牛效果观察以及郭春华等[7]用豆粕、棉籽粕和菜籽粕等农副产品生产的发酵蛋白饲喂奶牛的结果相近，发酵饲料组的乳品质均显著高于对照组。初生窝重以及初乳品质的提高，很大一部分原因在于饲喂FSBS可以改善妊娠母羊的营养状况。同时，母羊乳品质的提高，也有助于羔羊的生长，增加其断奶窝重。研究表明，妊娠母羊的营养状况，特别是妊娠后期的营养水平，对羔羊的初生窝重和初乳品质有显著影响[8]。

FSBS对妊娠母羊营养状况的改善主要是通过提高母羊对营养物质的消化能力以及鲜食大豆秸秆经发酵之后自身营养价值的提高而实现的。本试验结果表明，FSBS能显著提高母羊日粮的DM、CP、EE和OM的表观消化率。产生这一现象的原因可能在于：①发酵饲料中的有益菌群在瘤胃内生长繁殖，比如乳酸杆菌等益生菌抑制有害生物繁殖，促进瘤胃微生物对氨的利用，从而提高瘤胃微生物蛋白的合成，进而促进乳蛋白含量的提高，本试验中试验组乳蛋白含量显著高于对照组，也验证了这一观点；②瘤胃内有益菌的增加使碳水化合物的发酵能力增强，从而产生大量的挥发性脂肪酸，其中乙酸是乳脂合成的前体物质而丙酸则可以保证羊乳中乳糖的含量[9]；③有益菌群的繁殖能够刺激微生物分泌淀粉酶、脂肪酶和蛋白酶等各种消化酶[10]，有利于降解饲料中蛋白质、脂肪和复杂的碳水化合物，还会促进微生物合成B族维生素、氨基酸、促生长因子等营养物质以及诱导动物机体内源消化酶的分泌[11]；④乳酸菌在发酵过程中，能够降低饲料的pH，使得发酵饲料产品具有了酸香味，从而改善饲料的适口性，提高动物的进食欲，进而提高饲料利用率，增强机体对养分的消化吸收，最终提高动物生长性能及营养状况[12]；⑤鲜食大豆秸秆经过发酵后纤维成分特别是中性洗涤纤维（NDF）含量降低，这可能也在一定程度上影响动物对营养成分的表观消化率[13]。秸秆类粗饲料的主要成分是纤维物质，NDF占干物质的70%~80%。NDF包括纤维素、半纤维素和木质素，它们是植物细胞壁的主要组成部分，随着植物细胞的老化，细胞壁变厚，NDF就成为秸秆的主要组成。单纯纤维素较容易被瘤胃微生物降解，但由于木质素密实的结构很难被瘤胃微生物降解，同时老化的细胞壁主要成分之间存在很强的结构键，使纤维素在瘤胃中的消化率很低。在发酵过程中，微生物大量生长繁殖，分泌出各种酶。这些酶通过降解多糖和木质素，破坏其连接的共价键，不仅破坏了秸秆难以消化的细胞壁结构，使与木质素交联在一起的纤维素和半纤维素游离出来，还能使秸秆细胞壁内可利用的碳水化合物和其他营养物质暴露，增加与消化液接触的机会，提高秸秆消化率和瘤胃干物质降解率[14]。吴秋钰等[15]试验也证明了 NDF 含量高会抑制消化吸收的观点，试验以 NDF 梯度含量的日粮（35.88%、39.30%和 43.13%）分别饲喂肉牛，结果表明，育肥效果的优劣顺序为 35.88%、39.30%、43.13%，且各组间差异显著。鲜食大豆秸秆经过发酵之后，一些本来活性就较低的抗营养因子几乎检测不出，如胰蛋白酶抑制因子含量以及脲酶活性[5]。

血清 BUN 为蛋白质代谢后的产物，是反映机体内蛋白质代谢和氨基酸平衡的重要指标[16]，氨基酸平衡良好时血清尿素氮浓度下降[18-19]，当日粮中蛋白质利用率降低时可引起血清尿素氮含量升高。而本试验结果发现 FSBS 可显著降低母羊血清中尿素氮含量，说明 FSBS 可促进崇明白山羊体内的氮沉积，提高氮的利用率。

4 结论

本试验中使用的 FSBS 可以显著提高母羊日粮中 DM、CP、EE 和 OM 的表观消化率，提高母乳品质，促进羔羊初生窝重和羔羊的生长发育。结果表明 FSBS 可以作为母羊日粮的主要成分，且能提高母羊繁殖性能及促进养分的消化吸收，这为提高母羊繁殖性能及扩大鲜食大豆秸秆这一非常规饲料资源的利用提供了理论依据。

参考文献（略）

原文发表于：中国畜牧兽医，2017，44（1）：100-105

鲜食大豆秸秆、茭白鞘叶和甘蔗渣营养成分和瘤胃降解率的研究

包　健，盛永帅，蔡　旋，徐建雄

（上海交通大学农业与生物学院　上海兽医生物技术重点实验室，上海　200240）

摘　要： 试验旨在研究鲜食大豆秸秆、茭白鞘叶和甘蔗渣3种经济作物副产物营养成分及饲料价值。试验利用概略养分分析法对其营养成分进行测定，选取4头瘤胃瘘管湖羊为试验动物，采用尼龙袋法对鲜食大豆秸秆、茭白鞘叶和甘蔗渣的干物质、粗蛋白、有机物、酸性洗涤纤维和中性洗涤纤维的瘤胃降解参数和有效降解率进行评定。结果表明：茭白鞘叶、鲜食大豆秸秆的粗蛋白、粗脂肪和粗灰分含量显著高于甘蔗渣（$P<0.05$），甘蔗渣的纤维含量显著高于茭白鞘叶和鲜食大豆秸秆（$P<0.05$），瘤胃降解参数和有效降解率最高的是鲜食大豆秸秆，其次是茭白鞘叶，最低的是甘蔗渣。因此，鲜食大豆秸秆、茭白鞘叶和甘蔗渣营养成分和瘤胃降解参数及有效降解率有较大差异，鲜食大豆秸秆和茭白鞘叶具有较大的开发利用价值。

关键词： 鲜食大豆秸秆；茭白鞘叶；甘蔗渣；营养成分；瘤胃降解率

我国南方地区气候温和、水热条件好，一直是重要的经济作物种植基地，种植茭白、毛豆和甘蔗等经济作物，这些经济作物每年产生大量的副产物，可以直接饲喂反刍动物，也可以作为畜禽饲料的原料，可以作为潜在的饲料进行开发。

茭白是我国特有的水生蔬菜（郑春龙，2009），因其味道鲜美及营养丰富而得到广大城乡居民的喜爱。农民收获茭白时一般将上部的茭白鞘叶也一起采集，在市场上将茭白连壳一起割下来出售，上部的茭白鞘叶则被丢弃在路旁及河沟等地任其腐烂，造成严重的环境污染和资源浪费（郑春龙，2010）。初步估计，全国每年浪费的茭白鞘叶鲜重在500万t以上（陈建明等，2011）。茭白鞘叶的开发利用是当前茭白产业急需解决的问题和难题。大豆是我国四大农作物之一，豆秸是大豆的副产品，每年豆秸产量达1 500万t（刘洁等，2009）。但是豆秸资源长期没有得到合理有效的开发和利用，约2/3的豆秸资源被焚烧掉，造成资源的浪费和环境的污染（卢焕玉等，2010；徐忠等，2004）。甘蔗是生产糖类主要的经济作物，我国甘蔗种植面积达到172.1万hm^2，总产量达到11 443.4万t，位居世界第三位，南方的甘蔗产量占全国的100%。甘蔗渣是甘蔗制糖之后的副产品。据统计，甘蔗渣的年产量达到3 433万t（翟明仁，2013）。大部分的甘蔗渣被焚烧掉，既造成资源的浪费，又造成环境污染（刘建勇等，2010）。因此，开发利用这些经济作物副产物对我国畜牧业的发展有重要的意义。

尼龙袋法是一种测定瘤胃降解率的有效方法，操作简单，可以研究反刍动物瘤胃饲料的干物质、蛋白质和纤维类物质的降解特性（刘策等，2014）。试验研究鲜食大豆秸秆、茭白鞘叶和甘蔗渣3种经济作物副产物的营养成分和瘤胃降解特性，为经济作物副产物的利用提供理论依据。

1　材料与方法

1.1　试验材料

研究的茭白鞘叶饲料样品采集于上海市青浦区练塘镇练东村，品种为无锡茭白，为整株茭白割去茭白

后的剩余物；鲜食大豆秸秆饲料样品采集于上海市奉贤区金汇镇，品种为青酥一号，为采摘鲜食大豆豆荚后的剩余物；甘蔗渣饲料样品采集于上海市闵行区沧源农贸市场，品种为台糖26号，为甘蔗榨完汁后的剩余物。所有样品均是在农作物正常收获期采集的，一部分样品风干后用粉碎机粉碎过40目筛，装于自封袋中供营养成分分析用，另一部分样品风干后用粉碎机粉碎过8目筛，装于自封袋中用于测定瘤胃降解率。

1.2 主要仪器和试剂

紫外可见分光光度计购自尤尼科上海仪器有限公司；全自动凯氏定氮仪购自于美国foss公司；氧弹热量计购自于上海昌吉地质仪器有限公司；超细粉碎机购自于上海业唯粉碎机有限公司；恒温干燥箱购自于上海一恒仪器有限公司；分析天平购自于美国Thermo公司。试验所用试剂均为国产分析纯。

1.3 试验动物及饲养管理

试验于2014年7月在江苏省农科院畜牧研究所进行。试验选取年龄（2岁左右）、体重（65.34kg±1.28kg）、营养状况和体质相近的4只湖羊进行试验，每只羊为一个重复。试验开始前需注射疫苗，驱除试验羊体内外的寄生虫。然后进行瘤胃瘘管手术，待手术部位创口愈合后开始试验。

试验羊进行单圈饲养，每日日粮供给量按照维持需要的1.3倍配制日粮，日粮粗饲料与精饲料的比例为7∶3。每日于早上08：00和下午18：00饲喂试验羊2次，保持自由饮水。试验日粮组成及营养成分见表1。

表1 试验饲粮组成及营养成分（干物质基础） （%）

日粮组成	含量	营养成分	含量
牧草	65.00	干物质	91.60
豆粕	12.50	粗蛋白	12.84
玉米	20.00	有机物	90.30
食盐	1.00	酸性洗涤纤维	25.75
预混料	1.50	中性洗涤纤维	37.20
		钙	0.60
		磷	0.30

1.4 尼龙袋试验方法

1.4.1 尼龙袋规格

用孔径为300目的尼龙布，制成10cm×5cm的尼龙袋。尼龙袋的散边需用酒精灯烤烧，防止边缘的尼龙布脱丝。

1.4.2 称样与放样

称取2g左右的样品放入尼龙袋中，每种样品的每个时间点设置4个平行。将同一时间点的2个尼龙袋用橡皮筋扎紧袋口固定在一端有开口的长约25cm的半软塑料管上，然后用细木棒将尼龙袋推进瘤胃里。塑料管的另一端系上尼龙绳并缠绕固定在瘘管上。每只羊的瘤胃内放7根软管。

1.4.3 培养时间与取样

设置7个培养时间，分别为4h、8h、12h、24h、36h、48h和72h，在早上喂食试验羊前1h开始投放尼龙袋，随后饲喂瘘管羊，其他尼龙袋按照不同的时间点依次放入试验羊的瘤胃内，最后同一时间点取出所有尼龙袋。尼龙袋取出之后用自来水缓慢冲洗直至水澄清为止。然后将尼龙袋放入65℃烘箱中烘48h至恒质量，称质量并记录。将尼龙袋中残余物粉碎，过50目孔筛，放于自封袋中保存待测。

1.5　测定指标和方法

1.5.1　干物质

按照GB/T 6435—2006的方法测定。

1.5.2　粗蛋白

按照GB/T 6432—1994用凯氏定氮法测定。

1.5.3　粗脂肪

按照GB/T 6433—2006用索氏浸提法测定。

1.5.4　粗灰分

按照GB/T 6438—2007用灼烧法测定。

1.5.5　钙

按照GB/T 6436—2002用乙二胺四乙酸二钠（EDTA）络合滴定快速法测定。

1.5.6　总磷

按照国标GB/T 6437—2002用钒钼黄比色法测定。

1.5.7　粗纤维

按照GB/T 6434—2006用酸碱醇醚洗涤法测定。

1.5.8　中性洗涤纤维

按照GB/T 20806—2006的方法测定。

1.5.9　酸性洗涤纤维

按照NY/T 1459—2007的方法测定。

1.5.10　有机物

有机物（%）=干物质-粗灰分

1.5.11　无氮浸出物

无氮浸出物（%）=有机物-（粗脂肪+粗纤维+粗蛋白）

1.5.12　总能

按照NY/T 12—1985的方法用氧弹式热量计测定。

1.6　降解率的计算

1.6.1　逃逸率

$$\text{装袋样品逃逸率}(\%)=\frac{\text{空白试验装袋样品干物质量}(g)-\text{空白试验袋中残余物质量}(g)}{\text{空白试验装袋样品干物质量}(g)}\times 100$$

1.6.2　校正样品量

校正样品量/g= 实际样品量/g×（1-逃逸率/%）

1.6.3　降解量

目标成分某时间点的降解量/g=校正样品量/g× 空白试验残余物中目标成分的含量/% - 某时间点残余物的重量/g× 某时间点残余物中目标成分的含量/%

1.6.4　实时降解率

$$\text{某目标成分某时间点的实时降解率}(\%)=\frac{\text{某目标成分某时间点的降解量}/g}{\text{校正装袋样品量}/g\times\text{空白试验残余物中某目标成分的含量}(\%)}\times 100$$

1.6.5 降解参数

参照 Φrskov 等（1979）和 Sinclair 等（1993）提出的瘤胃动力学数学指数模型进行计算。饲料某营养成分的实时降解率符合指数曲线：$P = a + b(1-e^{-ct})$

式中：P 为 t 时刻目标成分的实时降解率,%;

a 为目标成分的快速降解部分,%;

b 为目标成分的慢速降解部分,%;

c 为慢速降解部分的降解速率,%/h;

t 为培养时间，h。

利用 Origin 统计软件计算出 a、b 和 c 的值。

1.6.6 有效降解率（ED）

$ED = a + bc / (c+k)$

k 为待测饲料的瘤胃外流速度，本试验中 k 值取 0.0253/h（颜品勋等，1994）。

1.7 数据分析

所有试验重复 3 次以上，试验所有数据采用 SPSS 17.0 软件进行单因素方差分析，用 Duncan 氏法进行多重比较，以 $P<0.05$ 为差异显著性标准，结果用平均值±标准差表示。

2 结果与分析

2.1 营养成分分析

鲜食大豆秸秆、茭白鞘叶和甘蔗渣的干物质、粗蛋白和粗脂肪测定结果见表 2。3 种经济作物副产物的干物质含量都很高，超过 92%。甘蔗渣的干物质含量最高，约为 95.10%，鲜食大豆秸秆的干物质含量最低，约为 92.03%。各组干物质含量间有显著性差异（$P<0.05$）。3 种经济作物副产物的粗蛋白含量间有显著性差异（$P<0.05$），茭白鞘叶的粗蛋白含量最高，约为 16.97%，鲜食大豆秸秆其次，约为 12.21%，甘蔗渣最低，约为 2.43%。3 种经济作物副产物的粗脂肪含量间有显著性差异（$P<0.05$），鲜食大豆秸秆的粗脂肪含量最高，约为 2.54%，其次是茭白鞘叶，约为 1.79%，最低的是甘蔗渣，约为 0.69%。

表 2 鲜食大豆秸秆、茭白鞘叶和甘蔗渣的干物质、粗蛋白和粗脂肪含量 （%）

项目	干物质	粗蛋白	粗脂肪
茭白鞘叶	93.90±0.14^{b}	16.97±1.21^{a}	1.79±0.14^{b}
鲜食大豆秸秆	92.03±0.30^{c}	12.21±0.39^{b}	2.54±0.22^{a}
甘蔗渣	95.10±0.13^{a}	2.43±0.04^{c}	0.69±0.03^{c}

注：所有结果都是以绝干计，同列数据肩标不同字母表示平均值差异显著（$P<0.05$），肩标相同字母或无肩标表示差异不显著（$P>0.05$）。下表同

鲜食大豆秸秆、茭白鞘叶和甘蔗渣的粗灰分、钙和磷含量见表 3。3 种经济作物副产物的粗灰分含量间有显著性差异（$P<0.05$），茭白鞘叶的粗灰分含量最高，约为 9.29%，其次是鲜食大豆秸秆，约为 7.12%，最低的是甘蔗渣，约为 2.19%。鲜食大豆秸秆钙的含量最高，约为 1.32%，甘蔗渣最低，约为 0.33%。各组钙含量间有显著性差异（$P<0.05$）。鲜食大豆秸秆磷的含量最高，约为 0.38%，最低的是甘蔗渣，约为 0.08%。各组磷含量间有显著性差异（$P<0.05$）。

表 3　鲜食大豆秸秆、茭白鞘叶和甘蔗渣的粗灰分、钙和磷含量　(%)

项目	粗灰分	钙	磷
茭白鞘叶	9. 29±0. 12[a]	0. 54±0. 04[b]	0. 23±0. 02[b]
鲜食大豆秸秆	7. 12±0. 21[b]	1. 32±0. 07[a]	0. 38±0. 03[a]
甘蔗渣	2. 19±0. 01[c]	0. 33±0. 04[c]	0. 08±0. 00[c]

鲜食大豆秸秆、茭白鞘叶和甘蔗渣的粗纤维、中性洗涤纤维和酸性洗涤纤维含量见表 4。3 种经济作物副产物的粗纤维含量间有显著性差异（$P<0.05$），甘蔗渣的粗纤维含量最高，约为 44. 70%，茭白鞘叶的粗纤维含量最低，约为 34. 06%。甘蔗渣的中性洗涤纤维含量最高，约为 83. 78%，鲜食大豆秸秆的中性洗涤纤维含量最低，约为 54. 49%。各组中性洗涤纤维含量间有显著性差异（$P<0.05$）。甘蔗渣的酸性洗涤纤维含量最高，约为 46. 89%，茭白鞘叶的酸性洗涤纤维含量最低，约为 39. 93%。各组酸性洗涤纤维含量间有显著性差异（$P<0.05$）。

表 4　鲜食大豆秸秆、茭白鞘叶和甘蔗渣的粗纤维、中性洗涤纤维和酸性洗涤纤维含量　(%)

项目	粗纤维	中性洗涤纤维	酸性洗涤纤维
茭白鞘叶	34. 06±0. 41[c]	70. 85±3. 14[b]	39. 93±0. 17[c]
鲜食大豆秸秆	39. 73±0. 64[b]	54. 49±1. 06[c]	43. 12±1. 76[b]
甘蔗渣	44. 70±0. 74[a]	83. 78±0. 27[a]	46. 89±0. 27[a]

鲜食大豆秸秆、茭白鞘叶和甘蔗渣的有机物、无氮浸出物含量和总能值见表 5。3 种经济作物副产物的有机物含量都很高，均在 90%以上，甘蔗渣的有机物含量最高，约为 97. 81%，茭白鞘叶的有机物含量最低，约为 90. 71%，各组有机物含量间有显著性差异（$P<0.05$）。3 种经济作物副产物的无氮浸出物含量间有显著性差异（$P<0.05$），甘蔗渣的含量最高，约为 49. 98%，茭白鞘叶的含量最低，约为 37. 90%。3 种经济作物副产物的总能值都很高，都大于 18kJ/g，茭白鞘叶的总能值最高，约为 19. 25kJ/g，甘蔗渣的总能值最低，约为 18. 15kJ/g。各组总能值之间有显著性差异（$P<0.05$）。

表 5　鲜食大豆秸秆、茭白鞘叶和甘蔗渣的有机物、无氮浸出物含量和总能值

项目	有机物（%）	无氮浸出物（%）	总能（$kJ \cdot g^{-1}$）
茭白鞘叶	90. 71±0. 12[c]	37. 90±1. 11[c]	19. 25±0. 11[a]
鲜食大豆秸秆	92. 88±0. 21[b]	38. 40±0. 46[b]	18. 83±0. 08[b]
甘蔗渣	97. 81±0. 01[a]	49. 98±0. 78[a]	18. 15±0. 17[c]

2.2　瘤胃降解参数及有效降解率

鲜食大豆秸秆、茭白鞘叶和甘蔗渣的干物质、有机物、酸性洗涤纤维、中性洗涤纤维和粗蛋白降解参数见表 6。

从干物质降解参数来看，鲜食大豆秸秆、茭白鞘叶和甘蔗渣的快速降解部分间差异显著（$P<0.05$），鲜食大豆秸秆最高，茭白鞘叶其次，甘蔗渣最低；慢速降解部分 b 间差异不显著（$P>0.05$）；b 的降解速率 c 之间差异不显著（$P>0.05$）。

从有机物降解参数来看，鲜食大豆秸秆、茭白鞘叶和甘蔗渣的快速降解部分 a 间差异显著（$P<0.05$），鲜食大豆秸秆最高，茭白鞘叶其次，甘蔗渣最低；茭白鞘叶的慢速降解部分 b 略低于鲜食大豆秸

秆且差异不显著（$P>0.05$），显著高于甘蔗渣（$P<0.05$）；b 的降解速率 c 间差异不显著（$P>0.05$）。

从酸性洗涤纤维降解参数来看，鲜食大豆秸秆、茭白鞘叶和甘蔗渣的快速降解部分 a 间差异显著（$P<0.05$），鲜食大豆秸秆最高，甘蔗渣其次，茭白鞘叶最低；茭白鞘叶的慢速降解部分 b 显著低于鲜食大豆秸秆（$P<0.05$），略高于甘蔗渣且差异不显著（$P>0.05$）；甘蔗渣 b 的降解速率 c 略低于茭白鞘叶且差异不显著（$P>0.05$），显著高于鲜食大豆秸秆（$P<0.05$）。

从中性洗涤纤维降解参数来看，甘蔗渣快速降解部分 a 显著低于茭白鞘叶（$P<0.05$），略高于鲜食大豆秸秆且差异不显著（$P>0.05$）；慢速降解部分 b 间差异显著（$P<0.05$），鲜食大豆秸秆最高，茭白鞘叶其次，甘蔗渣最低；鲜食大豆秸秆 b 的降解速率 c 略低于甘蔗渣且差异不显著（$P>0.05$），略高于茭白鞘叶且差异不显著（$P>0.05$）。

表 6　鲜食大豆秸秆、茭白鞘叶和甘蔗渣的瘤胃降解参数（干物质基础）

降解参数	鲜食大豆秸秆	茭白鞘叶	甘蔗渣
a（%）	9.64±0.84[a]	7.29±0.73[b]	2.89±0.42[c]
b（%）	61.30±4.16	59.07±4.12	55.03±2.78
c（%/h）	2.51±0.45	2.28±0.39	2.08±0.24
有机物			
a（%）	10.73±0.72[a]	8.12±0.42[b]	3.75±0.46[c]
b（%）	61.09±3.27[a]	57.92±2.19[a]	50.31±2.16[b]
c（%/h）	2.71±0.41	2.40±0.23	2.62±0.31
酸性洗涤纤维			
a（%）	5.19±0.89[a]	0.01±0.26[c]	1.51±0.31[b]
b（%）	53.19±4.33[a]	39.17±1.75[b]	36.69±1.88[b]
c（%/h）	2.54±0.55[b]	4.88±0.73[a]	3.87±0.69[a]
中性洗涤纤维			
a（%）	1.90±0.87[b]	6.20±1.23[a]	3.19±0.54[b]
b（%）	58.84±3.70[a]	51.90±3.90[b]	40.36±1.19[c]
c（%/h）	3.24±0.66[ab]	2.62±0.54[b]	3.94±0.41[a]
粗蛋白			
a（%）	22.12±1.00[a]	19.00±0.77[b]	14.28±0.20[c]
b（%）	44.36±4.80[ab]	44.88±3.88[a]	37.18±1.33[b]
c（%/h）	2.58±0.76[b]	2.48±0.56[b]	3.97±0.50[a]

注：所有结果都是以绝干计，同行数据肩标不同字母表示差异显著（$P<0.05$），肩标相同字母或无肩标表示差异不显著（$P>0.05$）。下同

从粗蛋白降解参数来看，鲜食大豆秸秆、茭白鞘叶和甘蔗渣的快速降解部分 a 间差异显著（$P<0.05$），鲜食大豆秸秆最高，茭白鞘叶其次，甘蔗渣最低；鲜食大豆秸秆慢速降解部分 b 略低于茭白鞘叶且差异不显著（$P>0.05$），略高于甘蔗渣且差异不显著（$P>0.05$）；鲜食大豆秸秆 b 的降解速率 c，显著低于甘蔗渣（$P<0.05$），略高于茭白鞘叶且差异不显著（$P>0.05$）。

鲜食大豆秸秆、茭白鞘叶和甘蔗渣的有效降解率见表 7，茭白鞘叶的干物质有效降解率略低于鲜食大豆秸秆且差异不显著（$P>0.05$），显著高于甘蔗渣（$P<0.05$）。鲜食大豆秸秆、茭白鞘叶和甘蔗渣的有机

物有效降解率间差异显著（$P<0.05$），鲜食大豆秸秆最高，茭白鞘叶其次，甘蔗渣最低。茭白鞘叶的酸性洗涤纤维有效降解率显著低于鲜食大豆秸秆（$P<0.05$），略高于甘蔗渣且差异不显著（$P>0.05$）。茭白鞘叶的中性洗涤纤维有效降解率略低于鲜食大豆秸秆且差异不显著（$P>0.05$），显著高于甘蔗渣（$P<0.05$）。茭白鞘叶粗蛋白有效降解率略低于鲜食大豆秸秆且差异不显著（$P>0.05$），略高于甘蔗渣且差异不显著（$P>0.05$）。

表 7　鲜食大豆秸秆、茭白鞘叶和甘蔗渣的有效降解率 （%）

有效降解率	鲜食大豆秸秆	茭白鞘叶	甘蔗渣
干物质	40.17±3.02[a]	35.29±2.58[a]	27.72±1.47[b]
有机物	42.32±2.28[a]	36.32±1.31[b]	29.34±1.29[c]
酸性洗涤纤维	31.84±2.60[a]	25.81±1.04[b]	23.70±1.13[b]
中性洗涤纤维	34.94±2.15[a]	32.60±2.34[a]	27.77±0.83[b]
粗蛋白	44.52±4.62[a]	41.22±3.69[ab]	36.99±1.40[b]

3　讨论

经济作物副产物的种类以及同一副产物不同部位营养成分的含量都存在差异（赵蒙蒙等，2011）。不同地点和不同收获时间，同一经济作物副产物营养价值差异也很大。范华等（2007）测定了收获当天大豆秸秆的粗蛋白含量和中性洗涤纤维含量分别是 13.98%和 61.96%，60d 后，再进行测定，发现粗蛋白含量减少到 11.55%，而中性洗涤纤维增加到 63.48%，单洪涛等（2007）研究了大豆秸秆的粗蛋白含量和中性洗涤纤维含量分别是 5.3%和 78.6%，与范华等（2007）的测定结果差距甚远。

范华等（2007）测定豆秸中粗蛋白的含量超过 12%，与试验结果相符。从试验营养成分来看，鲜食大豆秸秆和茭白鞘叶的粗蛋白含量远高于甘蔗渣，具有较大的开发利用价值。

试验中测定的 3 种经济作物副产物的瘤胃降解参数和有效降解率，发现降解率最高的是鲜食大豆秸秆，其次是茭白鞘叶，最低的是甘蔗渣。甘蔗渣的纤维含量很高，影响其养分的消化和吸收，故瘤胃降解参数和有效降解率较低。c 值也能影响有效降解率，常作为衡量粗饲料质量的重要指标（李莉娜等，2014）。

4　结论

鲜食大豆秸秆、茭白鞘叶和甘蔗渣营养成分和瘤胃降解参数及有效降解率有较大差异，鲜食大豆秸秆和茭白鞘叶具有较大的开发利用价值。

参考文献（略）

原文发表于：饲料研究，2015，15：33-38

复合益生菌发酵鲜食大豆秸秆工艺与饲用品质的研究

包　健，盛永帅，蔡　旋，殷晓风，丁瑞志，郭　奇，徐建雄

（上海交通大学农业与生物学院上海兽医生物技术重点实验室，上海　200240）

摘　要：研究以鲜食大豆秸秆为原料，采用固体厌氧发酵法，探讨复合益生菌对营养成分的影响及不同发酵时间和糖蜜添加量对发酵饲料品质的影响。试验通过感官评定、营养成分分析、微生物含量和抗营养因子含量来评价发酵饲料的好坏。试验测定发酵前后饲料的干物质、粗蛋白、粗脂肪、粗灰分、钙、总磷、粗纤维、中性洗涤纤维和酸性洗涤纤维等营养物质，测定发酵前后饲料的乳酸菌、乳酸、pH、胰蛋白酶抑制因子含量和脲酶活性等指标。结果表明：复合益生菌发酵能提高鲜食大豆秸秆饲料品质，同时提高粗灰分、钙和磷含量（$P<0.05$），降低粗纤维、酸性洗涤纤维和中性洗涤纤维含量（$P<0.05$），提高乳酸菌和乳酸含量（$P<0.05$），同时降低pH、胰蛋白酶抑制因子含量和脲酶活性（$P<0.05$）。最后确定鲜食大豆秸秆饲料最优发酵工艺参数：糖蜜添加量为3%，发酵时间30d。

关键词：复合益生菌；鲜食大豆秸秆；发酵饲料；饲料品质；工艺参数

我国是人口大国，对肉类的需求量很大，有必要大力发展畜牧业，然而长期以来草食畜禽饲料价格昂贵，直接导致饲养成本过高，从而影响了畜禽养殖的经济效益。开发和利用各种潜在的饲料资源对发展我国畜牧业具有十分重要的意义。我国各类农作物秸秆资源十分丰富。据估计，我国每年农作物秸秆产量达7亿多吨，占世界秸秆总产量的30%。但资源利用并不合理，据初步调查，秸秆总利用率仅为百分之十几。绝大部分秸秆被闲置堆放或者焚烧处理，不仅造成极大的资源浪费和严重的环境污染，而且还导致火灾和交通事故的频繁发生。其实这些秸秆是巨大的潜在饲料资源，可以直接饲喂反刍动物，也可以作为畜禽饲料的原料。将秸秆等农副产物用作饲料不仅可以减少环境污染，还可变废为宝，解决目前饲料资源不足和价格昂贵等问题。

豆秸是豆类的副产品，每年豆秸产量达1 500万t。豆秸资源长期没有得到合理有效的开发和利用，约2/3的豆秸被焚烧掉，造成资源浪费和环境污染。豆秸不能很好地用作饲料的主要原因是质地粗硬、适口性差和营养价值低。利用益生菌发酵饲料不仅能改善饲料的适口性，提高饲料的消化率，增加营养物质的吸收，而且能促进动物生长，调节胃肠道菌群，畜禽饲喂益生菌发酵饲料可以提高生产性能和抗病能力，还可以减少抗生素的使用，为人类提供健康安全的动物产品。

目前，未见鲜食大豆秸秆发酵工艺及饲料资源化利用的研究。文章采用复合益生菌发酵技术，研发复合益生菌发酵鲜食大豆秸秆的工艺，并探讨发酵对鲜食大豆秸秆营养价值的影响，为鲜食大豆秸秆的饲料资源化利用提供技术支撑。

1　材料与方法

1.1　试验材料

研究的鲜食大豆秸秆饲料样品采集于上海市奉贤区金汇镇，品种为青酥一号，为采摘鲜食大豆豆荚后

的剩余物。复合益生菌发酵液由上海创博生态工程有限公司提供，主要成分为乳酸杆菌、枯草芽胞杆菌和酵母菌等，其中活菌数≥50 亿 CFU/mL，乳酸菌数≥12 亿 CFU/mL。糖蜜由上海创博生态工程有限公司提供。

1.2　主要试剂和仪器

营养琼脂培养基和 MRS 培养基均购自于美国 BD 公司，胰蛋白酶抑制因子 ELISA 试剂盒购自于上海源叶生物技术有限公司，其他试剂均为国产分析纯。

紫外可见分光光度计购自尤尼科上海仪器有限公司，生物冷冻离心机购自德国 Eppendoff 公司，全自动凯氏定氮仪购自于美国 foss 公司，氧弹热量计购自于上海昌吉地质仪器有限公司，pH 酸度计购自于上海精科实业有限公司。

1.3　发酵工艺

将采集的鲜食大豆秸秆通过粉碎机粉碎为 0.5cm 左右，调节水分含量至 35%，添加 5%复合益生菌菌液和不同比例的糖蜜（0，1%，3%和 5%），搅拌均匀，装入锡箔袋中（300g/袋），每处理 12 袋，总共 48 袋。用封口机将铝箔袋真空密封后放于 30℃恒温箱进行固体厌氧发酵，分别发酵 0 、7、15 和 30d，然后依次放入-20℃冰箱中保存待测。发酵结束后将发酵饲料取出一部分放于烘箱，65℃烘干后粉碎过 40 目筛，保存供分析用。

1.4　测定指标和方法

1.4.1　饲料感官评定

从质地、颜色和气味等方面对鲜食大豆秸秆发酵饲料品质进行评定。

1.4.2　营养物质的测定

通过概略养分分析方法测定发酵饲料中营养成分的差异。

1.4.2.1　干物质

按照 GB/T 6435—2006 的方法测定。

1.4.2.2　粗蛋白

按照 GB/T 6432—1994 用凯氏定氮法测定。

1.4.2.3　粗脂肪

按照 GB/T 6433—2006 用索氏浸提法测定。

1.4.2.4　粗灰分

按照 GB/T 6438—2007 用灼烧法测定。

1.4.2.5　钙

按照 GB/T 6436—2002 用乙二胺四乙酸二钠（EDTA）络合滴定快速法测定。

1.4.2.6　总磷

按照 GB/T 6437—2002 用钒钼黄比色法测定。

1.4.2.7　粗纤维

按照 GB/T 6434—2006 用酸碱醇醚洗涤法测定。

1.4.2.8　中性洗涤纤维

按照 GB/T 20806—2006 的方法测定。

1.4.2.9　酸性洗涤纤维

按照 NY/T 1459—2007 的方法测定。

1.4.2.10　有机物

有机物（%）= 干物质-粗灰分

1.4.2.11　无氮浸出物

无氮浸出物（%）= 有机物-（粗脂肪+粗纤维+粗蛋白）

1.4.2.12　干物质回收率

干物质回收率（%）= 发酵后饲料干物质/发酵前饲料干物质×100

1.4.3　微生物的测定

1.4.3.1　总菌数

按照 GB/T 13093—91 进行测定。

1.4.3.2　乳酸菌数

准确称取发酵饲料 10g 于三角瓶中，倒入 100mL 无菌水，放于恒温摇床 37℃，160r/min，摇动 30min 后稀释适当质量浓度，吸取上清液 1mL 于灭菌的培养皿中，然后倒入冷至 50℃的 MRS 培养基，混匀。放于 37℃恒温培养箱培养 72h 后，进行菌落计数。

1.4.4　pH、乳酸含量和总能的测定

1.4.4.1　pH

准确称取 10g 发酵饲料于三角瓶中，加入 50mL 无菌水，用 3 层医用纱布包裹后用力榨取得粗提液，过滤后用 pH 酸度计测定。

1.4.4.2　乳酸

参照罗建等（2012），利用羟基联苯比色法测定。

1.4.4.3　总能

按照 NY/T 12—1985 的方法用氧弹式热量计测定。

1.4.5　抗营养因子的测定

1.4.5.1　胰蛋白酶抑制因子

按照胰蛋白酶抑制因子 ELISA 试剂盒测定。

1.4.5.2　尿素酶活性

按照 GB/T 8622—2006 进行测定。

1.5　数据分析

所有试验重复 3 次以上，试验所有数据采用 SPSS17.0 软件进行单因素方差分析，用 Duncan 氏法进行多重比较，以 $P<0.05$ 为差异显著性标准，结果用平均值±标准差表示。

2　结果与分析

2.1　饲料感官评定

饲料的感官评定结果直接影响到饲料发酵效果的好坏。试验的感官评定由 4 个人合作完成，以确保试验结果的准确性。发酵鲜食豆秸感官评定结果见表 1，不同发酵天数和糖蜜添加量的发酵鲜食豆秸具有不同的感官评定结果。未发酵饲料质地一般、颜色为淡黄色且无酸味，发酵后的饲料质地良好、颜色为亮黄色或金黄色且有酸味。从发酵时间来看，随着发酵时间的延长，饲料质地变好、颜色变深和酸味增强；从糖蜜添加量来看，随着糖蜜添加量的增加，饲料质地变好、颜色变深及酸味增强。从感官评定结果来看，处理 12、处理 15 和处理 16 三组发酵效果最好，质地均良好，颜色均为金黄色，并且均有强酸味。肉眼观察到发酵后铝箔袋中产生大量的气体，该气体应该是复合益生菌固体厌氧发酵过程中产生的气体。

表 1　发酵鲜食豆秸感官评定结果

处理	发酵天数（d）	糖蜜添加量（%）	质地	颜色	气味
1	0	0	一般	淡黄色	无酸味
2	0	1	一般	淡黄色	无酸味
3	0	3	一般	淡黄色	无酸味
4	0	5	一般	淡黄色	无酸味
5	7	0	较好	黄色	弱酸味
6	7	1	较好	黄色	弱酸味
7	7	3	良好	亮黄色	酸味
8	7	5	良好	亮黄色	强酸味
9	15	0	较好	黄色	弱酸味
10	15	1	较好	黄色	弱酸味
11	15	3	良好	亮黄色	酸味
12	15	5	良好	金黄色	强酸味
13	30	0	较好	黄色	弱酸味
14	30	1	良好	亮黄色	酸味
15	30	3	良好	金黄色	强酸味
16	30	5	良好	金黄色	强酸味

2.2　营养成分分析

发酵鲜食豆秸干物质、粗蛋白和粗脂肪测定结果见表 2。发酵饲料干物质含量接近 60%，各处理组干物质含量间有显著性差异（$P<0.05$），可能与初始糖蜜添加量不同有关。发酵前后饲料粗蛋白含量无显著性差异（$P>0.05$），都在 13.5%左右，发酵前后饲料粗脂肪含量无显著性差异（$P>0.05$），都在 2.8%左右，说明发酵过程中粗蛋白和粗脂肪含量几乎没有变化。

表 2　发酵鲜食豆秸干物质、粗蛋白和粗脂肪含量

处理	发酵天数（d）	糖蜜添加量（%）	干物质（%）	粗蛋白（%）	粗脂肪（%）
1	0	0	57.95 ± 0.01^{j}	13.38 ± 0.15^{cdefgh}	2.73 ± 0.03^{ef}
2	0	1	58.61 ± 0.04^{g}	13.16 ± 0.44^{fgh}	2.75 ± 0.06^{def}
3	0	3	59.44 ± 0.03^{d}	13.35 ± 0.15^{defgh}	2.73 ± 0.06^{f}
4	0	5	60.20 ± 0.08^{a}	13.57 ± 0.24^{bcdef}	2.82 ± 0.04^{bcd}
5	7	0	57.68 ± 0.05^{l}	13.06 ± 0.18^{h}	2.63 ± 0.05^{g}
6	7	1	58.35 ± 0.05^{h}	13.79 ± 0.41^{bcd}	2.81 ± 0.04^{cdef}
7	7	3	59.06 ± 0.05^{e}	13.84 ± 0.28^{bc}	2.75 ± 0.06^{def}
8	7	5	60.07 ± 0.05^{b}	13.55 ± 0.23^{bcdefg}	2.81 ± 0.09^{cdef}
9	15	0	57.57 ± 0.05^{m}	13.87 ± 0.48^{b}	2.90 ± 0.06^{ab}

（续表）

处理	发酵天数（d）	糖蜜添加量（%）	干物质（%）	粗蛋白（%）	粗脂肪（%）
10	15	1	58.06±0.10[i]	14.40±0.27[a]	2.82±0.04[bcd]
11	15	3	58.89±0.03[f]	13.23±0.03[efgh]	2.81±0.04[bcde]
12	15	5	59.62±0.05[c]	13.18±0.33[fgh]	2.91±0.07[a]
13	30	0	57.35±0.04[n]	13.08±0.15[gh]	2.55±0.04[g]
14	30	1	57.85±0.05[k]	13.22±0.39[efgh]	2.73±0.05[ef]
15	30	3	58.65±0.02[g]	13.68±0.24[bcde]	2.83±0.03[abcd]
16	30	5	59.42±0.04[d]	13.80±0.33[bcd]	2.86±0.04[abc]

注：所有结果都是以绝干物质计，同列数据肩标不同字母表示差异显著（$P<0.05$），肩标相同字母表示差异不显著（$P>0.05$）。下表同

发酵鲜食豆秸干物质回收率、酸性洗涤纤维和中性洗涤纤维含量见表3。干物质回收率越高表明饲料营养成分损失越少。发酵后所有处理组干物质回收率都达到98%以上，说明所有处理组营养成分损失都很少。随着发酵时间的延长，干物质回收率缓慢地减少。相同糖蜜添加量的情况下，不同发酵天数间的干物质回收率差异显著（$P<0.05$）。发酵前后饲料中酸性洗涤纤维和中性洗涤纤维含量均有显著性差异（$P<0.05$），发酵能明显减少饲料中酸性洗涤纤维和中性洗涤纤维含量。从酸性洗涤纤维含量来看，处理8、处理11、处理12、处理15和处理16这5组含量最低，均低于42%。从中性洗涤纤维含量来看，处理组12、处理15和处理16这3组含量最低，均低于53.5%。

表3　发酵鲜食豆秸干物质回收率、酸性洗涤纤维和中性洗涤纤维含量

处理	发酵天数（d）	糖蜜添加量（%）	干物质回收率（%）	酸性洗涤纤维（%）	中性洗涤纤维（%）
1	0	0	100.00±0.00[a]	46.54±0.40[a]	58.61±0.17[a]
2	0	1	100.00±0.00[a]	45.33±0.25[b]	57.90±0.40[b]
3	0	3	100.00±0.00[a]	45.86±0.38[b]	58.06±0.35[b]
4	0	5	100.00±0.00[a]	45.54±0.32[b]	57.59±0.34[b]
5	7	0	99.53±0.06[c]	43.02±0.44[cd]	54.78±0.20[cd]
6	7	1	99.56±0.16[c]	42.30±0.39[ef]	55.05±0.21[c]
7	7	3	99.36±0.06[d]	42.08±0.17[fg]	54.70±0.58[cd]
8	7	5	99.78±0.09[b]	41.56±0.23[gh]	54.00±0.46[ef]
9	15	0	99.34±0.07[d]	43.36±0.43[c]	54.39±0.20[de]
10	15	1	99.07±0.19[e]	42.28±0.43[ef]	53.96±0.25[efg]
11	15	3	99.07±0.03[e]	41.91±0.35[fg]	53.66±0.27[fgh]
12	15	5	99.03±0.20[e]	41.25±0.39[h]	53.46±0.37[gh]
13	30	0	98.96±0.06[e]	42.71±0.38[de]	53.74±0.27[fgh]
14	30	1	98.71±0.14[f]	42.05±0.48[fg]	53.52±0.31[fgh]
15	30	3	98.66±0.06[f]	41.51±0.37[gh]	53.50±0.25[fgh]
16	30	5	98.70±0.07[f]	41.10±0.32[h]	53.30±0.23[h]

发酵鲜食豆秸粗灰分、钙和磷含量见表4。处理1粗灰分含量最低，约为6.98%，发酵后饲料粗灰分含量显著上升（$P<0.05$）。各处理组饲料粗灰分含量也有所差异，处理12、处理15和处理16含量最高且差异不显著（$P>0.05$）。处理1钙和磷含量最低，分别为1.19%和0.30%，发酵后饲料钙和磷含量显著上升（$P<0.05$）。各处理组饲料钙和磷含量也有所差异，处理12、处理15和处理16含量最高且差异不显著（$P>0.05$）。

表4　发酵鲜食豆秸粗灰分、钙和磷含量

处理	发酵天数（d）	糖蜜添加量（%）	粗灰分（%）	钙（%）	磷（%）
1	0	0	$6.98±0.08^{c}$	$1.19±0.05^{c}$	$0.30±0.03^{d}$
8	7	5	$7.33±0.02^{b}$	$1.32±0.03^{b}$	$0.34±0.01^{c}$
11	15	3	$7.22±0.13^{b}$	$1.30±0.02^{b}$	$0.37±0.02^{bc}$
12	15	5	$7.72±0.06^{a}$	$1.40±0.03^{a}$	$0.43±0.02^{a}$
15	30	3	$7.61±0.06^{a}$	$1.38±0.03^{a}$	$0.42±0.02^{a}$
16	30	5	$7.72±0.06^{a}$	$1.35±0.02^{ab}$	$0.40±0.01^{ab}$

发酵鲜食豆秸粗纤维、有机物和无氮浸出物含量见表5。与处理1相比，发酵能显著减少粗纤维的含量（$P<0.05$），但是不同发酵组饲料粗纤维含量差异不显著（$P>0.05$）。所有处理组有机物含量都很高，均在92%以上，处理1含量最高，约为93.02%，处理8和处理11其次，处理15和处理16最低。无氮浸出物主要由淀粉、双糖和单糖等可溶性糖类组成。所有处理组无氮浸出物含量都很接近，约为35%，各处理组间差异不显著（$P>0.05$）。

表5　发酵鲜食豆秸粗纤维、有机物和无氮浸出物含量

处理	发酵天数（d）	糖蜜添加量（%）	粗纤维（%）	有机物（%）	无氮浸出物（%）
1	0	0	$42.52±0.28^{a}$	$93.02±0.08^{a}$	$34.39±0.45^{b}$
8	7	5	$41.29±0.34^{bc}$	$92.67±0.02^{b}$	$35.02±0.51^{ab}$
11	15	3	$41.5±0.25^{b}$	$92.78±0.13^{b}$	$35.24±0.23^{a}$
12	15	5	$41.09±0.23^{bc}$	$92.28±0.06^{c}$	$35.09±0.06^{ab}$
15	30	3	$41.02±0.28^{bc}$	$92.39±0.06^{c}$	$34.85±0.20^{ab}$
16	30	5	$40.88±0.53^{c}$	$92.28±0.06^{c}$	$34.74±0.87^{ab}$

2.3　微生物的含量

发酵鲜食豆秸总菌和乳酸菌含量见表6。与发酵前相对，发酵后总菌数和乳酸菌含量大幅度上升且差异显著（$P<0.05$）。不同发酵组总菌和乳酸菌含量也有所差异，处理15和处理16总菌含量最高，超过22亿CFU/g，乳酸菌含量也最高，约为23亿CFU/g，但是处理15和处理16总菌和乳酸菌含量相近，无显著差异（$P>0.05$）。对照组总菌和乳酸菌含量很低，几乎测定不出。随着发酵天数的增加，总菌和乳酸菌含量有所升高。随着糖蜜添加量的增加，总菌和乳酸菌含量也有所升高。

表 6 发酵鲜食豆秸总菌和乳酸菌含量

处理	发酵天数（d）	糖蜜添加量（%）	总菌（亿 CFU · g^{-1}）	乳酸菌（亿 CFU · g^{-1}）
1	0	0	0. 01±0. 00[e]	0. 01±0. 00[e]
8	7	5	18. 47±0. 38[c]	17. 21±0. 35[c]
11	15	3	16. 74±0. 49[d]	14. 86±0. 56[d]
12	15	5	20. 73±0. 80[b]	18. 09±0. 48[b]
15	30	3	22. 49±0. 43[a]	22. 80±0. 35[a]
16	30	5	22. 01±0. 35[a]	23. 29±0. 33[a]

注同表 2。

2.4 pH 值、乳酸含量和总能变化

pH 值和乳酸含量是评价发酵饲料品质的重要指标[14]。从表 7 可见：未发酵饲料 pH 值约为 6. 51。与处理 1 组相比，发酵后 pH 显著降低（$P<0.05$）。不同发酵组 pH 值也有所差异，处理 15 和处理 16 pH 值最低，约为 4. 8，并且差异不显著（$P>0.05$）。发酵前后饲料乳酸含量差异显著（$P<0.05$），未发酵饲料乳酸含量很低，几乎测定不出。不同处理组乳酸含量也有所差异，但是处理 15 和处理 16 乳酸含量最高并且差异不显著（$P>0.05$）。发酵提高了乳酸含量并降低了 pH 值，可能是由于随着发酵时间的延长，乳酸菌大量繁殖，从而分泌大量乳酸，进而降低 pH 值。发酵前后饲料总能有所差异，处理 15 和处理 16 总能最高，约为 19. 5kJ/g，且差异不显著（$P>0.05$）。

表 7 发酵鲜食豆秸 pH、乳酸和总能变化

处理	发酵天数（d）	糖蜜添加量（%）	pH	乳酸（g · kg^{-1}）	总能（kJ · g^{-1}）
1	0	0	6. 51±0. 02[a]	0. 01±0. 00[e]	18. 46±0. 07[cd]
8	7	5	4. 91±0. 02[b]	6. 80±0. 11[c]	18. 52±0. 05[c]
11	15	3	4. 93±0. 02[b]	6. 40±0. 14[d]	18. 33±0. 08[d]
12	15	5	4. 87±0. 02[c]	7. 03±0. 10[b]	18. 97±0. 13[b]
15	30	3	4. 84±0. 02[cd]	7. 23±0. 10[a]	19. 49±0. 09[a]
16	30	5	4. 81±0. 02[d]	7. 30±0. 05[a]	19. 62±0. 10[a]

2.5 抗营养因子含量

发酵鲜食豆秸胰蛋白酶抑制因子含量和脲酶活性见表 8。未发酵饲料胰蛋白酶抑制因子含量最高，约为 0. 03mg/g。与处理 1 相比，发酵后饲料胰蛋白酶抑制因子含量显著降低（$P<0.05$）。不同发酵组胰蛋白酶抑制因子含量也有所差异，处理 12、处理 15 和处理 16 胰蛋白酶抑制因子含量最低，几乎测定不出。未发酵饲料脲酶活性最高，约为 0. 2mg/（g · min）。与处理 1 相比，发酵后饲料脲酶活性显著降低（$P<0.05$），且接近 0。

表 8　发酵鲜食豆秸胰蛋白酶抑制因子含量和脲酶活性

处理	发酵天数（d）	糖蜜添加量（%）	胰蛋白酶抑制因子（$mg \cdot g^{-1}$）	脲酶活性（$mg \cdot g^{-1} \cdot min^{-1}$）
1	0	0	0.03±0.01[a]	0.20±0.04[a]
8	7	5	0.02±0.01[bc]	0.01±0.01[b]
11	15	3	0.02±0.01[ab]	0.01±0.00[b]
12	15	5	0.01±0.01[c]	0.00±0.00[b]
15	30	3	0.01±0.00[c]	0.00±0.00[b]
16	30	5	0.01±0.00[c]	0.00±0.00[b]

3　讨论

豆秸产量比玉米秸、小麦秸等其他农作物副产物产量要低，粗纤维含量很高，限制了其应用，但是其粗蛋白含量很高，可以考虑作为一种非常规饲料资源进行开发利用。生产中一般采用水解、膨化和酶解等方法处理非常规饲料，由于加工技术不成熟，部分加工方式破坏了饲料的营养价值，而且加工成本还很高，缺乏竞争力。利用益生菌发酵不仅能提高蛋白质的含量，降低粗纤维含量，而且还能降低仔猪腹泻，预防肠道疾病的发生，为人们提供健康的动物产品。

据刘瑞丽等（2011）报道，利用复合益生菌发酵能提高饲料品质。廖雪义等（2009）用混合菌种发酵秸秆，终产物中粗蛋白质含量从 2.2%增加到 24.61%，粗纤维含量从 36.2%下降到 18.47%。蔡俊等（2005）将发酵饲料饲喂生长育肥猪，发现益生菌发酵饲料可改善猪的生长性能。

根椐试验，利用复合益生菌发酵鲜食大豆秸秆饲料可显著提高饲料中益生菌数量，主要是乳酸菌的数量，产生大量的乳酸，并降低饲料的 pH 值。王旭明等（2002）研究表明，复合益生菌对饲料有明显的酸化作用，能使 pH 值明显降低。试验通过对总菌数、乳酸菌、乳酸和 pH 的分析得知，随着发酵时间的延长，微生物发酵厌氧程度逐渐加强，使环境更加有利于乳酸菌的增殖，从而产生大量乳酸。随着乳酸的升高，饲料 pH 降低，继续发酵，乳酸菌成为优势种群，从而抑制其他微生物的生长。

豆粕中存在多种抗营养因子，对动物的生长和健康能造成很多不良影响，极大地影响豆粕的饲用价值。试验中未发酵的鲜食大豆秸秆饲料中胰蛋白酶抑制因子含量和脲酶活性就很低，发酵之后发现胰蛋白酶抑制因子含量和脲酶活性几乎检测不出。马文强等（2008）利用酵母菌、乳酸菌和枯草芽孢杆菌的混菌发酵，使抗营养因子降解率达到 90%。Hoffman（2003）等利用瘤胃微生物发酵除去胰蛋白酶抑制因子，降解率达到了 90%以上。

复合益生菌发酵需要合适的发酵条件，发酵工艺参数包括底物含水量、菌液接种量、糖蜜添加量、发酵温度和发酵时间等。试验底物含水量选在 35%，菌液接种量选在 5%，发酵温度控制在 30℃，糖蜜添加量选择了 0、1%、3%和 5% 4 个梯度，发酵时间选择了 0、7、15 和 30d 4 个梯度，经过试验发现处理 15（发酵 30d，糖蜜添加 3%）和处理 16（发酵 30d，糖蜜添加 5%）发酵饲料品质最好，但是考虑到经济效益，选择处理 15（发酵 30d，糖蜜添加 3%）为最优的发酵工艺。

4　结论

复合益生菌发酵能显著提高鲜食大豆秸秆饲料品质，并且发酵过程中干物质、粗蛋白和粗脂肪等营养物质几乎没有损失。复合益生菌发酵能降低鲜食大豆秸秆饲料中粗纤维、酸性洗涤纤维和中性洗涤纤维含量，同时提高粗灰分、钙和磷含量。复合益生菌发酵能提高鲜食大豆秸秆饲料乳酸菌和乳酸含量，同时降低 pH、胰蛋白酶抑制因子含量和脲酶活性。因此，底物含水量为 5%、菌液接种量 5%、发酵温度 30℃、糖蜜添加量 3%、发酵时间 30d 是鲜食大豆秸秆饲料最优发酵工艺。

参考文献（略）

原文发表于：饲料研究，2015，9：1-6

木薯叶粉对鹅生长性能和血液生理生化指标影响

李　茂[1]，字学娟[1,2]，徐铁山[1]，周汉林[1*]

（1. 中国热带农业科学院热带作物品种资源研究所，儋州　571737；
2. 海南大学应用科技学院，儋州　571737）

摘　要：（目的）本试验旨在探索木薯叶粉对鹅生长性能及血液生理生化指标的影响。（方法）选用28日龄体重相近、健康的海南本地杂交鹅108只，随机分成3组即对照组、添加5%木薯叶粉处理组和添加10%木薯叶粉处理组，每个组6个重复，每个重复6只鹅，共108只鹅，进行42d的饲养试验。（结果）结果表明，添加木薯叶粉处理显著提高体重、平均日增重和平均日采食量（$P<0.05$），添加5%木薯叶粉处理组料重比最低（$P<0.05$）；添加木薯叶粉对鹅主要血液生理指标无显著影响；添加木薯叶粉处理显著降低了谷丙转氨酶含量（$P<0.05$），显著提高了葡萄糖含量（$P<0.05$），改善了生化指标。（结论）综上，鹅饲粮中添加木薯叶粉不会影响鹅的健康，木薯叶粉添加量为5%时效果较好。

关键词：木薯叶粉；鹅；生长性能；生理指标；生化指标

（研究的重要意义）木薯（*Manihot esculenta* Crantz）是大戟科（*Euphorbiaceae*）植物，世界三大薯类（马铃薯、木薯、甘薯）之一，主要用途有食用、饲用及工业开发利用，是具有广阔前景的淀粉和生物质能源作物[1]。为了收获更多的地下部分，种植木薯需要进行疏叶，进而产生大量的木薯叶，目前我国主要废弃处理。木薯叶含有丰富的氨基酸、微量元素，营养价值很高，可作为饲料资源开发。（前人研究进展）目前国外木薯叶已经在山羊、绵羊、猪以及鸡鸭饲粮中应用，可以一定程度上提高动物生产性能、胴体性状、促进营养物质消化以及消化器官发育[2-6]。（本研究切入点）鹅是草食型水禽，具有特殊的生理结构，肌胃强健、消化道长、盲肠发达，同时肠道内微生物种类丰富，能够有效消化利用饲料中的蛋白质和纤维成分，因此饲粮中适量添加粗饲料可以促进鹅的健康生长还可以节约养殖成本[7]。鹅肉不仅营养价值高，肉质鲜美，还具有药用食疗的功能，将会越来越受到人们的青睐。（前人研究进展）目前，苜蓿、黑麦草、桑叶等优质粗饲料在鹅饲粮中的应用已有报道，这些粗饲料在鹅的生长性能、屠宰性能、器官发育、肉质等方面均有积极作用[8-10]，然而有关木薯叶在鹅饲粮中的应用还未见报道。（拟解决的关键问题）本研究拟在鹅饲粮中添加不同比例木薯叶粉对生长性能和血液生理生化指标进行测定分析，旨在为木薯叶在鹅饲粮中的合理利用提供依据。

1　材料与方法

1.1　试验材料

将采集的木薯叶晒干、粉碎，再根据饲粮配方制成不同添加水平木薯叶粉的饲料进行试验。木薯叶营

基金项目：公益性行业（农业）科研专项（201303143-07-01）资助。
作者简介：李茂（1984—　），四川绵阳人，硕士，助理研究员，从事热带粗饲料与动物营养研究，E-mail：limaohn@163.com
* 通信作者：周汉林，研究员，硕士研究生导师，E-mail：zhouhanlin8@163.com

养成分干物质 23.70%，粗蛋白质 18.67%，粗脂肪 6.91%，粗纤维 21.19%，酸性洗涤纤维 26.59%，中性洗涤纤维 31.83%，粗灰分 8.26%，钙 1.32%，磷 0.39%，氢氰酸 54.23mg/kg。

1.2 试验设计及饲养管理

试验于 2014 年 9 月在中国热带农业科学院热带作物品种资源研究所畜牧中心试验基地进行。选用 28 日龄体重相近、健康的海南本地杂交鹅 108 只，随机分成 3 组即对照组（Ⅰ组）、添加 5%木薯叶粉（Ⅱ组）和添加 10%木薯叶粉（Ⅲ组），每个组 6 个重复，每个重复 6 只鹅，共 108 只鹅，进行 2 个月的饲养试验。试验动物网上饲养，自由采食和饮水，添加饲料和室温控制均由人工完成，按常规程序进行免疫接种。饲粮配方及营养水平见表 1。

1.3 测定指标

1.3.1 生产性能指标

试验期间，每天对饲料消耗量进行记录，试验开始和结束后以重复为单位空腹称重，然后分别计算第 28 和 70 日龄的平均日增重、平均采食量、料重比。

1.3.2 血液生理生化指标的测定

试验结束后，每个重复选 3 只鹅，翅静脉采集血液样本 10mL 分为两份送往海南大学儋州校区医院进行血液生理和生化指标分析。用全自动血液分析仪测定血液生理指标；全自动生化分析系统测定血清生化指标。

1.4 数据处理与分析

试验数据用平均值±标准差表示，采用 SASS 9.0 软件包和 Excel 软件进行数据处理和统计分析，处理间采用 Duncan 氏多重比较检验，显著水平为 $P<0.05$。

表 1 鹅的基础饲粮组成和营养水平（风干基础） （%）

项目	组别		
	Ⅰ	Ⅱ	Ⅲ
原料			
玉米	62	58.5	50.3
豆粕	22	21	20
麸皮	9	7.5	7
木薯叶粉		5	10
植物油	0.5	1.5	4
鱼粉			3
石粉	2	2	1.5
磷酸氢钙	0.2	0.2	
蛋氨酸	0.3	0.3	0.2
预混料[1)]	4	4	4
合计	100	100	100
营养水平[2)]			

（续表）

项目	组别		
	Ⅰ	Ⅱ	Ⅲ
代谢能（MJ/kg）	11.27	11.30	11.34
粗蛋白质	16.48	16.53	16.47
粗纤维	3.04	5.01	6.93
赖氨酸	0.80	0.80	0.80
蛋氨酸	0.45	0.45	0.45
钙	0.80	0.80	0.80
磷	0.50	0.50	0.50

[1] 预混料为每千克饲粮提供 VA 15 000 000IU，VD 5 000 000IU，VE 50 000mg，VK 150mg，VB_1 60mg，VB_2 600mg，VB_6 100mg，VB_{12} 1mg，烟酸 3g，泛酸 900mg，叶酸 50mg，生物素 4mg，胆碱 35mg，Fe 90mg，Cu 10mmg，Zn100mg，Mn 130mg，Se 0.3mg，I 1.5mg，Co 0.5mg。

[2] 粗蛋白质为实测值，其余为计算值

2　结果与分析

2.1　木薯叶粉对鹅生长性能的影响

由表 2 可知，添加木薯叶粉处理组（Ⅱ组，Ⅲ组）与对照组（Ⅰ组）相比显著提高了体重（$P<0.05$），木薯叶粉处理间差异不显著（$P>0.05$），5%木薯叶粉处理组（Ⅱ组）体重最高；与对照相比，饲粮中添加木薯叶粉处理组（Ⅱ组，Ⅲ组）显著提高了平均日增重（$P<0.05$），5%木薯叶粉处理组（Ⅱ组）最高；木薯叶粉处理提高了平均日采食量，10%木薯叶粉处理组（Ⅲ组）最高；5%木薯叶粉处理组（Ⅱ组）料重比显著低于其他处理（$P<0.05$）。鹅饲粮中添加木薯叶粉能提高生产性能，添加 5%木薯叶粉生产性能最好，饲料转化效率最高。

表 2　木薯叶粉对鹅生长性能的影响

项目	组别		
	Ⅰ	Ⅱ	Ⅲ
体重（g）	3 096.3±51.52^b	3 446.1±64.50^a	3 309.5±60.81^a
平均日增重（g/d）	51.52±10.04^b	64.5±9.98^a	60.81±12.87^a
平均日采食量（g/d）	137.25±26.81^b	142.36±29.39^b	165.22±29.25^a
料重比	2.70±0.54^a	2.31±0.90^b	2.91±1.28^a

2.2　木薯叶粉对鹅血液生理生化指标的影响

由表 3 可知，木薯叶粉处理组（Ⅱ组，Ⅲ组）与对照组（Ⅰ组）相比白细胞数、红细胞数、血红蛋白浓度、红细胞压积、平均红细胞血红蛋白含量、平均红细胞血红蛋白浓度、血小板数、血小板体积分布宽度、平均血小板体积、大血小板比率无显著差异（$P>0.05$）。木薯叶粉处理组Ⅱ组平均红细胞体积显著高于Ⅲ组（$P<0.05$），与对照组（Ⅰ组）无显著差异（$P>0.05$）。木薯叶粉处理组Ⅲ组红细胞体积分布宽度显著高于Ⅰ组和Ⅱ组（$P<0.05$），Ⅰ组和Ⅱ组间无显著差异（$P>0.05$）。添加木薯叶粉对鹅血液生化指标的影响见表4，木薯叶粉处理组（Ⅱ组，Ⅲ组）与对照组（Ⅰ组）相比显著降低了谷丙转氨酶（$P<0.05$）。对照组Ⅰ组和木薯叶粉处理组Ⅱ组白蛋白显著高于Ⅲ组（$P<0.05$）。木薯叶粉处理组（Ⅱ组，Ⅲ组）与对照组（Ⅰ组）相比显著提高了葡萄糖含量（$P<0.05$），Ⅱ组和Ⅲ组间无显著差异（$P>0.05$）。木薯叶粉处理组（Ⅱ组，Ⅲ组）与对照组（Ⅰ组）相比谷草转氨酶、球蛋白、总蛋白、尿素氮、肌酐、尿酸、甘油三酯、总胆固醇、高密度胆固醇无显著差异（$P>0.05$）。结果表明饲粮中添加木薯叶粉对鹅健康无不良影响，并且一定程度上促进了蛋白质和脂肪的代谢，改善了血液生理生化指标。

表3 木薯叶粉对鹅血液生理指标的影响

项目	组别		
	Ⅰ	Ⅱ	Ⅲ
白细胞数（10^9/L）	649.03±132.09	725.23±136.92	623.00±222.09
红细胞数（10^{12}/L）	1.80±0.77	1.98±0.70	1.99±0.61
血红蛋白浓度（g/L）	96.61±42.94	113.78±33.67	106.00±30.34
红细胞压积（%）	32.55±14.00	36.25±12.52	34.98±10.67
平均红细胞体积（fL）	180.34±10.24^{ab}	184.33±9.13^{a}	175.66±7.47^{b}
平均红细胞血红蛋白含量（pg）	52.79±7.02	92.50±4.91a	53.89±6.20
平均红细胞血红蛋白浓度（g/L）	292.00±30.49	486.56±15.44	306.44±29.07
红细胞体积分布宽度-CV（%）	9.52±1.67^{b}	8.43±0.67^{b}	10.78±2.58^{a}
血小板数（10^9/L）	5.00±3.90	4.39±3.78	3.67±2.61
血小板体积分布宽度（fL）	8.25±1.86	7.65±2.33	7.60±2.09
平均血小板体积（fL）	8.06±0.93	8.46±0.74	8.56±1.02
大血小板比率（%）	15.11±5.19	17.45±4.57	17.79±6.66

表4 木薯叶粉对鹅血液生化指标的影响

项目	组别		
	Ⅰ	Ⅱ	Ⅲ
谷草转氨酶（U/L）	34.33±9.52	29.56±5.98	31.44±12.05
谷丙转氨酶（U/L）	15.17±3.02^{a}	12.39±1.78^{ab}	10.78±3.56^{b}
白蛋白（g/L）	24.03±1.65^{a}	24.59±2.13^{a}	21.91±1.25^{b}
球蛋白（g/L）	37.56±4.86	38.06±3.60	40.44±3.11
总蛋白（g/L）	119.56±5.11	62.60±5.46	62.37±2.31
尿素氮（mmol/L）	1.54±0.24	0.83±0.09	0.90±0.39
肌酐（umol/L）	81.03±4.88	79.45±3.41	83.51±6.57
尿酸（umol/L）	656.61±258.20	505.56±260.13	487.11±225.21
葡萄糖（mmol/L）	8.84±0.25^{b}	10.02±0.50^{a}	9.69±1.25^{ab}
甘油三酯（mmol/L）	6.01±4.63	5.50±5.07	4.17±2.47
总胆固醇（mmol/L）	4.49±0.39	4.74±0.70	4.55±0.18
高密度胆固醇（mmol/L）	2.39±0.42	2.47±0.27	2.33±0.14

3　讨论

3.1　木薯叶粉对鹅生长性能的影响

鹅是一种草食家禽，独特的消化生理结构使其消化利用饲料中较多的纤维，因此鹅能够耐受一定的粗饲料。本研究中，鹅饲粮添加木薯叶粉显著提高了平均日增重和平均日采食量。其他粗饲料应用于鹅饲粮中也有类似的结果，史莹华等[11]也发现饲粮中添加一定量的苜蓿草粉可以促进鹅的生长，提高生产性能。夏晨[12]研究表明饲粮中添加苜蓿草粉组显著提高扬州鹅末重、平均日采食量，但料重比差异不显著。殷海成等[13]发现在鹅饲粮中添加一定量的苜蓿草粉或发酵苜蓿草粉可以促进其生长，添加发酵苜蓿草粉效果更好。占今舜等[8]研究发现鹅饲粮中添加黑麦草能提高平均日增重，降低料重比，提高扬州鹅生长性能。杨志鹏等[14]在鹅饲粮中添加柑橘皮渣对四川白鹅生产性能有较好的促进作用。当然也有粗饲料未能提高鹅生长性能的报道，李瑞雪等[10]研究发现添加桑叶粉对皖西白鹅平均日采食量略有增加，但平均日增重极显著降低，料重比极显著增加，未能提高生长性能，可能与不适宜的添加量有关。占今舜等[9]研究表明饲粮中添加苜蓿对生长性能无影响，饲粮中可以添加不高于20%的苜蓿草粉。Liu 等[15]也发现鹅饲粮添加苜蓿后并未影响平均日增重、平均日采食量和饲料转化率。He 等[16]也发现饲喂不同种类的粗饲料对鹅的生长性能无显著影响。关于鹅饲粮中添加粗饲料对生长性能的作用差异较大，可能与粗饲料品质、鹅的品种、日龄以及饲喂方式不同有关，但是添加粗饲料均未降低生长性能，从饲料成本以及饲料资源的开发利用来看，在鹅饲粮中适当添加粗饲料是可行和必要的。

3.2　木薯叶粉对鹅血液生理生化指标的影响

木薯叶虽然已经在动物饲料中应用较多，但在我国利用还较少，尤其是鹅上还未见报道，与木薯叶中一定氢氰酸含量有关，根据《中华人民共和国国家标准饲料卫生标准》，鸡配合饲料中氢氰酸含量低于50mg/kg，目前还没有鹅的用量标准[17]。本研究中木薯叶中氢氰酸含量为54. 23mg/kg，在饲粮中的添加量为5%和10%，远低于鸡配合饲料中氢氰酸含量，因此理论上在鹅的饲粮中添加一定的木薯叶粉是安全的。血液生理指标是评价动物本身健康状态的重要指标，目前饲喂木薯叶粉在鹅上开展的安全性研究较少，未见鹅方面血液生理指标的相关报道。本研究中木薯叶粉处理组与对照组平均红细胞体积、红细胞体积分布宽度含量有所差异。平均红细胞体积指红细胞产生形态的变化，红细胞体积分布宽度是反映周围血红细胞体积异质性的参数，都是判断是否贫血的指标，其中平均红细胞体积为次要指标之一[18]。然而判断贫血的主要指标红细胞数、血红蛋白浓度无显著差异，次要指标平均红细胞血红蛋白含量、平均红细胞血红蛋白浓度也无显著差异。另外，其他血液生理指标均无显著差异。因此，根据血液生理指标判断，饲粮中添加木薯叶粉不会影响鹅的健康。

血液中各种生化成分是动物体生命活动的物质基础，其含量及其变化规律反映动物组织细胞通透性与机体新陈代谢的重要指标，是动物体重要的生物学特征。肝脏是机体内含酶最丰富的器官，肝脏受损致使酶含量发生变化，当肝细胞破坏、细胞通透性增高及线粒体损伤时，谷草转氨酶、谷丙转氨酶活性增高[19]。本研究中，添加木薯叶处理能降低谷草转氨酶、谷丙转氨酶含量，其中谷丙转氨酶达到显著差异水平，表明添加木薯叶不但没有影响动物肝脏的正常功能还有一定的促进作用，与占今舜等[8]研究发现鹅饲粮中添加黑麦草的结果类似。血清中的总蛋白含量的高低间接反映动物的消化、吸收能力，球蛋白具有免疫作用，本研究中，总蛋白和球蛋白无显著差异，表明添加木薯叶粉对动物的消化、免疫无影响。白蛋白是肝脏合成的，在生理上具有重要性，与动物的健康密切相关，添加10%木薯叶粉处理白蛋白显著降低，说明木薯叶粉添加量不宜过高。占今舜等和孔祥会[8,20]研究表明鹅饲粮中添加苜蓿后血液总蛋白有升高趋势，说明鹅对苜蓿的消化利用较好。尿素氮的变化情况反映体内蛋白质代谢状况，蛋白质降解增加时血浆尿素氮含量升高；肌酐是肌肉中磷酸肌酸的终末代谢产物，不能被重吸收，经肾小球过滤后排出体外，浓度变化反映了肾小球的滤过能力；尿酸是嘌呤代谢的终产物，主要通过肾脏排出。三者都是反映肾脏功能的重要指标，本研究中添加木薯叶粉对血液尿素氮、肌酐、尿酸都无显著影响，与 He 等[16]饲喂不同种类的粗饲料对鹅的血液生化指标的结果一致。葡萄糖在动物机体的能量代谢中起着重要的作用，是动物机体能量平衡的重要指标，反映机体内糖的生成和组织消耗之间的一个动态平衡。有研究表明正常浓度范围内高产动物血糖含量高于低产动物[21,22]，本研究中添加木薯叶粉处理血液葡萄糖含量显著高于对照组，生产性能也高于对照组，与上述研究结果一致。血清中甘油三酯、胆固醇、高密度脂蛋白含量的变化能反映动物机体脂质代谢的水平。本研究中添加木薯叶粉对血液中甘油三酯、总胆固醇、高密度胆固醇都无显著影响，表明添加木薯叶粉没有影响鹅正常的脂质代谢。

4 结论

（1）饲粮中添加木薯叶粉对鹅血液生理指标无显著影响，改善了血液生化指标。

（2）饲粮中添加木薯叶粉能提高鹅的生长性能，木薯叶粉添加量为5%时效果较好。

参考文献（略）

原文发表于：动物营养学报，2016，28（10）：3168-3174

青绿甜高粱秸秆替代部分全价饲粮对鹅生长性能、屠宰性能及肉品质的影响

黄　勇▼，马娇丽[2▼*]，王启贵[1]，董国忠[2]，谢　明[3]，
侯水生[3]，刘作兰[1]，汪　超[1**]

（1. 重庆市畜牧科学院，荣昌　402460；2. 西南大学动物科技学院，重庆市牧草与草食家畜重点实验室，重庆　400716；3. 中国农业科学院北京畜牧兽医研究所，北京　100193）

摘　要：（目的）本试验通过研究利用青绿甜高粱秸秆替代不同比例的基础饲粮对四川白鹅生长性能、屠宰性能及肉品质的影响，探索建立利用青绿甜高粱秸秆替代鹅部分全价基础饲粮的饲喂技术。（方法）选取360只28日龄的四川白鹅（公母各半，1.11±0.008kg），随机分为对照组、试验Ⅰ组、试验Ⅱ组、试验Ⅲ组、试验Ⅳ组、试验Ⅴ组6个处理组，每个组6个重复，每个重复10只鹅。对照组自由采食全价基础饲粮，不补饲青绿甜高粱秸秆；试验Ⅰ~Ⅴ组分别饲喂对照组日采食量96%、92%、88%、84%和80%的基础饲粮，同时自由采食青绿甜高粱秸秆。试验至70日龄结束。（结果）结果表明：1）试验Ⅰ、Ⅱ组末重和平均日增重同对照组相比无显著差异（$P>0.05$），对照组、试验Ⅰ组平均日增重显著高于试验Ⅲ、Ⅳ、Ⅴ组（$P<0.05$）。2）试验Ⅰ-Ⅴ组屠宰率、胸肌率、腿肌率同对照组相比无显著差异（$P>0.05$）；与对照组相比，试验Ⅰ~Ⅴ组腹脂率均显著降低（$P<0.05$），试验Ⅰ、Ⅳ和Ⅴ组皮脂率显著降低（$P<0.05$），试验Ⅰ~Ⅴ组的肌胃指数均显著升高（$P<0.05$）。3）与对照组相比，试验Ⅰ~Ⅴ组胸肌粗蛋白质、肌内脂肪和肌苷酸含量均无显著差异（$P>0.05$），试验Ⅰ~Ⅲ组总氨基酸、必需氨基酸、鲜味氨基酸，饱和脂肪酸、不饱和脂肪酸含量均无显著差异（$P>0.05$）。（结论）综合考虑生长性能、屠宰性能和肌肉品质等指标，对于28~70日龄四川白鹅，利用青绿甜高粱秸秆替代部分全价饲粮是可行的，替代比例以4%~8%最好。

关键词：青绿甜高粱秸秆；四川白鹅；生长性能；屠宰性能；肉品质

目前，饲料资源短缺已成为制约我国畜牧业快速发展的重要因素。我国饲料的产量已由2008年的1.37亿吨增加到2012年的1.94亿吨，增加了41.6%。与之相比，我国粮食产量增长幅度相对较低，2008—2012年间仅增加11.5%[1]。随着畜牧业的持续快速发展，我国饲料资源短缺问题可能进一步加剧。开发利用秸秆等非常规饲料资源是缓解饲料资源短缺、人畜争粮矛盾的有效措施。甜高粱，又名甜秫秆，是一种优良的青饲作物。甜高粱茎秆含有大量汁液（出汁率高达65%~70%），含糖量高达18%~20%，营养价值高。李兵[2]报道，给中国美利奴初产母羊冬春季节补饲多汁青贮甜高粱秸秆，发现母羊泌乳力、羔羊总增重、母羊繁育率、剪毛量和体重均高于补饲青贮玉米的对照组。白晶晶[3]分别利用甜高粱秸秆

基金项目：国家水禽产业技术体系专项基金（CARS-43），国家公益性行业（农业）科研专项（201303143），重庆市农业发展资金（15402）

作者简介：黄勇（1963—　），男，四川资中人，硕士研究生，副研究员，主要从事动物营养与饲料研究，huangyongcqbb@126.com
* 马娇丽（1990—　），女，贵州威宁人，硕士研究生，主要从事动物营养与免疫研究，E-mail：947962628@qq.com
** ▼对本研究具有同等贡献！为共同第一作者。
通讯作者：汪超（1982—　），E-mail：wangccq@foxmail.com

与玉米秸秆青贮饲料组成的日粮饲喂肉牛，结果表明，试验组采食量较对照组提高 11.94%，日增重比对照组提高 12.47%，甜高粱秸秆经青贮后较玉米秸秆青贮饲料转化效率提高，每增重 1kg 成本相对降低 1.25%。白晶晶[4]利用饲用型甜高粱秸秆青贮和玉米秸秆青贮喂羊对比试验，结果表明，青贮饲用型甜高粱秸秆育肥肉羊，增重快、饲料转化利用率高，育肥效果明显。鹅是一种耐粗饲的家禽，喜食植物性饲料，具有强健的肌胃和比身体长 10 倍的消化道，以及较为发达的盲肠，具有利用大量青绿饲料和含粗纤维较高饲料的能力[5]。目前，鹅对高粱秸秆利用的研究未见报道。

本试验通过研究青绿甜高粱秸秆替代部分基础饲粮对鹅生长性能、屠宰性能及肉品质的影响，确定青绿甜高粱秸秆替代鹅基础饲粮的适宜比例，为节粮型鹅饲料配制提供理论依据和指导。

1 材料与方法

1.1 试验设计

试验采用单因素设计（表 1），选用 360 只 28 日龄体重相近的四川白鹅（公母各半），随机分为对照组、试验 I 组、试验 II 组、试验 III 组、试验 IV 组、试验 V 组 6 个处理组，每组 6 个重复，每个重复 10 只。对照组自由采食基础饲粮（全价饲粮），并每日测定其采食量。试验 I~V 组分别饲喂对照组前一日采食量 96%、92%、88%、84%、80%的基础饲粮。试验共计 42d，至 70 日龄结束。

1.2 试验饲粮

试验基础饲粮参照家禽营养需要（NRC，1994）及生产经验进行配制，饲粮配方及营养水平见表 2。甜高粱在株高 1m 时整株刈割，切碎为 1cm 大小短节，盛于料槽。经测定，该高粱秸秆总能、粗蛋白质、粗灰分、粗脂肪、粗纤维、中性洗涤纤维、酸性洗涤纤维、钙和总磷的含量分别为 17.58 MJ · kg^{-1}、11.79%、6.99%、2.53%、34.13%、63.63%、37.90%、0.41%、0.31%。

表 1 试验设计

组别	饲粮
对照组	100%基础饲粮（自由采食）100%
I	96%基础饲粮+青绿甜高粱秸秆（自由采食）
II	92%基础饲粮+青绿甜高粱秸秆（自由采食）
III	88%基础饲粮+青绿甜高粱秸秆（自由采食）
IV	84%基础饲粮+青绿甜高粱秸秆（自由采食）
V	80%基础饲粮+青绿甜高粱秸秆（自由采食）

1.3 饲养管理

试验采用舍内网上平养、自由饮水，自然光照，按常规免疫程序注射疫苗和消毒。试验于 2015 年 9—10 月在重庆市畜牧科学院重庆市家禽科研基地进行。

表 2 基础饲粮组成及营养水平（风干基础）

原料	用量（%）	营养水平2)	含量（%）
玉米	61	代谢能（MJ · kg^{-1}）	11.50

（续表）

原料	用量（%）	营养水平[2)]	含量（%）
豆粕	23.2	粗蛋白质	16.50
麦麸	0.3	粗纤维	7.11
苜蓿草粉	11.8	钙	0.95
豆油	0.4	总磷	0.60
赖氨酸	0.1	赖氨酸	0.98
蛋氨酸	0.2	蛋氨酸+胱氨酸	0.70
食盐	0.3	苏氨酸	0.60
石粉	1.1	色氨酸	0.20
磷酸氢钙	1.4	精氨酸	0.80
预混料[1)]	0.1		
胆碱	0.1		
合计	100		

1）每千克基础饲粮中含：铜 8mg，铁 85mg，锌 80mg，锰 85mg，硒 0.3mg，碘 0.4mg，维生素 A 2 500IU，维生素 D_3 2 000IU，维生素 E 10 IU，维生素 K_3 2mg，维生素 B_1 1.5mg，维生素 B_2 10mg，维生素 B_6 3mg，维生素 B_{12} 0.02mg，泛酸 10mg，烟酸 50mg，叶酸 1mg，生物素 0.15mg。

2）粗纤维含量为实测值，其余均为计算值

1.4　测定指标及方法

1.4.1　生长性能

在 70 日龄时，试验鹅绝食 12h，自由饮水，以重复为单位对试验鹅进行空腹称重，计算试验期间的平均日增重（average daily gain，ADG），平均日采食量（average daily feed intake，ADFI）和料重比（feed intake/gain，F/G）。

1.4.2　屠宰性能

称重后，每个重复选取与该重复平均体重接近的试验鹅 2 只屠宰，剥离胸肌、腿肌、腹脂和皮脂，按照《家禽生长性能名词术语和度量统计方法》（NY/T 823—2004）测定屠宰性能指标。

1.4.3　肉品质

试屠宰后，取左侧胸肌（各重复 2 只），立刻置于冻干机制备冻干样，用于胸肌粗蛋白质、肌内脂肪、肌苷酸、肌肉氨基酸和脂肪酸等含量的测定。

1.5　统计分析

先用 Excel 2010 对试验数据进行初步整理，再通过 SASS 9.0 统计软件进行单因素方差分析（one-way ANOVA），用 Duncan 氏法进行多重比较。

2　结果与分析

2.1　青绿甜高粱秸秆替代部分全价饲粮对 28~70 日龄四川白鹅生长性能的影响

由表 3 可知，试验Ⅰ、Ⅱ组末重与对照组相比无显著差异（P>0.05）；试验Ⅰ、Ⅱ组 ADG 与对照组无显著差异（$P>0.05$），对照组、试验I组ADG显著高于试验III、IV、V组（$P<0.05$）。

2.2 青绿甜高粱秸秆替代部分全价饲粮对70日龄四川白鹅屠宰性能的影响

由表4可知，与对照组相比，试验I~V组腹脂率均显著降低（$P<0.05$），I、IV和V组皮脂率显著降低（$P<0.05$），试验I~V组的肌胃指数均显著升高（$P<0.05$）；对照组与试验组之间在屠宰率、胸肌率和腿肌率等指标方面无显著差异（$P>0.05$）。

表3 青绿甜高粱秸秆替代部分全价饲粮对28~70日龄四川白鹅生长性能的影响

项目	组别						SEM	P值
	对照组	I	II	III	IV	V		
初始重（kg）	1.11	1.11	1.12	1.11	1.11	1.11	<0.01	0.45
末重（kg）	3.20[a]	3.16[ba]	3.13[ba]	3.03[b]	3.01[b]	2.78[c]	0.03	<0.01
基础饲粮平均日采食量（g）	191.07	187.01	180.16	174.57	167.68	160.57	0.02	<0.01
秸秆平均日采食量（g）	0	69.81	74.83	74.49	72.91	81.72	2.17	0.54
平均日增重（g）	48.24[a]	48.30[a]	46.62[ba]	45.26[bc]	43.25[c]	40.73[d]	0.51	<0.01
料重比（基础饲粮与增重比）F/G	3.96	3.88	3.87	3.86	3.88	3.94	0.02	0.56

注：同行数据肩标不同小写字母表示差异显著（$P<0.05$），肩标有相同字母或无字母表示差异不显著（$P>0.05$）。下表同

表4 青绿甜高粱秸秆替代部分全价饲粮对70日龄四川白鹅屠宰性能的影响

项目	组别						SEM	P值
	对照组	I	II	III	IV	V		
屠宰率（% BW）	88.98	86.91	88.30	88.21	87.79	87.40	0.39	0.75
胸肌率（% carcass）	7.55	7.70	6.88	7.07	6.40	6.63	0.19	0.31
腿肌率（% carcass）	10.25	10.97	9.67	10.71	9.26	10.87	0.38	0.77
腹脂率（% BW）	1.69[a]	1.00[bc]	1.18[b]	1.16[b]	0.74[bc]	0.65[c]	0.08	<0.01
皮脂率（% BW）	13.10[a]	10.87[bdc]	11.99[ba]	11.69[bac]	10.12[dc]	9.27[d]	0.29	<0.01
肌胃指数（% BW）	2.73[c]	3.90[b]	4.26[ba]	4.25[ba]	4.87[ba]	5.17[a]	0.16	<0.01

2.3 青绿甜高粱秸秆替代部分全价饲粮对70日龄四川白鹅胸肌肌肉品质的影响

表5 青绿甜高粱秸秆替代部分全价饲粮对70日龄四川白鹅胸肌常规营养物质含量的影响（绝干样基础）

项目	组别						SEM	P值
	对照组	I	II	III	IV	V		
粗蛋白质（%）	87.81	87.87	80.57	87.76	88.48	88.70	1.24	0.40
肌内脂肪（%）	5.71	5.37	5.04	5.47	4.84	4.83	0.14	0.37
肌苷酸（mg/g）	3.28	4.05	3.70	3.85	3.96	3.62	0.09	0.11

由表5可知，对照组与试验Ⅰ~Ⅴ组胸肌粗蛋白质、肌内脂肪含量同对照组相比无显著差异（$P>0.05$）；试验Ⅰ~Ⅴ组肌苷酸含量在数值上均高于对照组，但差异不显著（$P>0.05$）。由表6可知，试验Ⅰ~Ⅲ组胸肌Ser含量与对照组相比无显著差异（$P>0.05$），试验Ⅳ、Ⅴ组Ser含量显著高于对照组和试验Ⅰ组（$P<0.05$）；试验Ⅰ~Ⅲ组胸肌Glu含量与对照组相比无显著差异（$P>0.05$），试验Ⅳ、Ⅴ组胸肌Glu含量显著高于对照组（$P<0.05$）；试验Ⅰ~Ⅴ组胸肌Arg含量与对照组相比无显著差异（$P>0.05$），试验Ⅳ、Ⅴ组Arg含量显著高于试验Ⅰ组（$P<0.05$）。试验Ⅰ组胸肌鲜味氨基酸含量显著低于试验Ⅳ、Ⅴ组（$P<0.05$），试验Ⅰ~Ⅲ组鲜味氨基酸含量与对照组相比无显著差异（$P>0.05$）。试验组胸肌Asp、Thr、Gly、Ala、Cys、Val、Met、Ile、Leu、Tyr、Phe、Lys、His、Pro、总氨基酸和必需氨基酸含量同对照组相比均无显著差异（$P>0.05$）。

由表7可知，与对照组相比，试验Ⅰ~Ⅲ组胸肌棕榈酸含量与对照组无显著差异（$P>0.05$），试验Ⅳ、Ⅴ组棕榈酸含量显著低于对照组（$P<0.05$）；试验Ⅰ、Ⅱ组胸肌花生四烯酸含量显著高于试验Ⅴ组，试验Ⅰ~Ⅳ组花生四烯酸含量与对照组相比无显著差异（$P>0.05$）；试验Ⅰ~Ⅲ组饱和脂肪酸含量同对照组相比无显著差异（$P>0.05$），试验Ⅳ、Ⅴ组胸肌饱和脂肪酸含量显著低于对照组（$P<0.05$），其余各组间无显著差异（$P>0.05$）；此外，各处理组在胸肌月桂酸、肉豆蔻酸、棕榈油酸、硬脂酸、油酸、亚油酸、亚麻酸、花生酸、芥酸和不饱和脂肪酸含量上均无显著差异（$P>0.05$）。

表6　青绿甜高粱秸秆替代部分全价饲粮对70日龄四川白鹅胸肌氨基酸含量的影响（绝干样基础%）

项目	组别						SEM	*P*值
	对照组	Ⅰ	Ⅱ	Ⅲ	Ⅳ	Ⅴ		
天门冬氨酸	7.82	7.81	7.85	7.85	7.89	7.88	0.01	0.28
苏氨酸	3.97	3.97	4.00	3.98	4.00	3.98	0.01	0.81
丝氨酸	3.49^{b}	3.49^{b}	3.51^{ba}	3.51^{ba}	3.56^{a}	3.56^{a}	0.01	<0.01
谷氨酸	12.52^{c}	12.56^{bc}	12.68^{bac}	12.66^{bac}	12.94^{a}	12.86^{ba}	0.04	<0.01
甘氨酸	4.44	4.30	4.33	4.41	4.68	4.71	0.06	0.12
丙氨酸	5.17	5.20	5.15	5.15	5.23	5.23	0.02	0.66
胱氨酸	0.42	0.43	0.46	0.44	0.46	0.48	0.01	0.10
缬氨酸	4.21	4.21	4.22	4.20	4.18	4.18	0.01	0.67
蛋氨酸	2.29	2.27	2.28	2.27	2.29	2.27	0.01	0.71
异亮氨酸	4.00	4.00	4.00	3.99	4.00	3.97	0.01	0.96
亮氨酸	7.00	7.01	7.03	7.00	6.98	7.00	0.02	0.97
酪氨酸	2.84	2.82	2.84	2.82	2.84	2.86	0.01	0.83
苯丙氨酸	3.63	3.64	3.63	3.61	3.56	3.57	0.01	0.16
赖氨酸	7.43	7.43	7.47	7.44	7.48	7.46	0.01	0.83
组氨酸	2.39	2.38	2.33	2.34	2.29	2.26	0.02	0.21
精氨酸	5.71^{ba}	5.68^{b}	5.70^{ba}	5.73^{ba}	5.81^{a}	5.80^{a}	0.02	0.04
脯氨酸	4.00	3.83	3.94	3.88	4.02	4.08	0.04	0.56
鲜味氨基酸[3)]	35.74^{bc}	35.51^{c}	35.71^{bc}	35.81^{bac}	36.57^{a}	36.48^{ba}	0.12	0.03
总氨基酸	81.40	80.87	81.42	81.29	82.24	82.17	0.16	0.08
必需氨基酸	32.53	32.50	32.62	32.49	32.50	32.44	0.05	0.97

[3)] 鲜味氨基酸：天门冬氨酸、谷氨酸、甘氨酸、丙氨酸、精氨酸。

表 7　青绿甜高粱秸秆替代部分全价饲粮对 70 日龄四川白鹅胸肌脂肪酸含量的影响（绝干样基础 mg/g）

项目	组别						SEM	P 值
	对照组	I	II	III	IV	V		
月桂酸	0.80	0.75	0.77	0.75	0.78	0.77	0.01	0.47
肉豆蔻酸	0.87	0.78	0.80	0.80	0.81	0.79	0.01	0.14
棕榈酸	17.96[a]	16.78[ba]	16.74[ba]	16.70[ba]	14.03[b]	13.92[b]	0.42	0.01
棕榈油酸	1.95	1.80	2.01	1.95	1.63	1.56	0.07	0.25
硬脂酸	11.99	11.55	11.83	11.83	10.85	11.04	0.22	0.59
油酸	21.57	20.20	19.00	20.94	16.75	18.21	0.58	0.13
亚油酸	14.30	15.36	15.61	15.05	13.76	13.07	0.30	0.09
亚麻酸	1.05	1.08	1.12	1.08	1.08	1.07	0.03	1.00
花生酸	0.75	0.66	0.66	0.65	0.72	0.66	0.02	0.60
花生四烯酸	8.39[ba]	8.62[a]	8.65[a]	7.87[ba]	8.09[ba]	7.18[b]	0.14	0.01
芥酸	0.41	0.45	0.47	0.43	0.36	0.43	0.01	0.36
饱和脂肪酸[4)]	32.38[a]	31.03[ba]	30.81[ba]	30.72[ba]	27.23[b]	27.18[b]	0.62	0.05
不饱和脂肪酸[5)]	47.67	45.83	45.69	45.70	39.56	40.37	1.17	0.24

[4)] 饱和脂肪酸：月桂酸、肉豆蔻酸、棕榈酸、硬脂酸、花生酸。

[5)] 不饱和脂肪酸：棕榈油酸、油酸、亚油酸、亚麻酸、花生四烯酸、芥酸

3　讨论

3.1　青绿甜高粱秸秆替代部分全价饲粮对 28~70 日龄四川白鹅生长性能的影响

研究表明，鹅饲粮中添加适量的牧草可在一定程度上提高鹅的生产性能。胡民强[6]、G · Eliminowska Wenda[7] 研究发现饲粮中添加适量皇竹草、青草均可促进鹅的生长。据报道，给合浦鹅[8] 和皖西白鹅[9] 补饲青绿黑麦草，兴国灰鹅[10] 采食青绿黑麦草并补饲适宜比例的精料，均能提高鹅的生长性能和屠宰性能，增加经济效益。B · Yu 等[11] 也认为，在鹅饲粮中添加 20%的苜蓿草粉也不影响生长。可见，在饲粮中搭配一定比例的牧草，既能为家禽的生长提供部分营养需要，也能节约饲粮。鹅是一种耐粗饲的草食家禽，具有强健的肌胃，肌胃中还存在砂砾作为一种辅助型的“消化器官”[12]，强大的肌胃压力加上砂砾的协助，可以使植物细胞壁崩解、破坏，促进细胞内营养物质与酶和微生物的有效结合，有利于营养物质的吸收利用。同时鹅盲肠中含有较多的厌氧纤维分解菌，能将纤维发酵分解为脂肪酸，有效地提高纤维的利用能力。在本试验条件下，饲喂自由采食量 92%~96%的基础饲粮同时自由采食高粱秸秆处理组（I 组和 II 组）ADG 同对照组无显著差异，这可能是因为鹅采食青绿甜高粱秸秆后通过上述机制补偿供给了部分营养物质，满足了鹅对营养的需求。

适量的纤维含量可以有效增加胃肠道逆蠕动和改善肌胃功能从而促进禽类的器官发育，提高肠道酶活性和养分消化率，进而改善动物生长和健康。然而，过量摄入纤维会导致动物营养物质利用效率下降，进而影响动物生长。在本研究中，试验 III~V 组 ADG 显著低于对照组和其余各组，可能是因为基础饲粮替代比例增大后，试验鹅摄入的纤维含量过大。当鹅采食大量的甜高粱秸秆后，胃肠道的可溶性纤维增加。

可溶性纤维可提高食糜黏度，阻碍营养物质的消化吸收[13]。可溶性纤维持水性强，食糜体积因此增大，胃肠道扩张，进而降低采食量[14]。饲粮中添加可溶性纤维会使盲肠前的肠道内食糜黏度增加，引起内源性酶和胆汁酸分泌降低，改变肠道形态，营养物质消化率降低[15]。另外，较高的饲粮纤维通过加快食糜在消化道中的流通速度，不仅降低了饲粮纤维的消化率，还降低动物对其他营养物质的吸收。

3.2　青绿甜高粱秸秆替代部分全价饲粮对70日龄四川白鹅屠宰性能的影响

史莹华等[16]对不同类型粗纤维饲料对四川白鹅生产性能的影响研究结果显示，与20%花生秧对照组相比，10%、20%苜蓿草粉组屠宰率、全净膛率、半净膛率、胸肌率、腿肌率均显著提高，腹脂率显著降低。G・Guy等[17]用青草补饲玉米饲喂鹅，结果发现相比于用精料饲喂的鹅，屠宰胴体的胸肌率、腿肌率和腹脂率均没有显著影响。A・L・Rainbird等[18]报道，鹅在4周龄前，饲粮中添加15%苜蓿草粉对其生长、屠宰性能无显著影响，但能减少胴体脂肪的沉积。R・Timmler[19]的研究表明，在4周龄前鹅饲粮中添加0~15%的苜蓿草粉，5~6周龄鹅饲粮中添加30%的苜蓿草粉，对其生长、屠宰性能无显著影响，但胴体脂肪沉积减少。这些研究与本试验的结果相似。本试验结果表明，对照组与试验Ⅰ~Ⅴ组之间在屠宰率、胸肌率、腿肌率上无显著差异，但是试验组的皮脂率和腹脂率都低于对照组，原因可能是试验饲粮中纤维含量相对较高引起脂肪的表观利用率降低和内源损失增加[20]。

鸟类能通过改变胃肠道的容积、重量和纤维的流通速度来适应高纤维饲粮[21-22]。李杰[23]等用小麦麸、米糠、高粱糠和苜蓿草粉分别作为饲粮来源饲喂肉鸡时发现，肉仔鸡饲粮中添加5%苜蓿草粉组鸡的肌胃重较其他组提高了63%~100%。同样的，当成年日本鹌鹑饲粮中的粗纤维从1%增加到45%时，肌胃比对照组的两倍还要大，而当减少饲粮中的粗纤维含量，肌胃也随之变小[24]。在本试验条件下，试验组鹅的肌胃指数都显著高于对照组，且肌胃指数随着秸秆采食量的增加而增加。这可能是因为，试验组鹅能采食的基础饲粮有限，导致鹅只能额外采食高粱秸秆来满足对营养的需求[25]。高粱秸秆的采食导致消化物的容积增大，促使肌胃壁扩张[22]，加快肌胃收缩频率[26]，促进肌胃的发育，导致肌胃重量的增加[22,27]。

3.3　青绿甜高粱秸秆替代部分全价饲粮对70日龄四川白鹅肉品质的影响

肌内脂肪存在于肌肉内，主要位于肌外膜、肌束膜以及肌内膜上，肌内脂肪含量与肌肉的嫩度与口感有着直接的关联[28]。肌苷酸是影响肌肉风味的一种重要成分和指标[29]。蛋白质同肌内脂肪一样，与肉质的嫩度和适口性有密切的关系。本试验中，青绿甜高粱秸秆替代4%~20%的基础饲粮，四川白鹅胸肌肌苷酸含量在一定程度上有提高，而对粗蛋白质和肌内脂肪含量无显著影响。

肌肉中氨基酸的种类和含量不仅决定了肌肉的营养价值，还影响了肌肉的风味，特别是天冬氨酸、谷氨酸、甘氨酸、丙氨酸和精氨酸5种氨基酸是肉香味形成的前体物质，直接影响着肌肉的鲜美程度，被称之为鲜味氨基酸。本试验结果显示用青绿甜高粱秸秆替代4%~12%的基础饲粮，四川白鹅胸肌鲜味氨基酸、总氨基酸和必需氨基酸含量均无显著影响，这说明用甜高粱秸秆替代4%~12%的基础饲粮不会影响氨基酸的含量而改变肌肉的营养价值和风味。

肌肉中脂肪酸的种类和组成是决定脂肪组织理化性质、影响肉质风味的重要化学成分，也是评定营养价值高低的重要指标之一。饲粮中添加青草、青贮玉米、苜蓿等可以改进鹅肉的质量和脂肪酸组成[30]。H・W・Liu等[31]的试验结果表明，牧草的摄入不会改善生产性能，但是能提高东北白鹅的胴体特性和肉质并改变脂肪酸的组成。饲粮中添加一定量的苜蓿、青草、三叶草和青贮玉米能改变腹脂脂肪酸的组成，M・Kirchgessner等[32]研究表明，相比于只饲喂精料的鹅，饲喂不同的谷物饲料补饲青草的鹅其皮脂的总单不饱和脂肪酸（MUFA）含量增加、总不饱和脂肪酸（SFA）含量不变、总多不饱和脂肪酸（MUFA）含量降低。饱和脂肪酸摄入量过高会导致血胆固醇、三酰甘油和低密度脂蛋白胆固醇升高，继发引起动脉管腔狭窄，形成动脉粥样硬化，增加患冠心病的风险。而不饱和脂肪酸不仅对人体有很大的益处，还能改善肌肉的风味。不饱和脂肪酸中的磷脂是影响肉品发挥风味物质的重要前体物[33]，可以自氧化产生风味物质[34]。在本试验中，用青绿甜高粱秸秆替代4%~12%的基础饲粮，四川白鹅胸肌中饱和脂肪酸和不饱和脂肪酸含量均无显著变化，表明用甜高粱秸秆替代4%~12%的基础饲粮不影响胸肌脂肪酸含量。

4 结论

（1）用青绿甜高粱秸秆替代部分基础饲粮对28~70日龄四川白鹅的生产性能无显著影响。

（2）用青绿甜高粱秸秆替代部分基础饲粮增加70日龄四川白鹅肌胃指数，降低皮脂率和腹脂率，但对胸肌率和腿肌率无显著影响。

（3）用青绿甜高粱秸秆替代部分基础饲粮对70日龄四川白鹅胸肌中的粗蛋白质、肌内脂肪、氨基酸和不饱和脂肪酸含量无显著影响，还能一定程度上降低饱和脂肪酸含量。

（4）利用青绿甜高粱秸秆可替代部分鹅全价饲粮；在本试验条件下，替代比例以4%~8%为宜。

参考文献（略）

原文发表于：畜牧兽医学报，2017，48（3）：483-491

附　　录

公益性行业（农业）科研专项经费项目“南方地区幼龄草食畜禽饲养技术研究”（项目编号：201303143）发表论文清单。

［1］　田璐，李晓存，周定方，等．鸡、鸭、鹅对白酒糟和发酵白酒糟能量利用的比较研究［J］．动物营养学报，2017，29（7）：2 423-2 430.

［2］　王增煌，王文策，翟双双，等．香蕉茎叶粉固态发酵条件优化及鹅对其养分利用率的研究［J］．动物营养学报，2017，29（4）：1 283-1 293.

［3］　李孟孟，翟双双，谢强，等．育肥鸭饲料脂肪酸组成的研究［J］．中国畜牧杂志，2017，53（6）：87-91.

［4］　谢强，李孟孟，王文策，等．益生菌对家禽肠道微生态的调控及其应用［J］．饲料研究，2017（2）：30-36.

［5］　JING Y，LIN Y，WANG Y，et al. Effects of dietary protein and energy levels on digestive enzyme activities and electrolyte composition in the small intestinal fluid ofgeese［J］. Animal science journal=Nihon chikusan Gakkaiho，2017，88（2）：294.

［6］　ZHU Y W，PAN Z Y，QIN J F，et al. Relative toxicity of dietary free gossypol concentration in ducklings from 1 to 21 d of age［J］. Animal Feed Science & Technology，2017，228：32-38.

［7］　LI M，ZHAI S，XIE Q，et al. Effects of dietary n-6：n-3 PUFA ratios on lipid levels and fatty acid profile of Cherry valley ducks at 15-42 days of age［J］. Journal of Agricultural & FoodChemistry，2017.

［8］　熊小文，杨建军，许超，等．不同比例花生秸-象草青贮料对锦江黄牛饲粮养分表观消化率的影响［J］．饲料研究，2017（18）：39-42.

［9］　陈作栋，周珊，赵向辉，等．酵母培养物对生长期锦江黄牛生产性能、抗氧化能力及免疫性能的影响［J］．动物营养学报，2017（05）：1 767-1 773..

［10］　许超，高雨飞，彭志鹏，等．锦江母牛体质量与体尺指标的相关与回归关系［J］．江苏农业科学，2017（02）：152-154.

［11］　卢垚，宋代军，郭志强，等．断奶日龄对仔兔胃肠道 pH 和消化酶活性的影响［J］．中国畜牧杂志，2017（07）：113-118.

［12］　黄崇波，唐丽，郭志强，等．有机铬对热应激肉兔生产性能和免疫功能的影响［J］．中国畜牧杂志，2017（03）：93-95.

［13］　任永军，邝良德，郭志强，等．纤维水平对初产母兔繁殖性能及胚胎发育的影响［J］．中国畜牧杂志，2017（01）：51-54.

［14］　朱翱翔，王锋，冯旭，等．不同硒源对育成湖羊生长性能、组织硒含量和瘤胃发酵的影响［J］．南京农业大学学报，2017，40（4）：718-724.

［15］　陆亚珍，王恒昌，申远航，等．杏鲍菇菌糠的营养价值评价及其在羊日粮中的应用效果［J］．安徽农业科学，2017，45（3）：117-118.

［16］　朱勇，余思佳，包健，等．发酵鲜食大豆秸秆对母羊繁殖性能、初乳品质及消化性能的影响［J］．中国畜牧兽医，2017，44（1）：100-105.

［17］　余思佳，施东辉，朱勇，等．繁殖母羊的氧化应激和氧化损伤研究［J］．动物营养学报，2017，29（3）：814-823.

［18］　WANG C，GAO G L，HUANG J X，et al. Nutritive value of dry citrus pulp and its effect on performance in geese from 35 to 70 days of age［J］. Journal of Applied Poultry Research，2017，26（2）：w69.

［19］　WANG C，HUANG Y，ZHAO X，et al. Nutritive value of sorghum dried distillers grains with solubles and its effect on performance in geese [J]. Journal of Poultry Science, 2017.

[20] 黄勇，马娇丽，王启贵，等．青绿甜高粱秸秆替代部分全价饲粮对鹅生长性能、屠宰性能及肉品质的影响 [J]. 畜牧兽医学报，2017，48（3）：483-491.

[21] 刘作兰，黄勇，王启贵，等．四川白鹅体重、肌肉、消化道生长曲线拟合和分析研究 [J]. 中国畜牧杂志，2017，53（1）：21-27.

[22] 李岚捷，成述儒，刁其玉，等．饲粮非纤维性碳水化合物/中性洗涤纤维对肉犊牛生长性能和营养物质消化代谢的影响 [J]. 动物营养学报，2017，29（6）：2 143-2 152.

[23] 王翀，杨金勇，夏月峰，等．浙江省肉牛肉羊产业分析及养殖现状调研 [J]. 畜牧与兽医，2017，49（3）：111-115.

[24] MAO L，ZHOU H，PAN X，et al. Corrigendum：Cassava foliage affects the microbial diversity of Chinese indigenous geese caecum using 16S rRNA sequencing [J]. Scientific Reports，2017，7：46 837.

[25] 李文娟，王世琴，姜成钢，等．体外法评定南方 4 种经济作物副产品及 3 种暖季型牧草的营养价值研究 [J]. 畜牧与兽医，2017（04）：33-39.

[26] 李雪玲，张乃锋，马涛，等．开食料中赖氨酸、蛋氨酸、苏氨酸和色氨酸对断奶羔羊生长性能、氮利用率和血清指标的影响 [J]. 畜牧兽医学报，2017（04）：678-689.

[27] 李雪玲，柴建民，张乃锋，等．断奶羔羊 4 种必需氨基酸限制性顺序和需要量模型探索 [J]. 动物营养学报，2017（01）：106-117.

[28] 张帆，崔凯，毕研亮，等．妊娠后期母羊饲粮精料比例对羔羊生长性能、消化性能及血清抗氧化指标的影响 [J]. 动物营养学报，2017（10）：3 583-3 591.

[29] 王杰，崔凯，王世琴，等．饲粮蛋氨酸水平对湖羊公羔营养物质消化、胃肠道 pH 及血清指标的影响 [J]. 动物营养学报，2017（08）：3 004-3 013.

[30] 张帆，刁其玉．能量对妊娠后期母羊健康及其羔羊的影响 [J]. 中国畜牧兽医，2017（05）：1 369-1 374.

[31] 王杰，崔凯，王世琴，等．蛋氨酸水平对羔羊体况发育、消化道组织形态及血清抗氧化指标的影响 [J]. 动物营养学报，2017（05）：1 792-1 802.

[32] 李雪玲，张乃锋，马涛，等．开食料中赖氨酸、蛋氨酸、苏氨酸和色氨酸对断奶羔羊生长性能、氮利用率和血清指标的影响 [J]. 畜牧兽医学报，2017（04）：678-689.

[33] 张帆，崔凯，王杰，等．妊娠后期饲粮营养水平对母羊和胚胎发育的影响 [J]. 畜牧兽医学报，2017（03）：474-482.

[34] 祁敏丽，刁其玉，马铁伟，等．饲粮营养限制对羔羊肠道组织形态以及血清胰岛素样生长因子-1 和胰高血糖素样-2 浓度的影响 [J]. 动物营养学报，2017（02）：426-435.

[35] 张帆，崔凯，王杰，等．妊娠后期母羊饲粮营养水平对产后羔羊生长性能、器官发育和血清抗氧化指标的影响 [J]. 动物营养学报，2017（02）：636-644.

[36] 王世琴，张乃锋，屠焰，等．我国南方地区草食畜禽养殖现状及饲料对策 [J]. 中国畜牧杂志，2017（02）：151-156.

[37] 李雪玲，柴建民，张乃锋，等．断奶羔羊 4 种必需氨基酸限制性顺序和需要量模型探索 [J]. 动物营养学报，2017（01）：106-117.

[38] CHAI J M，MA T，WANG H C，et al. Effect of early weaning age on growth performance，nutrient digestibility，and serum parameters of lambs [J]. Animal Production Science，2017，57：110-115.

[39] CHAI J M，DIAO Q Y，WANG H C，et al. Effect of weaning time on growth performance and rumen development of Hu lambs [J]. Indian Journal of Animal Research，2017，51（3）：423-430.

[40] ZHAN N，LI H，JIANG C，et al. Effects of lipopolysaccharide on the growth performance，nitrogenmetabolism and immunity in preruminant calves [J]. Indian Journal of Animal Research，2017，51（4）：717-721.

[41] ZHANG N. Role of methionine on epigenetic modification of DNA methylation and gene expression in animals [J]. Animal nutrition，2017.

[42] 王永昌，翟双双，李孟孟，等．不同产地桑枝茎叶营养成分分析及四川白鹅对其养分利用率的测定 [J]. 中国饲料，2016（16）：18-22.

[43] 翟双双，李孟孟，冯佩诗，等．四川白鹅、樱桃谷肉鸭对不同产地亚麻饼粕养分利用率的影响［J］．动物营养学报，2016，28（7）：2 147-2 153.

[44] 李孟孟，翟双双，王文策，等．饲料中霉菌毒素的危害及其降解方法研究进展［J］．中国家禽，2016，38（5）：37-41.

[45] 王增煌，王文策，杨琳．香蕉茎叶作为饲料原料的研究进展［J］．中国畜牧杂志，2016（17）：82-86.

[46] YANGJING，ZHAISHUANG-SHUANG，WANGYONG-CHANG，et al. Effectsofgradedfiberlevelandcaecectomyonmetabolizableenergyvalueandaminoaciddigestibilityingeese［J］. Journal of Integrative Agriculture（农业科学学报（英文），2016，15（3）：629-635.

[47] 周珊，赵向辉，杨食堂，等．大豆甙元对生长期锦江黄牛生产性能、抗氧化能力及免疫性能的影响［J］．动物营养学报，2016（10）：3 161-3 167.

[48] 黎力之，潘珂，欧阳克蕙，等．6 种经济作物副产物的营养价值评定［J］．黑龙江畜牧兽医，2016（08）：151-153.

[49] 黎力之，潘珂，付东辉，等．油菜秸瘤胃降解特性的研究［J］．饲料研究，2016（02）：57-59.

[50] 许兰娇，包淋斌，赵向辉，等．大豆素对湘中黑牛育肥牛胴体性能和肉品质的影响［J］．动物营养学报，2016（01）：191-197.

[51] 邝良德，任永军，谢晓红，等．饲粮纤维水平对初产母兔瘦素分泌及其基因表达的影响［J］．江苏农业科学，2016（10）：281-283.

[52] 任永军，邝良德，郑洁，等．不同初配月龄对新西兰兔繁殖性能的影响［J］．中国畜牧杂志，2016（13）：77-81.

[53] 郭志强，李丛艳，谢晓红，等．断奶日龄对肉兔肠道发育的影响［J］．动物营养学报，2016（01）：102-108.

[54] 纪宇，王若丞，王锋，等．不同比例白酒糟对育肥山羊生产性能、血清指标及瘤胃发酵的影响［J］．动物营养学报，2016，28（6）：1 916-1 923.

[55] 王若丞，纪宇，孙玲伟，等．灌服 n-氨甲酰谷氨酸对哺乳山羊羔羊生长性能、血液参数及器官重的影响［J］．动物营养学报，2016，28（6）：1 765-1 773.

[56] 罗霏菲，王子玉，贾若欣，等．湖羊黄体期卵泡颗粒细胞的基因表达谱分析［J］．畜牧与兽医，2016，48（4）：19-25.

[57] 孟春花，乔永浩，钱勇，等．氨化对油菜秸秆营养成分及山羊瘤胃降解特性的影响［J］．动物营养学报，2016，28（6）：1 796-1 803.

[58] WANG R，KUANG M，NIE H，et al. Impact of food restriction on the expression of theadiponectin system and genes in the hypothalamic-pituitary-ovarian axis of pre - pubertal ewes［J］. Reproduction in Domestic Animals，2016，51（5）：657-664.

[59] ZHANG H，SUN L W，WANG Z Y，et al. Dietary - carbamylglutamate and rumen - protected - arginine supplementation ameliorate fetal growth restriction in undernourished ewes［J］. Journal of Animal Science，2016，94（5）：2 072.

[60] NIE H T，WANG Z Y，LAN S，et al. Effect of residual feed intake phenotype-nutritional treatment interaction on the growth performance，plasma metabolic variables andsomatotropic axis gene expression of growing ewes［J］. Animal Production Science，2016，56.

[61] 刘勇，吴晓庆，王子玉，等．獭兔体外成熟卵母细胞孤雌激活及体细胞核移植［J］．南京农业大学学报，2016，39（3）：479-482.

[62] SUN W，KANG P，XIE M，et al. Effects of full-fat rice bran inclusion in diets on growth performance and meat quality of Sichuan goose.［J］. British Poultry Science，2016，57（5）：655-662.

[63] 马俊南，司丙文，李成旭，等．体外产气法评价南方经济作物副产物对肉牛的营养价值［J］．饲料工业，2016，37（9）：34-43.

[64] 马俊南，司丙文，李成旭，等．象草与 4 种经济作物副产物间组合效应的研究［J］．中国草食动物科学，2016，36（5）：18-23.

[65] 李文娟，刁其玉．肉羊日粮干物质采食量及其影响因素的研究进展［J］．中国畜牧杂志，2016（19）：95-99.

[66] 李文娟，王世琴，马涛，等．体外产气法评定甘蔗副产物作为草食动物饲料的营养价值［J］．饲料研究，2016（18）：16-22.

[67] 李文娟，王世琴，朱正廷，等．体外产气法评定4类南方经济作物叶片的饲料价值［J］．粮食与饲料工业，2016（09）：46-52.

[68] 李雪玲，柴建民，陶大勇，等．氨基酸模式在幼龄畜禽营养与日粮中的应用［J］．家畜生态学报，2016（08）：7-11.

[69] 张帆，刁其玉．妊娠期母体的营养调控与后代健康［J］．中国畜牧杂志，2016（23）：108-113.

[70] 王杰，崔凯，毕研亮，等．蛋氨酸限制与补偿对羔羊生长性能及内脏器官发育的影响［J］．动物营养学报，2016（11）：3 669-3 678.

[71] 张帆．2016．妊娠后期母羊日粮营养水平对产后羔羊生长性能、器官发育和血清抗氧化指标的影响［C］．发表于中国畜牧兽医学会动物营养学分会第十二次动物营养学术研讨会，中国湖北武汉．

[72] 张帆．2016．不同精粗比日粮对妊娠后期母羊生长、消化、血清生化及初生羔羊体重体尺的影响［C］．发表于中国畜牧兽医学会动物营养学分会第十二次动物营养学术研讨会，中国湖北武汉．

[73] 祁敏丽，马铁伟，刁其玉，等．饲粮营养限制对断奶湖羊羔羊生长、屠宰性能以及器官发育的影响［J］．畜牧兽医学报，2016（08）：1 601-1 609.

[74] 李雪玲，柴建民，陶大勇，等．氨基酸模式在幼龄畜禽营养与日粮中的应用［J］．家畜生态学报，2016（08）：7-11.

[75] 王波，柴建民，王海超，等．蛋白水平对早期断奶双胞胎湖羊公羔营养物质消化与血清指标的影响［J］．畜牧兽医学报，2016（06）：1 170-1 179.

[76] 王杰，徐友信，刁其玉，等．非孟德尔遗传模式：表观遗传学及其应用研究进展［J］．中国农学通报，2016（14）：37-43.

[77] 王海超，张乃锋，柴建民，等．培育方式对双胞胎湖羊羔羊肝基因表达的影响［J］．畜牧兽医学报，2016（04）：733-744.

[78] 祁敏丽，柴建民，王波，等．饲粮营养限制对早期断奶湖羊羔羊生长性能以及内脏器官发育的影响［J］．动物营养学报，2016（02）：444-454.

[79] 王杰，刁其玉，张乃锋．微量营养素与脂肪对动物基因表达的调控作用［J］．中国畜牧兽医，2016（01）：140-146.

[80] 王文策，龚红，叶慧，等．不同产地棉籽粕营养成分、代谢能及氨基酸利用率的研究［J］．饲料工业，2015，36（16）：32-40.

[81] 杨志鹏，王文策，叶慧，等．柑橘皮渣对1~21日龄四川白鹅生长性能及血清生化指标的影响［J］．动物营养学报，2015，27（10）：3 181-3 187.

[82] 李孟孟，王文策，杨琳．抗菌肽的研究进展及应用［J］．中国家禽，2015，37（6）：42-46.

[83] 颜莹莉，李孟孟，张威，等．狮头鹅、四川白鹅和乌鬃鹅生产性能及消化道生理比较研究［J］．农业现代化研究，2015（5）：895-900.

[84] 包淋斌，黎力之，潘柯，等．木薯渣在锦江黄牛瘤胃中的降解率测定［J］．中国饲料，2015（21）：12-15.

[85] 黎力之，潘珂，欧阳克蕙，等．苎麻副产物的瘤胃降解特性研究［J］．中国饲料，2015（17）：36-37.

[86] 王福春，付凌，瞿明仁，等．油菜秸秆与皇竹草适宜混合微贮模式的研究［J］．江西农业大学学报，2015（04）：702-707.

[87] 王福春，瞿明仁，欧阳克蕙，等．油菜秸秆与皇竹草混合微贮料对锦江黄牛体内营养物质消化率的研究［J］．饲料研究，2015（13）：45-47.

[88] 王福春，瞿明仁，欧阳克蕙，等．油菜秸秆与皇竹草混合微贮料瘤胃动态降解参数的研究［J］．饲料工业，2015（11）：51-55.

[89] 包淋斌，黎力之，潘柯，等．花生藤在锦江黄牛瘤胃降解率测定［J］．饲料研究，2015（11）：34-38.

[90] 龚剑明，赵向辉，周珊，等．不同真菌发酵对油菜秸秆养分含量、酶活性及体外发酵有机物降解率的影响［J］．动物营养学报，2015，27（7）：2 309-2 316.

[91] 周珊，瞿明仁．酵母培养物在幼龄反刍动物中研究进展［J］．饲料研究，2015（16）：12-14.

[92]　瞿明仁．肉用繁殖母牛营养工程技术浅析［J］．饲料工业，2015，36（15）：1-5.

[93]　李丛艳，谢晓红，李勤，等．夏季初产母兔泌乳曲线分析［J］．黑龙江畜牧兽医，2015（21）：226-228.

[94]　李丛艳，李勤，谢晓红，等．初配时间对母兔繁殖性能、体况及后代生长发育的影响［J］．中国养兔杂志，2015（2）：4-7.

[95]　聂海涛，肖慎华，兰山，等．4~6月龄杜湖羊杂交f1代母羔净蛋白质需要量［J］．动物营养学报，2015，27（1）：93-102.

[96]　兰山，王子玉，王学琼，等．不同月龄杜湖杂交f1代母羔生产性能测定和肉质分析［J］．畜牧与兽医，2015，47（8）：5-8.

[97]　包健，盛永帅，蔡旋，等．复合益生菌发酵鲜食大豆秸秆工艺与饲用品质的研究［J］．饲料研究，2015（9）：1-6.

[98]　包健，盛永帅，蔡旋，等．鲜食大豆秸秆、茭白鞘叶和甘蔗渣营养成分和瘤胃降解率的研究［J］．饲料研究，2015（15）：33-38.

[99]　NIE H T，YOU J H，WANG Z Y，et al. Energy Requirement Determination forDorper and Hu Crossbred F1 Ewes from 20 to 50 kg of Body Weight and Evaluated the Effect of Age on Energy Requirement for Maintenance and Growth［J］. Asian Australasian Journal of Animal Sciences，2015..

[100]　HAI T N，HAO Z，JI H Y，et al. Determination of energy and protein requirement for maintenance and growth and evaluation for the effects of gender upon nutrient requirement inDorper × Hu Crossbred Lambs［J］. Tropical Animal Health & Production，2015，47（5）：841.

[101]　ZHANG H，NIE H T，WANG Q，et al. Trace element concentrations and distributions in the main body tissues and the net requirements for maintenance and growth ofDorper × Hu lambs.［J］. Journal of Animal Science，2015，93（5）：2471-2481.

[102]　WANG Y，WANG C，ZHANG J，et al. Three novelMC4R SNPs associated with growth traits in Hu sheep and East Friesian? ×? Hu crossbred sheep［J］. Small Ruminant Research，2015，125：26-33.

[103]　殷晓风，丁瑞志，蔡旋，等．高活性大豆异黄酮发酵豆粕体外抗氧化能力研究［J］．生物技术，2015（3）：296-300.

[104]　包健，徐建雄．4种大豆抗营养因子检测技术研究进展［J］．饲料研究，2015（4）：63-68.

[105]　朱相莲，茅慧玲，屠焰，等．肉牛早期断奶关键技术及研究进展［J］．中国牛业科学，2015，41（1）：61-67.

[106]　柴建民，王海超，刁其玉，等．断奶时间对羔羊生长性能和器官发育及血清学指标的影响［J］．中国农业科学，2015（24）：4 979-4 988.

[107]　王杰，刁其玉，张乃锋．营养素对早期断奶羔羊健康生长的调控作用［J］．饲料研究，2015（20）：37-41.

[108]　王波，柴建民，王海超，等．蛋白质水平对湖羊双胞胎公羔生长发育及肉品质的影响［J］．动物营养学报，2015（09）：2 724-2 735.

[109]　王杰，刁其玉，张乃锋．代乳品对早期断奶羔羊生长发育和生理机能的调控作用［J］．家畜生态学报，2015（08）：86-89.

[110]　祁敏丽，刁其玉，张乃锋．羔羊瘤胃发育及其影响因素研究进展［J］．中国畜牧杂志，2015（09）：77-81.

[111]　王波，刁其玉．Dna甲基化及营养素对其调控作用研究进展［J］．畜牧兽医学报，2015（03）：349-356.

[112]　王海超，张乃锋，柴建民，等．人工哺育代乳粉对湖羊双胎羔羊生长发育、营养物质消化和血清学指标的影响［J］．动物营养学报，2015（02）：436-447.

[113]　CHAI J，DIAO Q，WANG H，et al. Effects of weaning age on growth，nutrient digestibility and metabolism，and serum parameters in Hu lambs［J］. Animal Nutrition，2015，1（4）：344-348.

[114]　ZHANG N. Epigenetic modulation of DNA methylation by nutrition and its mechanisms inanimals［J］. Animal Nutrition，2015，1（3）：144-151.

[115]　LING，YU-YUN，WANG，et al. Effects of dietary fiber and grit on performance，gastrointestinal tract development，lipometabolism，and grit retention of goslings［J］. Journal of Integrative Agriculture（农业科学学报（英文）），2014，13（12）：2 731-2 740.

[116] 郑洁，邝良德，张翔宇，等．兔肌纤维组织特性对肉品质影响的研究进展［J］．中国养兔杂志，2014（4）：31-33.

[117] 李隐侠，张俊，钱勇，等．Kiss-1 基因多态性与苏淮山羊产羔数的关联分析［J］．畜牧兽医学报，2014，45（12）：1 917-1 923.

[118] XING H J，WANG Z Y，ZHONG B S，et al. Effects of different dietary intake on mRNA levels of MSTN，IGF-I，and IGF-II in the skeletal muscle ofDorper and Hu sheep hybrid F1 rams.［J］．Genetics & Molecular Research Gmr，2014，13（3）：5 258.

[119] LI H，SONG H，HUANG M，et al. Impact of food restriction on ovarian development，RFamide-Related peptide-3 and the hypothalamic-pituitary-ovarian axis in Pre-Pubertal ewes［J］．Reproduction in Domestic Animals，2014，49（5）：831-838.

[120] 包健，盛永帅，蔡旋，等．上海市养羊业现状调查及发展对策探讨［J］．畜牧与兽医，2014，46（3）：106-109.

[121] 柴建民，刁其玉，张乃锋．羔羊早期断奶最佳日龄的确定［J］．饲料研究，2014（23）：12-15.

[122] 王海超，张乐颖，刁其玉．营养素对动物表观遗传的影响及其机制［J］．动物营养学报，2014（09）：2 463-2 469.

[123] 柴建民，王海超，刁其玉，等．湖羊羔羊最佳早期断奶日龄的研究［J］．中国草食动物科学，2014（S1）：207-209.

[124] 柴建民，刁其玉，屠焰，等．早期断奶时间对湖羊羔羊组织器官发育、屠宰性能和肉品质的影响［J］．动物营养学报，2014（07）：1 838-1 847.

[125] 柴建民，刁其玉，张乃锋．羔羊早期断奶方式与时间研究进展［J］．中国草食动物科学，2014（01）：49-51.